国家科技支撑计划项目(2012BAC10B00)资助
煤炭开采水资源保护与利用国家重点实验室资助

西部生态脆弱区现代开采对地下水与地表生态影响规律研究

——神东大型煤炭基地地下水保护与生态修复途径探索

顾大钊 等 著

科学出版社
北京

内 容 简 介

本书面向我国西部生态脆弱区煤炭现代开采地下水与地表生态保护，以全球千万吨安全高效矿井集中区——神东矿区为例，以先进的综合机械化开采技术（简称“现代开采”）支撑的超大工作面开采为试验对象，基于开采全过程（采前—采中—采后及趋稳状态时）地下水和地表生态响应的科学观测系统及翔实的试验数据，深入研究现代开采条件下“三类地下水”（地表土壤水、第四系潜水和基岩裂隙水）运移规律、地表生态（土壤、植被及根际环境等）变化规律和地表生态自然恢复趋势等，综合分析地表生态损伤程度，揭示生态脆弱区煤炭现代开采地下水和地表生态变化的主要影响因素和采动覆岩与地表生态自修复能力。研究建立的“四维”观测系统、提出的“三类地下水”“地表层含水率”“采动覆岩自修复”“地表生态自修复”等内容，丰富了煤炭现代开采生态修复理论与方法，为提高西部生态脆弱区现代化煤矿区的生态修复效率提供了技术支撑。

本书具有较强的理论性和实用性，可作为矿业学科、水利学科、环境学科的科研人员、高校师生，以及从事煤炭开采水资源保护、生态修复等方面工作的技术人员的参考书籍，尤其对西部未来煤炭现代开采地下水保护利用和地表生态修复具有参考价值。

图书在版编目(CIP)数据

西部生态脆弱区现代开采对地下水与地表生态影响规律研究：神东大型煤炭基地地下水保护与生态修复途径探索／顾大钊等著．—北京：科学出版社，2019.2

ISBN 978-7-03-060532-0

Ⅰ.①西… Ⅱ.①顾… Ⅲ.①煤矿开采-影响-地下水-生态环境-研究-中国 ②煤矿开采-影响-地表-生态环境-研究-中国 Ⅳ.①X822.5

中国版本图书馆 CIP 数据核字（2019）第 026864 号

责任编辑：王 运／责任校对：张小霞
责任印制：肖 兴／封面设计：耕者设计工作室

科学出版社 出版
北京东黄城根北街 16 号
邮政编码：100717
http://www.sciencep.com

三河市春园印刷有限公司 印刷
科学出版社发行 各地新华书店经销
*
2019 年 2 月第 一 版 开本：787×1092 1/16
2019 年 2 月第一次印刷 印张：30 3/4
字数：730 000

定价：438.00 元

（如有印装质量问题，我社负责调换）

Supported by the National Key Technology Research and Development Program (2012BAC10B00)
Supported by the State Key Laboratory of Water Resources Protection and Utilization in Coal Mining

Impacts of Modern Mining on Groundwater and Surface Ecology in Ecological Fragile Area of Western China

—The research and practices of Shendong large-sized coal base, China

Gu Dazhao et al.

Abstract

The protection of underground water and surface environment in mining area are the basis for the sustainable development of large-sized coal base, where super-large working face with fully-mechanized mining is utilized as major mining method, in the ecological fragile region of western China. This book conducts study on the impacts of mining on underground water and surface environment, focusing on the Shendong area of Western China, where a group of 10 Mt production mines are concentrated and is the largest underground mining area in the world. The idea of mining-oriented process has been adopted, involving the pre-mining control, mid-mining damage reduction and post-mining eco-restoration. The research is based on mining responses of various parameters of overburden rock layer, underground water, soil and vegetation, using the latest "T-Shift Four Layer Monitoring System" methodology for the data collection and integrated with the geophysical detection (Seismic, EM, DEM, Geo Radar) and drill test, the soil physical and chemical detection, microbial and rhizosphere environment of the selected plant and vegetation etc. It reveals the migration feature of three types of waters (soil moisture, quaternary-phreatic and bedrock-fissure water) and the evolution rules of surface eco-environment (soil, vegetation and rhizosphere etc.), based on the data comprehensive analysis. The study also discovers the "self-healing functions" of post-mining overburden strata and surface eco-environment and finds the primary controlling factors. The results based on this study have further enriched the theory of ecological restoration and would be contributed to improve the efficiency of ecological restoration under modern coal mining in the ecological fragile region of Western China.

This book is characterized with strong theoretical property and practicality, which could be served as reference for the researchers, engineers, college teachers, senior undergraduates and graduate students, engaged in the research and engineering of underground water protection and ecological restoration. Especially, it will be instructive to the protection of underground water and restoration of the surface eco-environment under coal mining in Western China.

本书作者名单

顾大钊　张建民　杨　鹏　李全生
杨俊哲　杜文凤　胡振琪　毕银丽
杨　峰　朱国维　贺安民　王　义
李能考　曹志国　张　凯　郭洋楠

Authors List

Gu Dazhao, Zhang Jianmin, Yang Peng
Li Quansheng, Yang Junzhe, Du Wenfeng,
Hu Zhenqi, Bi Yinli, Yang Feng
Zhu Guowei, He Anmin, Wang Yi
Li Nengkao, Cao Zhiguo, Zhang Kai
Guo Yangnan

前　　言

晋、陕、蒙、宁、甘、新等区域（简称“西部地区”）是当前我国煤炭资源开发的重点区域。西部地区煤炭资源储量大，煤层埋藏浅，地质条件和水文条件相对简单，经过20余年的煤炭开采技术开发和推广应用，已形成以安全高效高回采率为特点的煤炭现代综采技术，建成一批安全高效矿井，煤炭产量逐年提升，2016年仍然保持在全国总量的70%左右，为我国煤炭供给提供了重要保障。该区地理上处于干旱半干旱地带，包括陕北黄土高原，鄂尔多斯盆地毛乌素沙漠、晋北黄土沟壑等典型地貌，大气降水量平均仅为蒸发量的1/6~1/3，导致水资源匮乏、土壤侵蚀严重和土地荒漠化等问题。在地下水资源短缺和生态环境十分脆弱条件下，煤炭开采对地表生态的破坏和矿井水大量外排流失，加剧了煤炭开发与地下水资源和地表生态保护的矛盾。据国家能源局2013年统计，我国煤炭开采区域生态修复比率约为30%，地下水资源损失约2~4吨/吨煤。西部生态脆弱煤矿区作为我国煤炭资源未来30年重点开发区域，如何提高生态修复比例和效率是煤炭资源规模化开发亟待解决的问题。近年来，在科学技术部、国土资源部（今自然资源部）、煤炭行业和地方政府的高度重视和支持下，通过科技攻关、示范项目、矿区和流域整治工程、相关政策调整等措施，取得了一批具有广泛应用价值的研究成果和工程实践经验，大幅度提高了生态修复效果。然而，随着西部地区煤炭开采规模的不断扩大，按现有生态修复能力计算，开采规模与生态修复比例将严重失调，采用矿区传统的生态重建方法将无法满足生态修复需求，难以适应我国西部生态矿区建设发展的客观要求。

生态脆弱区煤矿区生态修复是集自然环境演化、开采扰动、人工影响为一体的系统工程，也是矿区生态系统的自然恢复力、煤炭开采影响力和人工修复作用力的平衡，而现代开采对生态系统的影响程度直接影响到自然恢复能力。通过科学认识煤炭开采全周期生态系统要素的相互作用规律，发现控制煤炭开采影响程度的关键因素和有效发挥自然恢复力作用途径，有助于较大幅度地提高生态修复效率。研究着眼于煤炭开采前、开采中和开采后全过程，按照采前预控、采中减损与采后修复相结合的技术思路，通过研究煤炭开采对地下水和地表生态的影响规律，探索如何采用各种先进开采工艺和方法，减轻煤炭开采对地表生态的影响程度，同时充分利用生态系统的自我恢复能力，辅以人工修复措施，引导受破坏地表生态系统逐步恢复或促进地表生态系统向良性循环方向发展。

本书以全球千万吨安全高效矿井集中区——神东矿区为例，针对煤炭开采引发的地下水和地表生态问题，以先进的综合机械化开采技术（简称“现代开采”）支撑的超大工作面开采工艺为试验对象，第一次建立了开采全过程（采前—采中—采后及趋于稳定时）地下水和地表生态响应的科学观测系统，获得多时段多方法高精度探测和翔实的现场测试与试验数据，研究了现代开采条件下“三类地下水”（地表土壤水、第四系潜水和基岩裂隙水）运移规律和地表生态（土壤、植被及根际环境等）变化规律。全书共12章，着眼煤炭开采全过程中地下水和地表生态响应特点和采后时空变化趋势，探讨现代开采条件下地表生态自修复能力。其中，第 1 章重点总结西部煤炭开采及生态修复技术发展情况，提出安全高效高回收率的现代开采是西部煤炭的主要开采方式；第 2～4 章基于高精度四维地震勘探方法核心，集成高精度电法和地质雷达方法建立的开采全过程探测系统与试验结果，重点研究现代开采对采动覆岩的破坏规律及“三类”地下水的运移规律；第 5～9 章基于现代开采全过程地表生态空间与时间响应，研究开采全周期地表生态损伤现象（地裂缝、土壤、地表水渗流等）及变化规律；第 10～11 章以地表植被为重点，基于植物及根际环境在现代开采全过程中的响应变化，研究开采对地表植被和植物生长环境的影响规律及自然恢复趋势；第 12 章专题研究现代开采矿区生态环境损害评价方法，基于开采全过程地表生态系统观测与试验数据，综合分析土地生态和植物生态损伤程度，发现地表生态自然恢复趋势及现代开采条件下地表生态的自修复能力。

本书旨在揭示生态脆弱区煤炭现代开采对地下水和地表生态的影响规律和主要控制因素，充分认识现代开采地下水和地表生态损伤的可控性及地表生态系统的自然恢复力，建立“现代开采主动减损与采后引导修复”的现代生态修复理念及相适应的地表生态修复模式，着力提升大型煤矿区地下水资源保护和地表生态修复能力，为解决煤炭现代开采地下水资源与生态环境保护这一制约煤炭行业科学发展的重大矛盾、实现煤炭资源绿色开发提供科技支撑。

国家能源集团的南清安、卓卉、于瑞雪、董斌琦、张勇，神东煤炭集团有限责任公司的陈苏社、王振荣、何瑞敏、李鹏、杨茂林、贾峰、李强、李斌、叶小东等，中国矿业大学（北京）的崔凡、刘万金、聂俊丽、张延旭、赵晓伟、王新静、李晓婷、陈超等参与了本项研究工作，在此对他们所做的积极贡献一并表示衷心感谢。同时，本书也得到了国家科技支撑计划项目（2012BAC10B00）等的资助。

目　录

前言
第 1 章　西部煤炭开采与生态修复技术发展 …… 1
1.1　西部地区煤炭资源与开采地质条件 …… 1
1.1.1　西部地区煤炭资源基本情况及开采地质条件 …… 1
1.1.2　神东矿区煤炭资源及开采地质条件 …… 5
1.2　煤炭现代开采技术特点及发展趋势 …… 9
1.2.1　现代煤炭开采的主要特点 …… 9
1.2.2　神东矿区煤炭现代开采工艺技术 …… 12
1.2.3　西部地区煤炭现代开采技术发展趋势 …… 15
1.3　西部煤炭开采地下水与地表生态保护及研究方法 …… 17
1.3.1　煤炭现代开采面临的难题及相关科学问题 …… 18
1.3.2　国内外研究与实践现状 …… 20
1.3.3　研究分析思路和方法 …… 24
第 2 章　基于四维地震的现代开采覆岩损伤规律研究 …… 32
2.1　采动覆岩结构变化探测与分析方法 …… 32
2.1.1　煤岩层地球物理测井方法 …… 32
2.1.2　高精度四维地震数据采集与处理方法 …… 43
2.1.3　四维地震资料数据处理 …… 47
2.2　采动覆岩结构变化的信息提取与分析方法 …… 56
2.2.1　时移地震数据体显示方法 …… 56
2.2.2　采动覆岩静态描述方法 …… 59
2.2.3　煤系地层动态描述 …… 67
2.3　现代开采工作面采动覆岩结构变化分析 …… 79
2.3.1　开采前煤层覆岩地震响应特征 …… 79
2.3.2　开采中采动覆岩地震响应特征 …… 80
2.3.3　开采后采动覆岩地震响应特征 …… 83
2.4　现代开采技术下采动覆岩结构变化趋势分析 …… 85
2.4.1　采动覆岩结构变化的地震“三带”响应特点 …… 85
2.4.2　采动覆岩结构变化信息增强方法 …… 87
2.4.3　基于地震振幅谱信息的采动裂隙发育变化分析 …… 88
2.4.4　采动覆岩渗透率变化趋势分析 …… 93
第 3 章　煤炭现代开采对浅表层结构及土壤水的影响 …… 100
3.1　基于时移地质雷达的地表层含水性变化探测方法 …… 100

3.1.1　时移地质雷达探测方法 …… 100
3.1.2　第四系地表层主要岩性结构及分布特征 …… 118
3.1.3　地表层含水率信息提取方法 …… 123
3.2　开采对地表层结构的影响分析 …… 130
3.2.1　层位厚度提取算法研究 …… 130
3.2.2　层位变化评价算法 …… 133
3.2.3　开采不同阶段主要岩性结构的变化分析 …… 134
3.3　开采对地表层含水率的影响及变化趋势分析 …… 137
3.3.1　地表层含水率探测有效性及影响因素 …… 137
3.3.2　采前地表层含水率空间分布情况 …… 139
3.3.3　开采对地表层含水率的影响分析 …… 140
第4章　现代开采对采动覆岩赋水性影响研究 …… 144
4.1　现代开采影响的物理和数值模拟研究 …… 144
4.1.1　模拟研究方法 …… 144
4.1.2　含水层泄漏状态响应模拟 …… 145
4.1.3　地下水顺层流动状态响应模拟 …… 148
4.1.4　地下充水采空区状态响应模拟 …… 150
4.1.5　开采覆岩破坏状态响应模拟 …… 151
4.2　时移高精度电法数据采集与处理方法 …… 152
4.2.1　现场数据采集 …… 153
4.2.2　数据预处理方法 …… 153
4.2.3　数据精细反演与可视化成像 …… 158
4.2.4　高精度电阻率解释 …… 160
4.3　补连塔试验区采动覆岩富水性变化综合分析 …… 165
4.3.1　试验区基本地电情况 …… 165
4.3.2　采动覆岩赋水性剖面分析 …… 167
4.3.3　采动覆岩赋水性变化综合分析 …… 171
第5章　现代开采基岩裂隙水模拟预测分析 …… 180
5.1　地下水流有限单元法模拟方法 …… 180
5.1.1　有限单元法简介 …… 180
5.1.2　FEFLOW 软件介绍 …… 182
5.2　基岩裂隙水流场数值模拟 …… 183
5.2.1　地下水系统概念模型 …… 183
5.2.2　地下水系统数学模型 …… 184
5.2.3　地下水系统数值模型的建立 …… 185
5.2.4　地下水数值模型的识别与验证 …… 188
5.2.5　地下水数值模型的预测 …… 190
5.3　乌兰木伦井田开采对基岩裂隙水影响预测分析 …… 191

5.3.1　水文地质概况 …… 191
5.3.2　基岩裂隙水产生矿井水量预测 …… 193
5.4　补连塔井田开采对基岩裂隙水影响预测分析 …… 195
5.4.1　水文地质概况 …… 195
5.4.2　基岩裂隙水产生矿井水量预测 …… 197
5.5　大柳塔井田开采对基岩裂隙水影响预测分析 …… 200
5.5.1　水文地质概况 …… 201
5.5.2　基岩裂隙水产生矿井水量预测 …… 205
5.6　榆家梁井田开采对基岩裂隙水影响预测分析 …… 209
5.6.1　水文地质概况 …… 209
5.6.2　基岩裂隙水产生矿井水量预测 …… 212
第6章　现代开采沉陷区地表移动变形规律研究 …… 216
6.1　现代开采地表移动变形观测与分析方法 …… 216
6.1.1　观测系统及观测点布局 …… 216
6.1.2　地表移动观测方法 …… 218
6.1.3　地表移动观测数据处理 …… 220
6.2　现代煤炭开采对地表移动变形规律影响分析 …… 222
6.2.1　基于实测的地表移动变形规律 …… 223
6.2.2　基于模型的地表移动变形参数求取 …… 228
6.2.3　地表动态参数求取与分析 …… 231
6.2.4　动态参数对比分析 …… 232
6.3　开采沉陷地表破坏预测分析 …… 234
6.3.1　基于参数的地表沉陷预测分析比较 …… 234
6.3.2　基于Suffer的开采沉降区三维动态模拟分析 …… 235
6.3.3　地表变形区自修复能力分析 …… 235
第7章　现代开采地表裂缝发育规律研究 …… 240
7.1　开采沉降区动态裂缝初始状态及分布特征 …… 240
7.1.1　下沉盆地动态裂缝初始状态的分布特征 …… 240
7.1.2　动态裂缝发育周期监测方法 …… 242
7.1.3　动态裂缝产生的时机模型 …… 242
7.2　典型动态裂缝发育规律分析 …… 244
7.2.1　典型动态裂缝发育特征分析 …… 244
7.2.2　动态裂缝的发育周期函数模型 …… 246
7.3　典型边缘裂缝分布特征与属性 …… 247
7.3.1　边缘裂缝监测方法 …… 247
7.3.2　边缘裂缝的分布特征与属性 …… 248
7.3.3　边缘裂缝宽度与深度关系分析 …… 249
7.4　地裂缝浅层地下轨迹研究 …… 253

7.4.1　地裂缝浅层地下轨迹探测方法 …… 253
7.4.2　地裂缝轨迹特征 …… 255
第8章　现代开采沉陷区土壤水及渗流规律研究 …… 262
8.1　地表土壤水及土壤渗流特性测定方法 …… 262
8.1.1　地表裂缝处含水率测定 …… 262
8.1.2　土壤垂直方向水分影响观测 …… 264
8.1.3　地表裂缝区土壤渗流特性测定 …… 265
8.1.4　地表水土流失测定 …… 268
8.2　开采地表裂缝及沉陷区土壤水变化特征 …… 270
8.2.1　动态裂缝对土壤含水性的影响特点 …… 270
8.2.2　边缘裂缝对土壤含水性的影响特点 …… 278
8.2.3　开采裂缝对土壤含水量的影响及自修复作用 …… 283
8.2.4　塌陷时序上土壤含水量变化比较分析 …… 285
8.3　开采沉陷不同区土壤垂直方向水分变化特征 …… 286
8.3.1　对照区的土壤水分垂直特征 …… 287
8.3.2　沉陷区谷底区土壤水分垂直特征 …… 289
8.3.3　沉陷盆地边缘土壤水分垂直特征 …… 289
8.3.4　开切眼处土壤水分垂直特征 …… 290
8.4　开采对土壤渗流影响规律 …… 291
8.4.1　开采过程中土壤入渗变化规律 …… 291
8.4.2　影响土壤稳定入渗速率的因素分析 …… 294
8.4.3　土壤渗流变化趋势分析 …… 296
8.5　开采对地表水土流失影响研究 …… 296
8.5.1　径流小区地表和水流变化 …… 296
8.5.2　水土流失影响现场试验研究 …… 297
第9章　现代开采沉陷区土壤损伤规律研究 …… 299
9.1　土壤主要参数测定方法 …… 299
9.1.1　土壤样点时空布局及采集方法 …… 299
9.1.2　植物土壤采样布局与方法 …… 301
9.1.3　土壤主要物理参数测定方法 …… 303
9.1.4　土壤主要化学参数测定方法 …… 306
9.2　现代开采沉陷区土壤物理特征时空变化 …… 309
9.2.1　土壤容重变化特征 …… 309
9.2.2　土壤孔隙度变化特征 …… 312
9.2.3　土壤含水率变化特征 …… 314
9.2.4　土壤入渗与蒸发能力变化特征 …… 319
9.3　现代开采沉陷区土壤化学特征时空变化 …… 321
9.3.1　土壤 pH …… 321

9.3.2 土壤全氮 …… 322
9.3.3 土壤速效钾 …… 323
9.3.4 土壤速效磷 …… 325
9.3.5 土壤有机质 …… 326
第10章 现代开采沉陷区植物生长及根际土壤环境变化研究 …… 329
10.1 研究区植物概况及采样方法 …… 329
10.1.1 研究区植物概况 …… 329
10.1.2 典型植物选择 …… 331
10.1.3 样区布置与采样方法 …… 334
10.1.4 主要测试参数及测定方法 …… 338
10.2 现代开采沉陷区植物生长变化研究 …… 338
10.2.1 补连塔现代开采沉陷区典型植物变化研究 …… 339
10.2.2 大柳塔现代开采沉陷区典型植物变化研究 …… 348
10.3 现代开采对典型植物土壤环境的主要影响 …… 354
10.3.1 补连塔现代开采沉陷区植物根际土壤变化 …… 354
10.3.2 大柳塔研究区现代开采沉陷区植物土壤环境研究 …… 369
第11章 现代开采沉陷区植物根际生物环境及多样性变化研究 …… 378
11.1 开采沉陷对植物根际微生物数量的影响 …… 378
11.1.1 补连塔研究区 …… 379
11.1.2 大柳塔研究区 …… 388
11.2 开采对典型植物根际酶活性的影响 …… 390
11.2.1 补连塔研究区 …… 391
11.2.2 大柳塔研究区 …… 398
11.3 现代开采沉陷区微生物菌群多样性影响 …… 400
11.3.1 不同开采时间根系真菌种类 …… 400
11.3.2 不同开采时间下系统发育树 …… 401
11.3.3 根系真菌多样性分析 …… 401
11.4 现代开采沉陷区植物群落演替变化分析 …… 417
11.4.1 物种多样性 …… 418
11.4.2 植物群落特征 …… 419
第12章 现代开采地表生态损伤程度与自修复研究 …… 431
12.1 基于GIS的矿区生态环境损害评价 …… 432
12.1.1 损害评价指标体系构建 …… 432
12.1.2 专题数据处理分析 …… 436
12.1.3 评价方法 …… 443
12.1.4 评价结果分析 …… 443
12.2 基于现代开采的地表土地生态损伤自修复能力研究 …… 445
12.2.1 土地生态环境自修复评价模型 …… 445

12.2.2 评价体系构建 …… 449
12.2.3 评价模型应用 …… 452
12.2.4 评价结果分析 …… 454
12.3 基于现代开采的植被生态损伤及自修复能力研究 …… 456
12.3.1 现代开采生态系统损伤模型构建 …… 456
12.3.2 现代开采对本底生态环境的影响程度评价（试验区案例） …… 460
12.3.3 现代开采植物生态损伤及自修复能力评价 …… 463
参考文献 …… 468

Contents

Preface

1 Coal mining in Western region and technology advances for eco-restoration ········ 1

1.1 Coal resources and mining geological conditions in Western China ········ 1

1.1.1 Coal resources and geological conditions for coal development ········ 1

1.1.2 The geological conditions and coal resources in Shendong mining area ········ 5

1.2 Features of modern coal mining technology and its progress trend ········ 9

1.2.1 The major features of modern coal mining ········ 9

1.2.2 Application of modern mining techniques in Shendong mining area ········ 12

1.2.3 The progress tendency of modern coal mining in Western China ········ 15

1.3 The issues and solution for groundwater and surface ecology in coal mining area of Western China ········ 17

1.3.1 The challenges from coal mining and some key academic issues ········ 18

1.3.2 Progress of the related research and practice around the world ········ 20

1.3.3 The ideas and methodology for the research ········ 24

2 Mining damage analysis of overlying strata using 4D seismic method ········ 32

2.1 Prospecting and analysis method for the overlying strata change ········ 32

2.1.1 Geophysical logging method for coal and rock formations ········ 32

2.1.2 Seismic acquisition for high-precision 4D data ········ 43

2.1.3 4D seismic data processing ········ 47

2.2 The features identification for the changes of overlying rock structure ········ 56

2.2.1 T-shift seismic interpretation and data volume display ········ 56

2.2.2 Static description of mining overlying strata ········ 59

2.2.3 Dynamic description of coal-contained strata ········ 67

2.3 Analysis of overlying strata change in over-sized mining face ········ 79

2.3.1 Seismic response features of overlying strata before mining ········ 79

2.3.2 Seismic response features of overlying strata during mining ········ 80

2.3.3 Seismic response features of overlying strata after mining ········ 83

2.4 Trend analysis of the overlying strata impacted with modern mining ········ 85

2.4.1 The "three zones" of the overlying strata ········ 85

2.4.2 Enhanced method for change features of the overlying strata structures ········ 87

2.4.3 Fracture progress analysis using T-shift seismic amplitude spectrum (SAM) ········ 88

2.4.4 Permeability analysis of overlying strata using T-shift SAM ········ 93

3　Coal mining impact on near-surface strata and soil moisture ······ 100
3.1　Moisture detection of near-surface strata and soil using T-shift GPR ······ 100
3.1.1　T-shift Ground Penetrating Radar (GPR) method ······ 100
3.1.2　Lithographic structure and spatial distribution of Quaternary layer ······ 118
3.1.3　Determined method for the near-surface layer moisture ······ 123
3.2　Mining impact analysis to the structure of near-surface layer ······ 130
3.2.1　The layer's thickness algorithm ······ 130
3.2.2　Evaluation algorithm of the layer's thickness change ······ 133
3.2.3　Changes of lithological structure during different mining phases ······ 134
3.3　Mining impact to the near-surface layer moisture and its tendency ······ 137
3.3.1　Detection effectiveness of the moisture content and influencing factors ······ 137
3.3.2　Spatial distribution of the moisture content before mining ······ 139
3.3.3　Impact analysis of the moisture content ······ 140
4　The mining impact on the hydrolic property of overlying strata ······ 144
4.1　The physical and numerical simulation of the mining impacts ······ 144
4.1.1　Simulation method ······ 144
4.1.2　Mining response simulation of aquifer leakage ······ 145
4.1.3　Mining response simulation of groundwater bedding flow ······ 148
4.1.4　Mining response simulation of underground water-filled goaf ······ 150
4.1.5　Mining response simulation of the overlying strata ······ 151
4.2　Data acquisition and processing using T-shift high-precision EM ······ 152
4.2.1　Field data acquisition ······ 153
4.2.2　Data pre-processing method ······ 153
4.2.3　Data inversion and visualization ······ 158
4.2.4　High-precision resistivity interpretation ······ 160
4.3　Analysis to the hydrolic property of overlying strata in Bulianta test area ······ 165
4.3.1　Geo-electric setting in test area ······ 165
4.3.2　Profile analysis to the hydrous property of overlying strata ······ 167
4.3.3　Comprehensive analysis to hydrolic property of overlying strata ······ 171
5　Prediction of bedrock fissure water under modern mining ······ 180
5.1　Finite element simulation method of groundwater flow ······ 180
5.1.1　Introduction of finite element method ······ 180
5.1.2　Introduction of FEFLOW software ······ 182
5.2　The numerical simulation of bedrock fissure flow field ······ 183
5.2.1　Conceptual model for describing groundwater system ······ 183
5.2.2　Mathematical description for the groundwater system ······ 184
5.2.3　Numerical model construction of the groundwater system ······ 185
5.2.4　Identification and validation of the model parameter ······ 188

5. 2. 5 Prediction of groundwater using the numerical model ······ 190
5. 3 Predicting mining impact on bedrock fissure water in Ulanmulun mine ······ 191
5. 3. 1 Hydro-geological conditions of Ulanmulun mine ······ 191
5. 3. 2 Predicting mine water from bedrock fissure water ······ 193
5. 4 Predicting mining impact on bedrock fissure water in Bulianta mine ······ 195
5. 4. 1 Hydro-geological conditions of Bulianta mine ······ 195
5. 4. 2 Predicting mine water from bedrock fissure water ······ 197
5. 5 Predicting mining impact on bedrock fissure water in Daliuta mine ······ 200
5. 5. 1 Hydro-geological conditions of Daliuta mine ······ 201
5. 5. 2 Predicting mine water from bedrock fissure water ······ 205
5. 6 Predicting mining impact on bedrock fissure water in Yujialiang mine ······ 209
5. 6. 1 Hydro-geological conditions of Yujialiang mine ······ 209
5. 6. 2 Predicting mine water from bedrock fissure water ······ 212
6 Ground movement and deformation in modern mining area ······ 216
6. 1 Detection and analysis method of surface movement and deformation ······ 216
6. 1. 1 Detecting system and its layout of measuring position ······ 216
6. 1. 2 Detecting method of the ground movement ······ 218
6. 1. 3 Acquired data processing ······ 220
6. 2 Analysis of the movement and deformation due to underground mining ······ 222
6. 2. 1 The movement and deformation tendency based on site measurement ······ 223
6. 2. 2 The movement and deformation modeling using the parameters ······ 228
6. 2. 3 The parameter calculation of ground movement and its analysis ······ 231
6. 2. 4 The parameter comparison and analysis of dynamic ground movement ······ 232
6. 3 Prediction of ground subsidence induced by underground mining ······ 234
6. 3. 1 Prediction of ground subsidence based on parameters ······ 234
6. 3. 2 3D dynamic simulation of the ground subsidence area using Suffer ······ 235
6. 3. 3 Analysis of self-healing ability for ground deformation ······ 235
7 The occurrence and development of surface cracks in mining area ······ 240
7. 1 Initial status and distribution of dynamic fractures in subsidence area ······ 240
7. 1. 1 Initial status and distribution of dynamic cracks within subsidence area ······ 240
7. 1. 2 Dynamical measuring method of fracture development process ······ 242
7. 1. 3 Timing model for dynamic ground crack generation ······ 242
7. 2 The occurrence and development features of dynamic cracks ······ 244
7. 2. 1 Development features of the dynamic cracks ······ 244
7. 2. 2 Development cycle model of the dynamic cracks ······ 246
7. 3 Distribution features and properties of the margin cracks ······ 247
7. 3. 1 Data acquirement of the margin cracks ······ 247
7. 3. 2 Distribution features and properties of the margin cracks ······ 248

7.3.3 The relation between width and depth of the margin cracks ······ 249
7.4 The subsurface trajectory of the ground cracks ······ 253
7.4.1 Detection of the ground cracks ······ 253
7.4.2 The subsurface trajectory features of the ground cracks ······ 255
8 The soil moisture and its seepage features in the subsidence area ······ 262
8.1 Measurement of soil-water and soil seepage characteristics ······ 262
8.1.1 The measurement of surface cracks ······ 262
8.1.2 The vertical measurement of soil moisture ······ 264
8.1.3 The soil seepage measurement in surface crack area ······ 265
8.1.4 Measurement of soil and water erosion ······ 268
8.2 Development characteristics of the surface cracks and soil moisture ······ 270
8.2.1 Dynamic crack influence on the soil moisture ······ 270
8.2.2 Margin crack influence on the soil moisture ······ 278
8.2.3 The crack influence on the soil moisture and its self-healing tendency ······ 283
8.2.4 Sequential comparison of soil moisture at surface subsidence area ······ 285
8.3 Vertical change of soil moisture in the subsidence area ······ 286
8.3.1 Vertical change of soil moisture in the contrast area ······ 287
8.3.2 Vertical changes of soil moisture in the central gentle zone ······ 289
8.3.3 Vertical changes of soil moisture at the margin zone ······ 289
8.3.4 Vertical changes of soil moisture at face cut zone ······ 290
8.4 Mining influence on soil infiltration ······ 291
8.4.1 The variation of soil infiltration during mining process ······ 291
8.4.2 Primary factors affecting soil steady infiltration rate ······ 294
8.4.3 Soil infiltration tendency analysis ······ 296
8.5 The mining influence on soil and water erosion ······ 296
8.5.1 Variation of surface water flow in runoff plot ······ 296
8.5.2 Field test on soil erosion effects ······ 297
9 The soil damage in mining subsidence area ······ 299
9.1 Measurement methods of the soil parameters ······ 299
9.1.1 Spatial and temporal layout of the soil samples and sampling method ······ 299
9.1.2 Spatial and temporal layout of the plant samples and sampling method ······ 301
9.1.3 Measurement methods of the soil physical parameters ······ 303
9.1.4 Measurement methods of the soil chemical parameters ······ 306
9.2 Temporal and spatial variation of the soil physical parameters ······ 309
9.2.1 Soil bulk density ······ 309
9.2.2 Soil porosity ······ 312
9.2.3 Soil moisture ······ 314
9.2.4 Soil infiltration and evaporation capacity ······ 319

9.3 Temporal and spatial variation of the soil chemical parameters ······ 321
9.3.1 Soil pH ······ 321
9.3.2 Total N ······ 322
9.3.3 Available K ······ 323
9.3.4 Available P ······ 325
9.3.5 Organic matter ······ 326
10 Variation of plant growth and rhizosphere soil in subsidence area ······ 329
10.1 Plant survey and sampling methods in the study area ······ 329
10.1.1 Plant situation of the study area ······ 329
10.1.2 Selection of the typical plant ······ 331
10.1.3 Measurement layout and sampling method ······ 334
10.1.4 Primary measured parameters and methods ······ 338
10.2 The plant growth variation in mining subsidence area ······ 338
10.2.1 Comparison of the typical plants in Bulianta subsidence area ······ 339
10.2.2 Comparison of the typical plants in Daliuta subsidence area ······ 348
10.3 Primary influence on the plant rhizosphere soil in subsidence area ······ 354
10.3.1 Rhizosphere soil comparison of the plant in Bulianta sample area ······ 354
10.3.2 Rhizosphere soil comparison of the plant in Daliuta sample area ······ 369
11 Variation of the plant rhizosphere biological environment and the diversity in subsidence area ······ 378
11.1 Subsidence effects on the microbial quantity in the plant rhizosphere ······ 378
11.1.1 Bulianta sample area ······ 379
11.1.2 Daliuta sample area ······ 388
11.2 Subsidence effects on the enzyme activities in the plant rhizosphere ······ 390
11.2.1 Bulianta sample area ······ 391
11.2.2 Daliuta sample area ······ 398
11.3 Subsidence effects on the microbial flora diversity in plant rhizosphere ······ 400
11.3.1 The root fungus species at different mining stages ······ 400
11.3.2 The phylogenetic tree at different mining stages ······ 401
11.3.3 Analysis of root fungal diversity ······ 401
11.4 The plant community succession in mining subsidence area ······ 417
11.4.1 Plant species diversity ······ 418
11.4.2 Feature of plant communities ······ 419
12 Degree of the ecological damage and the self-healing in mining area ······ 431
12.1 GIS-based damage evaluation on the ecological environment ······ 432
12.1.1 Construction of damage assessment index system ······ 432
12.1.2 Thematic data processing ······ 436
12.1.3 Evaluation method ······ 443

12. 1. 4　Analysis of evaluation results ······ 443
12. 2　Ecological self-healing ability of the damaged soil ······ 445
12. 2. 1　Self-healing evaluation mode for land ecological environment ······ 445
12. 2. 2　Construction of the evaluation system ······ 449
12. 2. 3　The model application to sample area ······ 452
12. 2. 4　Evaluation result analysis ······ 454
12. 3　The ecological self-healing ability of the damaged vegetation ······ 456
12. 3. 1　Ecosystem damage model construction ······ 456
12. 3. 2　Impact evaluation on the ecological background level ······ 460
12. 3. 3　Evaluation on damaged vegetation and ecological self-healing ability ······ 463
References ······ 468

第1章　西部煤炭开采与生态修复技术发展

煤炭产量和消费量长期占我国一次能源的70%左右，2014年，全国煤炭产量达38.7亿t，据中国工程院项目组（2011）对我国能源中长期发展战略研究，2050年前煤炭在我国一次能源结构中的比重还将保持在50%以上。西部地区（晋、陕、蒙、宁、甘、新）是我国现在和30～50年煤炭主体能源安全保障供给区，由于其煤炭资源储量大、煤层埋藏浅、煤炭开采条件好，按照高起点、高水平、规模化开采的思路，经过近20年煤炭开采模式的不断创新与发展，已经形成一批以集约化程度高、安全保障水平高、资源回收率高为特色的现代化安全高效矿井和神东千万吨矿井群，确定了我国能源保障中的煤炭资源中心和煤炭生产中心地位。然而，西部地区普遍生态环境脆弱，生态自我保护能力低下，煤炭大规模开采引发的一系列环境问题已经成为影响煤炭可持续开发的严重障碍。据国家能源局2013年统计，全国每年开采损伤的土地复垦率约为30%，采煤排放的地下水利用率也仅为25%。近年来，社会各界形成的“煤炭绿色开采”共识和研究得出的一系列科技成果拓展了煤炭开采的思路，强调通过开采分区规划、开采工艺创新、地下含水层保护等多种措施，建立符合生态环境条件的煤炭开采布局和实施有利于保护生态环境的开采方式。

针对我国西部地区煤炭资源富集易采、水资源贫乏、生态环境脆弱的特点，通过总结前人研究与实践成果，进一步突破煤炭现代规模开采对地下水扰动和地表生态损伤规律的科学认识，对研究煤炭和水资源同步开发且符合生态环境友好的技术途径，促进煤炭开采与自然生态系统相互协调可持续发展，实现西部地区煤炭资源的可持续开发都具有重要的科学意义。

1.1　西部地区煤炭资源与开采地质条件

1.1.1　西部地区煤炭资源基本情况及开采地质条件

1. 煤炭资源基本情况

西部地区煤炭资源丰富，占全国煤炭资源总量的71.6%，是当前及未来我国30～50年煤炭资源开发重点区域，尤以陕北和蒙西地区资源集中度最高，而宁东—榆林—鄂尔多斯一带的煤炭资源量1.41万亿t，占全国的25.5%。其中，陕西超过1400亿t，内蒙古西部超过5400亿t，山西超过1200亿t。该区域煤种齐全，区域东部以炼焦煤、无烟煤为主，西部以低级烟煤（长焰煤、不黏煤、弱黏煤）为主。山西省除褐煤外，其他煤类都有赋存，特别是聚集了全国50%的炼焦用煤。吕梁山以东区域则煤类复杂，太行山东麓南段区域为高变质无烟煤带，向北逐渐过渡为瘦煤—焦煤—肥煤，太行山东麓中段则有气煤、气肥煤和少量肥煤；蒙西地区以低变质烟煤为主，不黏煤储量极大，除褐煤外的其余 13 种煤类也皆有赋存。该区域煤种空间分带特征显著，例如，鄂尔多斯盆地东缘由南向北依次为无烟煤与贫煤、焦煤、肥煤、气肥煤、气煤和长焰煤，鄂尔多斯盆地西及西北缘无烟煤、贫煤、瘦煤、焦煤均有分布。

宁东—榆林—鄂尔多斯一带的煤炭资源量 1.41 万亿 t，占全国的 25.5%，煤炭开发条件优越，适合煤炭规模化开采，2013 年煤炭产量已占全国的 28.3%，但该区水资源仅占全国的 0.37%。

2. 煤炭开采地质条件

西部地区含煤地层包括二叠系山西组、石炭系太原组和侏罗系延安组等，其中：山西组以河流–三角洲相沉积为主，岩性主要为泥岩、页岩、粉砂岩、砂岩及煤层。该组地层厚度变化较大，具有北厚南薄、东厚西薄的特点。含煤层 3 ~ 5 层，全区中厚煤层发育，大范围可以对比，局部煤层最大累计厚度大于 16m，煤层属于稳定—较稳定；太原组以海陆交互相沉积为主，岩性由灰岩、泥岩、砂岩、煤层组成，煤层大多稳定，结构简单，一般厚 40 ~ 100m，含煤 6 ~ 12 层，可采总厚达 20 ~ 40m。富煤区（大同、平朔、准格尔、桌子山—贺兰山一线）总厚度最大，达 20 ~ 40m，在发育较好的晋南、晋东南等地，主采煤层厚达 3 ~ 6m；延安组大面积分布于鄂尔多斯盆地，为大型湖盆相沉积，含煤 1 ~ 6 组，一般 3 ~ 4 组，每层厚度大，煤层稳定—较稳定。

西部各矿区地质开采条件（表 1.1）表明，西部区域煤层赋存比较稳定，埋藏浅、构造和水文地质条件比较简单。由于西部地区煤田地质构造简单、煤层埋藏浅，适合大规模机械化开采，开发成本低，具备建设大型安全高效煤矿的资源优势条件，目前已集中了神东、晋北、晋中、晋东、黄陇、陕北、宁东等大型煤炭基地和 42 个煤矿区，拥有一批具有国际先进水平的千万吨级、大型和特大型现代化煤矿群，建成了神东、平朔等现阶段我国以千万吨级、大型与特大型现代化煤矿开采为主的大型煤炭基地，代表了我国煤炭工业的发展方向和发展水平。

表 1.1 西部主要煤炭基地地质条件概况

煤炭基地	矿区	含煤地层	地质特征
神东	神东、万利	延安组、石拐子组	煤层埋藏浅，煤层赋存稳定和比较稳定，顶板条件好，地质构造简单，断层稀少，煤层倾角 1° ~ 10°，瓦斯含量低，煤尘具有爆炸危险性，煤层为自燃和易自燃，地温正常，水文地质条件简单
	准格尔、乌海、府谷	山西组、太原组	
晋北、晋中、晋东	大同	大同组、山西组、太原组	煤层赋存稳定和较稳定，顶板条件好，地质构造简单，为低瓦斯矿区，煤层易自燃，水文地质条件简单
	平朔、朔南、轩岗、岚县、河保偏、西山、东山、离柳、汾西、霍州、乡宁、霍东、石隰、阳泉、武夏、潞安、晋城	山西组、太原组	煤层埋藏浅—深，煤层厚度大而稳定，地质构造简单—中等，倾角缓，浅部为低—高瓦斯矿井，煤尘具有爆炸危险性，煤层易自燃，水文地质条件简单—中等

续表

煤炭基地	矿区	含煤地层	地质特征
黄陇	彬长、黄陵、旬耀、焦坪、华亭	延安组	可采煤层均为稳定和比较稳定，顶板比较稳定和稳定，大部分矿区底板遇水膨胀，地质构造简单—中等，煤层倾角一般都在2°~10°，水文地质条件简单。大部分矿区为低瓦斯矿井，各矿区煤尘均具有爆炸危险性和易自燃
	蒲白、澄合、韩城	山西组、太原组	主要可采煤层比较稳定，顶底板稳定，构造简单，蒲白、澄合矿区为低瓦斯矿井，韩城、铜川矿区大部分为高瓦斯矿井，有些是煤与瓦斯突出矿井。水文地质条件简单—中等
	铜川	太原组	
陕北	榆神、榆横	侏罗系延安组	煤层厚而稳定，结构简单，煤层埋藏浅，顶底板稳定易管理，地质构造简单，倾角小（1°~5°，1°左右），为低瓦斯矿井，煤尘具有爆炸危险性，水文地质条件简单
宁东	石嘴山、横城、韦州	山西组、太原组	煤层厚—较厚，煤层稳定—较稳定，煤层结构简单—比较简单，煤层埋藏浅，顶底板易管理，地质构造简单，一般为低瓦斯矿井，水文地质简单
	石炭井	延安组、山西组、太原组	
	灵武、鸳鸯湖、石沟驿、马积萌	延安组	

资料来源：中国工程院2012年统计资料。

3. 自然与生态环境条件

我国西部地区地处欧亚大陆腹地，地域辽阔，自然资源丰富，生态系统类型多样。区域大部分属干旱、半干旱地区，且地形复杂多样，多山地，属大陆内半湿润到半干旱气候，气候类型为温带季风气候；全年降水量约50~450mm，年蒸发量高达1000~2600mm，蒸发量为降水量的4~8倍。西部地区主要地带性植被类型为森林草原及沙生草原植被，总体上植被覆盖度水平介于低至一般，生物物种较少，生态环境质量指数25~40，生态环境状况为较差至一般水平。该区具有土壤侵蚀和土地沙漠化敏感性程度高的特点。

我国水资源分布总体上呈现“东富西贫”状态，其中东部水资源总量高达20224亿m^3，占全国的72.2%，而西部水资源总量仅占全国水资源的3.9%，人均水资源量仅有135~1563m^3，紧缺隶属度>0.5。根据水资源紧缺程度指标，西部的宁夏和山西均属于极度缺水地区，陕西属于重度缺水地区，内蒙古属于轻度缺水地区。其中，晋、陕、蒙水资源总量仅占全国水资源的1.6%，而晋陕蒙接壤区能源“金三角”的宁东—榆林—鄂尔多斯一带，仅占全国的0.37%，属于重度缺水区。

西部地区总体上生态环境脆弱，由于自然条件和人类经济活动规模不断扩大，特别是矿产资源的大规模开发，生态环境问题突出。一是自然水土流失日益严重，主要分布在黄土高原和黄河中上游区域的黄土丘陵沟壑区和黄土高原沟壑区，流失面积约占黄河中上游流域总面积的2/3，面积约25万km^2，一般侵蚀模数为每年每平方千米5000~10000t/(km^2·a)，少数地区高达2万~3万t/(km^2·a)；二是土地沙漠化加剧，在蒙、宁、陕、甘、青、新等省区都有大面积分布，主要有半干旱地带沙漠化土地（如陕北和宁东区域）和干旱荒漠地带的沙漠化土地（如狼山—贺兰山—乌鞘岭一带），几乎集中了我国90%以上的沙漠化土地，其中已沙漠化的土地面积约16万km^2，潜在沙漠化土地面积约15万km^2。

近年来，我国针对西部区域水土流失、土地沙漠化和盐渍化等生态环境突出问题，实施了长期的退耕还林还草政策，使西部地区植被覆盖度显著提升（图1.1）。据监测，内蒙古已基本实现由“整体恶化、局部改善”向“整体遏制”的重大转变，新疆近十年土地沙化扩展速度呈逐年下降态势，出现了草木茂盛、野生动物增多、湖河水位提高等生态好转的态势，植被覆盖度显著提升，宁夏沙化土地面积逐步减小，初步实现了治理速度大于沙化速度的重大转变。

西部典型黄土沟壑区域水土流失和退耕还林还草+人工治理景观

西部典型沙漠化区域荒漠化和禁牧还草+人工治理景观

图1.1　西部生态脆弱区典型景观示意

煤炭开采对生态环境有着广泛而深刻的影响。开采对区域生态的影响主要是采煤地表沉陷，其表现形式为地表移动变形影响土地利用、加速水土流失、加速土地沙化、地表建构筑物损害等，露天开采则是完全破坏原地表植被、建构筑物。同时，也造成了煤炭开发区域的空气、地表水、土壤的质量下降，生态系统的退化，生物多样性丧失，农作物减产等（中国环境与发展国际合作委员会，2009）。特别是在西部煤炭资源富集和生态脆弱地区，加剧了水土流失和土地荒漠化，引发泥石流、滑坡等地质灾害，严重制约着煤炭资源开发，形成了煤炭资源储量丰富区规模化开发与生态环境脆弱性制约的矛盾。随着我国煤炭开采重心的北进西移，西部生态环境条件在很大程度上制约着煤炭资源的可持续开发。

1.1.2　神东矿区煤炭资源及开采地质条件

1. 煤炭资源基本情况

神东矿区保有地质储量超过120亿t，其中，厚度为0.8～1.35m煤层的储量约占8.98%，厚度为1.36～2.20m的储量约占10.0%，厚度为2.21～3.50m的储量约占16.18%，厚度为3.51～4.50m的储量约占15.01%，厚度为4.51～5.50m的储量约占12.91%，厚度为5.51～6.50m的储量约占12.18%，厚度大于6.5m的储量约占24.36%。

2. 煤炭开采地质条件

该区域地层区划属华北地层区鄂尔多斯盆地分区，地表大部分被第四系沉积物覆盖，仅在沟谷中有基岩出露。地层由老至新依次发育有：三叠系上统永坪组，侏罗系中统延安组、直罗组，新近系上新统保德组，第四系中更新统离石组、上更新统萨拉乌苏组、全新统风积沙及冲积层。其中，中下侏罗统延安组为矿区主要含煤地层，与下伏地层富县组整合接触或假整合于上三叠统永坪组之上，与上覆地层中侏罗统直罗组亦呈假整合接触关系。

从区域地质构造特点来看，盆地整体为一不对称的大型向斜，呈北北东-北东向展布，其向斜轴位于盆地的西部，向斜西翼陡，东翼平缓。区内地质构造简单，全区总体以单斜构造为主，发育宽缓波状褶曲，地层倾角平缓，一般为3°～5°。区内构造极其简单，是个缓缓西倾的大单斜层，岩层倾角1°左右；有宽缓的波伏起伏及短轴构造，因而地层走向局部有偏转。区内断层稀少，除烧变岩外，岩石裂隙也不发育。没有火成岩活动。

神东矿区含煤地层为侏罗系延安组，岩性以浅灰、灰白色、中—细粒长石砂岩、局部含粗砾砂岩、深灰至浅灰色粉砂岩、砂质泥岩、泥岩及煤层为主，有少量碳质泥岩、油页岩、透镜状泥灰岩、枕状或球状菱铁矿及菱铁质砂岩、薄层蒙脱质黏土岩。延安组含煤层数众多，煤层及碳质泥岩层位共多达48个，煤系自下而上分为Ⅰ、Ⅱ、Ⅲ、Ⅳ、Ⅴ煤组，在有对比意义的15层煤中，主要可采煤层是$1^{-2上}$、1^{-2}、$2^{-2上}$、2^{-2}、3^{-1}、4^{-2}、4^{-3}、5^{-1}、5^{-2}共九层煤。各主要煤层均属特低灰、特低硫、特低磷，中高发热量、高挥发分的长焰煤和不黏煤。

煤层直接顶板多为砂质泥岩与泥岩，局部为粗粒砂岩，底板以泥岩为主，次为粉砂岩。从地面出露及井下揭露的情况看，各研究煤层顶板围岩差别很大，顶板基岩普遍较薄，煤层顶板有的完整连续，有的破碎松软，故煤炭开采工程地质条件较为复杂。

3. 矿区生态环境及治理

1）矿区生态环境条件

神东矿区位于鄂尔多斯高原的东南部及陕北高原的北缘，地处陕北黄土高原北缘与毛乌素沙漠过渡地带的东段，区内大部分为典型的风成沙丘及沙滩地貌。地势西北高东南低，中部高而南北低，海拔800～1385m，墚峁起伏，沟壑纵横，地表支离破碎，水土流失严重。越近黄河土层越薄，沟谷切割越深，基岩出露越厚，沟谷深度多在150m以上。其中，矿区西部及南部为沙漠滩地，约占矿区面积的十分之一，地形相对平缓开阔，主要分布着片状流沙和固定、半固定沙丘，沙丘间形成滩地，滩地中心与边缘呈缓坡过渡，高差约为10～30m，其低洼部位由于地下水和地表水的补给，形成少数沼泽或海子；矿区北部及东北部为黄土高原丘陵沟壑，是矿区主要的地貌类型，其特征是墚峁起伏，沟道密集，地形破碎。西北部墚面宽缓，墚峁顶部覆盖了一层细沙，亦称丘陵盖沙区，东南部墚短峁小，谷坡陡峻，其上普遍堆积了厚度不等的风成黄土，由于长期的下切，沟谷深度达50～150m，分水岭地带多未切到基岩，断面多呈V形，中下游一般切至基岩十至数十米，断面呈U形。沟壑密度为2～4.3km/km^2，沟涧地与沟谷地之比约为1∶1，地面坡度为5°～40°，15°以上的陡坡面积占总土地面积的60%以上，一遇暴雨，极易产生侵蚀和冲刷。

矿区地处毛乌素沙漠与黄土高原的过渡地带，属温带半干旱大陆性季风气候，其基本特征是冬长寒冷、春季多风、夏短暑热、秋季凉爽，温差悬殊；干燥少雨，降水集中，冬春干旱，夏多暴雨；大风频繁，气象灾害较多。矿区降水特征为降水量少，地域分布不均，变率大，旱灾频繁。其中，年降水量主要集中在夏季，多年平均降水量为接近400mm，降水主要集中在汛期6～9月，占全年降水量的76%左右，同时降水的年际变化较大，最大年降水量为最小年降水量的七倍多。由于矿区处于半干旱大陆性季风气候，蒸发量大，蒸发一般为降水量的4～5倍。

矿区土壤主要有风沙土、黄土性土、红土性土、淤土、沼泽土、粟钙土、黑垆土等，其共同特点是质地较粗，结构不良，肥力较低，抗蚀抗冲能力差。其中，风沙土土壤质地沙土或沙壤，结构松散，透水性强，保水保肥能力差，土壤贫瘠，易遭风蚀，易流动；黄土性土质地为沙壤-轻壤，耕层较疏松，透水透气性好，有一定的养分含量；红土性土质地为中壤或中壤偏黏，土层较薄，土质坚硬，结构紧密，水分下渗慢，易流失，不耐旱。土壤侵蚀强度由西北向东南逐渐增大，西北部风沙滩地区为4000～8000t/(km^2·a)，中部黄土丘陵盖沙区和东南部黄土丘陵沟壑区为8000～20000 t/(km^2·a)。

矿区主要植被类型为干草原、落叶阔叶灌丛和沙生类型植被，主要植物品种有长芒草、百里香草、臭柏、柠条、酸刺、沙米、沙竹、沙蒿等。植被特点是生长季短，休眠期长，郁闭较差，覆盖率低。经过20年的矿区生态环境建设和自然恢复，植被覆盖率由初期的仅3% ～11%已经提高到75%以上，植被覆盖度超过50%，其中，中覆盖度和中高覆盖度面积增加，植被发育总体趋势趋好。

矿区生态环境脆弱，具有过渡性、波动性、脆弱性和敏感性等几个显著特征。矿区处于内蒙古高原与黄土高原的交接地带，北有毛乌素沙地，南有黄土高原，是两大高原的过渡地带，还是水力侵蚀区与风力侵蚀区的过渡带，土壤风力侵蚀与水力侵蚀兼有，因而地貌为水蚀和风蚀共同作用形成的地貌——盖沙黄土丘陵和风蚀黄土丘陵；矿区气候条件波动性大，表现为年际间与年内降水分配极不均匀、降水常以暴雨的形式出现，温度变化剧烈，大风常见；矿区植被覆盖度相对较低，自然环境条件特别是水分条件较差，生态系统抗干扰能力低，独特的土壤理化性质在暴雨和大风等气候因素作用下土壤侵蚀严重，导致自然气候条件改变较大时（灾难性的干旱极易发生）植被极易退化，而矿区开发引起的地下水位、地表状态的改变和废物排弃等加剧了生态脆弱性。

2）矿区生态环境治理

神东矿区属于典型的生态脆弱带，生态环境对资源开发的承受能力和自我恢复能力较弱，矿区开发建设过程中一旦生态环境遭到破坏，靠自身的能力需要相当长的时间才能恢复，甚至有可能永远都不能恢复，导致环境的逆向演变与恶性循环，从而使生态系统彻底破坏。近15年来（2000～2014年），因国家严格推行“退耕还林”政策和实施矿区生态环境治理工程，区域植被覆盖度明显增大。

一是针对神东矿区由黄土沟壑区向风积沙区地貌和土壤的过渡特征，以及绝大部分区域为裸露沙地、干旱少雨和原始植被种类单调等特点，应用荒漠化整治与植被恢复技术，进行了系统的防沙固沙，控制沙丘移动，同时选择适生快生的乔、灌、草植物和植被优化配置，使适宜植物得以繁殖和植被很快恢复，在人工干预引导下沙生植被群落逐步出现，使整个沙丘形成稳定的林草系统。按照风积沙区立地自然生境空间分布，选择水分条件较好的丘间低地营造以乔木（杨、柳、榆、槐等）为主的团块状片林，削减风力，阻挡风沙，隔带配置沙柳以控制就地起沙；在半固定沙丘区，补植深根性的柠条，丘间低地补植沙柳，以避免人工植被与天然植被的水分竞争，并形成稳定多样的植物群落；在流动沙丘区，采取机械沙障固沙，栽植灌木沙柳、柠条、紫穗槐等适生植物，形成以草本为主、草灌结合的荒漠化区域林分结构，提高了矿区生态系统的稳定性和自然调节功能（图1.2）。

风积沙区域采煤沉陷区域治理景观(治沙+植被种植+禁牧还草)

风积沙–黄土沟壑过渡区生态修复效果景观(退耕还草+经济林)

黄土沟壑区采煤沉陷治理景观(网固+绿化+退耕还草)

图1.2　神东矿区典型采煤沉陷区生态环境治理示意

二是针对矿区水土流失，采用整地和小流域综合治理等工程措施，保持修复区域的土壤养分和水分，改变植被生长的条件，应用水土保持与流域整地技术，通过改变小地形，改变了地表径流的形成条件，并形成一定的积水容积，从而改善土壤水分条件、温度条件与养分状况。小流域治理中基于坡面差异，采用沿等高线布置水平沟和鱼鳞坑相结合的整地方法，提高流域稳定系数到1.65，降低流域水土流失面积。依据“适地适树”造林原则，对小流域水平沟、鱼鳞坑内和拦洪坝背水面坡等部位营造乔灌水保林，栽种杨柴、沙柳等灌木，实施小流域封育管护措施，保证在人工林正常成活与生长同时，促使沙竹和沙蒿等天然植物大量繁殖，大幅度提高植被覆盖度，发挥了乔灌林蓄水保土功效。如在矿区的大柳塔东山、大柳塔西山和上湾C形山湾一带，采用整地技术，优选了根系较浅，且对土壤具有改良作用的乡土树种，如油松、樟子松、侧柏、桧柏、榆树、沙棘、柠条、杨柴等，利用污水灌溉管网定期浇灌，建成全面郁闭的常绿林，成为矿区集中生产生活区的重要生态屏障与绿色景观林（图1.3）。

水土保持治理景观(风积沙盖区+禁牧还草区+林草混种区)

水土保持治理景观(坡地人工种植+红石圈小流域+大柳塔西山经济林)

图1.3 神东矿区水土保持整地及效果示意

神东矿区在煤炭资源开发过程中坚持资源开发与水土保持并重，按照开采全流程的管控模式，即：采前，大面积治理增强区域水土保持功能和提升区域环境的抗开采扰动能力；采中，地表裂缝和塌陷封堵与补种植绿相结合，减少地面水土流失；采后，种植沙棘等经济作物，构建持续稳定的区域水保功能等，与煤炭开采同步开展大规模生态环境治理工程，累计投入治理资金达13.1亿元。自1987年开发以来，已形成的沉陷面积超过200km^2，已经完成治理面积244km^2，在矿井周边山地水土流失区建设了乔灌相结合的水土保持常绿林。2015年遥感监测表明，植被覆盖度由1987年的25%增长55%，其中植被中覆盖度和中高覆盖度面积显著增加，植被覆盖度增大面积是减少面积的近9倍，已基本控制了荒漠化趋势和水土流失，建成了矿区周边常绿景观林，初步实现了煤炭资源开采与生态环境保护相互协调促进。

1.2　煤炭现代开采技术特点及发展趋势

西部地区是我国煤炭资源开发的重点区域，2013年煤炭产量已经占全国原煤生产总量的73%，煤炭规模化开采实现了安全、高效和高回收率。然而，由于该区域生态阈值较低，抗扰动能力差，水资源短缺，大规模煤炭资源开采对地表生态环境的扰动和损伤成为实现煤炭绿色开采的严重制约。在未来规模化煤炭开采中，针对普遍生态环境脆弱和生态自我保护能力低下的自然条件，建立安全高效和资源节约与环境友好相协调的关系，进一步实现煤炭绿色开发是西部地区煤炭资源科学开发的必然选择。

1.2.1　现代煤炭开采的主要特点

煤矿开采的集约化程度、安全保障水平和资源回收率水平是煤炭开采现代化的主要标志。特别是在煤炭资源赋存条件较好的西部地区，三大指标持续提升，煤炭开采现代化水平已处于全国领先地位。

1. 集约化程度高

煤炭资源集约化开发是指集合和统一配置人力、物力、财力、管理等生产要素，按照节约、约束、高效原则达到降低开发成本和实现高效管理。集约化程度代表着煤炭开发的科学水平，也是煤炭开发技术、效率、质量、规模、效益的科学统一。煤炭开采技术的提高、开采方式的变化、开采模式的创新等途径都有助于提高煤炭资源开采的效益和效率。现代煤炭开发集约化水平，从煤炭安全高效规模化开发而言，主要体现在工作面综合机械化程度、中大型矿井集中性和区域煤炭开采规模等方面的综合评价，即煤炭集约化开发具有以现代煤炭开采技术为支撑、安全高效矿井集中分布、区域煤炭开采形成规模三个显著特点。

（1）开采工作面综合机械化程度高。针对特定的地质条件采用适宜的采煤方法，实现了采煤和掘进的机械化、综合机械化或自动化进行、开采工作面管理信息化、全员高效率和开采低成本。其核心是工作面设备高可靠性、备用安全系数大，生产能力大；矿井开拓、掘进、运输、通风、排水、供电等采掘及配套系统简单；采面推进速度较快、支架循环时间短，顺槽巷道快速掘进和支护，原煤运输长距离皮带化等。

20世纪末期以来，高新技术不断向传统采矿领域渗透，美、澳、英、德等国家采用了大功率可控传动、微机工况监测监控、自动化控制、机电一体化设计等先进技术，开发了适应不同煤层条件的高效综采大型设备。新型综采设备在传动功率、设计生产能力大幅度增加的同时，设备功能内涵发生重大突破，实现了综采生产过程的自动化控制。在适宜的煤层条件下，采煤工作面可实现年产8～10Mt，矿井的年产突破了10Mt，出现了“一矿一面、一个采区、一条生产线”的高效集约化生产模式。近年来，国外已经有多处矿井综采工作面突破年产量10Mt大关，美国的长壁综采工作面产量一直处于世界领先地位，在煤层厚度为1.3～2.0m时的综采工作面最高年产达到2.86Mt，工作面效率411t/工。综观国外厚煤层综采工作面生产及装备配置不难看出：一是回采工作面尺寸大，长度为225～

305m，走向长度普遍在2500m以上，最高达到5000m；二是通过选用高工作阻力、大功率、高可靠性的设备来保证工作面高效安全生产。如，采煤机功率大部分在1000kW以上，个别已经超过2000kW。支架工作阻力为8500～11700kN。刮板输送机功率为2×600kW～3×1150kW。液压支架多选用两柱掩护式，其中，美国全部采用两柱掩护式支架，澳大利亚大部分采用两柱掩护式支架。大部分工作面采用自动化控制系统。

（2）中大型矿井集中分布。煤炭资源的集约化开发是就是指集中，集合人力、物力、财力、管理等生产要素，进行统一配置，通过在集中、统一配置生产要素的过程中按照节约、约束、高效原则达到降低开发成本和实现高效管理，获得可持续竞争优势。我国根据矿井生产能力的大小，将矿井划分为大、中、小三类。大型矿井为120～500t/a及500万t/a以上矿井，300万t/a及以上矿井又称为特大型矿井。中型矿井为45万～90万t/a。中大型矿井集中分布区域也是开采和开发条件相近区域，便于实现建设标准统一，开采工艺统一、管理模式统一、开采资源共享。如神东矿区集成国内外先进管理和技术，通过矿井建设标准统一、开采工艺统一、管理模式统一、各种技术、装备和专业等资源共享，实现了矿井群生产规模化、技术与装备现代化、队伍专业化、管理手段信息化。一是根据神东矿区煤层赋存条件，采用无盘区布置和长短壁结合采煤工艺，建成了加长工作面、重型工作面、大采高工作面和千万吨综采队；二是整合和优化各专业技术能力，通过综采连采、搬家倒面、掘进开拓、设备管理等煤炭生产核心业务的专业化，矿井基本配置为“一综两连”，建立了搬家倒面专业化队伍，提升了矿井安全质量标准化水平，提高了工作质量和运行效率；三是利用信息化和自动化，采掘工作面、胶带主运输系统、井下变电所、井下排供水泵房、地面主通风机房等主要生产系统，井上下生产固定岗位工作实现远程监控，实施矿井综合自动化、生产管理、井下人员定位等信息化应用系统，实现矿井生产的采煤自动化、运输连续化、洗选模块化、装车自动化以及生产准备、设备配套、配件供应、井下通信等管理的信息化，大幅度提高生产效率。目前，神东矿区集中了15个现代化安全高效矿井。

（3）区域煤炭开采形成规模。21世纪初，我国煤矿单井开发规模为3万～300万t/a，开采技术参差不齐。现代化开采技术的应用大幅度提升了矿井生产规模，特别是国务院出台的《关于促进煤炭工业健康发展的意见》（2005年）推进了现代开采技术的应用，与此相适应的矿井规模标准也提高到中型30万～90万t/a，大型300万t/a以上，逐步淘汰了30万t/a以下的小型矿井。近十年，内蒙古煤炭生产矿井数已经由2010年的617座压减到583座，2014年原煤产量达到了9.94亿t，居国内领先；经过整合和改造，山西省煤矿井数已经由2005年的4278座矿井压减到1079座，70%以上的矿井规模达到90万t/a以上，30万t/a以下的小煤矿全部淘汰，平均单井规模由30万t/a提高到100万t/a以上，保留矿井全部实现机械化开采。2014年原煤产量达到9.76亿t，占全国原煤产量的1/4，仅长治和吕梁地区就分别达到1.19亿t和1.18亿t；陕西省按照安全高效矿井模式改造或建设，煤矿井数已经由2010年的168座增加到519座，2014年原煤产量达到5.15亿t，占全国原煤产量的13.3%。其中榆林地区生产原煤3.79亿t。

我国西部地区的煤炭区域集约化开发形成了开采规模，2015年，我国规模以上企业原煤产量达到36.95亿t，而西部地区（晋、陕、蒙、宁、甘、新）占比达到71.5%，仅晋陕蒙主产区原煤产量占全国原煤产量比例达到64.36%，占西部地区的90%。其中，神东矿区充分利用资源赋存较好的优势开采条件，突破传统煤矿设计理念和建设思想，按照高产高效生产新模式开发，2005年就建成了10个特大型现代化安全高效矿井，井田控制面积近千平方千米，区域煤炭开采规模逐步增加，先后成为世界首个亿吨级矿区（2007年）和两亿吨级矿区（2011年），实现了煤炭生产的规模化和集约化，2015年产量保持在2亿t水平；宁夏宁东能源化工基地建成了千万吨级的羊场湾煤矿和清水营、梅花井特大型煤矿，全区煤矿平均单井生产规模超过100万t/a。山西省平朔矿区集中了安太堡、安家岭两座2000万t/a的特大型露天矿和三座千万吨级大型现代化井工矿，2014年原煤产量近亿吨，2015年原煤产量仍保持在0.76亿t水平。

2. 安全保障水平高

安全生产水平通常采用百万吨死亡率作为一个衡量煤炭生产现代化水平的重要标志。煤炭安全生产水平受煤层赋存条件、地质条件和水文条件、开采工艺及配套装备、安全生产管理、人员素质等一系列因素影响。现代化程度越高，则安全保障水平也越高。据中国煤炭工业协会2014年统计，该区176座安全高效矿井煤炭生产百万吨死亡率为0.047。其中，特级矿井百万吨死亡率为0，一级矿井百万吨死亡率为0.067，二级矿井百万吨死亡率为0.186。同期，全国安全高效矿井361座，煤炭生产百万吨死亡率为0.043。其中，特级矿井117座的百万吨死亡率为0；一级矿井161座，百万吨死亡率为0.067；二级矿井81座，百万吨死亡率为0.2046。近年来，内蒙古自治区通过技术改造和加快产业升级，2015年全区煤炭产量9.9亿t，百万吨死亡率由2011年的0.050下降到2015年的0.013。其中以安全高效矿井为主的国有重点煤矿原煤产量占全区总量的46%，百万吨死亡率为0.032，其他地方和乡镇煤矿百万吨死亡率约为0.048；2015年陕西省原煤产量约为5.02亿t，百万吨死亡率由2011年的0.261下降到0.050。其中以安全高效矿井为主的央企煤矿原煤产量占全省总量的20%，百万吨死亡率为0.020。山西省通过企业重组和产业升级加快，2015年全省煤炭产量9.44亿t，百万吨死亡率由2010年的0.0899下降到2015年的0.079。

3. 资源回收率高

资源回收率是指以采区为单元的采出煤量与动用储量之比，即采区回采率。其中，采出煤量是指区内所有工作面采出煤量与掘进煤量之和，动用储量指采区采出煤量与损失煤量之和。影响煤炭回采率因素主要包括煤层赋存及地质条件、采煤方法和管理因素。在我国《生产矿井煤炭资源回采率暂行管理办法》（煤炭工业部令〔1998〕第5号）中，根据煤层厚度和矿井规模对回采率做出明确规定：中大型煤矿井的采区回采率达到75%～85%以上，其中，薄煤层不低于85%；中厚煤层不低于80%；厚煤层不低于75%；而小型煤矿不低于50%～65%。《煤炭工业矿井设计规范》（2006年）进一步明确规定了矿井采区回采率，其中：厚煤层不应小于75%，中厚煤层不应小于80%，薄煤层不应小于85%。2004年以来，我国煤炭原煤产量持续增长，但煤炭资源回采率没有得到相应提高，煤炭资源浪费严重。以2007年为例：我国煤矿平均资源回收率仅为30%，而美国、澳大利亚、德国、加拿大等发达国家，资源回收率能达到70%～80%。

在现代采煤装备与技术支持下，通过优化开采工艺和设计，较大幅度地提高采区回采率。一是通过优化井田开采布局，提高采区设计合理性，降低工业广场布局分散、边角煤面积增大等造成的有效开采面积损失。例如，内蒙古通过提升煤炭生产机械化水平和矿井优化设计，回采率增加近40%。其中，鄂尔多斯地区通过技术改造和整合，平均回采率增加近50%。神东矿区利用现代化科技手段，解决了超长距离运输、超长距离通风、超长距离掘进等难题，增大了工业广场“覆盖”面积（如神东补连塔矿井田面积超过100km^2），科学划分井田和整合资源，并采用无盘区布置，优化工作面参数和留设尺寸，减少了井田及采区之间资源损失，回采率较传统设计方案提高了10%。二是应用重型采煤机装备，将工作面面积由（120～200）m×2000m提高到（240～450）m×（2000～6000）m，大幅度增加了一次回采工作面面积，减少大量的安全保护煤柱造成的损失。如神东上湾矿1^{-2}煤（厚度5～6m）采用了300m加长综采工作面，与240m工作面比较，采区回采率提高了1.7%以上，同时提高了单产水平和年产量，降低了万吨掘进率、掘巷长度、搬家倒面次数等，去除增加的液压支架等配套设备及运行费用外，每年增加收入约为2.5亿元。三是通过开采装备改进，大幅度提升一次采全高能力，将中厚煤层开采高度由4.5m增加到5.5～8.0m，回采率相对提升20%～40%，显著提高了单位面积动用储量的采出煤量。国外特厚煤层开采主要采用长壁综采大采高，长壁综采大采高一般应用于近水平煤层，工作面向大走向、大倾斜、大功率装备发展，单产能力和效率高，现在工作面单产水平已达到1000万t/a，直接效率达300 t/工以上。我国首个7m大采高综采工作面诞生于神东补连塔矿22303工作面，工作面长301m，推进长度4971m，煤层平均厚度为7.55m。工作面回采煤层产状平缓，构造简单，倾角1°～3°，总趋势为西北高东南低，埋藏深度为129～280m，上覆基岩厚120～240m。顺槽掘进时均留顶煤沿煤层底板掘进，煤层直接顶以细砂岩、砂质泥岩为主，老顶以粉砂岩及中砂岩为主，直接底以泥岩、粉砂岩为主。工作面回采从2010年1月8日开始到结束，日平均单产水平4万t，回采率达到96.7%，单产单进水平、煤炭产量、回采率均创世界领先水平。与改进前的5.5m采高综采工作面回采比较，回采率提高19.7%。

我国西部煤炭资源以厚煤层为主，局部赋存中厚—薄煤层，大多数煤层赋存稳定，结构简单，倾角缓，开采条件相对简单。从煤层赋存条件看，2030年之前该地区实现科学产能的可采储量占82.23%，以中厚煤层为主。如果增加一次回采工作面面积和提高一次采全厚比例，将大幅度提升采区回采率，在科学产能约束下将有效增加矿区区域服务年限。

1.2.2　神东矿区煤炭现代开采工艺技术

1. 超大工作面开采工艺与技术

采煤工作面（或采场）通常指煤层开采过程中直接进行采煤的工作空间，传统工作面较合理长度是：炮采工作面为80～150m，普通机采工作面为120～150m，综采工作面在150m以上。受开采装备与技术限制，传统的综采工作面通常最大长度L小于240m，最大推进距离约2000m，采高H为2.2～5.0m。超大工作面突破了传统矿井设计模式，加长了工作面长度和推进距离，建立了大巷条带式开采、大断面全煤巷运输和迂回风巷双巷辅助系统的集中生产系统。其中，辅运顺槽用于运料、行人和通风，胶运顺槽用于运煤和通风，回风顺槽用于回风、运料和行人。将综采工作面尺寸大幅度增加，如长度提高到240～500m和推进距离提高到3000～6000m，使一次综采面积和资源回收率显著增加。

超大工作面与传统工作面相比（图1.4）有四大特点。一是生产系统简单。随着集成大功率可控传动、微机工况监测监控、自动化控制、机电一体化设计等先进技术在高效综采大型设备中应用，实现了综采生产过程的自动化控制，出现了“一矿一面、一个采区、一条生产线”的高效集约化生产模式。从国外厚煤层综采工作面生产情况及其装备不难看出：工作面尺寸大，工作面长度225～305m，工作面走向长度普遍在2500m以上，最高达到5000m。采煤机功率大部分在1000kW以上，个别已经超过2000kW；支架工作阻力为8500～11700kN，刮板输送机功率为2×600～3×1150kW。液压支架多选用两柱掩护式，其中，美国全部采用两柱掩护式支架，澳大利亚大部分采用两柱掩护式支架。大部分工作面采用自动化控制系统。通过选用高工作阻力、大功率、高可靠性的设备来保证工作面高效安全生产。二是技术要求高。由于工作面长度大和推进距离远，配备有大功率电牵引重型采煤机组、高性能液压支架配备电液控制系统，工作阻力大部分为7000～8000kN，个别达到9800kN，大功率、大运量、高可靠性刮板运输机，长距离通风系统，在适宜的煤层条件下，一个采煤工作面可实现年产10Mt以上。三是回采率高。以神东矿区开采工作面计算为例，采区回采率可以提高5%～20%。四是地表均匀沉陷面积增大。由于减少了工作面之间留设的安全煤柱，煤层顶板大面积均匀垮落面积增大，导致地表均匀沉降区面积增加（提高40%以上），有利于降低对地表土壤结构的损伤（图1.4）。

a.传统工作面地表沉陷

b.超大工作面地表沉陷

图1.4　相同区域的超大工作面与传统工作面开采沉陷区比较

理性突破传统设计规范，采用平硐-斜井综合开拓方式和“大断面、多巷道、大风量、低负压”的开拓、通风系统，推行无轨胶轮化运输方式，变革煤矿多级供电为地面箱式移动变电站钻孔直供的方式，创新大断面快速掘进工艺，解决了传统煤矿制约安全高效的瓶颈问题，实现了系统最简化。通过兼并整合资源，合理划分井田范围，取消多盘区布置，改为大巷条带式布置，将工作面长度由传统的150m延长到240～400m，推进长度由1500～2000m延长到4000～6000m，单个综采工作面采煤量达到800万t以上，节约了投资，减少了隐患，提高了资源回收率，减少了搬家次数。采用长短壁结合的开采方式，推采长度大于300m的块段采用长壁综采，装备大功率电牵引滚筒采煤机、高工作阻力液压支架和长距离胶带运输机，系统小时生产能力达到3500t以上；推采长度小于300m的块段采用短壁无煤柱开采，首创“连续采煤机、连续运输机、履带行走式液压支架短壁机械化开采装备与工艺成套技术”，自主开发了履带行走式支架、连续运煤系统、给料破碎机等关键采煤设备，成功解决了占井田约1/3的边角块段煤综合机械化高效开采的问题，提高了资源回收率。研发了辅巷多通道综采工作面快速回撤工艺和关键支护设备，8000t综采设备回撤、搬迁、调试、安装，并达到生产条件仅需要 5 ~ 7 天，比传统工艺缩短工期近 20 天。神东通过一系列技术创新，成功建成 400m 加长工作面、重型工作面、6.3m 大采高工作面（图 1.5a）、自动化工作面，大幅度提高了矿井单产水平和生产效率。

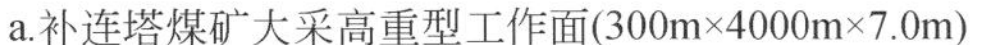

a.补连塔煤矿大采高重型工作面(300m×4000m×7.0m)　　b.榆家梁矿较薄煤层工作面(300m×3157m×1.65m)

图 1.5　神东矿区超大综采工作面

2. 边角煤短壁安全高效开采技术

短壁机械化开采方法是在传统的房式、柱式和房柱式等短壁采煤方法基础上，随着采煤设备的不断改进和配套设备的完善，逐步形成了由连续采煤机、连续运煤系统和工艺系统（锚杆机、履带行走式液压支架等）等组成的短壁机械化连续采煤方法，主要适宜于埋藏深度较浅的煤层，厚度适中和赋存较为稳定的煤层，近水平煤层，煤质坚硬、顶板中等稳定、底板不易软化的煤层等开采条件，特别适合作为大型井田的边角煤块段和不适宜布置综采工作面的小型井田的采煤方法，具有机动性强、机械化程度高、回采工效高、安全性好和回采率高等特点，在美国、澳大利亚、南非、印度及加拿大等国获得广泛应用，资源回收率达到 90% 以上。

边角煤是设计采区的重要组成部分，但也是开采难度较大、长壁式综采难以实施的区域，提高采区回采率的必采部分。神东矿区通过布置超大综采工作面，提高了生产效率和采区回采率，但仍有不适合布置长壁工作面的边角块段，需要采用短壁工作面安全高效开采技术。据统计，神东矿区规划范围内存在不规则边角块段及部分小型井田的可采储量占矿区可采总量的 17.24%。短壁无煤柱机械化采煤技术应用是提高采区回采率和进一步提升千万吨矿井采煤机械化程度的必由之路。

神东公司神东矿区短壁机械化开采方法研究与应用经历了采用传统的房柱式采煤方法、简单的单翼开采、非连续运煤系统配履带行走式液压支架的双翼开采和连续运煤系统配备履带行走式液压支架的双翼开采等阶段，经过积极探索成功创新出短壁综合机械化开采工艺与技术（图 1.6）。目前，根据神东矿区的地质条件及开采状况先后研制了短壁开采自动化支护设备、运输设备，初步解决了短壁综合机械化开采中的顶板支护、煤炭运输以及工作面机械化和自动化作业问题。目前，已经形成了适应于神东矿区煤层开采条件的短壁机械化开采工艺流程，即：由连续采煤机和锚杆钻机交替进行掘进与支护作业，采用连续采煤机进行割煤、落煤，实现自动装运煤，巷道顶板采用四臂锚杆机打眼进行锚杆支护，运用铲车运送材料、设备和清理浮煤。主要设备包括：采煤机系统、连续运输系统、锚杆钻机、履带行走式液压支架等。目前，利用短壁综合机械化开采方法生产原煤，全员工效已经达到 38.14t/工日。

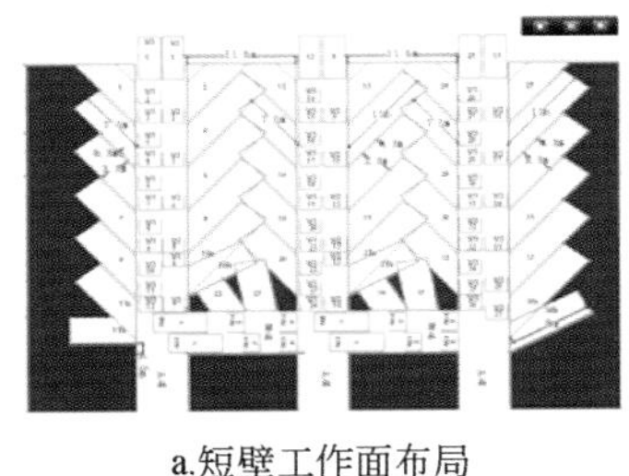

a.短壁工作面布局

b.开采用线性支架

c.神东矿区上湾矿短壁工作面

图 1.6　神东矿区典型短壁工作面示意

1.2.3　西部地区煤炭现代开采技术发展趋势

我国西部地区煤层以厚及中厚为主，埋深普遍较浅，且倾角较小，开采条件良好，但水资源短缺且生态环境脆弱是该地区煤炭现代开采的主要制约因素。因此，在煤炭安全高效开采的基础上，建立煤炭规模开采与脆弱生态环境相协调的关系是煤炭现代开采的必然选择。研究认为，未来西部地区煤炭现代开采应具有开采工艺系统简单、集约化开发、生态环境友好的特点。

1. 超大工作面是现代开采的主流工艺

20 世纪末期以来，美、澳、英、德等国家在传统采矿领域引入大功率可控传动、微机工况监测监控、自动化控制、机电一体化设计等先进技术，开发了适应不同煤层条件的高效综采大型设备，实现了综采生产过程自动化控制，推进了综采技术快速发展，美国和澳大利亚近十多年来的长壁综采工作面数量成倍增长，产量一直处于世界领先地位，通过优选先进的重型高效装备，实现了一井一面的集中化生产。21 世纪初以来，我国通过大型综采成套技术创新突破、提高产业集中度、调整行业发展政策等途径，开发并推广形成了适应我国资源赋存特点的安全高效开采技术，建设了一批煤炭安全高效矿井，使煤炭生产力水平全面上升，达到了世界先进水平，引导我国煤炭开发整体水平迈上一个新的台阶。

我国西部煤炭资源具有集中度高，煤炭资源储量大，煤层埋藏较浅，构造地质条件、水文条件相对比较简单的特点。超大工作面是针对其良好的开采条件，在传统的长壁综采工作面基础上，通过改进综采工艺中的巷道掘进、原煤运输、安全通风、供水供电等系统的长距离瓶颈，建成了“一矿一面、一个采区、一条生产线”的高效集约化生产模式。在适宜煤层条件下，目前采煤工作面已经实现了年产 8～10Mt，矿井年产突破 20Mt。建设现代化安全高效矿井是当今世界煤炭产业发展的大趋势，超大工作面也是现代化安全高效矿井的核心工艺，特别是在我国西部煤炭资源开发的主要区域，充分发挥资源优势条件，超大工作面应用对系统提升煤炭开采效率、开采规模、回采率和降低开采对地表生态损伤等都将具有显著的作用。目前，随着我国煤炭开采调整水平和准入“门槛”的提升，超大工作面必将成为我国西部煤炭开采的主流工艺加以推广应用。

2. 安全高效矿井是现代开采的主要模式

安全高效矿井（露天）是我国为实现煤炭节约、清洁、安全和可持续开采，引导企业自主创新和走新型工业化道路提出的现代化矿井建设与运行的模式。安全高效矿井（露天）指矿井工作条件达到规定标准，无重大安全事故发生，工作面单产、原煤生产人员效率达到国际国内先进水平，资源回收率、矿区环境保护符合规定的矿井（露天）。安全高效矿井（露天）等级分为特级、一级和二级，具体定级则依据矿井（露天）的百万吨死亡率、采煤机械化程度、采煤方法及回收率、信息化管理、矿井安全监测监控、矿井劳动定员管理、环境保护、矿井综合单产、矿井原煤工效等指标综合确定。2010 年，全国生产煤矿约 13179 处，生产能力约 35 亿 t/a，生产产量 32.4 亿 t。其中，大型和中型煤矿 1326 处，生产能力为 24.4 亿 t/a，大型和中型煤矿的平均单井生产能力约为 338 万 t/a 和 87 万 t/a。全国安全高效煤矿 359 处，生产产量 10.2 亿 t，约占全国大型和中型煤矿产量的 42%，其中的千万吨级煤矿 40 处就占 23 处。据西部矿区矿井建设统计，晋北基地、晋东基地、晋中基地、黄陇基地、陕北基地、神东基地、宁东基地等国家大型煤炭基地中安全高效矿井已经成为煤炭开采的主要模式。如，2013 年哈拉沟矿千万吨矿井，全矿仅有 236 人，生产原煤 1064.8 万 t，原煤生产人员效率达到197.86t/工，百万吨死亡率为 0。

安全高效矿井的生产高度集中化，具有矿井生产系统简单、工作面回采速度快、生产安全性较高、生产系统管理集约化等显著的技术特点，这主要依赖于：一是工作面设备高可靠性、备用安全系数大，生产能力大；二是矿井生产系统极大简化，矿井的开拓、掘进、运输、通风、排水、供电等更加简单，大量巷道的掘进和维护减少；三是矿井辅助配套装备技术得到发展和提高，如工作面顺槽巷道实现快速掘进和支护；矿井原煤运输实现长距离皮带化；工作面设备、材料等实现了快速搬迁和直到现场；四是提高采煤工艺编排水平和熟练操作，根据工作面条件科学合理地组织采煤工艺，提高操作能力，加强生产和安全的系统管理与协调。

西部煤炭开发区域集中了国内外最为先进的现代化综采和露天开采设备，已建成的大型现代化矿井和高产高效工作面多数都是在该地区，以 4 ~7m 厚煤层一次采全高大功率自动化技术装备、15 ~20m 特厚煤层大采高综放装备、煤巷掘锚一体化装备、大型露天开采装备等为代表的煤炭开采重型装备在西部地区获得初步应用，大幅度提升了开采效率、安全保障水平和工作面回采率，出现了神东大柳塔矿、补连塔矿、上湾矿、榆家梁矿等一批千万吨矿井，平朔、黑岱沟、哈尔乌素等一批千万吨安全高效露天矿，安全高效生产已经处于世界先进水平，目前，仍在智能化综采工作面成套装备技术等方面积极创新，推进煤矿生产的自动化、智能化和无人化。安全高效矿井建设与运行已经成为我国西部乃至全国煤炭安全高效生产、煤炭资源整合开发的主要模式。

3. 生态环境友好是现代开采的必然选择

生态环境友好指的是一种煤炭开发与自然生态环境和谐共生的状态，其基本要求是煤炭开采及相关的生产和消费活动要与自然生态系统相互协调可持续发展。

近年来，许多专家和学者针对煤炭开采引发的环境问题，提出了煤炭绿色开采理念和相关集成技术，简单地说是用“绿色理念”指导“黑色煤炭”开采，其内涵是努力遵循循环经济中绿色工业的原则，形成一种与环境协调一致友好的，实现“低开采、高利用、低排放”的开采技术。绿色开采技术是从开采技术角度，在安全高效高回收率基础上，集成面向水资源保护的“保水开采”技术，面向土地与建筑物保护的充填与条带开采技术，面向瓦斯抽放一体化的“煤与瓦斯共采”技术，面向减量排放的巷道支护与减少矸石排放技术，地下气化技术等（钱鸣高，2010），旨在最大限度地减轻开采煤炭对环境和其他资源的不良影响，同时取得最佳的经济效益与社会效益。

生态环境友好则从人类生存和可持续发展角度，强调了煤炭开采活动必须规范在生态环境承载能力范围内，通过综合运用技术、经济、管理等多种措施，建立符合生态环境条件的煤炭开采布局，实施有利于保护生态环境的开采方式，提供无污染或低污染的技术和煤炭产品，创建煤炭开发区域生态可持续性发展的环境，降低煤炭开采对经济社会的环境影响。其中，提高地下水资源的保护利用效率，降低开采对地表环境的影响，减少采煤“废弃物”（煤矸石、污染地下水、瓦斯等）的排放，实现煤炭开采与资源消耗的物质解耦或减量化，也是实现生态环境友好需要解决的一些关键问题。

西部地区普遍生态环境脆弱，生态自我保护能力低下，煤炭大规模开采引发大面积地表沉陷，沉陷区损伤比约为0.2hm^2/万吨煤（李树志，2000），如以2015年西部地区中煤炭主产地晋、陕、蒙省区的煤炭产量23.8亿t为准，土地损伤面积预计达到475.6km^2/a。同时引发的采煤区域地下水流失、土地侵蚀和水土流失，次生盐渍化和沼泽化，土地荒漠化等生态环境问题和矿区土地塌陷、占用耕地、迁村移民等一系列社会问题，已经成为影响煤炭可持续开发的严重障碍。统计表明：截至2011年年底，全国井工煤矿采煤沉陷损毁土地已达100万hm^2，目前还以7万hm^2的速度增加，其中92%来自于地下开采，每年煤炭开采损伤的土地复垦率约为30%；我国主要煤炭基地水资源总体短缺，13个大型煤炭基地中12个缺水，以晋、陕、蒙省区为例，该区探明煤炭资源保有储量占全国的64%，但水资源仅占全国水资源的1.6%，矿区供水主要靠抽取地下水资源和矿井水综合利用。据2005年统计，山西省平均开采1 t煤炭，矿井排水0.87 t，每年因采煤破坏地下水4.2亿m^3，如按照2015年山西省原煤产量9.75亿t计算，矿井排水量达到8.48亿m^3。如果通过采用科学的手段，合理开发利用煤炭开采排放的矿井水资源和降低煤炭开采的地表生态影响，建立煤炭开发与自然生态环境和谐共生的状态，将对煤炭开发与自然生态系统相互协调可持续发展具有十分重要的作用，不仅是煤炭开采的自然与社会要求，也是煤炭现代开采的必然选择。

1.3　西部煤炭开采地下水与地表生态保护及研究方法

我国西部地区生态阈值较低、抗扰动能力差且水资源短缺，大规模煤炭资源开采加剧了生态脆弱性，地下水与地表生态保护是西部生态脆弱区煤炭资源可持续开发面临的主要瓶颈问题。在煤炭开采安全、高效、高回收率的基础实现上，如何使安全高效、资源节约、环境友好相结合，突出解决地下水与地表生态保护难点，进一步实现煤炭绿色开采已经成为煤炭资源科学开发亟待解决的问题。而准确把握煤炭现代开采条件下地下水与地表生态变化规律，是开发有效的地下水保护利用及地表生态修复方法的科学基础。

1.3.1　煤炭现代开采面临的难题及相关科学问题

1. *采动覆岩和地表层损伤的减损问题*

采动覆岩，采煤学意义上泛指开采煤层上覆的各种岩层和地层，生态学意义上则包括开采煤层上覆的各类岩层及第四系覆盖层，含有与地下水有关的松散层和与地表植物生长有关的土壤层。由于采动导致覆岩破坏、含水层破坏和地表土壤结构及植物损伤，其中，开采对地表土壤结构及植物形成的损伤可以简化为地表层损伤。采动覆岩破坏和地表层损伤是通过开采裂隙和开采沉陷，将煤炭采动影响传导至含水层和地表。采动覆岩破坏越大，开采裂隙发育范围和高度越大，则对地下含水层和地表层及地表植物损伤越严重。

因此，通过分析煤炭开采活动对采动覆岩及地表层的影响和破坏规律，进一步认识煤炭开采与地下含水层赋存空间和地表生态变化的关系，寻求最大限度减少煤炭开采对地下水和地表生态影响的途径与方法（简称“减损”），促进煤炭开采与区域生态保护的协调。采动覆岩破坏过程与开采过程同步，包括采动破坏前的覆岩原始状态、采动过程中持续对覆岩的影响作用、回采后采动覆岩逐步变化并趋于稳定的过程，即采前—采中—采后的采动覆岩变化全过程。减损则是通过研究开采全过程采动覆岩变化规律和主要控制因素，改进开采工艺与方法，通过降低煤炭开采对采动覆岩的影响作用，达到减轻开采对地下水和地表生态的破坏程度。涉及主要研究问题包括：

（1）煤层开采全过程中覆岩损伤的基本规律和主要特点。通常采动覆岩变化规律研究大多采用现场观测方法和模型模拟方法。前者受观测条件限制，观测主要集中于采动煤层顶板及底板和地表采动裂隙发育区，通过应力分析和经验评估，确定采动裂隙发育高度和影响区域；后者则是基于岩层力学参数构建多层介质模型，通过物理模拟或者数值模拟分析煤层开采过程中覆岩应力变化情况和裂隙发育演化过程。但由于覆岩结构的复杂性，上述方法均难以分析开采全过程覆岩三维变化，不能精确刻画采动覆岩随时间空间变化的“细节”、采后与采前状态差异性，或覆岩损伤程度。

（2）煤层开采全过程中地表层变化规律和主要特点。地表开采裂隙观测是研究煤炭开采对地表土壤和植被破坏的有效方式，植物变化及土壤物理与化学环境变化等是开采对矿区生态破坏影响的主要方式。而地表层损伤研究包含了地表的土壤层和浅部第四系松散层、土壤环境和地表植被、大气环境等内容，特别是系统地研究地表层结构、土壤环境和地表植被的开采全过程变化趋势，获得近地表的土壤层和第四系松散层浅部的含水性变化、裂隙发育及对土壤和地表植被的影响，对比采前与采后变化及主要控制因素，是研究煤炭开采工艺与地表层损伤程度之间关系的基础，也有助于探索减少开采对地表层损伤的有效途径。

（3）现代开采工艺与方法的优化与改进方向。煤层与采动覆岩等地质环境是煤炭开采中的基本条件，而煤炭开采工艺是根据开采地质环境确定的开采方法。为了减轻矿井采动覆岩运动对采矿工程及地面影响，前人从开采学角度对采动覆岩结构运动演化与破坏规律进行了长期大量的研究，相继提出了多种理论，其中具有代表性的有压力拱理论、悬臂梁理论、预成裂隙梁理论、铰接岩块理论、砌体梁理论、传递岩梁理论、薄岩板理论、关键层理论及采动覆岩裂隙分布“区带”论等。如何充分利用采动覆岩应力变化规律，结合开采技术与装备的进步不断改进和优化开采工艺与方法，降低煤炭开采对地表层的影响和地表生态损伤，将是减少生态修复投入和提高效率的重要技术途径。

2. 地下水“聚水”特点及保护利用方法

从煤炭开发与生态保护角度，地下水包括采动覆岩中的裂隙水、松散层中的孔隙水和地表土壤水，简称为“三水”。采前地下水赋存与采动覆岩类型、空间赋存结构和渗流特性等有密切关系。特别是在我国目前推广的超大工作面现代开采工艺情形下，进一步认识开采全过程中采动覆岩渗流变化规律，有助于科学认识地下水在采动覆岩中变化规律和“聚集”特点、地下水聚集变化的主要控制因素，通过改进采矿设计与工艺，引导地下水合理流动和实现有效保护与合理开发。地下水“聚水”特点及保护利用方法研究涉及的主要问题包括：

（1）采动全过程的覆岩渗流特性及变化趋势。煤炭开采产生的采动裂隙改变了采动覆岩渗流特性，采动裂隙越发育，采动覆岩损伤越严重，含水层结构破坏越严重，地下水移动趋势越显著。传统的模拟分析和现场观测方法都难以系统精确地刻画复杂地层结构条件下的岩石渗流特性变化，而系统研究和有效识别采动覆岩渗流特性及随时间变化特性，采动覆岩的“泄-载机制”，是研究分析地下水流动趋势、渗流方向和渗流量变化等宏观变化的基础。

（2）采动全过程地表层渗流特性及变化趋势。采动地表裂隙改变了地表层的土壤结构和渗流特性，裂隙越发育、发育时间越长，则地表层结构破坏越严重，改变了土壤渗水特性，造成了土壤物理特性和化学特性的变化。显然，地下水流动变化与大气降水、第四系含水层潜水、基岩裂隙水的补径排关系等有密切关系，特别是在适宜的土壤与植被条件下，大气降水越多，自然植被恢复越好、松散含水层补给也充分。系统研究分析采动全过程的地表层损伤特点和变化趋势，有助于揭示大气降水等自然变化和人工生态活动对地表生态的作用机制，选择适宜的生态修复方法，充分发挥自然力的主体作用和人工引导作用，提高生态修复效率。

（3）开采沉陷大盆地地下水的保护途径。超大工作面现代开采工艺具有一次回采面积大、采动裂隙影响周期短、沉陷区域面积和稳沉区域大的显著特征，与传统的煤炭开采工艺相比形成了开采沉陷“大盆地”，大面积均匀沉陷导致采动覆岩形成稳定的沉陷垂直结构和较大范围的均匀渗流区域。研究“大盆地”对地下水循环系统的影响和地下水赋存与聚集机制，控制地下水聚集变化的主要因素及与现代开采的关系，是改进采矿设计与工艺，实现地下水合理流动的基础。

3. 地表生态“自修复”的存在性及可利用性

通常的矿区地表生态系统是指在矿区开发的一定空间内，煤炭开采活动与矿区生物和环境构成的统一整体，在这个统一整体中，煤炭开采活动与生物和环境之间相互影响、相互制约，并在一定时期内处于相对稳定的动态平衡状态，其中煤炭开采通过作用矿区生物生存的物理与化学环境，影响着生物与环境之间相互影响和相互制约关系，建立了具有“开采痕迹”的能量和物质交换系统的矿区生态学功能单位。矿区地表生态系统中，土壤和植物等状态是表征生态系统的景观和微观效应的主要特征。通过分析煤炭开采活动带来的景观及微观生态效应及其响应，研究矿区生态系统的演变规律和退化过程或恢复过程。本书的地表生态泛指地表生态系统和表征生态系统的主要特征参数（如土壤、植物、根际微生物等）的集合特征，地表生态“自修复”则描述了开采扰动后的退化的地表生态状态，在自然力的作用或人工“适度激励”作用下向扰动前状态恢复的过程。研究针对土壤和植物重点，聚焦地表生态“自修复”的存在性及可利用性，涉及的主要研究问题如下：

（1）煤炭开采全过程中土壤物理与化学环境变化规律与趋势。地表土壤物理与化学环境是影响地表生物与植物的主要载体，土壤的质量直接关系到动植物的成长。煤炭开采对地表层（0～10m）土体处，土层等不同深度的破坏对土壤的机械组成、容重、孔隙度、含水量、pH、有机质和养分等主要指标产生影响，改变了土壤与地表植物的“能量流动与物质转化”关系。

（2）煤炭开采全过程中地表植物生长及变化规律与趋势。地表植物与生物是矿区地表生态环境质量的主要标志，自然状态下（无开采影响）的地表植物类型、群落组成、生长发育等与自然地理、土壤、气候有显著的关系。煤炭开采影响了植物根系及植物生长的介质——土壤环境条件，造成土壤水分不足和土壤养分流失。研究不同的地表土壤环境下煤炭开采对地表植物的影响程度，包括植物生长、植物根系及根际微生物环境的影响，采后地表植物及根际环境的变化趋势，有助于认知开采对地表生态影响途径，提出降低开采影响的有效方法，提高地表生态修复的难度。

（3）煤炭开采活动作用下地表生态自我修复能力是否存在？矿区生物和环境构成的统一生态开放系统，一方面为维系自身的稳定必须依赖外界环境提供输入能量，同时其行为经常受到外部环境的影响，但在一定限度内，其本身都具有反馈机能，使它能够自动调节，逐渐修复与调整因外界干扰而受到的损伤，维持正常的结构与功能，保持其相对平衡状态。煤炭开采通过影响地表径流、土壤含水性和地下水径流等途径，改变了地表植物与大气、土壤、地下水等的能量、物质和信息的循环与交换关系。研究开采对地表生态系统的干扰破坏程度，是否超过了原生系统的自我调节能力的限度（或“生态阈限”），采后地表生态的变化趋势且系统是否能够实现自我调节并使系统得到修复等问题，有助于科学认知矿区地表生态系统的自我修复能力和作用范围，探索降低开采对地表生态影响的有效技术途径，为利用自修复作用提高地表生态修复效率的方法提供指导。

1.3.2 国内外研究与实践现状

国外有关煤炭开采对地下水影响的相关研究主要集中在采动覆岩破坏、采动覆岩渗流规律、采动破坏与工艺的关系和地下水资源保护等方面。

（1）在采动覆岩破坏研究方面，目前对采动覆岩破坏与移动的状态研究得到较为一致的认识，即覆岩破坏和位移具有明显的分带性，各带特征与地质、采矿等条件紧密相关。

早在 19 世纪，比利时学者就已注意到煤矿采动后的地表岩层移动变化现象。之后，欧洲各国特别是苏联及东欧（以波兰为主）的专家都对采动后矿山压力显现及岩层与地表移动进行了研究。苏联矿山测量研究院进行的物理（相似）模拟、库兹涅佐夫等关于老顶岩层形成铰接岩梁平衡规律的研究以及鲁别涅依特弹性梁研究都有广泛影响，波兰李特维尼申的颗粒体随机介质理论则开辟了岩层移动研究的新领域。但这些研究大都基于刚性体、弹性体和颗粒体，停留在实测经验与几何学分析研究基础上，并且据此制定法规（法律），还尚未进行层状岩体高度非均匀非线性特性、采动过程中的岩体特性及本构关系动态演变、岩体及结构与人工支护共同作用时岩层与地表移动和矿压显现影响研究。

国外在浅埋煤层顶板岩层控制方面也做了大量研究工作，较早的有苏联 M. 秦巴列维奇根据莫斯科近郊煤田浅埋深条件提出的台阶下沉假说。该假说指出当煤层埋深较浅时，上覆岩层可视为均质。随工作面推进，顶板将呈斜方六面体沿煤壁斜上方垮落直至地表，支架上所受的载荷应考虑整个上覆岩重的作用。在浅埋煤层矿压显现方面，苏联 B. B. 布德雷克研究认为，在埋深 100m 且存在厚黏土层条件下，放顶时支架出现动载现象；约 12% 的采区煤柱出现动载现象。动载现象说明浅埋煤层顶板来压迅猛，与普通采场顶板逐层次垮落及老顶回转失稳形成的比较缓和的来压特征有明显区别。澳大利亚 B. 霍勃尔瓦依特等对新南威尔士浅埋煤层长壁开采的矿压现象进行了实测。L. Holla 认为浅部开采顶板破断直接影响到地表，顶板破断角大，地表下沉速度快，来压明显且难以控制。

国内对采动覆岩影响研究是从新中国成立以后 50 年代开始的，以刘天泉、仲惟林、钱鸣高、宋振骐等人为代表，他们发展了苏联及波兰学者的研究成果。通过煤矿开采岩层破坏与导水裂隙分布做了大量的实测和理论研究，建立了采场岩层移动破断与采动裂隙分布的“横三区”“竖三带”的总体认识，即沿工作面推进方向覆岩将分别经历煤壁支承影响区、离层区、重新压实区，由下往上岩层移动分为垮落带、断裂带、整体弯曲下沉带；得出计算导水裂隙带高度的经验公式，并指导了许多煤矿的水体下采煤试验。为了能将岩体渗流理论用于煤炭开采工程，刘天泉（1995a）针对煤层开采后岩体的破坏及渗流问题进行了系统的试验与研究，提出和发展了矿山岩体采动影响与控制理论，揭示了煤层开采后岩体变形破坏及渗流规律。

（2）在采动岩体渗流规律研究方面，人们很早就发现了水在土中流动这一现象，H. Darcy 在 1856 年就法国第戎城的水源问题研究了水在直立均质砂柱中的流动，通过试验研究创立了著名的 Darcy 定律。100 多年来，建立在 Darcy 定律基础上的经典渗流理论与电模拟试验并行发展，相互促进，使渗流力学成为流体力学的一个重要分支，并在岩体工程实践中得到应用。20 世纪 30 年代，人们注意到地下水的不稳定流动和承压含水层的储水性质，考虑了岩层的贮水性质及水头随时间的变化，Jacob 根据热传导理论建立了地下水渗流运动的基本微分方程。20 世纪 50 年代开始对裂隙岩体的水力性质及其中流体的流动进行了定量评价，并力图解释裂隙水流的特点。Ломизе 曾对裂隙介质水力学做过试验研究，但未能引起工程界的普遍重视，直至 1959 年相继发生的法国 66.5m 高的马尔帕塞拱坝初次蓄水时溃决和 1963 年意大利瓦依昂拱坝上游库区大滑坡等重大灾害性事故极大震动了工程界，促进了岩体渗流研究工作的深入开展。Pomm、Snow、Louts、Wittke 等人相继进行了裂隙岩体水力学的试验研究，取得了一系列成果，建立了裂隙岩体渗流模型。

在采动覆岩分带研究中，重点是采用相似材料模拟试验及数值模拟计算等方法研究冒落裂隙带发育高度。研究中矿山压力早已引起国内外学者的重视，苏联、联邦德国、澳大利亚和波兰等国在矿山压力现象研究中大量采用相似材料模拟方法，取得了许多可喜的成果。如联邦德国埃森（Essen）岩石力学研究中心，在面积为2m×2m的巷道模型及长达10m的采场平面应变模拟试验台上，施加千余吨外载，取得了与井下极为相似的支架与围岩相互作用关系的情况。苏联矿山测量研究院从30年代起应用相似模拟方法研究了采动后的岩移情况，结果与实际极为相似。

在覆岩导水裂隙带发育规律研究方面，从20世纪50年代开始，我国以刘天泉、仲惟林、钱鸣高、宋振骐等人为代表，对煤矿开采岩层破坏与导水裂隙分布做了大量的实测和理论研究，建立了采场岩层移动破断与采动裂隙分布的“横三区”“竖三带”的总体认识，即沿工作面推进方向覆岩将分别经历煤壁支承影响区、离层区、重新压实区，由下往上岩层移动分为垮落带、断裂带、整体弯曲下沉带。刘天泉等根据覆岩岩性不同等因素，通过统计分析获得导水裂隙带高度计算的经验公式，指导了我国许多煤矿的水体下采煤试验。为将岩体渗流理论用于煤炭开采工程，刘天泉（1995a）在煤层开采后岩体破坏及渗流的系统试验研究中，提出和发展了矿山岩体采动影响与控制理论，揭示了煤层开采后岩体变形破坏及渗流规律。缪协兴等（2004）认为：煤层开采后随着上覆岩层中关键层的破断，在该区域内地下水将形成下降漏斗。地下水位能否恢复，取决于随着工作面的推进，上覆岩层中有无软弱岩层经重新压实导致裂隙闭合而形成隔水带。若有隔水带，则随着雨水的再次补给，下降漏斗将随之消失，地下水位也随之恢复。而它对地面生态的影响则决定于漏斗形成与消失的时间间隔。我国西北部分地区（如山西大同）顶板为厚层坚硬岩层，表土层薄，煤层开采后顶板破断裂缝从井下采空区贯穿地表，原有顶板含水层的水全部通过岩层裂缝漏失，造成区域地下水干枯。由于贯通地表的破断裂缝难以闭合，地表降雨通过裂缝渗入井下采空区，原有顶板含水层无法恢复。只有对岩层裂缝进行人工注浆封闭、阻断地表雨水渗漏，才能逐步恢复原有含水层。

目前，国内确定覆岩冒落裂隙带发育高度的方法主要有现场实测法、经验公式计算法和物理模拟试验及数值模拟计算等方法。现场实测是确定导水裂隙带高度的主要途径，主要有地面钻孔冲洗液消耗量观测、井下导高观测仪观测。物探方法包括高密度电阻率法、微地震法、声波法、CT层析成像法及电视成像法等。以往对导水裂隙带高度的研究，多是根据现场观测结果，建立导高计算的经验公式，并取得了好的应用效果。对于覆岩采动裂隙的分析方法，目前主要采用的方法有相似材料模拟试验及数值模拟计算等方法。国内众多学者应用相似模拟方法研究巷道和采场围岩矿压分布规律及顶板岩体变形和破坏规律。侯公羽等人通过相似模拟试验比较了锚拉支架支护条件下不同介质顶板的稳定性情况；邓喀中（1993）和于广明等（1996，1997）对开采沉陷中岩体结构效应进行了相似模拟试验，揭示了地表和岩体内部移动规律。林海飞等得到了覆岩采动裂隙演化形态与特征，提出了“采动裂隙圆角矩形梯台带”工程简化模型；得到采动裂隙带的演化高度、沿走向与倾向的带宽距及断裂角等参数；杨科等研究了不同采厚采动裂隙发育及其演化特征，揭示了一次采厚变化对采动裂隙分布及其演化特征影响的采厚效应。在物理模拟试验研究同时，应用数值模拟研究煤炭开采过程中覆岩变形破坏规律受到广泛应用。解决覆岩冒落裂隙带发育的模拟技术有了突飞猛进的发展。数值模拟技术方法由于计算模拟技术的发展也为解决覆岩冒落裂隙带发育规律提供了可能的定量化研究手段，有力地推动了工程岩体力学的进程。数值模拟方法一般有有限差分、有限元、边界元、离散元等计算方法，其中有限元法在工程岩体稳定性研究中被广泛应用，它是研究工程岩体稳定性的一种有效手段。它的优点在于将复杂介质力学性质、本构关系及边界条件等问题转化成常规问题的计算机程序去解决，其基本思想概括为：化整为零，聚零为整。

（3）国外在开采对地下水资源影响方面，对浅埋煤层开采时地表水、地下水、矿区及区域内生物种群等的变化进行了比较深入的观测和研究。其中，代表性成果是C. J. Booth等在美国伊利诺伊州进行的长壁工作面上覆砂岩含水层的观测研究，系统分析了煤层开采后地表的沉陷特点及引发的砂岩含水层水压、渗透性、储水能力及水理性质的正面和负面变化，描述了不同区域开采后水位恢复过程和水质变化特点，提出了长壁开采引起的地下水位下降的可恢复性。在地下水资源保护方面，国外走的是先污染后治理的路子。欧洲是现代采矿业的发源地，目前其采矿业已经衰落，大量已经废弃和关闭矿井的水位恢复和排泄对环境带来许多负面影响，虽然强调保护水资源环境功能和价值，但目前最主要的研究焦点集中在矿井水的处理机理和技术、废弃矿井水排泄对环境影响及治理上。美国等资源丰富的国家，虽经长期开采后有一些矿井废弃和关闭，但还有许多矿产正在和有待开发，既有对前期污染的治理技术的研究，又有对现有开采和将来开发过程中的水资源保护问题的立法和技术探讨。澳大利亚、印度、南非等地质和水文地质条件相对简单，更多地集中在矿井水的利用和露天采坑积水湖的治理和利用上。其中，美国的Bontad对露天煤矿在开采前、开采中及复垦后的地表水文影响进行了研究，Booth、Cartwright等研究了美国伊利诺伊州井工采煤、露天采煤造成的地下水流场的影响。

我国在水资源保护性开采方面，也已经开展了系统的研究，部分学者通过抽放水试验、同位素示踪等方法，对陕北煤矿区、太行山东麓煤矿区、太原煤矿区、华东煤矿区的地下水动态进行了研究，分析了煤矿开采与地下水位大幅下降、泉水断流、区域水循环改变的关系。目前国内学者提出了保水开采、煤水共采等理念，其中，保水采煤技术作为钱鸣高院士提出的绿色采矿技术体系的重要组成部分，其核心含义是在保障采煤安全的同时最大限度减少水资源破坏。缪协兴等提出保水开采隔水关键层理论，在神东矿区大柳塔煤矿进行了成功应用。王双明、范立民等提出了以保护生态水位为目标，以隔水岩组采动隔水性判据及其保水开采分区为基础，以采煤方法规划为手段，为榆神府生态脆弱区煤炭资源科学开采提供了有效途径。张发旺等提出采用分层采煤、部分开采等方法减轻或防止含水层结构破坏等技术并在西部矿区得到应用。冯启言等在顶底板水防治方面提出了注浆改造和疏排水优化等综合防治水技术并在兖州、大屯、禹州等矿区得到应用。此外，徐良骥提出了煤矿区的地表水系治理思路；匡文龙、邓义芳对采煤沉陷地土壤水分运移、养分运移的影响进行了研究，并提出了保护途径；王振红、桂和荣、罗专溪等人以淮南煤矿区为例，研究了沉陷积水区水生态环境问题；马德慧针对煤炭开发水土资源的影响和保护进行了探讨。

国内外学者开展的大量矿山开发对地下水和地表生态的影响研究，获得了一批极有价值的研究成果和案例。然而，随着现代煤炭开采方式的逐步变革和煤炭集约化开采与资源规模化开发，如何解决煤炭资源大规模开发中的有限地下水资源的有效保护和地表生态系统的同步修复是亟待解决的实践难题。因此，针对我国西部区域煤炭开发条件，选择主流开采技术和典型矿区，采用多学科理论与方法，进一步研究认识现代煤炭开采技术下地下水及生态系统的损伤作用机理及其时空演化规律，是提高我国西部大型煤炭基地地下水资源保护和地表生态修复效率亟待解决的科学问题。

1.3.3 研究分析思路和方法

煤矿区地下水保护与生态修复是一项生态保护系统工程，煤炭开采对地下水和地表生态的影响规律是工程系统的科学基础。煤炭开采对地下水和地表生态的影响规律，或煤炭开采与地下水和生态修复的动态"耦合关系"及相互作用，影响着科学开采全过程和生态保护系统的认知程度和实施效果。如采前影响着煤炭开采布局与开采方法的科学选择，采中影响着对采动覆岩结构和地表生态的"损伤"程度的有效控制，采后影响着对采动覆岩赋水性变化和地表土壤和植被的影响程度的修复方法等。因此，针对煤炭开采全过程，基于现代探测技术，选择反映地下水赋存和地表生态变化的主要物理、化学、生物等参数，建立一套煤炭开采全过程的三维观测体系，科学"提取"反映耦合关系变化过程的基本信息，通过主动认识和超前预测，才能指导地下水保护与生态修复技术的合理开发，实现地下水与地表生态的有效保护。

1. *研究思路与方法*

针对生态脆弱区现代开采技术下地下水资源和生态环境问题，通过神东矿区样区重点解剖研究与分析，查清现代煤炭开采技术下地下水赋存条件及其动态变化规律，研究覆岩采动裂隙及渗流演化规律、地下水系统变化规律、近地表土地及植物生态环境的影响规律及其自修复能力，探索与实践现代煤炭开采技术条件下地下水资源保护与开发的科学模式和生态环境保护的科学方法。通过现代开采工作面、地下水资源保护、现代开采影响区生态环境修复的示范工程，形成适用于西部地区的地下水资源保护技术，支撑西部大型煤炭基地可持续开发战略实施。研究技术路线如图 1.7 所示。

（1）针对神东矿区的地质特点情况，采用地质、测井和地震相结合，静态与动态相结合，时间与空间相结合的综合方法，选择典型现代开采工作面，通过从点到线、由线到面对煤炭开采过程中煤岩层的动态探测，建立定量、精细、动态的煤岩层结构和构造模型，系统研究现代煤炭开采技术条件下煤岩层结构和构造变化，揭示现代煤炭开采技术下地下水赋存条件的动态变化规律。

（2）针对采动覆岩裂隙及渗流性时空演化，系统研究采动覆岩的地质力学特征，现代煤炭开采技术下采动岩体的变形破坏与裂隙时空变化及采动岩体渗流及时空变化，分析采动岩体的应力、应变及渗流特性演化规律，研究采动岩体流-固耦合相互作用机理，建立不同开采条件下采动岩体裂隙-渗流模型，揭示现代开采条件下采动岩体裂隙场变化与地下水流场的空间分布关系。

（3）通过煤炭现代开采的采前—采中—采后的地表裂隙变化、沉陷特点、土壤特性、水土保持等参数的动态观测与现场试验，系统研究煤炭现代开采全过程地表移动和地表裂

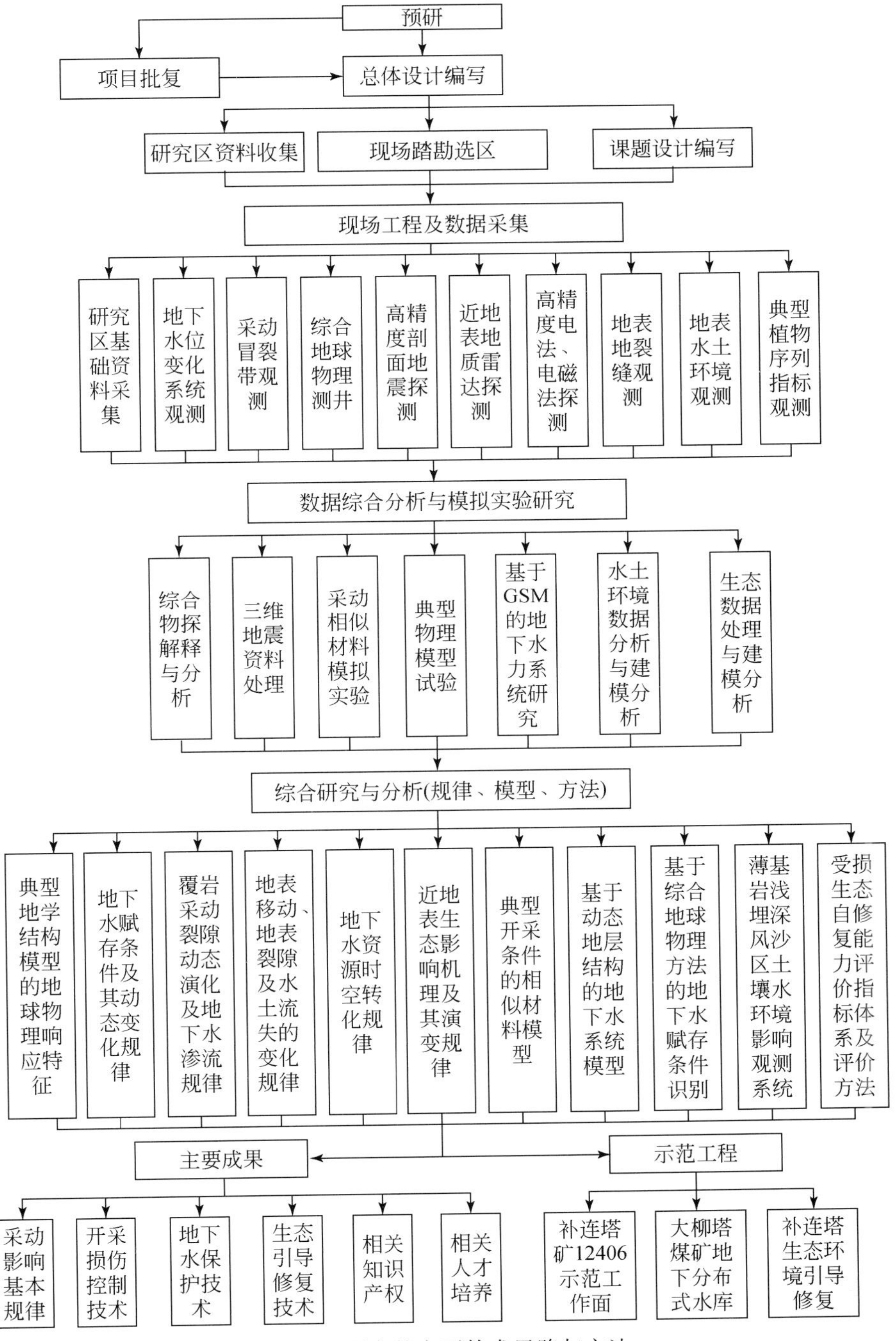

图1.7　研究的主要技术思路与方法

缝发育规律，开采沉陷对土壤水及土壤理化环境的影响规律，分析高强度开采下土壤损伤特征与自然恢复趋势，探讨现代开采条件下的土地损伤时空演变规律及自修复能力。

（4）基于现代采煤方法和地质与生态环境条件，通过现场系统观察煤炭现代开采全过程时地表典型植物的生长发育状态，系统测试分析植物根系损伤程度、根系土壤微生物及酶活性等参数，研究现代开采对植物多样性及植物自然演替过程的影响，揭示现代开采对近地表生态的损伤规律，探讨高强度开采下地表植被变化趋势及自然恢复能力。

（5）针对现代开采产生的地表裂缝和沉陷、土壤理化环境、植物根际土壤微生物环境、植物多样性和自然演替过程等景观和微观方面的一系列时空影响，综合现代开采全过程及采后地表生态自然恢复趋势分析，借鉴前人成果影响，采用区域性评价和过程性评价方法，重点评价开采沉陷损伤区域与损伤程度和开采全过程（采前—采中—采后）的地表生态要素的综合变化发展趋势，探讨高强度开采下地表生态自修复的可能性。

2. 采动全过程科学观测体系

生态脆弱区现代开采全过程地下水和生态环境的变化的科学数据是研究开采对地下水和地表生态变化规律的基础，也是开采对地下水和生态环境影响的外在反映。现代开采技术具有机械化程度高、全员效率高、智能化程度高、装备能力强等特点，极大地提高了生产效率、安全保障水平和智能化程度，传统的三维数值模拟方法和二维现场观测都难以全面反映开采全过程“全息影像”信息，使得认知开采对地下水和地表生态的影响规律受到局限。亟待通过建立开采全过程的科学观测体系，系统获得与挖掘分析煤炭现代开采对地下水及地表生态的影响规律。

研究针对我国西部典型的煤炭现代开采工艺条件，以神东矿区中心区为重点地区，以大柳塔矿不同采煤塌陷区域作为研究靶区，利用两年时间，采用现场观测和实验室分析相结合，地面观测与地下观测相结合，针对重点工作面目标，采用点、面、体和时间相结合的观测时空优化方法，建立以采动覆岩、地下水、地表水土环境和植物等关键描述参数为一体的科学观测体系，实现煤炭大规模、高强度开采全过程地下及近地表生态变化行为的连续动态观测（图 1.8）。

1）煤炭开采全过程采动覆岩的变化过程及趋势观测

采动覆岩是指从开采煤层到地表层范围内赋存的岩石和地表覆盖层，煤炭开采全过程采动覆岩的变化是地下水变化和地表生态变化的基础，即：煤炭开采通过采动覆岩应力变化和裂隙发育将开采影响传导到地下水系统和地表生态系统，形成开采对地下水系统和地表生态系统的持续扰动。因此，在传统的采动岩体变形破坏与裂隙演化物理模拟试验基础上，通过全空间多参数系统观测采动全过程覆岩变形破坏与裂隙变化，有助于从中观—宏观上认知采动覆岩裂隙演化过程，揭示采动覆岩的渗流特性。根据现代地球物理方法的三维探测能力及效果，集成高精度地质雷达方法和三维地震方法，实现采动全过程采动覆岩结构变化探测的目标。

（1）地表层（$h=0\sim20$m）采动全过程结构变化探测。地表层是地表土壤与植物的基础层，也是地表水向地下渗流的过渡层。地表层采动全过程结构变化直接影响着地表生态的变化和地表水转化为地下水的能力。本研究设计采用高精度地质雷达方法，通过时移地质雷达数据采集，即定观测区域、定观测时间和定观测方法，辅之以定点小深度（0～10m）钻孔岩心测试，系统采集采动全过程地表层结构变化的雷达响应信息，提取采动全过程地表层裂隙和岩土结构等变化信息，研究分析煤炭开采与地表层变化的相关性及影响程度。

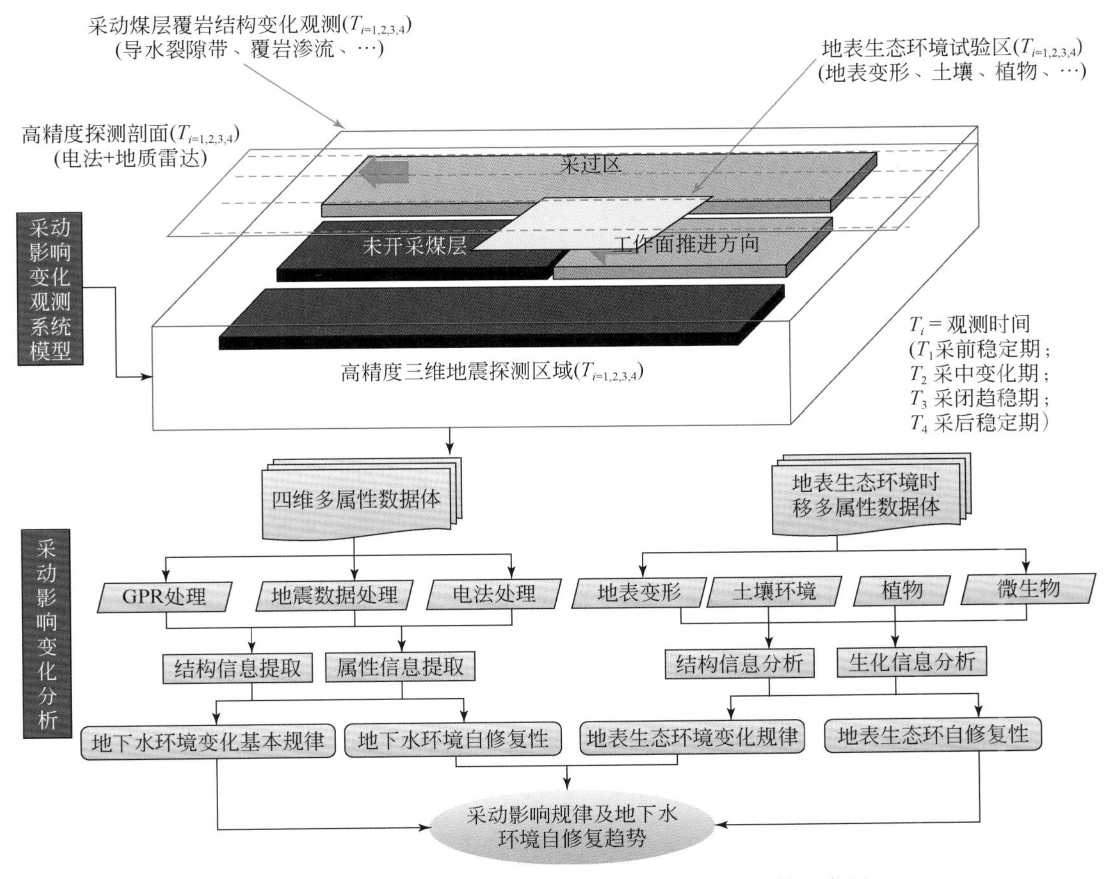

图 1.8　基于超大工作面的三维采动全过程观测系统示意图

（2）开采煤层顶底板岩石采动全过程结构变化探测。开采煤层顶底板岩石地下水赋存区域，也是地表水和第四系含水层地下水向下渗流和裂隙水泄流层。采动全过程煤层顶底板岩石结构变化直接影响着地下水的渗流性和对地表浅层水的导流性。本研究设计采用高精度四维地震方法，通过时移三维地震数据采集，即定观测区域、定观测时间和定观测方法，辅之以 VSP 测井分析，系统采集开采煤层顶底板岩石采动全过程结构变化的地震响应信息，提取采动全过程开采煤层顶底板岩石结构变化信息，重点研究分析煤炭开采与采动煤层顶板覆岩变化的相关性及影响程度。

2）煤炭开采全过程地下水变化趋势观测

采动覆岩中赋存着地表层土壤水、第四系松散层孔隙水和基岩裂隙水三类地下水（简称“三水”）。煤炭开采全过程对含水层结构的裂隙“扰动”是地下水空间分布发生变化的前提，煤炭开采通过采动覆岩结构变化将开采影响传导到地下水系统和地表生态系统，形成地下水系统的异常变化。在传统的采动覆岩破坏与渗流物理模拟试验基础上，系统观测采动全过程覆岩富水性变化，有助于从中观—宏观上认知覆岩裂隙渗流过程和地下水变化趋势。根据现代地球物理方法的三维探测能力及效果，集成高精度高密度电法和高精度地质雷达方法，实现采动全过程采动覆岩从浅部到深部的富水性探测的目标。

（1）地表层（h=0～15m）采动全过程含水性变化探测。本研究基于不同岩石组合类型的地层介电常数的差异性及波阻抗异常，设计采用高精度地质雷达方法，通过时移地质雷达数据采集，结合基于能谱参数信息提取的含水性分析和现场钻孔验证，系统采集和分析采动全过程地表层含水性变化信息，研究分析煤炭开采与地表层含水性变化的相关性及影响程度。

（2）开采煤层顶板岩石（h=15m至煤层直接顶板）采动全过程含水性变化探测。本研究基于不同岩石组合类型的电阻率常数的差异性和地下富水体的良导特性，设计针对开采煤层顶板岩石采动全过程含水性变化问题，采用高精度高密度电法和瞬变电磁方法，通过时移高密度电法探测，系统采集和提取采动全过程开采煤层顶板岩石富水性变化信息，研究分析第四系含水层地下水和基岩裂隙水向下渗流趋势。此外，采用充电法进一步判别泉水流经通道，分析泉水通道流经采动区域并观测泉水受井下采动影响状况。

（3）第四系含水层（h=15m至煤层直接顶板）采动全过程含水性变化探测。第四系含水层地下水位及流场方向变化是地下水向下渗流的重要标志，也是受煤炭开采影响的最敏感标志层位。本研究设计地下水位自动遥测系统，选择地下水变化敏感区位，通过连续采集定时地下水位的数据，系统分析采前—采中—采后全过程中第四系含水层地下水位下降和流动方向变化信息，重点研究分析煤炭开采与松散含水层地下水位变化的相关性及影响程度。

3）煤炭开采全过程地表生态的变化过程及趋势观测

地表生态的变化最直接的表现是个体植物及根系的发育状态及地表植被群落的演替发育，而地表层结构、土壤物理和化学及根际微生物环境是影响植物及地表植被群落发育的主要因素。煤炭开采通过地表层结构变化（地表裂隙和塌陷等）将开采影响传导到地表，形成对地表生态的异常扰动。在传统的现场观测与实验室分析基础上，选择乔木、灌木和地被草本3种类型的植被及分布区作为主要对象，系统观测采动全过程地表生态主要指标变化，研究开采对地表生态扰动程度及演化趋势。

（1）地表土壤层（h=0～1m）采动全过程地表裂隙物理环境变化探测。煤炭开采引发的地表结构损伤（裂缝、塌陷、土壤流失等）直接造成土壤水分流失、植物根系损伤等现象。针对采动全过程典型土壤类型和区域，本研究系统观测和比较采动不同阶段、不同土壤类型和地貌对开采扰动的响应，包括裂隙长度、裂隙宽度、裂隙发育生命周期、裂隙区域土壤含水性变化趋势等，系统分析采前—采中—采后全过程影响区域地表结构损伤程度。

（2）地表土壤层（h=0～1m）采动全过程物理和化学环境变化探测。不同地质开采条件下土壤的物理和化学性状受到影响，土层扰动，塌陷裂隙，土壤组成与质地发生变化，造成漏水漏肥，影响其土壤的养分含量与生物活性及土壤生产力，形成对植物及植物群落的扰动。针对采动全过程典型土壤类型和区域，本研究系统观测和比较采动不同阶段、不同土壤类型和地貌对开采扰动的响应，包括土壤含水量、土壤容重、土壤机械组成、土壤入渗率、土壤蒸发率、土壤 pH、电导率、土壤养分等参数，地形地貌类型（坡顶、坡中、坡底）等，系统分析采前—采中—采后全过程影响区域土壤物理与化学特性异常及变化趋势。

（3）地表植物生长及土壤微生物环境采动全过程变化探测。针对采动全过程典型植物和区域，本研究系统观测和比较采动不同阶段、不同类型植物对开采扰动的响应。采用原位定期观测方法，其中，对应植物生长状态的，如叶面积指数、光合强度、盖度、叶绿素含量等，对应植物根系发育状态的，如根系长度、根伸长方向、根系伸长速度、根系活力和根系酶活性、根系运输水分能力、根系抗逆性等，对应根际土壤环境的土壤中细菌、真菌、放线菌数量和微生物种群数量、组成的影响。菌根侵染率、菌丝密度等。系统分析采前—采中—采后全过程植物群落及植被受开采扰动的程度及自然变化趋势。

3. 实验区的选择

研究综合我国的煤炭现代开采工艺、煤炭资源开发重点区域和典型地貌类型三项内容选择实验区。实验区（神东矿区）处于世界七大煤田之一的鄂尔多斯煤田的北部，位于陕西省北部与内蒙古自治区南部交界区域，地处陕北黄土高原北缘与毛乌素沙漠过渡地带的东段。区内主要包括典型的风积沙和黄土沟壑两种地貌，大气降水是地表水和地下水的主要补给来源。矿区开发的1^{-2}、2^{-2}、3^{-1}、4^{-2}和5^{-2}等5个煤组煤层赋存稳定，属近水平煤层，主要可采煤层平均厚度4～6m，具有浅埋深（30～230m）、薄基岩、厚松沙、富潜水的赋存特点和易开采的优势，特别适合建设特大型高产高效现代化矿井。选择大柳塔、补连塔和乌兰木伦三个井田中超大开采工作面为重点研究区（图1.9）。

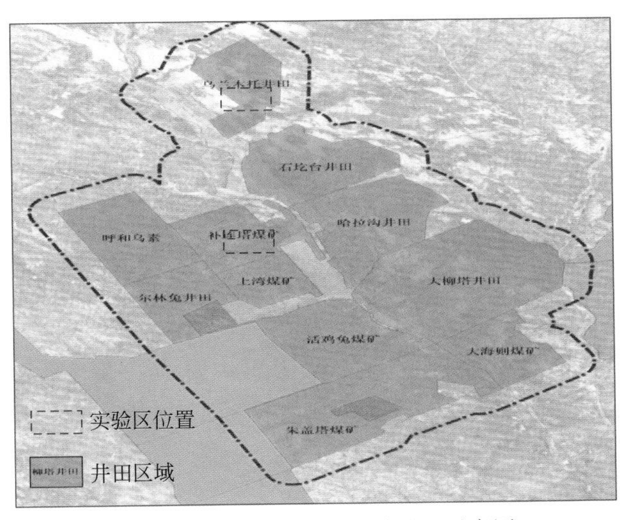

图1.9　神东矿区研究试验选区示意图

1）补连塔井田试验区

补连塔井田位于内蒙古自治区鄂尔多斯市伊金霍洛旗乌兰木伦镇，地处鄂尔多斯高原东南部，毛乌素沙漠东北边缘的乌兰木伦河一级阶地的西缘；矿区内地表多为第四系风积沙等松散层所覆盖。地形相对较平缓，呈西高东低之势，地表标高一般在1130～1260m，地表水系较发育。该区气候属典型的半干旱、半沙漠的高原大陆性气候，年降水量为194.7～531.6mm，平均为357.3mm；年蒸发量2297.4～2833.7mm，平均为2457.4mm，是降水量的5～11倍。

区内地层由老至新依次为三叠系上统延长组（T_3y），侏罗系中下统延安组（$J_{1-2}y$），中统直罗组（J_2z）、安定组（J_2a），下白垩统至上侏罗统志丹群（J_3-K_1zh），古近系、新近系及第四系。矿区内基本为一单斜构造，地层倾角为0°～3°。开采煤层1^{-2}煤标高为1050～1103m，煤层深度125～230m，煤层底板具宽缓的波状起伏；区内与煤炭开采相关的主要是松散层孔隙潜水含水层，也是主要含水层和矿井充水的主要充水含水层。该层包括第四系全新统风积沙潜水含水层和第四系冲积层潜水含水层，其厚度和富水性变化较大。风积沙潜水含水层上部为中细粒风积沙且全区发育，下部以砂砾为主且局部发育，该含水层下部砂砾层涌水量0.0019～1.26L/s，渗透系数1.046m/d，富水性弱至中等，风积沙层厚度大小影响着松散孔隙潜水含水层的富水性，地下水主要以大气降水为补给源；而下部的碎屑岩类裂隙承压含水岩组主要接受基岩露头区大气降水和含水层侧向补给，渗透系数小、径流条件差和循环缓慢。开采形成的导水裂隙带是矿井充水通道，而影响矿井充水强度的主要因素是基岩裂隙水、大气降水、地表水及老空水的补给。

该区试验区选择在12406～12407工作面，其地表大部分被松散层覆盖，属于墚峁地貌，开采煤层的上覆基岩厚度160 ～225m，松散层厚度8～27m。该工作面开采1^{-2}煤，煤层埋深190～220m，基岩厚180～200m，松散层厚10～25m。其中，12406工作面全长3592m，工作面宽300.5m，煤厚4.19～5.56m，平均煤厚4.81m，倾角1°～3°，煤层稳定，结构相对简单。开采工艺选择典型的平硐加斜井开拓方式和倾斜长壁采煤法，回采采用了一次性采全高以及长臂开采、垮落式管理顶板的方式，平均开采进度为12～13m/d。

2）乌兰木伦井田试验区

乌兰木伦井田位于内蒙古鄂尔多斯市伊金霍洛旗纳林陶亥镇，该区气候干旱，区内以风积沙漠地貌为主，地表多被风积沙所覆盖，沟谷发育，地形标高1277～1361m，地表被少量沙蒿等植被覆盖，植被稀少。区内地表水系不发育，属半干旱高原大陆性季风气候，全年盛行西北风。

区内主要地层为一套中新生代陆相盆地碎屑沉积，沉积层序由老至新分别为三叠系上统延长组（T_3y）、侏罗系中下统延安组（$J_{1-2}y$）、中统直罗组（J_2z）和安定组（J_2a）、白垩系下统伊金霍洛组及第四系（Q）。该区总体为一单斜构造，地层产状平缓，倾角为1°～3°，伴有宽缓的波状起伏。区内，地表均为第四纪风积、冲积沙，呈活动-半固定沙丘；松散层厚15～55m；延安组（$J_{1-2}y$）为该区主要含煤地层，主采煤层3^{-1}煤上覆基岩110～150m。

区内地表水体多，第四系粉细砂含水层分布面积广，局部地段煤层顶板基岩厚度比较小。含水层包括第四系的全新统冲积砂砾石孔隙潜水含水层、全新统冲洪积潜水含水层和上更新统撒拉乌苏组粉细砂孔隙潜水含水层、延安组碎屑岩类孔隙-裂隙含水层。区内地下水主要接受大气降水补给，其次为地下径流和凝结水的补给。但由于区内含水层岩性坚硬、致密、裂隙不发育，不利于大气降水的入渗补给，加之地表沟谷纵横，有限的降水以地表径流形式排入沟谷，汇入乌兰木伦河。区内第四系潜水与侏罗系承压水之间，存在大面积的隔水层，随着采煤形成的解理、裂隙和断层，沟通上部含水层组导致地下水涌入矿坑。

该区试验区选择在12403工作面，地表多为沙丘地貌，地势较平坦。开采的1^{-2}煤埋深为120～130m，基岩厚80～90m，松散层厚20～40m，其中，局部地区古冲沟发育，松散层厚40m左右，富水性较强。其中，12403工作面全长1800m，工作面宽300m，平均采高为2.4m，煤层倾角1°～3°，煤层稳定，结构相对简单。采用的开采工艺与补连塔12406工作面相同，即平硐加斜井开拓方式和倾斜长壁采煤法，回采采用一次性采全高以及长臂开采、垮落式管理顶板的方式，平均开采进度为6.4～10m/d。

3）大柳塔井田试验区

大柳塔井田位于陕西省神木市大柳塔镇，井田处于毛乌素沙漠南缘，海拔1120～1280m，地貌主要为风沙堆积，少量为黄土墚峁区，总体绿化较好，主要生长杨树、沙柳、沙棘等植物。该区属北温带大陆性半干燥气候，风沙频繁，干旱少雨，蒸发强烈，降雨集中。年平均降水量约为108～819mm，平均降水量约为440mm，平均蒸发量为2111mm。

区内大部为第四系松散沉积物所覆盖，仅在乌兰木伦河、勃牛川河沿岸及其各大支沟中有基岩出露。地层由老到新有：上三叠统永坪组（T_3y），下侏罗统富县组（J_1f），中下侏罗统延安组（$J_{1-2}y$），中侏罗统直罗组（J_2z），第四系的下更新统三门组（Q_1s）、中更新统离石组（Q_2l）、上更新统萨拉乌苏组（Q_3s）及全新统（Q_4）。该区内构造简单，总体为一单斜构造，倾角一般小于3°。区内主要含煤地层为中下侏罗统延安组（$J_{1-2}y$），属浅水湖泊三角洲沉积相，岩性以灰色、深灰色粉砂岩和灰色、灰白色中细粒长石石英砂岩为主，泥质岩及煤层次之，所含煤层埋深浅，厚度较大，层数较多。主要开采煤层从下到上依次为5^{-2}、2^{-2}、1^{-2}煤层，其中，2^{-2}煤层埋深一般为100m左右，煤厚一般为4m左右；5^{-2}煤层埋深一般为200多米，煤厚最厚为7.86m。

区内地表水主要为乌兰木伦河和勃牛川两河及其支沟等，第四纪风积沙形成的沙丘和滩地下往往隐伏有古剥蚀作用形成的冲沟和凹地。松散层空隙水主要为第四系河谷冲积层潜水、萨拉乌苏组及三门组的河流冲积和湖积层潜水，基本属中等富水性，局部地段较强。基岩裂隙承压水包括富水性极弱的延安组裂隙承压水，区内还有烧变岩属孔洞裂隙潜水，双沟脑和三不拉沟脑等局部地段富水性较强。其中，52305工作面掘进面主要充水水源为上覆基岩裂隙水，局部砂岩裂隙较发育，有一定的富水性，掘进过程中渗入工作面造成涌水量增大，预计正常涌水$50m^3/h$，最大涌水量$100m^3/h$。

该区试验区选择在52303～52305工作面范围，开采的5^{-2}煤层，厚度6.6～7.7m，平均6.93～7.35m，倾角1°～3°。煤层标高为985～1021m，最大相对高差为29.4～35.86m。其中，52305工作面长2881.3m，宽280.5m，工作面平均埋深234m，其上覆松散层厚0～46m，上覆基岩厚102～185m，平均138m，煤厚7.07～7.7m，平均7.25m。5^{-2}煤层与已采的2^{-2}煤层间距为正常基岩范围，其煤层间距大部在135m以上。工作面日平均推进度约11m左右。

第2章 基于四维地震的现代开采覆岩损伤规律研究

高精度地震勘探方法是我国石油地质和煤田地质勘探中常用的地球物理勘探方法，具有地质体探测精度高，特别是对沉积岩系层位识别率高的独特优势。四维地震（4D seismic）或时移地震（Time-lapse seismic）是利用不同时间观测的地震数据属性之间的差异变化，研究地质体的时间变化特征，它在20世纪90年代中期出现，并通过监测油气藏开采过程中特性变化，实现资源动态管理。本章针对煤炭现代开采全过程（采前、采中和采后），以神东补连塔井田为研究区域，首次采用四维地震技术，系统观测超大工作面全周期地震响应特征，深入研究采动覆岩在开采前、开采中和开采后全空间结构变化特点及趋势，即采动覆岩损伤特点，为研究地下含水层可保性及地下水转移途径奠定了基础。

2.1 采动覆岩结构变化探测与分析方法

与传统地震勘探不同，通过四维地震获得的现代开采过程中采动覆岩状态响应包含了采前、采中、采后及采后覆岩趋于稳定后的地震信息。因此，通过优化地震观测系统设计，确保数据采集的一致性；通过改进地震资料处理方法，确保开采不同阶段响应的可比性，对于研究采动覆岩的地震响应特性，显得尤为重要。

2.1.1 煤岩层地球物理测井方法

1. *数字测井方法*

地质体地球物理特性是研究采动覆岩变化全过程的基础。为掌握煤层和采动覆岩的物性特征，采用数字测井方法进行地层划分、岩性判别，解释煤层深度、厚度及结构，求取煤层固定碳、灰分、水分和挥发分、含气量等参数，各岩层泥质、砂质、灰岩质和孔隙的体积百分比；同时计算岩石力学参数，进行采动覆岩的含水性和渗透性划分及判断含水层等。

为此，在神东矿区补连塔井田12405～12408现代开采工作面区域（以下简称“研究区”）的未开采区域布置了BC-1井、BC-2井和BC-3井3口数字测井井位。测井使用的仪器为美国蒙特（Mount-Sopris）仪器公司最新生产的MATRIX测井系统，该仪器测井方法齐全，配置合理，主要由采集面板、计算机、绞车和多种井下探头组成完整的测井体系。

数字测井是在裸眼钻井完钻后进行，按《煤层气测井作业规程》（Q/CUCBM 0401－2002）以及测井设计书要求，取全取准各项原始资料。进行的测井工作包括：

（1）全井标准测井，测井参数包括深侧向、自然电位、自然伽马和井径，用于划分地层和判别岩性。

（2）煤系地层和必要井段综合测井，测井参数包括双侧向、微侧向、自然伽马、自然电位、井径、补偿密度、补偿中子和补偿声波，用于岩性分析，划分煤层及夹矸，计算目的煤层含气量和固定碳、灰分、水分及挥发分的重量百分含量，评价煤层渗透性，计算煤层及顶底板岩层的弹性参数。

（3）井斜测量：在所钻井段按要求测量井斜角和方位角，并计算全角变化率。

（4）井温测量：在所钻井段自上而下连续测温。

测井曲线和全井测井资料质量评测为优级（表2.1）。

表2.1 实际测井项目及曲线质量

测井参数	BC-1井		BC-2井		BC-3井	
	测量井段/m	曲线质量	测量井段/m	曲线质量	测量井段/m	曲线质量
补偿密度	10～331	优	10～331	优	10～301	优
补偿中子	10～331	优	10～331	优	10～301	优
补偿声波	10～331	优	26～331	优	10～301	优
双侧向	10～331	优	26～331	优	10～301	优
微球形聚焦	10～331	优	26～331	优	10～301	优
自然伽马	10～331	优	10～331	优	10～301	优
自然电位	10～331	优	26～331	优	10～301	优
双井径	10～331	优	10～331	优	10～301	优
井温	0～331	优	0～331	优	0～301	优
评价	单条曲线优质率100%，全井评为优		单条曲线优质率100%，全井评为优		单条曲线优质率100%，全井评为优	

2. 煤岩层物性特征

区内煤层较多，主要有1^{-2}煤、2^{-2}煤、3^{-1}煤、4^{-2}煤和5^{-2}煤，其他沉积岩的岩性为粗粒砂岩、中粒砂岩、细粒砂岩、粉砂岩、砂质泥岩和泥岩等。数字测井标准测井曲线如图2.1所示，对各种岩层的物性响应值综合统计显示（表2.2），煤层和岩性层差异明显，较易识别。

1）煤层

煤层相对围岩具有较高电阻率、低密度和低自然伽马的特点。其中，BC-1井的深侧向电阻率值大部分为500～920Ω·m，密度值为1.32～1.50g/cm^3，自然伽马值为50API以下；BC-2井深侧向电阻率值大部分为700～1600Ω·m，密度值为1.32～1.48g/cm^3，自然伽马值为30API以下；BC-3井深侧向电阻率值大部分为300～1700Ω·m，密度值为1.31～1.50g/cm^3，自然伽马值为95API以下。

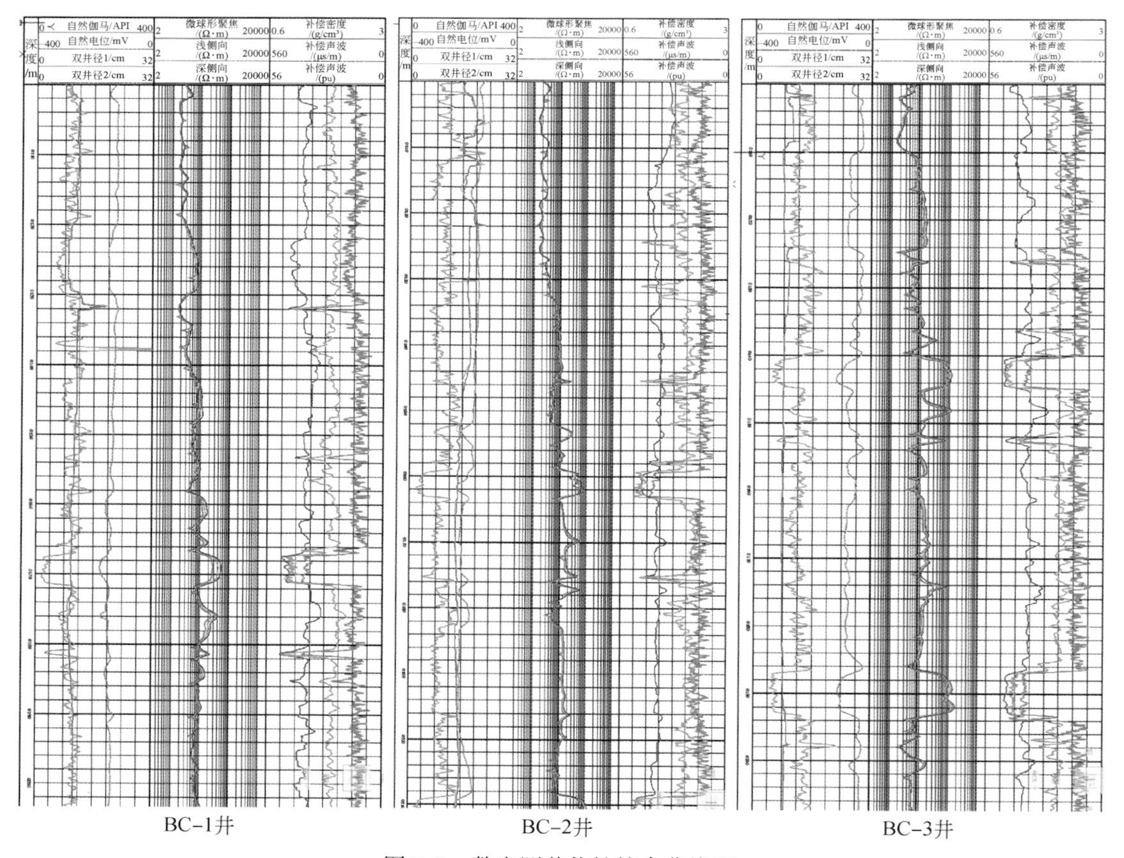

图 2.1　数字测井物性综合曲线图

表 2.2　数字测井响应值统计一览表

钻孔	参数	中粒砂岩	细粒砂岩	粉砂岩	砂质泥岩	泥岩
BC-1 井	深电阻率/（Ω · m）	200 ~ 600	90 ~ 210	60 ~ 100	20 ~ 70	10 ~ 30
	自然伽马/API	50 ~ 130	70 ~ 180	150 ~ 230	200 ~ 260	230 ~ 310
BC-2 井	深电阻率/（Ω · m）	210 ~ 740	80 ~ 230	70 ~ 100	20 ~ 80	10 ~ 30
	自然伽马/API	80 ~ 130	100 ~ 180	140 ~ 230	190 ~ 270	260 ~ 330
BC-3 井	深电阻率/（Ω · m）	240 ~ 610	110 ~ 260	80 ~ 130	30 ~ 1000	10 ~ 40
	自然伽马/API	130 ~ 170	150 ~ 200	190 ~ 230	180 ~ 240	260 ~ 280

煤层物性统计表明（表 2.3）：煤层与围岩在深侧向电阻率曲线上是较高异常反映，在密度和自然伽马曲线上是低异常反映，与围岩物性差异明显，易于识别。

表 2.3　主要煤层测井响应平均值表

井位	序号	煤层编号	深度/m	补偿密度/（g/cm^3）	自然伽马/API	补偿中子/pu	补偿声波/（μs/m）	深侧向/（Ω·m）	浅侧向/（Ω·m）
BC-1 井	1	1^{-2}煤	171.40	1.38	33	44	458	570	456
	3	2^{-2}煤	216.40	1.38	32	45	445	780	710
	4	3^{-1}煤	243.20	1.35	34	42	453	860	678
	5	4^{-2}煤	272.30	1.38	41	45	420	327	285
	9	5^{-2}煤	324.10	1.45	42	44	451	749	566
BC-2 井	3	1^{-2}煤	163.25	13.6	35	46	450	670	550
	5	2^{-2}煤	215.25	13.5	39	47	476	1281	1056
	6	3^{-1}煤	241.20	13.6	48	42	443	952	813
	7	4^{-2}煤	269.35	13.1	63	46	413	445	357
	12	5^{-2}煤	319.70	13.4	52	43	432	632	538
BC-3 井	2	1^{-2}煤	144.80	14.2	79	45	454	1124	929
	3	2^{-1}煤	153.00	13.8	93	44	445	598	473
	4	2^{-2}煤	193.90	14.0	97	46	466	1623	1467
	5	3^{-1}煤	218.20	13.6	72	47	468	1064	890

2）采动覆岩层

采动煤层覆岩层主要是砂泥岩层系列，从泥岩—砂质泥岩—粉砂岩—细粒砂岩—中粒砂岩—粗粒砂岩，造岩矿物的颗粒直径依次由小到大，泥质含量由多到少。因此在测井曲线上深侧向电阻率值由小到大，自然伽马值由大到小。BC-1 井粗粒砂岩在深侧向电阻率曲线上幅值最高约 769Ω·m，在自然伽马曲线上幅值最低 96API 左右；BC-2 井粗粒砂岩在深侧向电阻率曲线上幅值最高约 868Ω·m，在自然伽马曲线上幅值最低 89API 左右；BC-3 井粗粒砂岩在深侧向电阻率曲线上幅值最高约 1489Ω·m，在自然伽马曲线上幅值最低 96API 左右。

3. 煤岩层综合解释

研究区煤层相对围岩一般具有低密度、较高电阻率和低伽马的特征，定性解释主要依据补偿密度、视电阻率、自然伽马和井径曲线进行综合分析解释。当有井径扩径影响时，可能形成似煤异常反映，则应结合钻探和地质等资料慎重解释。其中，确定目的煤层界面常以补偿密度曲线为主，异常半幅值点为解释点，自然伽马曲线异常半幅值点或 1/3 幅值点为解释点，视电阻率曲线异常根部突变点为解释点。薄煤层解释点相应向异常顶部移动；划分钻孔岩性主要依据视电阻率和自然伽马曲线，同时结合其他测井曲线、钻探和地质等资料综合研究分析解释；岩层的分层点，在视电阻率曲线上为异常根部突变点，在自然伽马曲线上为异常半幅值点或 1/3 幅值点。各井的岩性解释成果如表 2.4 ~ 表 2.7 所示。

测井资料处理、解释和测井解释的基本模型，使用了美国 Mount-Sopris 仪器公司提供的 WellCAD 4.3 和煤田测井解释软件 CLGIS，主要进行预处理、数学计算、分层定性、交会图技术、体积模型分析和相关分析等。

1）砂泥质岩石体积模型

把岩石体积分成岩石骨架、泥质、孔隙（饱和含水）三部分，作为对测井响应的贡献之和。

密度：$\rho=V_{ma}\cdot\rho_{ma}+V_{sh}\cdot\rho_{sh}+\phi\cdot\rho_{w}$

自然伽马：$I=V_{ma}\cdot I_{ma}+V_{sh}\cdot I_{sh}+\phi\cdot I_{w}$

$1=V_{ma}+V_{sh}+\phi$

式中，ρ、I 分别为岩石对密度、自然伽马测井的响应值；ρ_{ma}、ρ_{sh}、ρ_{w} 分别为岩石骨架、泥质、孔隙中水对密度测井的响应参数；I_{ma}、I_{sh}、I_{w} 分别为岩石骨架、泥质、孔隙中水对自然伽马测井的响应参数；V_{ma}、V_{sh}、ϕ 分别为岩石骨架、泥质、孔隙的相对体积。

表 2.4 列出了 BC-1 井、BC-2 井和 BC-3 井岩石骨架、泥质和孔隙水的解释参数。

表 2.4　不同井测井解释参数

井号	参数	岩石骨架	泥质	孔隙水
BC-1	密度/（g/cm³）	2.75	2.50	1.00
	自然伽马/API	50	280	5
BC-2	密度/（g/cm³）	2.75	2.50	1.00
	自然伽马/API	50	280	5
BC-3	密度/（g/cm³）	2.75	2.50	1.00
	自然伽马/API	50	280	5

灰分计算采用：$Q_{g}=m\cdot Q_{a}+n$

则用测井求得的灰分，利用上式可求出固定碳。

挥发分 Q_{v} 由计算的纯煤减去固定碳求得：$Q_{v}=Q_{c}-Q_{g}$

测井计算的煤层工业分析指标是利用该井实测资料和以往该区的化验室资料，建立相关关系求解，具有一定的参考使用价值。

2）煤层体积模型

把煤层体积分成纯煤（包括固定碳和挥发分）、灰分（包括泥质和其他矿物）、水分（孔隙中充满的水）三部分，作为对测井响应的贡献之和。

密度：$\rho=V_{c}\cdot\rho_{c}+V_{a}\cdot\rho_{a}+V_{w}\cdot\rho_{w}$

中子：$\phi_{N}=V_{c}\cdot\phi_{c}+V_{a}\cdot\phi_{a}+V_{w}\cdot\phi_{w}$

$1=V_{c}+V_{a}+V_{w}$

式中，ρ、ϕ_{N} 分别为煤层对密度、中子测井的响应值；ρ_{c}、ρ_{a}、ρ_{w} 分别为纯煤、灰分、水分对密度测井的响应参数；ϕ_{c}、ϕ_{a}、ϕ_{w} 分别为纯煤、灰分、水分对中子测井的响应参数；V_{c}、V_{a}、V_{w} 分别为纯煤、灰分、水分的相对体积。

表 2.5　BC-1 井岩性解释成果

深度/m	厚度/m	岩性	深度/m	厚度/m	岩性	深度/m	厚度/m	岩性	深度/m	厚度/m	岩性
22.50	12.50	细粒砂岩	166.10	0.95	中粒砂岩	264.40	1.00	中粒砂岩	301.25	2.95	砂质泥岩
27.45	4.95	粉砂岩	167.10	1.00	砂质泥岩	270.65	6.25	细粒砂岩	301.85	0.60	煤层
47.65	20.20	细粒砂岩	171.40	4.30	煤层	271.40	0.75	泥岩	302.50	0.65	砂质泥岩
72.75	25.10	砂质泥岩	175.15	3.75	砂质泥岩	272.30	0.90	煤层	303.75	1.25	细粒砂岩
74.75	2.00	泥岩	176.65	1.50	中粒砂岩	273.50	1.20	砂质泥岩	304.90	1.15	泥岩
99.85	25.10	砂质泥岩	179.80	3.15	细粒砂岩	274.05	0.55	煤层	311.60	6.70	细粒砂岩
102.05	2.20	细粒砂岩	180.90	1.10	砂质泥岩	275.90	1.85	粉砂岩	321.25	9.65	粉砂岩
112.60	10.55	砂质泥岩	181.65	0.75	煤层	277.10	1.20	砂质泥岩	324.10	2.85	煤层
113.90	1.30	细粒砂岩	182.70	1.05	砂质泥岩	277.60	0.50	粉砂岩	326.35	2.25	细粒砂岩
118.35	4.45	粉砂岩	185.40	2.70	细粒砂岩	278.80	1.20	砂质泥岩	331.00	4.65	粉砂岩
119.20	0.85	泥岩	206.85	21.45	粉砂岩	281.65	2.85	中粒砂岩			
130.40	11.20	细粒砂岩	209.85	3.00	砂质泥岩	283.60	1.95	砂质泥岩			
141.95	11.55	砂质泥岩	216.40	6.55	煤层	284.10	0.50	煤层			
149.05	7.10	细粒砂岩	219.10	2.70	砂质泥岩	284.75	0.65	泥岩			
149.85	0.80	泥岩	221.25	2.15	粉砂岩	287.00	2.25	砂质泥岩			
153.05	3.20	砂质泥岩	222.10	0.85	泥岩	288.80	1.80	细粒砂岩			
156.25	3.20	细粒砂岩	239.95	17.85	粉砂岩	291.50	2.70	粉砂岩			
157.10	0.85	粉砂岩	243.20	3.25	煤层	292.30	0.80	细粒砂岩			
157.65	0.55	细粒砂岩	250.20	7.00	砂质泥岩	293.60	1.30	粉砂岩			
158.50	0.85	砂质泥岩	257.25	7.05	细粒砂岩	295.45	1.85	中粒砂岩			
162.00	3.50	中粒砂岩	259.40	2.15	中粒砂岩	297.35	1.90	粗粒砂岩			
165.15	3.15	砂质泥岩	263.40	4.00	细粒砂岩	298.30	0.95	中粒砂岩			

表 2.6　BC-2 井岩性解释成果

深度/m	厚度/m	岩性	深度/m	厚度/m	岩性	深度/m	厚度/m	岩性	深度/m	厚度/m	岩性
10.00	2.00	细沙	156.35	1.90	砂质泥岩	238.10	1.05	粉砂岩	281.70	0.55	煤层
38.45	28.45	粉砂岩	157.50	1.15	粉砂岩	241.20	3.10	煤层	282.65	0.95	泥岩
67.80	29.35	砂质泥岩	158.05	0.55	煤层	242.05	0.85	泥岩	284.70	2.05	粉砂岩
68.60	0.80	泥岩	159.20	1.15	砂质泥岩	246.05	4.00	粉砂岩	286.30	1.60	细粒砂岩
73.75	5.15	砂质泥岩	163.25	4.05	煤层	248.55	2.50	细粒砂岩	289.05	2.75	砂质泥岩
74.75	1.00	泥岩	163.90	0.65	砂质泥岩	250.50	1.95	粉砂岩	289.95	0.90	细粒砂岩
79.00	4.25	砂质泥岩	168.95	5.05	中粒砂岩	253.40	2.90	砂质泥岩	291.40	1.45	砂质泥岩
87.95	8.95	粉砂岩	170.65	1.70	粗粒砂岩	255.25	1.85	细粒砂岩	294.30	2.90	细粒砂岩
93.70	5.75	砂质泥岩	174.95	4.30	中粒砂岩	256.55	1.30	中粒砂岩	296.95	2.65	粗粒砂岩
95.90	2.20	粉砂岩	175.60	0.65	煤层	260.85	4.30	细粒砂岩	297.50	0.55	煤层
100.35	4.45	砂质泥岩	176.85	1.25	砂质泥岩	263.60	2.75	中粒砂岩	298.20	0.70	砂质泥岩
101.65	1.30	粉砂岩	177.85	1.00	粗粒砂岩	267.25	3.65	细粒砂岩	299.10	0.90	细粒砂岩
107.95	6.30	砂质泥岩	178.75	0.90	中粒砂岩	268.40	1.15	泥岩	300.45	1.35	砂质泥岩
111.80	3.85	泥岩	180.10	1.35	细粒砂岩	269.35	0.95	煤层	304.05	3.60	粉砂岩
118.10	6.30	粉砂岩	182.65	2.55	泥岩	269.80	0.45	砂质泥岩	305.75	1.70	细粒砂岩
132.95	14.85	砂质泥岩	196.45	13.80	中粒砂岩	270.85	1.05	细粒砂岩	307.35	1.60	粉砂岩
134.15	1.20	粉砂岩	200.25	3.80	细粒砂岩	271.30	0.45	煤层	307.65	0.30	煤层
144.30	10.15	细粒砂岩	207.15	6.90	粉砂岩	275.25	3.95	粉砂岩	308.90	1.25	粉砂岩
145.25	0.95	砂质泥岩	208.80	1.65	泥岩	276.40	1.15	中粒砂岩	310.35	1.45	砂质泥岩
145.75	0.50	煤层	215.25	6.45	煤层	277.90	1.50	砂质泥岩	311.95	1.60	中粒砂岩
152.40	6.65	泥岩	235.80	20.55	粉砂岩	280.45	2.55	细粒砂岩	317.05	5.10	粉砂岩
154.45	2.05	中粒砂岩	237.05	1.25	细粒砂岩	281.15	0.70	砂质泥岩	319.70	2.65	煤层

表 2.7　BC-3 井岩性解释成果

深度/m	厚度/m	岩性	深度/m	厚度/m	岩性	深度/m	厚度/m	岩性	深度/m	厚度/m	岩性
17.10	7.10	细粒砂岩	138.85	2.20	中粒砂岩	196.95	3.05	粉砂岩	248.25	0.85	中粒砂岩
41.10	24.00	砂质泥岩	140.30	1.45	泥岩	200.05	3.10	砂质泥岩	250.40	2.15	砂质泥岩
43.40	2.30	泥岩	144.80	4.50	煤层	201.45	1.40	中粒砂岩	252.15	1.75	中粒砂岩
50.35	6.95	砂质泥岩	147.45	2.65	粉砂岩	207.90	6.45	砂质泥岩	256.55	4.40	粗粒砂岩
55.15	4.80	泥岩	149.00	1.55	粗粒砂岩	209.30	1.40	粉砂岩	258.15	1.60	中粒砂岩
66.20	11.05	粉砂岩	149.80	0.80	砂质泥岩	210.90	1.60	砂质泥岩	258.70	0.55	煤层
74.20	8.00	泥岩	151.20	1.40	细粒砂岩	211.70	0.80	粉砂岩	260.25	1.55	泥岩
81.60	7.40	粉砂岩	152.10	0.90	砂质泥岩	215.40	3.70	砂质泥岩	264.75	4.50	细粒砂岩
89.75	8.15	砂质泥岩	153.00	0.90	煤层	218.20	2.80	煤层	267.05	2.30	粉砂岩
101.75	12.00	粉砂岩	155.70	2.70	砂质泥岩	222.25	4.05	砂质泥岩	270.20	3.15	中粒砂岩
103.05	1.30	泥岩	157.95	2.25	细粒砂岩	227.85	5.60	粉砂岩	271.95	1.75	粗粒砂岩
104.70	1.65	粉砂岩	161.05	3.10	粉砂岩	228.60	0.75	中粒砂岩	274.10	2.15	中粒砂岩
110.20	5.50	泥岩	171.65	10.60	中粒砂岩	233.40	4.80	砂质泥岩	274.65	0.55	煤层
124.45	14.25	细粒砂岩	173.65	2.00	粉砂岩	235.10	1.70	粗粒砂岩	283.05	8.40	粉砂岩
125.90	1.45	砂质泥岩	174.95	1.30	粗粒砂岩	237.60	2.50	中粒砂岩	284.70	1.65	细粒砂岩
126.45	0.55	煤层	175.60	0.65	中粒砂岩	242.85	5.25	砂质泥岩	285.00	0.30	炭质泥岩
128.10	1.65	泥岩	177.95	2.35	粉砂岩	243.80	0.95	中粒砂岩	286.35	1.35	细粒砂岩
130.65	2.55	粉砂岩	186.10	8.15	细粒砂岩	244.35	0.55	炭质泥岩	288.40	2.05	粉砂岩
131.30	0.65	泥岩	186.75	0.65	砂质泥岩	244.75	0.40	煤层	290.50	2.10	粗粒砂岩
132.80	1.50	粉砂岩	193.20	6.45	煤层	246.05	1.30	粉砂岩	295.35	4.85	粉砂岩
134.00	1.20	砂质泥岩	193.50	0.30	泥岩	246.40	0.35	炭质泥岩	301.00	5.65	粗粒砂岩
136.65	2.65	粉砂岩	193.90	0.40	煤层	247.40	1.00	粉砂岩	301.00	5.65	粗粒砂岩

表 2.8 列出了 BC-1 井、BC-2 井和 BC-3 井纯煤、灰分和水分解释参数。

表 2.8 井解释参数

井位	参数	纯煤	灰分	水分
BC-1	密度/（g/cm^3）	1.32	2.45	1.00
	中子/pu	43	33	100
BC-2	密度/（g/cm^3）	1.32	2.45	1.00
	中子/pu	43	33	100
BC-3	密度/（g/cm^3）	1.32	2.45	1.00
	中子/pu	43	33	100

3）煤层工业指标解释

根据煤层体积模型获得的体积含量，做如下换算，得到煤层工业参数的重量含量（表 2.9）。

表 2.9 各井煤层主要工业参数计算成果表

井号	序号	煤层编号	固定碳/%	挥发分/%	灰分/%	水分/%	含气量/（m^3/t）
BC-1	1	1^{-2}煤	55	12	22	11	3.7
	3	2^{-2}煤	56	9	20	15	3.6
	4	3^{-1}煤	57	9	20	14	3.3
	5	4^{-2}煤	57	10	20	13	3.3
	9	5^{-2}煤	52	14	25	9	3.4
BC-2	3	1^{-2}煤	58	13	17	12	3.3
	5	2^{-2}煤	56	11	18	15	3.4
	6	3^{-1}煤	56	12	19	13	4.1
	7	4^{-2}煤	58	11	18	13	3.5
	12	5^{-2}煤	55	13	21	11	4.0
BC-3	2	1^{-2}煤	57	14	17	12	3.4
	3	1^{-2}煤	58	13	18	11	3.5
	4	2^{-2}煤	57	14	17	12	3.8
	5	3^{-1}煤	55	14	18	13	3.8

注：煤层工业分析为重量百分含量。

$$Q_a = \frac{V_a \cdot \rho_a}{\rho}$$

煤层中甲烷气体是吸附在煤基质的微孔隙的内表面上，并只有有机质才吸附气体，而矿物质和水是不吸附气体的。在局部同一煤层上，由于储层压力和温度等影响因素近似，当忽略煤层含气饱和度影响时，煤层含气量与非煤物质含量（灰分加水分）呈线性关系，即：将测井资料求得的煤层灰分含量可与实验测得的煤层含气量建立线性相关关系，用于连续估算煤层含气量。同时，应用 BP 神经网络在一定条件下也能直接估算煤层含气量。

图2.2为各井测井综合解释成果。

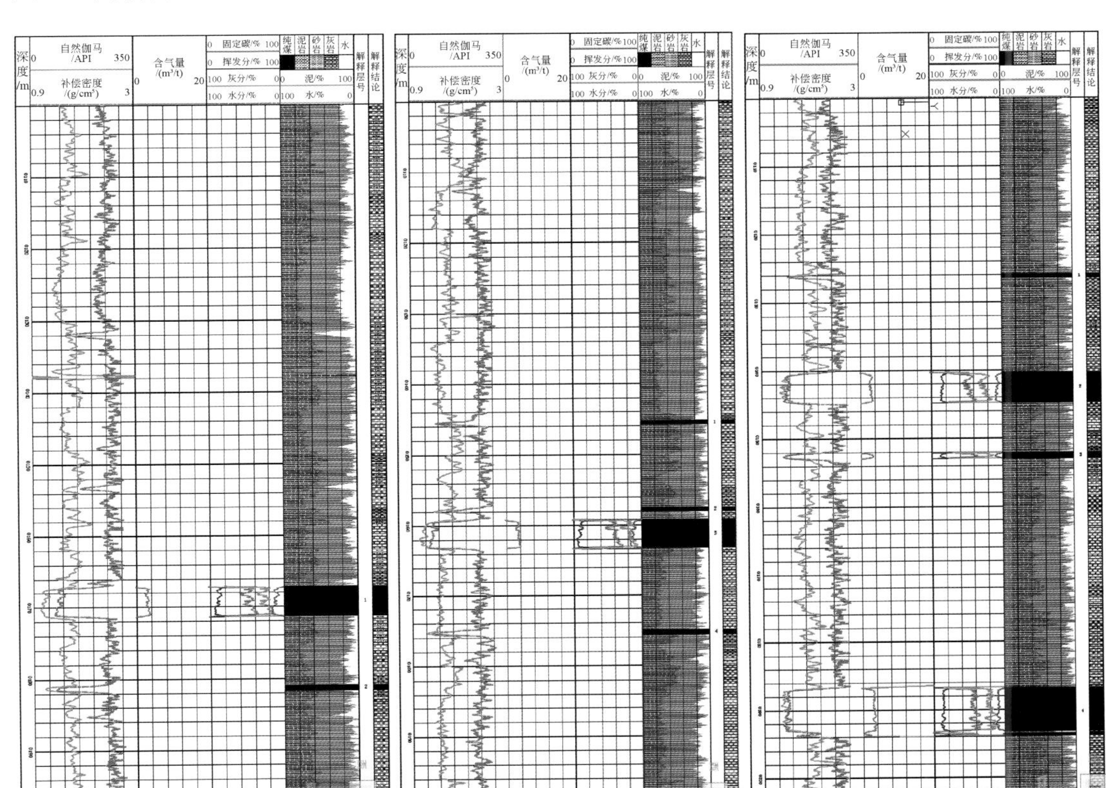

图2.2 测井综合解释成果

4）岩石力学性质解释

根据弹性力学知识可知，由介质密度、介质中声波传播的纵波速度和横波速度，可确定介质的各项弹性参数：

$$E=\rho\cdot V_s^2\frac{3\ (V_p/V_s)^2-4}{(V_p/V_s)^2-1}$$

$$K=\rho\cdot\ (V_p^2-\frac{4}{3}V_s^2)$$

$$\mu=\rho\cdot V_s^2$$

$$\delta=\frac{1}{2}\cdot\frac{(V_p/V_s)^2-2}{(V_p/V_s)^2-1}$$

式中，E、K、μ、δ分别为介质的杨氏模量、体积模量、切变模量和泊松比；ρ为介质密度；V_p、V_s分别为介质中声波传播的纵波速度和横波速度。

因此，通过密度测井和声波全波列测井得到的岩石密度、纵波速度和横波速度，可计算岩石力学参数。另外，在测井解释中又定义了一个新参数——强度指数S来描述岩石的强度性质。

$$S=\rho V_{p}^{2}$$

本次测井使用美国蒙特（Mount Sopris）仪器公司最新生产的国际先进的小口径全波列测井仪，可直接测量岩石纵波速度和横波速度，而岩石密度是通过密度测井测得。由测井计算的岩石力学性质与实验室获得的岩石样的力学性质具有一定的相关性和可比性，均可作为评价岩石强度的依据。图 2.3 显示了 BC-1 井、BC-2 和 BC-3 井一部分井段的岩石力学性质成果，包括纵波速度、横波速度、杨氏模量、体积模量、切变模量和泊松比。

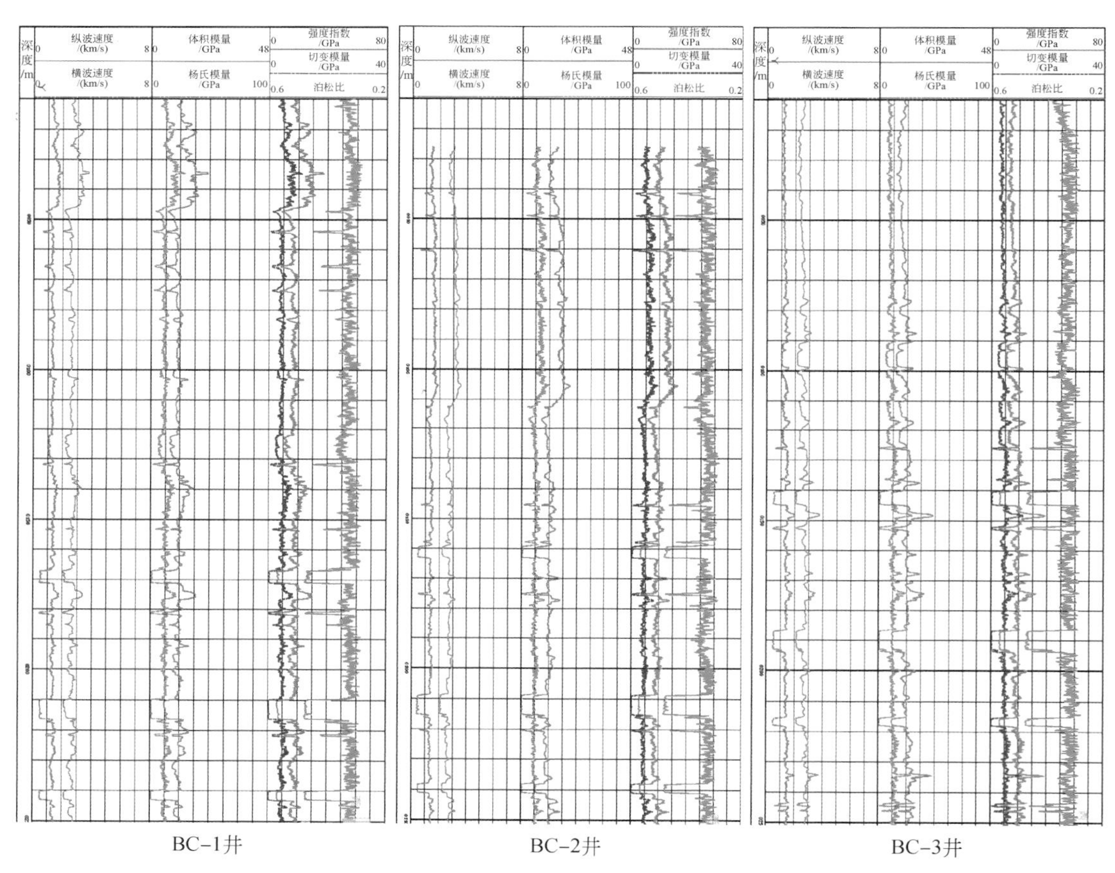

图 2.3 测井岩石力学性质综合解释成果

井温变化根据所测简易井温资料分析可知，三口井的井温均随深度增加而逐渐升高，BC-1 孔最终测温点深度 331.00m，温度为 19.2℃，平均地温梯度为 1.9℃/100m，地温属于正常增温，无地温异常现象；BC-2 孔最终测温点深度 331.00m，温度为 17.3℃，平均地温梯度为 1.8℃/100m，地温属于正常增温，无地温异常现象；BC-3 孔的最终测温点深度为 301.00m，温度为 19.0℃，平均地温梯度为 2.3℃/100m，地温属于正常增温，无地温异常现象。

2.1.2　高精度四维地震数据采集与处理方法

四维地震主要目的在于分析研究煤层开采过程中煤岩层变化所引起的地震响应变化，并由地震响应变化反演煤岩层结构特性的变化，从而对煤系地层进行动态监测与管理。

1. 四维地震数据采集要求及主要影响因素

四维地震数据采集是一种时移采集技术，监测要求不同时间采集的地震资料要有一致性或可重复性。不一致或不重复部分应当是由地质因素引起的真实变化，而不是非地质因素影响导致的假象。但实际上不同时间采集要保证完全一致是非常困难的，因此四维地震采集要将各种非地质因素引起的不一致降到最低限度。

1）环境因素

主要来自地面环境和环境噪声，如施工场地建筑物、植被、风吹草动、人车行走、井场机器振动和工业电干扰等，它们可能是随机的，也可能是系统的。近地表环境如近地表低速带和潜水面，会随着时间和季节变化发生变化，近地表干燥或潮湿、潜水面深浅，会引起低速带速度和厚度变化，因此近地表环境变化会给不同时期地震观测带来影响。

2）采集方法

地震数据采集会因为仪器参数和采集参数不同，导致地震信号出现差异，如信号振幅、能量分布和相位出现不一致性等。因此不同时期进行观测，要求所采用的地震记录仪器、检波器以及激发震源等要保持不变，同时要求测量定位精度、震源检波器组合方式、观测系统、激发井深、药量等采集参数要具有一致性，以避免采集方法不同对地震数据的影响。

2. 四维地震数据采集

四维地震数据采集涉及多次，多次采集是否具有可重复性是最为关键的因素，通过数据采集试验，优选观测系统参数，确保采集环境、采集设备和采集参数等具有可重复性。

根据采动环境空间变化监测目标，观测系统应具有足够的空间采样密度，足够的面元覆盖次数，均匀的炮检距分布和方位角分布，良好的静校正耦合特性，炮检距分布范围处在最佳接收窗口内，同时能保证速度分析和动校正精度。因此，结合研究区地质情况，确定了如下采集参数：

目标层深度为5～350m，地层倾角为1°～3°，最佳接收窗口为10～350m，面元大小为5m×10m，覆盖次数为30次。

根据采集参数，设计了10线48道10炮中点激发束状观测系统（图2.4）。

根据研究区条件，重点选择2～4个有代表性的试验点，进行激发井深和药量试验，采用法国产428XL高分辨率遥测数字地震仪，激发方式为中点和端点激发，接收道数为96道，道间距为10m，5个60Hz检波器串联并沿测线线性组合。采样率1.0ms，采样长度1.5s，全频段接收，前放增益12db、24db。试验排列、井深试验、药量试验（1.0kg、1.5kg、2.0kg、2.5kg），偏移距选为0和5m，以获得最佳数据采集参数。

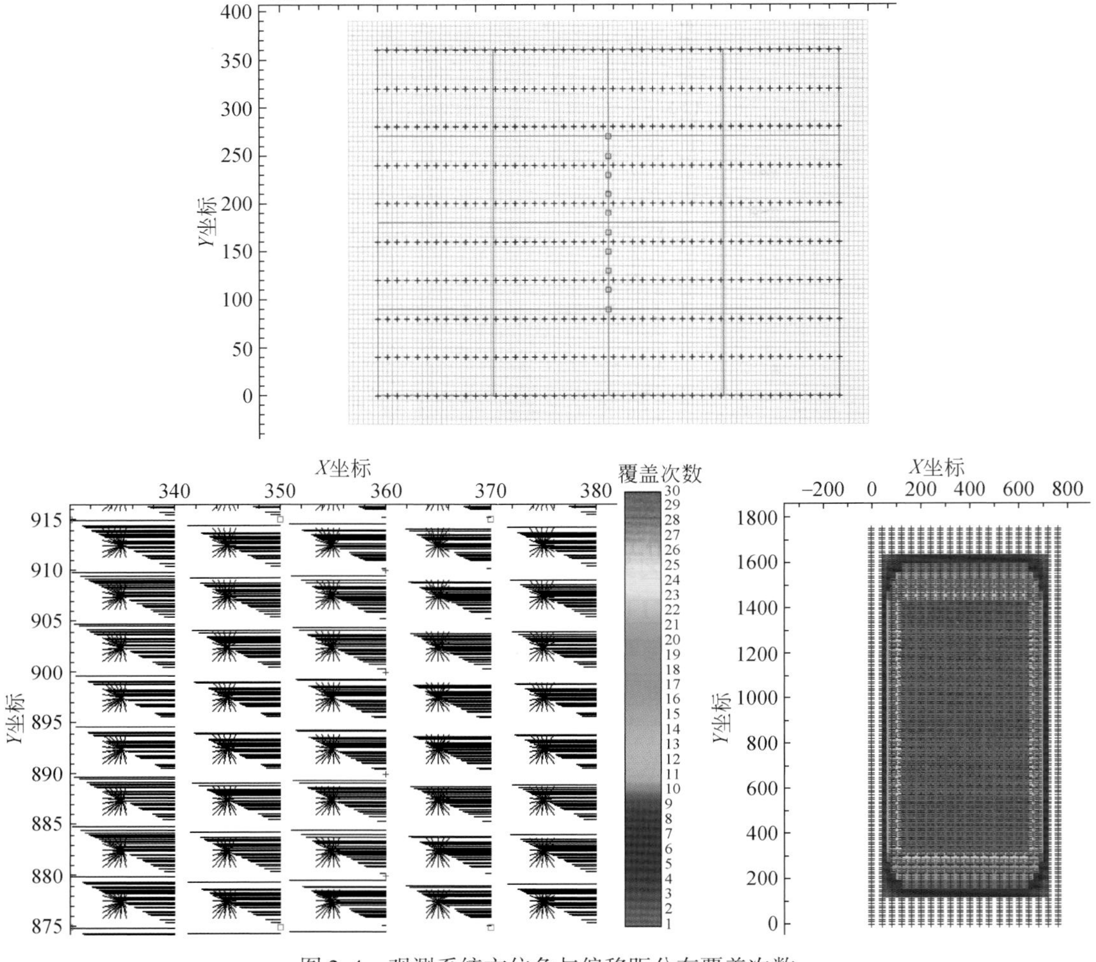

图 2.4　观测系统方位角与偏移距分布覆盖次数

试验点所在位置，第四系风积沙覆盖厚度大约为 20m，主要煤层底板标高为 1042m，深度约为 229m。图 2.5 是试验点 1 的综合结果，试验结果表明：测区属于沙漠丘陵地区和无地表潜水条件，表层为第四系风积沙所覆盖，结构松散，其速度基本稳定在 300m/s 左右，厚度约 5m，激发层速度约为 1200～1500m/s，为此，确定数据采集主要参数是：

（1）全区大部采用 6～9m 井深，单井激发，药量每井 2kg；沟谷地段井深为 3～5m，单井激发，药量 2kg。

（2）观测系统采用中点激发 10 线 10 炮规则束状观测系统，接收线距为 40m，横向最大炮检距为 270m，纵向采用中点激发观测系统，48 道接收，偏移距 5m，纵向最大炮检距为 235m。

（3）检波器类型及组合形式：5 个 60Hz 检波器沿测线线性组合，内距 0m，基距 0m。仪器因素：428XL 遥测数字地震仪，采样间隔 0.5ms，记录长度 1.5s。

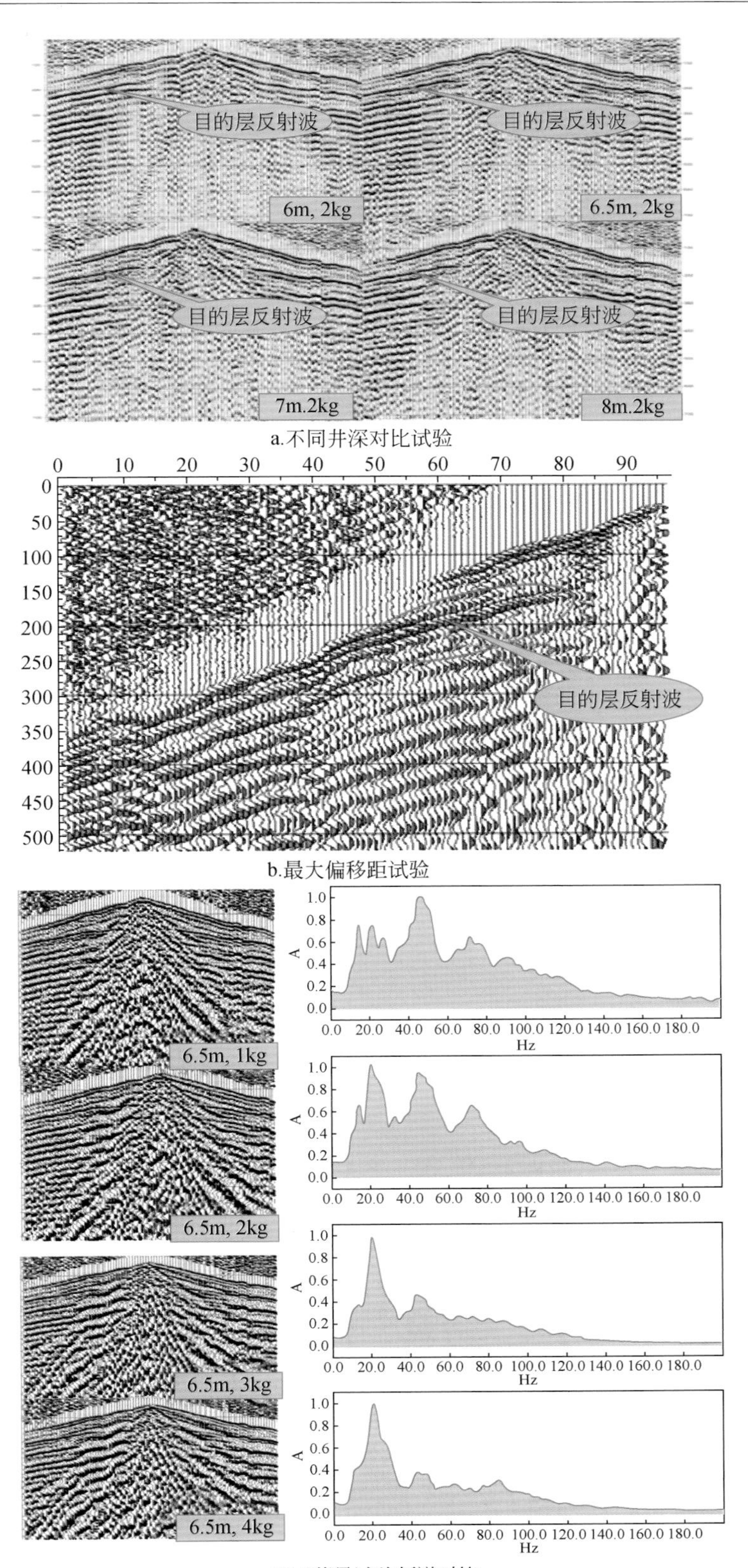

c.不同药量试验频谱对比

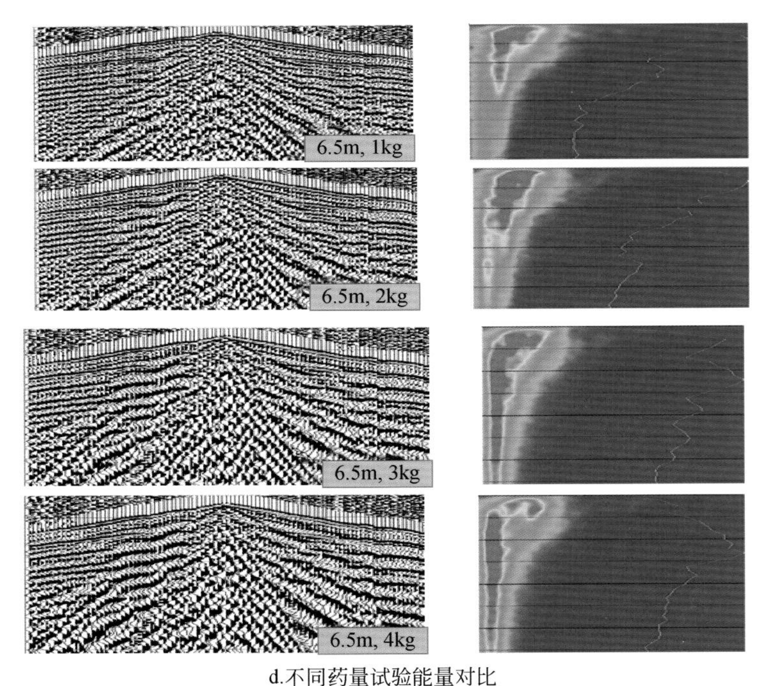

d.不同药量试验能量对比

图 2.5　试验点 1 单井试验对比图

根据采动环境的时间变化监测目标，数据采集时间分别与工作面推进位置对应，包含了采前、采中、采后和稳定期四次（图 2.6）。根据工作面具体推进时间与进度，12406 工作面对应的采集数据作为研究煤层采后覆岩结构逐步趋近于稳定状态的最佳数据，12407 工作面对应的采集数据则代表了采动环境原生状态、开采、采后的状态数据，12408 工作面对应的采集数据代表了全区采动环境的原生状态，可用于比较研究。图 2.7 为同一地点四次采集的单炮记录。

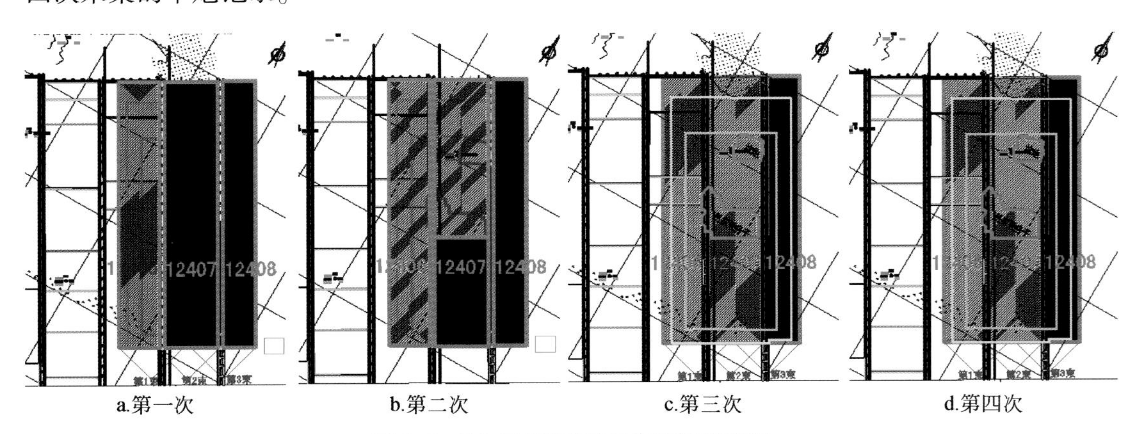

图 2.6　不同时期开采工作面推进状况

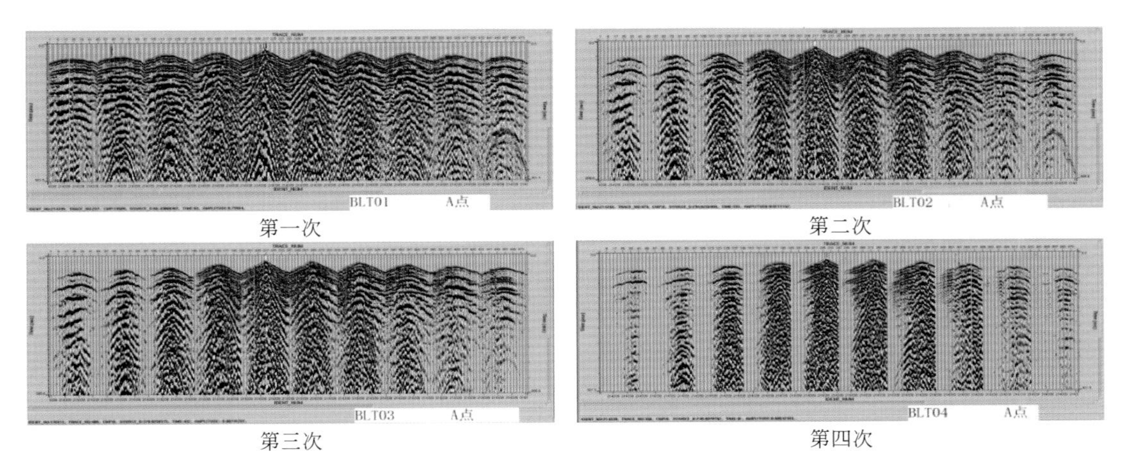

第一次　　第二次

第三次　　第四次

图 2.7　同一地点不同时间采集的单炮记录

2.1.3　四维地震资料数据处理

地震数据处理的任务就是获得高信噪比、高分辨率和高保真度的地震数据，能反映时间域或深度域地下地质构造信息。为对比研究地下地层变化所引起的时移地震资料差异，四维地震资料要求不同时间采集和处理的地震资料要有一致性或可重复性。因此，数据处理要求做到相对振幅保持处理、高信噪比处理和一致性处理，其中一致性处理的难度最大，也是最为关键的。

1. 地震数据一致性分析

1）几何一致性分析

为保证四次数据采集几何属性的统一性，对四次观测数据的几何属性进行一致性校正（图 2.8），获得的覆盖次数图、最小偏移距分布图和最大偏移距分布图（图 2.9）表明，除村庄外都能基本保持覆盖次数、偏移距分布均匀。

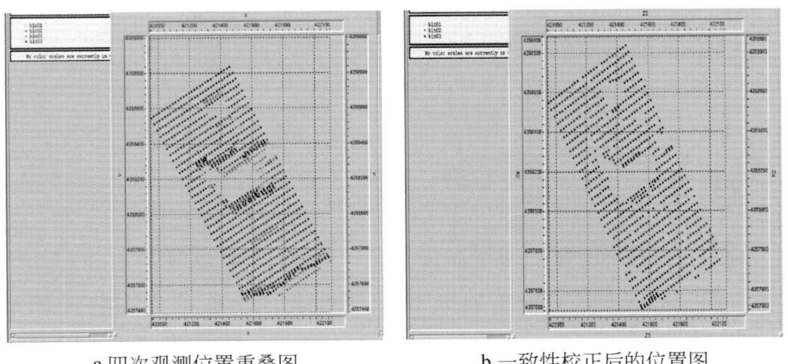

a.四次观测位置重叠图　　b.一致性校正后的位置图

图 2.8　观测系统一致性前后对比图

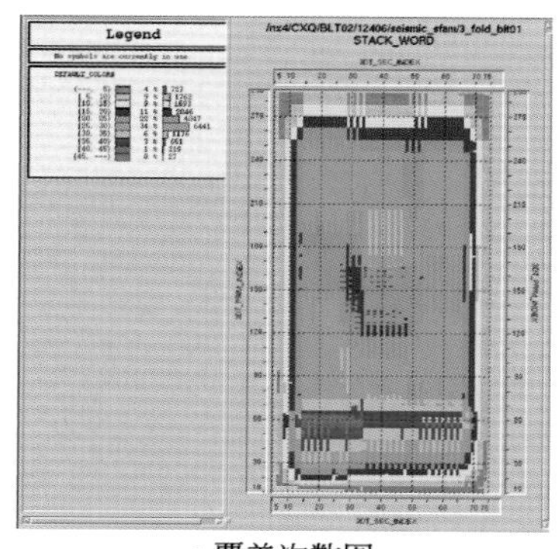
a.覆盖次数图

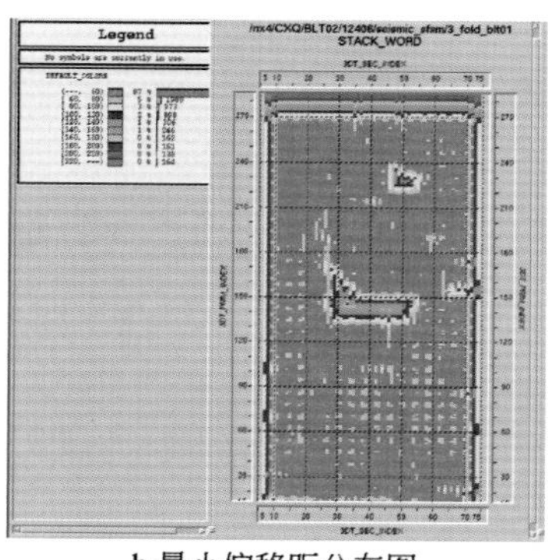
b.最小偏移距分布图

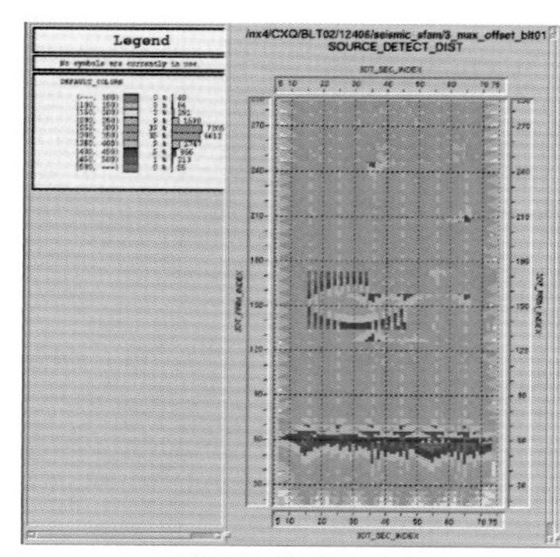
c.最大偏移距分布图

图 2.9　一致性校正后的属性分布

2）地震信号特征一致性分析

（1）地震信号能量特征分析。地震记录在纵向和横向上的能量对比表明，不同时期采集的地震数据能量在纵向传播时间上、道与道之间和相邻炮与炮间有明显差异，总体上反映出地震记录能量横向变化大，纵向衰减快。根据采集的单炮记录对比发现，地震记录能量在纵向上存在差异，特别是煤层采动后形成的冒落裂隙带对地震信号有明显的吸收，导致能量降低。全区单炮地震记录能量分布表明：除了相邻炮间和不同炮间能量存在明显差异之外，不同时期采集的地震数据的能量也有明显差异。

（2）地震信号时频特性。随时间的增加地震数据能量衰减很快，前三次采集的目的层段频率主要在 0 ~ 200Hz，第四次采集的目的层段频率主要在 0 ~ 100Hz，可见，不同时期采集的地震记录频率特性存在差异。

（3）信噪比分析。受地表沙层影响，面波干扰发育，面波形态受地表地形影响显著，在平坦地带，面波形态规则，信噪比较好，在地形变化比较剧烈、沙层厚度大的地区，单炮能量较弱，吸收散射严重，面波形态不规则，近偏移距有效信号被面波所覆盖，信噪比很低。

（4）静校正一致性分析。由于地表多为第四系风积沙所覆盖，研究区南段有补连沟存在，局部有水。根据地震单炮记录进行线性动校正，可以发现，初至不齐，能量不均，起跳不明显，折射层速度变化大，表明该区存在比较严重的静校正问题。

（5）速度一致性分析。选择 A 点，在第一次和第二次采集时煤层未采，第三次和第四次采集时煤层已全部采完。对应的四次采集速度谱如图 2. 10 所示，第一次和第二次采集时，主要目的煤层保持完整，速度较高，而第三次和第四次采集受到煤层采动影响，地层存在局部塌陷，速度明显降低。煤层采动导致地层速度的不一致性，严重影响有效信号的分析和准确成像，因此准确分析速度的差异性，对时移地震处理，显得十分重要。

针对以上各种差异，在后续时移地震数据处理中，将重点消除非地质因素引起的差异，即进行地震数据一致性处理，才能使基础测线数据和监测测线地震数据有合理的一致性和差异性。对原始数据品质分析表明，四维地震资料处理主要存在的技术难点是：静校正、信噪比、分辨率和一致性处理等问题。

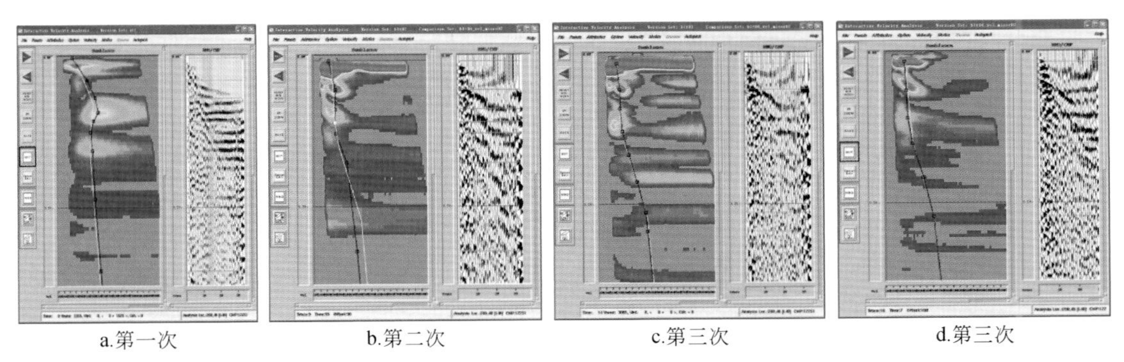

a.第一次　b.第二次　c.第三次　d.第三次

图 2.10　A 点（L40，200）的速度谱

2. 地震数据处理方法

针对上述问题，本次处理拟采用的具体措施是：对四次采集的地震数据，采用相同的处理流程和处理参数，针对煤层采动影响，采用地表一致性处理，对非开采区和非塌陷区等地质结构稳定地带进行一致性处理，尤其对能量、子波频率、相位和时间等进行一致性处理，并详细分析造成不一致的原因，保证不同时期采集数据所存在的差异是由煤层采动和地表塌陷等地质因素所引起的。

1）静校正处理

采用层析静校正方法，广泛收集工区内的各种基础资料和数据，如小折射成果数据、大炮初至反演出的近地表模型（图 2.11）等，通过初至拾取与质量控制，优选不同静校

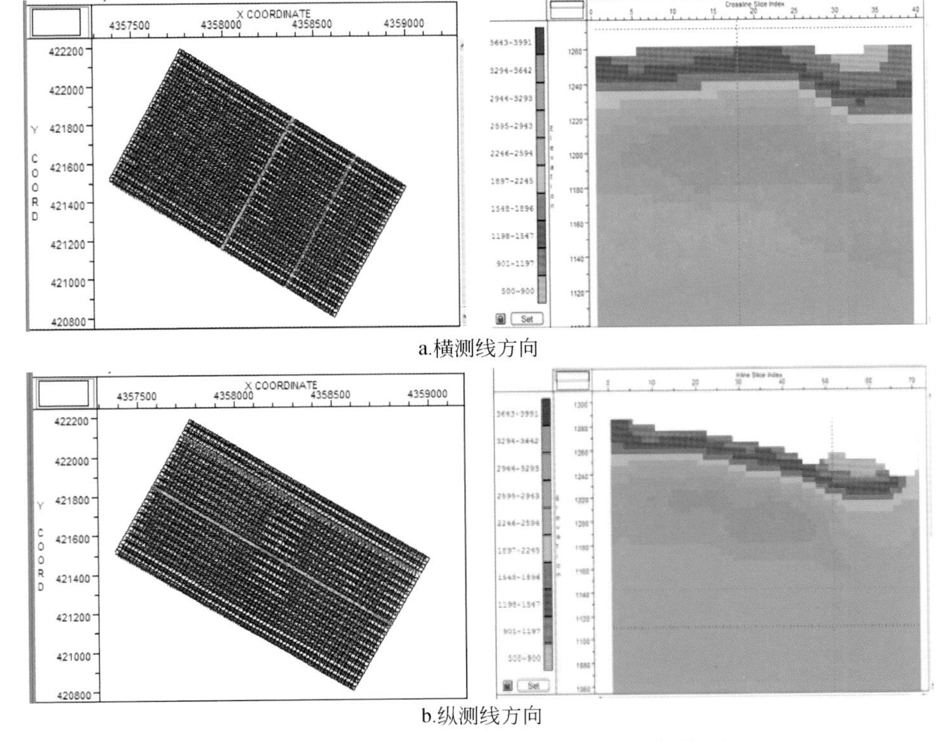

a.横测线方向

b.纵测线方向

图 2.11　不同测线方向层析反演的近地表模型

正参数，用处理中间结果对静校正量进行最终检验，在信噪比较高地段，可通过对同相轴对比进行验证（图 2. 12），在信噪比较低地段，可通过对初至对比进行验证。最终通过对比道集数据与剖面来检验静校正量的精确性。

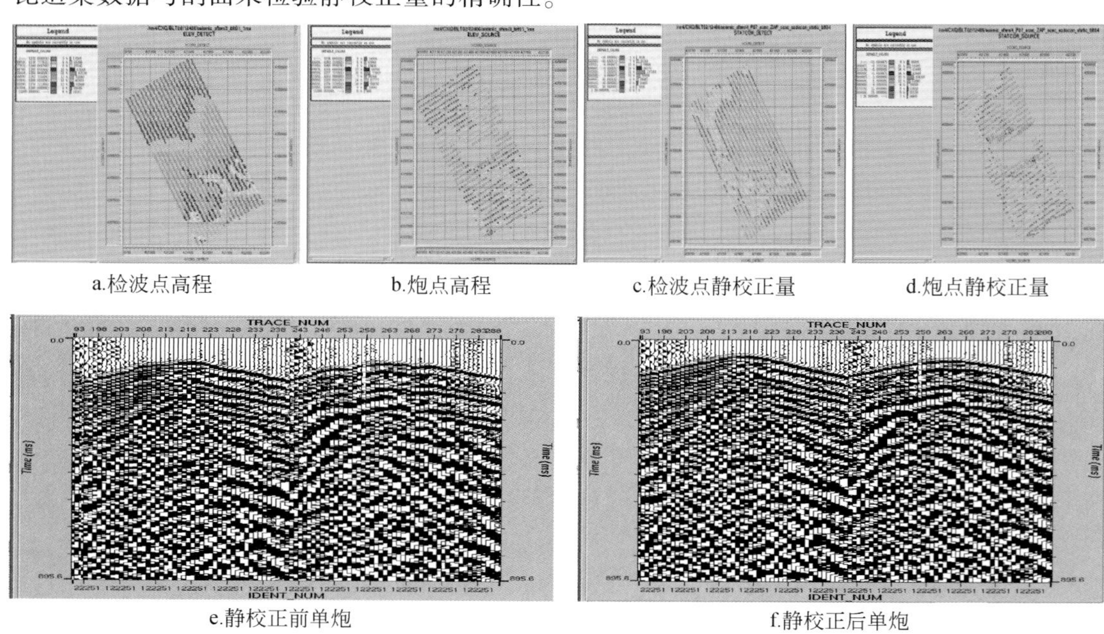

a.检波点高程　　b.炮点高程　　c.检波点静校正量　　d.炮点静校正量

e.静校正前单炮　　f.静校正后单炮

图 2. 12　静校正前后单炮对比

地表一致性剩余静校正主要用来消除中、短波长的剩余时差，对齐相位，实现同相叠加，同时使叠加速度谱品质得到改善（图 2. 13），而叠加速度谱改善又会提高剩余静校正的精度，从而进一步改善叠加剖面品质。两次剩余静校正使最后的剩余静校正量基本控制在一个采样间隔范围内，符合处理精度要求。图 2. 14 为剩余静校正前后的叠加剖面，经过剩余静校正后，同相轴连续性明显增强。

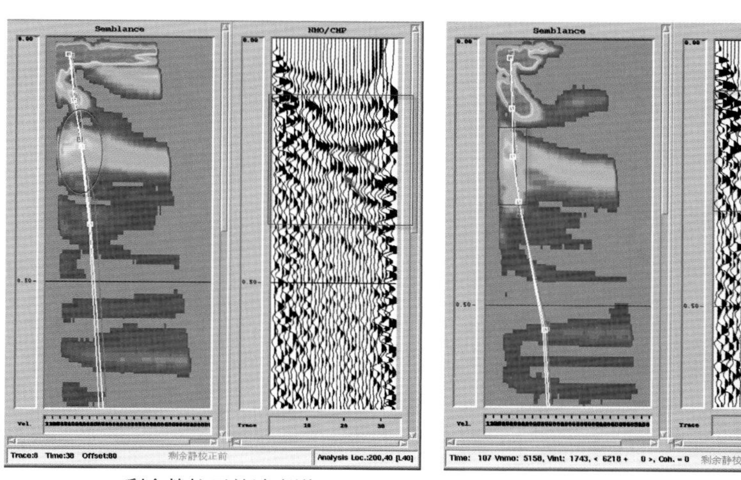

a.剩余静校正前速度谱　　b.剩余静校正后速度谱

图 2. 13　剩余静校正前后速度谱（第四次采集）

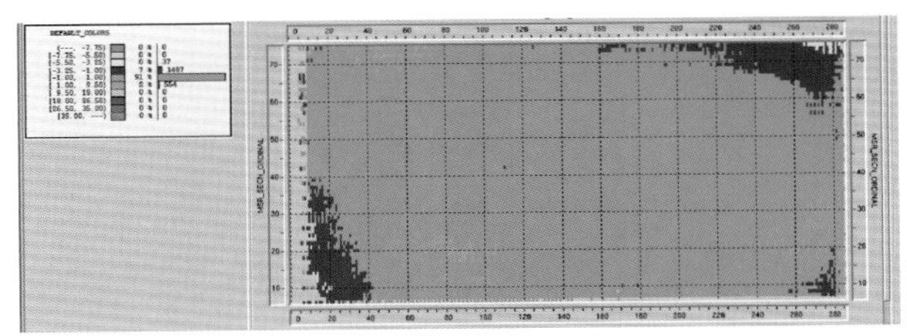

a.剩余静校正量分布图

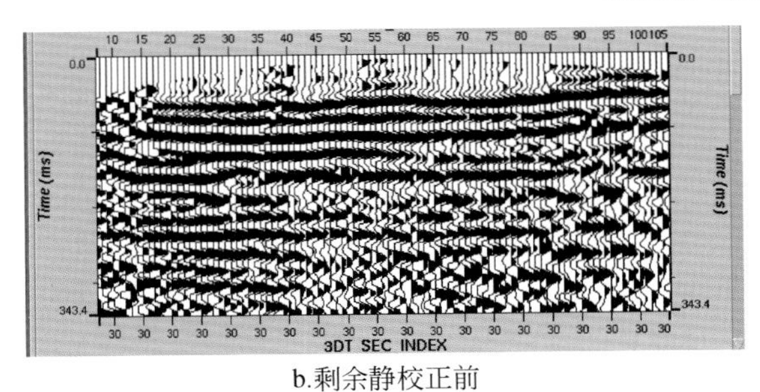

b.剩余静校正前

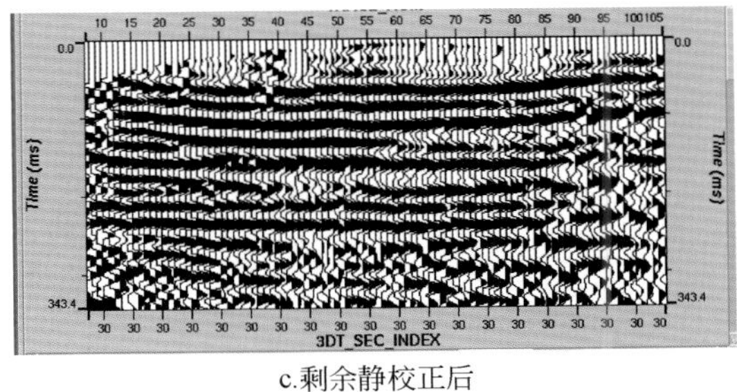

c.剩余静校正后

图 2. 14　地表一致性剩余静校正量分布及前后叠加剖面对比

2）振幅补偿处理

振幅补偿处理包括了几何扩散补偿和地表一致性振幅补偿处理，确保同一时间振幅能量平面分布均衡和不同时期采集的地震数据能量趋于均衡，具有可比性。

研究区地震波激发接收条件差异造成了能量在时间和空间上不均衡，该区能量吸收较强，能量衰减较严重，横向炮与炮之间能量差别较大。而且随在不同时期地震数据采集环境的不同，能量变化明显。采用几何扩散补偿，较好地补偿了这一过程中的衰减因素。图 2. 15a 为几何扩散补偿前后能量曲线，经过补偿后，能量在纵向上得到均衡。地表一致性振幅补偿的作用是消除炮与炮之间、检波点与检波点之间的能量差异。图 2. 15b 为振幅补偿前后炮集对比，和原始单炮记录相比，经过几何扩散补偿和地表一致性振幅补偿后，单炮记录能量得到均衡。

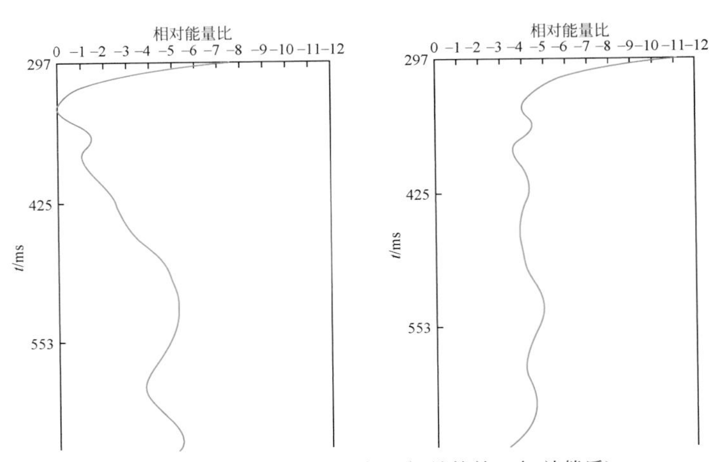

a.几何扩散补偿前后能量对比(左:补偿前；右:补偿后)

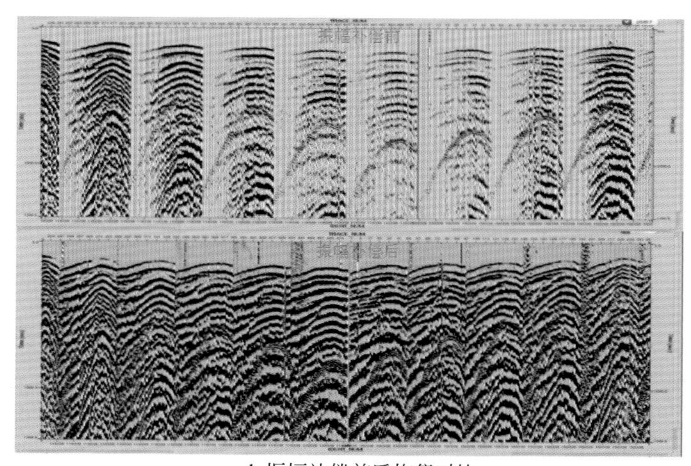

b.振幅补偿前后炮集对比

图 2. 15　振幅补偿前后对比

图 2. 16 是振幅补偿前后炮点能量平面分布，经过几何扩散补偿和地表一致性振幅补偿后，补偿后炮点能量得到均衡。不同时期采集的地震数据，其能量在横向和纵向上趋于一致，从而使不同时期地震数据的振幅得到均衡。

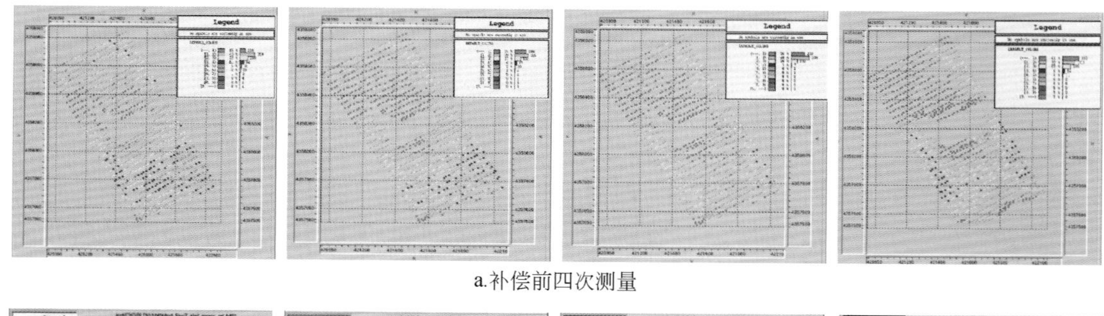

a.补偿前四次测量

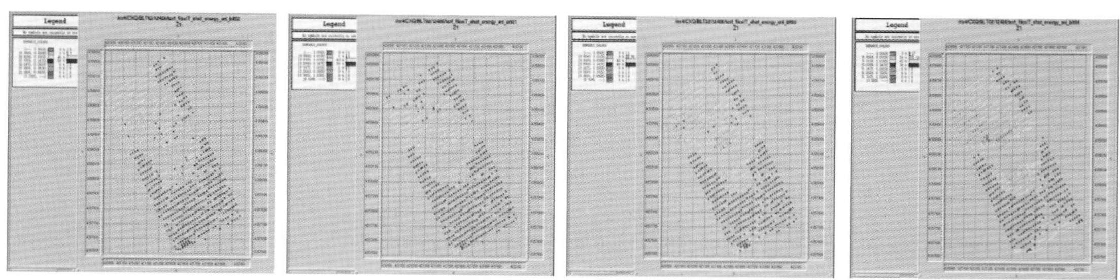

b.补偿后四次测量

图 2. 16　振幅补偿前后能量属性图

3）信噪比提高处理

为提高数据信噪比，采用了叠前去噪、地表一致性异常振幅压制、自适应频率空间域相干滤波组合去噪、子波一致性处理和三维随机噪声衰减技术等方法。

（1）地表一致性异常振幅压制。该方法是基于地表一致性假设，在给定时窗内，对每个样点振幅值进行测定，将振幅统计量分解成为炮点项、接收点项、炮检距项和构造分量，通过给出振幅的门槛值来完成异常振幅的消除和干扰波的衰减。图 2. 17 为地表一致性异常振幅压制前后单炮记录，经过地表一致性异常振幅压制后，振幅异常得到消除。

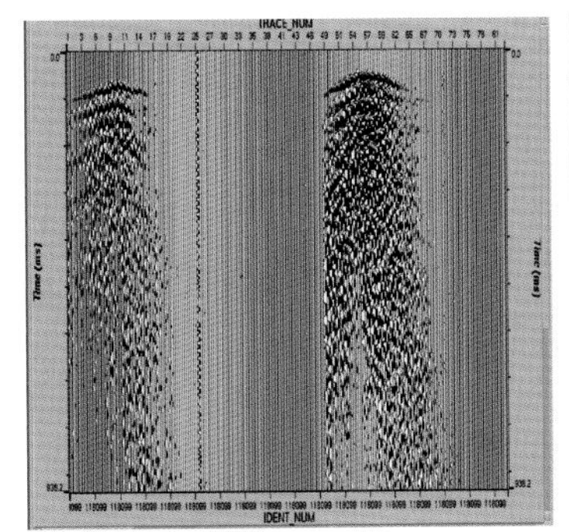
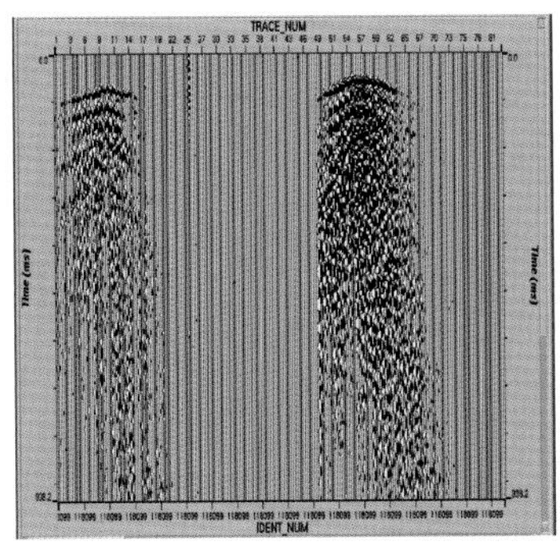
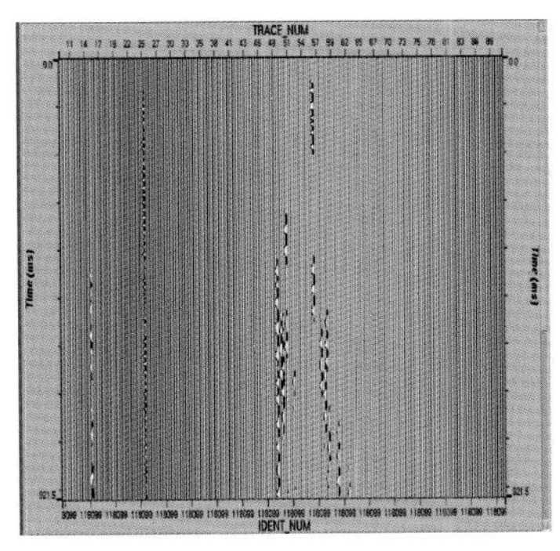

图 2. 17　地表一致性异常振幅压制前后

（2）自适应频率空间域相干滤波组合去噪。采用组合去噪方法，首先利用频率空间域相干滤波方法，获得噪声模型，然后通过自适应滤波方法，将噪声去除，使有效信号得到提高，处理流程见图 2. 18。

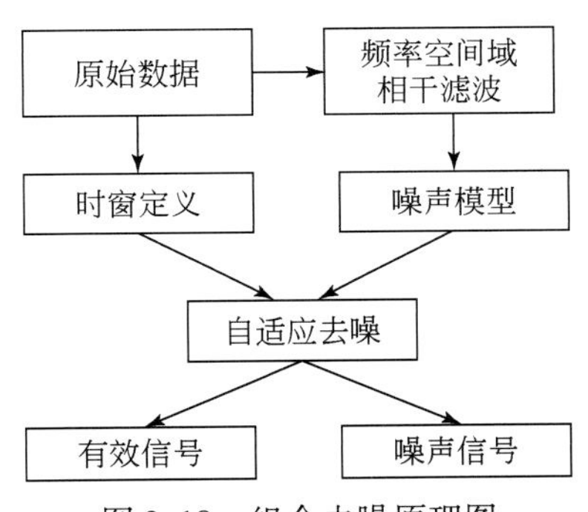

图 2. 18　组合去噪原理图

频率空间域相干滤波方法原理：该方法是对三维共炮点或共接收点数据压制相干噪声的一种有效方法，与常规频率–波数域（f–k）滤波不同之处在于，它执行滤波在频率–空间域，而不是频率–波数域，它能处理非规则空间采样和噪声变化等问题。

自适应方法原理：利用神经网络方法来压制噪声，根据输入的噪声模型道，经过自适应滤波，与输入的地震数据的噪声匹配，达到对原始输入数据进行自适应压制噪声，提高资料信噪比的目的。其主要特点是，在时间域完成的，在压制噪声的同时，不易伤到有效信号。

图 2. 19 为自适应面波压制前后单炮对比，经压制后，除在有效目的层附近，面波大部分被去除。和去噪前叠加剖面相比（图 2. 20），采用自适应频率空间域相干滤波组合去噪后，相干干扰得到明显压制。

（3）子波一致性处理。由于激发和接收条件变化，地震子波在波形一致性上也有很大差异。地表一致性反褶积就是消除地震子波因激发和接收条件变化引起的差异，使地震子波波形一致，而且地震子波得到了一定程度的压缩。图 2. 21 为地表一致性反褶积前后频

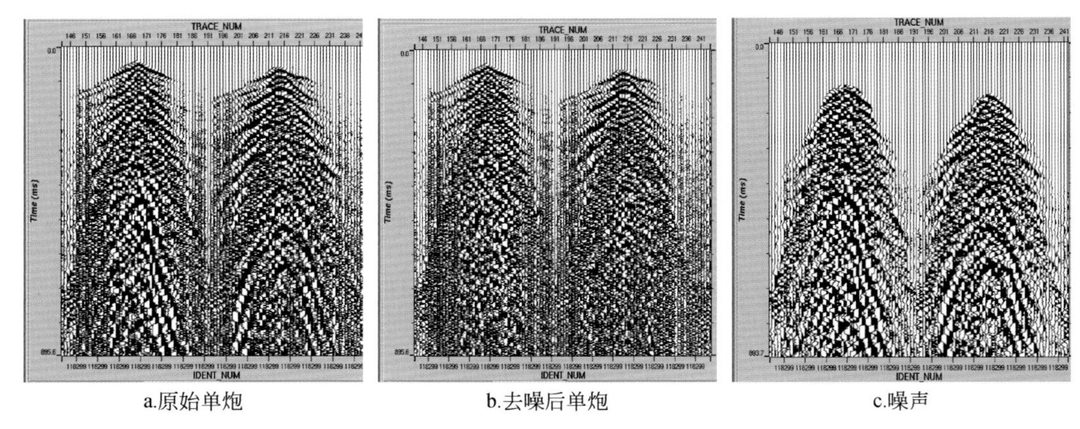

a.原始单炮　　b.去噪后单炮　　c.噪声

图 2.19　自适应面波压制前后单炮对比

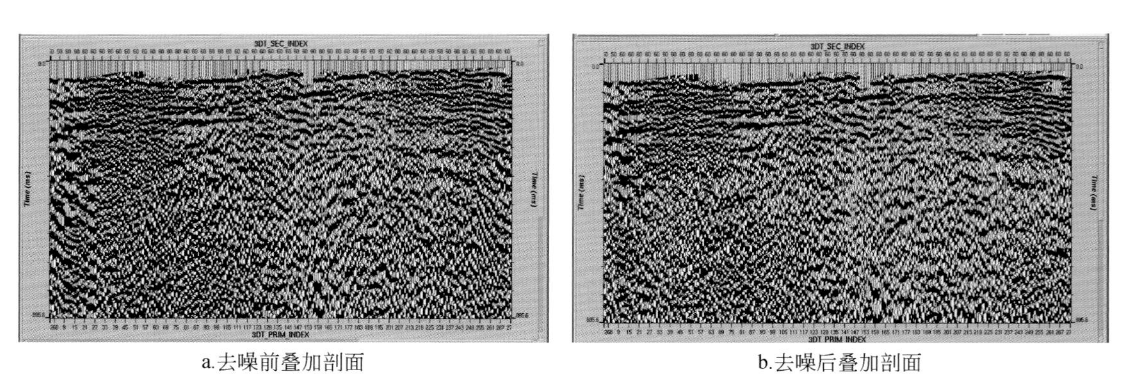

a.去噪前叠加剖面　　b.去噪后叠加剖面

图 2.20　自适应频率空间域相干滤波组合去噪前后叠加剖面

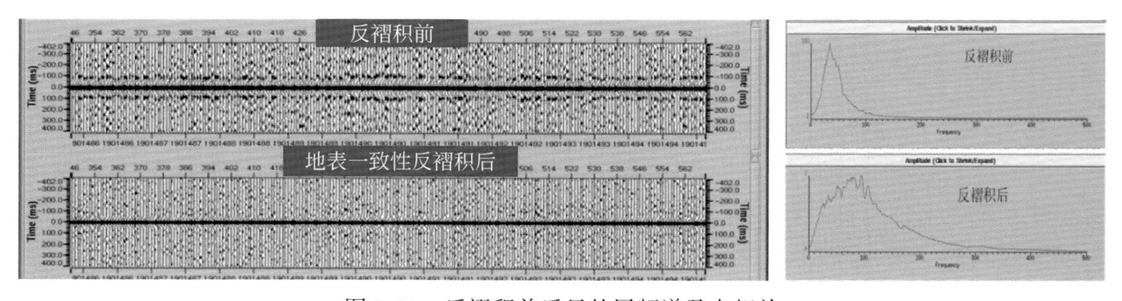

图 2.21　反褶积前后目的层频谱及自相关

谱分析，经过反褶积后，频带明显拓宽，主频可达到 80Hz，子波波形趋于一致，目的层频带拓宽，分辨率得到提高。

（4）随机噪声衰减。三维随机噪声衰减技术是将地震数据从随机噪声分离出来，提高地震资料信噪比。三维随机噪声衰减采用的滤波算子是矩形的，使用纵、横两个方向的数据，其去噪能力强，波形自然，同相轴在纵横两个方向的连续性都得到增强，并且对地下地质构造不产生畸变。图 2.22 分别为三维随机噪声衰减前后对比显示，不难看出：随机噪声得到衰减，剖面信噪比得到提高。

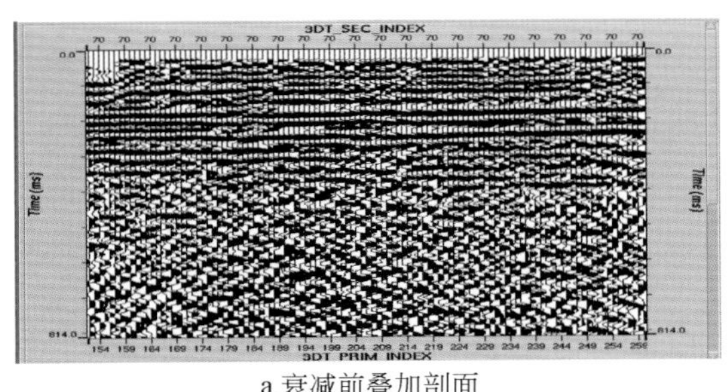
a.衰减前叠加剖面

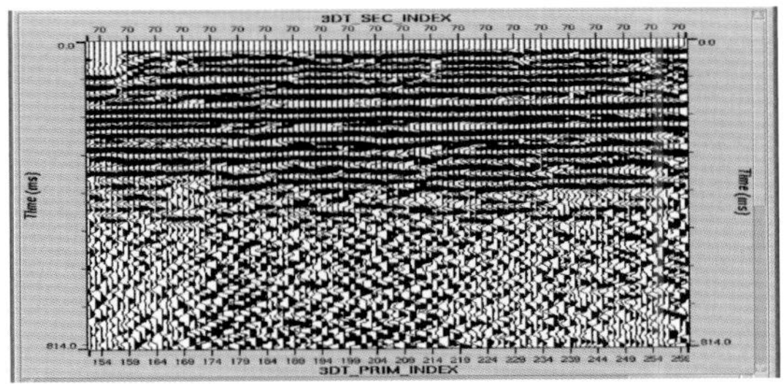
b.衰减后叠加剖面

图2.22　三维随机噪声衰减前后叠加剖面比较

4）叠后偏移处理

偏移速度场的建立是在叠加速度场的基础上，根据叠加速度场的变化趋势，同时参考构造产状及钻孔资料，拾取平滑的偏移速度场。在偏移速度场建立后，处理中可对偏移速度进行不同比例的偏移速度扫描，最后通过综合分析对比，确定偏移速度。图2.23为三维偏移剖面前后对比，发现偏移剖面地震反射波组特征明显，层间信息丰富。

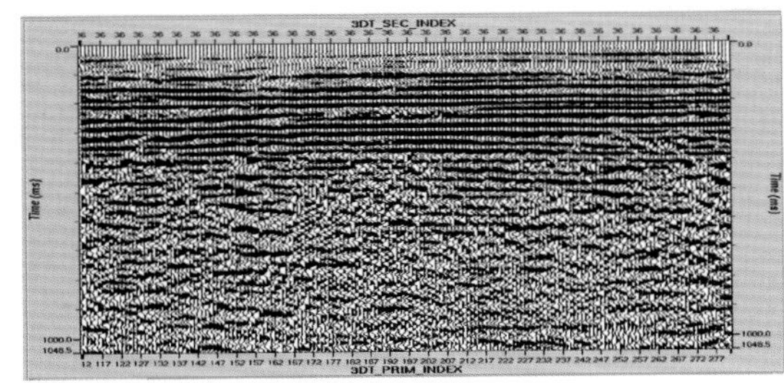
a.偏移前叠加剖面

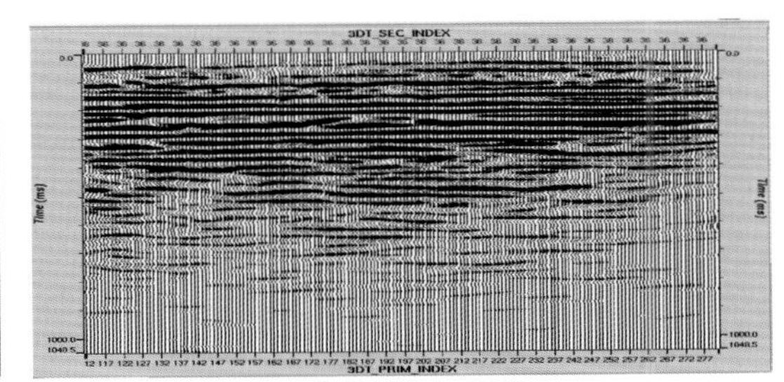
b.偏移后叠加剖面

图2.23　三维偏移剖面比较

图2.24为四次探测偏移地震剖面，第一次采集的地震剖面反映了煤层未采动地层的原始状况；第二次采集的地震剖面反映了煤层一半采动、一半未采动的地层状况；第三次采集剖面反映了煤层完全采动后煤层塌陷的地层状况；第四次采集剖面反映了煤层采动后，地层经过一段时间沉降后的地层状况。纵、横测线地震剖面，可以清晰显示出不同时期采集的地震数据，因煤层开采产生的变化。

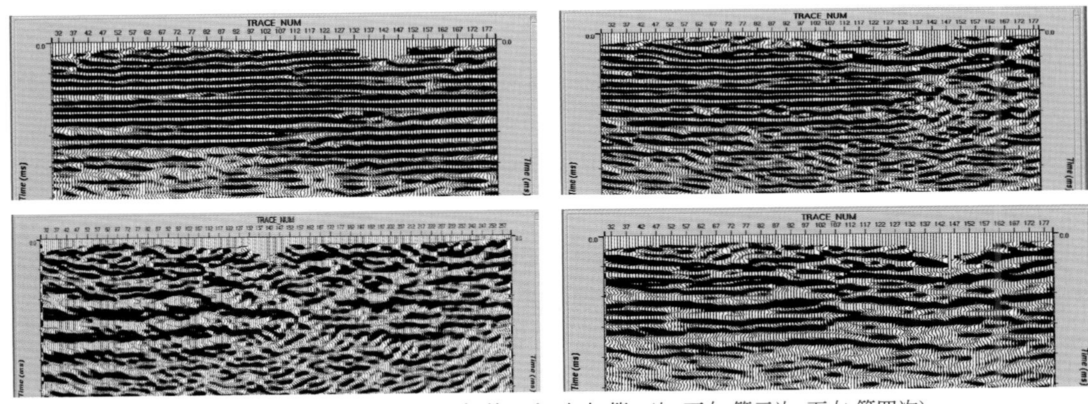
a.四次探测的地震剖面比较(上左:第一次; 上右:第二次; 下左:第三次; 下右:第四次)

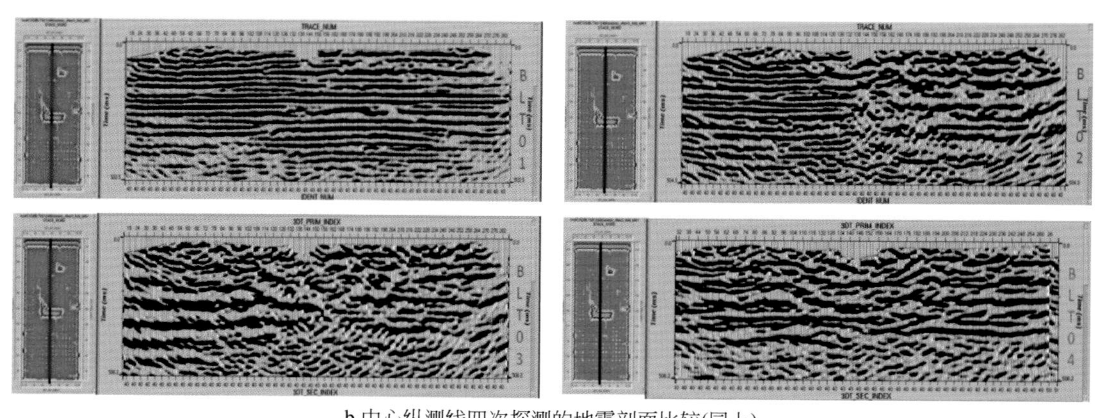

b.中心纵测线四次探测的地震剖面比较(同上)

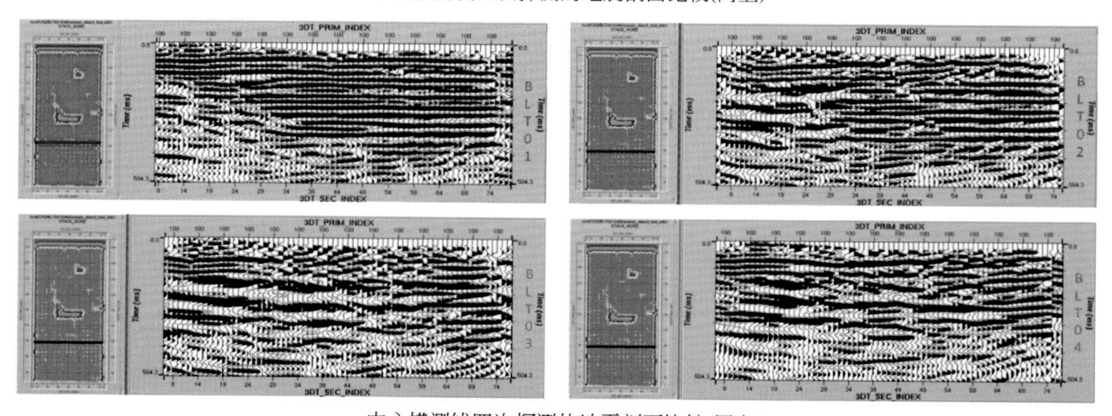

c.中心横测线四次探测的地震剖面比较(同上)

图 2. 24　中心横测线四次探测的地震剖面比较

2.2　采动覆岩结构变化的信息提取与分析方法

四维地震数据包含了采动覆岩结构对煤层开采的响应信息，通过对地震数据进行精细结构解释，来研究采动覆岩地震数据的时移异常变化，有助于再现开采过程引起的覆岩结构变化。

2.2.1　时移地震数据体显示方法

图 2.25 是补连塔试验区四次数据采集得到的数据体。数据体显示有多种方式，可以通过横断面、纵断面和水平切片（或沿层切片）进行显示。其中：

（1）时移地震数据体横断面（图 2.26）（即垂直切片显示），反映了由浅至深地震振幅变化，可以观察沿深度方向上采动覆岩和煤系地层地震响应变化特征。

（2）时移地震数据体纵断面（图 2.27）是沿主测线和横测线方向纵断面显示（或地震剖面）。根据纵断面上地震同相轴变化，可以观察煤层及采动覆岩的变化特征。

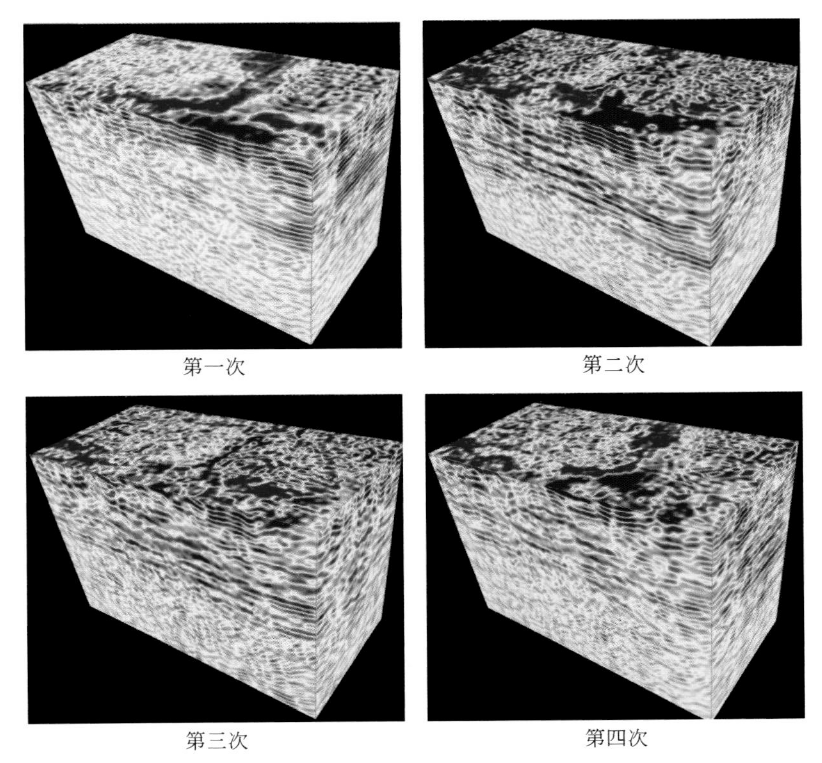

图 2. 25　时移地震数据体

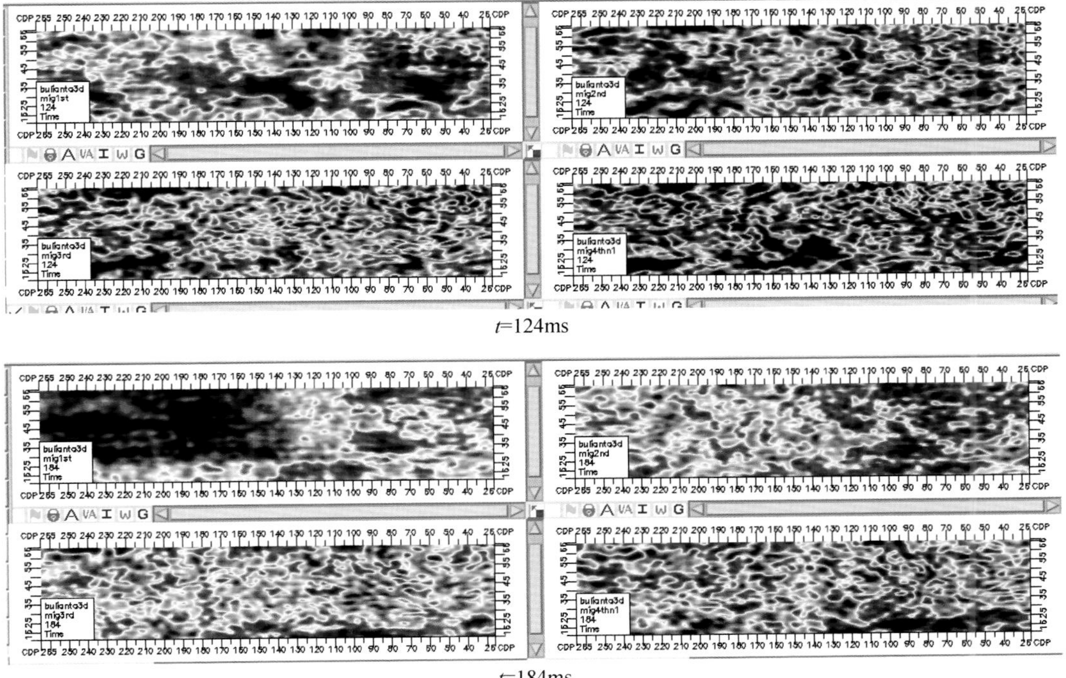

t=184ms

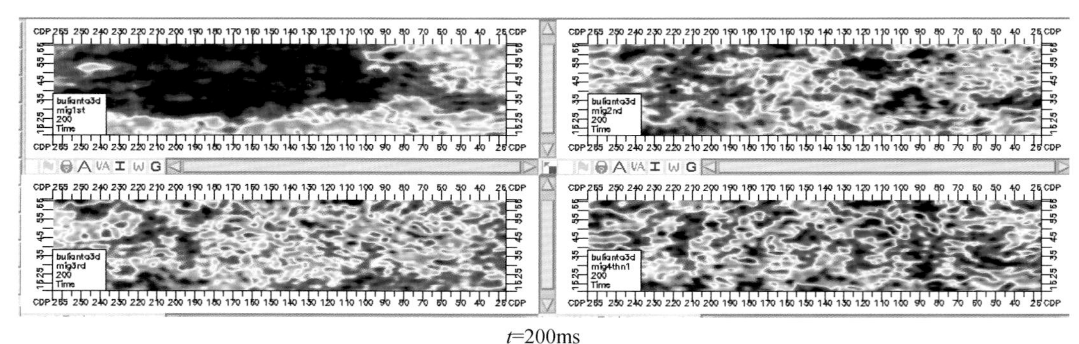

t=200ms

图 2.26　时移数据体横断面显示

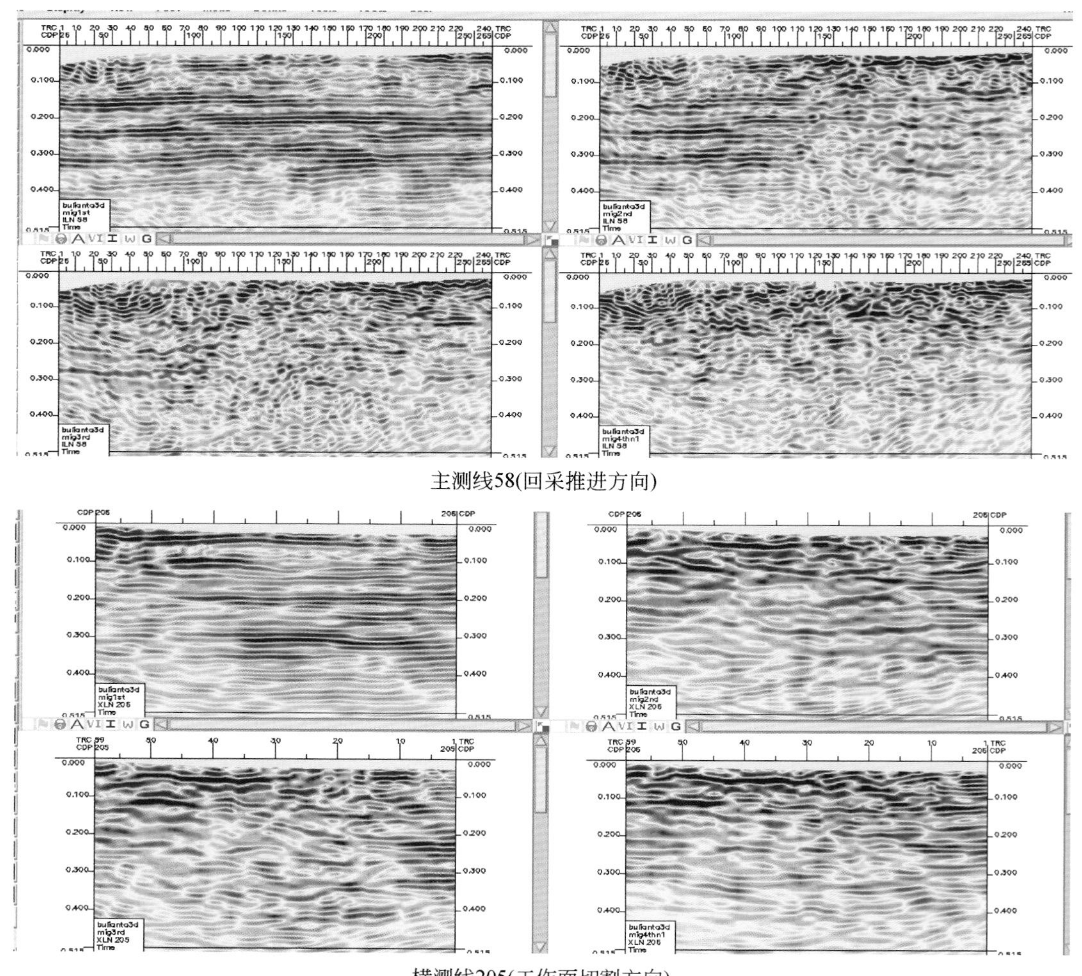

主测线58(回采推进方向)

横测线205(工作面切割方向)

图 2.27　时移数据体纵断面显示

（3）时移地震数据体切片是沿着不同时间显示数据体的切片（或水平切片），如图2.28所示。此时，12407工作面1^{-2}煤层全部采完，煤层处于采空状态。沿层振幅切片可见煤层采空区后地层松散，速度降低，而2^{-2}煤层到5^{-2}煤层在采空区之下煤层振幅变弱。

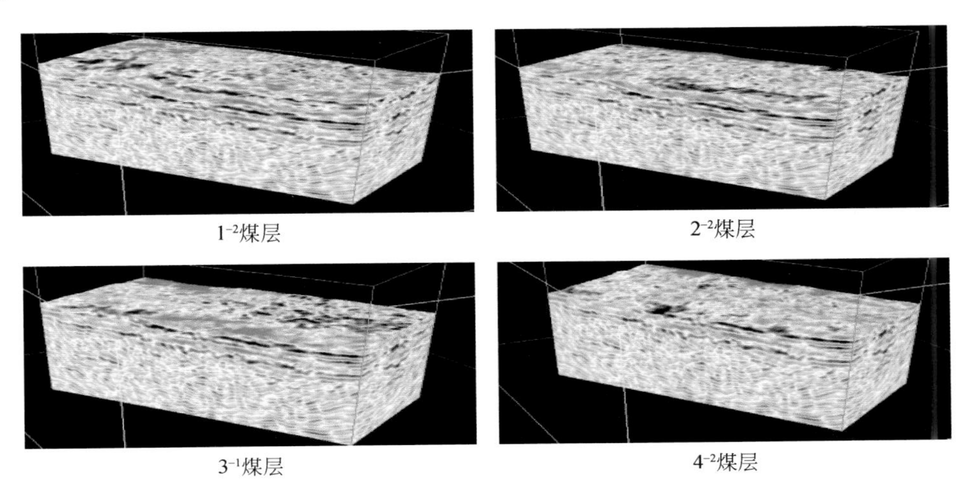

图2.28 煤层开采后沿层数据体

2.2.2 采动覆岩静态描述方法

三维地震数据体蕴藏着丰富的地质信息，煤系地层静态描述就是利用地震数据体，结合地质、钻探、测井及巷道等资料，根据地震波传播理论和地质规律，通过对煤系地层时空变化进行定量描述，把地震波信息转变为构造和地层岩性等信息，把地震剖面变为地质剖面的过程。

1. 精细构造解释

三维地震资料精细构造解释采用体–面–线–点相结合的全三维解释方法进行。精细构造解释具有如下特点：

1）采用体–面–线–点相结合的全三维解释

所谓体–面–线–点相结合的全三维解释方法，是以三维可视化立体显示为基础，以地质研究对象为目标，从体、面、线、点等多渠道以及数据体的多个视角，全方位剖析三维地震数据体，最终获得三维可视化地质解释结果。

全三维解释的基本过程是，利用三维可视化技术对数据体进行多视角空间立体追踪，然后结合各种切片（如沿层切片、水平切片和面块切片）和各种地震剖面（如主测线、联络测线、任意测线和连井测线）进行层位和断层解释，最后获得精细地质构造解释成果。

2）基于运动学和动力学特征的多属性地震数据体地质结构解释

利用叠后处理技术，对原始三维地震数据体进行地震属性处理，获得地震属性数据体

（如相干体三维数据体、瞬时相位数据体和瞬时频率数据体等），通过分析、研究多属性地震数据体上的运动学和动力学特征，识别出地质构造。

3）基于空变速度场的时深转换

充分利用测井资料和叠加速度，构建起全区空变速度场，将时间域地震数据转成深度域地震数据，直观反映煤系地层的变化。

精细构造解释将上述三种解释方法相结合，构成三维地震数据体解释流程，如图 2.29 所示。

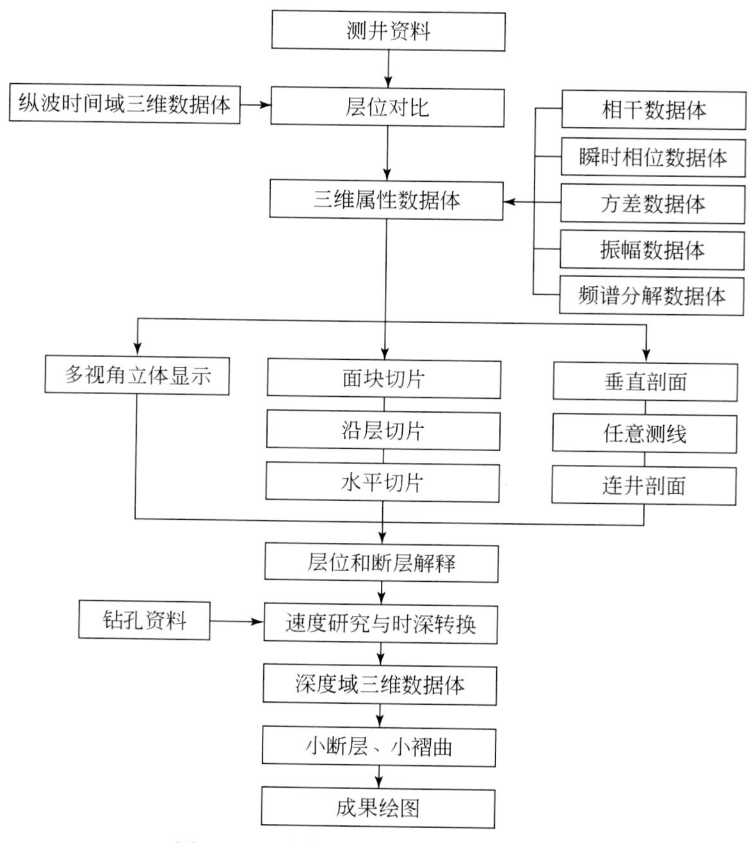

图 2.29　采动覆岩精细构造解释流程

精细地震地质层位标定是地震构造解释的基础，同时在精细地震地质层位标定基础上所进行的高精度层位标定，又是高分辨率地震反演的基础工作，必须确保每一个地质界面和地震同相轴精确对应，匹配好目的层段附近的每一个同相轴，确保时间域地震资料和深度域测井资料的正确结合。

在层位标定前，对研究区内及其外围钻孔第四系及各主要目的层进行了统计（表 2.10）。第四系底界面浅部为 19.50m，深至 54.80m。1^{-2}煤层埋深在 132.20 ~ 185.90m，煤层厚度平均 4.3m。2^{-2}煤层埋深在 193.85 ~ 224.40m，煤层厚度平均 6.63m。3^{-1}煤层埋深在 218.15 ~ 260.03m，煤层厚度平均 2.99m。

表 2.10　研究区及其外围钻孔主要煤层和岩层分布

岩性	井名	BKS6	BKS8	BC-1	BC-2	BC-3	BQS2	BCS3	BM1	BM2
风积沙	深度	2400	10.35	17.20	8.40	15.10	4.50	16.50	27.00	28.00
第四系	深度	24.00	33.00	54.80	39.95	45.00	19.50	19.20	59.50	49.00
砂质泥岩	深度	79.07	103.81	100.15	89.10	68.25	65.00	66.20	108.00	88
中粒砂岩	深度	116.97	141.93	130.30	119.25	100.25	93.00	94.50		
1^{-2}煤	深度	185.90	185.00	174.23	163.70	144.80	132.20	132.90		
	厚度	4.65	4.10	4.28	3.90	4.45	4.40	4.40		
2^{-2}煤	深度	224.40	229.75	219.60	215.75	193.85				
	厚度	6.55	6.55	6.55	6.40	7.10				
3^{-1}煤	深度	250.85	260.03	246.20	241.55	218.15				
	厚度	3.00	3.13	3.15	2.95	2.70				

各煤层的层间距统计如下：1^{-2}煤到2^{-2}煤的平均层间距为 46m；2^{-2}煤到3^{-1}煤的平均层间距为 27m。利用区内钻孔测井曲线进行了主要煤层的对比（图 2.30），从各主要煤层的对比可以发现，各煤层之间的层间距稳定，煤层厚度变化不大。

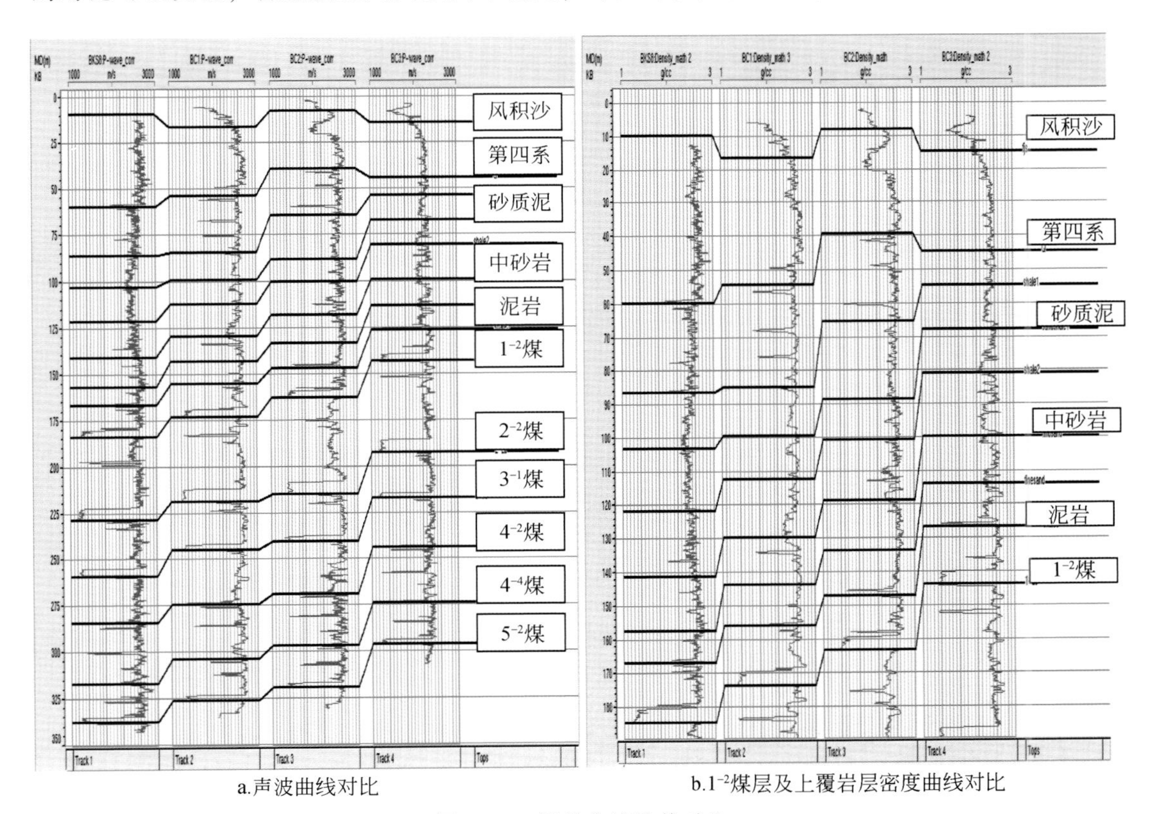

a.声波曲线对比　　b.1^{-2}煤层及上覆岩层密度曲线对比

图 2.30　测井曲线连井对比

通过分析已有地震及钻探资料可知（图 2. 31），该区主要地震反射波如下。

T_0波：控制第四系底界的反射波；

T_{ss}波：第四系底界下部砂质泥岩层反射波，反射波能量较强；

T_{ms}波：1^{-2}煤层上部中砂岩层反射波，反射波能量较强；

T_{12}波：控制1^{-2}煤层底板起伏形态的标准反射波，能量较强，全区能连续追踪对比；

T_{22}波：控制2^{-2}煤层底板起伏形态的标准反射波，因该煤层较厚且比较稳定，波的能量较强，全区能连续追踪对比；

T_{31}波：控制3^{-1}煤层底板起伏形态的标准反射波，波的能量较强，全区能连续追踪对比。

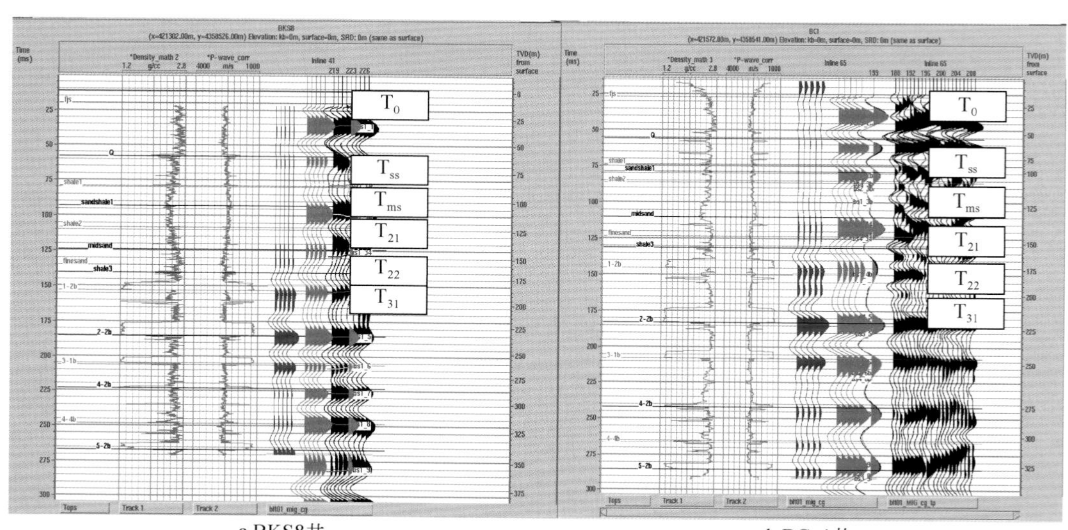

a.BKS8井　　b.BC-1井

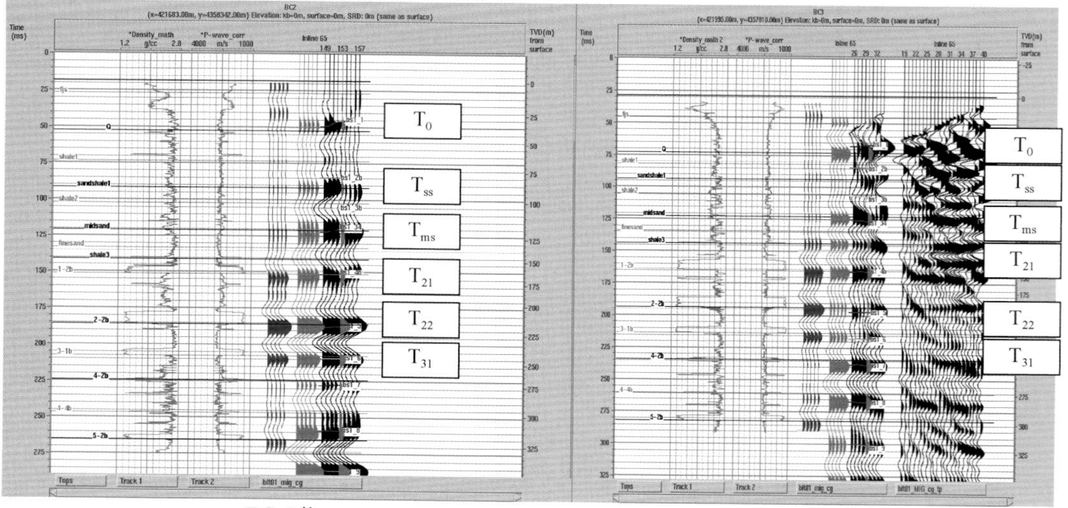

c.BC-2井　　d.BC-3井

图 2. 31　测井合成记录曲线

图2.31测井合成记录显示的地层层位解释是确定岩性结构变化的基础。层位解释首先从井点出发，追踪对比各主要目的煤层的层位，建立连井剖面，然后在连井剖面解释的基础上，建立骨干剖面，在骨干剖面解释的基础上，再往全区扩展延伸，由大到小、由粗到细，逐渐加密解释测网，开展层位解释。在解释过程中，严格按反射波的产状解释，利用自动追踪最大振幅值，先确定层面的位置，在此基础上，手动追踪修改不连续和不合理的地方。对于原始资料较差、构造复杂地段，则遵循先易后难的原则，在不同层段增加控制点的数量，分区、分块地进行层位追踪。

为确保层位对比正确与可靠，解释过程中，除利用不同方向的时间剖面反复闭合外，还利用三维可视化技术（图2.32）及水平切片、沿层切片修正解释结果，从多个角度认识构造特征，以达到精确地刻画地层变化规律。

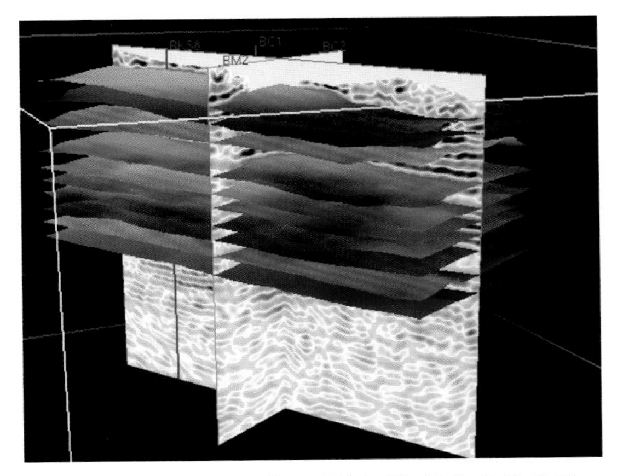

图2.32　三维可视化地震剖面与层位立体显示

基于采动覆岩结构变化研究的断裂解释，主要是利用地震属性（如地震振幅和相干体等）来识别地层的不连续变化。图2.33是根据第一次采集地震数据体得到的1^{-2}煤层沿层

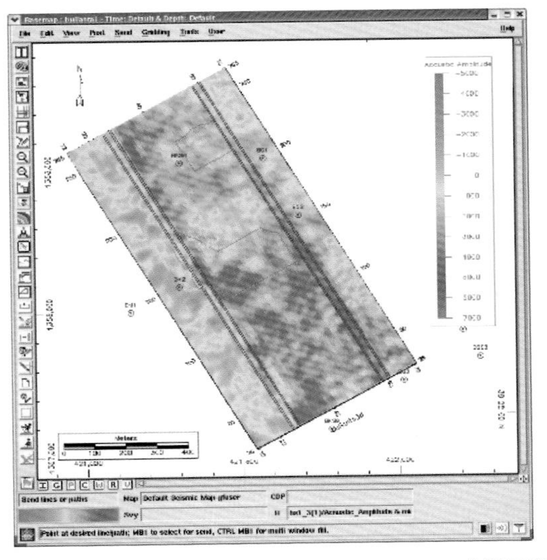

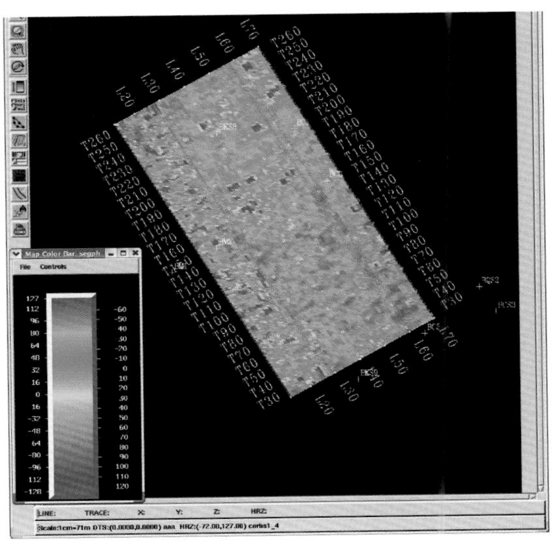

图2.33　1^{-2}煤层的沿层振幅和相干切片

振幅切片和沿层相干切片。从图上看，西部12406工作面地震振幅变弱，相干体上地层的不相干性明显，这主要是由于12406工作面1^{-2}煤层已开采完，地震反射波受到煤层采空影响。中部12407工作面和东部12408工作面，地震振幅增强，相干体上地层的连续性增强，未发现该煤层有大的断层存在。

通过解释得到的地震等时图，以时间为量纲，可以反映目的层的基本构造形态（图2.34a），是做好时深转换的基础。速度是联系时间域和深度域的纽带。利用区内已知钻孔揭露的地质层位深度及时间域对应的反射波旅行时，可以反算出离散速度值，在此基础上，通过井间内插方法，建立起全区空变速度场（图2.34b）。利用该速度场，可实现由时间域到深度域的转换，获得深度构造平面图（图2.34c）。

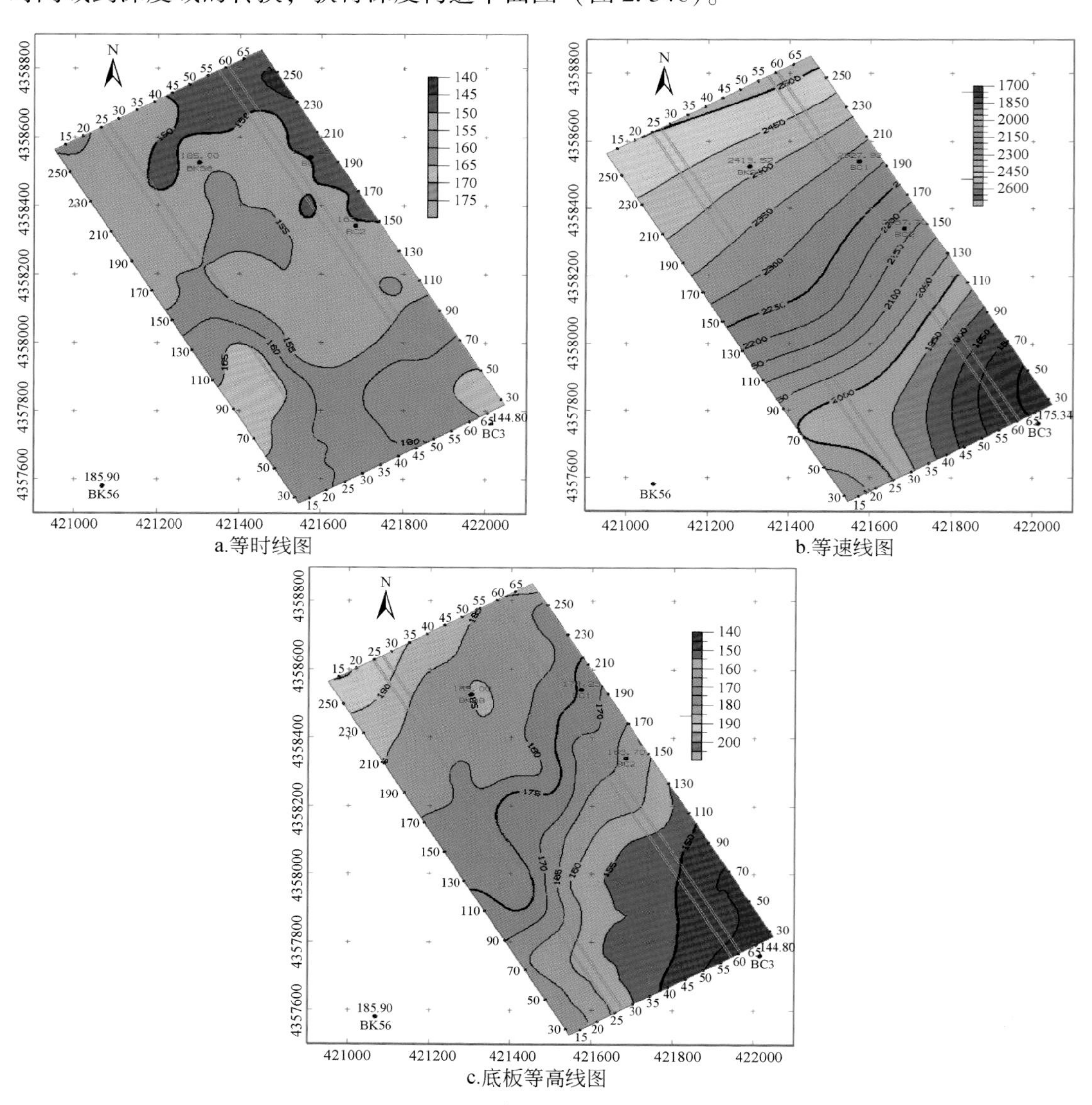

图2.34　1^{-2}煤层底板等值线图

2. 煤系地层构造形态

根据第一次采集的三维地震数据，通过综合解释，得到研究区主要目的层的等高线分布。其中：

第四系：第四系与下伏煤系地层呈不整合接触，从第四系底界等高线图（图2.35a）可以看到，西北角最浅，埋深为-20m，东北角最深，埋深为-60m，南部较缓，北部较陡。

砂质泥岩层：在第四系下部，有一套砂质泥岩层分布较为稳定（图2.35b），为砂质泥岩层底界等高线图。该层为一单斜构造，西北深，埋深为-120m，东南浅，埋深为-60m。

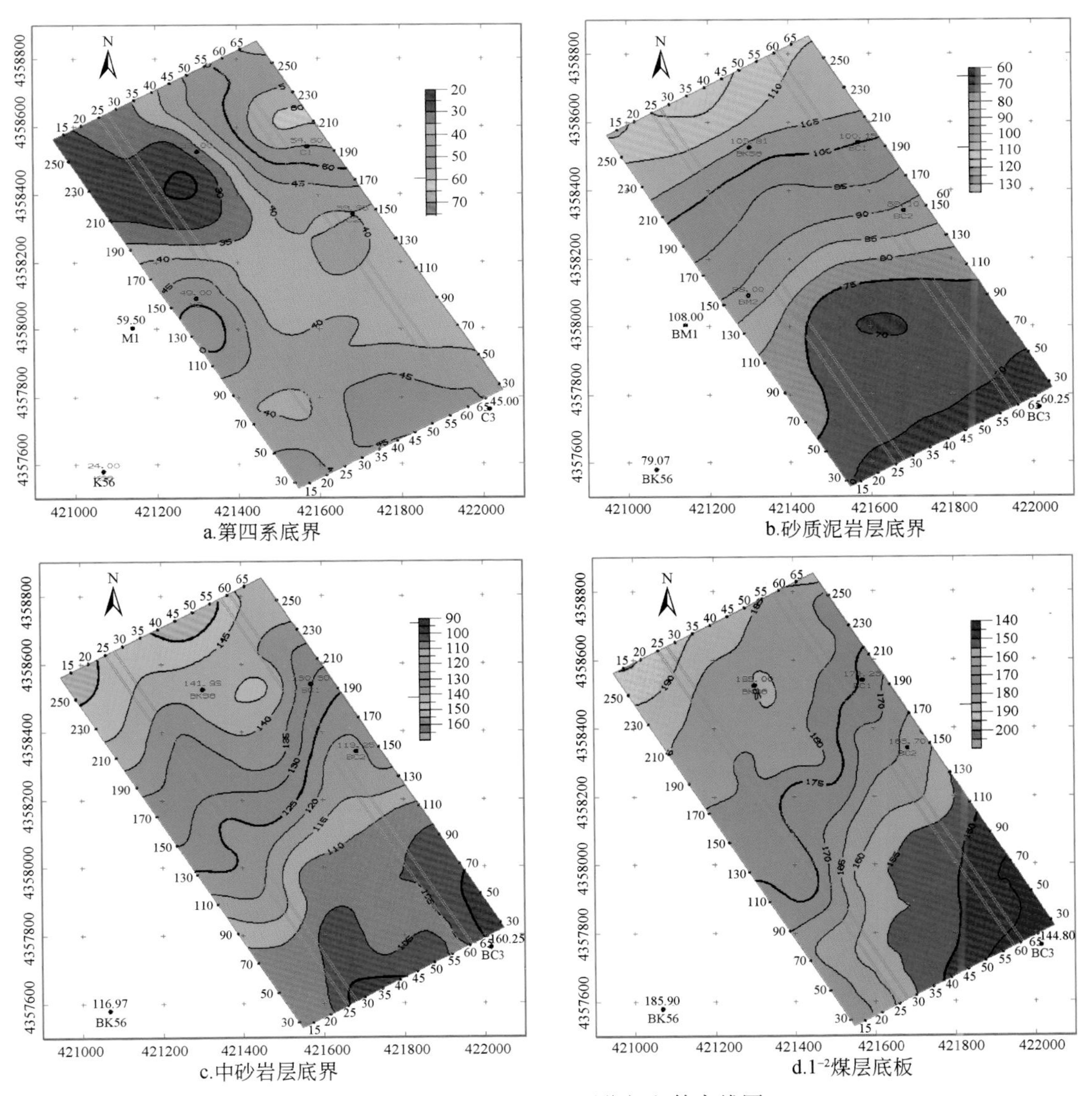

图2.35　煤系地层主要层位解释等高线图

中砂岩层：在1^{-2}煤层上部，分布着一套较为稳定的中砂岩层。从中砂岩层底界等高线图（图2.35c）可以看到，该层为一单斜构造，西北深，埋深为-150m，东南浅，埋深为-90m。

1^{-2}煤层：该煤层是主采煤层，从煤层底板等高线（图2.35d）可以看到，1^{-2}煤层埋深在-200～-140m，东南角最浅，为-140m，西北角最深，为-200m，煤层近于水平，倾角1°～3°。

根据上述主要目的层数据，可得到各主要目的层的层间距平面分布（图2.36），并可以得到研究区12406、12407和12408工作面沿推进方向的纵向地震地质剖面（图2.37）和横切12406、12407和12408工作面的横向地震地质剖面。

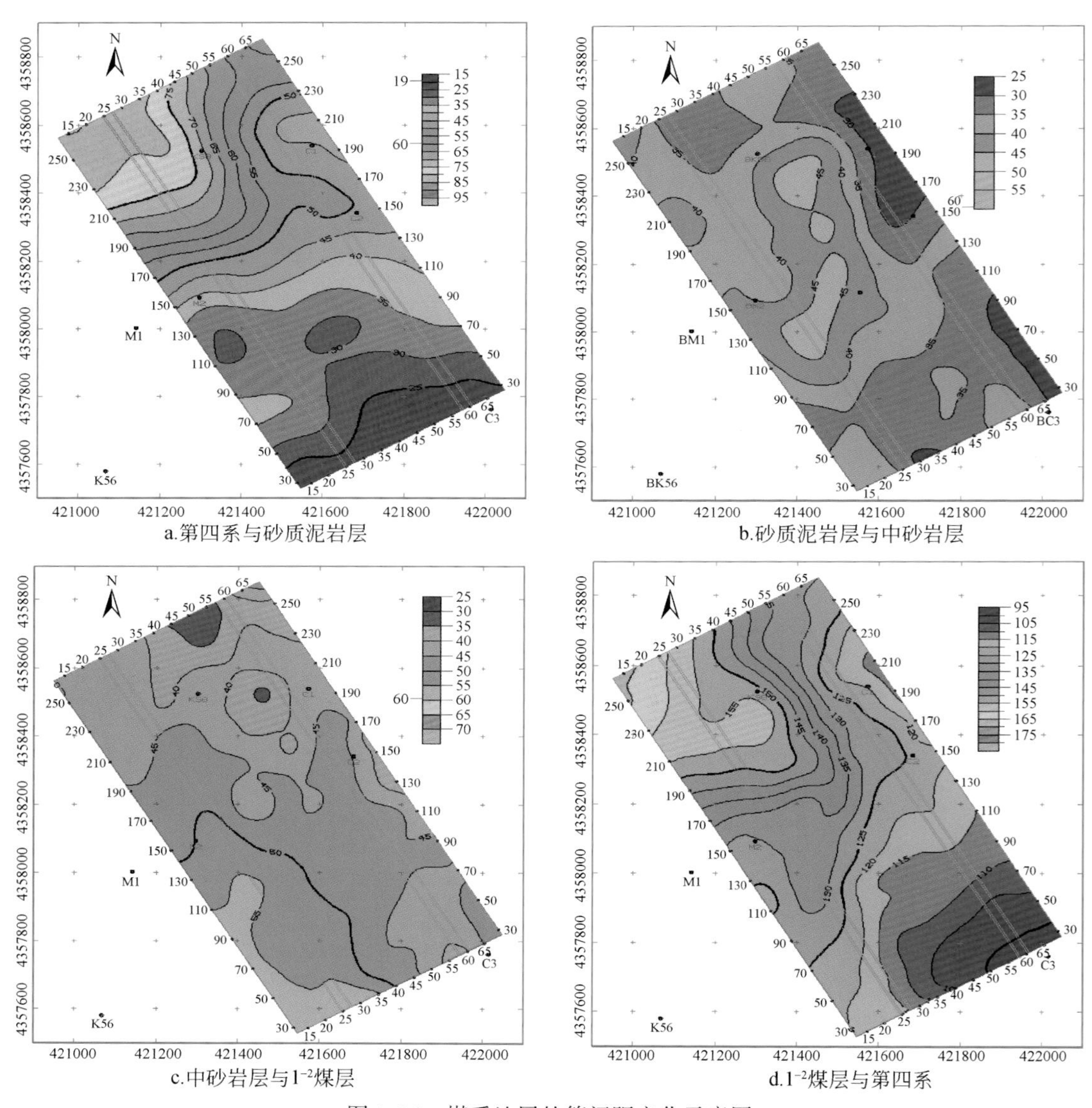

a.第四系与砂质泥岩层　b.砂质泥岩层与中砂岩层

c.中砂岩层与1^{-2}煤层　d.1^{-2}煤层与第四系

图2.36　煤系地层的等间距变化示意图

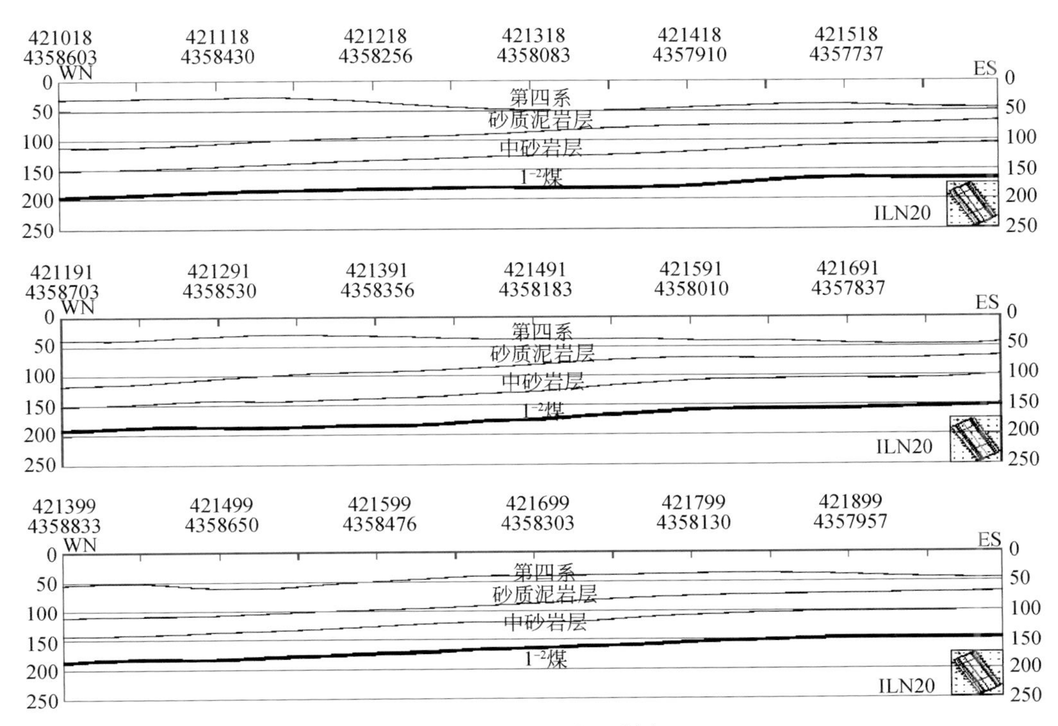

图 2.37　纵向地震地质剖面

从平面分布和地质剖面可以看到，西北部第四系最浅，与 1^{-2} 煤层之间的层间距最大，可达到 170m；东南部第四系最深，与 1^{-2} 煤层的层间距最小，可达到 98m。中砂岩层与 1^{-2} 煤层之间的层间距为 35 ~ 65m，平均 45m，中砂岩层与砂质泥岩层之间的层间距为 25 ~ 45m，平均 40m。

2.2.3　煤系地层动态描述

四维地震解释是建立在基础地震数据体和监测地震数据体的基础上，因此四维地震数据动态描述主要是进行地震数据的差异性分析。

地震数据差异性分析是以岩石地球物理为基础，通过对不同时间采集的数据体地震属性差异进行分析，解释煤层开采引起的地层地质变化。地震数据差异分析实际上就是寻找不同时间采集的地震数据体之间存在的差异，差异分析计算方法可以根据地震数据体的特点进行选择，如数据体之间求差、数据体在一定时窗进行地震属性求差等。

从使用地震数据体的角度来看，四维地震资料差异分析方法可分为两类：一类是以单个数据体静态描述为基础的差异分析方法，即通过单独使用基础或监测数据体进行单独静态描述，然后利用两次静态描述结果的差异，来体现煤系地层的动态变化情况。由于这种单独数据体静态描述是对不同时期的地震数据开展单独解释，因此常规三维地震静态描述的所有解释方法都可以用于时移地震解释之中；另一类是以差异地震数据体为基础的解释方法，即通过对两个地震数据体进行差异计算，得到差异地震数据体，然后利用三维地震解释方法对这个差异地震数据体进行静态描述，来反映地层的变化情况。

1. 不同地层的时移地震剖面差异分析

研究区12406工作面、12407工作面和12408工作面开采推进方向是由西北向东南推进，纵向地震剖面与工作面方向一致，西北部靠近切眼，东南部靠近补连沟位置，横向地震剖面横跨12406、12407和12408工作面。

地震剖面差异分析包括地震纵向剖面差异分析和横向剖面差异分析。其中，地震纵向剖面是沿着工作面推进方向布置，剖面反映了沿着工作面推进方向采动对覆岩结构的影响，而地震横向剖面横切三个工作面，剖面反映了不同工作面在采动处于不同阶段（未采动、采动、采后和稳定期）的结构变化信息。

纵向地震剖面差异分析：以12407工作面为例，该工作面于2012年1月开采，第一次数据采集时，12407工作面还未开采。第二次数据采集、第三次数据采集和第四次数据采集距切眼开采的时间间隔分别为2个月、4个月和8个月（表2.11）。

表2.11　三维地震数据采集距12407工作面切眼开采的间隔

切眼开采时间	采集时间		距切眼开采时间间隔/月
2012年1月	第1次	2011年11月	0
2012年1月	第2次	2012年3月	2
2012年1月	第3次	2012年5月	4
2012年1月	第4次	2012年9月	8

（1）第一次地震采集时，1^{-2}煤层未开采，该区上覆岩体未受采动影响，煤系地层处于原岩应力状态，从12407工作面纵向地震剖面40线（图2.38a）可以看到，近水平的原状煤系地层在地震剖面上，反射波同相轴连续。

（2）第二次地震采集时，12407工作面推进到整条地震剖面长度1/2的位置（图2.38b）。1^{-2}煤层已采空的区段，上覆岩体因采后卸压破坏，在地震剖面上表现为反射波凌乱的破碎带，在近地表新地层地带，出现下沉弯曲。在工作面前方，1^{-2}煤层未开采，上覆岩体没有受到采动影响，地层处于原岩应力状态，地震反射波同相轴连续；对12407工作面纵向地震剖面开采点进行仔细观察，可以发现，下部地层塌陷大，上部地层塌陷小，塌陷破裂角度约为60°，其原因是：1^{-2}煤层采空后，煤层顶板岩层垮落，垮落破碎岩体具有支撑作用，使得上覆岩层的破坏程度减弱。

（3）第三次和第四次地震数据采集时，12407工作面的1^{-2}煤层全部被采完，上覆岩体采后卸压破坏，地震剖面（图2.38c、图2.38d）同相轴反射凌乱。对比第三次和第四次采集的地震剖面可以发现，第四次地震反射波同相轴略好于第三次地震反射波，这是由于第四次采集时，垮落岩体经历了更长时间的压实，岩体应力得到恢复，使得岩体反射波能量增强。

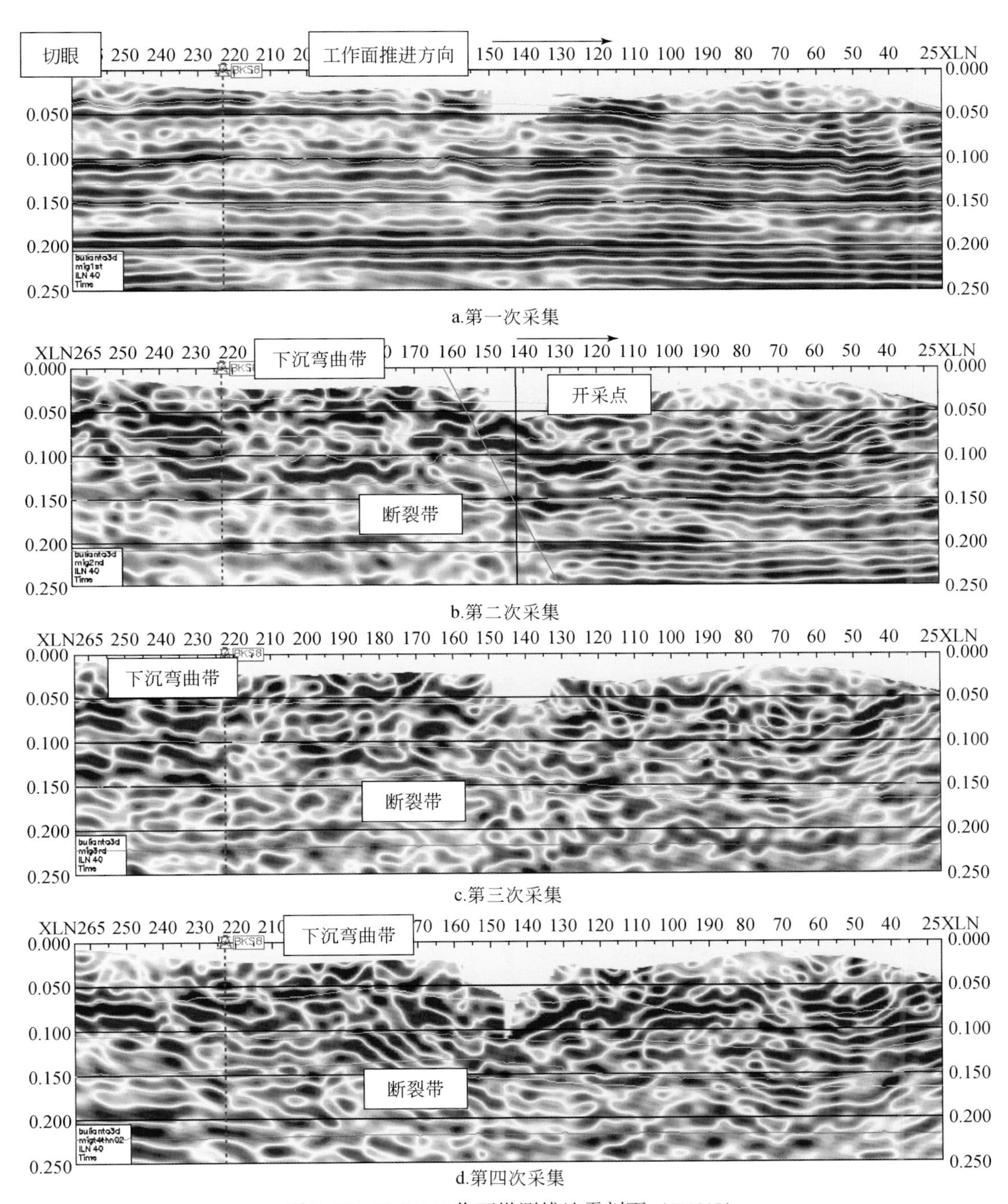

a.第一次采集

b.第二次采集

c.第三次采集

d.第四次采集

图 2.38　12407 工作面纵测线地震剖面（ILN40）

相邻的 12408 工作面于 2012 年 8 月开采，因此前三次地震数据采集时，12408 工作面的 1^{-2}煤层均为开采。第四次地震数据采集时，12408 工作面切眼附近的煤层已开始开采，但开采位置还未进入地震研究区域。从 12408 工作面的纵向地震剖面 64 线（图 2.39）可

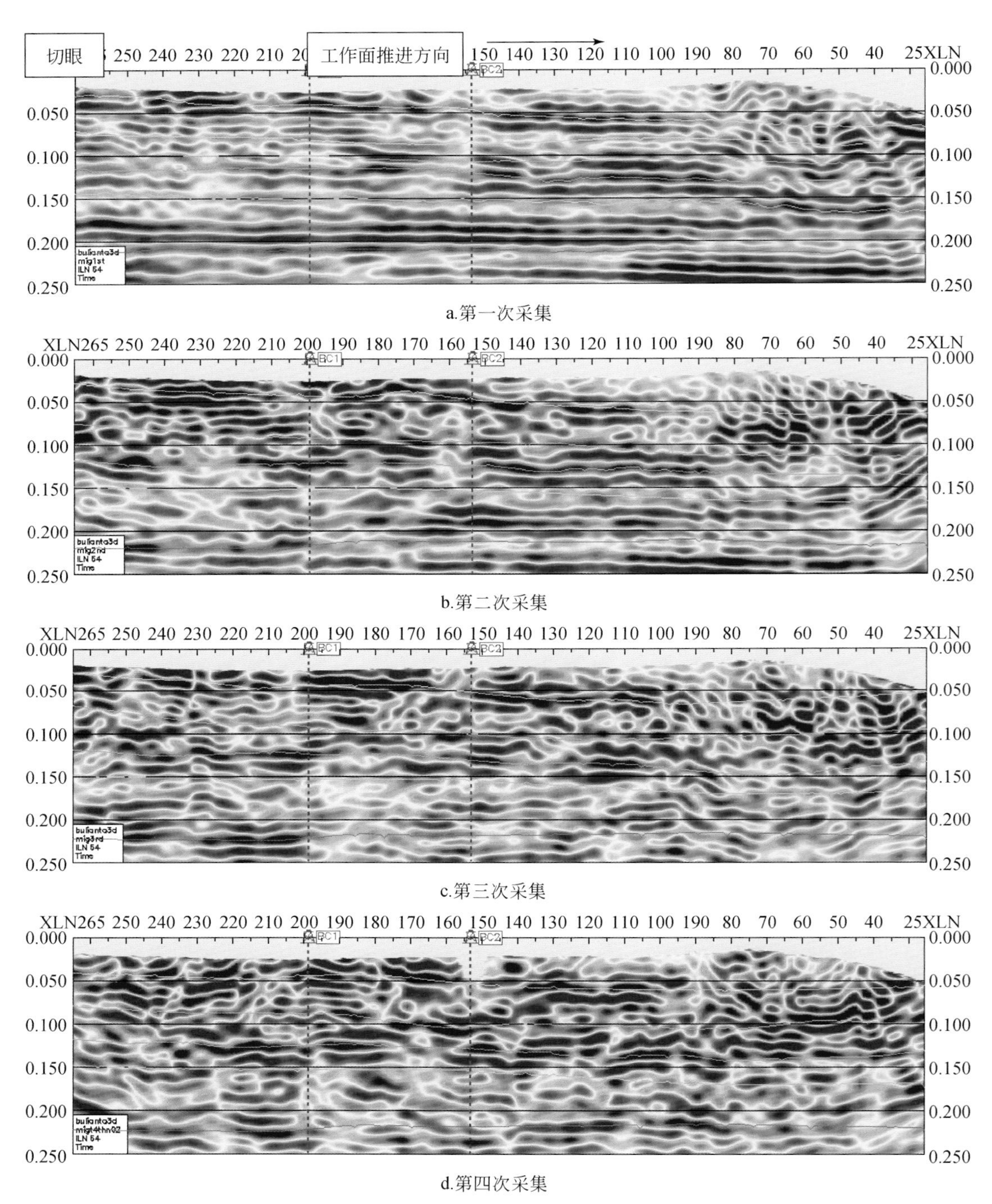

a.第一次采集

b.第二次采集

c.第三次采集

d.第四次采集

图 2.39　12408 工作面纵测线地震剖面（ILN64）

以看到，地震剖面反射波同相轴比较连续，反射波能量较稳定。处于 12408 工作面的地震数据由于地震覆盖次数处于渐减带区域，因此地震数据质量受到一定影响。

对研究区西北部横向地震剖面226线（图2.40）分析发现，受1^{-2}煤层开采影响，具有如下特点：

（1）在第一次数据采集时，12406工作面1^{-2}煤层距切眼开采时间已过7个多月，1^{-2}煤层开采后，采空区周围原岩应力平衡状态受到破坏，从而引起上覆岩层的变形、破坏和移动（图2.40a）。在远离12406工作面煤柱的区域，上覆岩体因煤层采动卸压破坏，岩层

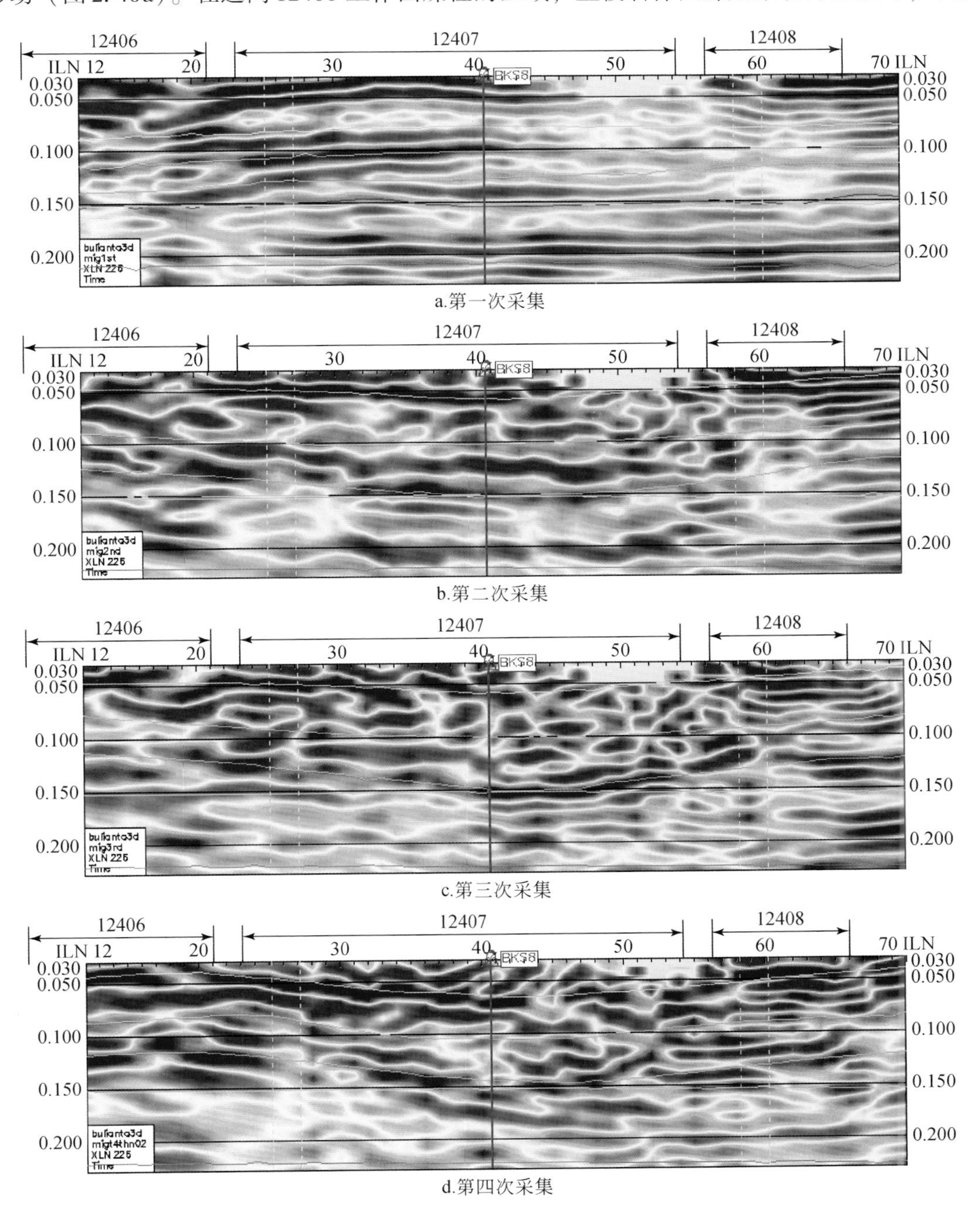

a.第一次采集

b.第二次采集

c.第三次采集

d.第四次采集

图2.40　横测线地震剖面（XLN226）

下沉，在地震剖面上地震反射波出现下弯现象，由于地层沉降后地层疏松，地震波传播时易被吸收，地震剖面能量减弱，频率降低。由于垮落破碎岩体的支撑作用，上覆岩层的破坏程度减弱，表现为下部地层塌陷大，上部地层塌陷小，塌陷破裂角度约为 60°。在 12406 工作面和 12407 工作面煤柱位置，岩体处于支撑应力区，工作面顶板下沉量小。在 12407 工作面和 12408 工作面的 1^{-2}煤层尚未开采，该区内的上覆岩体处于原岩应力状态，煤层及其上覆地层地震波同相轴连续，反射波振幅较强。

（2）第二次地震采集时，12406 工作面 1^{-2}煤层距切眼开采时间超过 11 个月，1^{-2}煤层上覆岩层经历了 11 个月的沉降，得到了很好的压实，岩体应力得到一定恢复，上覆岩层地震波同相轴虽然频率较低，但连续性有所增强；12407 工作面 1^{-2}煤层距切眼开采时间约为 2 个月，1^{-2}煤层采空后，上覆岩层卸压破坏，12407 工作面采空区中部，上覆岩体下沉量最大，向地面方向，下沉量逐渐减小，上覆岩层的下沉弯曲与地表的下沉曲线基本相似，该区处于卸压应力区；在 12407 工作面和 12408 工作面煤柱位置，由于垮落破碎岩体的支撑作用，上覆岩层的破坏程度减弱，表现为下部地层塌陷大，上部地层塌陷小，塌陷破裂角度约为 60°，该区域岩层受到应力支撑作用；12408 工作面煤层未开采，煤层及其上覆地层地震波同相轴连续，振幅较强，该区域岩层处于原岩应力区。

（3）第三次地震采集时，12406 工作面 1^{-2}煤层距切眼开采时间超过 13 个月，12407 工作面 1^{-2}煤层距切眼开采时间约 4 个月。第四次地震采集时，12406 工作面 1^{-2}煤层距切眼开采时间超过 17 个月，12407 工作面 1^{-2}煤层距切眼开采时间约 8 个月。

（4）从第三次和第四次地震剖面看，12406 工作面、12407 工作面和 12408 工作面内的剖面形态与第二次没有太大的区别，相比之下，第四次地震剖面地震波同相轴连续性更好一些，其原因是上覆地层经历了更长时间压实，岩体应力得到恢复，使得岩体反射波能量增强，该区处于应力恢复区。

对东南部横向地震剖面 98 线（图 2. 41）研究发现，采动覆岩受 1^{-2}煤层开采影响具有如下特点：

（1）在第一次数据采集时，12406 工作面 1^{-2}煤层距切眼开采时间已过 7 个多月，第二次地震采集时，12406 工作面 1^{-2}煤层距切眼开采时间超过 11 个月。1^{-2}煤层开采后，采空区周围原岩应力平衡状态受到破坏，使得应力重新分配，从而引起上覆岩层的变形、破坏和移动；在远离 12406 工作面煤柱的区域，上覆岩体因煤层采动卸压破坏，岩层下沉，在地震剖面上地震反射波出现下弯现象。由于破碎岩体的支撑作用，上覆岩层的破坏程度减弱，表现为下部地层塌陷大，上部地层塌陷小，工作面方向的塌陷破裂角度约为 60°；在 12406 工作面和 12407 工作面煤柱位置，岩体处于支撑应力区，工作面顶板下沉量小；在 12407 工作面和 12408 工作面的 1^{-2}煤层尚未开采，该区内的上覆岩体处于原岩应力状态，煤层及其上覆地层地震波同相轴连续，反射波振幅较强。

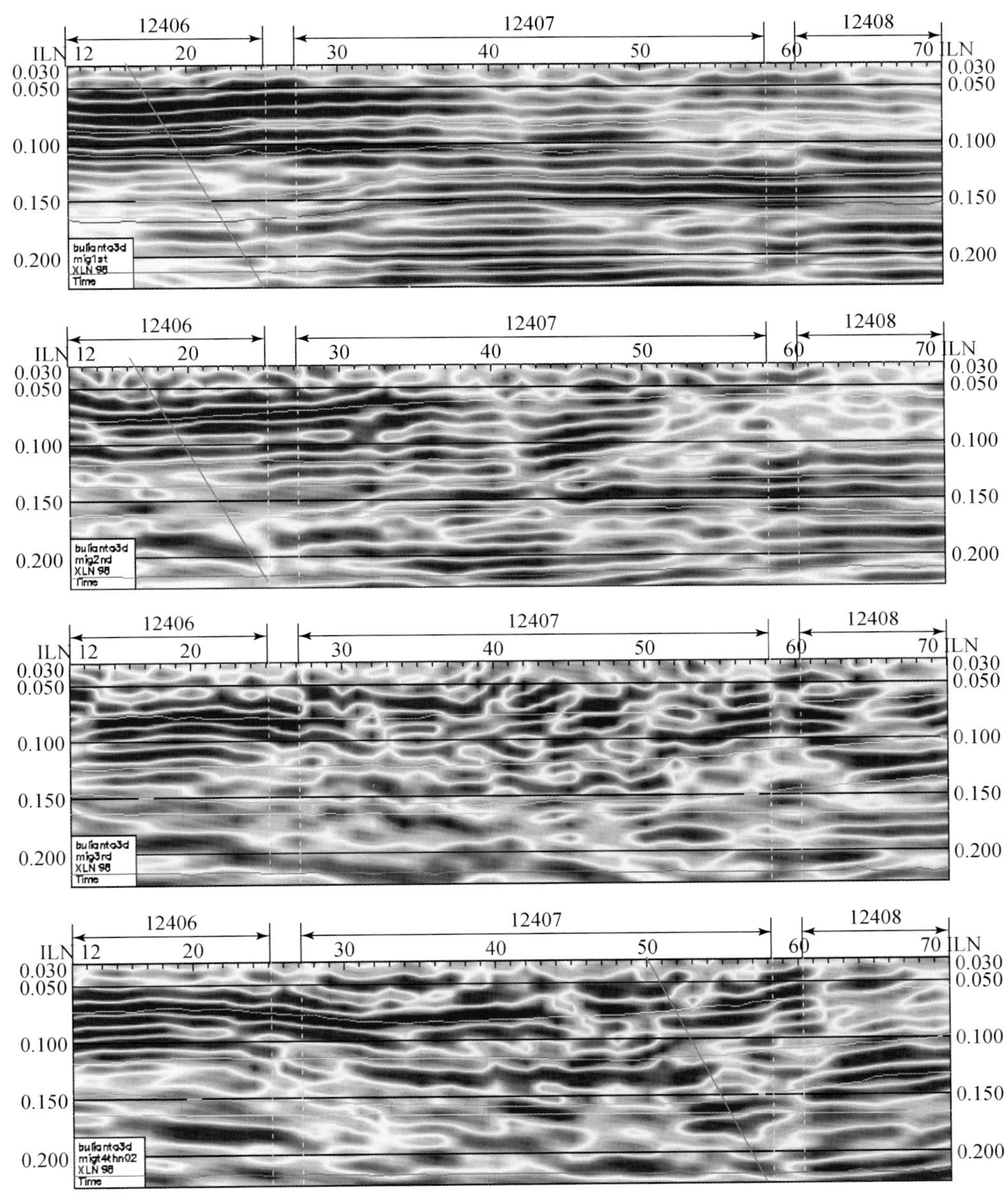

图 2.41　横测线地震剖面（XLN98）

（2）第三次地震采集时，12406 工作面 1^{-2} 煤层距切眼开采时间超过 13 个月，12407 工作面 1^{-2} 煤层距切眼开采时间约 4 个月。第四次地震采集时，12406 工作面 1^{-2} 煤层距切眼开采时间超过 17 个月，12407 工作面 1^{-2} 煤层距切眼开采时间约 8 个月；在 12406 工作面，1^{-2} 煤层上覆岩层经历了长时间的沉降，得到了很好的压实，岩体应力得到恢复，上覆岩层地震波同相轴连续性有所增强；12407 工作面 1^{-2} 煤层采空后，上覆岩层卸压破坏，12407 工作面采空区中部，上覆岩体下沉量最大，向地面方向，下沉量逐渐减小，上覆岩层下沉曲线与地表下沉曲线基本相似。靠近煤柱的部位，由于煤柱的支撑作用，上覆岩层下沉量较小。在12407工作面和12408工作面煤柱位置，由于破碎岩体的支撑作用，上覆岩层的破坏程度减弱，表现为下部地层塌陷大，上部地层塌陷小，塌陷破裂角度约为60°；12408工作面煤层未开采，煤层及其上覆地层地震波同相轴连续，振幅较强。

（3）从第三次和第四次地震剖面看，12406工作面、12407工作面和12408工作面内的剖面形态与第二次没有太大的区别，相比之下，第四次地震剖面地震波同相轴连续性更好，表明上覆地层经历了更长时间压实，岩体应力得到恢复，岩体反射波能量增强。

综上所述，煤层未采之前，上覆岩层处于原岩应力区，地层反射波同相轴连续；1^{-2}煤层开采之后出现支撑应力区，上覆地层出现塌陷破裂，破裂角在60°左右，之后过渡到卸压应力区，上覆岩体下沉量大，向地面方向，下沉量逐渐减小，采空区经压实后，应力得到恢复，岩体反射波能量增强。

2. *不同地层的地震时移特性差异分析*

地震层面差异分析包括不同开采时期的地层垂向差异分析和横向差异分析。根据钻孔及测井资料得知，1^{-2}煤层上覆地层以砂岩、泥岩及砂质泥岩为主，在地震剖面上，位于第四系地层之下的砂泥岩地层和位于1^{-2}煤层之上的中砂岩层在地震剖面上有较好的反射层。因此在分析地层由浅入深的变化时，主要以第四系底界、砂泥岩地层、中砂岩层和1^{-2}煤层为目标（图2.42）。

（1）第一次数据采集时，位于12406工作面中的1^{-2}煤层全部采完，12407工作面和12408工作面1^{-2}煤层未开采。

根据第一次地震数据体，可获得1^{-2}煤层及其上覆主要地层的时间切片（图2.42）和振幅切片（图2.43a、图2.44a、图2.45a和图2.46a）。从时间切片上看，12406工作面的1^{-2}煤层开采后，第四系底界、砂泥岩地层和中砂岩层均受到1^{-2}煤层采空的影响，以12406工作面和12407工作面之间的煤柱为参考，可以看到从1^{-2}煤层上覆地层向第四系方向，岩层塌陷范围逐渐减小，沉降量逐渐变小。根据振幅切片（图2.43a），1^{-2}煤层采空后，地震振幅明显减弱，而其上覆中砂岩层受到煤层采空的影响，振幅变弱。

（2）第二次采集时，12406工作面中的1^{-2}煤层全部采完，12407工作面靠近中部以北的1^{-2}煤层采完，以南的1^{-2}煤层未采，12408工作面1^{-2}煤层未开采。

从时间切片（图2.42b）上看，12406工作面和12407工作面的1^{-2}煤层开采后，1^{-2}煤层上部的中砂岩层受煤层采空影响最大，沉降严重，泥质砂岩层和第四系底界也出现沉降，但沉降量要比中砂岩层小。从振幅切片（图2.44a）上看，泥质砂岩层振幅明显减弱。

（3）第三次采集时，12406和12407工作面的1^{-2}煤层均全部采完，12408工作面1^{-2}煤层未开采。

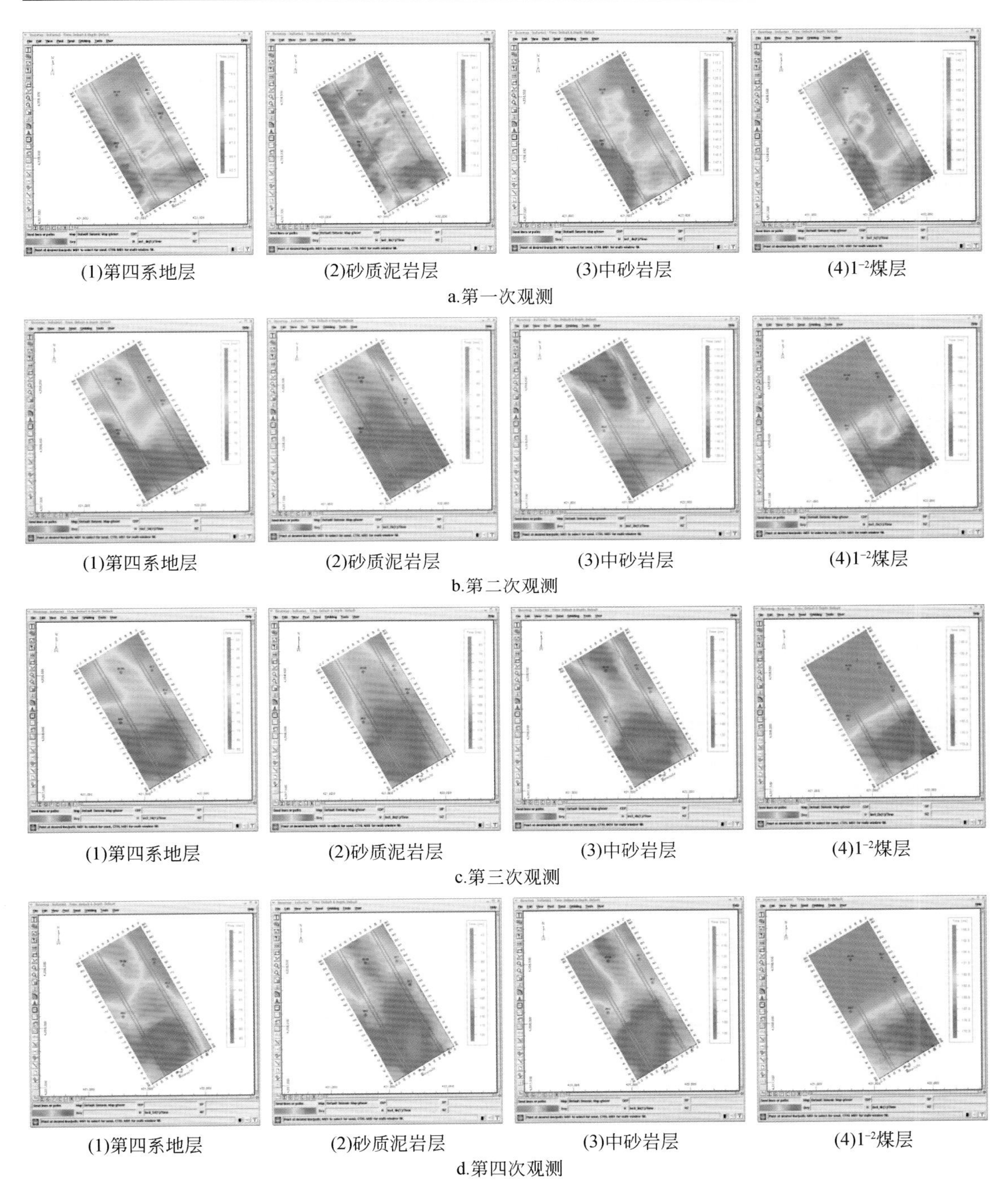

(1)第四系地层　(2)砂质泥岩层　(3)中砂岩层　(4)1^{-2}煤层

a.第一次观测

(1)第四系地层　(2)砂质泥岩层　(3)中砂岩层　(4)1^{-2}煤层

b.第二次观测

(1)第四系地层　(2)砂质泥岩层　(3)中砂岩层　(4)1^{-2}煤层

c.第三次观测

(1)第四系地层　(2)砂质泥岩层　(3)中砂岩层　(4)1^{-2}煤层

d.第四次观测

图 2.42　第一次采集1^{-2}煤层及其上覆地层层位由浅至深的时间变化

从第三次采集的时间切片（图2.42c）上看，12407工作面的1^{-2}煤层开采后，第四系底界、砂泥岩地层和中砂岩层均受到1^{-2}煤层采空的影响，1^{-2}煤层上覆地层向第四系方向，岩层塌陷范围逐渐减小，沉降量逐渐变小，北部岩层的沉降量要大于南部。根据振幅切片（图2.45a），12407工作面的1^{-2}煤层采空后，地震振幅明显减弱，其上覆中砂岩层受到煤层采空的影响最大，振幅变弱。

（4）第四次采集时，12406 和 12407 工作面的 1^{-2} 煤层均全部采完，且趋近于稳定一段时间，12408 工作面 1^{-2} 煤层未开采。从第四次采集的时间切片（图 2.42d）和振幅切片（图 2.46a）上看，12407 工作面的 1^{-2} 煤层开采后，第四系底界、砂泥岩地层和中砂岩层均受到 1^{-2} 煤层采空的影响，1^{-2} 煤层上覆地层向第四系方向，岩层塌陷范围逐渐减小，沉降量逐渐变小。和第三次采集的振幅切片相比，第四系底界、砂泥岩地层和中砂岩层的振幅均明显加强，说明上覆地层经历了更长时间压实后，岩体应力得到恢复，地震反射能量增强。

3. 不同地层的时移振幅及相干性差异分析

根据四次采集的数据体，得到沿层相干切片和振幅切片（图 2.43 ~ 图 2.46），由此可以观测随 1^{-2} 煤层开采情况变化，1^{-2} 煤层上覆中砂岩层、砂泥岩地层和第四系底界等地层的变化规律。其中：

（1）1^{-2} 煤层（图 2.43）。第一次采集时，12406 工作面 1^{-2} 煤层采空后，振幅减弱，不连续性增强，12406 采空区反映清晰，在未开采的 12407 和 12408 工作面内，振幅较强，连续性增强；第二次采集时，12407 工作面已推进到研究区一半的位置，12406 工作面、12407 工作面 1^{-2} 煤煤层采空区，振幅切片上表现为弱振幅，相干切片上表现为较强的不连续，采空区边界清晰，12407 和 12408 工作面未开采区域，振幅较强，连续性较好；第三次采集和第四次采集时，12406 和 12407 工作面内的 1^{-2} 煤层全部采空，在地震振幅切片上采空区表现为弱振幅，在相干切片上表现为明显的不连续性，12408 工作面 1^{-2} 煤层尚未开采，与第一次采集和第二次采集的数据相比，振幅和连续性减弱。

从不同时间采集的 1^{-2} 煤层沿层相干切片比较可见，1^{-2} 煤层开采后，采空区内的地层受采动影响，发育着两组裂隙，一组是垂直工作面推进方向的裂隙，即西南-东北向，为主要的采动裂隙，另一组是平行工作面推进方向的裂隙，即西北-东南向，是次要的采动裂隙。

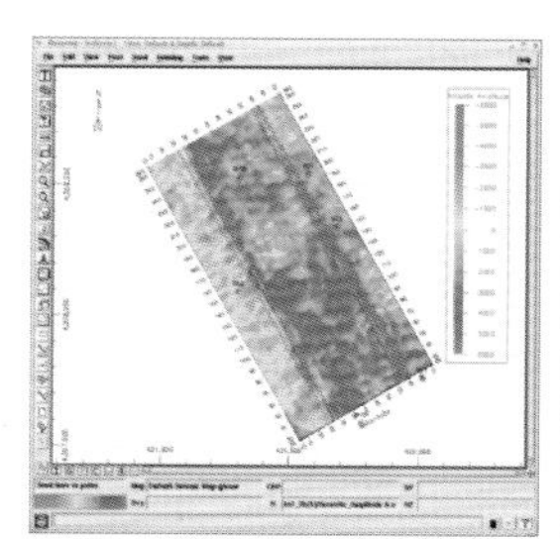
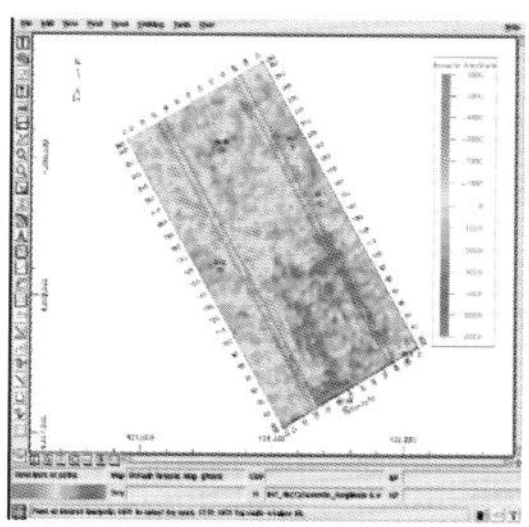
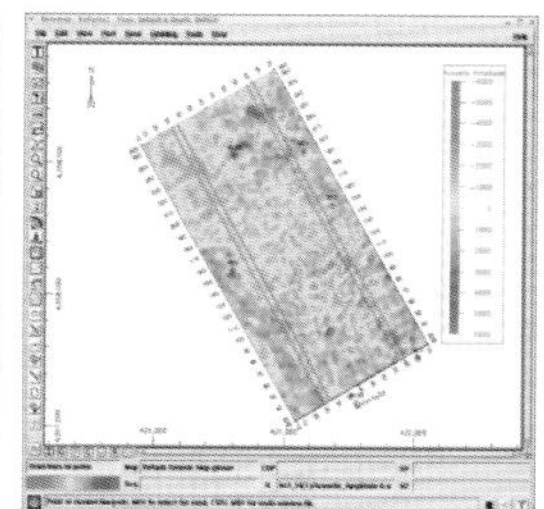
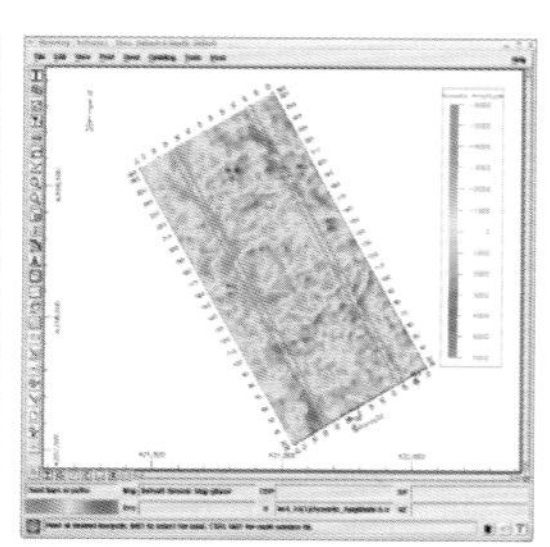

a.振幅切片(1次、2次、3次、4次)

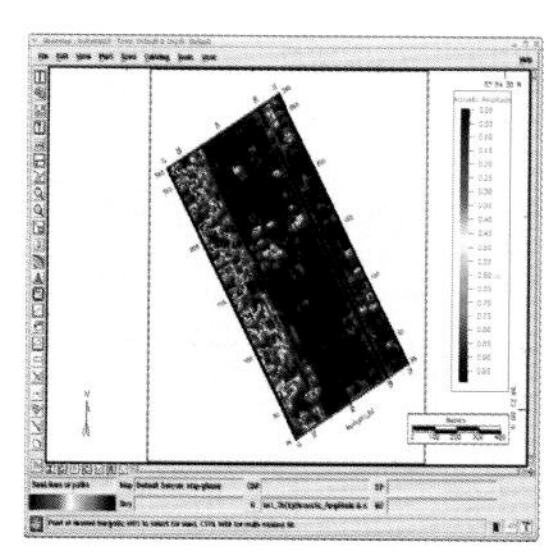
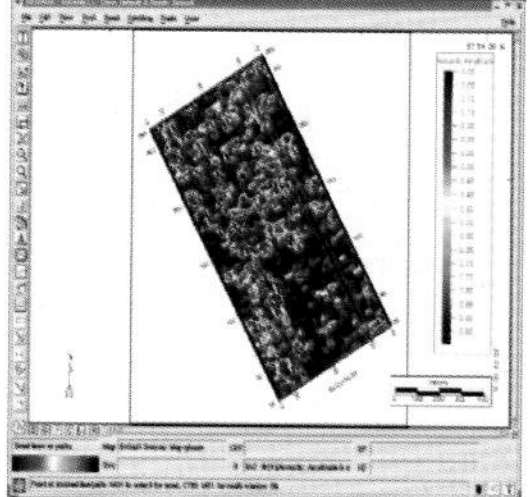
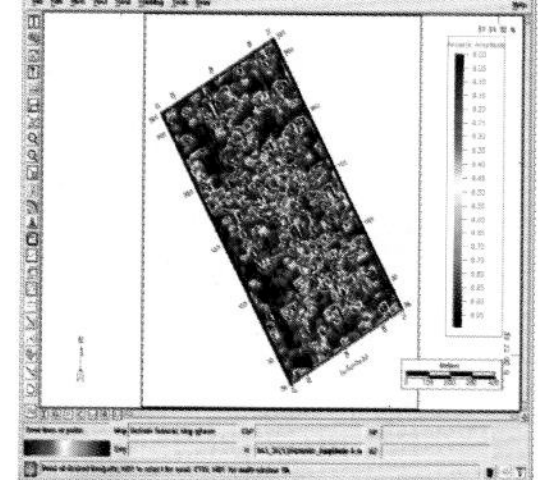
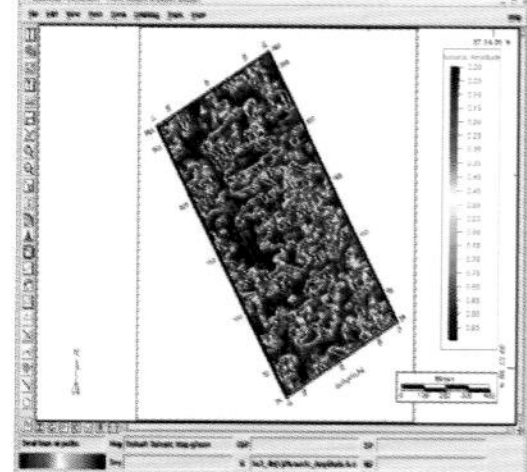

b.相干切片(1次、2次、3次、4次)

图 2.43　四次采集数据体的 1^{-2} 煤层振幅切片和相干切片

（2）1^{-2}煤层上覆中砂岩层（图2.44）。第一次采集时，在相干切片上，北部的不相干性要明显强于南部，表明中砂岩层北部的裂隙要比南部发育，其裂隙方向主要为西南-东北向和西北-东南向；第二次采集时，12407工作面上方中砂岩层采动裂隙较12406和12408工作面发育，这主要是由于12406煤层采空后得到了一定时间的沉降，经过压实作用，裂隙减小，而12408工作面还未开采，因此上覆砂岩未出现采动裂隙；第三次、第四次采集时，12407工作面1^{-2}煤层全部采空，中砂岩层采动裂隙明显。对比第三次和第四次采集的切片，可以发现，第四次采集的中砂岩层在12406工作面区域振幅增强、不相干性减弱，表明采空区经过一定沉降后，中砂岩层得到压实，地震反射能量增强。

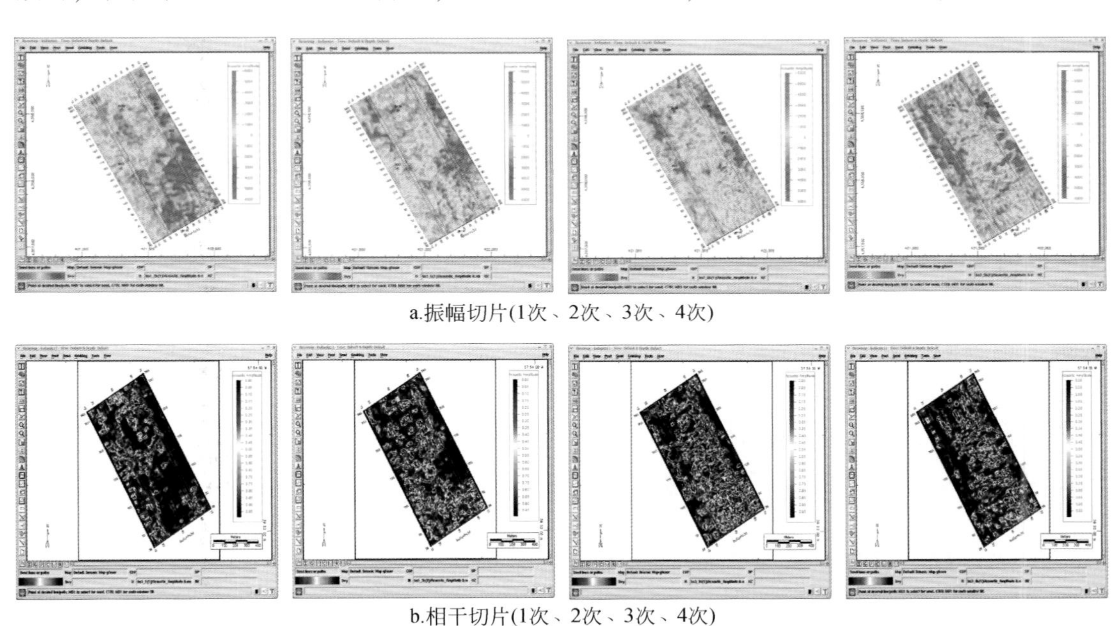

a.振幅切片(1次、2次、3次、4次)

b.相干切片(1次、2次、3次、4次)

图2.44　中砂岩层时间切片和振幅切片

（3）砂质泥岩层。图2.45为不同时间采集的1^{-2}煤层上覆砂质泥岩层振幅切片和相干切片，可见，第一次采集的砂质泥岩层，12407工作面的裂隙不发育，第二次采集的砂质泥岩层裂隙比第一次发育，第三次采集的砂质泥岩层裂隙最发育，第四次采集的砂质泥岩层在12406工作面不发育，而在其他区域裂隙比较发育。比较各相干切片可见，砂质泥岩层裂隙仍以西南-东北向和西北-东南向为主。

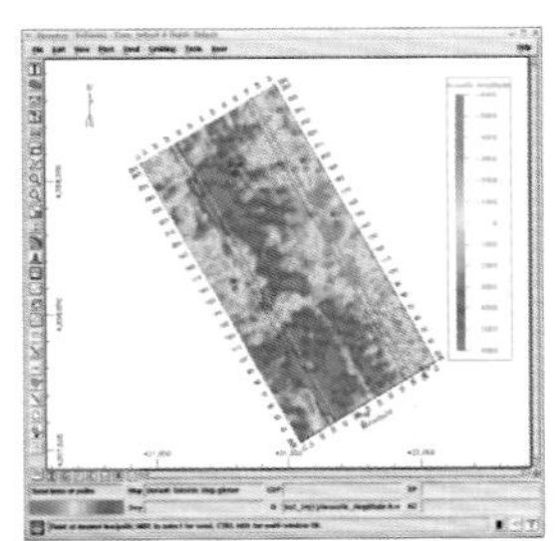
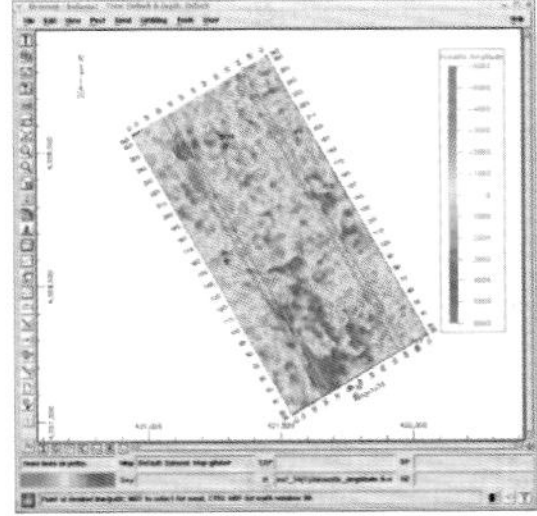
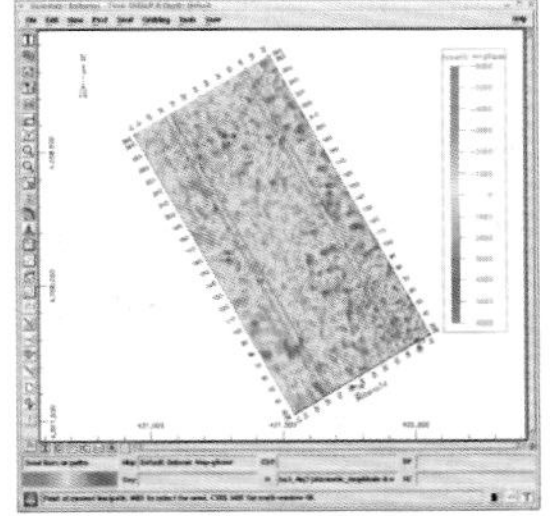
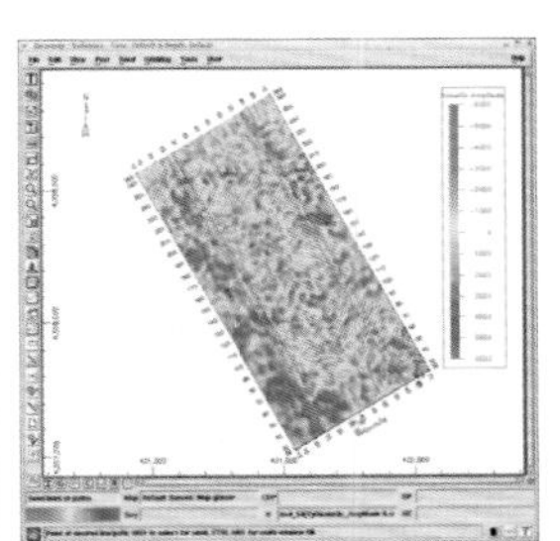

a.振幅切片(1次、2次、3次、4次)

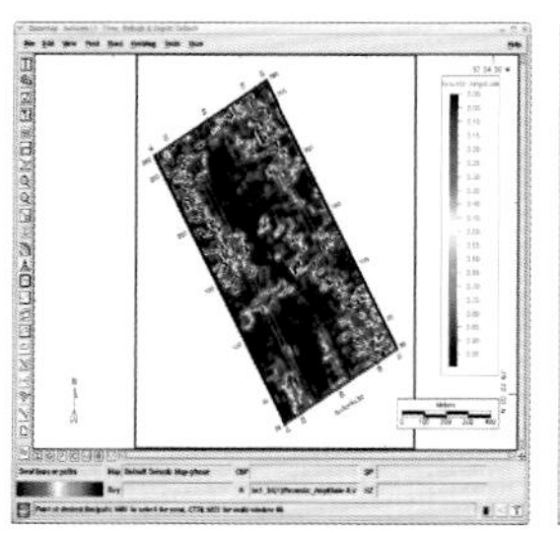
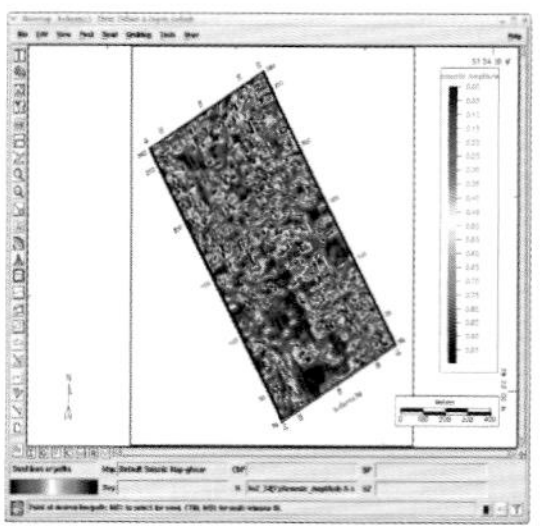
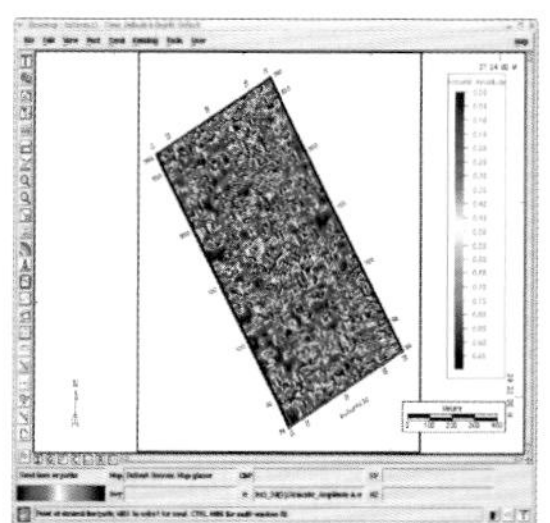
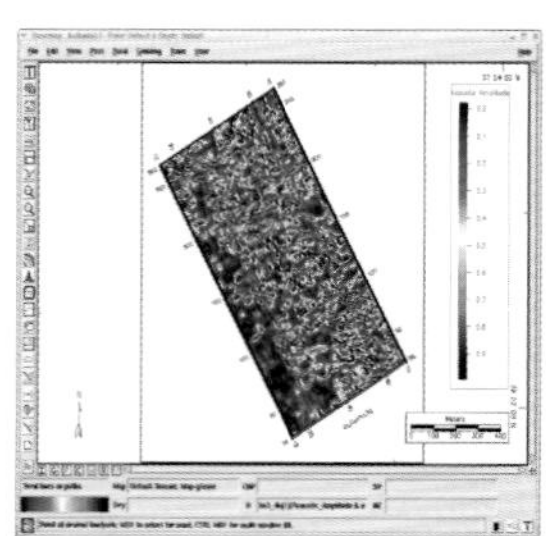

b.相干切片(1次、2次、3次、4次)

图 2. 45　砂质泥岩层时间切片和振幅切片

(4) 第四系底界。图 2. 46 为不同时间采集的第四系底界的振幅切片和相干切片。由图可见，第一次采集时，第四系底界东南角不相干性很强，说明裂隙发育，这可能与研究区补连沟有水有关。第二次采集时，北部和东南角不相干性强，说明裂隙发育。第三次和第四次采集时，12407 工作面振幅变弱，不相干性增强，说明第四系底界受工作面 1^{-2}煤层采空的影响，出现采动裂隙，12406 工作面在第四次采集时，地震反射振幅增强，不相干性减弱，说明煤层采空区后，经过长时间压实后，第四系新地层已得到恢复。各相干切片比较可以发现，第四系底界裂隙以西南-东北向为主。

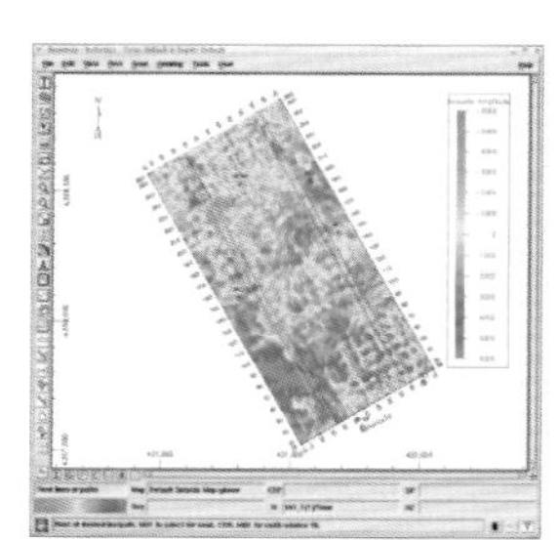
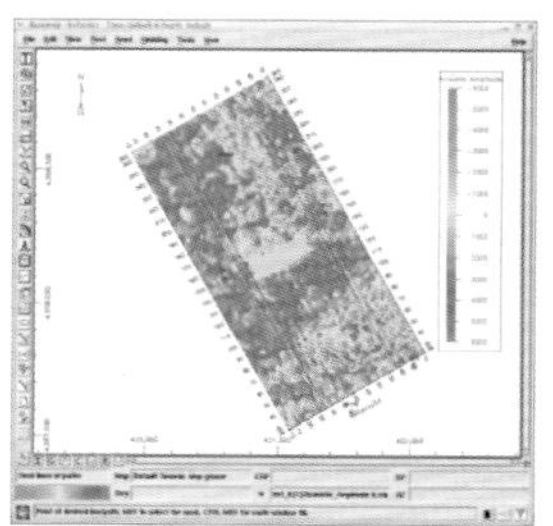
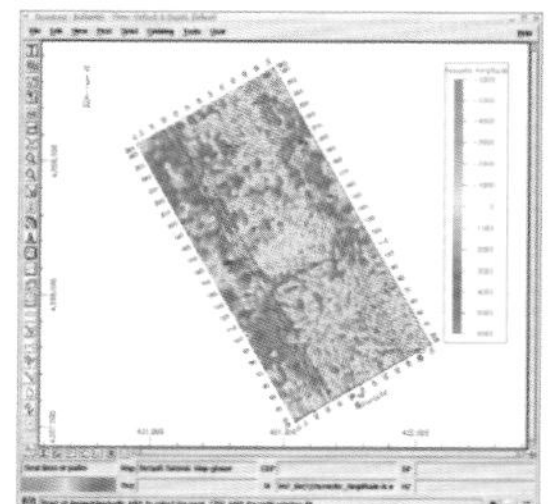
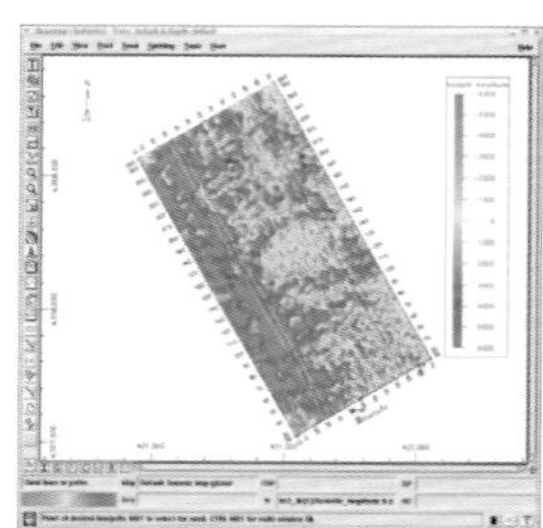

a.振幅切片(1次、2次、3次、4次)

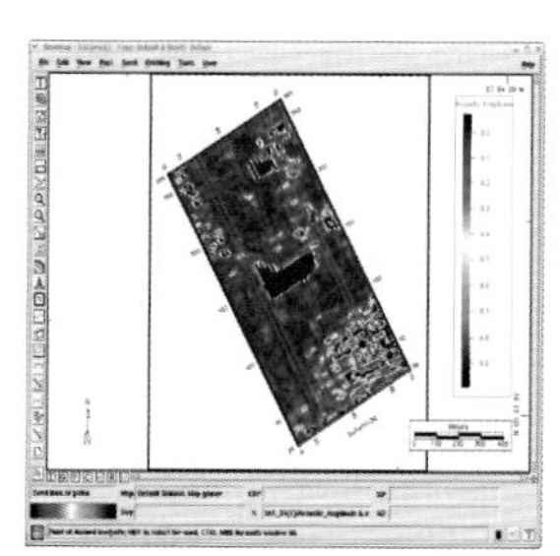
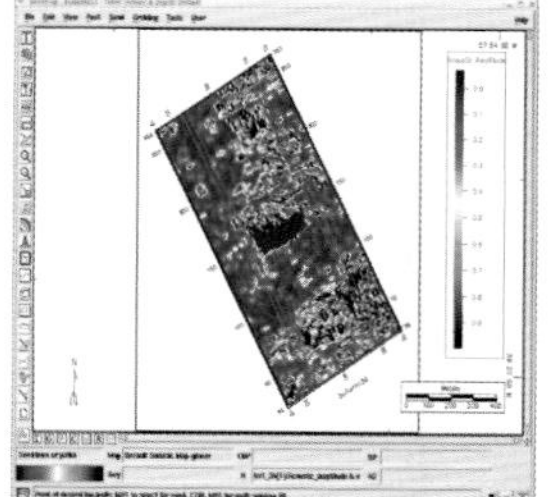
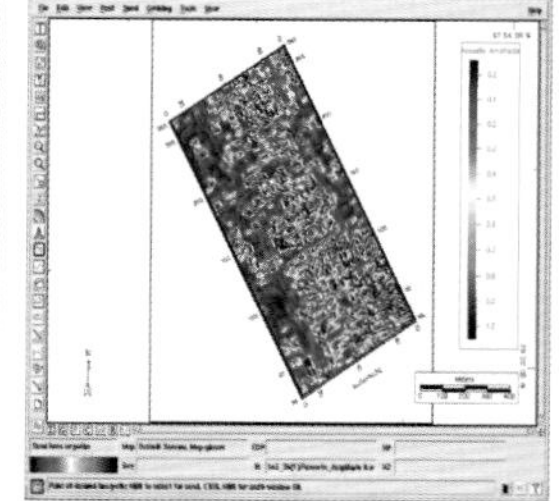
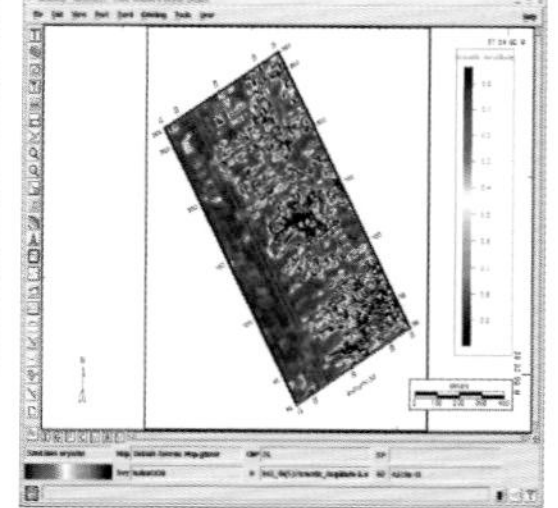

b.相干切片(1次、2次、3次、4次)

图 2. 46　第四系底界时间切片和振幅切片

综合上述地震剖面和层面差异分析表明，1^{-2}煤层采动后，煤层上覆岩层垂向形成近煤层的断裂带和顶部第四系岩层的弯曲下沉带；煤层上覆岩层从顶板向第四系方向，岩层沉降幅度逐渐减小，沉降量逐渐变小，在工作面一端，破裂角约为 60°，采空区中部的上覆岩体下沉量最大；覆岩经过 4 个月压实，地震振幅逐步增强，同相轴连续性变好；采后煤层上覆岩层受采动影响，出现两组采动裂隙：一组是垂直工作面推进方向的裂隙，也是主要发育的采动裂隙，另一组是平行工作面推进方向的裂隙，是次要采动裂隙。

研究表明，采动煤层覆岩在采前地震波能量强，同相轴连续；采后由于采动覆岩地层出现弯曲下沉并形成破碎带，向新地层方向的同相轴基本连续；采后采动覆岩经过一段时间沉降后，地震反射波能量得到一定恢复，同相轴连续性增强。

2.3　现代开采工作面采动覆岩结构变化分析

采动覆岩结构变化是三维地震数据体异常形成的主要原因。通过三维可视化对地震数据体振幅和相干性等时移变化分析，对比开采不同阶段地震能量、连续性和地层产状的变化，揭示煤层开采前、开采中和开采后煤系地层结构变化。

2.3.1　开采前煤层覆岩地震响应特征

1^{-2}煤层是研究区的主采煤层，观测区域涉及12406～12408三个开采工作面。根据前述资料得知，其埋深为-200～-140m，东南角最浅，西北角最深，煤层倾角1°～3°，近于水平。第一次地震采集时12406工作面已经回采结束，12407工作面尚未回采，而12408工作面中四次观测期间一直未采。

（1）在第一次采集的三维地震振幅数据体（图2.47a）上，12406工作面区域的振幅明显变弱，煤层上覆地层反射同相轴能量减弱，12407和12408工作面煤层与其顶板砂岩形成良好的波阻抗界面，显示地震波能量强和同相轴连续，真实地反映了煤层及覆岩在采前未受任何破坏的原生状态；在第一次采集的三维数据体沿层振幅切片（图2.47b）上，12406工作面区域沿层振幅明显减弱，采空区边界清晰，而12407和12408工作面则反射振幅强，且其中的煤巷也有清晰的显示。

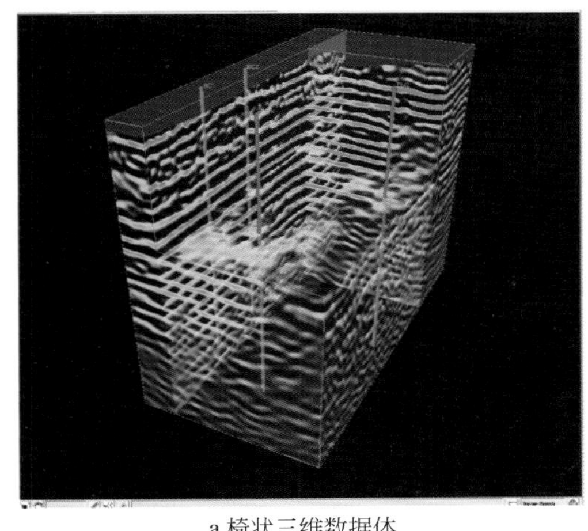

a.椅状三维数据体

b.1^{-2}煤层沿层振幅切片数据体

图2.47　第一次采集三维数据体和1^{-2}煤层沿层振幅切片数据体

（2）在第二次采集的三维数据体（图2.48a）上，12406工作面采过煤层形成采空区，振幅明显变弱，12407工作面回采至中部，数据体上可见明显的回采位置，回采区域的煤层上覆地层地震同相轴频率降低，能量减弱，连续性变差，而未回采区域的上覆地层同相轴连续，反射能量很强；而在三维数据体沿层振幅切片（图2.48b）上，12406和12407采空区沿层振幅变弱，采空区边界清晰，而12407未回采区域的煤层反射振幅强，且其中的煤巷也有清晰的显示，临近12407采空区的12408工作面，其振幅发生变化，说明12408工作面受到采动影响。

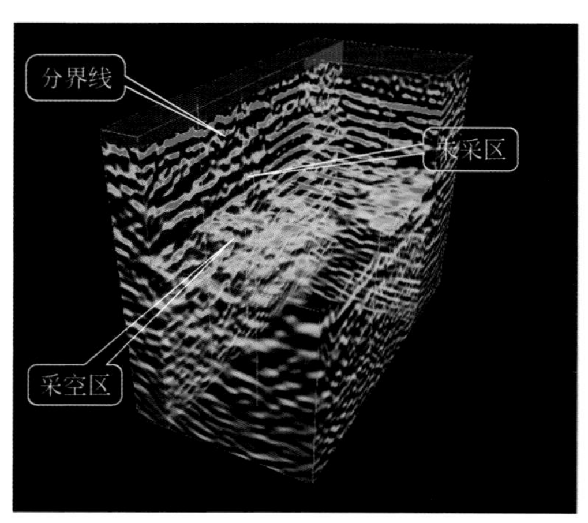

a.椅状显示三维地震数据体

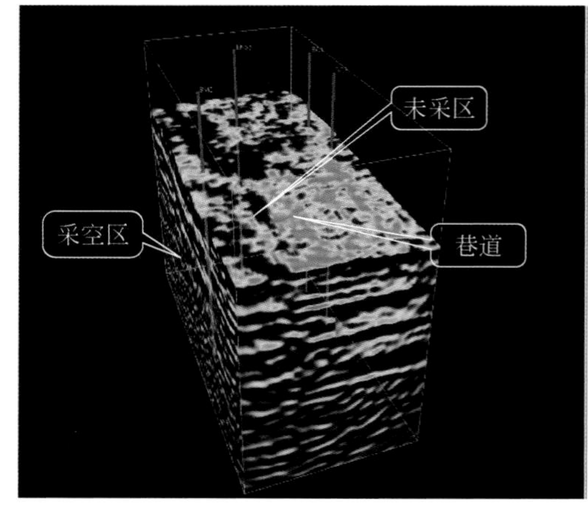

b.1^{-2}煤层沿层振幅切片数据体

图2.48　第二次采集的三维数据体

2.3.2　开采中采动覆岩地震响应特征

将第一次采集的三维数据体与该数据得到的相干体叠合显示（图2.49），从中可以看到，12406工作面采空后，因地层塌陷，上覆地层出现明显裂隙，塌陷破裂角度明显，沿层裂隙以西南-东北向为主，在12407和12408工作面，因煤层未采动，裂隙很少。

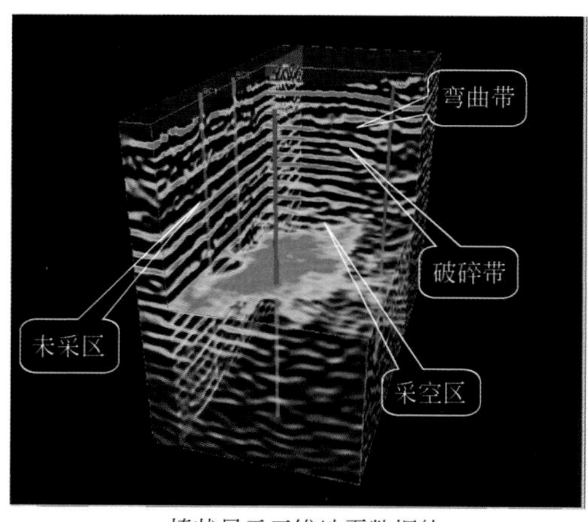

a.椅状显示三维地震数据体

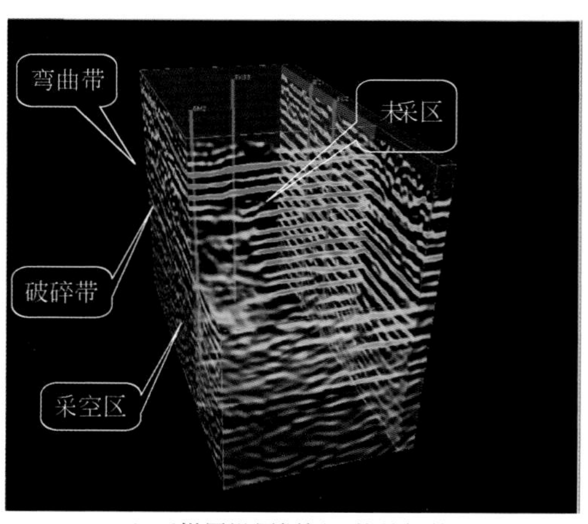

b.1^{-2}煤层沿层振幅切片数据体

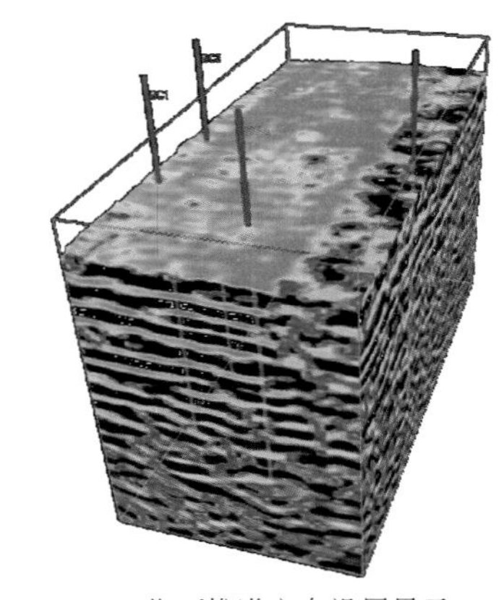
c.工作面推进方向沿层显示

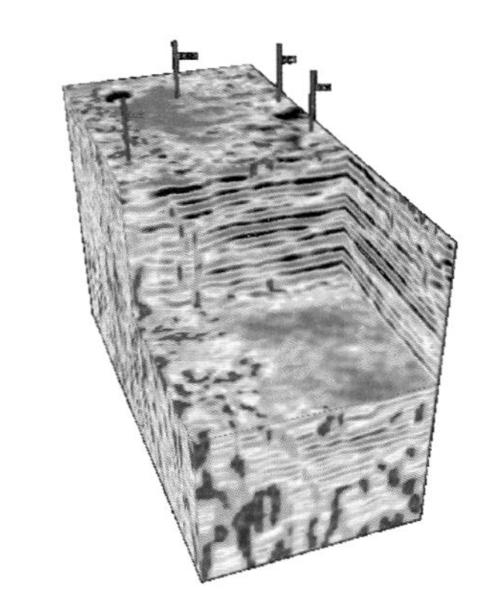
d.逆工作面推进方向显示

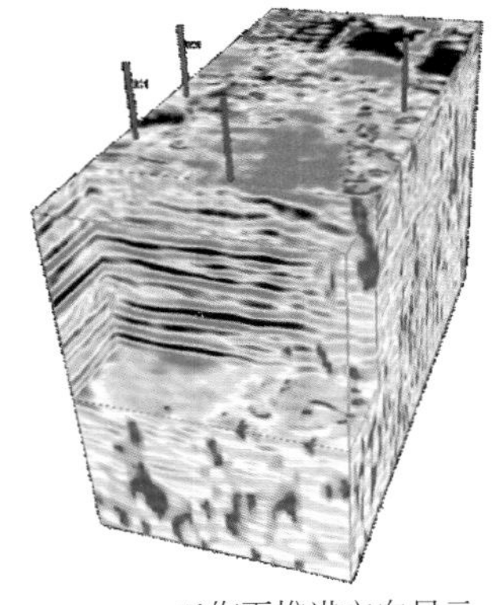
e.工作面推进方向显示

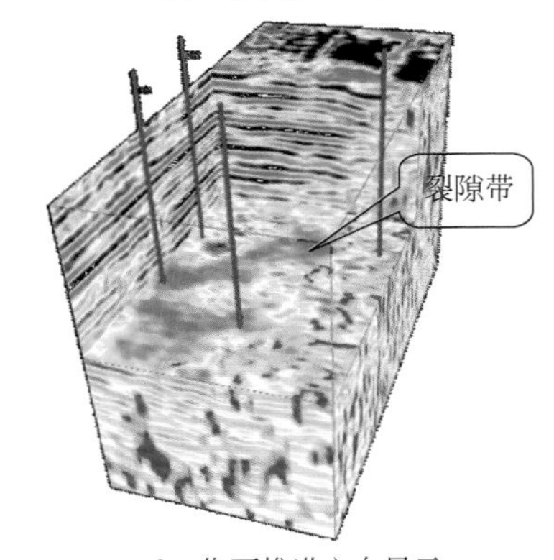

f.工作面推进方向显示

图 2.49　第一次采集的三维数据体及其相干体叠合显示

第二次数据采集时，12407 工作面 1^{-2}煤层采完一半，12407 工作面一半区域属于采空区，另一半区域为未采区。从三维地震数据体（图 2.50）上可以看到，煤层采空后，采空区边界清晰，上覆地层塌陷，下部地层塌陷范围大，上部塌陷小，形成破碎带，塌陷破裂角度约为 60°，向新地层方向，地层出现弯曲下沉带。

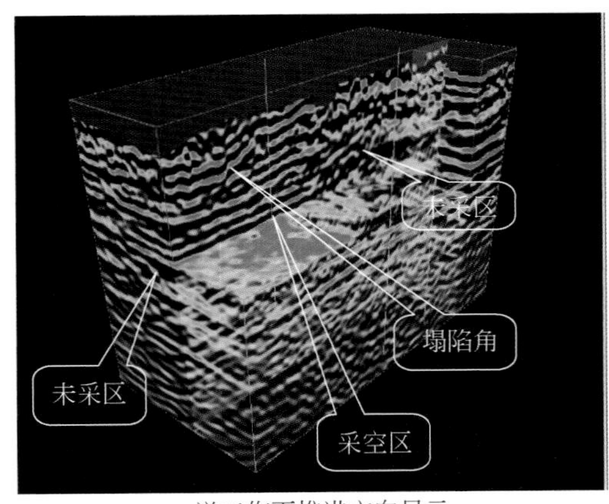

a.逆工作面推进方向显示

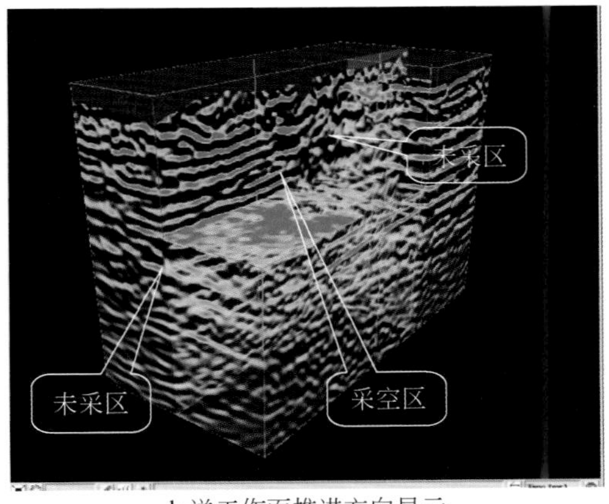

b.逆工作面推进方向显示

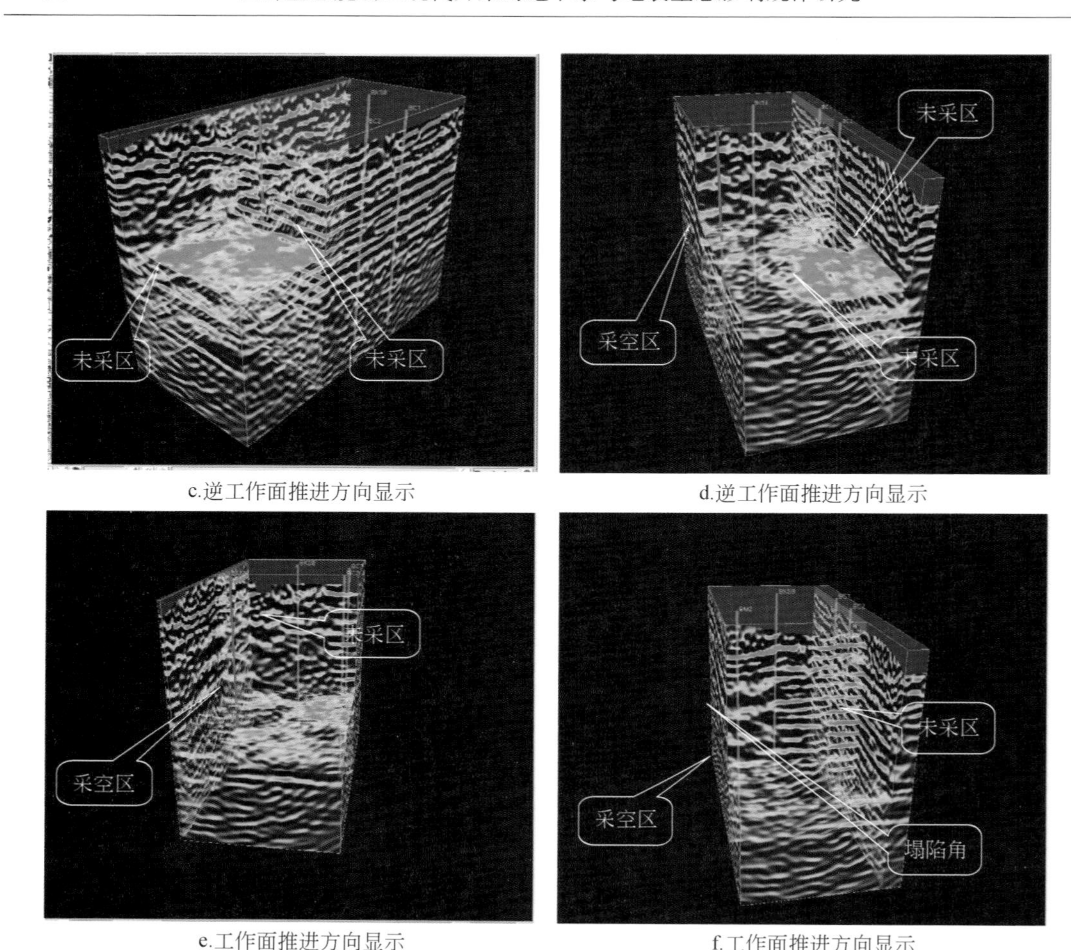

c.逆工作面推进方向显示

d.逆工作面推进方向显示

e.工作面推进方向显示

f.工作面推进方向显示

图 2.50 第二次采集的三维数据体及其相干体叠合显示

将第二次采集的三维数据体与该数据得到的相干体叠合显示（图 2.51）可以看到，12406 和 12407 工作面采空后，因地层塌陷，上覆地层出现明显裂隙，上部地层裂隙增多，塌陷破裂角度明显，在沿层切片上，采动裂隙清晰，主要是西南-东北向裂隙。在 12407 工作面未采区和 12408 工作面，裂隙不发育。

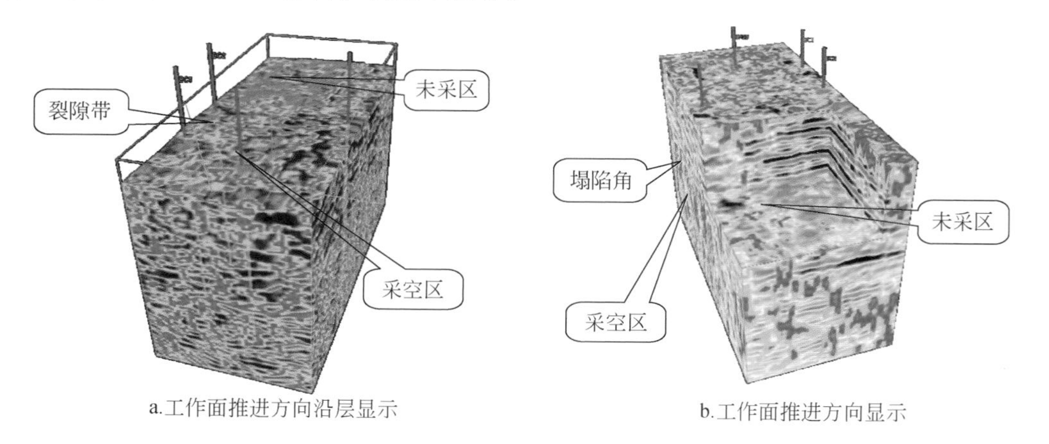

a.工作面推进方向沿层显示

b.工作面推进方向显示

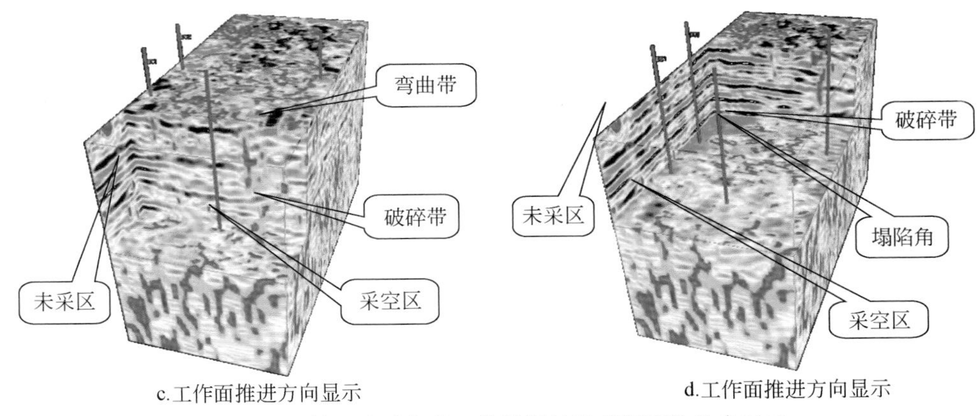

图 2.51　第二次采集的三维数据体及其相干体叠合显示

2.3.3　开采后采动覆岩地震响应特征

第三次和第四次数据采集时，12406 和 12407 工作面 1^{-2} 煤层回采结束，12408 工作面未采。在三维地震振幅数据体沿层切片（图 2.52a 和图 2.52b）上，12406、12407 采空区沿层振幅变弱，受 12407 采空区影响，12408 工作面振幅发生变化。

分析第三次和第四次三维地震数据体（图 2.52c ~ 图 2.52f）可见，12407 煤层采空后，上覆地层塌陷，采动覆岩形成破碎带，下部地层沉降量大，上部地层沉降量小，工作面中部位置下沉量最大，在工作面一方塌陷破裂角度约为 60°，向地表浅部地层方向，地层出现弯曲下沉带。未开采的 12408 工作面煤系地层同相轴连续性较好。

对比第三次和第四次三维地震数据体发现，第四次观测时煤系地层地震反射波信号能量得到恢复，同相轴连续性增强，其原因是 1^{-2} 煤层采空后，采动覆岩经过一段时间沉降压实，覆岩结构状态趋近于采前状态，且浅部覆岩层的趋近程度要优于近煤层顶板位置。

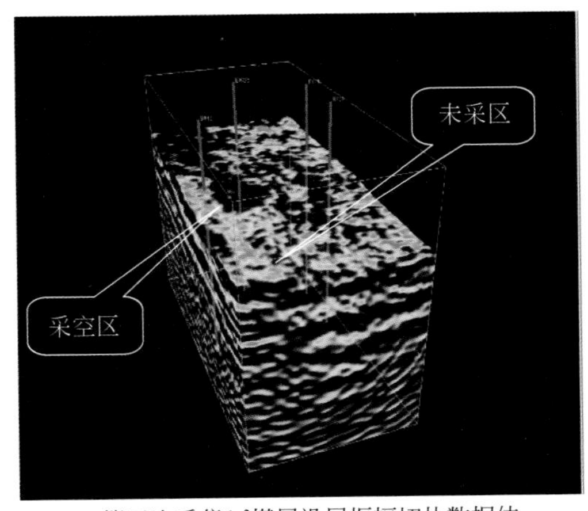

a.第三次采集 1^{-2} 煤层沿层振幅切片数据体

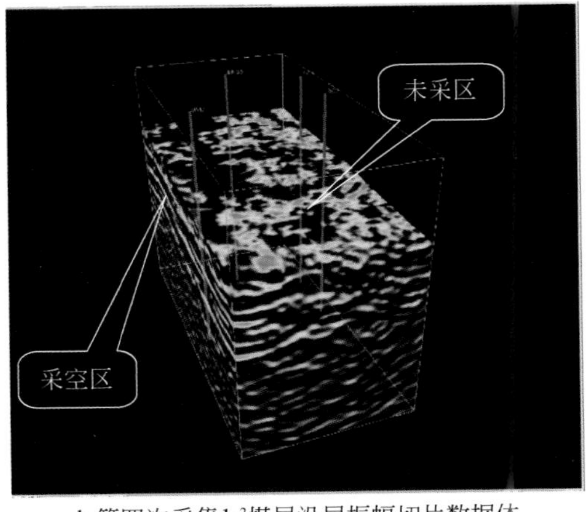

b.第四次采集 1^{-2} 煤层沿层振幅切片数据体

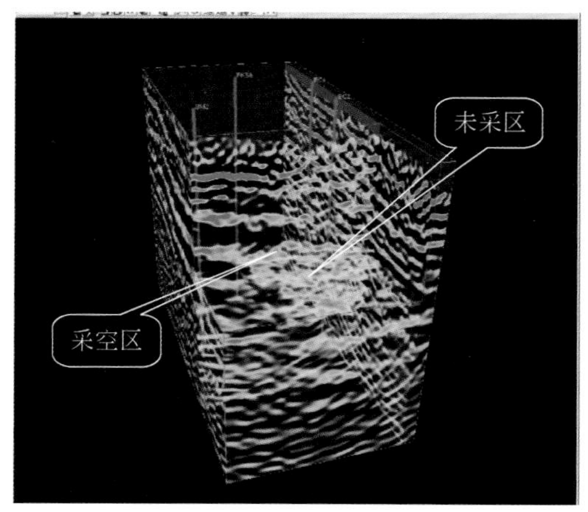

c.第三次采集逆工作面推进方向显示

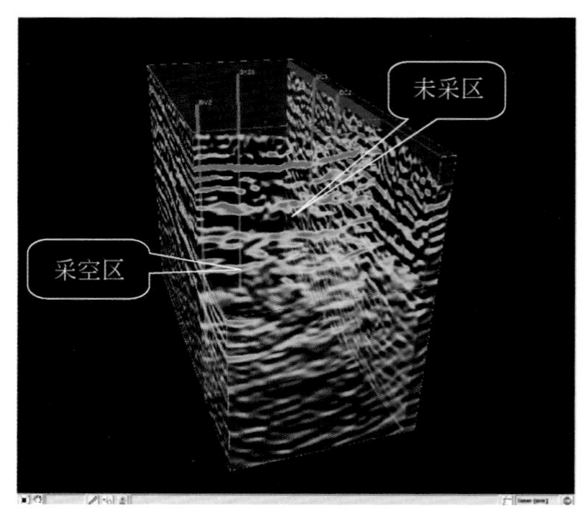

d.第四次采集逆工作面推进方向显示

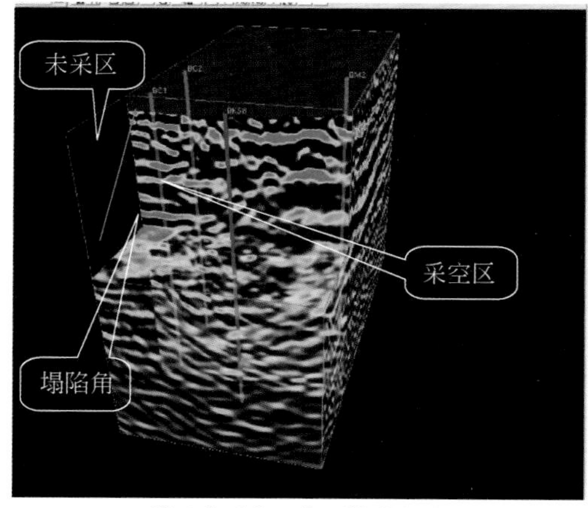

e.第三次采集工作面推进方向显示

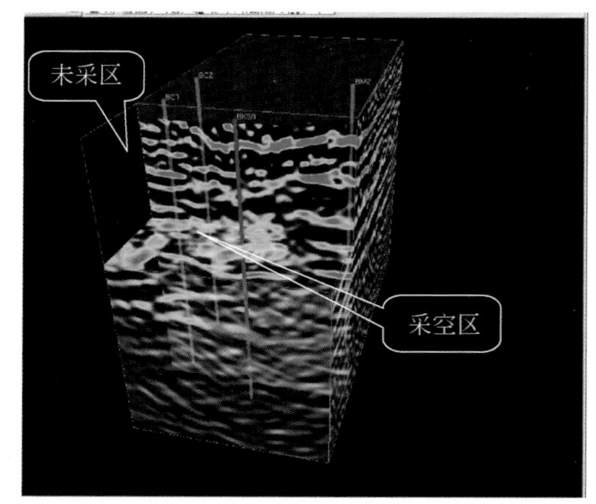

f.第四次采集工作面推进方向显示

图 2.52　开采后地震振幅三维数据体显示

在第三次和第四次叠合数据体上（如图 2.53）可见，12407 工作面采动裂隙发育，

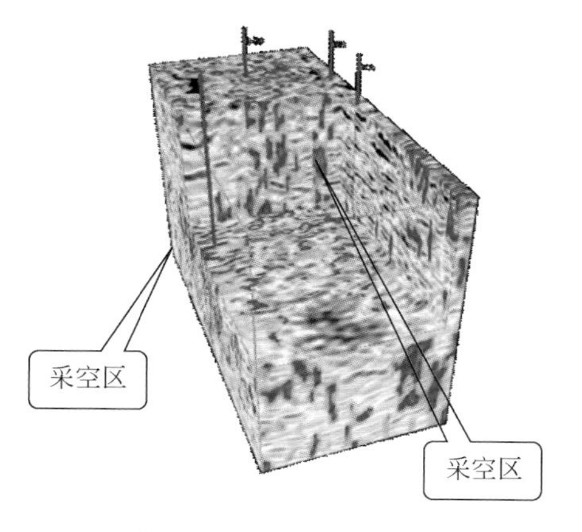

a.第三次逆工作面推进方向显示

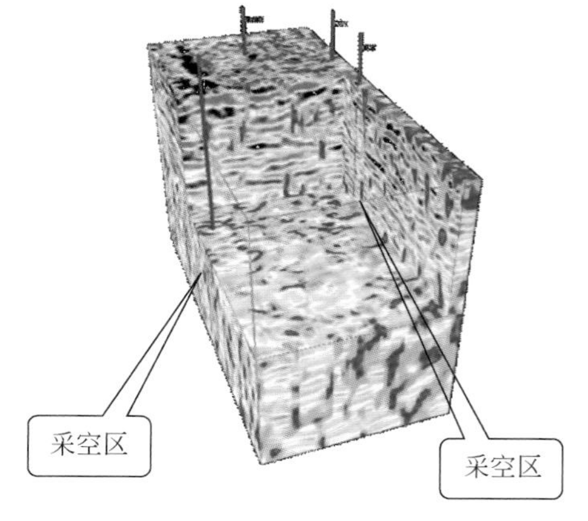

b.第四次逆工作面推进方向显示

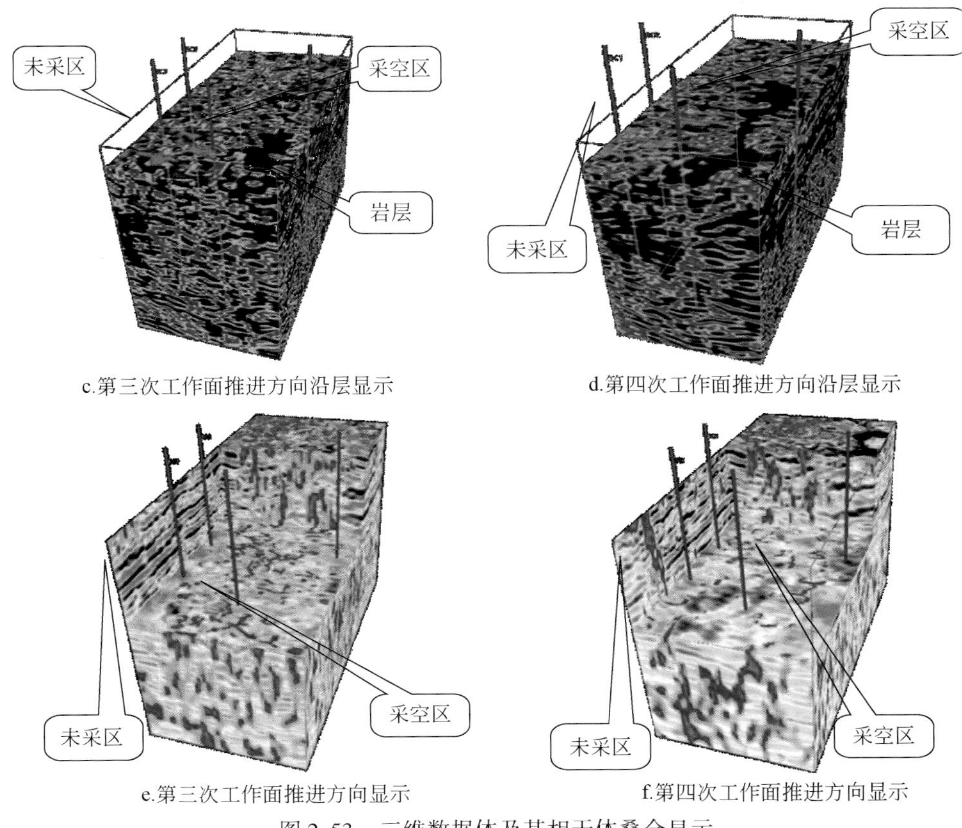

c.第三次工作面推进方向沿层显示　d.第四次工作面推进方向沿层显示

e.第三次工作面推进方向显示　f.第四次工作面推进方向显示

图2.53 三维数据体及其相干体叠合显示

12406工作面内采动裂隙明显要比12407少，这是因为第四次采集数据时，12406和12407工作面的煤系地层经过一段时期（4个月）沉降后，地层被压实，岩体应力得到恢复，煤系地层地震反射波信号能量得到恢复。未采动的12408工作面，裂隙较少。

2.4 现代开采技术下采动覆岩结构变化趋势分析

现代开采技术下煤层采动全过程（即：开采前、开采中及开采后）导致原岩产生了以压缩、开裂及裂缝等为特征的裂隙系统，其发育程度和连通性等对采动覆岩的渗流特性有显著影响。为充分了解采动覆岩结构及状态在开采前—开采中—开采后的变化，基于典型试验区开采不同阶段的典型地震剖面，结合采动覆岩的“三带”结构特征，进一步研究采动全过程覆岩裂隙发育特征及演化规律，建立地震信息与覆岩渗透性之间的相互关系，有助于客观认识现代开采条件下采动覆岩渗透特性变化趋势。

2.4.1 采动覆岩结构变化的地震“三带”响应特点

采动覆岩地震响应特点是指采动覆岩在开采全过程，或应力作用全过程，获得的不同时间相应的地震信息，并与采前原岩状态（未受采动影响时）比较的差异及特征。采动全过程中，采动覆岩的原岩结构及主要物理特性，如原始岩层的空间分布结构、岩性组成和岩石密度是不发生变化的，而开采应力作用产生的覆岩裂隙对地层赋存的连续性产生不同程度的扰动影响，导致地震波传播介质结构的变化，从而被地震波所“感应”，因此，采动覆岩岩性及组成结构的变化决定了采动覆岩地震响应特点。

与采前覆岩状态相比，根据覆岩相对煤层的位置和损伤程度，可将采动覆岩分为岩层弯曲带（岩层位置发生移动变化）、裂隙发育带（岩层出现微裂隙-中度裂隙-大裂隙）和冒落带（岩石整体块状垮落）。根据地震波反射原理，采动覆岩裂隙改变了地震波传播路径和反射波强度，采动裂隙的空间分布、裂隙方向和孔隙大小决定了地震响应特性（响应强度、同相轴连续性等）。与采动覆岩裂隙分层发育的空间结构对应，覆岩对地震波传播的影响可以划分为与岩层结构变化显著相关的三个带，即干扰带、畸变带和吸收带（图 2.54），其反射波振幅响应基本特征为：

（1）反射波干扰带。该带位于采动覆岩的弯曲带，由于远离采动煤层，采动裂隙尚未发育，地震波传播路径变化不显著，且传播方向基本不变，因此，在采动全周期地震波同相轴清晰且延续稳定。

（2）反射波畸变带。该带位于裂隙发育带，是采动应力影响的中近区，离采动煤层越近，则裂隙越发育。在均匀层状介质条件下，裂隙主要包括水平方向的离层裂隙和倾斜方向的垂向裂隙。由于反射波传播过程中，在裂隙结构界面产生了与界面法线方向有关的地震反射波，裂隙的离层孔隙则吸收了部分反射波，造成了地震反射波的“混沌现象”，即地震波散射与吸收现象共存。因此，采动全周期地震波同相轴不清和延续性较差。而离层裂隙越发育则对反射波“吸收”越强烈，地震波振幅越弱，高角度垂向裂隙越发育，则地震反射波“畸变”越强烈，地震波同相轴断续性越强。

（3）反射波吸收带。该带与采动覆岩冒落带对应，由于岩石冒落破坏了顶板垂直方向介质的连续性，地震波传播被完全“阻断”或“吸收”，形成了地震反射波传播的“盲区”，造成了地震波振幅减弱，同相轴方向不清，且延续性较差。

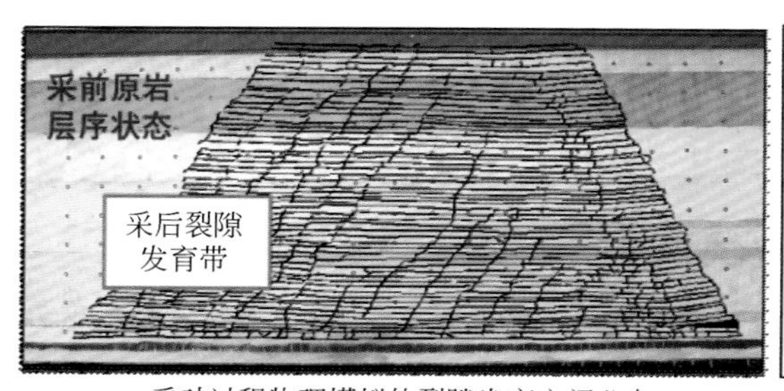

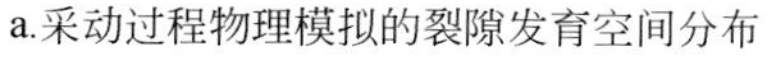
a.采动过程物理模拟的裂隙发育空间分布

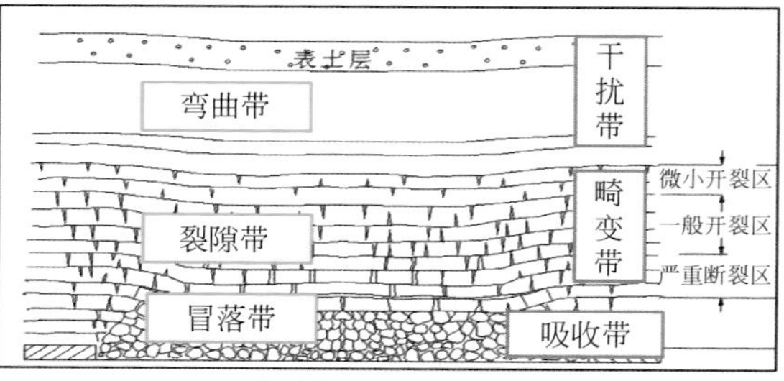

b.地震响应分带结构示意

图 2.54　采动覆岩结构物理模型试验响应分区

然而，传统煤田地震探测研究中大多假设地层岩石是水平层状均匀分布。即：弹性介质沿水平层各向均匀，垂直方向上按照沉积分层变化。在天然地层岩石条件下，通常基于与弹性变化界面有关的地震谱异常研究煤层（或目标层）的延续性及断裂构造空间分布。

煤炭开采全过程中，采动覆岩的应力变化破坏了覆岩原始状态，不断形成新的采动裂隙，使覆岩原始弹性变化界面发生移动和增加，导致原岩结构发生变化，改变了地震波传播路径和反射波强度，产生与采动过程相关的动态响应信息，导致地震振幅和频率变化，如振幅谱异常"紊乱"现象，这种变化与采动导致的裂隙发育程度及方向、周期和空间分布等密切相关。因此，通过分析采动覆岩结构变化的地震响应特征，提取采动裂隙变化特征，有助于进一步研究非均匀条件下采动覆岩的渗透率变化趋势。

2.4.2　采动覆岩结构变化信息增强方法

采动覆岩全周期地震响应分析涉及采前、采中、采后及采后状态趋于稳定时等多种情形。若未受采动影响（或静态地层）条件下的地震响应为 U_0，采动影响过程中（动态地层）的响应为 U_t，则因采动影响产生的 t 时间地震响应变化量 ΔU_t 为

$$\Delta U_t = U_t(x,y,z,t,P_t) - U_0(x,y,z,t_0,P_0) \tag{2.1}$$

式中，(x,y,z) 代表空间位置变量，P 代表采动应力变量。U_0 和 U_t 分别代表采动覆岩在原始状态和采动状态时的地震响应函数。

该式表明，地震响应与采动覆岩结构变化具有显著的时空相关性。采动全过程中，ΔU 代表了采动裂隙对地震响应"畸变"程度。采动裂隙发育过程中，地震波"吸收"异常显著，ΔU_t 逐步趋于最大，畸变值较强，且向"负"方向变化；随着采动覆岩结构趋稳和裂隙逐步闭合，地震波"吸收"现象变弱，畸变值较强，且向"正"方向变化，ΔU_t 异常值逐步降低，且趋于最小。

根据采动覆岩结构变化特点和三维地震信息采集方法，研究重点突出与采动覆岩裂隙结构变化相关的信息，即垂直于地层分布方向的垂向变化和沿着地层走向方向的横向变化，前者是与采动覆岩分布的带状特性变化相关，反映了离层裂隙对地震响应的"吸收"与叠加子波，后者是与采动覆岩垂向裂隙发育分段性相关，反映了垂向裂隙对地震响应的"散射"特性。

1. 振幅比较法

为研究采动覆岩裂隙空间垂向分布特性，即垂直于地层分布方向的垂向变化，借鉴地震勘探中采用振幅同相轴异常的连续性追踪分析方法，将采动全周期不同时间振幅响应与未采时地震响应进行比较，分析采动全过程的覆岩结构变化的差异性。这里采用相对振幅变化系数 α_t 表示，即

$$\alpha_t = (U_t - U_0) / U_0 \tag{2.2}$$

式中，U_0 为无采动影响条件下的振幅响应（或参考时间的振幅响应）；U_t 为采动过程中的动态振幅响应（或分析时间的振幅响应）；$U_{t\to\infty}$ 是采后覆岩趋于稳定时振幅响应。显然，α_t 越大，表明采动覆岩裂隙结构越发育。$\alpha_{t\to\infty}$ 越小，即 $U_{t\to\infty}$ 与 U_0 相比越小，则采后覆岩结构越趋于未采动时原始状态。

2. 振幅方向变化增强法

由于采动覆岩形成的裂隙与离层裂隙对地震波"吸收"作用和周期性高角度垂向裂隙

对地震波“散射”作用，振幅谱异常“变弱”。为进一步检测采动覆岩裂隙空间方向变化产生的异常信息，设β_{tr}为任意方向的地震响应异常变异系数，即

$$\beta_{tr}=-\frac{\partial^2\Delta U}{\partial^2 r} \tag{2.3}$$

式中，β_{tr}代表ΔU任意方向的方向梯度。

根据采动覆岩裂隙的地震响应特点，β_{tr}越大说明采动裂隙影响相对越剧烈。显然，β_{tz}求解有助于检测垂深方向的离层裂隙发育的异常信息，β_{tx}则突出了工作面推进方向的高角度垂直裂隙异常信息，显然，该值越大，则说明采动覆岩裂隙越发育。

3. 裂隙发育区域追踪法

采动过程中形成的覆岩裂隙空间分布与原岩结构状态有密切关系，采动覆岩原岩层岩性分布的不均匀性，即原岩成分、结构及空间分布状态等差异（图 2.54a），导致在相同的开采应力作用下，采动裂隙发育的空间分布不均一性，如泥、页岩等“软岩”状态下裂隙发育强度较弱，而砂岩和砾岩等“硬岩”状态下裂隙极易产生，且不易闭合。因此，利用现代高精度地震勘探方法追踪裂隙发育区域，对分析非均匀介质条件下的裂隙发育规律和采动覆岩渗透率研究有重要的指示意义。

研究采用了蚁群算法（ant colony optimization，ACO），作为评价区域裂隙发育程度的参数，旨在检测非均匀覆岩条件下采动裂隙发育界面轨迹信息，探索裂隙发育方向和范围。该方法也是控制最优路径选择方法之一（段海滨等，2004），目前在地震地质构造研究和小尺度油藏运移检测中效果较好。

通过对地震振幅数据进行方差属性处理，提取方差属性值（0～1）相对较高或衰减速度较大的区域，作为裂隙发育概率最大区。处理过程中，信息素和路线可见度的相对重要度是决定裂隙信息提取效果的关键参数。方差体中包含有丰富的裂隙信息，因此信息素重要度大于路线可见度。

2.4.3 基于地震振幅谱信息的采动裂隙发育变化分析

采动全过程中，地层原始层序并不发生相对变化，裂隙系统导致地震反射波的散射和吸收等现象，形成了异常紊乱带和异常吸收带。地震振幅谱信息变化分析，有助于宏观上获得非均匀介质条件下采动裂隙发育程度状态和空间分布，分析开采对采动覆岩的“连通性”或渗透性影响。

1. 采动全过程地震信息层序变化分析

煤层采动过程中，随着工作面向前推进，采动覆岩层发生了垂直方向的向下移动（沉陷）。例如，研究区 1^{-2}煤层经过开采后，采空区周围原岩应力平衡状态受到破坏，引起上覆岩层的变形、破坏和移动。采动覆岩破坏导致采前存在的煤层与顶板砂岩、砂岩层与泥岩层、泥岩层与砾岩层形成的波阻抗界面遭到不同程度的破坏，地震波能量响应急剧减弱，同相轴出现凌乱或缺失，在近地表地层对应出现同相轴下沉弯曲等现象。

采用振幅比较法［式（2.2）］对 12407 工作面的未采、采动中、采后不同阶段振幅

异常特征比较表明（图 2.55a）：未采区域（$t=T_1$）的波阻抗界面清晰，同相轴连续性显著，采动煤层以上采区中部较弱，与地表地形原始洼陷影响有关；随工作面向前推进（$t=T_2$），开采区地段与未采区地段的同相轴连续性差异显著，覆岩同相轴频率降低，响应能量减弱，连续性变差，采过区与未采区分界线清晰；全部推过后（$t=T_3$），采动覆岩区同相轴产生波状紊乱，且振幅相对变弱。其中，煤层顶底岩石受到裂隙"畸变"作用影响，同相轴从上到下的连续性逐步变差，且振幅强度也逐步减弱。而采动煤层底板下波阻抗界面由清晰变为极弱，同相轴连续性紊乱，且振幅强度极弱，说明采动覆岩冒落带对地震波的"吸收"作用显著；而在采后三个月（$t=T_4$），采过区域的振幅相对增强，同相轴连续性清晰，但尚未恢复到采前状态。

为研究开采后采动裂隙的演化趋势，对 12406 工作面采后不同阶段（4～17 个月）的振幅异常特征进行了比较（图 2.55b），结果表明：采动覆岩逐步趋稳过程中，采前存在的波阻抗界面由紊乱又变得逐步清晰，同相轴连续性趋于显著可见，沿着垂直方向的同相轴出现频率逐步增加，振幅能量逐步增强。当采后 17 个月时，同相轴连续性渐趋采前状

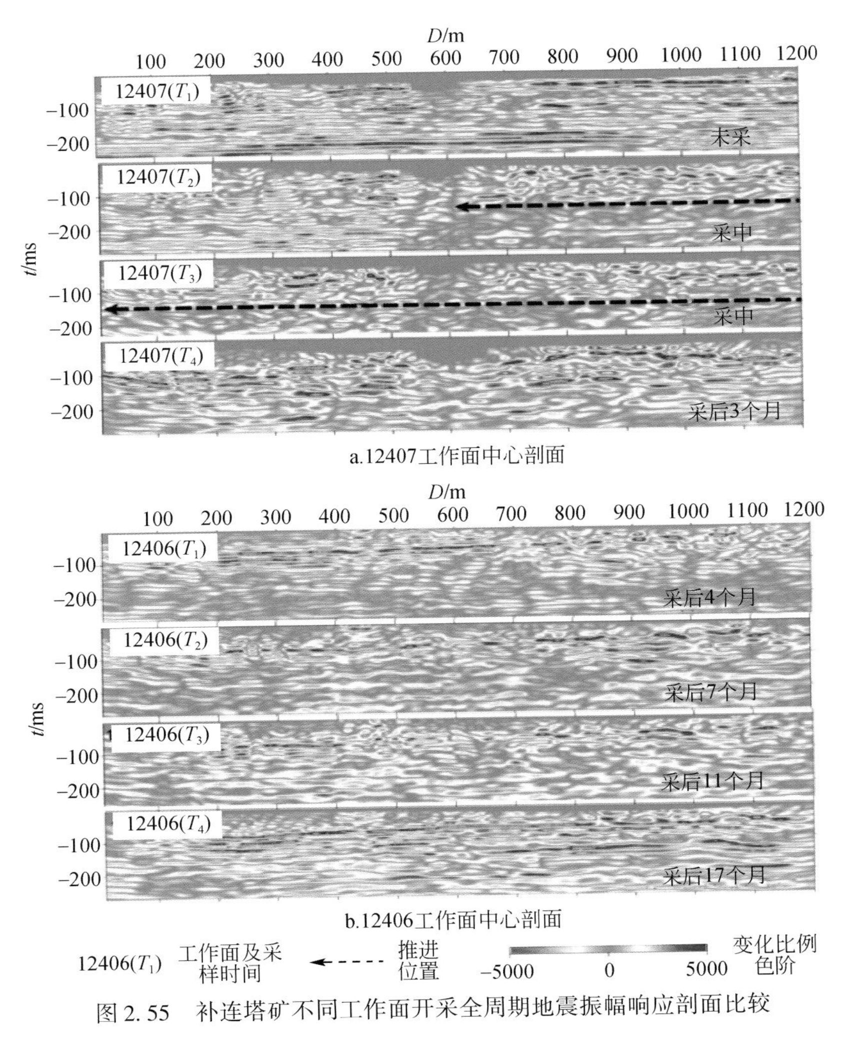

图 2.55　补连塔矿不同工作面开采全周期地震振幅响应剖面比较

态。将具有相近地质条件的12407（T_1）和12406（T_4）比较，地震波谱异常的一致性比较显著。

如以T_1为参考时间，采用相对振幅比较［式（2.2）］表明：采动过程中地震振幅能量由上至下总体呈层状减弱趋势，即越趋于采动煤层，减弱趋势越显著。其中，振幅减弱区（黄色）反映离层裂隙对地震波能量的“吸收”作用，而振幅增强区带（粉红色）则反映了采动应力作用下岩石挤压区域的地震波阻抗界面差异增强，振幅能量相对增加（图2.56a）；采用振幅梯度变化［式（2.3）］比较分析显示，剖面从上至下的梯度异常同相轴的结构显示清晰，总体上增强了波阻抗界面的信息。其中，变化较大区（黄色和橙红色）代表能量吸收区。异常特征表明，采动覆岩层趋于均匀沉降过程中，同相轴微错动和色彩异常错断，与采动覆岩周期垮落、离层和高角度裂隙发育有密切关系（图2.56b）。

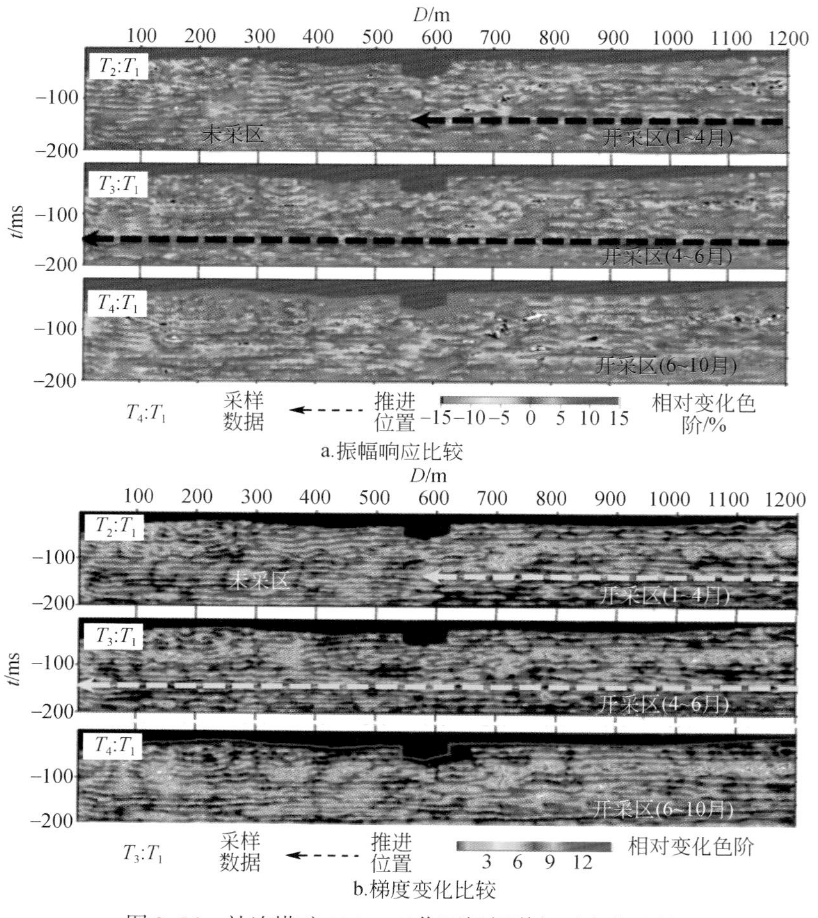

图2.56　补连塔矿12407工作面振幅谱相对变化比较

现代开采全过程比较表明，开采形成的采动裂隙对地震波能量产生显著“裂隙吸收”作用。采后与采前相比，原岩同相轴“紊乱”，形成近水平可追踪离层裂隙吸收带和高角度裂隙吸收带，随采后覆岩趋于稳定，有裂隙吸收带逐步减弱和原岩同相轴逐步还原的趋势。

2. 采动全过程裂隙发育方向比较分析

采动裂隙发育方向和程度受覆岩组成结构及岩性、岩层产状和开采深度等因素控制。研究和提取采动裂隙发育及演化方向信息，有助于分析采动覆岩渗透率的变化趋势和地下水渗流行为。

为增强采动裂隙发育及演化方向信息，采用振幅方向增强法［式（2.3）］获得方向导数 β_{tz} 和 β_{ty} 描述。以 T_1 为参考时间（图 2.57），其中，正异常（红色）表示地震波能量被裂隙"吸收"，负异常（蓝色）反映地震波能量相对增强或裂隙"吸收"现象减弱。其中，图 2.57a（β_{tz}）表明，T_2 时刻（采动中），采动区 600～1200m 范围时间 0～50ms 间的 β_{tz} 同相轴弱异常清晰，而 70～150ms 间较强异常显著。T_3 时刻（采动中），采动区 600～400m 间异常微弱，近采动煤层顶板（140ms 左右）异常较强。在 400～0m 采动区范围，同相轴异常清晰，显示两段覆岩层的岩性差异。T_4 时刻（全部回采后），时深大于 150ms 左右时同相轴异常清晰，在时深约 30～150ms 区带显现较强异常且同相轴基本能追踪，反映冒落带的大致空间范围；图 2.57b（β_{ty}）表明，T_2 时刻与 β_{tz} 相似，但采动覆岩区（1200～600m）β_{ty} 呈现同轴状断续弱异常，在时深 0～50ms 间水平 β_{ty} 同相轴清晰，而 70～150ms 间 β_{ty} 同相轴紊乱，可能反映了冒裂带的范围。T_4 时刻，与 β_{tz} 比较表明，异常同相轴清晰，且有较强异常沿轴断续出现。

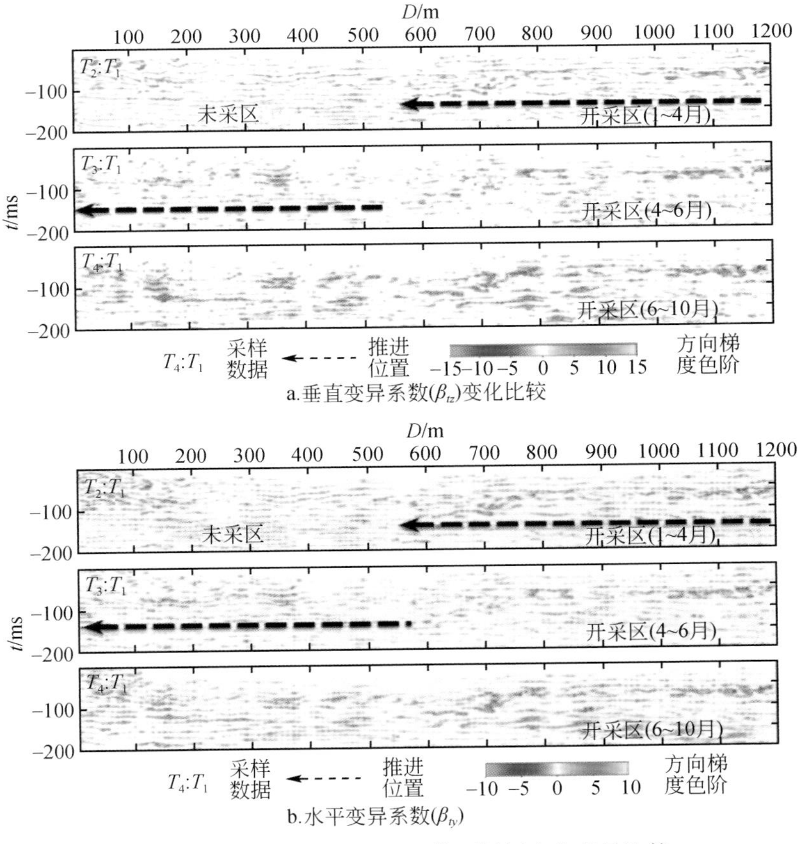

图 2.57　补连塔矿 12407 工作面振幅方向变异比较

根据同相轴、异常强度及空间组合的综合比较，总体上同相轴异常结构清晰，反映采动覆岩的均匀沉降过程。组合异常主要有两类：①由较强异常组成且呈同相轴的异常带；②由强弱异常相间组成，同相轴清晰可追踪，且沿高角度异常并列断续出现的异常带。前者反映了离层裂隙对地震波能量的吸收作用，后者则反映采动覆岩均匀沉降时高角度裂隙组发育区。

3. 采动全过程裂隙发育区域变化比较分析

由于采动覆岩的原岩结构空间分布的不均匀性，采动应力产生的裂隙发育不均匀，采动裂隙可分为两类，新生型裂隙构造和继承型裂隙构造，前者受工作面推进方向和开采煤层深度和厚度影响，后者则由于原岩结构空间分布的不均匀性，如软岩区和硬岩区，导致采动应力场的不均性，在软岩区裂隙发育较弱且方向性不显著，而硬岩区裂隙发育方向明显且强度较大。识别裂隙发育区有助于研究采动覆岩趋稳过程中，采动裂隙是否具有闭合的趋势及其闭合程度，分析地下水渗流特性。

为突出裂隙发育区信息，采用裂隙发育区域追踪方法。根据数据采集的 CDP 参数，设计追踪裂隙长度，确定一次搜索范围为 3 个点距（15m）和 1.5ms 时长，设计重点追踪高角度裂隙发育区，兼顾离层裂隙发育层，搜索方向偏离度为 30°。取方差值大于 3 倍均方差的衰减速度值为异常值（图 2.58）。图 2.58a 比较表明，T_1时刻，低值区域（白色）为振幅响应变化较弱区，异常区域（绿色）为振幅响应衰减较大区域，也是原生裂隙发育区。T_2时刻，采动区 600～1200m 间异常强度增加，总体呈水平间有倾斜带状异常。T_3时刻，采动区 0～600m 间可见，异常强度和区域明显增加，反映采动覆岩中裂隙发育且处于未稳定状态。T_4时刻（12406 工作面采后 17 个月），异常强度和范围减弱，表明采动覆岩趋稳过程中异常逐步减弱并趋向稳定，残留异常区多为采动覆岩趋稳后裂隙结构发育区。

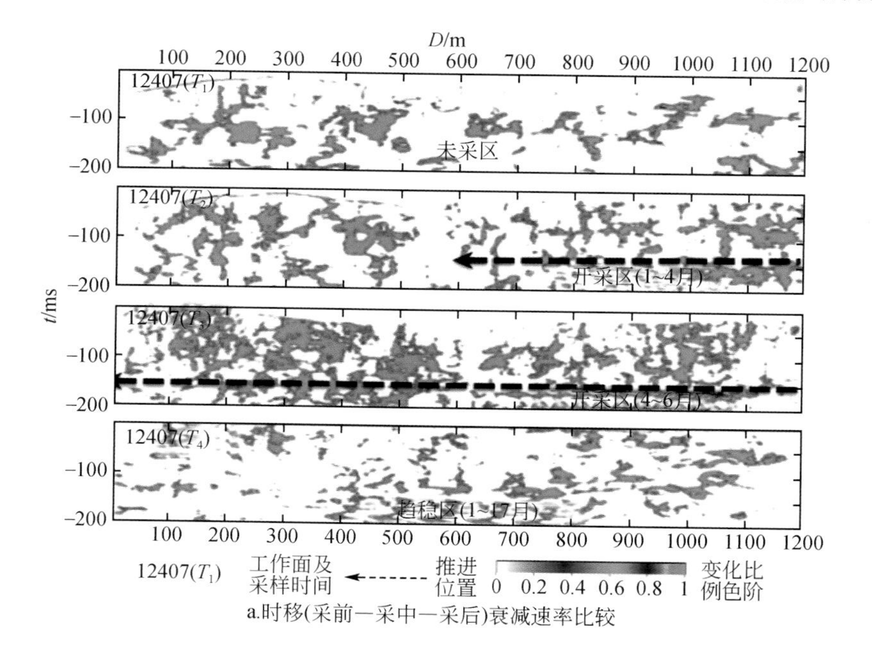

a.时移(采前—采中—采后)衰减速率比较

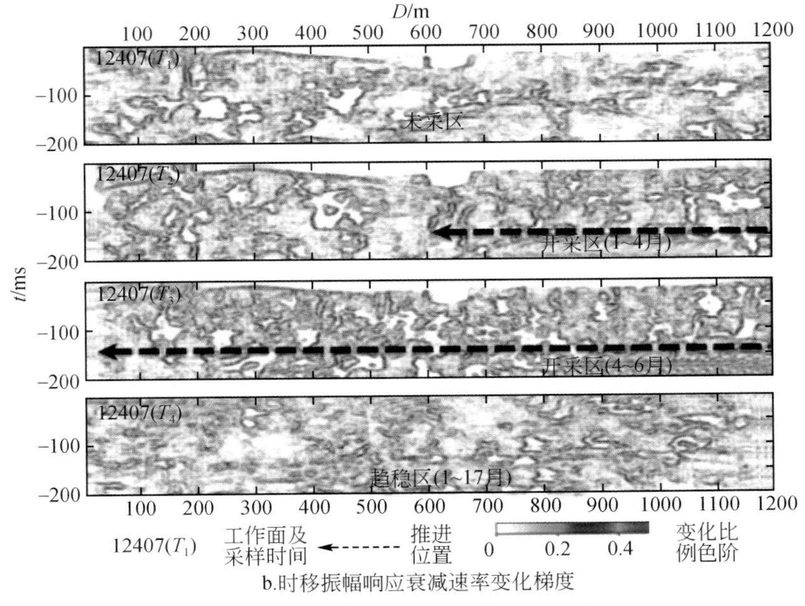

b.时移振幅响应衰减速率变化梯度

图2.58　补连塔矿12407工作面变化比较

图2.58b是采用梯度算子［式（2.3）］增强处理，取大于3倍均方差为异常值，其中，较强异常（如蓝色）代表裂隙比较发育区域的边界，衰减速率越大，裂隙发育较强区域的边界越显著，异常圈定的区域代表了裂隙发育加强的区域。T_1时刻，异常（灰色区）普遍较弱，近水平蓝色弱异常反映采动覆岩原岩内部不同岩性结构变化面，倾斜状蓝色弱异常与不同原岩的结构面变化有关。T_2时刻，开采区蓝色弱异常显著增加并呈多层显示。T_3时刻，开采区域与未开采时相比异常显著增强，且呈水平和倾斜两组异常。T_4时刻(12407工作面回采17个月)，异常背景值普遍降低，绿色低值与蓝色高值组异常沿推进方向断续出现，而高值异常多呈水平延伸，近采动煤层顶板的异常带显示清晰。综合比较表明，裂隙发育强烈区总体上分带不均匀。结果表明，两种增强方法获得的裂隙演化规律基本一致，均能反映采后趋稳时开采裂隙较发育的区域或层位。

2.4.4　采动覆岩渗透率变化趋势分析

在煤炭回采工作面推进过程中，随着采动覆岩由原岩应力—应力渐增—应力释放—应力恢复原态的应力变化过程，覆岩的原岩结构特性发生变化，影响了原岩渗透率，而采动覆岩空间地震响应特性的变化，也反映了覆岩渗透率的变化过程和结果。

1. *采动全过程覆岩结构渗透性变化分析*

在回采工作面推进过程中，采动煤层覆岩中各点都逐步经历了压缩—膨胀—重新压缩的变形过程，回采工作面前方支承压力区、卸载压力区、后方应力恢复区等“三区”交替出现，直到回采工作面结束。开采过程中，岩石应力变形导致岩石渗透率发生与采动过程有关的响应变化。岩石在应力作用下渗流实验表明（马占国等，2010）：在较高应力作用下，破碎页岩的渗透系数比相同性质的完整岩体高得多，大多增加一个数量级以上。随着压力增加，各种粒径的破碎岩石渗透系数趋于一致；砂岩渗透系数变化与压实状态密切相关，压力增加导致各种粒径的破碎砂岩中裂隙重新排列，裂缝越来越小，加上细小碎粒填充作用，使渗透系数逐步降低并趋于一致；泥岩的渗透系数与破碎程度和粒径有关，粒径越小渗透系数越低。但随压力增加，泥岩压实状态显著，渗透率都相应降低，且符合对数变化关系。由于泥岩具有泥化现象，在高压作用下遇水易黏结，泥岩除重排和密实裂隙外，黏结作用还使泥岩裂缝具有更高的密实程度，使其具有更强的再生成完整岩体的趋势。图 2.59 显示了采前煤层覆岩与采后采动覆岩结构的模拟试验变化状况，采后形成了大量的离层裂隙和高倾角直立裂隙。采后发育的采动裂隙改变了原岩的孔隙率与孔隙的几何性质，导致采动覆岩渗透率的变化。

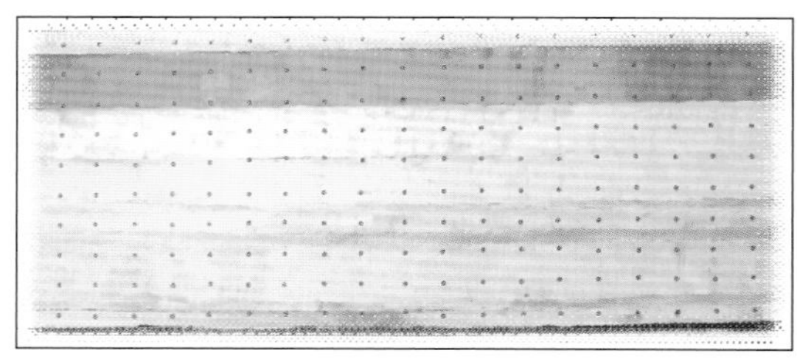

a.采前状态下的煤层覆岩(自然裂隙)

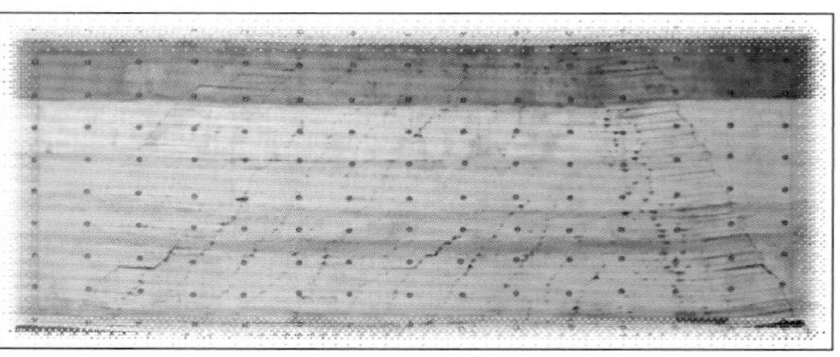

b.采后煤层覆岩(采动裂隙)

图 2.59　补连塔矿 12407 工作面采动覆岩结构变化模拟试验（采前与采后）结果比较

神东矿区内，采动覆岩主要包括风积沙层、砾岩层、砂岩和泥岩互层等岩性，对采矿安全和地表生态影响较大的有：第四系潜水含水层和侏罗系承压水含水层。渗透系数研究统计结果表明（表 2.12），主要含水层水平渗透系数具有显著的分区特性，且变化范围较小，而垂直方向渗透系数较大，且变化范围也大。其中，潜水含水层以砾岩为主，渗透系数较大，水平方向渗透系数为 $0.8\times10^{-4}\sim3.8\times10^{-4}$ m/s，垂直方向渗透系数为 $0.016\times10^{-4}\sim0.22\times10^{-4}$ m/s；承压水含水层以砂岩和泥岩的互层结构为主，水平方向渗透系数为 $0.1\times10^{-4}\sim0.5\times10^{-4}$ m/s，垂直方向渗透系数为 $0.002\times10^{-4}\sim0.2\times10^{-4}$ m/s。岩石水平渗透系数变化较小，且变化范围不大。显然，两个含水层在原岩状态下都是以水平渗流为主，但由于不同渗透性岩石的分区性，渗透系数变化范围较大，其中水平方向渗透系数变化较小，而垂直渗透系数变化范围较大。

表 2.12　神东矿区不同含水层渗透系数变化一览表

含水层位	主要岩性	分区号	水平方向渗透系数/（10^4 m/s）	垂直方向渗透系数/（10^4 m/s）
潜水含水层	风积沙底砾石层	1	2.847 ~ 3.790	0.030 ~ 0.048
		2	1.230 ~ 2.847	0.016 ~ 0.030
		3	0.864 ~ 1.230	0.008 ~ 0.016
		4	2.847 ~ 3.790	0.187 ~ 0.220
		5	1.230 ~ 2.847	0.187 ~ 0.220
		6	0.864 ~ 1.230	0.187 ~ 0.220

续表

含水层位	主要岩性	分区号	水平方向渗透系数/（10^4m/s）	垂直方向渗透系数/（10^4m/s）
延安组 $J_{1-2}y$ 承压水含水层	砂岩和泥岩互层沉积	1	0.4372～0.5253	0.0040～0.0178
		2	0.3617～0.5127	0.0040～0.0049
		3	0.1854～0.1351	0.0012～0.0031
		4	0.1989～0.3365	0.0022～0.0031
		5	0.1225～0.1980	0.0012～0.0022
		6	0.3617～0.5127	0.0178～0.0298
		7	0.1989～0.3365	0.0178～0.0298
		8	0.1854～0.1351	0.0178～0.0298
		9	0.1225～0.1980	0.0197～0.0307
		10	0.1989～0.3365	0.0197～0.0307
		11	0.4372～0.5253	0.0197～0.0307
		12	0.1989～0.3365	0.0197～0.0307
		13	0.1854～0.1351	0.0197～0.0307

岩石渗透率-应变曲线与岩石破坏过程的对应关系研究表明，通常采动岩石渗透率变化与岩石的体应变密切相关，而岩石孔隙率与孔隙的几何性质变化是影响其渗透率变化的关键因素。在岩石介质为不均匀状态时，岩石渗透率的变化主要是由较小微破裂的相互作用和生长引起的主干裂隙，进而形成贯通性的渗透通道。煤炭开采全过程也是应力变化过程，由于各种岩性在应力作用下具有不同的响应和变化趋势，导致岩石渗透率变化的差异性。在采前无应力作用时，采动裂隙尚未形成，岩石渗透率不变（应力未干扰区）；在采中，应力作用过程中（峰前膨胀区）形成采动裂隙系统，导致岩石渗透率快速增加，并在末期形成贯通性的渗流通道；在采后，应力释放过程中（峰后区），由于部分裂隙通道被堵塞，渗透率发生下降；在采后，应力逐步并完全释放后，岩石逐步被压实（压密区）并趋于稳定，岩石的渗透率呈现为负指数下降。

为进一步研究不同岩性的岩石应力-应变-渗透性关系，根据研究区内煤层埋藏深度和水平应力分布，选择煤层上覆岩层的主要岩石类型，粗砂岩、中砂岩、细砂岩、粉砂岩、砂质泥岩和泥岩等进行了应力-应变-渗透性样品试验。根据研究区煤层上覆岩层埋藏深度和地应力大小，对岩样分别在围压 3MPa 和 4MPa 条件下加载，所有试验渗透压差均为 1.5MPa。试验时，先施加围压，再施加渗透压力，最后施加轴向压力。试验过程中，通过进水装置给试样顶部施加渗透压力。在垂直加载过程中，岩石的微裂隙和孔隙不断发生变化，与此同时进入试样中的水量也不断改变，通过孔隙水伺服装置给试样施加恒定的水压力。试样在变形及破坏过程中控制 8～10 个测试点进行测试。

通常，岩石渗透性在全应力-应变过程中是应变的函数，其中，岩石应变是岩石在应力作用下发生的长度或体积的相对变化，表明了应力作用过程中形状或体积与原始的比值。应变试验变化结果（图 2.60）表明，在应变初期，微裂隙闭合和弹性变形阶段，岩石体积被压缩，原生孔隙和裂隙容易被压密，渗透率随应力增加由大变小明显；在岩石弹

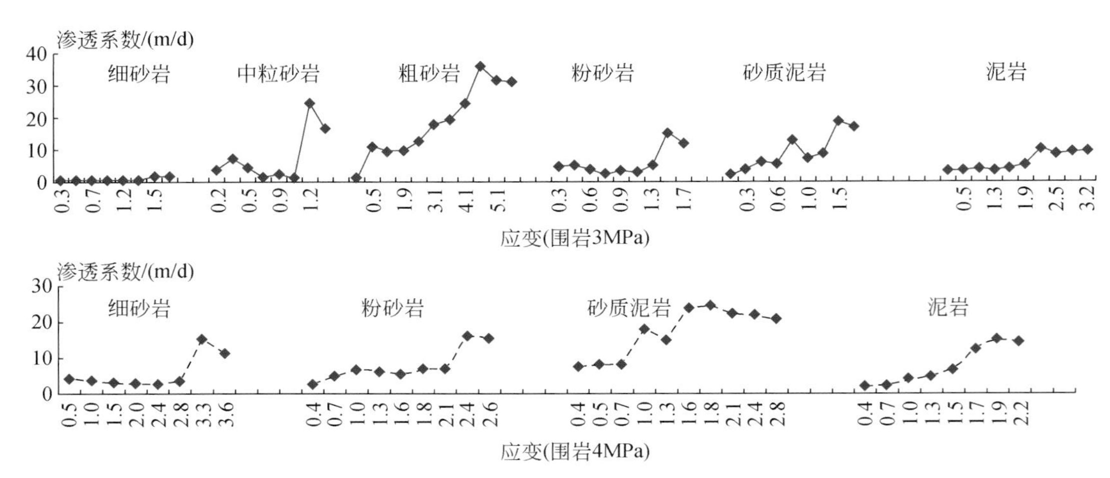

图 2.60　不同应力类型岩石应变–渗透曲线比较（单位：渗透系数×10^{-1}；应变×10^{2}）

性极限后，随应力增加进入裂纹扩展阶段，岩石体积由压缩转为膨胀，易形成贯穿裂隙；在岩石峰值强度后应变软化阶段，岩石体积应变曲线急剧升高；在残余强度阶段，随应变增加，岩石体积应变降低平缓。

应变范围大小表明了岩石对应力的响应程度，当渗透率达到最大并开始下降时，应变范围越大，应变响应程度越强，表明相同应力作用下内部裂隙越发育（如粗砂岩），反之则不易形成内部裂隙（如泥岩）。以粗砂岩为例（围岩3MPa时），当应变强度达到0.0045以上时，渗透率才开始下降，而粉砂岩应变强度达到0.0015时就开始下降。当围岩4MPa时，从细砂岩—粉砂岩—砂质泥岩和泥岩的渗透率下降拐点（极值点）对应的应变强度不同，泥化程度越高，则应变强度越小。

岩石渗透率变化总体规律是，在应变初期，岩石渗透率随应力增大而略有降低或渗透率变化不大；在岩石裂纹扩展阶段，渗透率缓慢增加，然后随裂隙扩展而急剧增大；在岩石应变软化阶段，岩石渗透率达到极大值，然后均急剧降低；在残余强度阶段，岩石渗透率降低平缓。其中，粗砂岩的渗透系数增加幅度最大，中粒砂岩次之，细砂岩最小，但三者的渗透率变化规律基本一致。而泥岩类岩石渗透率变化与细砂岩类似，幅度变化较小，较砂质泥岩次之。

试验结果表明，岩石渗透系数变化与岩石应变有显著的关系，当应变强度达到临界值（极大值）时，渗透率开始处于缓慢下降趋势。采动应力作用形成的裂隙系统演化是影响采动全过程岩石渗透系数变化的主要原因，而岩石渗透系数越大，则内部裂隙越发育。由于采动覆岩地震振幅响应与岩石裂隙发育程度具有似指数关系，即：采动应力作用越强，采动裂隙越发育，采动覆岩渗透系数越大，而地震波的“吸收”作用越强，地震振幅响应越弱。

为定性分析地震响应变化与采动覆岩渗透率变化的关系，根据采动覆岩应变强度与采动覆岩结构变化的基本关系和对渗透率的影响分析，表2.13给出了均匀层状覆岩结构条件下工作面推进时获得的地震能谱与采动覆岩渗透率变化的特征关系。

表 2.13　均匀层状覆岩结构条件下推进采动应力与渗透率变化定性关系一览表

岩石分区	应力作用	裂隙发育程度	能谱特征		渗透系数变化趋势	
			结构特征	同相轴连续性	水平方向	垂直方向
原岩区	无	原态	层状清晰	连续显示	原态	原态
膨胀区	增强	增加	层状紊乱	间断显示	增加	增加
压密区	降低	降低	渐现	可追踪	下降	渐弱
压实区	稳定区	趋于闭合	逐步清晰	逐步清晰	趋稳	趋稳

2. 基于振幅能量的采动全过程覆岩渗透率变化趋势分析

图 2.61 显示了补连塔井田开采的 1^{-2}煤层覆岩结构空间分布情况，该区从上到下沉积地层包括第四系松散层和侏罗系安定组 J_2a、直罗组 J_2z 和延安组 $J_{1-2}y$。其中：第四系的风积沙，厚度 3～25m，下部为砾石层，与下层地层呈不整合接触关系；J_2a 主要岩性是砾岩，厚度 0～64m；J_2z 砂岩和泥岩交替沉积，厚度在 130m 左右，有 4～5 个砂岩至泥岩的沉积旋回；$J_{1-2}y$ 属于成煤地层，1^{-2}煤层以上的延安组 $J_{1-2}y$ 厚度在 20m 左右，也是由砂岩和泥岩，砂岩和泥岩相互交叉沉积，有 1～2 个沉积旋回，厚度相对持平，主采煤层 1^{-2}的覆岩厚度为 125～230m。

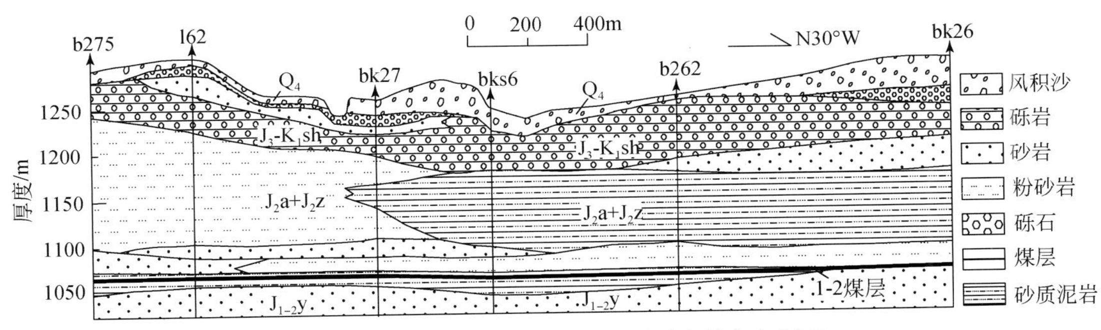

图 2.61　补连塔井田典型沉积地层及岩性分布剖面

该区属于浅埋藏煤层、薄基岩区和厚煤层开采条件，现代开采工作面（工作面宽 300m，推进距离 4000m，采高 5～7m）物理模拟研究表明，随着工作面推进，采动覆岩不断垮落，当工作面推进至 330m 时，裂隙带已扩展至地面，地面产生沉降。工作面继续推进，冒落裂隙带沿工作面推进方向进一步延展，地面沉降范围也在逐渐增大。煤层开采过程中在采动覆岩产生的裂隙，即由破裂岩石和孔隙组成的裂隙，包括垂向裂隙和离层裂隙，前者主要与开采深度和厚度有关，后者则与采动覆岩的岩层组成结构有关，如软岩层（泥岩）和硬岩层（砂岩）砂岩-页岩互层结构和砂岩-泥岩互层结构。研究区数字测井发现，煤层相对围岩具有低密度特点，密度值在 1.31～1.50g/cm³，采动覆岩属于一套砂泥岩层互层结构，从泥岩—砂质泥岩—粉砂岩—细粒砂岩—中粒砂岩—粗粒砂岩，依次造岩矿物的颗粒直径由小到大，泥质含量由多到少，密度差异明显，易于识别。

为突出复杂覆岩结构条件下因采动产生的开采裂隙变化趋势信息，采用能谱垂直二阶导数处理提取方法，增强分析 12406 工作面从采前—采中—采后的变化结果（图 2. 62）。图像分析显示：在采前（图 2. 62a），地表到采动煤层间覆岩层状结构清晰，能谱信息变化显著，地震波同相轴连续性清晰，表明采前覆岩层状结构状态稳定；采动过程中（图 2. 62b 剖面 600 ~ 1200m 区间），能谱信息变化紊乱，强度变弱，同相轴连续性变差，且近采动煤层顶板附近导水裂隙带对应的同相轴与浅部覆岩相比连续性更差，表明采动裂隙明显吸收了地震波，出现了原岩层状结构信息缺失区；而在采后 4 个月—10 个月 —17 个月（图 2. 62c—图 2. 62d—图 2. 62e），地表到采动煤层间覆岩层的同相轴连续性逐步显现清晰，覆岩层状结构信息又逐步清晰，表明采动覆岩在应力变化逐步减弱过程中和压实作用下，覆岩层状结构状态趋于稳定，且总体上采动煤层顶板附近导水裂隙带比浅部岩层原岩结构“复原”效果差。

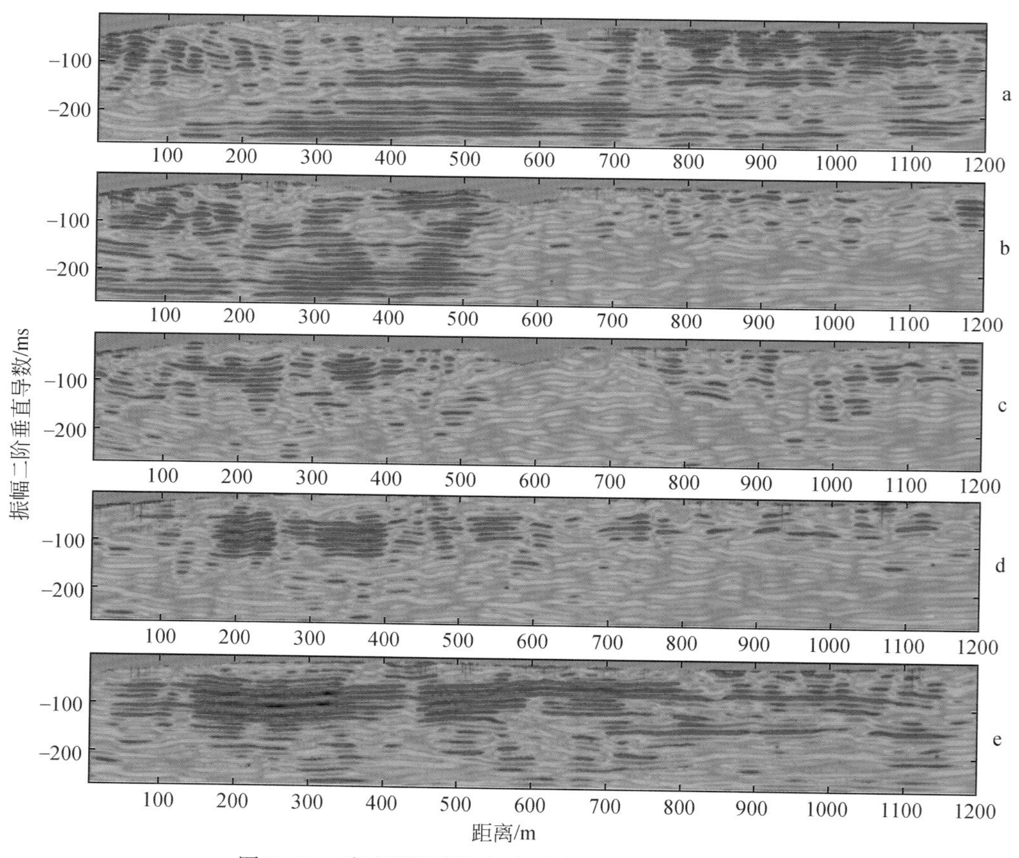

图 2. 62　采动覆岩裂隙发育随采动过程的变化趋势

采动全过程（采前—采中—采后到趋稳）中，岩石各点都经历了压缩—膨胀—重新压缩的变形过程，能谱分析表明：压缩过程中，岩石结构面发生微裂隙和移动，岩石的泥化程度越高和越致密，渗透系数变化幅度越小；岩石膨胀过程中，地震能谱增强显示同相轴间断显现，且具有一定的周期性，膨胀区域形成了强烈的能谱吸收带，导致下部地层异常也消失。此时，岩石发生破裂形成了裂隙，渗透系数急剧增加，岩石结构越粗，增加幅度越大；在岩石重新压缩变形过程中，地震能谱增强显示同相轴连续性增强，岩石膨胀区域对地震能谱的吸收特征减弱，下部地层异常逐步显现。此时，采动裂隙在应力恢复作用下渐趋闭合，渗透系数达到极大值后开始下降。

地震能谱及增强分析显示，采动覆岩在采后1～2年内，地震能谱特征趋近于采前状态，显示出岩石结构具有显著向采前原始状态趋近的“自修复”趋势。根据采动覆岩结构与岩石渗透系数分析，表明采动覆岩趋稳定过程中，覆岩渗透率也随着岩石结构的逐步恢复而下降，并趋于稳定。而采动覆岩的自修复趋势越强和自修复时间越短，对原始含水层结构影响越小，对地表生态和地下水保护越有利。

第3章　煤炭现代开采对浅表层结构及土壤水的影响

现代开采沉陷区地表层结构变化和土壤水流失是影响地表生态的直接原因。然而近年来，大量研究与野外调查发现，与20世纪90年代相比，我国西部生态脆弱区植被覆盖度具有显著的提高，特别是禁草、禁牧措施实施后的地表植被覆盖度总体趋向转好，表明人类活动对自然影响作用程度降低后，地表植被乃至地表生态存在自然恢复作用（或自修复作用），在西部生态脆弱区有限的大气降水和地下水条件下，地表层和土壤的含水性和保水性是地表植被自修复的关键。本章基于高精度地质雷达方法，以神东矿区典型生态立地条件下现代开采沉陷区为例，通过地表土体细微结构和含水性探测分析，研究了现代开采全过程（采前、采中、采后）对近地表层（<0~15m）及土壤的结构和含水性的影响作用，揭示了现代开采对地表层及土壤水的影响规律，进一步掌握地表植被自修复作用的基础条件。

3.1　基于时移地质雷达的地表层含水性变化探测方法

地质雷达技术是目前工程检测和勘察最为活跃的技术方法之一，经过近30年的发展，积累了大量的研究成果，先后应用于无损检测（徐升才和刘峰，2000）、水文地质调查、沙漠研究、考古、冻土（武小鹏等，2013）、矿产资源勘探（刘敦文，2001）、工程建筑物结构调查（曾校丰等，2000）、岩土勘察（戴前伟等，2000；杨立新和戴前伟，2000）等方面，其应用领域仍在逐渐扩大。由于煤炭开采的影响，地表层含水性随时间发生变化，采用时移地质雷达方法观测，可以研究地表层结构和土壤水在现代开采全过程的含水性动态变化。

3.1.1　时移地质雷达探测方法

1. 地质雷达探测

地质雷达探测是通过向地下发送高频宽带电磁波，电磁波在地下介质传播过程中，当遇到存在电性差异的地下目标体，如空洞、分界面时，电磁波便发生反射，返回到地面时由接收天线所接收，在对接收到的电磁波信号进行处理和分析的基础上，根据信号波形、强度、双程走时等参数来推断地下目标体的空间位置、结构、电性及几何形态，从而实现对地下隐蔽目标物的探测。

地质雷达探测方法的原理如图3.1所示。与其他地球物理方法（如浅层地震勘探、电阻率法、激发极化法）相比，具有以下特点：

（1）分辨率高。地质雷达中心频率为10~1500MHz，其分辨率可达厘米级。

（2）无损性。地质雷达为无损检测技术。

（3）效率高。探测仪器轻便，操作简单，连续测量，采样迅速，所需人员少。

（4）结果直观。从数据采集到处理成像一体化，结果图像实时显示，便于野外定性解释。

（5）探测范围有限。由于地质雷达中心频率较高和地下介质有较强的电磁波衰减特性，因此，探测深度较浅，一般应用在0～20m深度范围。

（6）地质体解释复杂。地下介质的多样性和非均匀性导致电磁波在地下的传播规律比空气中复杂得多，增加了地质体解释的难度。

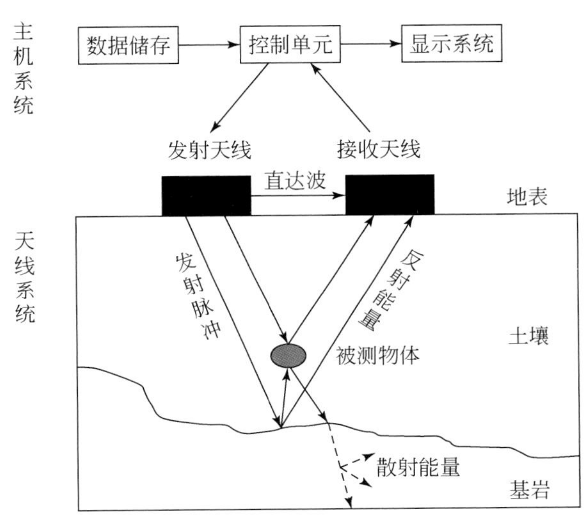

图3.1　地质雷达探测示意图

2. 数据采集方法

时移地质雷达探测与常规探测方法的区别在于，通过对相同地质体在不同时段，采用相同的观测系统进行探测，获取与时间有关地质体的时-空电磁响应数据，研究地质体的动态变化。采用时移地质雷达探测方法，系统采集地表层含水性在现代开采全过程的动态响应信息，有助于研究现代开采对地表层含水性的影响及变化趋势。

1）数据采集区域

数据采集区域位于神东矿区补连塔井田的12406工作面区域，属墚峁地貌。补连沟由西向东展布，横穿12406工作面，落差30～50m，沟北地势较平坦。区内大气降水多沿区内沟谷以地表水形式排泄。该区水文地质单元边界是以补连沟沟北的分水岭和沟南分水岭构成，北分水岭是由李家湾—赵家渠—前补连村和李家塔一线的山脊线构成，岭南水排入补连沟，南部分水岭是以南苏家梁—王家梁—树梁一线的山脊线构成，岭北地表水汇入补连沟。区内目前有3个水文观测孔，均为潜水位观测孔。

12406工作面开采1^{-2}煤，煤层埋深190～220m，基岩厚180～200m，松散层厚10～25m。该工作面设计采高4.5m，工作面长300m，推进长度3600m，月推进量390～400m。2011年4月开始回采，2011年12月回采完成。

2）数据采集范围和测线分布

根据现场踏勘情况，选择地势平坦和地表植被变化多样的区域作为数据采集范围，控制区域长度2000m，宽度360m。综合考虑工作面地表地形、开采区域和未采区域及不同探测方法等因素，设计四条测线，每条长度为2000m。由北向南测线号分别为D1、D2、D3和D4。测线间隔120m，其中测线起点在切眼起点外延200m。

3）数据采集仪器设备

采用中国矿业大学（北京）自主研制的GR地质雷达数据采集系统（图3.2）。采集系统采用GR-Ⅲ和GR-Ⅳ同时工作，提高工作效率。这两款主机除了结构不同外，性能指标完全相同，技术指标参见表3.1所示。

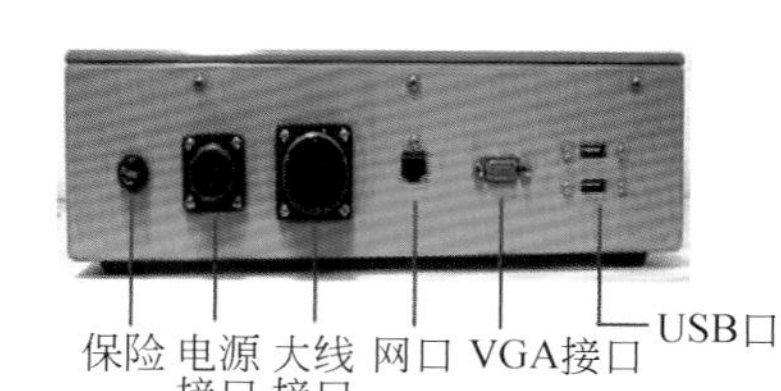

CR-Ⅲ便携式地质雷达主机CR-Ⅳ便携式地质雷达主机

200MHz屏蔽天线

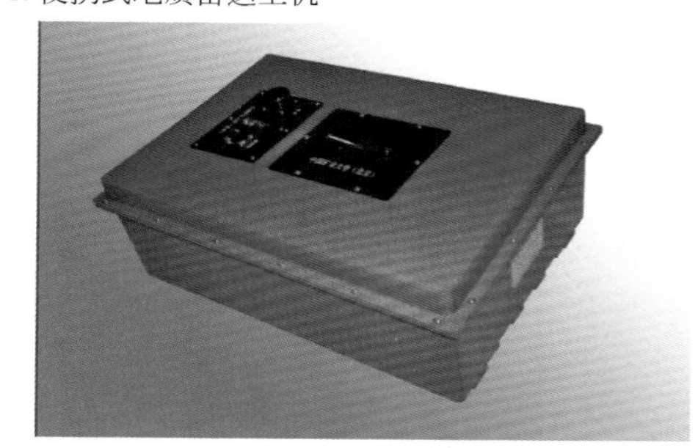

400MHz屏蔽天线

图3.2　地质雷达数据采集系统

通过现场测试，采用200MHz和400MHz天线能满足10m探测深度的基本要求，同时400MHz天线具有较高的分辨率。

4）数据采集时序设计

时移地质雷达数据采集的时序设计基本原则是：保持测线不变、保持探测采集参数不变、保持探测天线系统不变和保持探测道间距不变。

表3.1　主机性能指标及配置信息

技术指标			系统标准配置	
1	A/D转换	16位	GR便携式地质雷达主机	1
2	显示方式	曲线图、变面积、彩色剖面	200MHz或400MHz屏蔽天线	1
3	数据采集方式	连续、单点、测距轮控制	传输电缆	1
4	采样点数	512、1024、2048可选	雷达数据分析软件高级版	1

续表

技术指标			系统标准配置	
5	增益控制方式	手动调节	主机电池	2
6	动态范围	>160dB	主机电池适配器（线充）	1
7	探测时间窗口	5～3500ns	主机电池充电器（座充）	1
8	最小分辨率	5ps	天线充电器	1
9	脉冲重复频率	100kHz	测距轮	1
10	工作温度	-10～+40℃	选配件	
11	相对湿度	≤98% RH（+25℃）	高精度 GPS 系统	
12	大气压力	86～106kPa	路面摄像系统	
13	贮存温度	-40～+60℃	路基病害数据库管理系统	
14	主机重量	<3kg	路基探测专用探测车	

为便于比较不同时间的地质雷达响应特征，时移地质雷达观测时间设计要求和开采工作面的回采进度匹配。采用四次观测来实现。

第1次探测：2011年4月20～30日，推进距离为距起点278m；

第2次探测：2011年7月14～26日，推进距离为距起点1263m；

第3次探测：2011年9月10～20日，推进距离为距起点1870m；

第4次探测：2011年10月22～30日，推进距离超过探测区域范围。

为进一步分析采后变化趋势，2012年选择D1测线增加了三次不同时间的测量。

通过四次观测，采集工作面回采之前（采前）、推进中（采中）和回采结束后进入稳定沉降时（采后）的地表层地质雷达响应特征，获得开采不同阶段的地表层地质雷达响应特征变化。

5）数据采集参数

地质雷达的参数设置关系到采集数据品质和精度，因此必须根据采集任务和现场情况对系统参数进行优化设置。

仪器参数主要包括工作频率、采样时间窗口、采样率以及定位方式等。

（1）工作频率。工作频率是指所采用天线的中心频率。采用何种中心频率的天线主要由具体探测任务所要求的分辨率及勘探深度所决定，其次还应考虑目标体周围介质的不均匀性引起的漫散射对雷达记录造成的干扰。从方法本身的特点而言，要想获得较大的勘探深度，必须采用较低中心频率的天线，这样虽然降低了地质雷达记录的空间分辨率，但保证了探测深度的有效性。选择工作频率的基本原则是首先保证有足够的勘探深度，然后才考虑提高空间分辨率而选用具有较高中心频率的工作天线。

结合数据采集要求，在满足探测深度基础上兼顾目标体的尺寸，尽可能使用频率较高的天线，以提高分辨率。本次研究采用200MHz和400MHz屏蔽天线。图3.3是200MHz天线实验结果，探测深度达到10m，满足探测需求。

（2）采样时间窗口（时窗）。采样时窗大小主要取决于最大探测深度与电磁波在介质中的传播速度。时窗（W）的选择可以取最大探测深度（H）和电磁波波速（v）之比的2

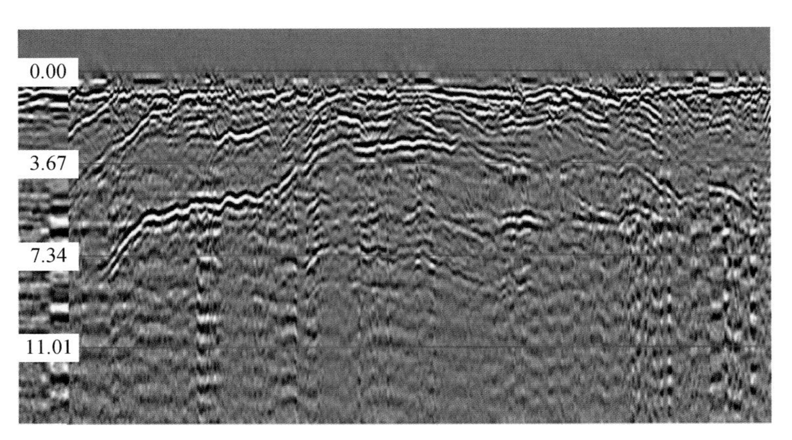

图 3.3 200MHz 天线现场试验

倍，再增加 20% 的余地，以满足地层速度与目标体埋深的变化，即满足 $W=1.2\times2\times H/v$ 关系式，在探测深度小于 10m 的情况下，沙土平均介电常数在 6 ~ 13，因此时窗设置为 240ns。

（3）采样率。选取合适的采样率是改善数据质量的一个重要因素，采样率由尼奎斯特采样定律决定，即采样率至少达到最高频率的 2 倍，对于大多数雷达系统，频带宽度和中心频率之比为 1 : 1，这也就意味着发射脉冲的能量覆盖的频率范围在 0.5 ~ 1.5 倍的天线中心频率之间，即反射波的最高频率为中心频率的 1.5 倍，按照尼奎斯特采样定律，采样率至少为天线中心频率的 5 倍，在实际工作中还要留有至少 2 倍的余地，即采样率至少要达到天线中心频率的 10 倍。当天线中心频率为 f（单位为 MHz）时，则采样间隔（单位为 ns）$\Delta t=1000/10f$。数据采样采用的中心频率为 200MHz，采样点数为 1024，采样率为天线中心频率的 25 倍，完全满足采样率要求。

（4）定位方式。根据现场探测情况以及设备工作方式，采用连续时间采集，测桩打标控制里程，里程标识距离为 40m。

3. 地质雷达数据处理

电磁波在地层传播，尤其含水地层传播，频散特性明显，电磁波吸收系数较大。通过数据处理提高地质雷达数据的纵向分辨率和横向分辨率，有助于识别地层结构，同时需要保留含水性频率响应信息，进一步分析地层含水性。提高纵向分辨率可从提高信号频率和信号带宽两方面进行，频率越高，子波越窄，分辨率越高，而在相同主频下，信号带宽越宽，则子波压缩越窄，子波振铃越小；提高横向分辨率通过发射宽带窄脉冲电磁波信号和接收目标体反射回波实现。因为，采集信号存在普遍的发射和接收天线之间的耦合干扰和天线带宽不够造成的振铃拖尾干扰，耦合干扰在探测剖面表现为非地下引起的水平同向轴连续信号，此信号下文简称水平干扰信号。由于雷达信号是高频电磁波，在地层传播过程中按指数衰减，水平干扰信号则对越深的信号影响越大；而在相对变化较小的水平干扰信号的作用下，浅部信号信噪比明显高于深部信号的信噪比。

为提高地质雷达的纵向分辨率和横向分辨率，采用如下的数据处理方法。

1）一维滤波

该方法在雷达资料处理中具有重要地位。因为，对地质雷达信号而言，存在不同频率干扰，其次是采集系统存在低频漂移需要压制。为了提高解释精度，需要对干扰信号进行滤波处理，提取不同地下介质对雷达波的响应特征，如能量吸收、波长变化和频率变化等。

一维滤波处理可以分为两种形式：FIR 滤波和 IIR 滤波，前者对宽带信号具有良好处理能力。一维 FIR 滤波器属于线性时不变系统，可以采用卷积和形式表示，一维 FIR 滤波常用窗口法来设计脉冲响应 $h(n)$。下面以低通滤波器设计来说明 FIR 滤波器设计，其余带通等滤波器均可以通过低通滤波器的组合来实现。

A. 滤波器设计

如果希望得到的滤波器的理想频率响应为 $H_d(e^{j\omega})$，那么 FIR 滤波器的设计就在于寻找一个传递函数 $H(e^{j\omega})=\sum_{n=0}^{N-1}h(n)e^{-jn\omega}$ 去逼近 $H_d(e^{j\omega})$，窗口设计法（时域逼近）是一种常用的方法。时间窗口设计法是从单位脉冲响应序列着手，使 $h(n)$ 逼近理想的单位脉冲响应序列 $h_d(n)$。$h_d(n)$ 可以从理想频响，通过傅里叶反变换获得，即

$$h_d(n)=\frac{1}{2\pi}\int_o^{2\pi}H_d(e^{j\omega})\,e^{j\omega n}\,d\omega \tag{3.1}$$

但一般来说，理想单位脉冲响应 $h_d(n)$ 往往都是无限长序列，而且是非因果的。但 FIR 的 $h(n)$ 是有限长的，问题是怎样用一个有限长的序列去近似无限长的 $h_d(n)$。最简单的办法是直接截取一段 $h_d(n)$ 代替 $h(n)$。这种截取可以形象地想象为 $h(n)$ 是通过一个“窗口”所看到的一段 $h_d(n)$，因此，$h(n)$ 也可表达为 $h_d(n)$ 和一个“窗函数”的乘积，即

$$h(n)=w(n)h_d(n) \tag{3.2}$$

在这里窗口函数就是矩形脉冲函数 $w(n)$，当然以后我们还可看到，为了改善设计滤波器的特性，窗口函数还可以有其他的形式，相当于在矩形窗内对 $h_d(n)$ 作一定的加权处理。

设 $H_d(e^{j\omega})\Leftrightarrow h_d(n)$，

由于 $H_d(e^{j\omega})\Rightarrow h_d(n)\Rightarrow h_d(n)w(n)$，则可推导出：

$$H(e^{j\omega})\Leftarrow h(n)$$

窗口函数影响表现为：

（1）改变了理想频率响应的边沿特性，形成过渡带，宽为 $\frac{4\pi}{N}$，等于 $W_R(\omega)$ 的主瓣宽度。该项决定于窗长。

（2）过渡带两旁产生肩峰和余振（带内、带外起伏），取决于 $W_R(\omega)$ 的旁瓣，旁瓣多，余振多；旁瓣相对值大，肩峰强，与 N 无关。该项决定于窗口形状。

（3）N 增加，过渡带宽减小，肩峰值不变。

因主瓣附近

$$W_R(\omega)=\frac{\sin(\omega N/2)}{\sin(\omega/2)}\approx N\frac{\sin(N\omega/2)}{N\omega/2}=N\frac{\sin x}{x}$$

其中，$x=N\omega/2$，所以 N 的改变不能改变主瓣与旁瓣的比例关系，只能改变 $W_R(\omega)$ 的绝对值大小和起伏的密度，当 N 增加时，幅值变大，频率轴变密，而最大肩峰永远为 8.95%，这种现象称为吉布斯（Gibbs）效应。

肩峰值的大小决定了滤波器通带内的平稳程度和阻带内的衰减，所以对滤波器的性能有很大的影响。改变窗口函数形状可改善滤波器特性，窗口函数有许多种，但要满足以下两点要求：

（1）窗谱主瓣宽度要窄，以获得较陡的过渡带。

（2）相对于主瓣幅度，旁瓣要尽可能小，使能量尽量集中在主瓣中，这样就可以减小肩峰和余振，以提高阻带衰减和通带平稳性。

但实际上这两点不能兼得，一般总是通过增加主瓣宽度来换取对旁瓣的抑制。

B. 应用分析

地质雷达应用中，可根据探测目的不同，选用不同形式的滤波器。目前常用的滤波器形式有以下四种：低通滤波器、带通滤波器、高通滤波器和带陷滤波器（图 3.4）。而滤波参数和滤波类型的选取非常重要，如果选择不好，反而达不到提高信噪比的目的。

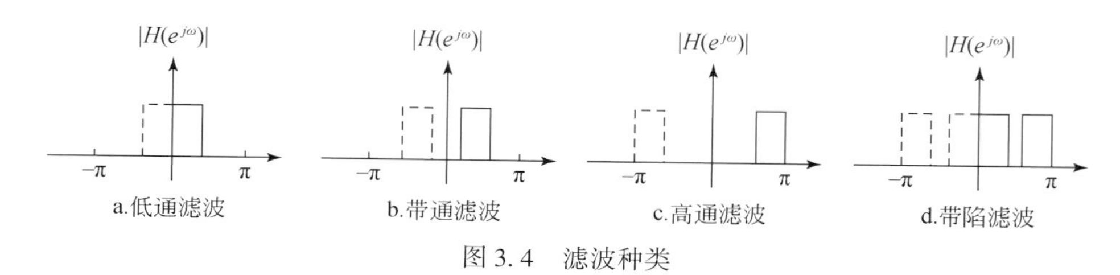

图 3.4 滤波种类

下面以雷达剖面对比这四种滤波器的不同效果，其中振幅谱均选择相同道。图 3.5 是原始剖面和振幅谱，信号带宽为 2000MHz。

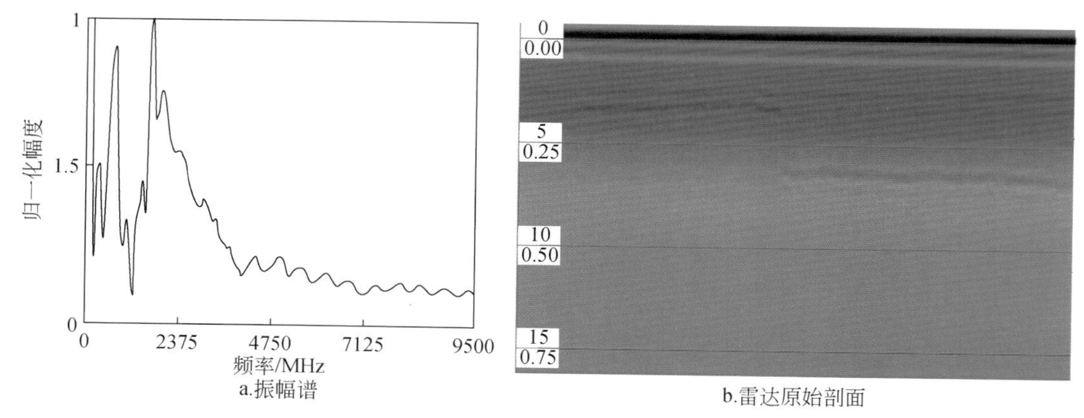

图 3.5 地质雷达原始剖面及振幅谱

对图 3.5 雷达剖面进行滤波处理，滤波参数如下：

①低通滤波，高频截止为 1600MHz，图 3.6a 中的滤波因子和振幅谱就是该滤波系统的时间响应和频率响应。经滤波后雷达剖面和相应振幅谱曲线（图 3.7），与原始雷达剖

面对比，因频带信号没变化，滤波后剖面与原始剖面变化不明显。

②高通滤波，低频截止为1100MHz，图3.6b中的滤波因子和振幅谱是该滤波系统的时间响应和频率响应。经滤波后的雷达剖面和相应的振幅谱曲线与原始剖面对比，因1000MHz以下频率信号被滤除，滤波后信号频带变窄，在剖面上出现明显振荡。

③带通滤波，滤波参数为300~2000MHz，图3.6c中的滤波因子和振幅谱就是该滤波系统的时间响应和频率响应。经过滤波后的雷达剖面和相应的振幅谱曲线与原始剖面对比，将雷达低频漂移和高频噪声进行压制，同时保留信号的主要频率成分，因信噪比较高，突出了层位反射信号能量，提高了信号分辨能力。

④带陷滤波，带陷参数为300~2000MHz，正好与带通相反，图3.6d中的滤波因子和振幅谱就是该滤波系统的时间响应和频率响应。经过滤波后的雷达剖面和相应的振幅谱曲线，与原始剖面对比，信号主要能量受到压制，在剖面出现杂乱的噪声信号，层位反射信号的能量基本消失，信号分辨率很低。

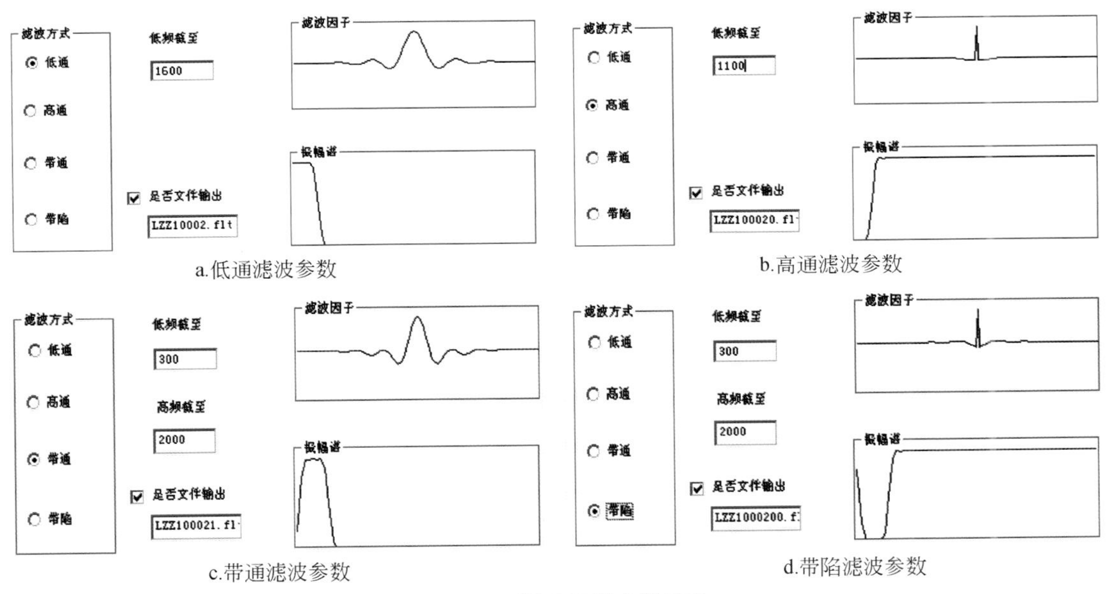

a.低通滤波参数

b.高通滤波参数

c.带通滤波参数

d.带陷滤波参数

图3.6 不同滤波器参数选取

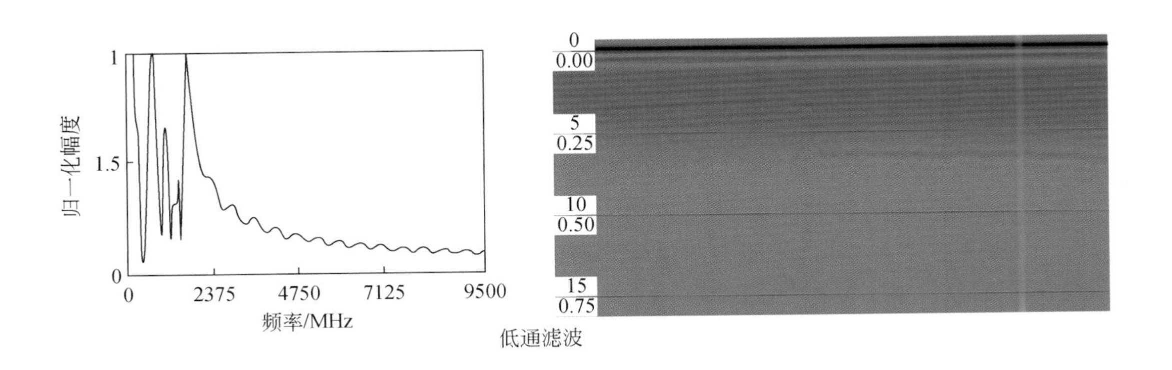

低通滤波

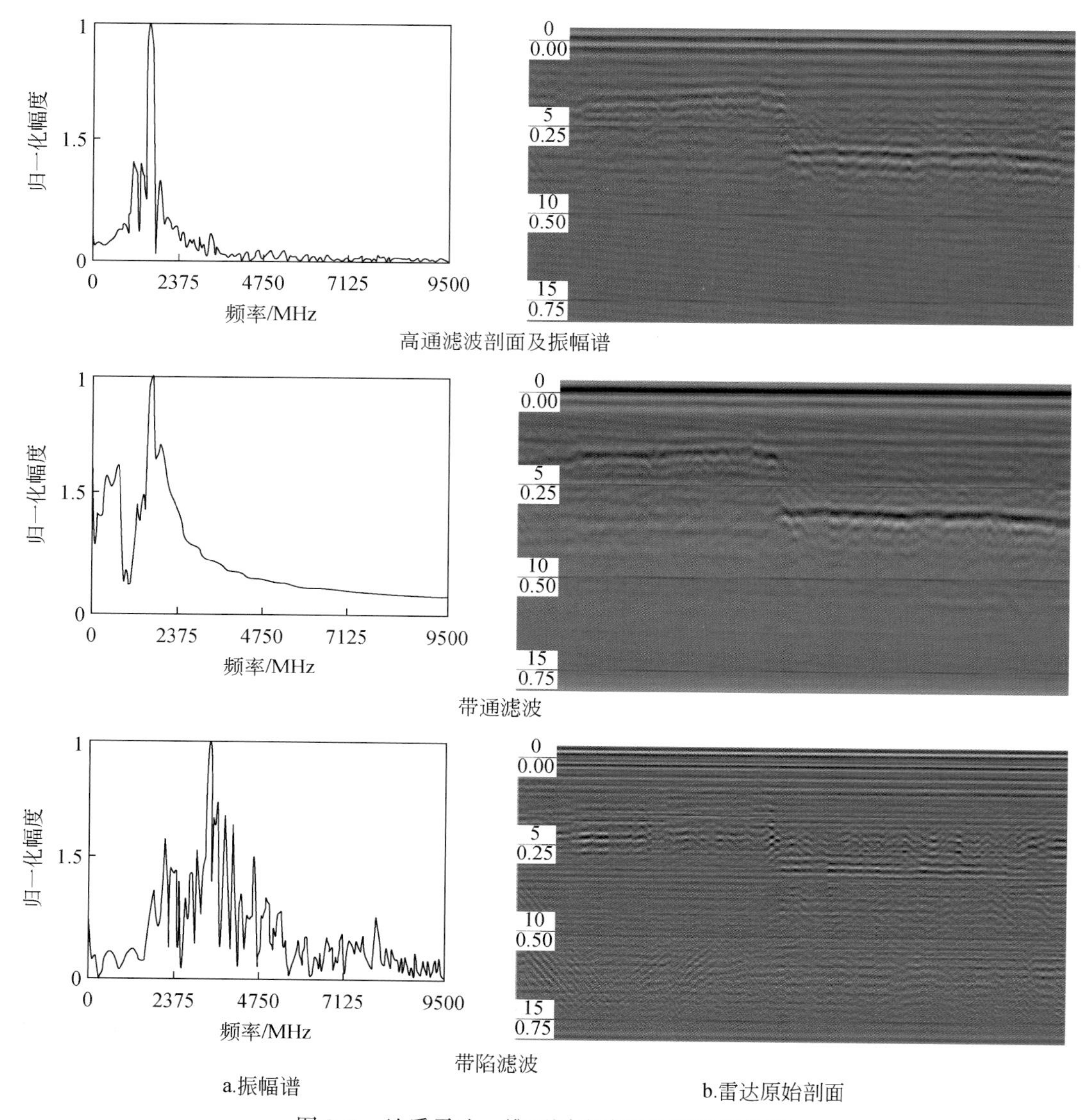

图 3.7　地质雷达一维不同滤波器处理效果比较

比较表明，要想获得较好的滤波效果，在滤波器设置时，必须保留主要信号频率成分，如果设计的滤波器带宽不够，滤波器的时间响应就会产生振铃干扰信号，导致滤波后的雷达剖面同样产生多次振荡干扰。

2）小波变换

基于傅里叶变换的 FIR 滤波时频分析存在以下弊端：

（1）傅里叶变换实质将能量有限信号分解到 $\exp(jwt)$ 为正交基的空间上，基的性能有限制。

（2）频域分析具有很好局部性，但时域上没有局部化功能。

（3）短时傅里叶变换窗口函数（即相应带通滤波器带宽）与中心频率无关。

如果 $\Psi(t) \in L^2(R)$，傅里叶变换 $\hat{\Psi}(\omega)$ 满足允许下式条件，则称 $\Psi(t)$ 为一个基本小波或称为母小波。

$$C_\Psi = \int_R \frac{|\hat{\Psi}(\omega)|^2}{|\omega|} \mathrm{d}\omega < \infty$$

将母小波函数 $\Psi(t)$ 经过伸缩（尺度参数）和平移后，就可以得到小波序列

$$\Psi_{a,b}(t) = \frac{1}{\sqrt{|a|}} \Psi\left(\frac{t-b}{a}\right) (a, b \in R, a \neq 0)$$

任意的函数 $f(t) \in L^2(R)$ 的连续小波变换（CWT）为

$$W_f(a, b) = \langle f, \Psi_{a,b} \rangle = \frac{1}{\sqrt{|a|}} \int_R f(t) \Psi\left(\frac{t-b}{a}\right) \mathrm{d}t$$

其逆变换

$$f(t) = \frac{1}{C_\Psi} \iint_{R+R} \frac{1}{a^2} W_f(a, b) \Psi\left(\frac{t-b}{a}\right) \mathrm{d}a\mathrm{d}b$$

小波变换具有如下性质：

（1）线性：$x(t)$，$y(t) \in L^2(R)$，k_1，$k_2 \in R$，$W_{k_1x+k_2y}(a, \tau) = k_1 W_x(a, \tau) + k_2 W_y(a, \tau)$。

（2）时移不变性：$x(t)$ 的 CWT 为 $W_x(a, \tau)$，则 $x(t - t_0)$ 的 CWT 为 $W_x(a, \tau - t_0)$。

（3）尺度变换：$x(t)$ 的 CWT 为 $W_x(a, \tau)$，则 $x\left(\frac{t}{\lambda}\right)$ 的 CWT 为 $\sqrt{\lambda} W_x\left(\frac{a}{\lambda}, \frac{\tau}{\lambda}\right)$。

连续小波变换过程采用 5 个步骤：

步骤 1：把小波 $y(t)$ 和原始信号 $f(t)$ 的开始部分进行比较。

步骤 2：计算系数 W_f。该系数表示该部分信号与小波的近似程度。系数 W_f 的值越高表示信号与小波越相似，因此系数 W_f 可以反映这种波形的相关程度。

步骤 3：把小波向右移，距离为 k，得到的小波函数为 $\Psi(t-k)$，然后重复步骤 1 和 2。再把小波向右移，得到小波 $\Psi(t-2k)$，重复步骤 1 和 2。按上述步骤一直进行下去，直到信号 $f(t)$ 结束。

步骤 4：扩展小波 $\Psi(t)$，例如展开一倍，得到的小波函数为 $\Psi(t/2)$。

步骤 5：重复步骤 1 ~ 4。

CWT 的整个变换过程如图 3.8 所示。

小波变换与傅里叶变换对比，它把信号分解到 W_{-j} 所构成的空间上；在频域中具有较好的局部化能力，特别对于频率成分简单的确定性信号；小波分析中的尺度 a 值越大相当于傅里叶变换中的 ω 的值越小。

图 3.9a 是 400MHz 补连塔研究区雷达探测原始剖面，图 3.9b ~ f 分别是尺度为 1、2、4、8、16 的小波变换后雷达逼近剖面。剖面显示：

（1）不同尺度包含的频率空间是不同的，尺度越大，频率越低，提取的是仪器本身低频漂移信号。

（2）尺度 1、2、4 对地表层信息有很好的反映。

根据叠加特性，我们可以将尺度 1、2、4 雷达剖面进行叠加，同时减去较强背景噪声的尺度 8 和 16 的雷达剖面。其结果参见图 3.10 所示，雷达信号信噪比明显得到改善。

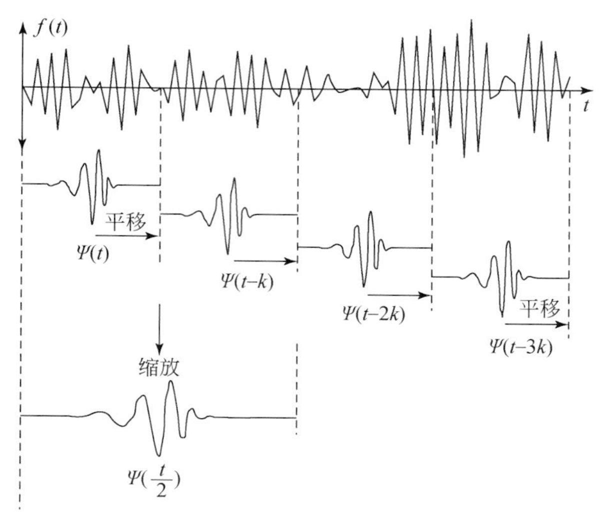

图 3.8　小波变换过程示意图

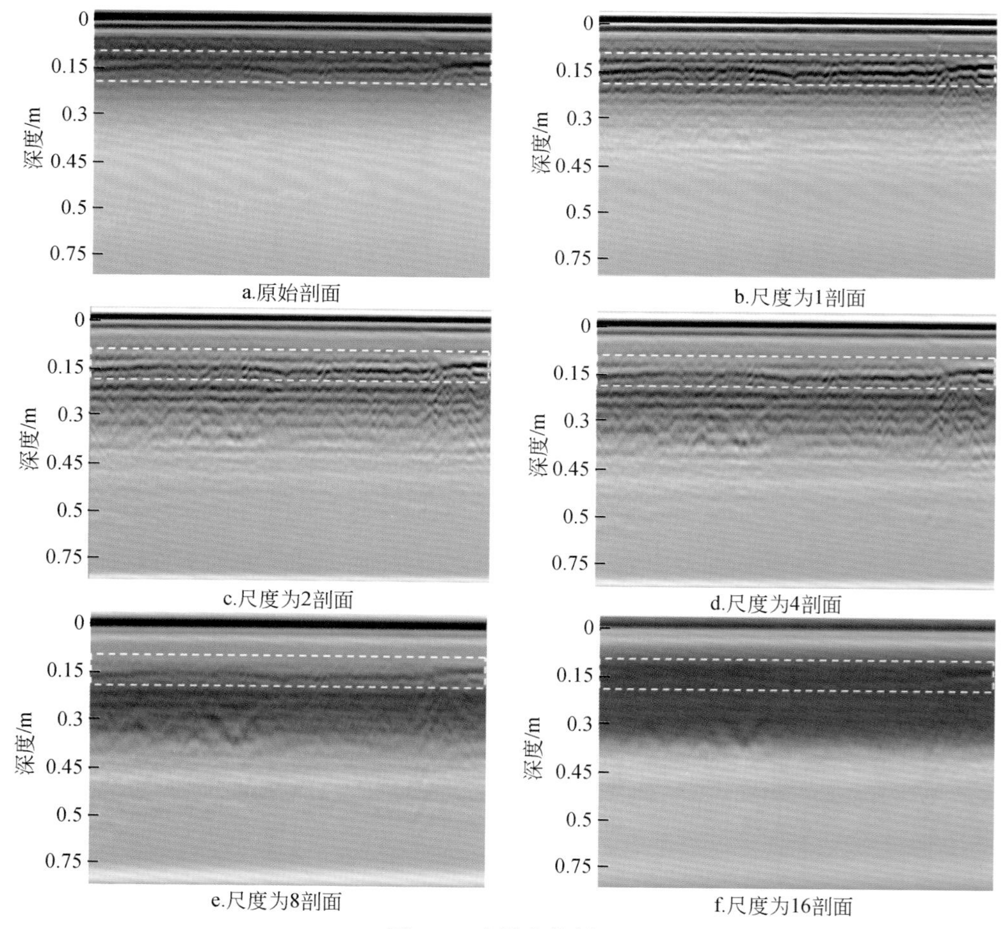

图 3.9　小波变换剖面

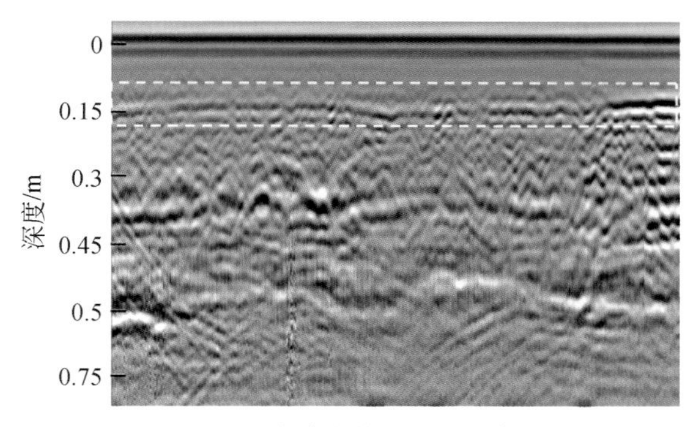

图3.10　小波变换后的增益剖面

3）AGC增益

自动增益（AGC增益）的目的是使雷达剖面上各有效波的能量均衡。这种处理便于有效波的追踪，利于弱信号的对比。

自动增益依靠雷达记录乘以随时间变化的因子来实现，即：

$$\tilde{y}(t) = P(t)y(t) \tag{3.3}$$

式中，$y(t)$ 为自动增益前的雷达记录；$P(t)$ 为自动增益权函数；$\tilde{y}(t)$ 为自动增益后的雷达记录。

对于能量大的反射信号，所乘的权因子应该比较小；对于能量小的反射信号，所乘的权因子应该比较大。为了使反射波的记录不会发生失真，权函数因子随时间的变化应该是比较缓慢的。

A. 时间窗确定及平均振幅计算

处理程序中参数控制点数即为确定时间窗的数量。在计算平均振幅时，每两个相邻时间窗之间要重叠半个时间窗。因此，根据控制点数，需要计算以下参数：时间窗长、时间窗的起始时间、时间窗的终止时间。

因此，第 i 个时间窗内的平均振幅计算公式：

$$A_i = \frac{\sum_{t=T_{i-1}}^{t=T_{i+1}} |y(t)|}{N} \tag{3.4}$$

式中，$y(t)$ 为要处理的雷达采集的单道信号；T_{i-1} 为第 i 个时窗的起始时间；T_{i+1} 为第 i 个时窗的终止时间；N 为第 i 个时窗的样点数；A_i 为第 i 个时窗的平均振幅。最后，把每个时窗的平均振幅对应于各自的时窗中心存放起来。

B. 计算加权函数

加权函数为

$$P_i = \frac{M}{A_i} \tag{3.5}$$

式中，A_i 为第 i 个时窗的平均振幅；P_i 为第 i 个时窗中心对应的加权因子；M 为用于调整处理后有效振幅大小的平衡系数。

对于那些非时窗中心各点的加权因子，可以利用相邻两个时窗中心的加权因子线性内插得到。

C. 应用实例

自动增益有两个关键参数：控制点数和增益极值。图 3.11 控制点数分别为 17、11 和 5 的增益曲线。在相同增益极值的条件下，控制点数越多，其增益曲线起伏越大，这对局部弱信号放大作用越明显；换个角度而言，如果局部弱信号得到放大，自然降低了原来有效反射强信号与弱信号的对比度。因此选择增益控制点数并不是越大越好，应该根据需要选取合适的控制点数，一般在 4 ~ 11 范围内较为合适。图 3.12 是增益剖面和原始剖面对比结果。图 3.11a 为原始剖面和单道曲线图，通过选用增益控制点数为 17、增益极值为 2222 的增益放大，其结果参见图 3.12b，深度信号的能量得到放大。

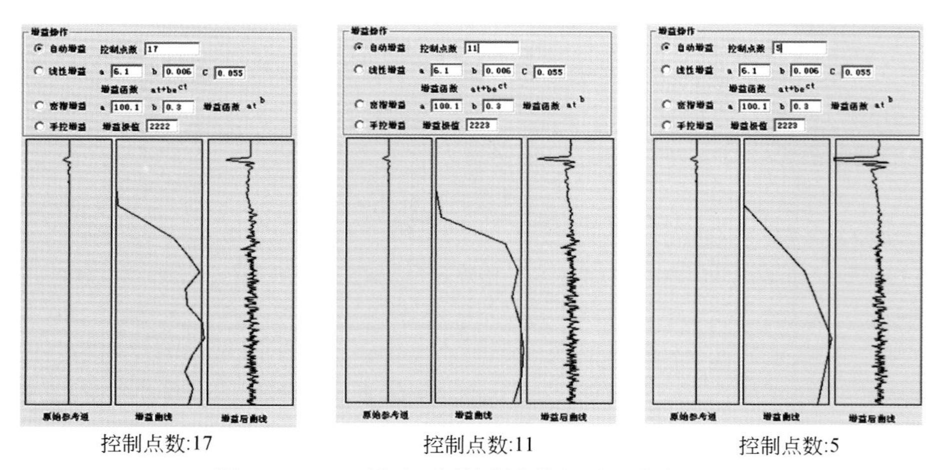

图 3.11　AGC 增益不同控制点数的增益曲线对比

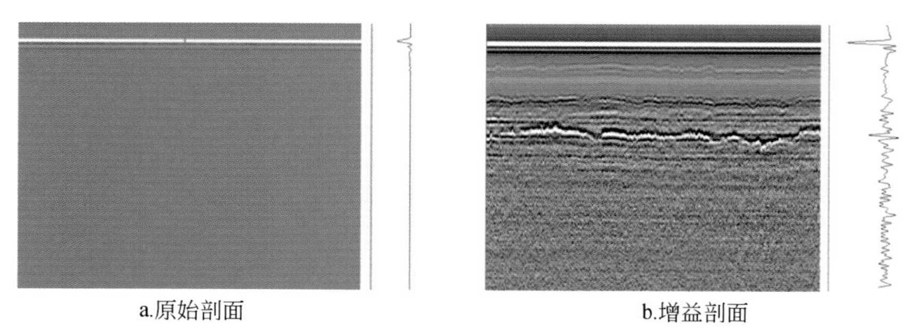

图 3.12　原始剖面与 AGC 增益剖面比较

4）均值背景去噪

A. 算法实现方式

选取雷达剖面明显道间水平干扰信号地段，将该段的所有道数据进行求取均值，这样有规则的水平信号得到加强，无规则的反射信号得到减弱。因此平均值可以认为是仪器内部造成的干扰信号，需要从雷达剖面所有数据道中去除。此时，把均值道作为仪器和环境带来的背景噪声。求取雷达剖面所有道与背景噪声之间的差，达到去除背景噪声的目的。

背景噪声选取：

$$x_{\Sigma}(t)=\frac{1}{N_2-N_1+1}\sum_{i=N_1}^{N_2}x_i(t)\qquad N_1<N_2\tag{3.6}$$

式中，N_1 是剖面背景噪声的起始道数；N_2 是剖面背景噪声的终止道数。

B. 应用分析

背景剖面从20道到720道，参见图3.13，其中背景曲线就是该剖面的背景噪声。

图3.14就是将雷达原始剖面减去背景噪声的处理剖面，由于背景噪声选取不当，在处理剖面上叠加了能量较强的背景噪声干扰。

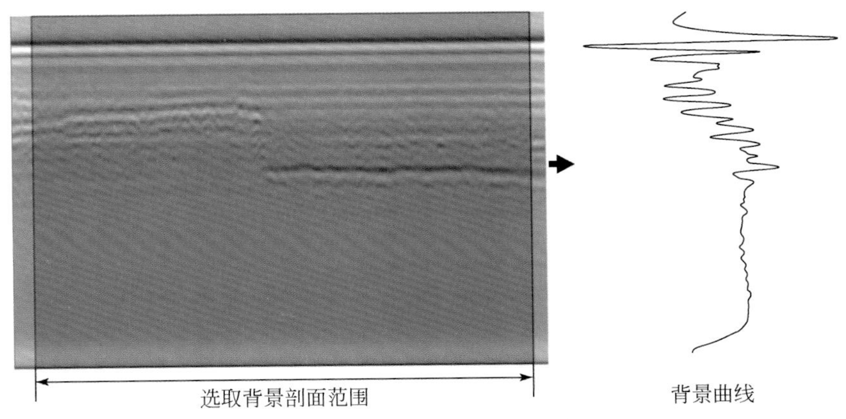

图3.13　背景噪声选取及处理剖面

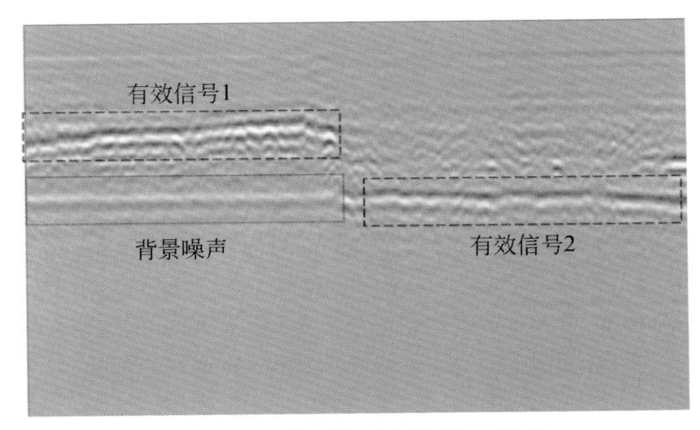

图3.14　背景噪声去除雷达剖面

5）水平预测滤波

水平预测滤波是在研究数字信号处理基础上开发的一种去除水平干扰信号方法。

A. 水平预测滤波的基础

滤波思想：将水平预测算法和滤波相结合。采用以下步骤实现该算法（图3.15）。

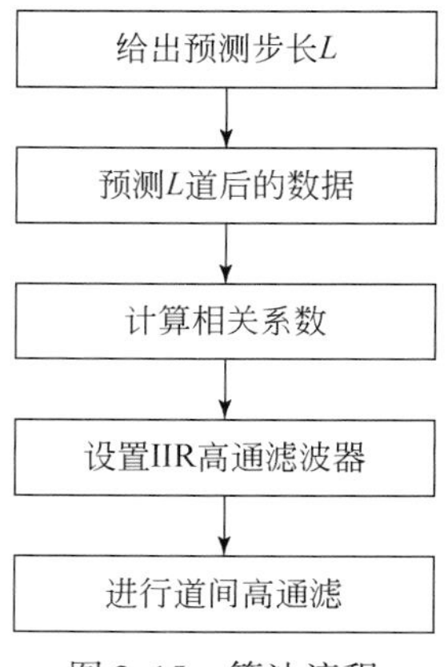

图 3.15 算法流程

第一步：水平预测步长为道距长度。

第二步：计算道间水平预测数据和实际道时间深度样点数据之间的相关系数。

第三步：利用相关系数设计 IIR 高通滤波器。

第四步：实现 IIR 滤波。

这里的预测算法采用预测反卷积模式来实现。

经大量实验，采用下面方法获取预测道时间深度样点值和实际探测结果样点值之间的相关系数：

$$\rho(t)=\frac{|x(t)+x'(t)|}{\sqrt{x^2(t)+x'^2(t)}} \tag{3.7}$$

式中，$x(t)$ 是实际探测结果样点值；$x'(t)$ 是预测结果样点值。

从式（3.7）可以得出：如果实际样点值与预测样点值相同，相关系数为1；如果实际样点值与预测样点值正好相反，那么相关系数为0。因此相关系数数值大小在0和1之间。

设计 IIR 高通滤波器需要获得截频点和截频点衰减，通频点和通频点衰减等参数。由于水平预测滤波目的是滤除道间水平干扰信号，截频点为0，截频点衰减为20dB。而通频点与前面获取的相关系数有关，如果相关系数越大，通频点越小，从而对道间水平信号进行较小压制；否则通频点越大，对道间水平信号进行更大范围的压制。基于以上考虑，通频点计算采用如下表达式：通频点=采样频率/（样点数×相关系数），衰减为3dB。

利用巴特沃斯或切比雪夫模拟滤波器设计原理实现 IIR 滤波器的功能。这里采用了偶级联方式实现了 IIR 滤波功能（图 3.16）。

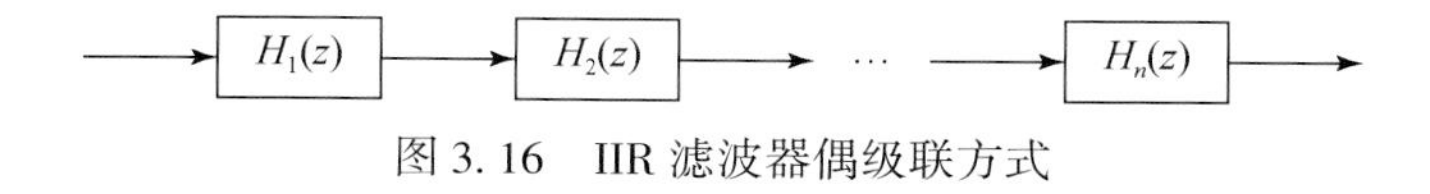

图 3.16 IIR 滤波器偶级联方式

B. 水平预测滤波的应用分析

图 3.17 是利用不同步长对补连塔 D2 测线的雷达剖面图像。当步长为 30 以下时，对水平干扰信号具有很好的压制效果。

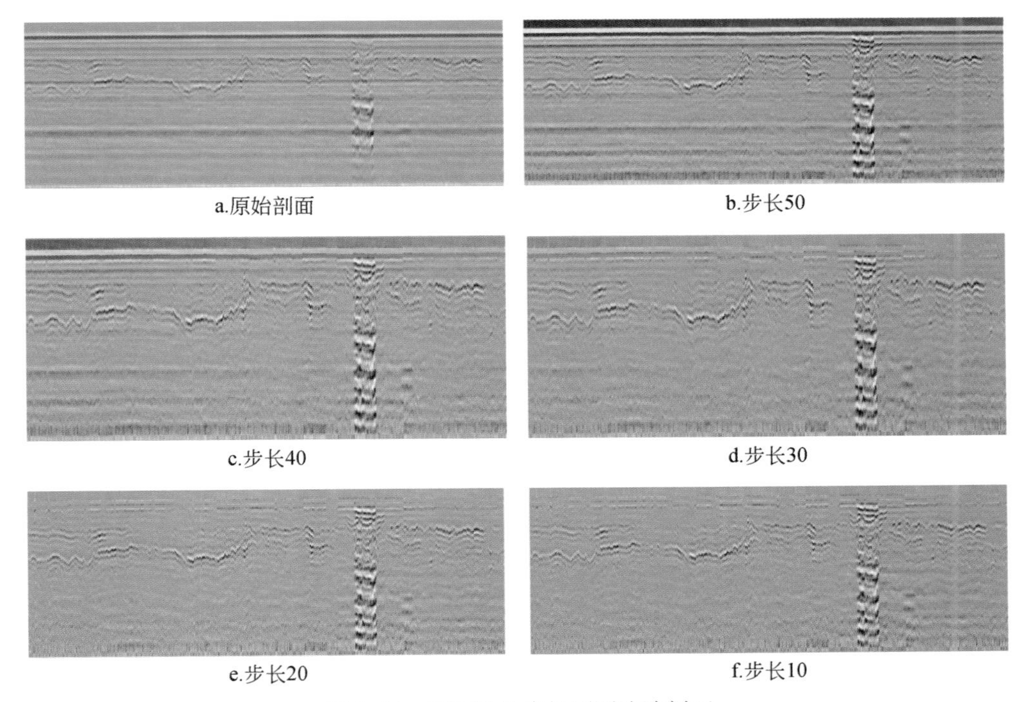

图 3.17　不同预测步长预测滤波剖面

对比背景去噪和道间水平预测滤波结果，可以得出不同步长时滤波效果的优缺点：

（1）背景去噪速度快，可以自由选取背景噪声，但在选取背景噪声时应避免选取那些强干扰信号，例如高压电缆等。

（2）道间水平预测滤波具有较高精度，但缺点是运算速度较慢，必须依据步长选取，达到不同的滤波效果。

6）二维滤波

在地质雷达探测中，当有效波和干扰波的频谱成分十分接近，无法用一维频率滤波来压制干扰时，如果有效波和干扰波存在视速度差异，则可进行视速度滤波。这种滤波是一种空间域的滤波。电磁波波动是时间和空间的函数，既可用振动图形来描述，也可用波剖面来描述。了解有效波和干扰波的频率-波数谱（单位长度上波长的个数）范围，以便选取合适的二维滤波器，达到压制干扰、提高信噪比的目的。

在频率滤波中，由于干扰波和有效波在频谱上有较大部分重叠，用频率滤波不能完全压制干扰波。但是，干扰波和有效波在视速度方面也存在差异，所以可进行视速度滤波来压制干扰波。视速度可以采用如下形式描述：

$$V^* = \frac{f}{k^*}, \qquad k^* \text{ 为波数}$$

A. 二维滤波的机理

在 $t-x$ 域中，雷达记录作为输入信号 $X(t, x)$ 与滤波器的脉冲响应（二维滤波因子）$h(t, x)$ 进行褶积：

$$\hat{X}(t, x) = h(t, x) * X(t, x) = \int_{-\infty}^{+\infty}\int_{-\infty}^{+\infty} h(\tau, \xi) X(t-\tau, x-\xi) \mathrm{d}\tau \mathrm{d}\xi \tag{3.8}$$

其中，$h(t, x) = \int_{-\infty}^{+\infty}\int_{-\infty}^{+\infty} H(f, k) \mathrm{e}^{i2\pi(ft+kx)} \mathrm{d}f\mathrm{d}k$

在 $f-k$ 域中，二维滤波输出的频波谱则是输入的频波谱和滤波器的频波响应相乘，即

$$\hat{X}(f, k) = H(f, k) X(f, k) \tag{3.9}$$

由于计算机处理的都是离散数据，那么，离散化后的二维数字滤波公式为

$$\hat{X}(n\Delta t, m\Delta x) = \Delta\tau\Delta\xi \sum_{i=-N}^{N-1}\sum_{j=-M}^{M-1} h(i\Delta\tau, j\Delta\xi) X(n\Delta t - i\Delta\tau, m\Delta x - j\Delta\xi)$$

式中，Δt 、Δx 是时间和空间的采样间隔；$\Delta\tau$ 、$\Delta\xi$ 是滤波因子的时空采样间隔。实际处理中，采样间隔已事先确定，为已知常数，因此上式可简化为

$$\hat{X}(n, m) = \Delta\tau\Delta\xi \sum_{i=-N}^{N-1}\sum_{j=-M}^{M-1} h(i, j) X(n-i, m-j)$$

B. 二维滤波器的设计

在二维滤波中，设置扇形滤波器（图 3. 18a）和带通扇形滤波器（图 3. 18c），其余切饼式滤波器（图 3. 18b）和带通切饼式滤波器（图 3. 18d）可以通过扇形滤波器获取其二维滤波因子。

（1）扇形滤波。对于视速度较低、频率较高的回波、多次波等干扰波，可采用扇形滤波，其频率波数响应为

$$H(f, k) = \begin{cases} 1 & |f/k| \geqslant v_1, \quad |f| < f_1 \\ 0 & 其他 \end{cases}$$

利用傅里叶反变换可求出其滤波因子为

$$h(t, x) = \int_{-f_1}^{f_1} \int_{-|f_1|/v_1}^{|f_1|/v_1} \mathrm{e}^{i2\pi(ft+kx)} \mathrm{d}f\mathrm{d}k = \frac{1}{2\pi^2 x}\left[\frac{1-\cos 2\pi f_1\left(t+\frac{x}{v_1}\right)}{t+\frac{x}{v_1}} + \frac{1-\cos 2\pi f_1\left(t-\frac{x}{v_1}\right)}{t-\frac{x}{v_1}}\right]$$

通放带在 $f-k$ 平面上构成由坐标原点出发，以 f 轴和 k 轴为对称的扇形区域，如图 3. 18a 所示。

（2）带通扇形滤波。对于视速度较低、频率也较低的面波等干扰波，可采用带通扇形滤波，如图 3. 18c 所示，其频波响应为

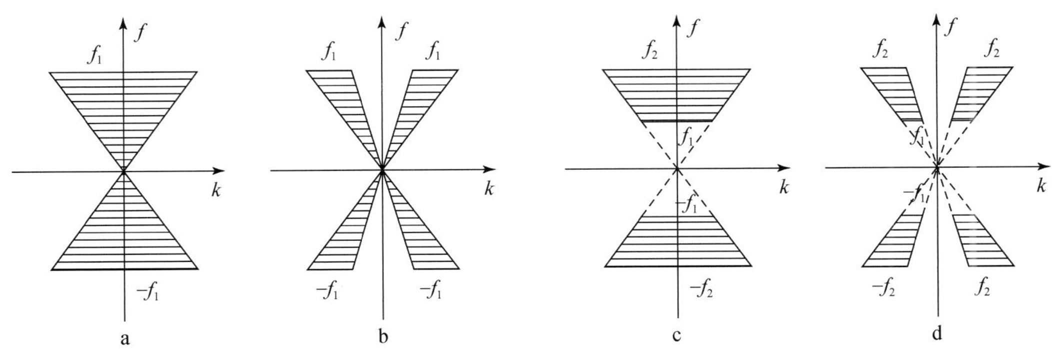

图 3.18　二维滤波器响应结构

$$H(f, k) = \begin{cases} 1 & |f/k| \geq v_1, \ f_1 \leq |f| < f_2 \\ 0 & \text{其他} \end{cases} \tag{3.10}$$

相应的滤波因子为

$$h(t, x) = \frac{1}{2\pi^2 x}\left[\frac{\cos2\pi f_1\left(t + \frac{x}{v_1}\right) - \cos2\pi f_2\left(t + \frac{x}{v_1}\right)}{t + \frac{x}{v_1}} + \frac{\cos2\pi f_1\left(t - \frac{x}{v_1}\right) - \cos2\pi f_2\left(t - \frac{x}{v_1}\right)}{t - \frac{x}{v_1}}\right]$$

C. 二维滤波的应用

下文针对二维反变换相同的雷达剖面进行二维滤波应用说明。采用两种二维滤波器进行对比，如图 3.19 所示。其中图 3.19a 为带通滤波，频率为 20 ~ 260MHz，视速度 200cm/ns，大视速度主要压制侧面斜同向轴干扰信号；图 3.19b 为切饼带通滤波，频率为 20 ~ 260MHz，视速度为 200cm/ns，小视速度主要压制水平同向轴干扰信号。

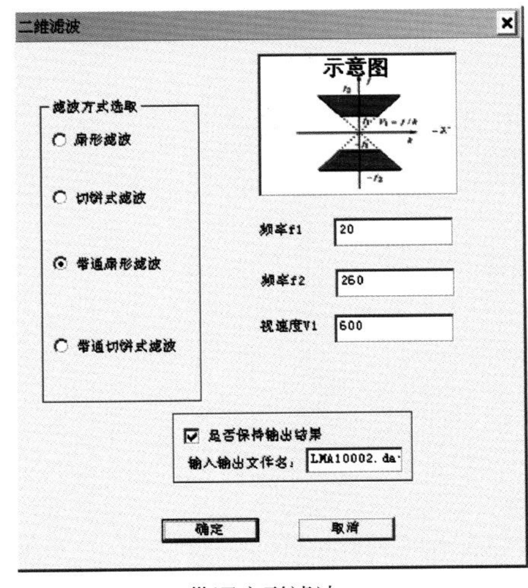

a.带通扇形滤波

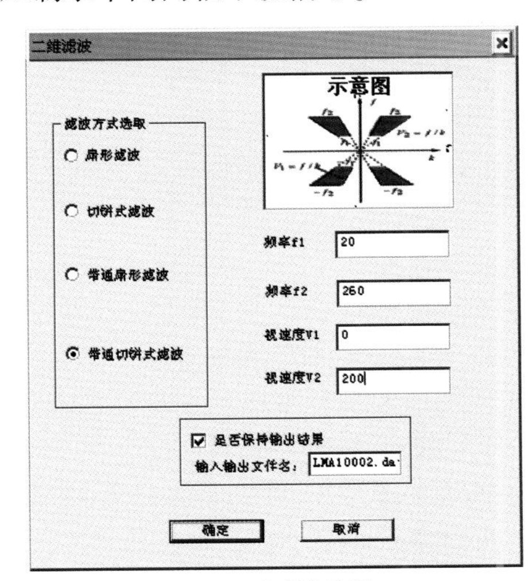

b.带通切饼式滤波器

图 3.19　二维滤波器参数设置

图 3. 20 是原始剖面和采用图 3. 19 两种二维滤波器滤波后雷达剖面对比结果。针对压制不同的干扰信号，可以采用不同的二维滤波器和相应参数达到滤波效果。

由于二维滤波器不仅可以压制不同频率噪声，也可以根据视速度压制不同来源的干扰信号，如果采用扇形滤波器，将视速度参数设置较小时，可以压制由于仪器本身产生的抖动“椒盐”噪声，深部信号由于雷达波的衰减，仪器产生的抖动“椒盐”噪声明显，严重干扰信号的识别。图 3. 21a 是 200MHz 补连塔 D1 测线雷达原始剖面，选用扇形滤波器，视速度大于 5cm/ns，图 3. 21b 是其滤波效果，剖面中出现的“椒盐”噪声得到有效压制。

a.原始剖面

b.带通高视速度二维滤波

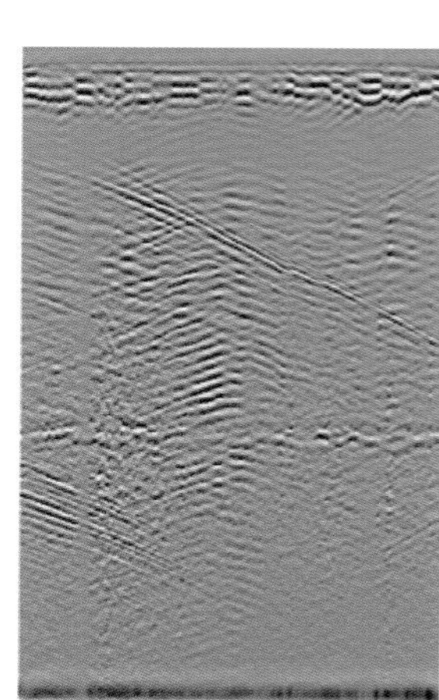

c.带通切饼低视速度二维滤波

图 3. 20 二维滤波器参数设置

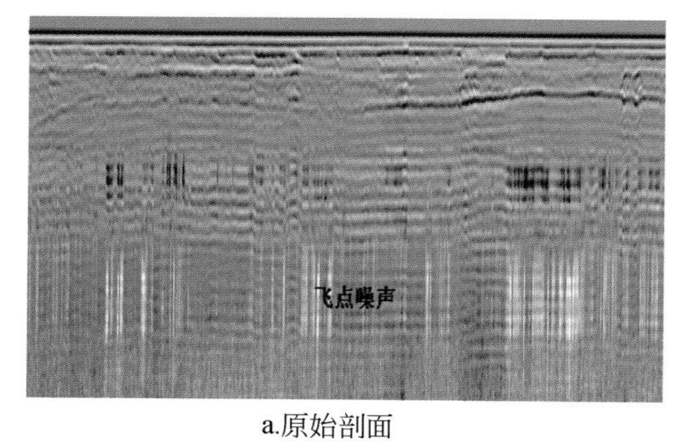

a.原始剖面

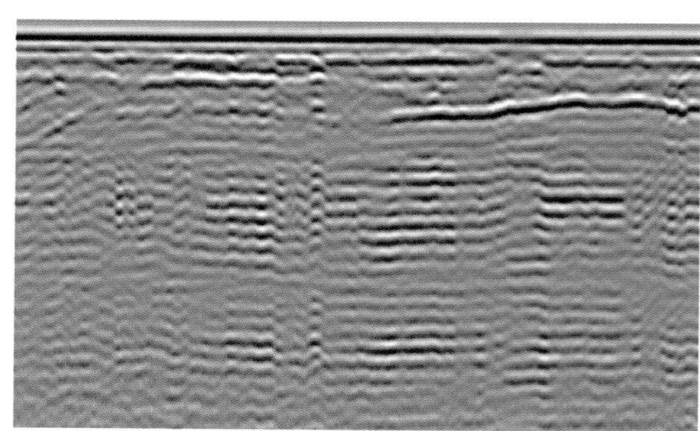

b.二维滤波剖面

图 3. 21 二维滤波器参数设置

3. 1. 2 第四系地表层主要岩性结构及分布特征

1. 第四系地表层采前主要岩性基础结构

地形切割程度不同，对地下水的补给具有明显影响。补连沟由西向东展布，地形切割相对较深。大气降水多沿沟谷以地表水的形式排泄。补连塔 12406 工作面地形地貌特征是北高南低，从北向南坡度较缓降低，到补连沟降到最低点，补连沟南部地形逐渐抬高。

数据采集区内在距测线起点不同位置，地物存在明显差别。在测线 0 ~ 700m 范围内，植物以沙柳为主，局部地段为沙蒿和废弃玉米田；在 700 ~ 1300m 范围内，植物以沙蒿为主，局部地段为沙柳和废弃村庄；在 1300m 至补连沟范围内，植物以草地、松林为主。补连沟南侧分支废弃的池塘、庄稼和地形地貌变化情况如图 3.22 所示。

图 3.22　补连塔 12406 工作面地表典型地貌

2. 典型剖面不同岩性结构的空间分布特征

补连塔井田大部分以风积沙区为主，大约在 0 ~ 10m 深度范围的地表层都视为第四系风积沙层，过去普遍认为风积沙层的构造和成分简单。研究区地貌状况显示（图 3.23），不同区域所生长的植被不同，表明风积沙区域的层结构和成分还是存在较大的差异，从而对地表层含水性及变化产生较大影响。因此，通过地质雷达高精度探测，精细划分地表层结构对研究地表层的含水性动态变化具有重要指导意义。

针对 12406 工作面地质雷达高精度探测数据，结合钻孔资料对测区的地表层结构验证，对地质雷达数据进行了详细地质分类解释处理。根据其组成成分，将浅表地层结构分为五类。

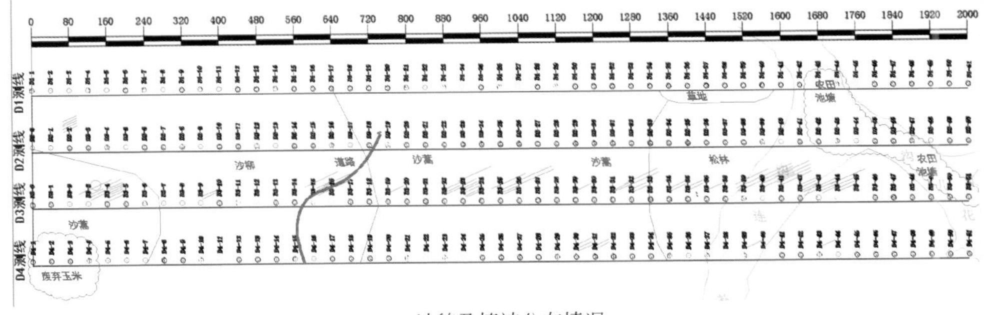

a.地貌及植被分布情况

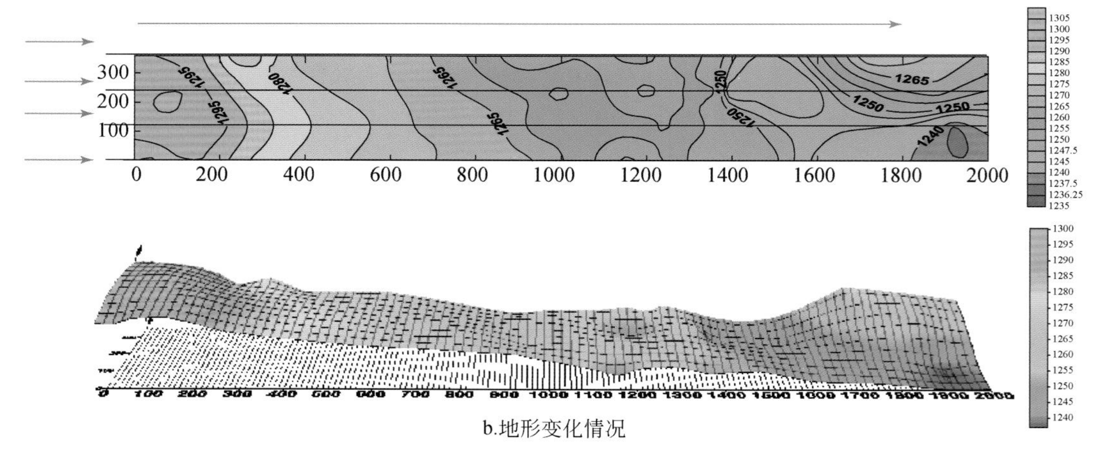

图 3.23　补连塔井田 12406 工作面地表地貌及地形变化

3. 第一类砾石基础结构

主要分布在以下两块区域。第 1 块：D1 测线的桩号 1 ~ 9，地表以沙蒿和废弃玉米地为主。第 2 块：D2 测线的桩号 38 ~ 45，位于干涸的补连沟左翼。

（1）第 1 块地表层结构特征（图 3.24）。该结构从上到下主要有三种介质：含黏土砂、含砾砂和细砂。在含黏土砂和含砾砂之间夹杂着中砂、细砂等透镜体。主要特征是含砾砂层具有较大含水率，是影响地质雷达探测障碍层，其厚度在 1m 和 3m 之间。

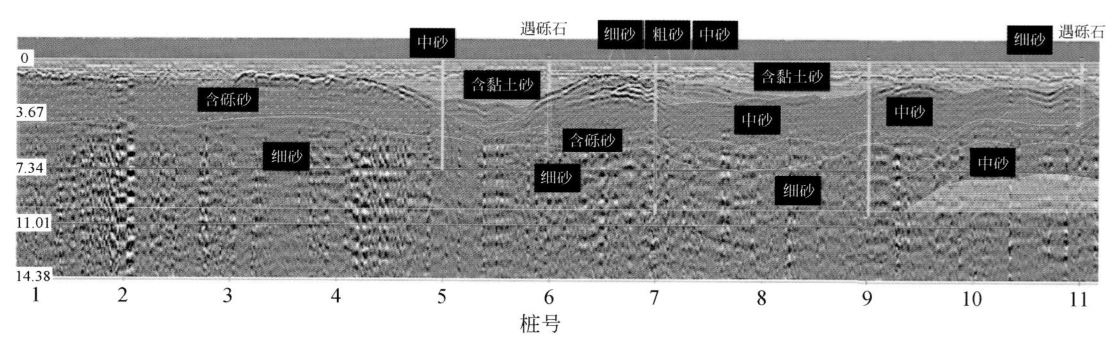

图 3.24　砾石基础结构 1 雷达探测剖面图

（2）第 2 块地表层结构特征（图 3.25）。该结构从上到下主要有三种介质：含黏土砂、含砾砂和中砂。在含黏土砂和含砾砂之间夹杂着砾石质砂。主要特征是含砾砂层具有一定含水率，也是影响地质雷达探测障碍层，其厚度在 1m 和 3.5m 之间。

4. 第二类基岩基础结构

主要分布在测线桩号 0 ~ 20 区域，是 12406 开采区域的主体结构之一，约占开采区域面积的一半，位于所有测线的起点和终点附近。地表植物以沙柳为主，沙柳比沙蒿需要更多的水分；在补连沟附近的水塘，已经干涸。

该结构从上到下主要由以下两种介质构成：

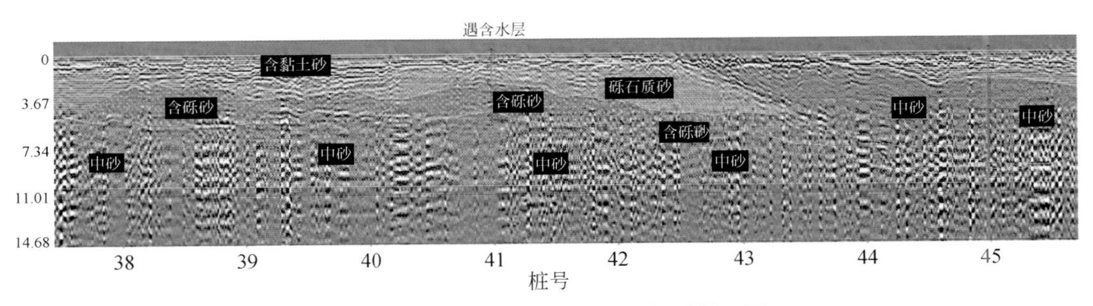

图 3.25　砾石基础结构 2 雷达探测剖面图

(1) 含黏土砂、中砂、基岩风化层和基岩（图 3.26a），夹杂粗砂、细砂等透镜体。

(2) 含黏土砂、基岩风化层（黏土）和基岩（图 3.26b），夹杂粗砂、细砂等透镜体。

第二类基岩基础结构最主要特征是在含砂黏土下部，均含有基岩风化层（黏土层），黏土层具有隔离水源渗漏作用，保证上部砂层具有一定的含水量，满足沙柳植物生长。

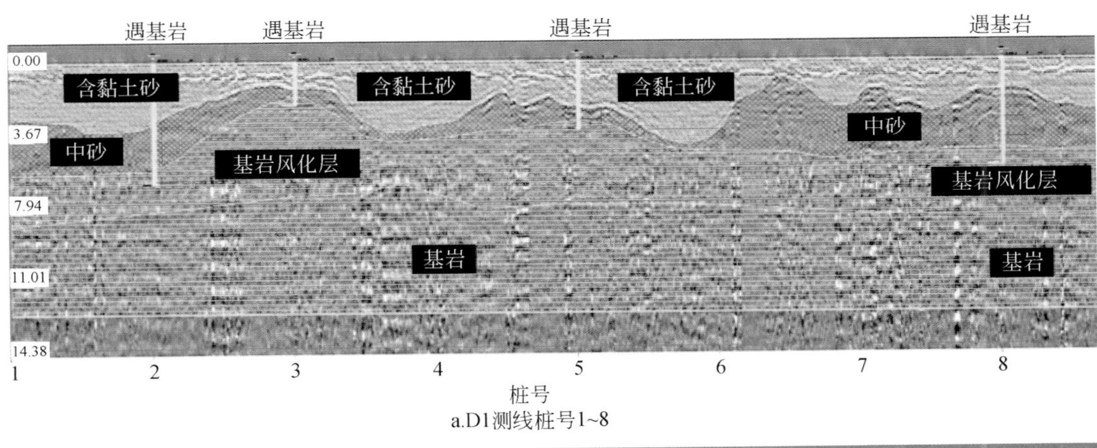

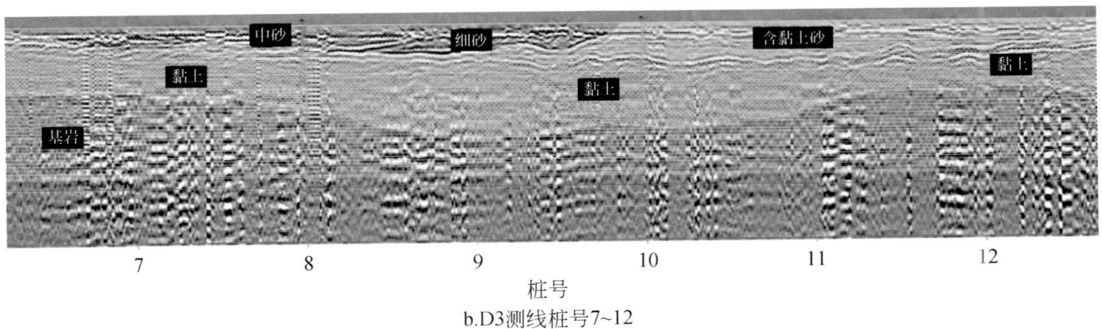

图 3.26　基岩基础结构雷达探测剖面图

5. 第三类倾斜基岩基础结构

主要分布在测线桩号 20 ~ 26 区域，是第二类基岩基础结构层中基岩向深部快速延伸区域。地表植物以沙蒿为主，局部地区存在沙柳。

地层结构特征如图 3.27 所示。其主要特征是基岩快速向下延伸，上部被细砂中砂填充，地表水容易顺基岩向下渗流。

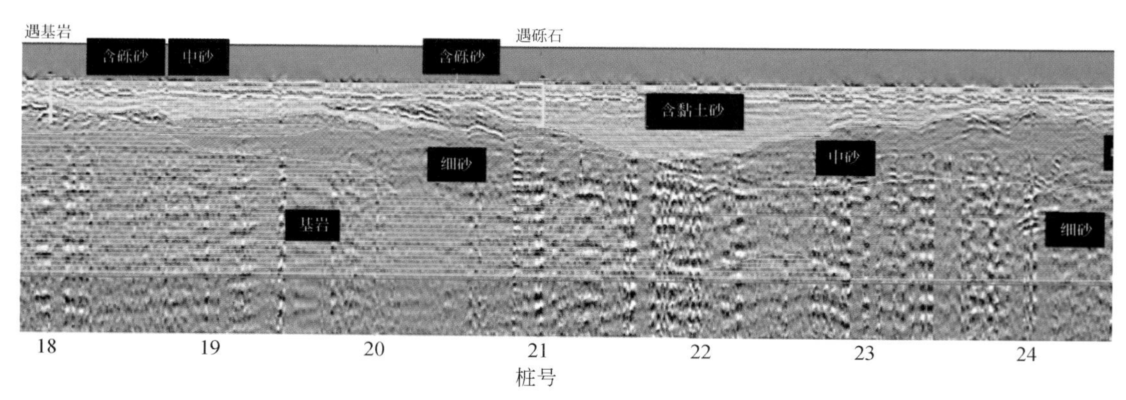

图 3.27　倾斜基岩基础结构雷达探测剖面图

6. 第四类砂层互层基础结构

主要分布在测线桩号 26～41 区域，是测区主要地表层结构之一。地表植物以沙蒿为主，在靠近补连沟附近局部地方有草地和松树林。

地层结构特征如图 3.28 所示。该类结构比较复杂，属于典型的风积沙层结构，是由含黏土砂、粗砂、中砂、细砂等互相交织构成，局部地段含有黏土和砾石。浅钻验证表明，10m 深度地下的砂层含水率较小，介质较松散，地表水容易向下渗漏。

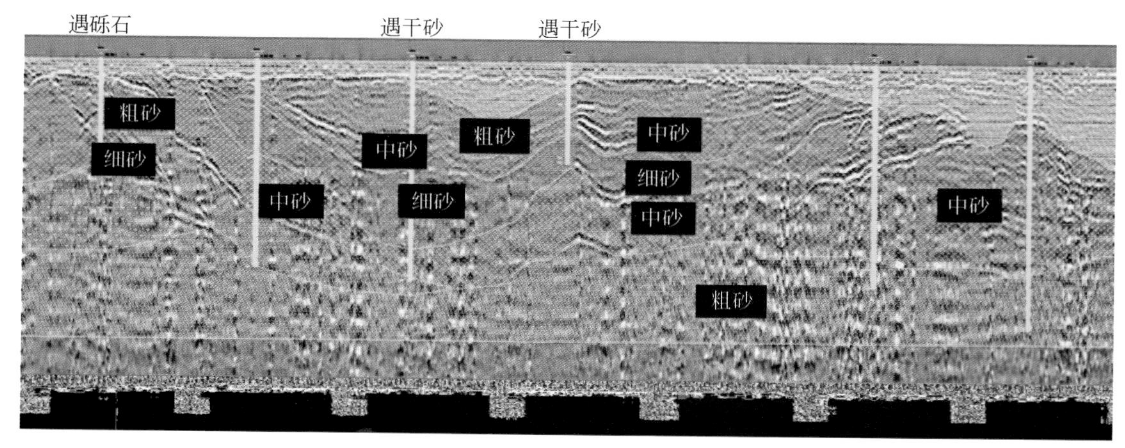

图 3.28　砂层互层结构雷达探测剖面图

7. 第五类粗砂基础结构

主要分布在 D2 测线，桩号 45～51 狭小区域（图 3.29），地貌上两侧为补连沟。

地层结构特征如图 3.30 所示。该类结构简单，表层为含黏土砂，中部为中砂，下部为粗砂，局部夹杂砾石。该地层打钻证明含水率较低，地表水容易向下渗漏。

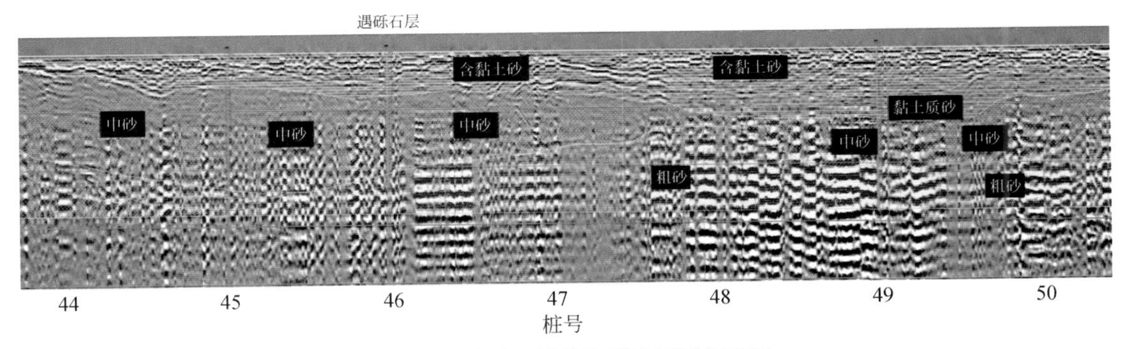

图 3.29 砂层互层结构雷达探测剖面图

各类特征的地层结构分布区域如图 3.30 所示。

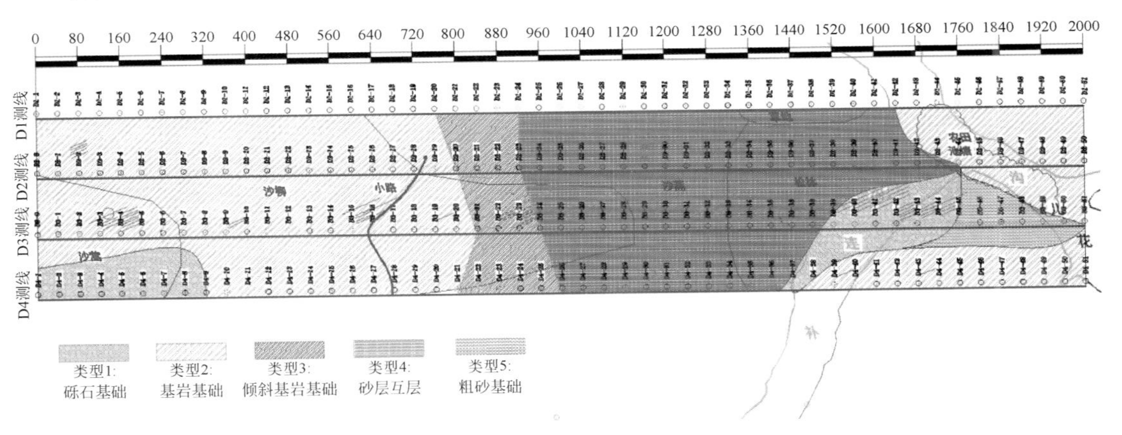

图 3.30 综合地层类型分布示意图

3.1.3 地表层含水率信息提取方法

1. 基于地质雷达信号的物理特征分析

介质的相对介电常数 ε_r 对于雷达波的波长、波速和反射系数有非常重要的影响。而在高频电磁波中，由于极化惯性所引起的附加导电性，是一个值得深入研究的问题。地质雷达应用对象主要是有耗的介质，在导电介质中电导率 $\sigma \neq 0$，不仅损耗电磁波的能量，也影响电磁波的传播速度。由欧姆定律 $J = \sigma E \neq 0$，故麦克斯韦方程组的复数形式为

$$\nabla \times \dot{H} = \sigma \dot{E} + j\omega\varepsilon E = j\omega\varepsilon\left(1 - j\frac{\sigma}{\omega\varepsilon}\right)\dot{E} \tag{3.11a}$$

$$\nabla \times \dot{E} = -j\omega\mu\dot{H} \tag{3.11b}$$

$$\nabla \cdot \dot{H} = 0 \tag{3.11c}$$

$$\nabla \cdot \dot{E} = 0 \tag{3.11d}$$

与理想介质中的麦克斯韦方程组形式相比较，令

$$\varepsilon_c = \varepsilon(1 - j\frac{\sigma}{\omega\varepsilon})$$

ε_c 称为复数介电常数，则方程（3.11a）为

$$\nabla \times \dot{H} = jw\varepsilon_c \dot{E}$$

与理想介质中的方程形式完全一样。因此，只要将实数介电常数 ε 换成复数介电常数 ε_c，理想介质中均匀平面波的有关方程及公式，便可应用于导电媒质的情况。

设电磁波沿 z 轴方向传播，并只考虑独立分量波 E_x 和 H_y，则在导电媒质中，波动方程简化为

$$\frac{\mathrm{d}^2 \dot{E}_x(z)}{\mathrm{d}z^2} = -\omega^2\mu\varepsilon_c \dot{E}_x(z) = \gamma^2 \dot{E}_x(z) \tag{3.12a}$$

$$\frac{\mathrm{d}^2 \dot{H}_y(z)}{\mathrm{d}z^2} = \gamma^2 \dot{E}_y(z) \tag{3.12b}$$

传播常数 $\gamma^2 = -\omega^2\mu\varepsilon$ 是复数，令

$$\gamma = \alpha + j\beta \tag{3.13}$$

则

$$\alpha = \omega\sqrt{\frac{\mu\varepsilon}{2}\left[\sqrt{1 + (\frac{\sigma}{\omega\varepsilon})^2} - 1\right]} \tag{3.14}$$

$$\beta = \omega\sqrt{\frac{\mu\varepsilon}{2}\left[\sqrt{1 + (\frac{\sigma}{\omega\varepsilon})^2} + 1\right]} \tag{3.15}$$

实部 α 叫衰减常数，单位为 Np/m（奈培每米）；虚部 β 是相位常数，单位为 rad/m（弧度每米）。

多种因素的影响使得同类介质的电阻率 ρ 在很宽的范围内变化。同样介质的相对介电常数 ε_r 也在相当宽的范围内变化，绝大多数介质的介电常数较低。由于一般介质与水的相对介电常数差异较大，所以具有较大孔隙度介质的介电常数主要取决于它的含水量。

总结高频雷达波在分层有耗介质中的传播机制如下：

（1）电磁波的波长、波速和在分界面上的反射系数主要与介电常数有关，而与电导率关系不大。

（2）高频雷达波在层间传播时，与在空气中相比，波长缩短、波速降低、振幅衰减。电导率对雷达波的振幅衰减影响较大，限制了雷达波的探测距离。

（3）在两层介质的分界面上，当介质的介电常数存在差异时，才会发生反射，反射系数的大小还与入射角有关。由此可见，基于反射脉冲的识别和脉冲波双程旅行时间计算的地质雷达探测，不仅要考虑地下介质的介电常数，还要考虑地下介质的电导率。特别要注意：当两层不同介质的介电常数相同时，不可能接收到此界面的反射信号。

（4）虽然较高频率的天线有较高的分辨率，但也会因各种损耗机制发生更大衰减，因而被限制应用在较浅的穿透深度上。

地质雷达技术通过天线向地下发射宽频带电磁波，电磁波在传播过程中，遇到波阻抗分界面就产生反射，通过分析反射信号能量变化达到解释地下目标体的目的。谱分析方法分为两大类：非参数化方法和参数化方法。非参数化谱分析（如周期图法）又叫经典谱分析，其主要缺陷是频率分辨率低；而参数化谱分析又叫现代谱分析，具有频率分辨率高的优点。现代谱中的 ARMA（Auto Regression-Moving Average）谱分析是一种建模方法，即通过对平稳线性信号过程建立模型来估计功率谱密度，能在低信噪比时提取信号特征。

因此采用现代谱中的 ARMA 谱分析破碎区域的响应特征具有更高的分辨率。

2. 含水模型现代 ARMA 谱密度分析

1）ARMA 过程

ARMA 现代谱分析是一种建模方法，即通过对平稳线性信号过程建立模型来估计功率谱密度。

令 $\{x(n)\}$ 是雷达数字信号，如果满足差分方程：

$$\begin{aligned} & x(n) + a_1 x(n-1) + \cdots + a_p x(n-p) \\ & = e(n) + b_1 e(n-1) + \cdots + b_q e(n-q) \end{aligned} \tag{3.16}$$

则过程 $\{x(n)\}$ 称为 ARMA (p, q) 过程。其中，$e(n)$ 是个均值为零、方差为 σ^2 的白噪声，简记为 $\{e(n)\} \sim \mathrm{WN}(0, \sigma^2)$；式中的 a_i 和 b_i 分别称作自回归（AR）参数和移动平均（MA）参数，p 和 q 分别叫作 AR 阶数和 MA 阶数。地质雷达采集得到的信号是反映地下不同深度介电常数变化，而这种变化量是未知的，可以采用白噪声的形式模拟。

利用上式，可以获取信号 $\{x(n)\}$ 的谱密度参数：

$$P_x(\omega) = \frac{|B(z)|^2}{|A(z)|^2}\sigma^2 \tag{3.17}$$

式中，$z = \mathrm{e}^{-j\omega}$，$A(z) = 1 + a_1 z^{-1} + \cdots + a_p z^{-p}$ 和 $B(z) = 1 + b_1 z^{-1} + \cdots + b_q z^{-q}$。

通过 Cadzow 谱分析法，可以实现现代 ARMA 谱的计算。

2）谱密度计算

如何利用式（3.17）提取局部深度信号的现代谱信息，通过加窗可以实现。

A. 时间窗选取

通过加时间窗获得相应时间深度点的现代 ARMA 谱密度。

矩形函数、山形函数、m 次样条函数等都可以作为时间窗函数。选取窗函数可以参照“测不准原理”为依据，该原理给出：对于窗口函数 $g(t)$ 及其傅里叶变换 $G(\omega)$，其窗口面积满足

$$4\Delta_{g(t)}\Delta_{G(\omega)} \geqslant 2 \tag{3.18}$$

当且仅当 $g(t)$ 为高斯函数时，即 $g_\alpha(n) = \frac{1}{2\sqrt{\alpha\pi}}\mathrm{e}^{-\frac{n^2}{4\alpha}}$，等号成立，可见高斯窗是局部分析的最佳窗口。本算法选用高斯函数作为窗口函数。

B. 傅里叶振幅谱和现代 ARMA 谱对比

图 3.31a 是在正常区域选取出的地质雷达采集信号，图 3.31b 是该信号对应的傅里叶变换振幅谱归一化曲线，图 3.31c 是对应现代 ARMA 谱密度归一化曲线。对比图 3.31b 和

c，采用现代 ARMA 谱密度其高频成分能量比例明显得到提高，在有效带宽范围内，其高频成分的识别特征得到加强。因此采用 ARMA 谱密度比经典傅里叶变换具有更高的分辨能力。

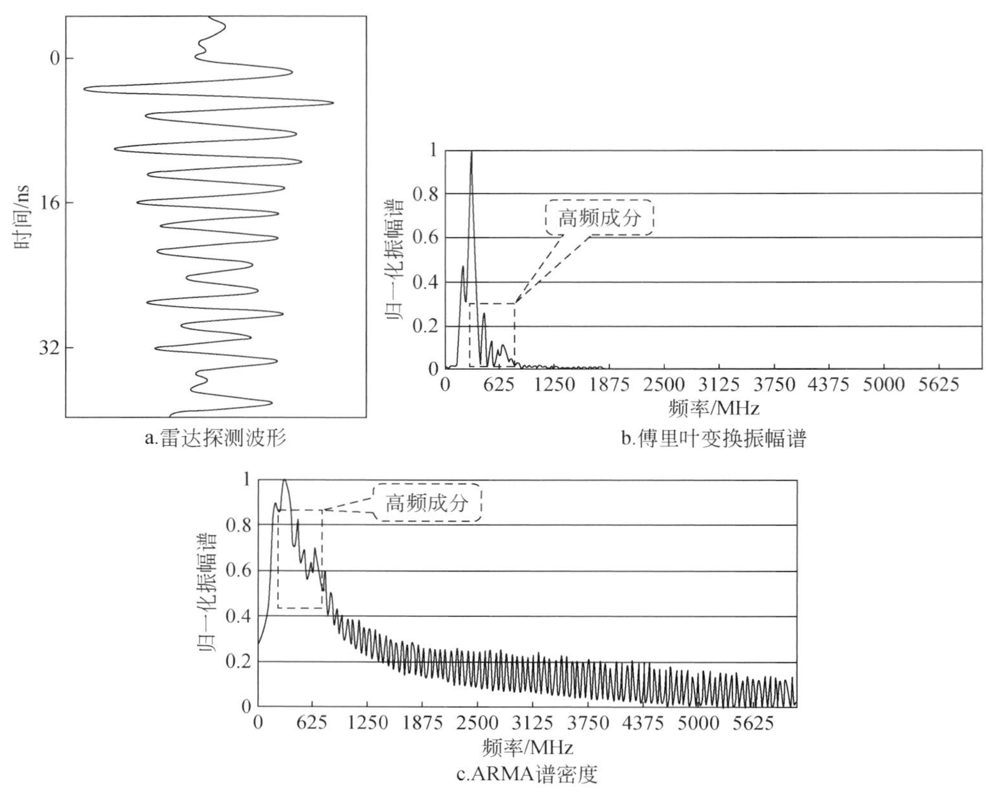

图 3.31　傅里叶振幅谱与 ARMA 谱密度对比

C. 含水率模型现代 ARMA 谱密度分析

为对比分析地下正常地层、破碎带和塌陷松散区对现代 ARMA 谱分析的影响，采用了物理模型模拟方法，模型结构如图 3.32a 所示。为避免地下水影响，在回填区底部敷设 20cm 的干燥锯末。模型主要考虑在干燥环境下含水松散区和破碎区对电磁波现代谱响应特征的影响，因此采用的回填介质均为经过加水处理的松散土和不规则碎石。物理模型分为以下三种：①原地层，该地层未受到任何开挖扰动；②松散含水区，通过开挖后采用松土回填，模拟含水松散区；③碎石回填区，通过开挖后采用不均匀的碎石回填，最大碎石直径有 0.5m，回填后经过压实处理，模拟地下岩层破碎区。

图 3.32b 是物理模型的雷达探测剖面。地质雷达探测主动发射宽带电磁波，由于接收天线与发射天线之间不能做到完全隔离，因此天线之间存在较强的天线耦合影响区域，该区域是天线耦合信号与近地表地层响应信号的叠加结果，当地下介质信号较强时，会引起耦合信号的扰动，碎石回填区对天线耦合信号产生明显扰动。

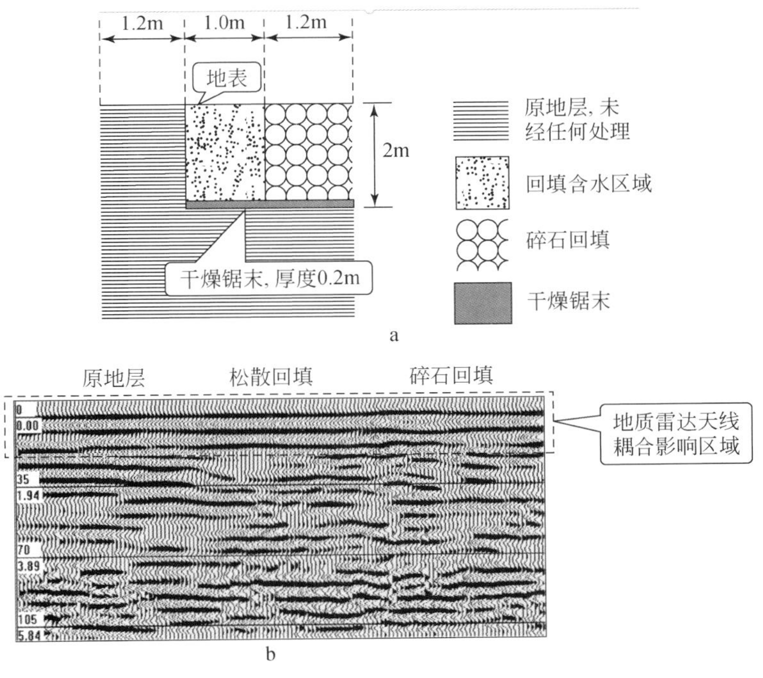

图 3.32　含水率物理模型及雷达探测剖面

下面分别对不同地层的现代 ARMA 谱进行分析。为了避免单道信号受到干扰，对不同地层结构所有道进行现代 ARMA 谱计算，并将计算结果进行取均值，分析结果参见图 3.33 所示。图 3.33a 为原始地层现代谱密度曲线，最高能量频率位于 131MHz；图 3.33b 松散含水回填最高能量频率位于 96MHz；图 3.33c 碎石回填最高能量频率位于 168MHz。由于松散含水回填介质均匀，介电常数差异不明显，高频成分被含水介质吸收，而破碎区具有较强的散射场，散射波之间产生干涉波，而雷达发射宽频信号，散射波的相互干涉突出了雷达波高频成分，由于雷达波低频成分的衍射能量强，其能量主要向下传递，从而导致破碎区主频成分偏高。

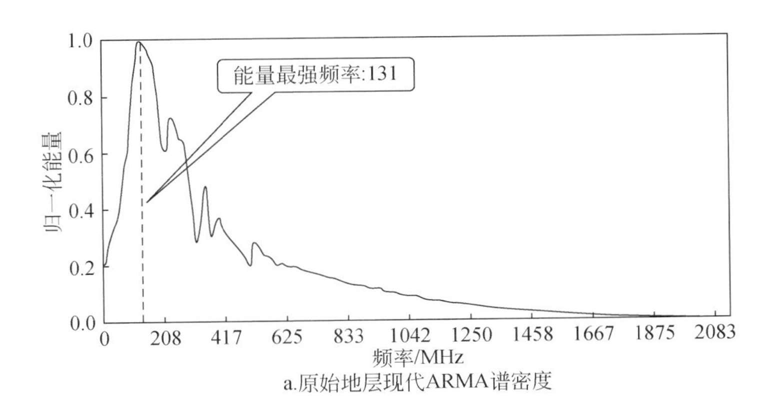

a.原始地层现代ARMA谱密度

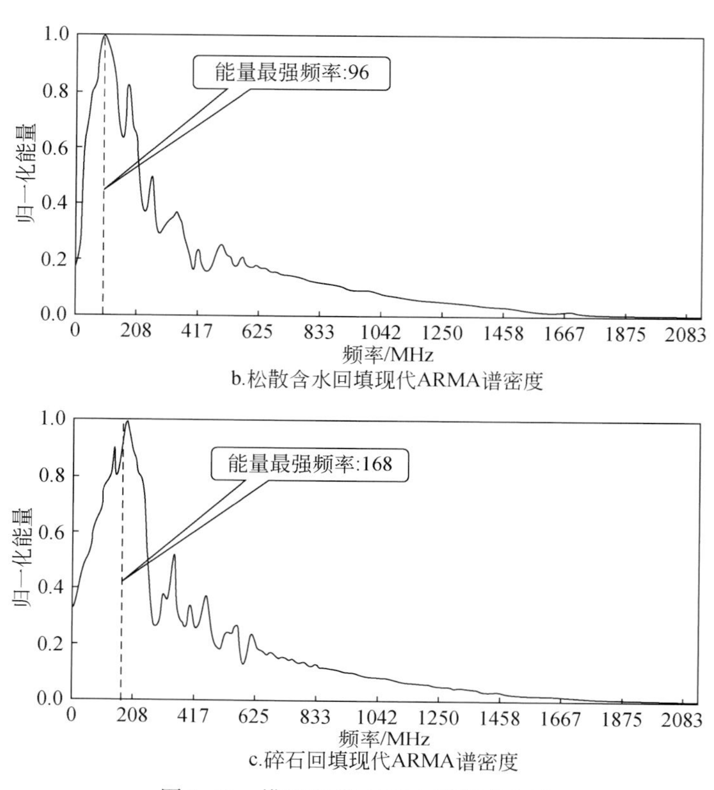

图 3.33　模型现代 ARMA 谱密度曲线

3. 含水率分析结果的验证比较

1）物理模型构建

根据土地整理质量检测中所涉及的土壤类型及其物理特征，构建了土壤物理模型。通过改变模型的土壤性质和容重、含水率、电导率这三个参数，采集不同条件下的地质雷达数据。对雷达数据进行反演，得到其介电常数值，可与土壤物理参数相对应，从而建立起土壤物理参数变化与雷达波响应特征的对应关系。物理模型及实测如图 3.34 所示。

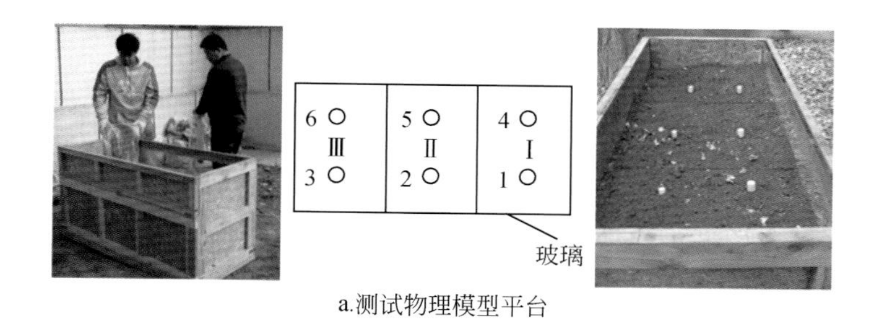

a.测试物理模型平台

b.地质雷达测试

图3.34　物理模型实验验证

2）含水量分析

通过将级配材料雷达检测频谱分析结果与现场取样试验室分析结果对比，归纳总结出对应于路面基层材质的雷达波峰谱面域（F_d）与不同介质元素的峰谱面域（如 F_w、F_a、F_s）构成比例关系，如图3.35所示。

通过以下经验公式可计算出不同介质元素对应峰谱面域的比值来得到其含量（%）。

①含水量：
$$w=\frac{F_w}{F_d}\times 100\%$$

②孔隙率：
$$n=\frac{F_a+F_w}{F_d}\times 100\%$$

③骨料配比：
$$s=\frac{F_s}{F_d}\times 100\%$$

计算结果：含水量=7.5%；孔隙率=19.5%；骨料配比=21.0%。

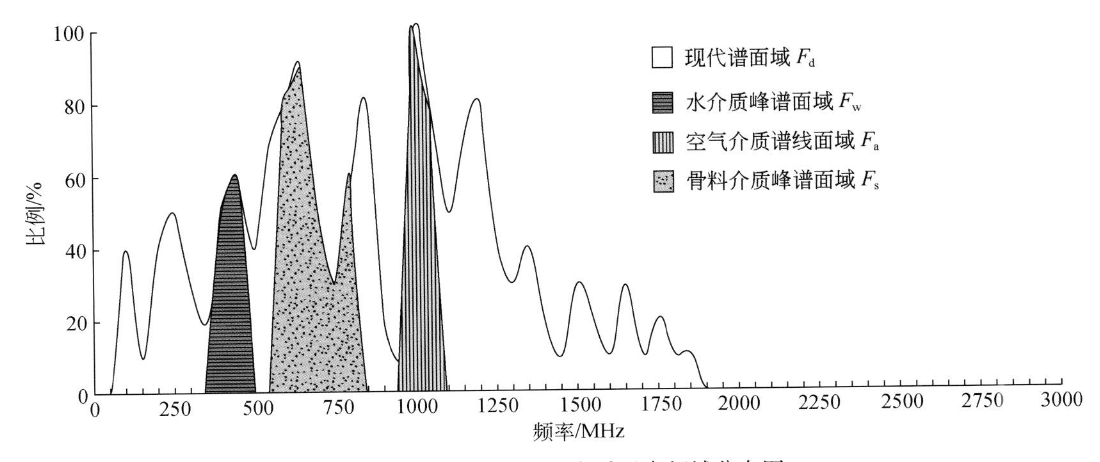

图3.35　雷达波谱分析介质元素频域分布图

通过TDR实测含水率和地质雷达反演计算含水率对比，验证现代谱分析反演含水率结果正确性。TDR只能探测0.5m深度含水率的综合参数，无法实现具体深度点含水率探测。测试对比结果表明（图3.36），通过调节水介质谱含水区域和现代谱分析，可达到较好的反演效果。

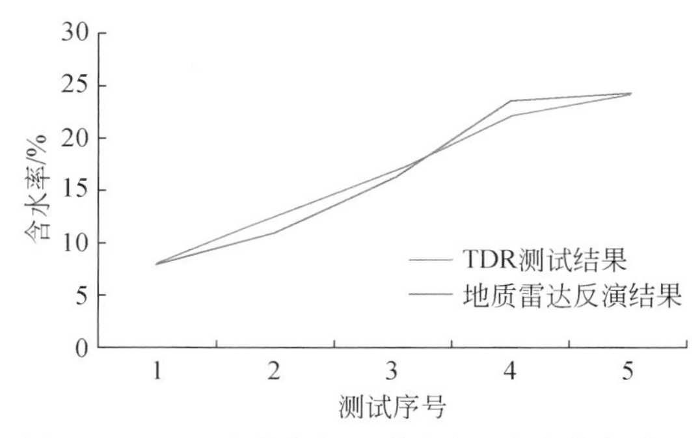

图 3. 36　TDR 含水率与地质雷达反演含水率对比

3. 2　开采对地表层结构的影响分析

研究开采对地层结构的影响，首先要提取地层深度信息，其次对多次探测提取的地层层位信息进行数学分析，根据分析结果，来判断开采对地表层结构的影响程度。

3. 2. 1　层位厚度提取算法研究

研究采用信号识别技术进行地层层位厚度的自动提取。提取方法主要包括：

（1）层位多参量提取及其识别算法，这是层位追踪的核心。

（2）层位信号的计算机存储及其实现，这是层位追踪的计算机实现。

（3）层位追踪结果的输出，包括里程、时间、厚度、速度等参数，这是层位追踪结果的解释。

1. *层位追踪算法分析*

在信号分析的基础上，提出了一种新的层位追踪算法，该算法利用信号分析和变换技术进行多参数提取，通过相关计算达到层位识别的目的。与目前用相位参数进行层位追踪算法相比，克服了信号相位必须相对平稳要求。当地层层位起伏很大，这种起伏在地质雷达图像上表现为信号相位的不稳定和能量强弱不均匀等，使用相位追踪算法常常造成错误的追踪结果。具体实现流程如图 3. 37 所示。

1）算法流程

第一步：初始化参考道及其层位追踪参数，选中需要的追踪道；

第二步：对参考道和追踪道进行多参数提取；

第三步：计算追踪道各样点与参考道之间的所有相关系数；

第四步：选定最大相关系数的样点作为追踪结果；

第五步：将追踪结果作为新的参考道，选定新的追踪道进行层位追踪，直到追踪计算完所有道。

2）参数提取

提取参数 1：雷达数据自身构成的时间域向量。

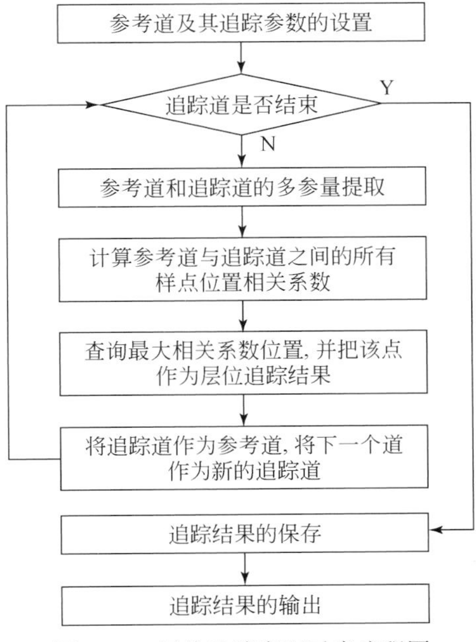

图3.37 层位追踪实现示意流程图

数据时间域就是设备采集要分析的数据，代表地层介电常数的变化信息，设 N 是数据段的长度，则向量：

$$\boldsymbol{a}=[a_0,\ a_1,\ \cdots,\ a_{N-1}] \tag{3.19}$$

为雷达数据时间域段向量。

提取参数2：自相关向量。

对向量 $\boldsymbol{a}$ 进行自相关运算，获得如下结果作为独立向量：

$$r_{a,a}(l)=\sum_{k=0}^{k=N-1} a_l\times a_{(l+k)} \qquad 其中 \qquad l=0,\ 1,\ \cdots,\ N-1 \tag{3.20}$$

可以得到自相关向量 $\boldsymbol{r}_{a,a}=[r_{a,a}(0),\ r_{a,a}(1),\ \cdots,\ r_{a,a}(N-1)]$。向量 $\boldsymbol{a}$ 自相关向量 $\boldsymbol{r}_{a,a}$ 的频谱为向量 $\boldsymbol{a}$ 的能谱。可见向量 $\boldsymbol{r}_{a,a}$ 既反映向量 $\boldsymbol{a}$ 的能量特性，也反映出向量 $\boldsymbol{a}$ 的频谱特性。

提取参数3：最小相位向量。

任何能量有限的离散因果信号均可以分解为最小相位信号和零相位信号。在实际应用中，雷达采集的信号均可以视为能量有限的因果信号。因此，向量 $\boldsymbol{a}$ 可以进行如下分解：

$$\boldsymbol{a}=\boldsymbol{b}\times\boldsymbol{g} \tag{3.21}$$

其中，$\boldsymbol{b}=[b_0,\ b_1\cdots b_{N-1}]$ 为最小相位向量；$\boldsymbol{g}=[g_0,\ g_1\cdots g_{N-1}]$ 为零相位向量。

通过式（3.19）、式（3.20）、式（3.21）实现多参数提取。

3）相关系数计算

通常所说的相关性分析是对自然界和社会中的两种或多种现象是否相关进行的分析评价，是了解对象的特征及分布规律的有效手段，为进一步研究或决策提供依据。

在数字信号处理中经常用到两个信号的相似性分析，或者一个信号经过一定延迟后的相似性分析，在信号的识别、检测和提取等领域得到广泛应用。

设 $x(n)$、$y(n)$ 是两个能量有限的确定性信号，并假定它们是因果的（地质雷达发射电磁波满足能量有限和因果性条件），则定义

$$\rho_{xy}=\frac{\sum_{n=0}^{N-1}x(n)y(n)}{\left[\sum_{n=0}^{N-1}x^2(n)\sum_{n=0}^{N-1}y^2(n)\right]^{1/2}} \tag{3.22}$$

为 $x(n)$ 和 $y(n)$ 的相关系数。式中分母等于 $x(n)$、$y(n)$ 各自能量乘积的开方，即 $\sqrt{E_xE_y}$，是一个常数，因此 ρ_{xy} 的大小由分子

$$r_{xy}=\sum_{n=0}^{N-1}x(n)y(n) \tag{3.23}$$

来决定，因此 r_{xy} 也称为 $x(n)$ 和 $y(n)$ 的相关系数。根据施瓦兹（Schwartz）不等式，有：$|\rho_{xy}|\leqslant 1$。

由式（3.23）可知，当 $x(n)=y(n)$ 时，$\rho_{xy}=1$，两个信号完全相关（相等），r_{xy} 取得最大值；当 $x(n)$ 和 $y(n)$ 完全无关时，$r_{xy}=0$，$\rho_{xy}=0$；当 $x(n)$ 和 $y(n)$ 有某种程度的相似时，$r_{xy}\neq 0$，$|\rho_{xy}|$ 在 0 和 1 之间取值。因此，可以用 r_{xy} 和 ρ_{xy} 来描述 $x(n)$ 和 $y(n)$ 之间的相似程度，ρ_{xy} 又称为归一化的相关系数。

因此，利用获取的向量参数进行相关系数计算，从不同时间段中，获取最大相关系数参数，达到层位追踪的目的。

2. 计算机存储及其实现

1）计算机存储结构设计

为了在计算机上实现层位追踪功能，设计了如下结构以保存相应的层位追踪结果。

```
struct CengMianXian
{int  TotalLen; //结构体的总长度 4 字节
UINT Number; //结构体在文件中的序号 4 字节
BOOL bActive; //本结构体中的层面线是否正被处理
UINT Center; //中心线
UINT BeginSample; //计算起始点
UINT Fielddpart; //计算区域
UINT StaticBegSample; //统计起始点
UINT Chaju; //统计范围
UINT Daoshu; //参考道
UINT Delta; //取点间隔
int  Dynmic; //动态追踪
int size; //层面线的长度 4 字节
}
CArray<CPoint, CPoint> m_ Array; //层位线 8* size 字节};
struct CengMianXian CMXian [4]; //建立层位追踪数量
```

可以看出，该算法可以同时连续追踪4条层位线。但是在实际应用中可以保存任意多条层位追踪结果，根据需要，可调入其中的任意4条层位线。

2）层位追踪的计算机实现

层位追踪参数的选取如下：

在层位追踪计算机实现过程中首先需要确定层位追踪参数，图3.38是输入层位参数的界面。其参数如下："中心点""计算起点""计算区域""相关起点""相关范围"。利用这些参数和前述算法，就可以提取需要追踪的数据参数。

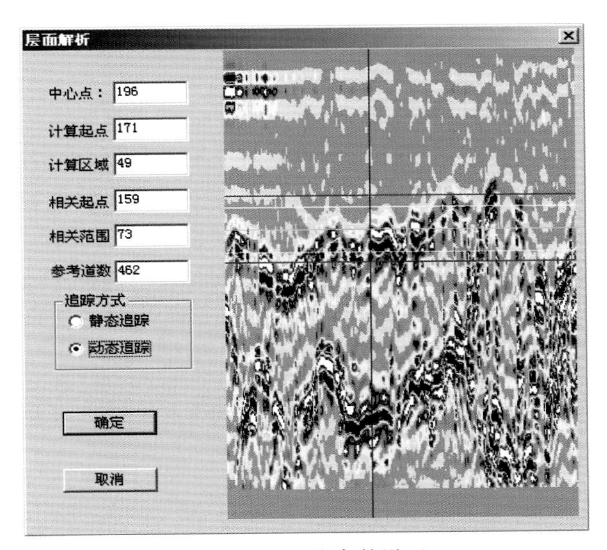

图3.38　追踪参数设置

在层位追踪过程中，本算法提供两种追踪方式：静态追踪和动态追踪。

静态追踪主要应用层面起伏不大的层位信息，例如高速公路层面厚度；动态追踪特点是层位追踪中心点跟随追踪位置的变化。所以动态方式主要应用于层位起伏变化较大的情况，例如隧道衬砌检测，由于超挖和欠挖造成层面的起伏变化很大。

3）层位追踪结果的输出

层位追踪结果根据用户需要，可以设计以下两种方式输出：按道结果输出和按标记结果输出。可见在不同的层位上，给出不同的速度，提高了解释的精度。

3.2.2　层位变化评价算法

采用标准方差来评价地层层位变化量。下面介绍实现步骤。

（1）利用3.2.1节提供的算法获取需要评价的层位实测厚度数据；

（2）计算每个层位点的平均值：

$$\overline{X}=\frac{\sum_{i=1}^{n}X_i}{n} \tag{3.24}$$

（3）计算评价里程段的标准方差：

$$S = \sqrt{\frac{\sum_{i=1}^{n} (X_i - \overline{X})^2}{n - 1}} \tag{3.25}$$

（4）EXCEL 表格的导入。将平均值（mm）、标准差（mm）等参数自动导入到 EXCEL 电子表格文件中。

3.2.3　开采不同阶段主要岩性结构的变化分析

1. 风化基岩地层开采对比

图 3.39 中的 a～d 雷达剖面是第 1 测线距起点 340～440m 里程的探测数据。图 3.39e 把四次探测针对同一层位信息进行了对比，四次结果处在同一坐标系，并进行了均值计算和方差运算。从方差对比结果来看，四次探测基本一致，并没有明显差异。

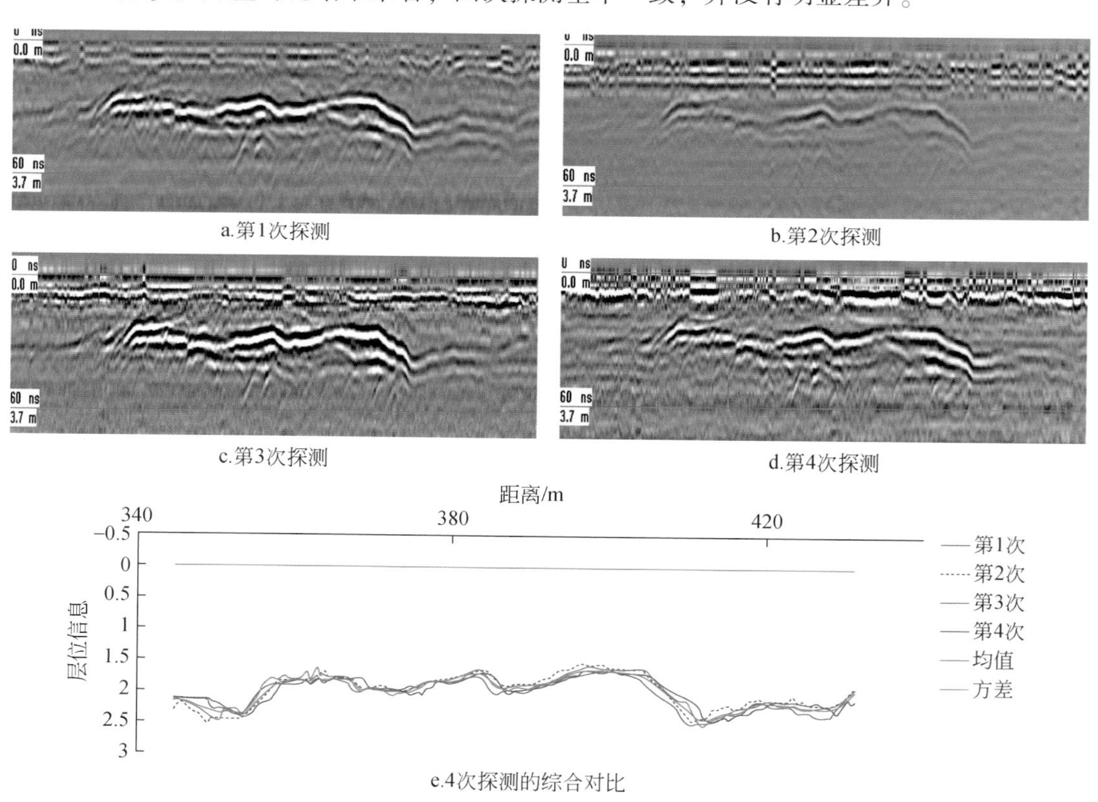

图 3.39　12406 工作面测线 1（340～440m）四次开采对比示意图

可见，开采对该地层结构没有什么影响。

2. 砾石型地层开采对比

图 3.40 中的 a～d 雷达剖面是第 1 测线距起点 500～600m 里程的探测数据。图 3.40e

把四次探测针对同一层位信息进行了对比，四次结果处在同一坐标系，并进行了均值计算和方差运算。从方差对比结果来看，四次探测存在一定起伏变化，尤其在界面层位起伏区域离散性较大。

可见，开采对该地层微观结构具有一定影响。

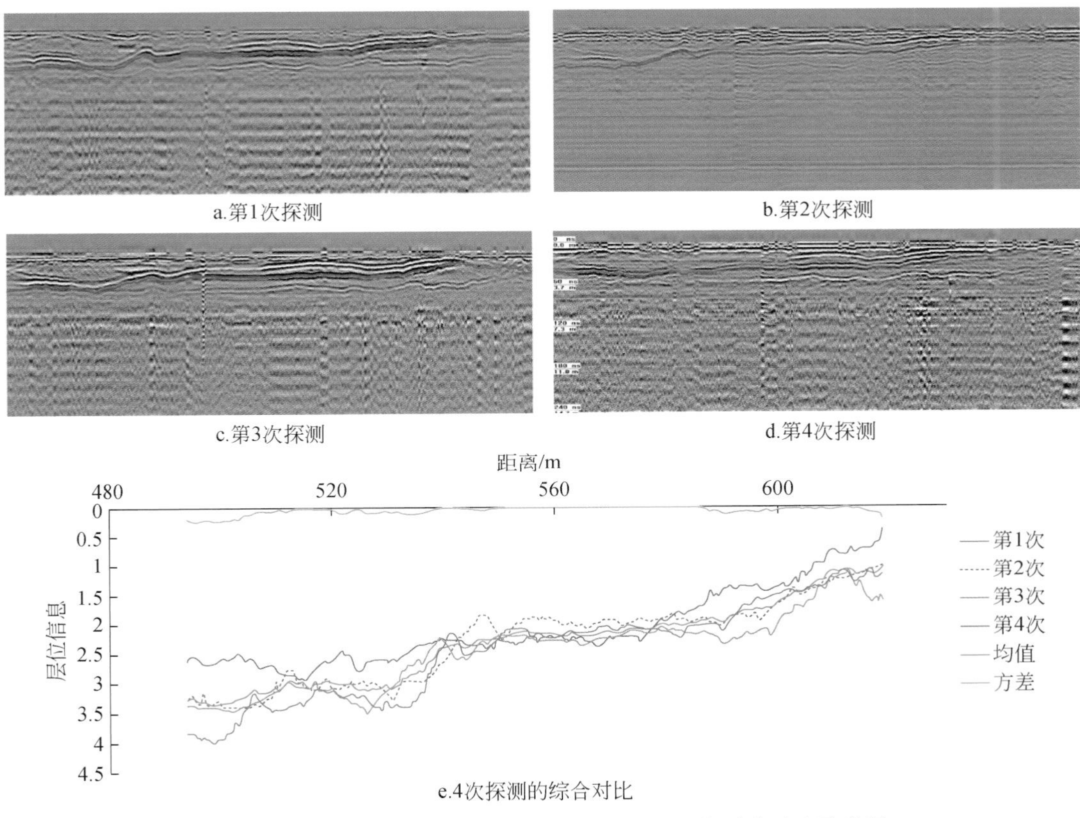

图3.40　12406工作面测线1（500～600m）四次开采对比示意图

3. 互层砂层地层开采对比

图3.41中的a～d雷达剖面是第2测线距起点1220～1400m里程的探测数据。图3.41e把四次探测针对同一层位信息进行了对比，四次结果处在同一坐标系，并进行了均值计算和方差运算。从方差对比结果来看，四次探测存在一定起伏变化，尤其在界面层位起伏区域离散性较大。

可见，开采对该地层微观结构具有一定影响。

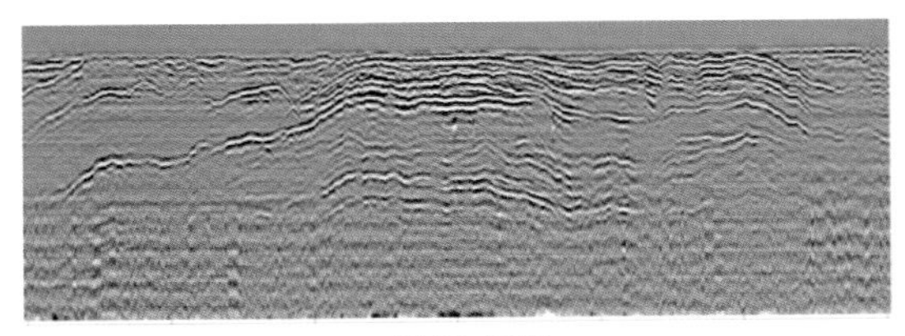

a.第1次探测

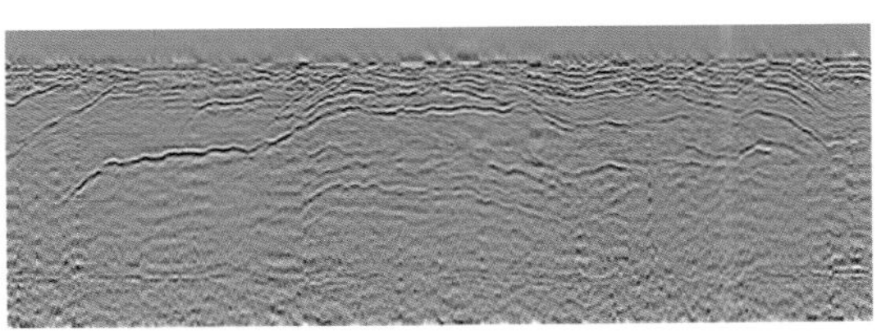

b.第2次探测

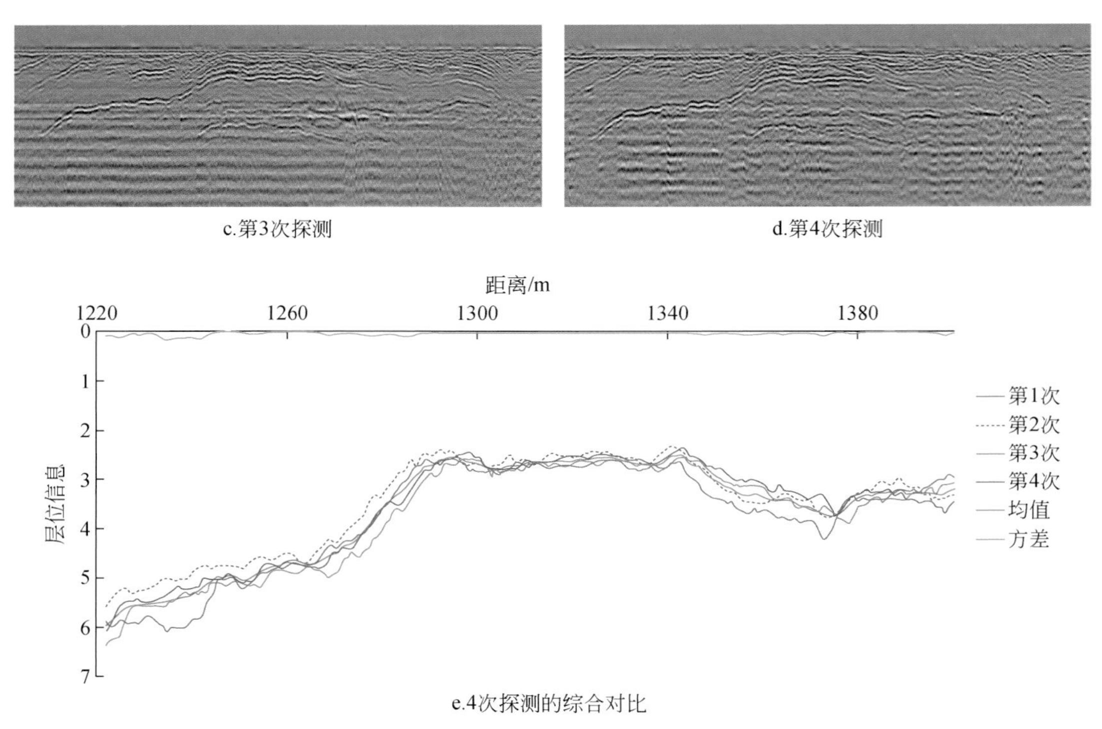

图 3.41　12406 工作面测线 2（1220～1400m）四次开采对比示意图

上述比较表明，开采及沉陷对地表层的微观结构影响没有明显规律可循。但总体上对水平状微观结构影响较小，对倾斜的微观结构影响较大。图 3.42 是补连塔 12406 工作面雷达四次探测主体结构层对比结果，结构对比表明，不同时间段的开采对地层结构没有明显改变，换句话说，地下煤层开采引起的地表塌陷在风积沙区并没有引起地层结构的明显变化。

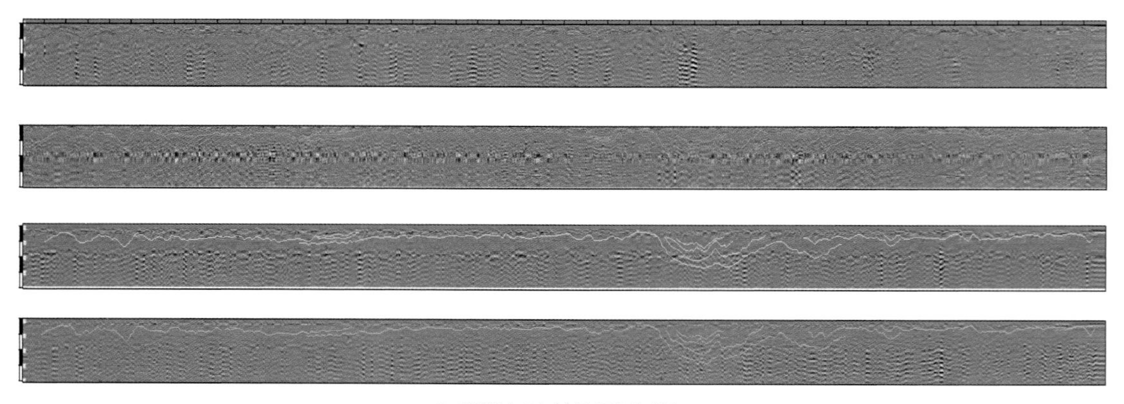

D1测线四次结构探测对比

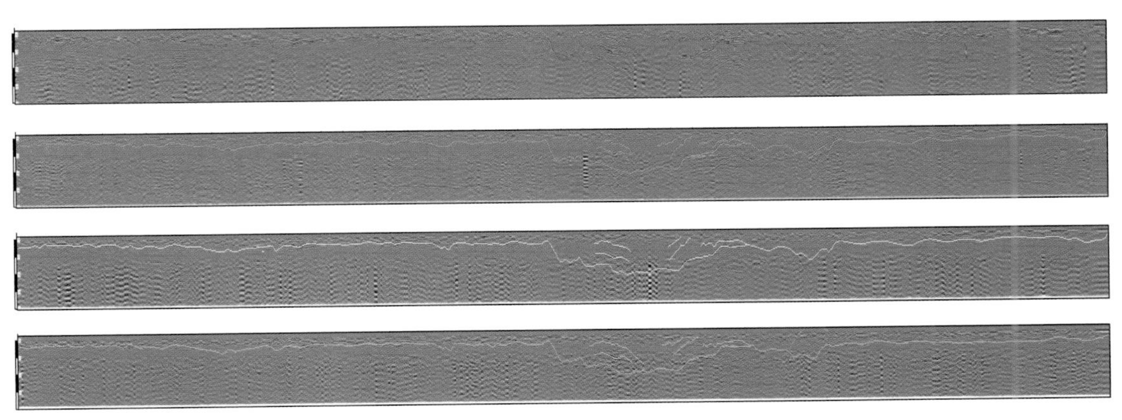

D2测线四次结构探测对比

图 3.42 12406 工作面四次雷达探测典型对比剖面

3.3 开采对地表层含水率的影响及变化趋势分析

地表层含水性是维护地表生态平衡的关键因素，含水率是含水性的主要指标。现代开采全过程的地表层含水率变化能够反映煤炭开采对地表生态的直接影响作用。本节采用含水率计算方法，分析地表层含水性在采前本底、采中变化和采后变化趋势。

3.3.1 地表层含水率探测有效性及影响因素

基于地质雷达数据反演的含水率与现场实际的一致性是分析地表层含水性随开采发生变化的基础。由于地质雷达反演含水率方法是依据雷达信号在不同含水地层传播过程中，引起其现代功率谱的能量变化，通过获取低频响应变化参量，达到提取地层含水率的目的。该方法属于间接解释计算领域范畴。为验证该方法在研究区的有效性，现场沿测试剖面共布置 105 个浅钻（深度<15m），共采集钻孔不同深度的岩心样品，进行含水率的室内测定，同时，采用 3.1 节中提到的含水率反演方法进行计算后进行比较。

含水率结果对比分析表明，地质雷达反演含水率和样品实际测试的含水率之间相关系数平均达到 90% 以上。图 3.43 所示为测点 D1－11、D2－5、D3－30、D4－33 测试对比结果，其实际含水率和反演含水率的相关系数分别为 0.96、0.998、0.92 和 0.86，平均相关系数为 0.935，结果表明应用地质雷达数据反演地表层的含水率是有效的。

开采推进位置表示地表层处于采前、采中还是采后的状态，影响着地表层含水率的变化。随着工作面向前推进，推过区域相对为采后，正在推进的区域属于采中，而尚未推到的区域属于采前状态。表 3.2 综合显示雷达数据采集时间、范围、大气降水和土壤条件等情况。由工作面推进距离表明：第一次观测时，研究区大部分属于采前状态；第二次和第三次观测时，研究区处于采中状态；第四次观测时，研究区处于采后状态；而第五至第七次观测时，研究区已经处于采后地表层趋近于稳定状态过程中。

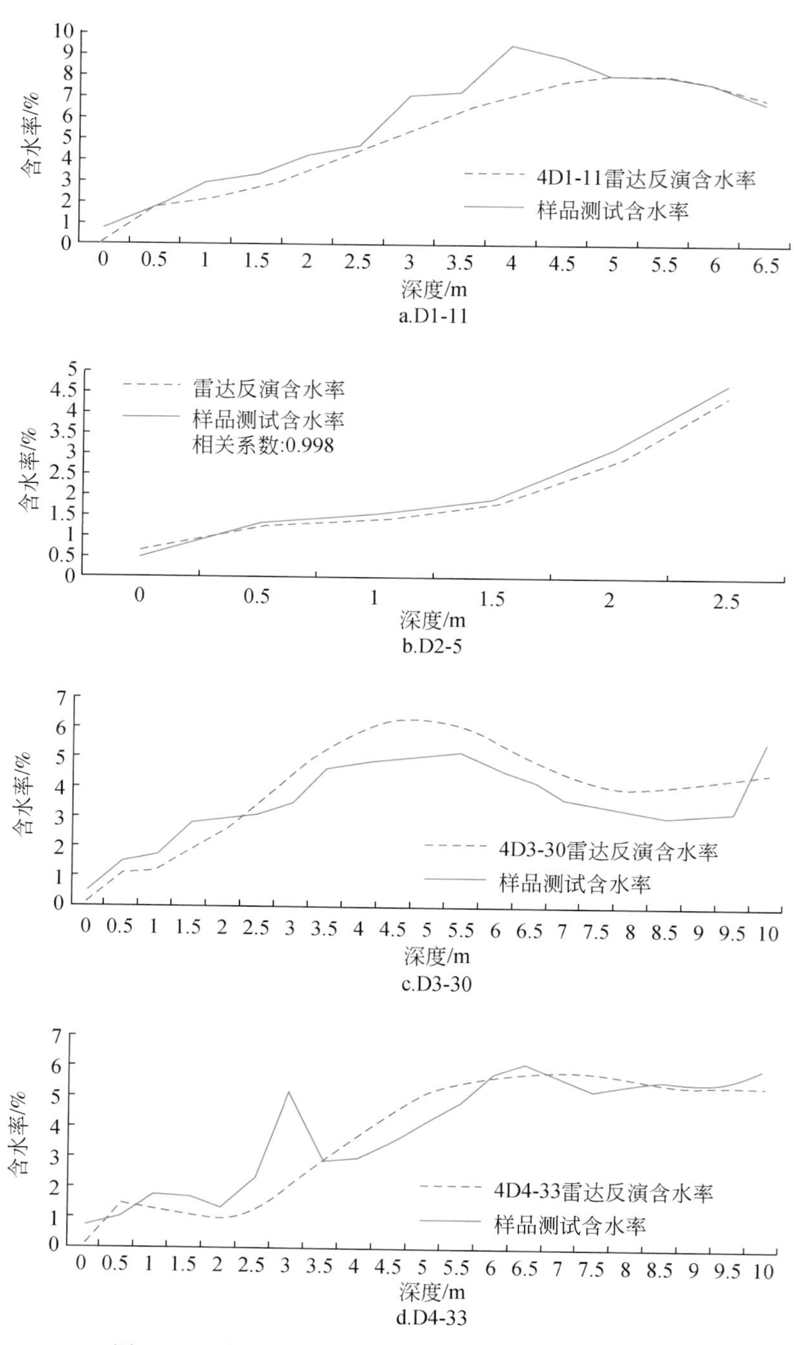

图 3.43　雷达反演含水率与样品测试含水率曲线比较

表 3.2　时移地质雷达探测情况表

次数	采集时间	采集范围	推进距离	气候和土壤特点
第一次	2011-04-20	测线 1 ~ 4	278m	前期基本处于枯水期
第二次	2011-07-16	测线 1 ~ 4	1263m	降雨季初期
第三次	2011-09-10	测线 1 ~ 4	1870m	降雨季中后期，土壤积蓄有前期降水
第四次	2011-10-22	测线 1 ~ 4	推过测区	降雨季后期，地层积蓄前、中期降水
第五次	2012-04-06	测线 1	推过测区	土壤解冻期后，枯水期
第六次	2012-05-28	测线 1	推过测区	枯水期，降水量不大
第七次	2012-09-28	测线 1	推过测区	雨季后期，测前有大雨

大气降水和土壤吸收作用是影响地表层含水率的重要因素。由于风积沙区土壤的渗透性较好，大气降水作用对地表浅层含水率影响很大。探测期间的降水量分布曲线（图 3.44）表明，2011 年研究区的降水主要分布在 5 月、7 月、8 月、9 月和 10 月和 11 月。

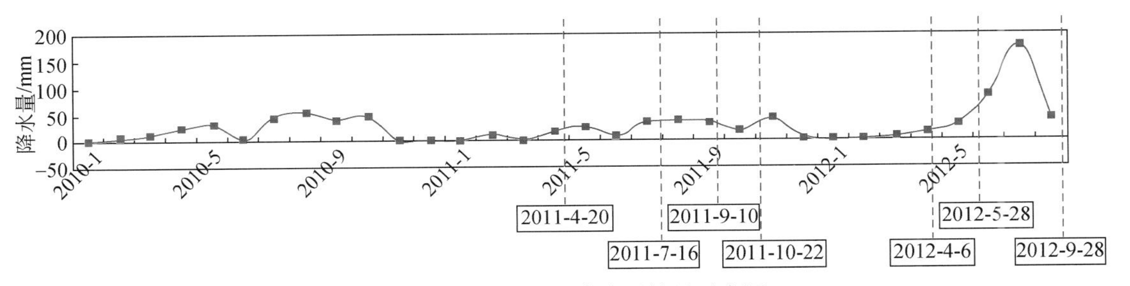

图 3.44　补连塔测区降水量情况示意图

3.3.2　采前地表层含水率空间分布情况

为了解研究区的地表层在采前的含水率分布规律，将第一次雷达探测结果进行含水率反演（图 3.45）。由于第一次探测时，研究区处于枯水期（2010 年 11 月 ~ 2011 年 4 月），探测不受大气降水影响，能较好地反映地表层不同结构类型的保水性。同时，第一次探测处于采前状态，即地表层没有受到采动扰动，属于地表层的原始状态，能反映本底实际含水性。

地表层含水率和地表层结构信息的变化信息图像表明：含水率相对低的区域有三块，处于砾石型、砂层互层型和粗砂型结构区域，地表层含水率较低，说明这三类地表层结构类型保水性较差，不适合种植高大植物。

从整个研究区域看，从东部（测线 1）到西部（测线 4）地层含水率逐渐减少，即地表层的保水能力逐渐降低。

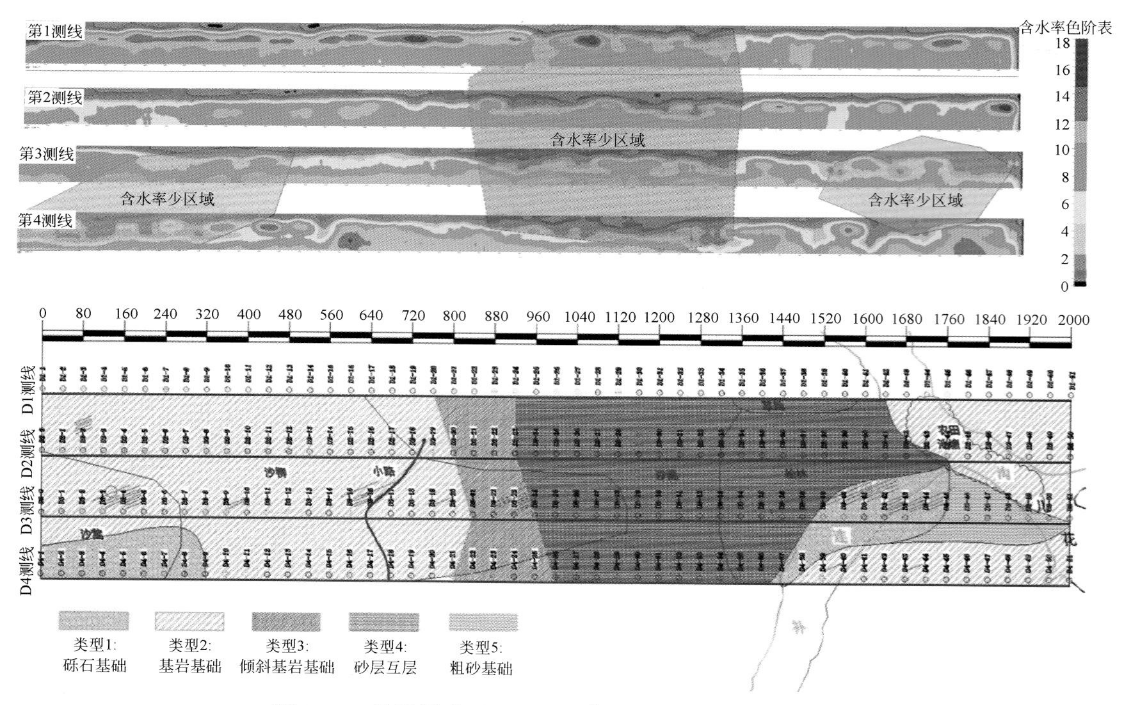

图 3.45　补连塔井田 12406 工作面测区浅表层含水分布

3.3.3　开采对地表层含水率的影响分析

为说明现代开采对地表层的含水率的影响，以第一测线为例，对时移探测结果进行系统对比分析。该测线从 2011 年到 2012 年先后完成七次雷达探测，除第二次探测因采用新天线导致频带宽度与旧天线之间存在差异外，有效探测次数为 6 次，具有较好的可比性。

时移探测与含水率结果比较表明（图 3.46）：

（1）大气降水对含水率影响较大。第六次与第七次探测结果比较显见，第七次探测地层含水率大于 12% 的区域占空间的 60% 以上，而第六次含水率基本位于 8% 以下，表明大气降水显著提高了地表层的含水率。

（2）开采降低了地表层的含水性。因为第一次和第五、六次探测时处于枯水期，受降水影响较小，含水率结果具有可比性。其中，第一次探测代表采前含水率，第五、六次探测代表采后含水率。为对比方便，从起点开始，每隔离 1m 取一个含水率参数，共取 10 个并求和作为体含水率参数，第 1、5、6 次体含水率值的对比结果如图 3.47 所示，图 3.48 是第 1 次探测和第 5、6 次探测的含水损失率。

采前与采后对比表明，在桩号 1 ~ 24 和 41 ~ 43，含水率受开采影响较大，其含水损失率大于 20%，说明在基岩型结构区域的地表层含水率降低；在桩号 27 ~ 39 的砂层互层型结构区域，原始地层含水率较低，平均含水损失小于 10%，开采影响相对较小。

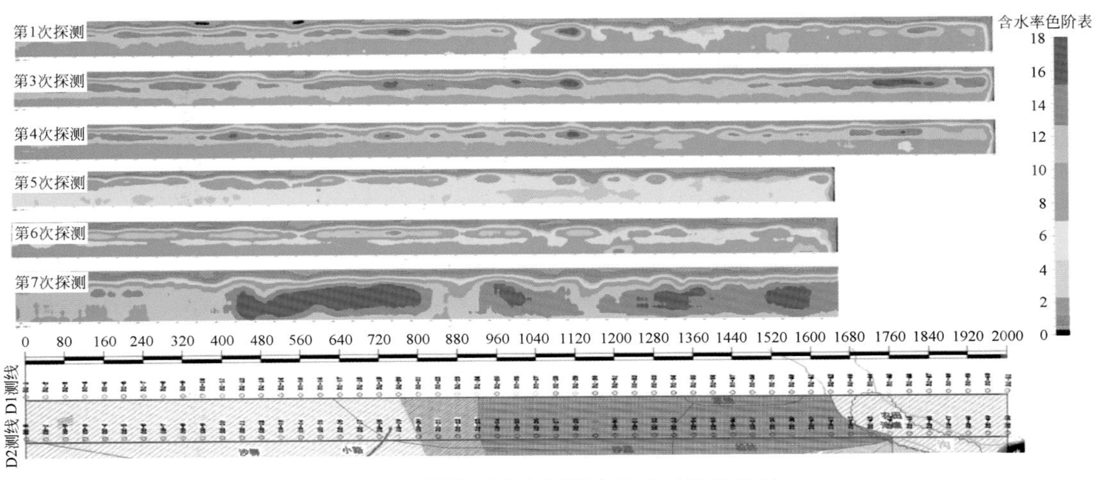

图 3.46　测线 1 雷达探测含水率对比示意图

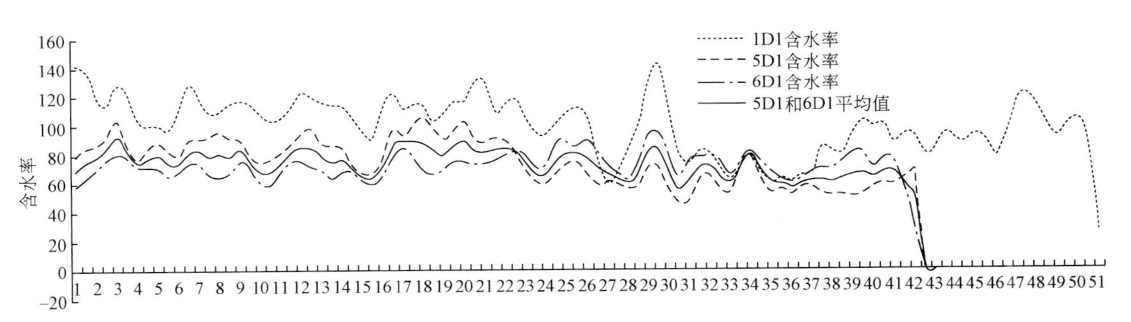

图 3.47　D1 测线第 1、5、6 次雷达探测含水率对比

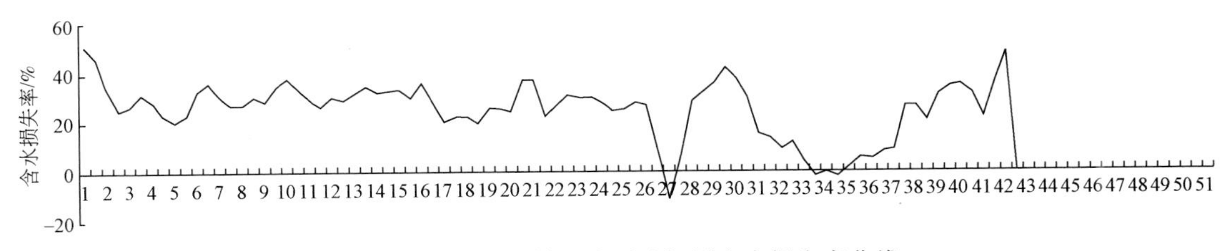

图 3.48　D1 测线第 1 次雷达探测含水损失率曲线

（3）开采尽管对基岩型结构地层的含水率影响较大，但其含水性仍明显高于砂层互层型结构（图 3.48）。

（4）开采工作面递推过程中，基岩型基础结构受开采沉陷影响，相对具有稳定的含水率。由于第 3、4 次探测结果受降雨影响较大，体积含水率变化（图 3.49）分析表明，采中（第 3、4 次探测期间）的浅表地层含水率大于采前含水率是与期间降雨量较大有关。为说明采中不同时期含水量的变化情况，采用含水率方差分析方法（图 3.50），比较表明，基岩型结构区域的含水率变化较小（1 ~ 25 桩号）。砂层互层型结构的含水率变化较大（26～45 桩号），说明其含水率受降雨影响较大。基岩型基础结构（46～51 桩）区域，因表层有中砂层直接覆盖，地下水流动性较大，因此含水率变化较大。

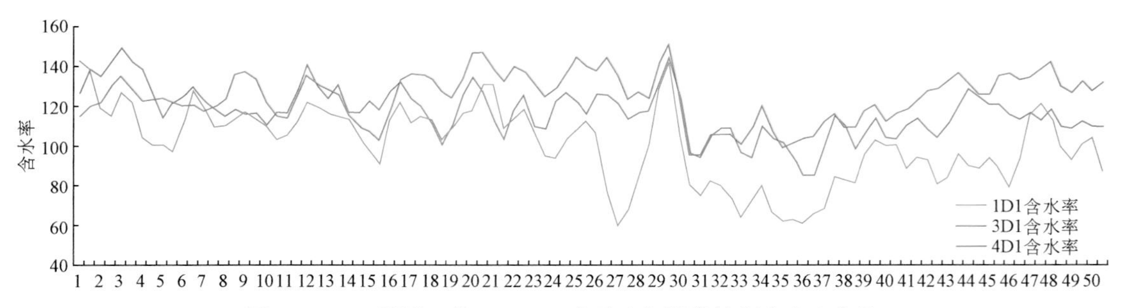

图 3.49　D1 测线 1 第 1、3、4 次雷达探测的体积含水率变化

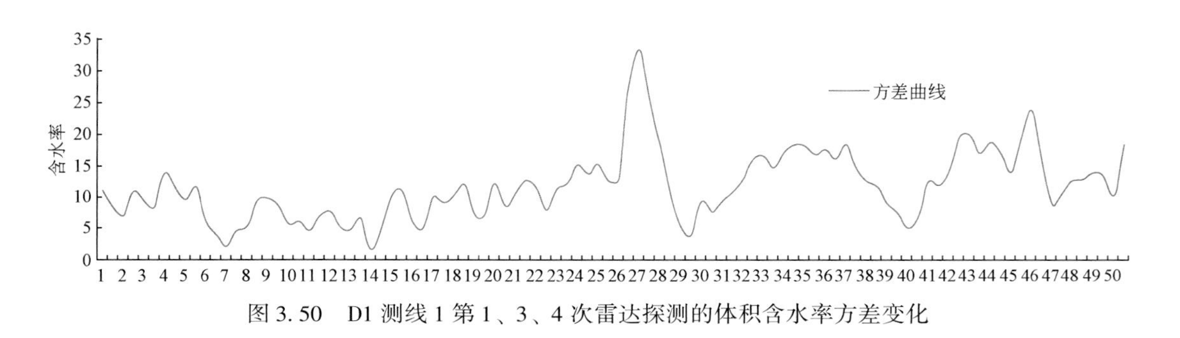

图 3.50　D1 测线 1 第 1、3、4 次雷达探测的体积含水率方差变化

D2、D3、D4 测线剖面对比分析（图 3.51）结果与前基本一致，这里不再做详细分析。

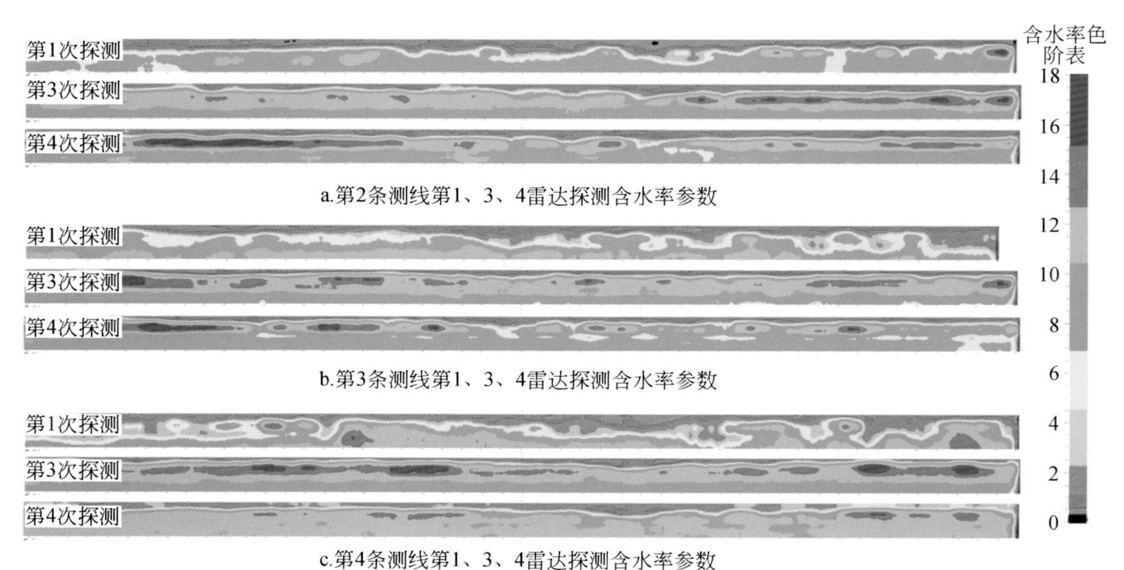

图 3.51　D2、D3、D4 测线雷达 3 次探测含水率对比

研究表明，地表风积沙层内部也具有复杂的结构信息，如砾石型、基岩型、砂层互层型和粗砂型等结构，导致地表层不同类型砂层结构之间的赋水性差异，如基岩型结构层上覆风化黏土层时的赋水性较好，上覆中砂层时保水性较差。地表层的含水率与其结构密切相关，基岩型基础结构的含水性最好，砂层互层结构含水性最差，结构及保水性的差异导致地表植被状态的差异性；现代开采全过程地表层的结构和厚度变化影响很小，在基岩型结构区域相对具有稳定含水率。但开采裂缝降低了裂缝周围的含水率，当裂缝修复后，含水率逐步提升，而大气降水则有助于提高地表层的含水率。

第4章　现代开采对采动覆岩赋水性影响研究

煤炭现代开采导致采动覆岩产生大量的裂隙，形成了地下水流动通道（如裂隙带和冒落带），引起了第四系松散层孔隙水和基岩裂隙水的渗流。现代开采全过程（采前、采中和采后）采动覆岩经历了顶板破坏变形形成冒落带、裂隙带，地表沉陷开裂等变化，采动覆岩在渗流作用下，覆岩赋水性空间分布发生了与开采过程相关的显著变化。因此，深入研究采前、采中与采后全过程中地下水流场的赋水性变化规律，有助于认识现代开采对第四系含水层的影响程度和含煤岩系中含水层的作用效果，探索第四系松散层孔隙水和基岩裂隙水的保护利用途径。本章针对神东矿区现代开采特点，选择补连塔矿和大柳塔矿的典型试验区，采用高密度电法勘探等综合地球物理探测手段，建立了现代开采全过程的时移观测系统，通过典型层位的精细探测与含水性分析，揭示了现代开采对采动覆岩赋水性的影响规律。

4.1　现代开采影响的物理和数值模拟研究

现代开采影响的物理模拟是基于实验装置，建立与现场测试一致的观测系统和测试装置，模拟现代开采条件下地下水流动的电性响应特点，有助于描述复杂地质条件下的地下水赋存状态的定性解释分析。

4.1.1　模拟研究方法

模拟研究采用高密度电阻率法，其基本原理与传统普通电阻率法相同。即：地下具有电性差异的各种介质，在施加电场作用下传导电流分布存在差异，视电阻则反映了这种电性分布的差异性。在一定的供电和测量电极排列方式下，通过供电电极供电和测量电极间电位差，获得视电阻率分布，分析地下各种介质的特性。高密度电阻率法采用的一种组合式剖面装置，提高了观测密度。

物理模拟采用电法勘探常用的水槽模型试验装置。水槽试验可以用来进行勘探装置与异常响应特征的实验研究，水槽实验模拟优点是围岩介质水均匀和表面水平，只要水槽足够大就可模拟“均匀各向同性的半无限介质”中赋存的各种形态的良导体或不良导体等电性异常体。模拟过程中，通常采用铜板、铁板等金属体模拟低阻异常体，用玻璃和胶木板等来模拟高阻异常体。

物理模拟采用的水槽实验仪器有（图4.1a）：DWJ-3A 微机激电仪一台、激电发送机一台；电极转换器一台；电极固定在一长电极板上，电极间距2cm；特制室内模拟时专用的大线一组，线长2m，共6根，每根10通道，每根大线上附带夹子与电极相连。

a.电极布置

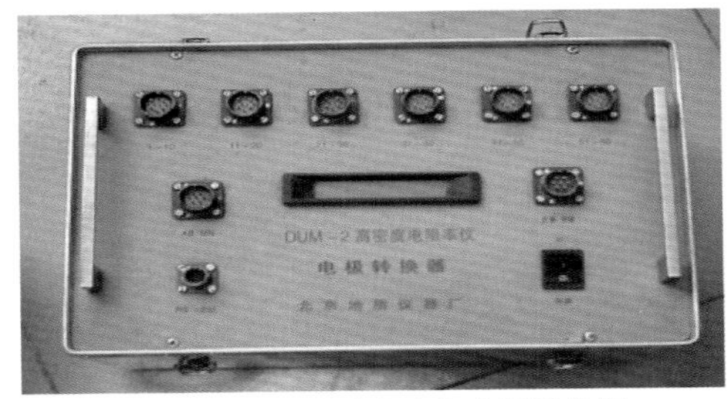

b.DUM-2高密度电阻率仪电极转换器

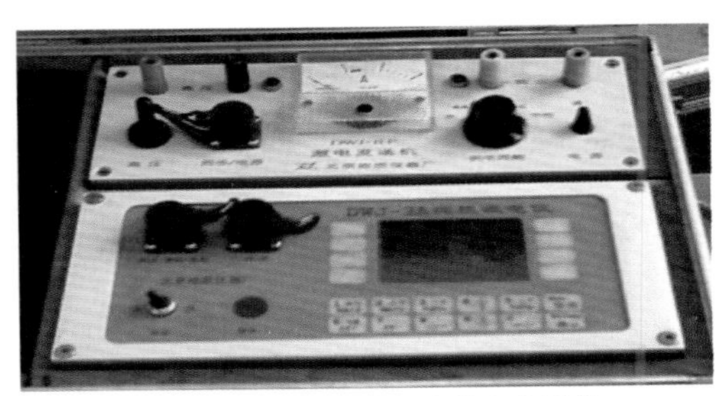

c.DWJ-3A微机激电仪和激电发送机

图4.1　电法观测系统和主要仪器

在矿井地质异常体探测中，地质异常体赋存深度和范围较大。根据3种测量装置（温纳α排列装置、施伦伯格排列装置、偶极装置）实验对比可见，对低阻异常体都有明显响应，温纳α排列装置的探测深度最大，偶极次之，施伦伯格排列装置最小，而且温纳装置能够反映出低阻体的形态，而偶极装置在反映浅部低阻体的方面能力较强。

模拟研究优选温纳装置，施伦伯格装置次之。采用高密度温纳装置测量时，供电 AB = 108cm，最大电压600.0mV，最小电流10mA，电极距为0.2m，测量层数为17层。

4.1.2　含水层泄漏状态响应模拟

物理模拟试验表明（顾大钊，2012），现代开采导致覆岩形成了断续分布的垂直裂隙，当裂隙延伸到含水层时，形成含水层泄漏点，地下水向周围裂隙扩散，形成了以裂隙渗流水为主的“圆柱体”低阻异常体。

模拟选择的低阻异常体为铝锭，尺寸为直径12.5cm和厚8cm，测量系统如图4.2所示。模拟通过改变低阻异常体中心距水面距离，来观测研究低阻异常体在垂直方向上不同深度的视电阻率断面特征。测量装置采用了高密度电法温纳、施伦伯格等多种装置形式采集数据并进行处理，采集层数为10层，温纳装置形式一共采集到有效数据235个。

图4.3是采用温纳装置形式获得的视电阻率剖面，显示均匀介质的水平各向异性比较好，垂直分层性比较突出，层与层之间的分界比较清晰和水平，表明均匀介质条件下视电阻率值随着其深度增加而增加。

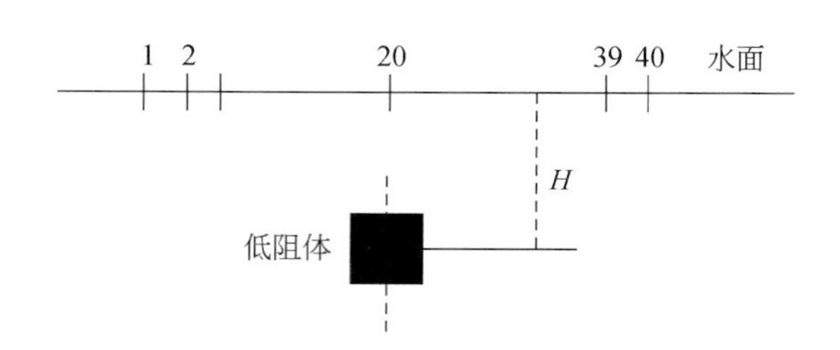

图 4.2　水槽中低阻异常体模型示意图

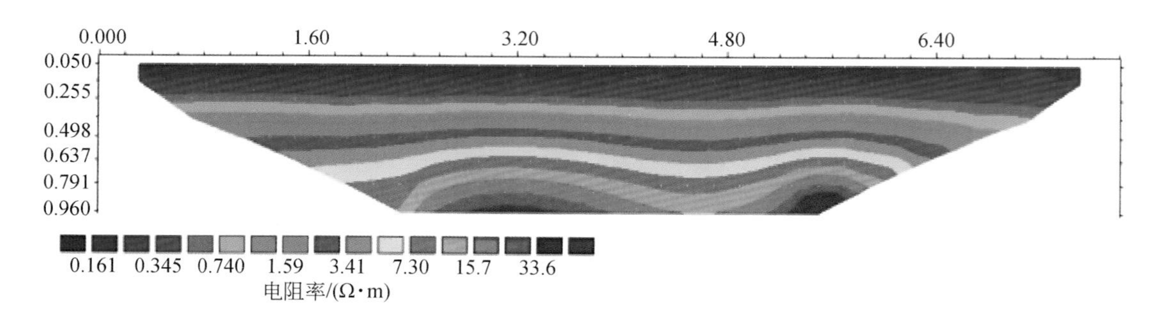

图 4.3　均匀介质（纯水）时温纳装置下的视电阻率反演图

图 4.4 是采用温纳装置形式获得的电性异常体在不同深度（H = 12.5cm、15cm、17.5cm、20cm）时的视电阻率剖面，显示位于测线中部的异常体形态较为明显，而且异常体的相对位置和大小都比较准确，说明此条件下采用温纳装置探测出来的异常体解释是比较准确的。

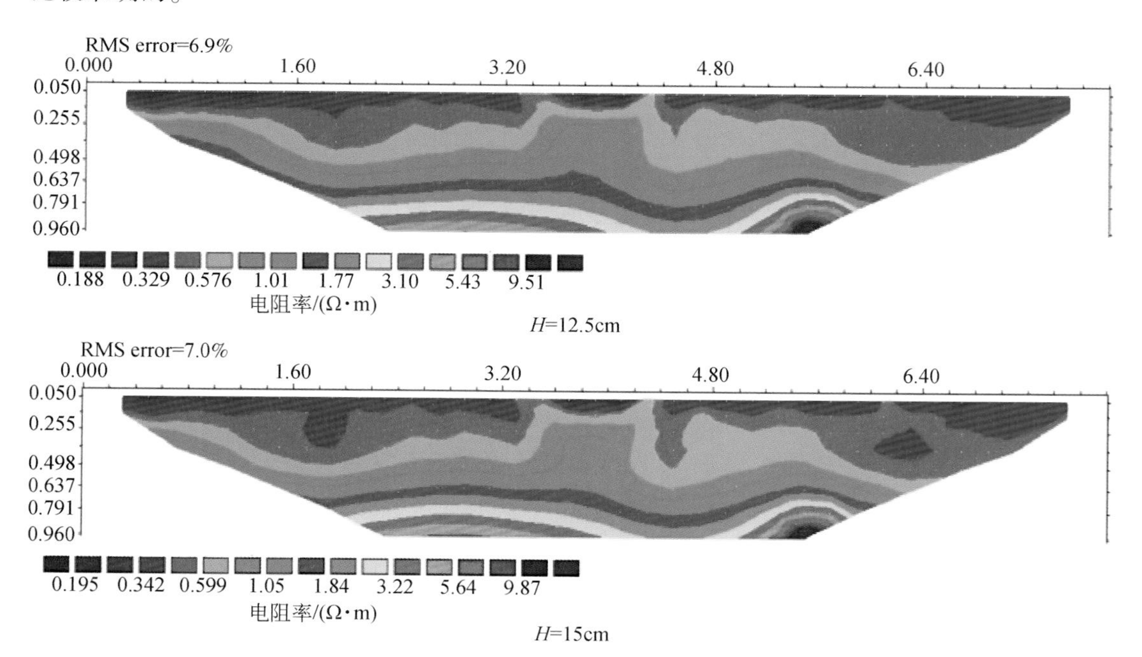

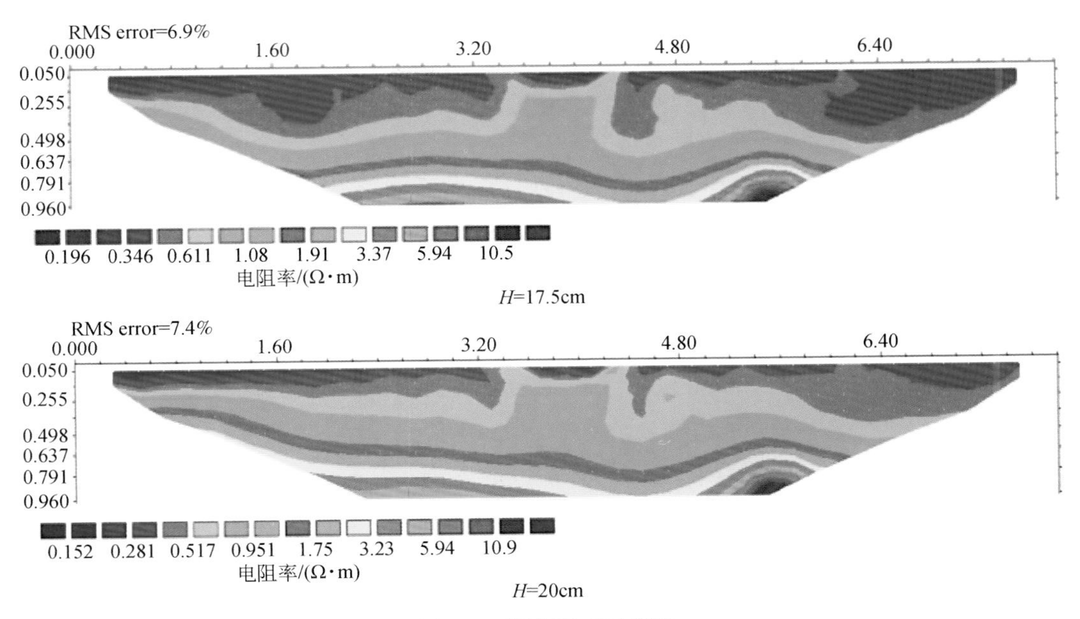

图 4. 4　视电阻率反演图

图4. 5 也是采用温纳装置形式获得的电性异常体在不同深度（$H=22.5$cm、25cm、27. 5cm、30cm）时的视电阻率剖面，显示出位于测线中部的异常体特征仍然比较明显，但异常体面积变化趋势与深度 H 值增加相似，其视电阻率也随着 H 值增大而减小。但异常体显示为电阻率变高区域，其高阻区域的大小也比实际异常体要大。可能是由于异常体位于正常电场近或远区时，低阻异常体对电流吸引作用破坏了电场对称性，在正常电场范围内映射出一个虚高阻区域。因此，在设计实际观测系统时，应将探测目标地质体（层）置于有效探测深度范围内。当电性异常体深度达到 $H=35$cm、40cm 时，低阻体的异常区域已经变得不明显，随深度增加，从电性波动变化到异常基本消失，逐步趋近于均匀介质时（纯水）视电阻率异常分布。

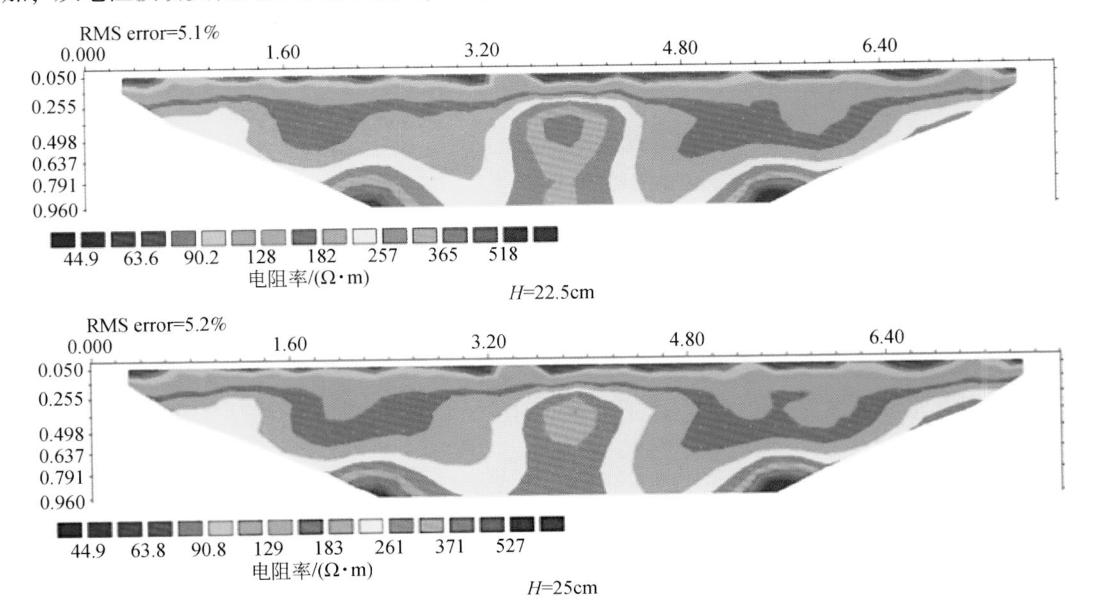

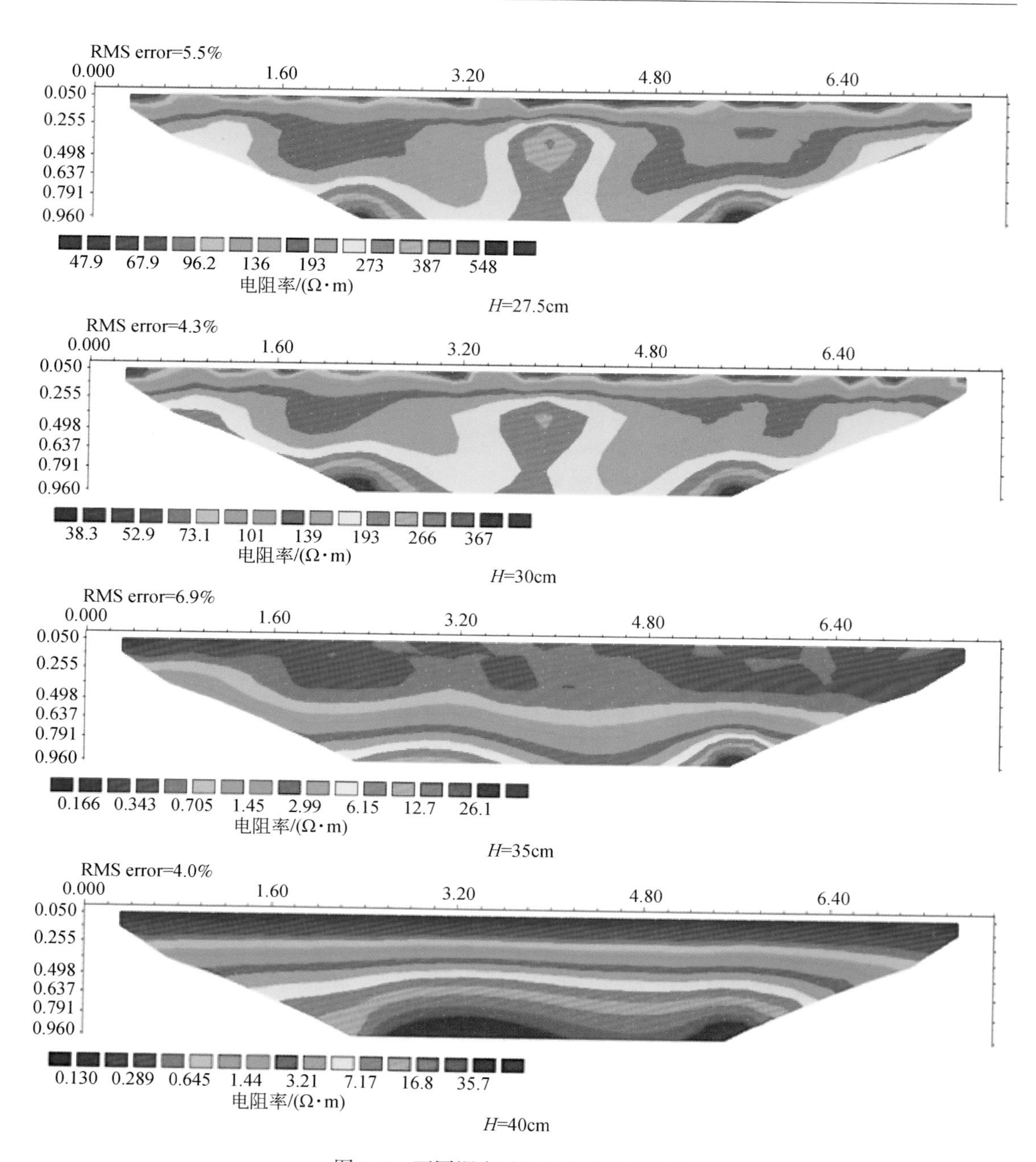

图 4.5　不同深度时视电阻率空间分布

4.1.3　地下水顺层流动状态响应模拟

层间裂隙是现代采动过程中，采动裂隙沿着不同岩性层间发育的一组裂隙，规模较大时形成了离层裂隙水，这种离层主要产生在不同岩性的介质间，离层裂隙形态与不同介质的空间赋存状态有关，物理模拟试验也验证了层间裂隙的存在（顾大钊，2012）。当地下水沿着层间裂隙流动时，形成以低阻含水层面为特点的“板状”低阻异常体。

模型测量系统（图4.6）采用圆铁片低阻体，尺寸为直径15cm和厚1cm，赋存倾角45°，低阻体中心位于电极观测系统的中心位置。模拟试验共用电极40根，电极间距2cm，电极插入水中1cm。数据采集使用高密度温纳、施伦伯格等多种方法采集数据并进行处理，采集层数为10层，温纳法共采集到有效数据235个。测试通过改变低阻体距水面距离H观测倾斜低阻体在垂直方向上不同深度视电阻率变化特征。

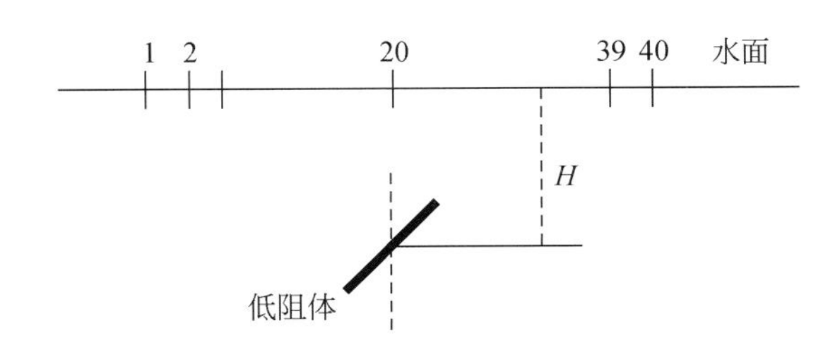

图4.6　倾斜低阻体模型示意图

图4.7为异常体中心距水面不同深度时的视电阻率剖面，当深度为17cm时对倾斜低阻异常体有明显反映，低阻体上部表现为高阻区域，其倾斜方向表现为低阻，能够清晰反映低阻体大小和倾斜角度。但当深度为30cm时，低阻体的作用在电性断面的中部形成电阻率波动，而其形态已不太明显，说明当测线极距为80cm时，探测深度可达30cm，而当低阻体中心深度H为35cm时，视电阻率几乎无异常反映。

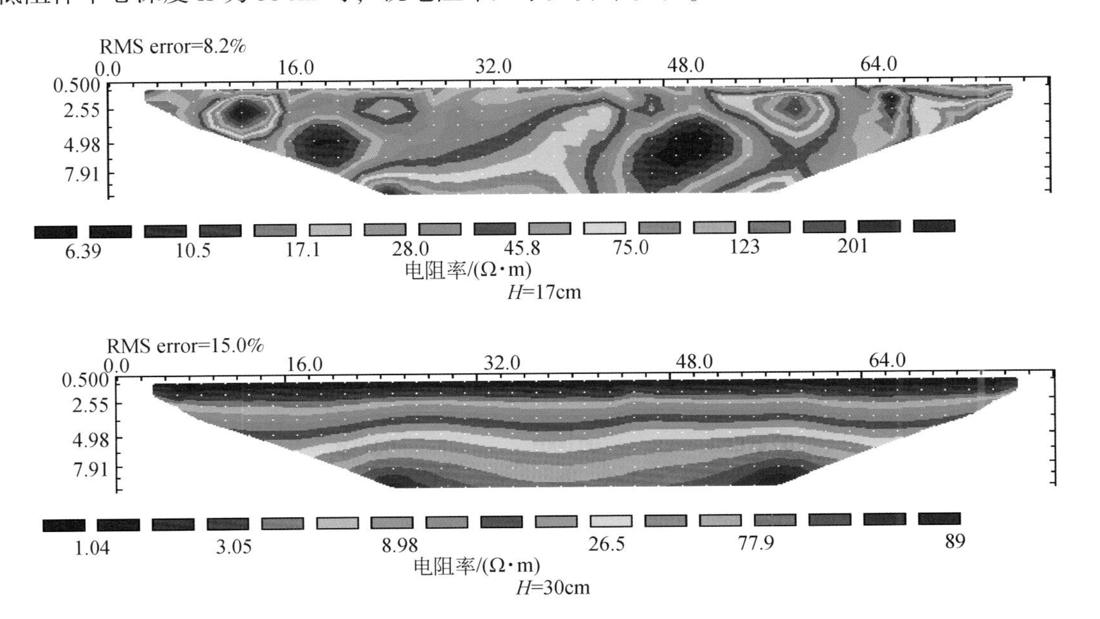

图4.7　异常体中心不同深度时的视电阻率反演结果

4.1.4　地下充水采空区状态响应模拟

针对不同赋存深度的采空区地质异常体，采用温纳装置进行系统观测。该装置对电性垂向变化比水平向变化反应灵敏，常用于研究水平层状结构的垂向变化问题。模拟研究选择了位于不同深度的低阻体地电模型，观测地电模型的视电阻率响应关系。设计地质异常体位于测线中部，低阻异常体的体积为4×4 个网格，异常体赋存深度可调（图4.8）。

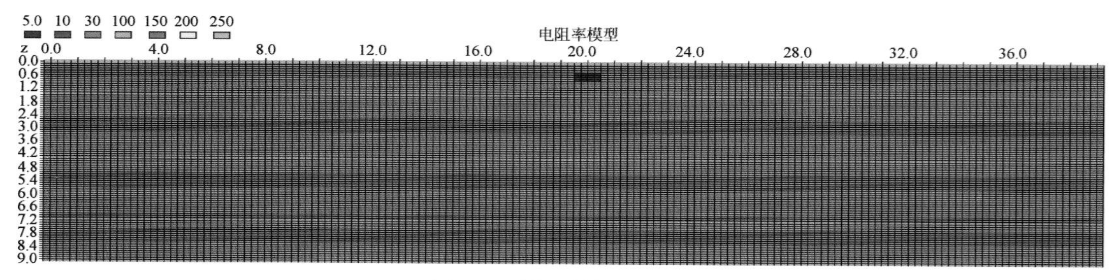

图4.8　模型结构示意图

模拟测量装置基本参数为：排列极距为1m；电极数为40 根，测线总长40m；水平方向上单位网格宽度为0.25m，垂直方向上共设置90 层，单位网格高度为0.1m。围岩和异常体的电阻率分别为100Ω · m 和5Ω · m。

视电阻率反演结果显示（图4.9），当低阻体深度为1 ~4m 时，低阻异常形态与低阻体实体相近。当深度增大到5m 后，低阻体异常形态不明显。

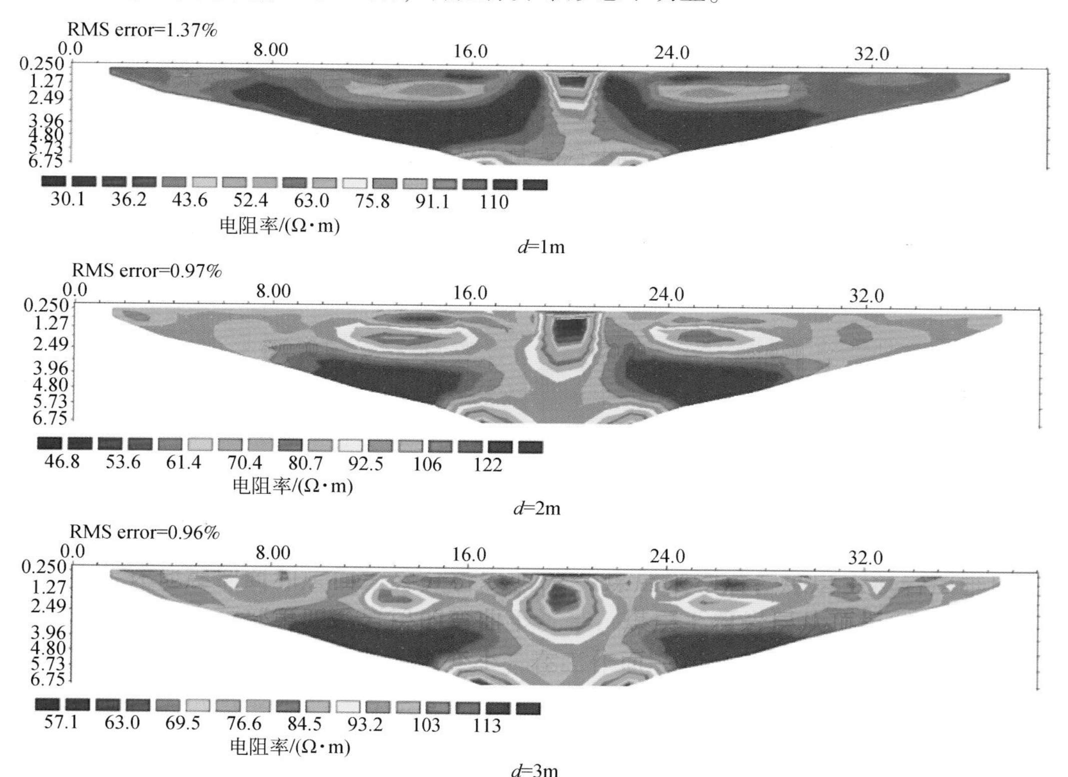

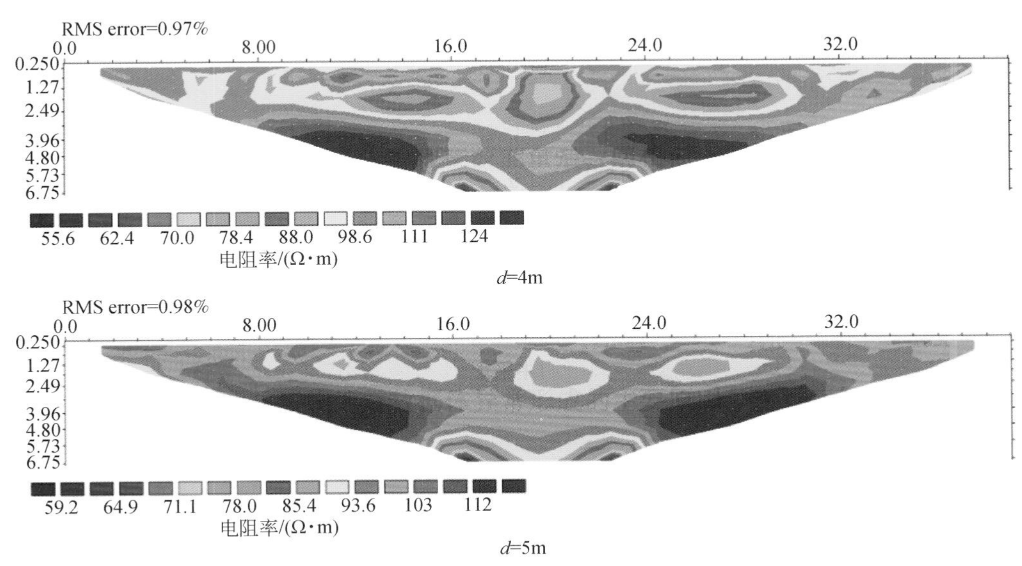

图 4.9　不同深度的冲水采空区的视电阻率模拟响应

4.1.5　开采覆岩破坏状态响应模拟

现代开采导致煤层顶板逐步垮落并引起地表塌陷，在覆岩中形成导水裂隙带，地下水向下渗流形成低阻异常带。以研究区补连塔和乌兰木伦矿地电条件为背景，设计地学模型进行数字模拟（图 4.10），模型中设置两个主导电性层，电阻率为 ρ_1、ρ_2，电阻率设置值为 30.0Ω · m、120.0Ω · m，异常值电阻率为 5.0Ω · m。电测装置基本参数为：排列电极距为 1m，电极数为 40 根。正演分析结果表明：煤层开采后其顶板与地表均受采动影响而发生电性结构变化，顶板破坏与地表变形电性特征明显。

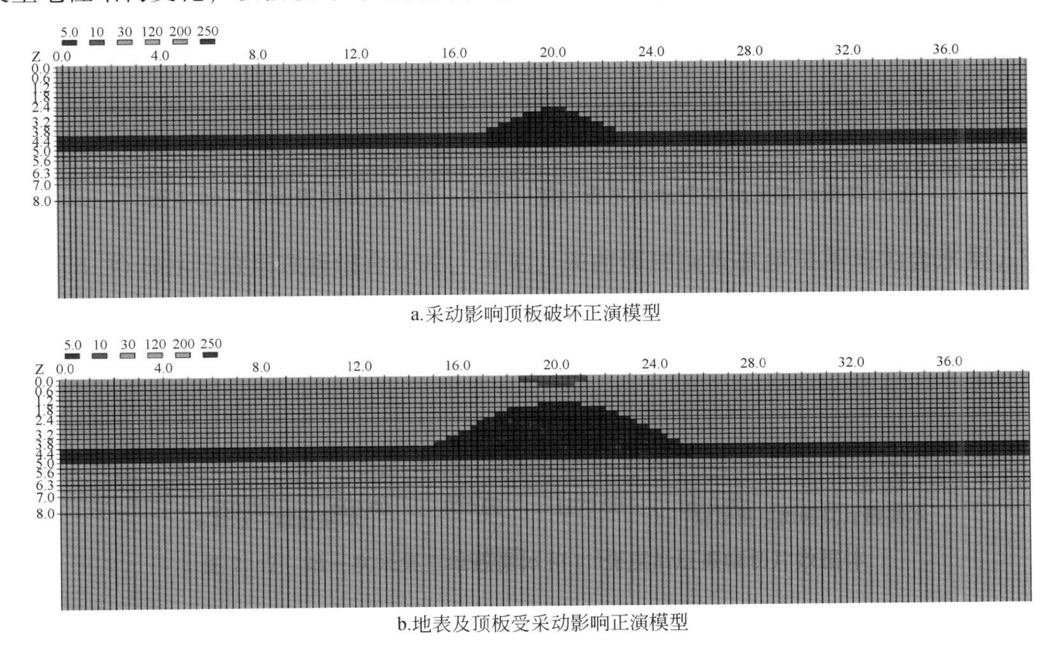

b.地表及顶板受采动影响正演模型

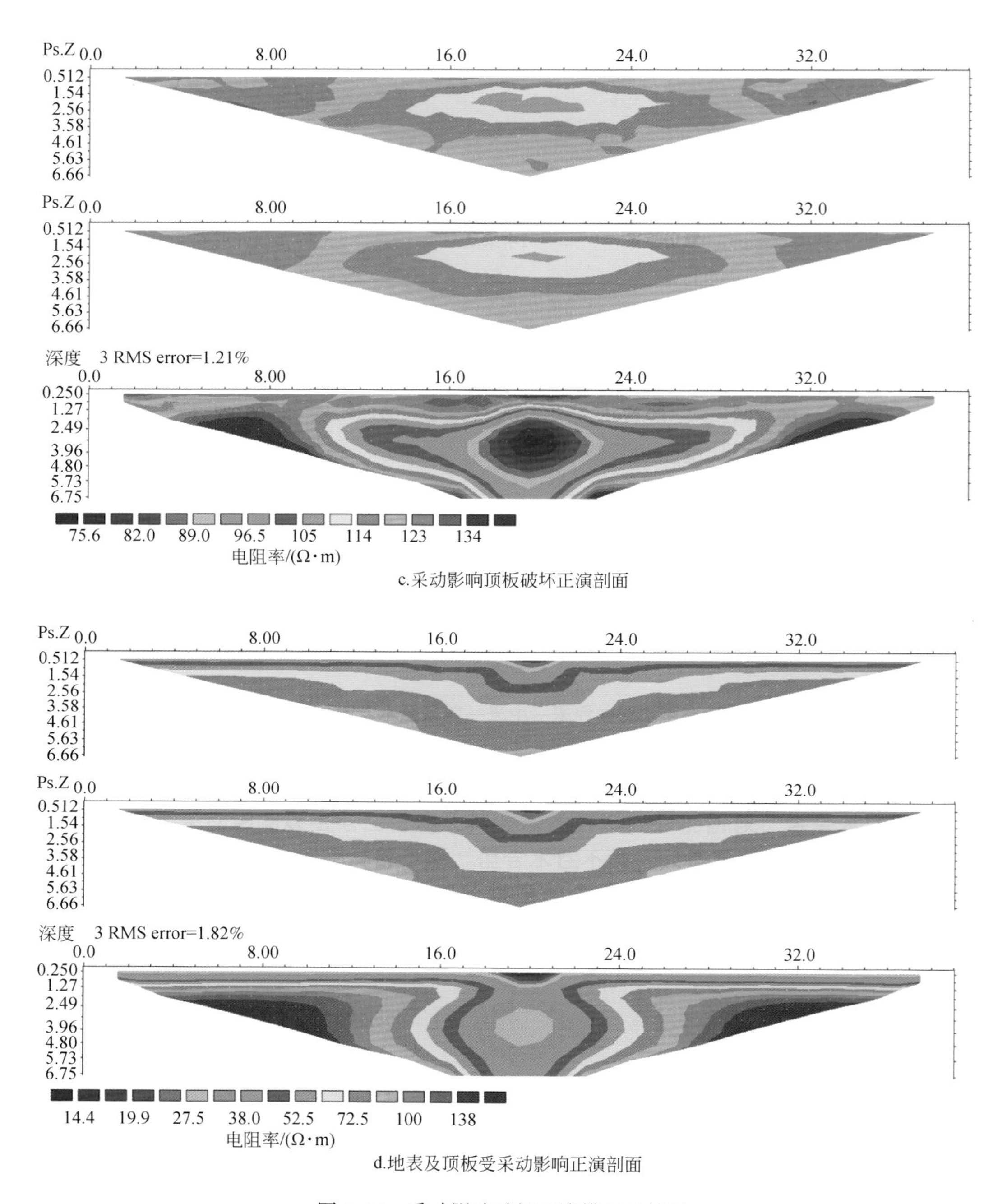

c.采动影响顶板破坏正演剖面

d.地表及顶板受采动影响正演剖面

图 4.10　采动影响破坏正演模型及结果

4.2　时移高精度电法数据采集与处理方法

视电阻率是采动覆岩含水性的最佳指示参数。针对采动覆岩结构变化引起的地下水流动现象，研究设计了时移高精度电法探测系统，在现代开采的不同阶段（采前、采中和采后），系统地采集采动覆岩的电性响应信息，研究分析采动覆岩含水性的变化特点。

4.2.1　现场数据采集

高精度电法是指具有数据精度高、测点密度高、探测深度大的视电阻率法。目前，野外数据采集采用的E60D型分布式电法工作站是一种新型电法仪（图4.11a），采用程控方式进行数据采集和分布式电极布设控制，数据以图像形式实时显示，可随时监控采集数据品质（图4.11b）。同时，该型仪器可进行各种装置的高密度电阻率装置测试。与常规电阻率法相比而言，它将有以下特点：

（1）电极布设一次完成，减少了因电极布置引起的故障和干扰，有助于数据自动快速测量。

（2）数据采集实现了自动化，具有采集速度快（大约1～4秒/点）和避免了人为操作误差。

（3）可有效进行多种装置的扫描测量，获得较丰富的地电断面结构特征信息。

（4）与传统电阻率法相比，效率高和成本低，信息丰富和解释方便。

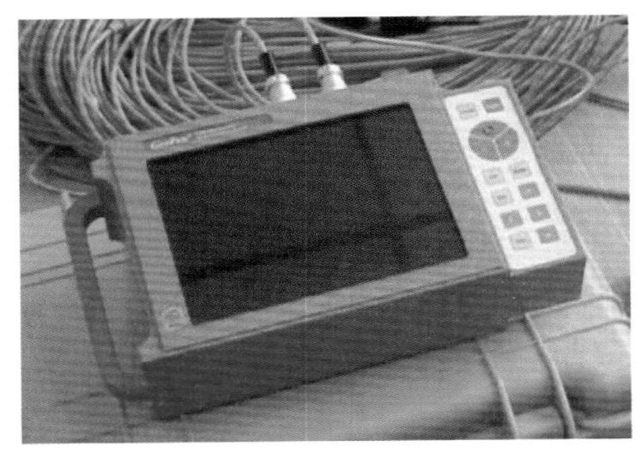
a.E60D型分布式高密度电法仪

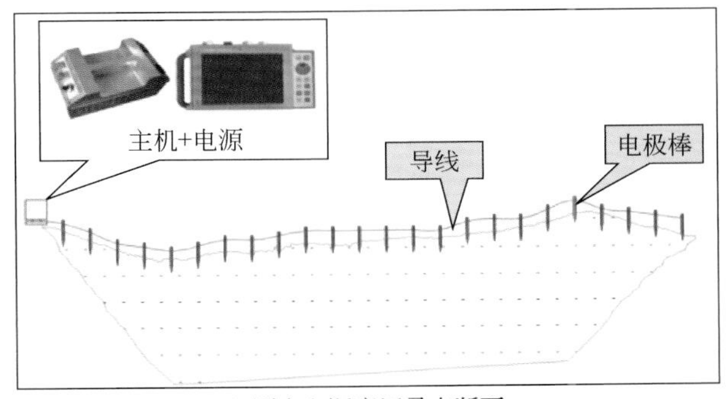

b.测点和深度记录点断面

图4.11　高密度电法测量方法

根据供电电极A和B极与测量电极M和N极的空间位置关系，测量可以采用二极、单边三极、温纳、偶极和施伦伯格等装置几种形式。由于各种装置都有其各自优缺点和相应限制条件，因此，实际探测中要根据待解决的实际问题和测试场地地形及地电条件，选择适合的装置形式。

4.2.2　数据预处理方法

在野外数据采集时，由于地表介质具有不均匀性、电极接地条件及地形起伏变化、地电噪声等干扰因素影响，高密度电法数据存在随机干扰，数据处理时应对原始数据中的随机干扰加以滤除，以提高高密度电法数据的信噪比。主要预处理方法包括平滑处理、畸变数据处理、随机噪声处理等。

1. 平滑处理

数据平滑处理原理如下：

设 $2n+1$ 个等距节点：x^{-n}，$x^{-n+1}\cdots x^{-1}$，$x^{0}\cdots x^{n-1}$，x^{n}，两节点之间距离为 h，对应的实验数据分别：Y^{-n}，$Y^{-n+1}\cdots Y^{-1}$，Y^{0}，$Y^{-1}\cdots Y^{n-1}$，Y^{n}。

由 $t=\dfrac{x_1-x_0}{h}$ 可以使原节点变换为

$$t^{-n}=-n,\ t^{-n+1}=-n+1\cdots t^{-1}=-1,\ t^{0}=0,\ t^{-1}=-1\cdots t^{n}=n。$$

采用 m 次多项式来拟合实际采集的数据，并设拟合多项式为

$$Y(t)=a^{0}+a^{1}t^{1}+a^{2}t^{2}+\cdots+a^{m}t^{m}$$

用最小二乘法来确定方程 $Y(t)$ 中的待定系数，令

$$\sum_{i=-n}^{n}R_i^2=\sum_{i=-n}^{n}\sum_{j=0}^{m}a_1t_i^j[-Y^i]^2=\phi(a^0,\ a^1\cdots a^m) \tag{4.1}$$

为使 $\phi(a^0,\ a^1\cdots a^m)$ 达到最小，将式（4.1）分别对 $a^k(k=0,\ 1\cdots m)$ 求导，并令其为0，可得到正规方程组：$\sum\limits_{i=-n}^{n}Y_jt_i^k=\sum\limits_{j=0}^{m}a_j\sum\limits_{i=-n}^{n}t_i^{k+1}(k=0,\ 1\cdots m)$　　(4.2)

当 $n=2$，$m=3$ 时，式（4.2）可以得到一个具体的方程组，由此解出 a^0，a^1，a^i，a^{it} 代入式（4.2），并令 $t=-2$，-1，0，+1，+2，得到五点三次平滑公式，其中 $\overline{Y_i}$ 为 Y_i 的平均值。

$$\overline{Y}_{-2}=\frac{(69Y^{-2}+4Y^{-1}-6Y+4Y^{1}-Y^{2})}{70} \tag{4.3}$$

$$\overline{Y}_{-1}=\frac{(2Y^{-2}+27Y^{-1}+12Y-8Y^{1}+2Y^{2})}{30} \tag{4.4}$$

$$\overline{Y_0}=\frac{(-3Y^{-2}+12Y^{-1}+17Y+12Y^{1}-3Y^{2})}{35} \tag{4.5}$$

$$\overline{Y_1}=\frac{(2Y^{-2}-8Y^{-1}+12Y+27Y^{1}+2Y^{2})}{35} \tag{4.6}$$

$$\overline{Y_2}=\frac{(-Y^{-2}+4Y^{-1}-6Y+4Y^{1}+69Y^{2})}{70} \tag{4.7}$$

该公式要求节点个数为 $k\geqslant5$，当节点个数多于5时，出于对称考虑，除边界分别用式（4.3）、式（4.4）、式（4.6）、式（4.7）外，其余内部数据都用式（4.5）进行平滑，这就相当于在每个子区间上用三次不同的最小二乘多项式进行平滑，以达到更好的平滑效果。

平滑前后效果对比显示（图4.12），处理后高频成分减少，主频成分增多，高低阻异常特征对比明显，对异常体的位置、平面形态等的圈定更清晰。因此，在测量误差大的时候，适当的平滑处理能减少干扰，增加图件中异常体的清晰度，利于资料的解译。

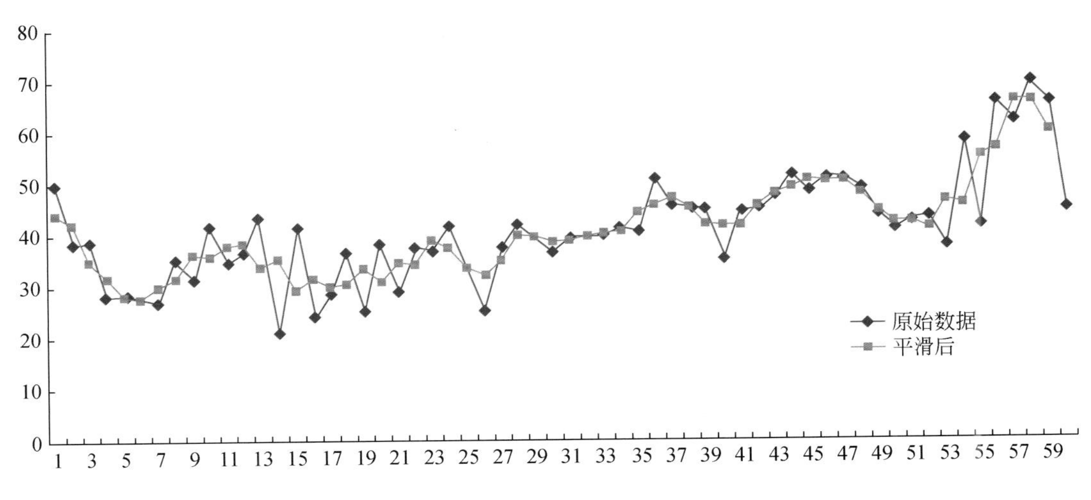

图4.12　平滑前后数据对比

2. 畸变数据处理

高密度电法施工中会有很多影响其应用效果的因素，如地下管线、河流沟谷等，都会使视电阻率发生畸变。数据处理中针对畸变数据，通常采用ρ_s值进行三点、五点或七点等圆滑处理，采用“一元三点法”处理。据畸变点的“突变性”可以用数据剖面的单层视电阻率曲线的前后测点ρ_s（视电阻率值）的比值$b_i=\rho_s(i+1)/\rho_s(i)$（其中，$i$是测点编号），来识别畸变数据和实际存在的视电阻率异常。

为减少实际异常并消除畸变数据影响，首先应查明本次工区内实际存在的异常比值b_i的变化范围。结合以往的勘探经验和野外实测数据的分析表明，实际有用异常的比值b_i大小通常在0.25～4.0的范围内变化。一元三点插值公式为

$$f(x)=\frac{(x-x_{k+1})(x-x_{k+2})}{(x_k-x_{k+1})(x_k-x_{k+2})}y_k+\frac{(x-x_k)(x-x_{k+2})}{(x_{k+1}-x_k)(x_{k+1}-x_{k+2})}y_{k+1}+\frac{(x-x_{k+1})(x-x_k)}{(x_{k+2}-x_{k+1})(x_{k+2}-x_k)}y_{k+2}$$

如果b_1在0.25～4.0的范围之外（即$b_1<0.25$或$b_1>4.0$），而b_2在正常范围之内，则需对这层数据的第一个测点值做校正；若b_1或b_2都在0.25～4.0的范围之外，则不用对第一个测点做校正，但应对第二个测点的视电阻率做校正；若b_{n-1}不在0.25～4.0的范围之内（即$b_{n-1}<0.25$或$b_{n-1}>4.0$），则需要对最后一个（第S_n个）测点做校正；对其他测点，如果$b_i<0.25$或$b_i>4.0$，需对第$i+1$个测点数据做校正。

图4.13显示高密度电法数据处理前后的比较。图4.13a受畸变噪声的干扰，视电阻率等值线剖面出现多处“密集或稀疏”区，地电结构特征解释比较困难；图4.13b为处理后的视电阻率剖面等值线图，清晰反映了地电结构层状信息及低阻异常区域。

3. 随机噪声处理

由于地表电极接地条件及地电噪声等干扰因素影响，高密度电法数据存在随机噪声，一般采用滤波的方法对随机噪声进行处理。高密度电法数据处理时常采用中值滤波与均值滤波法。

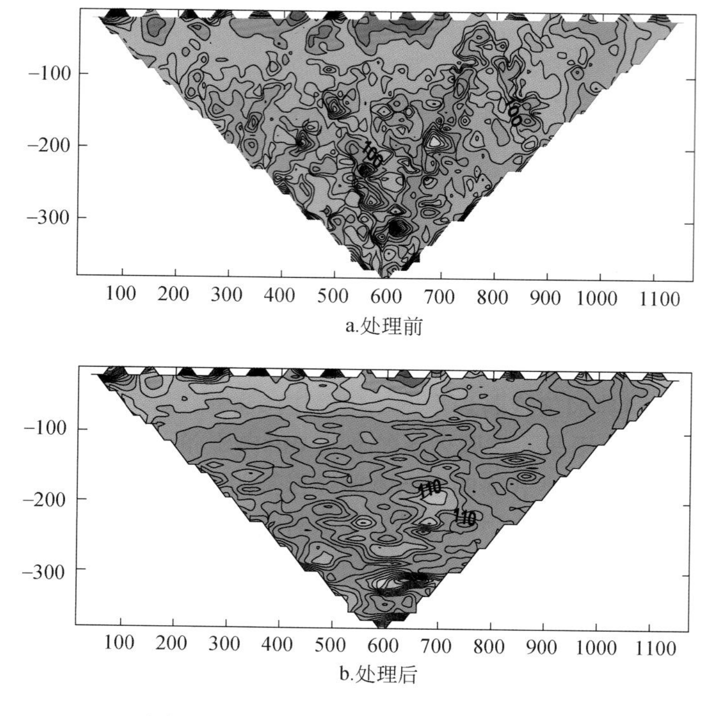

图 4. 13　视电阻率数据处理前后对比图

1）中值滤波

该方法是基于排序统计理论的一种能有效抑制噪声的非线性信号处理技术，基本思想是用一个有奇数点的滑动窗口，将窗口内所包括的数据值进行排序，然后将中心点的值用排序后所得的中值代替。其主要原理是：设有一个一维序列 f_1，f_2，f_3，…，f_n。取窗口长度（点数）为 m（m 为奇数），对此一维序列进行中值空间滤波，就是从序列中相继抽出 m 个数 $f_{i.k}$，$f_{i.k+1}\cdots f_{i.1}$，f_i，f_{i+1}，…，f_{i+k}，其中 f_i 为窗口的中心值。再将这 m 个数据点按其数值大小排序，取其序号为中心点的数值来代替 f_i 点处的值。

高密度电法勘探数据研究表明，地下地质构造或电性异常体引起的视电阻率异常变化是平缓渐变的，原始数据包含的随机噪声可采用中值滤波处理。通常，根据研究区的地电条件，选择一个深度、厚度和电阻率都比较稳定的电性层，估计其频段值，获得此范围内所有视电阻率几何平均值。即选取同一层剖面深度上的所有视电阻率值，按下式处理：

$$\bar{\rho}_{si} = \left[\prod_{j=m}^{n}\rho_{sj}\right]^{\frac{1}{n-m+1}} \tag{4.8}$$

式中，$\bar{\rho}_{si}$ 为数据剖面第 i 层深度上由第 m 到第 n 个视电阻率值的平均视电阻率；ρ_{sj} 为原始视电阻率值。

同理，结合研究区地层结构选出若干个近似在同一电性层内几何平均值，并且按数值大小排序，选择其“中位数”（序号在正中间的值）作为此电性层背景值 ρ_L。根据以往实践和实测数据试算，通常可选每条测线内所有视电阻率的几何平均值中位数作为背景

值 ρ_L。

以各层的平均视电阻率值 $\bar{\rho}_{si}$ 除以计算出的中位数背景值 ρ_L，得到校正系数 K_i：

$$K_i = \frac{\overline{\rho_{si}}}{\rho_L} \tag{4.9}$$

最后，用此校正系数 K_i 乘以相应层上的原始视电阻率值，便得到经过中值空间滤波校正后的视电阻率值 ρ'_{si}：

$$\rho'_{si} = K_i \times \rho_{si} \tag{4.10}$$

2）均值滤波法

均值滤波法是空间域中的一种典型的用来去除随机噪声的线性滤波算法，其基本思想是用目标点和其周围的临近数据点（以目标点为中心的周围几个数据点）的平均值来代替原来数据点的值，从而压制随机噪声。

加权均值滤波算法是一种有效地去除随机噪声的滤波算法，滤波窗口中心点的数据值由窗口内各数据点的值加权平均获得。前人研究表明该方法不仅去除了随机噪声和保留了有效信息，还提高了信号分辨率。加权平均滤波处理表达式如下：

$$\hat{x}_{k,l} = \frac{\sum\limits_{x_{i,j} \in M(k,l),\, i=k,j=l} w_{i,j} \times x_{i,j}}{\sum\limits_{i=k,j=l} w_{i,j}} \tag{4.11}$$

式中，$x_{i,j}$为中心点（k，l）邻域内数据值的大小；$\hat{x}_{k,l}$为目标点滤波后的数值；$w_{i,j}$为滤波窗口中 $x_{i,j}$对应的权重。

为压制随机噪声，研究选择受到随机噪声干扰的实测电法数据中某一深度剖面视电阻率曲线，采用上述滤波方法，效果见图4.14，对比可见，原始视电阻率曲线受到随机噪声的干扰，出现锯齿状的跳跃。滤波处理后的视电阻率曲线明显光滑，基本上滤除了随机噪声的影响，而且又保持了其原始视电阻率曲线的原有特征，达到了良好的滤波效果。

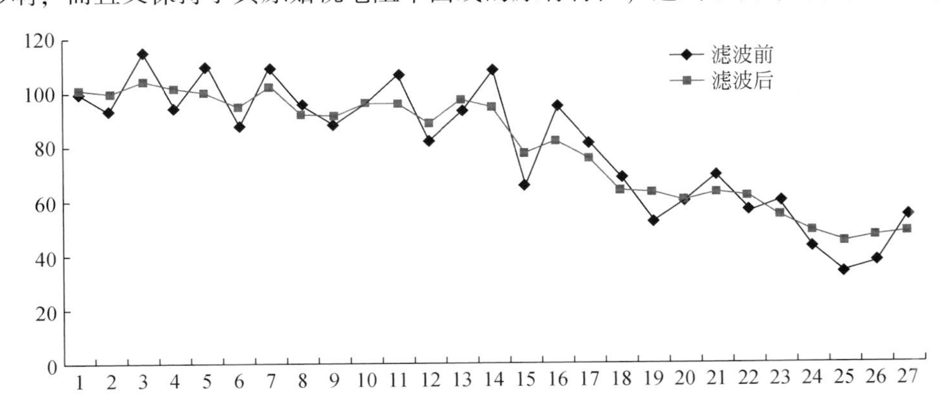

图4.14 视电阻率曲线滤波处理前后对比图

实测视电阻率剖面比较表明（图4.15），随机噪声影响导致原始的视电阻率剖面出现较多异常“圈闭”，判断真实异常体困难。经过空间滤波后，能清晰判断出异常体。在实际探测中，若采集的数据随机干扰较大，通常进行滤波处理，减少高频成分干扰，突出有效异常，清晰异常体边界，提高典型异常的解释水平。

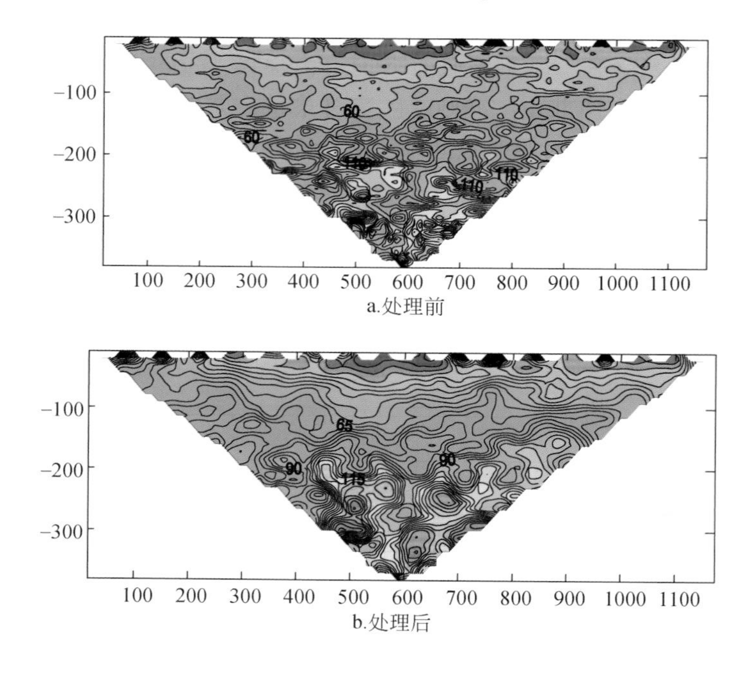

图 4. 15　数据滤波曲线处理前后对比图

4. 2. 3　数据精细反演与可视化成像

视电阻率数据反演使用了 RES2DINV、RES3DINV（GeoTomo 公司）反演软件，采用圆滑约束最小二乘反演最优化方法。具体算法为

$$(\boldsymbol{J}^{\mathrm{T}}\boldsymbol{J}+\lambda \boldsymbol{F})\ \boldsymbol{d}=\boldsymbol{J}^{\mathrm{T}}\boldsymbol{g}$$

式中，$\boldsymbol{F}=\boldsymbol{f}_x\boldsymbol{f}_x^{\mathrm{T}}+\boldsymbol{f}_z\boldsymbol{f}_z^{\mathrm{T}}$；$\boldsymbol{f}_x$ 为水平圆滑滤波系数矩阵；$\boldsymbol{f}_z$ 为垂直圆滑滤波系数矩阵；$\boldsymbol{J}$ 为雅可比偏导数矩阵；$\boldsymbol{J}^{\mathrm{T}}$ 为 $\boldsymbol{J}$ 的转置矩阵；λ 为阻尼系数；$\boldsymbol{d}$ 为模型参数修改矢量；$\boldsymbol{g}$ 为残差矢量。

反演处理时，假设反演的视电阻率模型是由许多电阻率值为常数的矩形块组成，利用测量所得的视电阻率值，先给定公式参数 $b(0)$，允许误差 $\varepsilon>0$ 和初始阻尼因子 $\lambda(0)>0$，并令 $k=0$，即给定初值；然后计算并迭代，直到程序收敛或达到设定的最大迭代次数后即可。

此外，针对实测地形对观测数据的地形干扰，现场对每一个电极实际的高程及位置都采用 GPS 设备进行测量，形成实测地形剖面，数据处理过程中利用有限元正演数字模拟方法进行有效的地形校正工作，图 4. 16 所示为高密度温纳数据经地形校正后的数据。

为有利于电法勘探数据的综合分析，同时对每条测线数据采用 Surfer 软件绘制视电阻率等值线剖面，并利用可视化软件对测区内多条测线数据进行可视化成像，形成数据体，如图 4. 17。

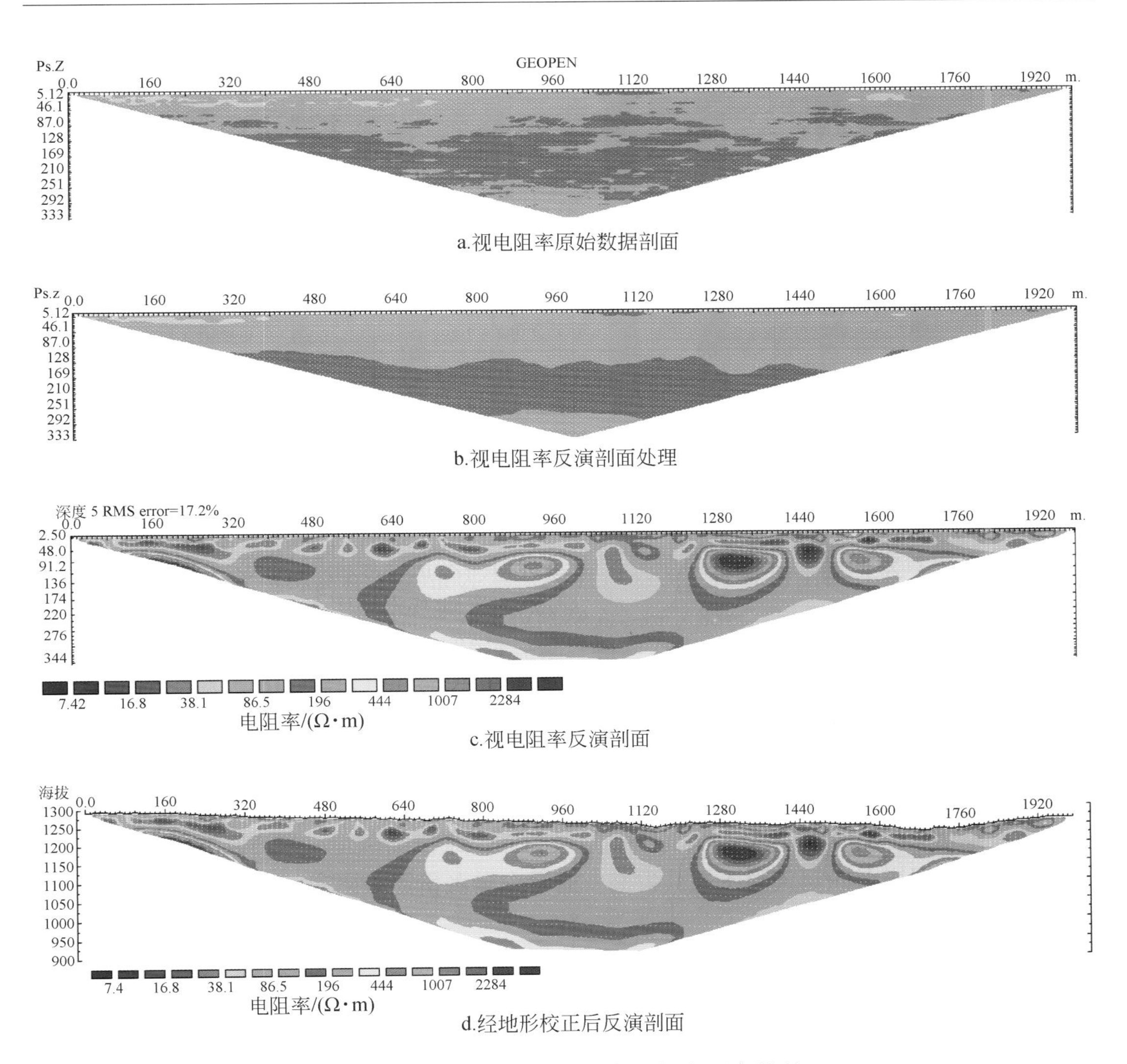

图 4.16　补连塔试验区 D1 剖面视电阻率处理

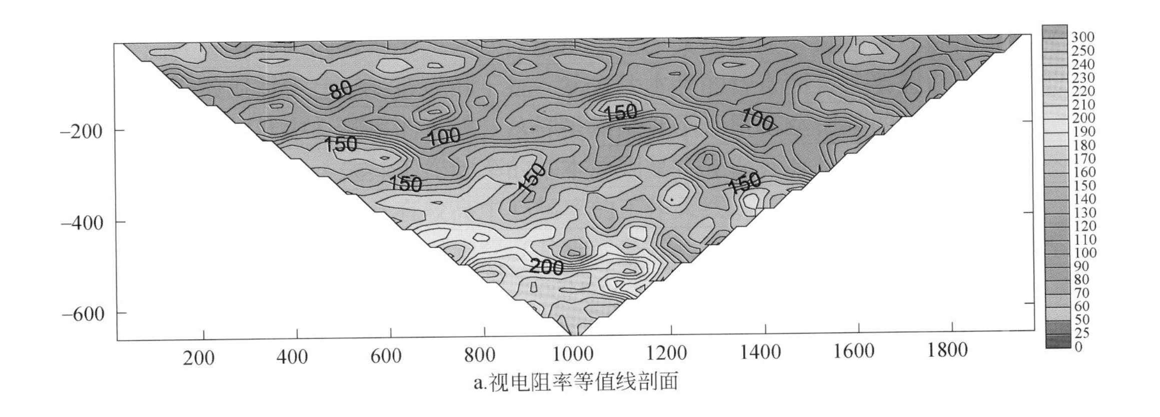

a.视电阻率等值线剖面

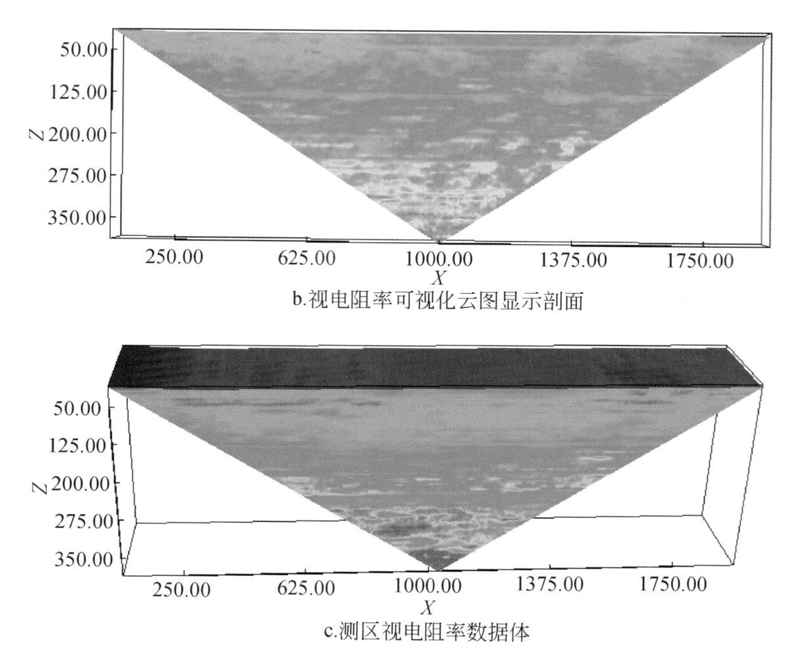

b.视电阻率可视化云图显示剖面

c.测区视电阻率数据体

图 4. 17　某测线数据剖面与数据体

4. 2. 4　高精度电阻率解释

高精度电阻率解释是通过对实测电阻率断面图电性层空间结构和时序综合分析，推测区内采动覆岩结构及地下水分布的变化。

1. 地电剖面电性层分析

依据电法勘探原理及地下人工电场分布特征，当地层沉积分布均匀，未受任何破坏和改变，其视电阻率分层均匀变化；如遇有人工采动或地质构造等诸多因素影响，则受影响层位的视电阻率值发生变化。根据测试剖面的视电阻率空间分布，结合地层分布和开采影响，通过分析电阻率变化规律和剖面综合对比分析，确定测区内采动覆岩破坏及赋水性变化等情况。

图 4. 18 为高密度电法某测线第一次测试数据的综合成果剖面，图中显示测线地表下伏地层主要分布有 4 ~ 5 个电性层，地表沙层电阻率局部波动，地下 20 ~ 30m 左右范围内总体表现为有一低阻层分布，因工作面采动影响，煤层顶板岩层电性呈现局部波动，且采动工作面附近局部电阻率升高。

2. 时移反演比较分析

电阻率时移反演比较分析是根据采动全过程电阻率空间分布变化规律，结合区内含水层空间分布，通过不同时间的电阻率对比分析，确定地下含水层结构及含水性的变化趋势。

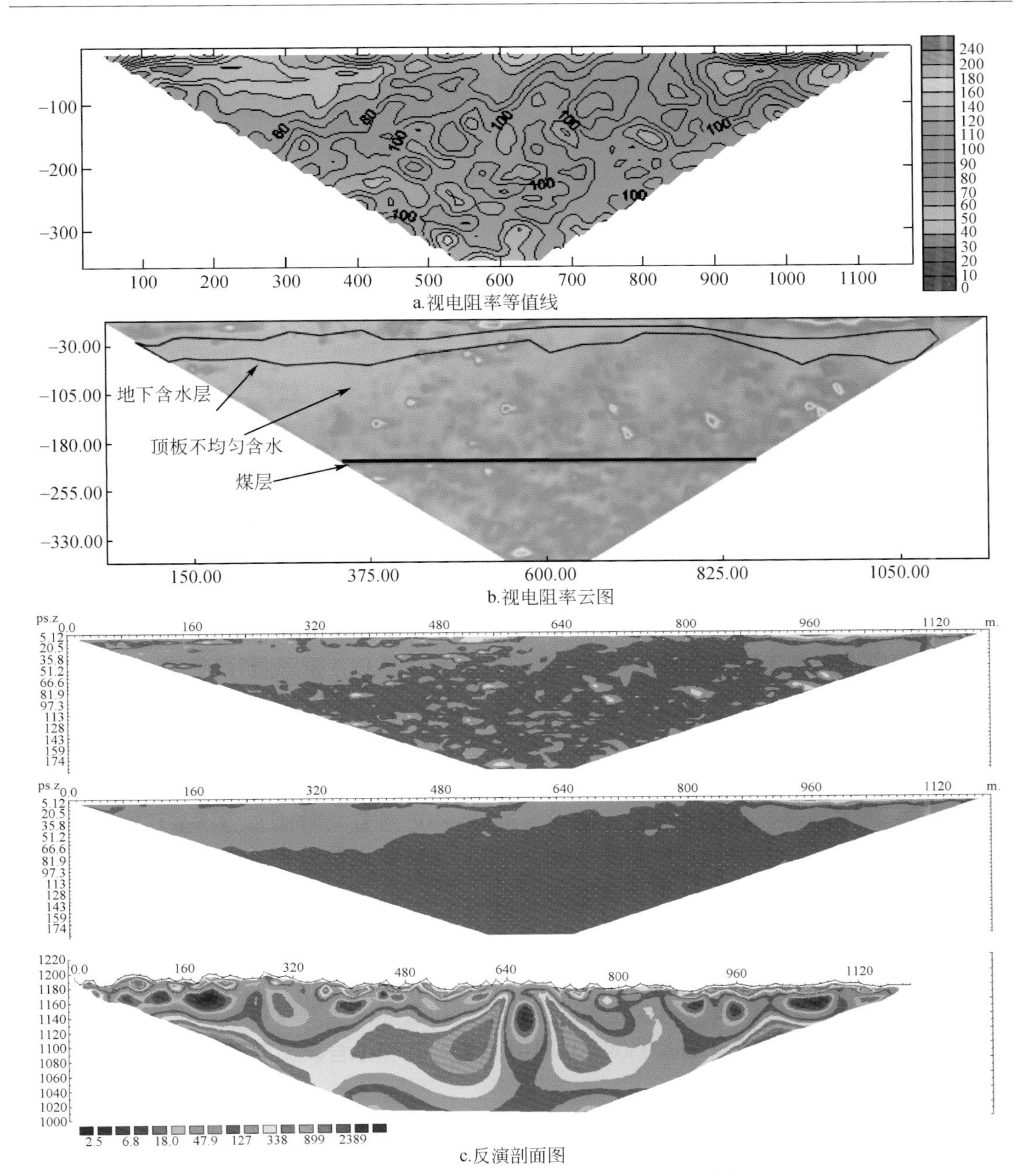

图 4.18　采动工作面某测线第一次测试地电剖面

图 4.19 为 D2 测线四次探测对比图，D2 测线地表下伏地层主要分布有 4 ~ 5 个电性层，采前表层 20m 左右范围内总体表现为有低阻含水层分布，中偏东南部 800 ~ 1500m 左右表现出地表层为相对高阻，煤层顶板不均匀分布有相对低阻层。采中阶段受采动影响，地表含水层的含水性有所降低，顶板电阻率有波动变化，砂岩层含水性降低。采后阶段地表含水层的含水性基本恢复，而顶板含水层的含水性变差后没有恢复，煤层及其顶底板附近电阻率有所减小，含水性增高。

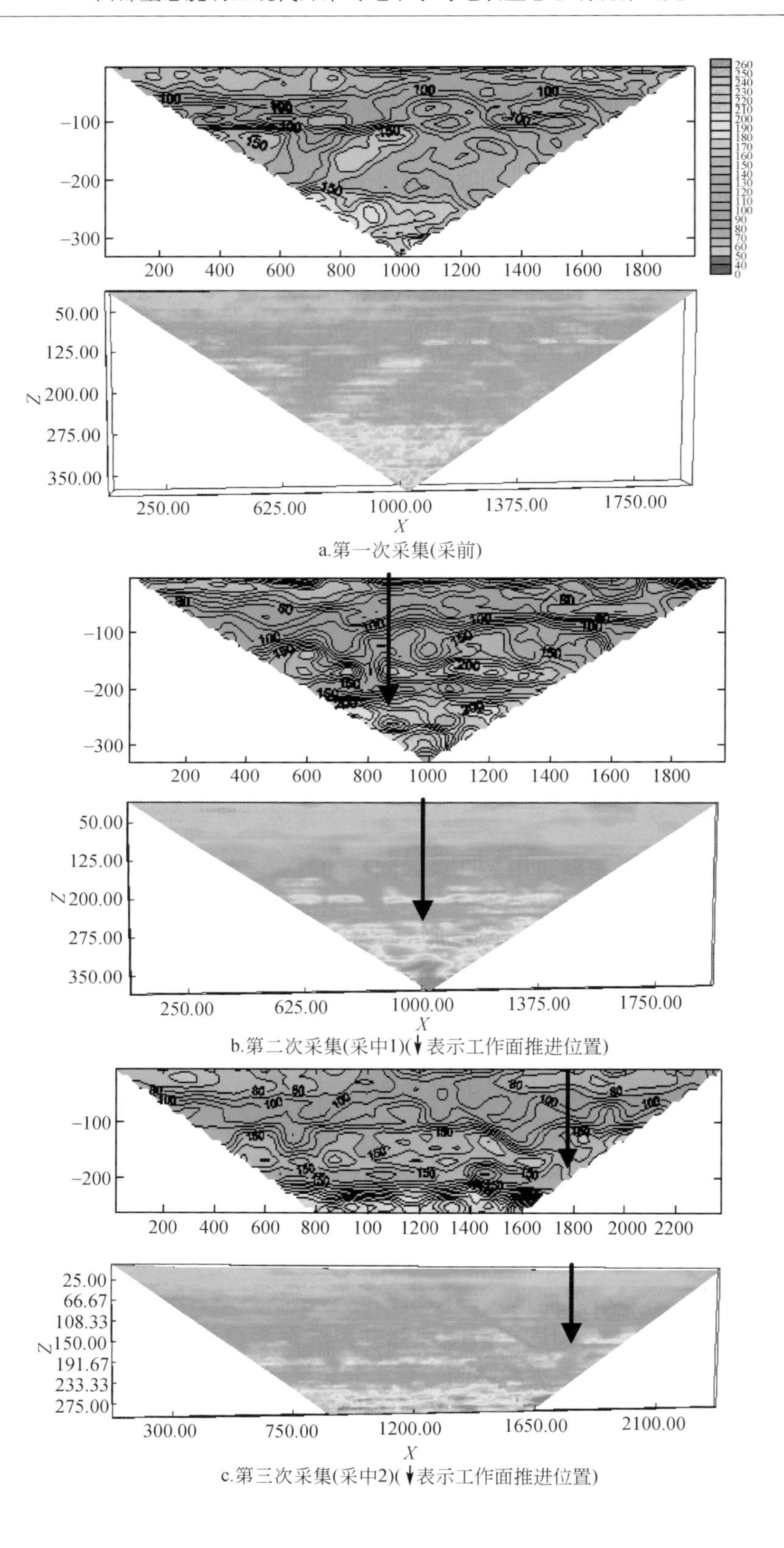

a.第一次采集(采前)

b.第二次采集(采中1)(↓表示工作面推进位置)

c.第三次采集(采中2)(↓表示工作面推进位置)

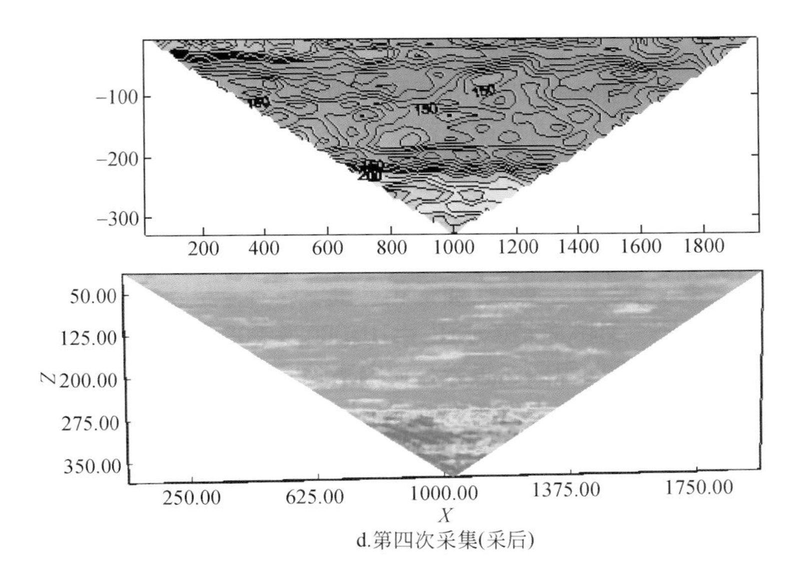

d.第四次采集(采后)

图 4. 19　补连塔测区 D2 测线采前—采中—采后四次探测视电阻率剖面对比

3. 电性层析解释

电性层析是利用三维数据体进行剖分，获得不同深度岩层沿平面分布的顺层数据，通过分析研究视电阻率分布规律，解释采动覆岩的含水性空间分布及变化趋势。图 4. 20 是补连塔试验区第一次测试（采前）的数据体地表浅层和含水层深度的切片示例。依据表层电性分布和现场实地检查，该区域采前可以划分三个区域：①砂土湿润区——电阻率较低，含水性较好，地表多为灌木类植被覆盖；②砂土潮湿区——电阻率稍低，含水性一般，地表多生长树木或灌木，植被覆盖率较好；③砂土干燥区——表层电阻率较高，含水性较差，砂土出露，植被生长稀疏。

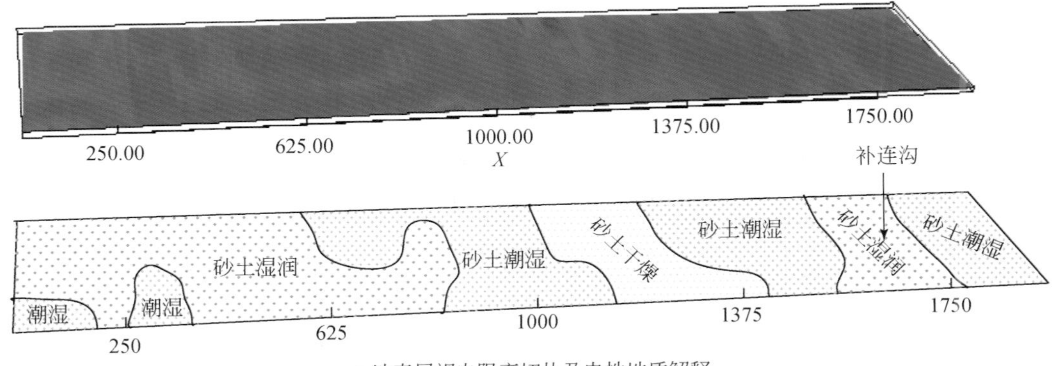

a.地表层视电阻率切片及电性地质解释

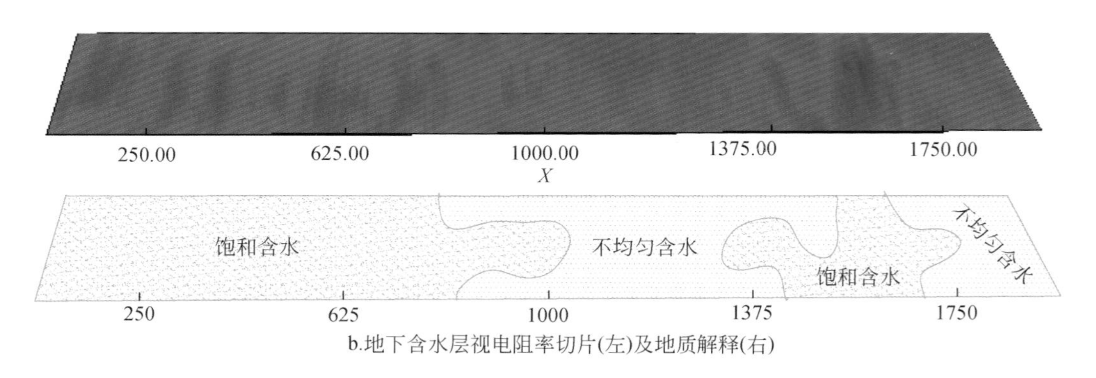

b.地下含水层视电阻率切片(左)及地质解释(右)

图 4.20　补连塔矿第一次测试地表层切片示例

4. 基于时移电性变化的含水性解释

现代开采过程中形成的采动裂隙“引导”地下水流动，影响了采动覆岩的空间电性分布。地下水相对含煤岩系是良导体，导致含水性较强的空间电阻率降低。补连塔试验区采动全过程浅部含水层电性切片及含水性解释表明（图 4.21）：采前阶段，东部含水层含水性较差，在地表补连沟之下为饱和含水；采中阶段，地下含水层的电阻率有所增加，采动影响范围（约 200m）出现局部地下水渗漏流失；采后阶段，含水层区域稳定后，地下含水层的电阻率趋近于采前状态，含水性基本恢复到采前状况。但是，受采动影响，采动裂隙发育带附近的浅部含水层的含水性整体变弱。

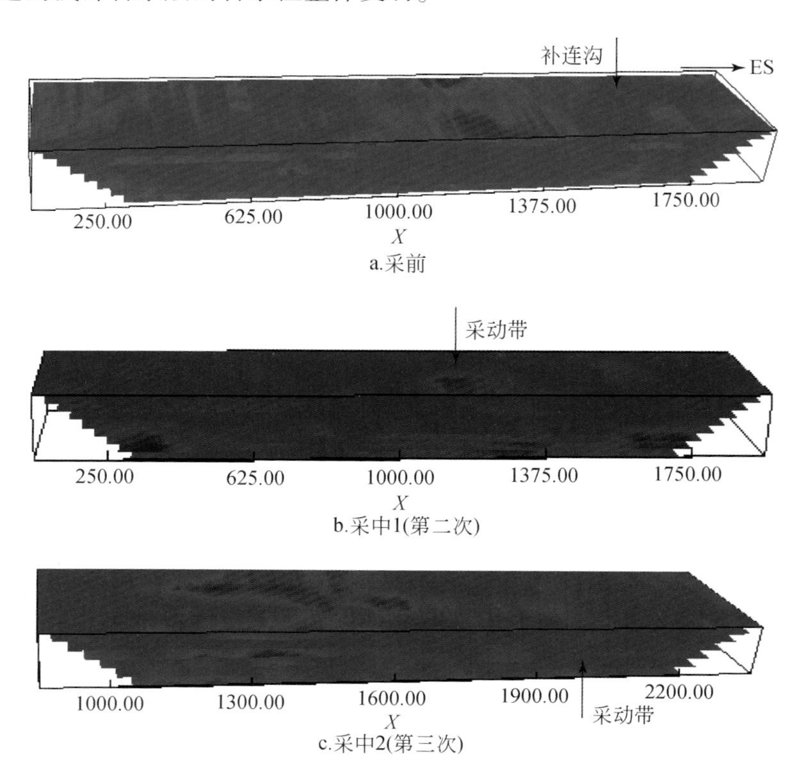

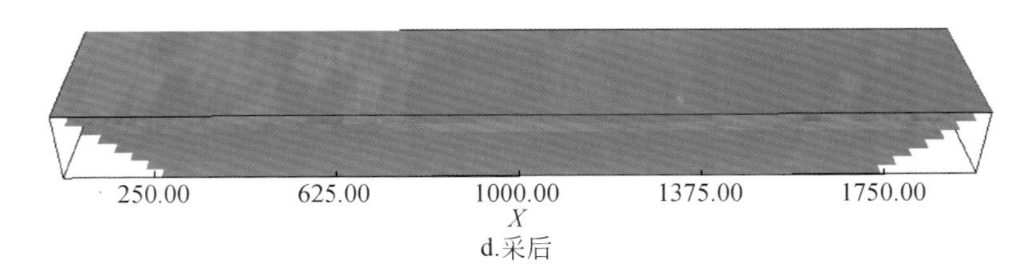

d.采后

图 4.21　采动影响地表含水层段组合电性变化比较（↓表示工作面推进位置）

4.3　补连塔试验区采动覆岩富水性变化综合分析

选择典型采煤工作面作为研究区，开展采动影响下上覆煤岩层及其赋水性变化探测，分析覆岩含水层受采动影响的变化规律。

4.3.1　试验区基本地电情况

数据采集以补连塔矿 12406 工作面为重点，针对现代开采对采动覆岩含水性的影响问题，进行采动全过程（采前、采中与采后）高精度高密度电法数据采集。采集区域设计 4 条间隔 120m 的平行测线，起点均从距工作面切眼 200m 开始，向工作面推进方向延伸，测线编号分别为 D1、D2、D3 和 D4，每条测线长 2000m（图 4.22）；根据测量区域地形和地电条件，选用 E60D 型分布式高密度电法工作站，经观测系统的仪器稳定性、观测参数、探测效果试验，确定观测系统采用温纳装置和 10m 电极距；采集时间为分别在回采工作面推进到观测区域前、推进中、推过后，具体时间为 2011 年 4 月至 2012 年 6 月。

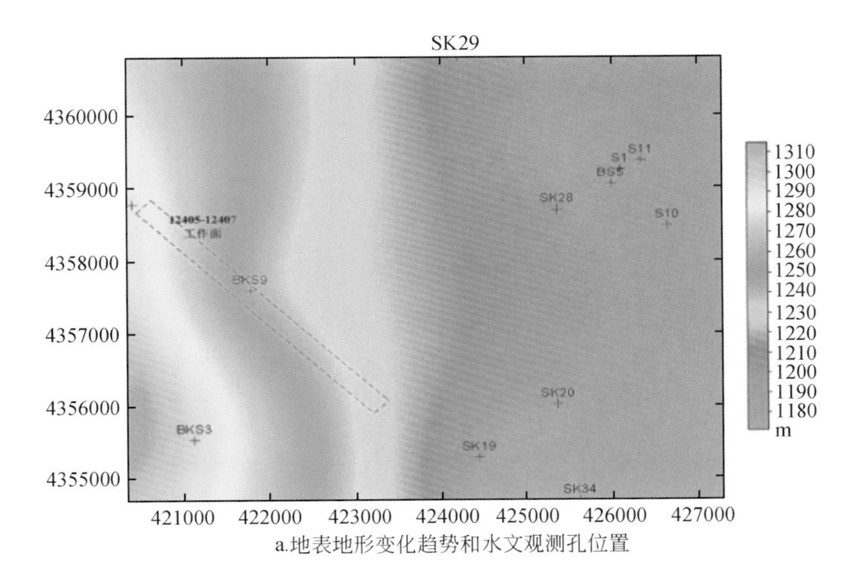

a.地表地形变化趋势和水文观测孔位置

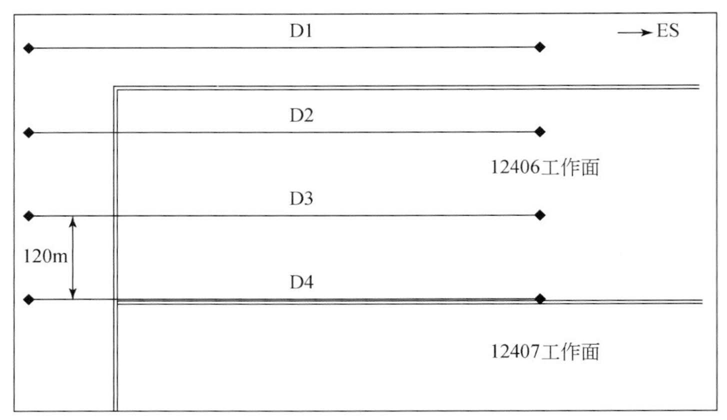

b.高精度电法数据采集测线布置

图 4.22　补连塔矿 12406 工作面测线布置图

同时，数据采集期间，对邻近区域的 BKS3、BKS5、BKS9 三个水文观测孔进行持续观测，近三年观测数据曲线（图 4.23）表明，开采对临近区域地下水位影响较大，对较远地区影响不明显。其中，BKS3 孔在 2011 年 3 月下降 15m 与 12402 工作面的采空区疏放水有关。观测孔含水层厚度占含水介质厚度的比例变化表明，BKS3 孔含水层厚度在 2011 年 3 月出现较大幅度下降，BKS5 和 BKS9 孔在 2011 年 12 月出现较大幅度下降，此后含水层厚度逐步回升并趋于稳定，同样表明了含水层受开采影响的变化趋势。

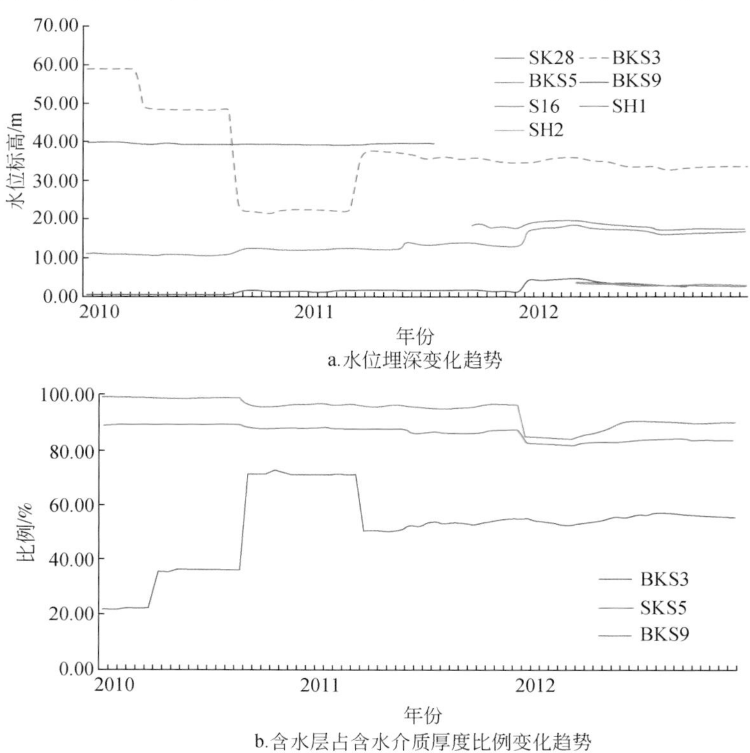

图 4.23　2010～2012 年典型钻孔含水层水位及含水厚度变化

4.3.2　采动覆岩赋水性剖面分析

根据测线与 12406 工作面的相对位置，其中测线 D3 重点研究工作面中心区域的覆岩含水性变化，D4 反映了工作面边缘区覆岩含水性变化，D1 反映了工作面外缘区的覆岩含水性变化，但该区域 12405 工作面在测量前已经开采完毕。

工作面中心剖面（图 4.24）时移观测结果比较表明：采前阶段，地表下伏地层主要分布有 4～5 个电性层，表层 20m 左右范围内为一低阻含水层，中偏东南部地表层为相对高阻，煤层顶板不均匀分布有相对低阻层；采中阶段，受采动影响后地表含水层电阻率有所降低，采动煤层顶板的电阻率有波动变化，相对采前低阻部位电阻率升高；采后阶段，地表含水层电阻率和采前基本相近，表明其含水性基本恢复。采动煤层顶板电阻率升高，表明总体含水性下降。煤层及其顶底板附近电阻率有所减小，表明采空区局部赋水。

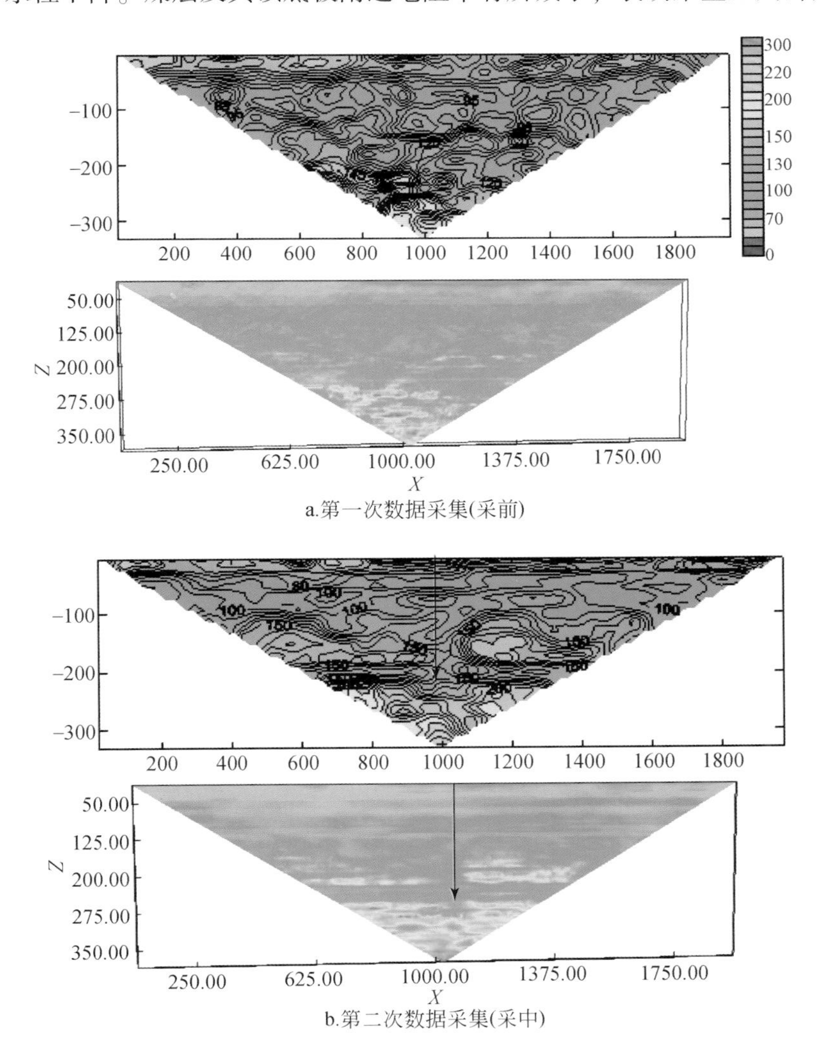

a.第一次数据采集(采前)

b.第二次数据采集(采中)

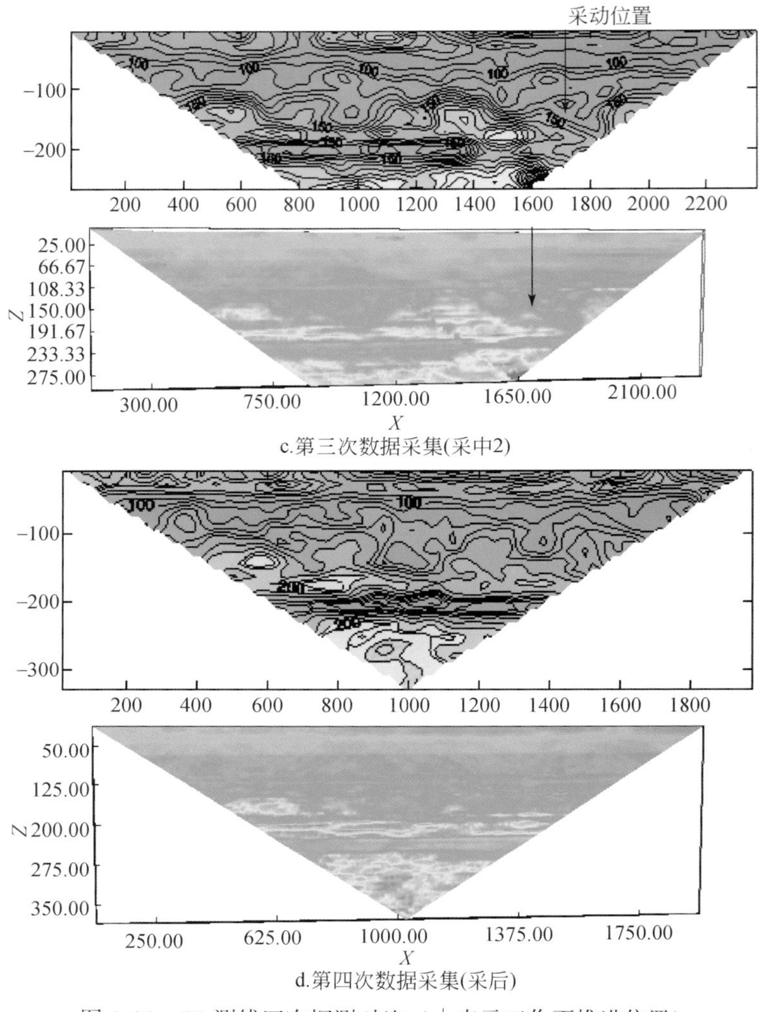

c.第三次数据采集(采中2)

d.第四次数据采集(采后)

图 4. 24　D3 测线四次探测对比（↓表示工作面推进位置）

工作面边缘区（图 4. 25）时移观测结果比较表明：测线位于 12406 工作面靠近 12405 工作面的交界处，采前曾受 12405 工作面采动影响，但采区已沉稳，测线下伏电性结构与其他测线相差不大，只是煤层顶板岩层的电阻率分布稍高，12406 工作面开采后，受采动影响，地表含水层的电阻率有所降低，顶板电阻率发生波动变化，采后地表含水层的电阻率和采前基本相近，表明地表层含水性基本恢复，煤层及其顶底板附近电阻率有所减小，局部含水。

工作面中心外边缘剖面 D1 测线位于 12406 工作面未开采区域，采动覆岩基本处于稳定状态。时移观测结果比较表明（图 4. 26）：在采前阶段，测线地表下伏地层主要分布有 4 ~ 5 个电性层，表层 20m 左右范围内总体表现为有低阻层分布，视电阻率普遍较低，含水性较好，800 ~ 1500m 左右地表出现相对高阻异常，下伏不均匀低阻层。在 0 ~ 800m 区域和 1600m 左右的补连沟附近呈局部低阻异常。深部煤系地层的低阻异常区域不均匀分布，说明总体含水性不均匀；在采中阶段，地表含水层含水性有所下降，煤层顶板电阻率的波动变化显示顶板砂岩的含水性降低；在采后阶段，地表含水层含水性基本恢复。

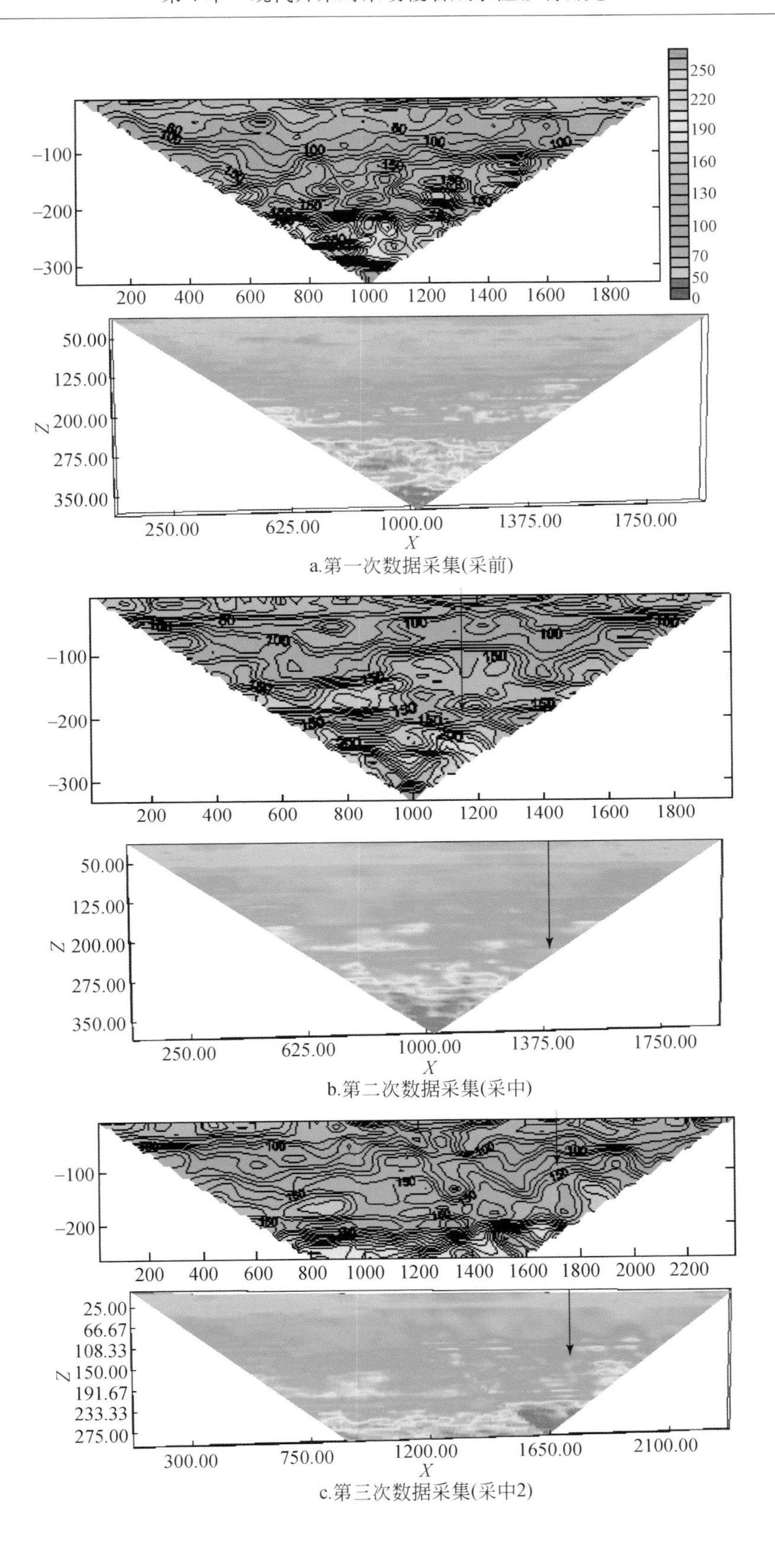

a.第一次数据采集(采前)

b.第二次数据采集(采中)

c.第三次数据采集(采中2)

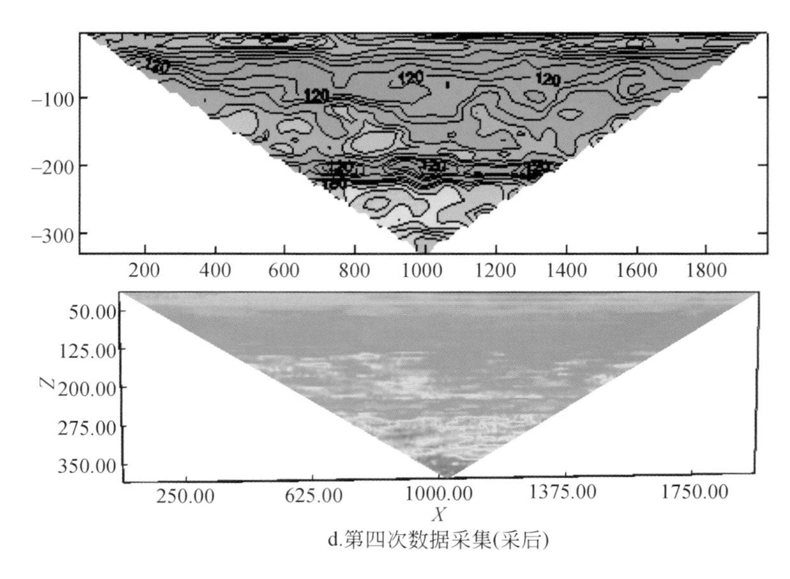

d.第四次数据采集(采后)

图 4.25　D4 测线四次探测对比（↓表示工作面推进位置）

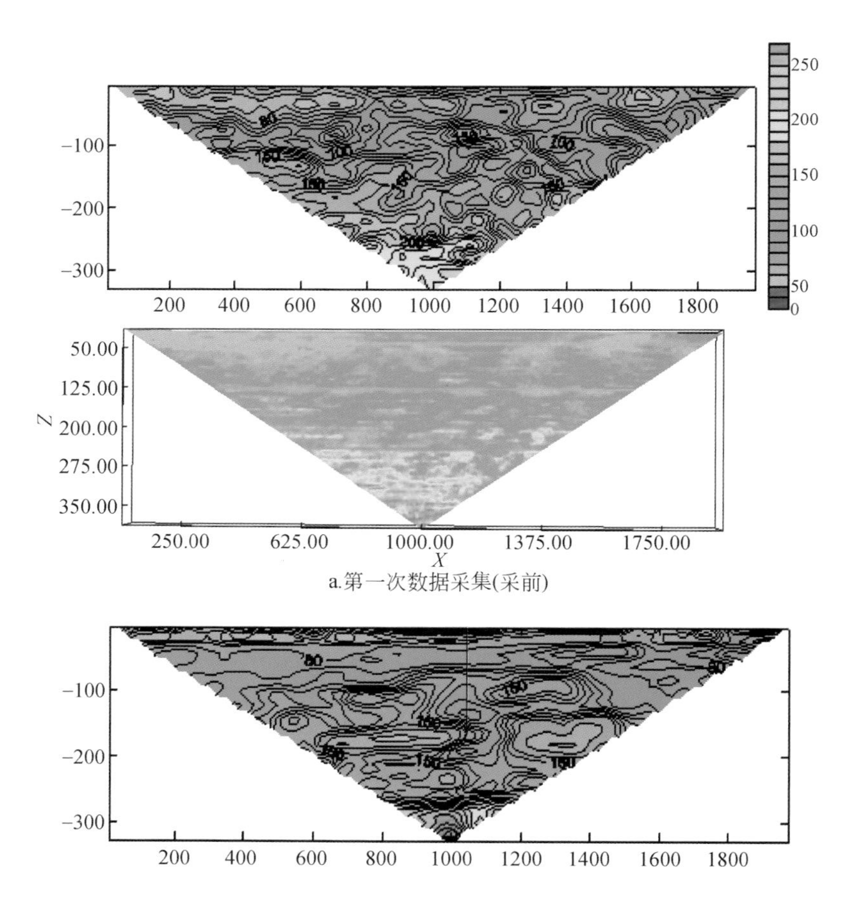

a.第一次数据采集(采前)

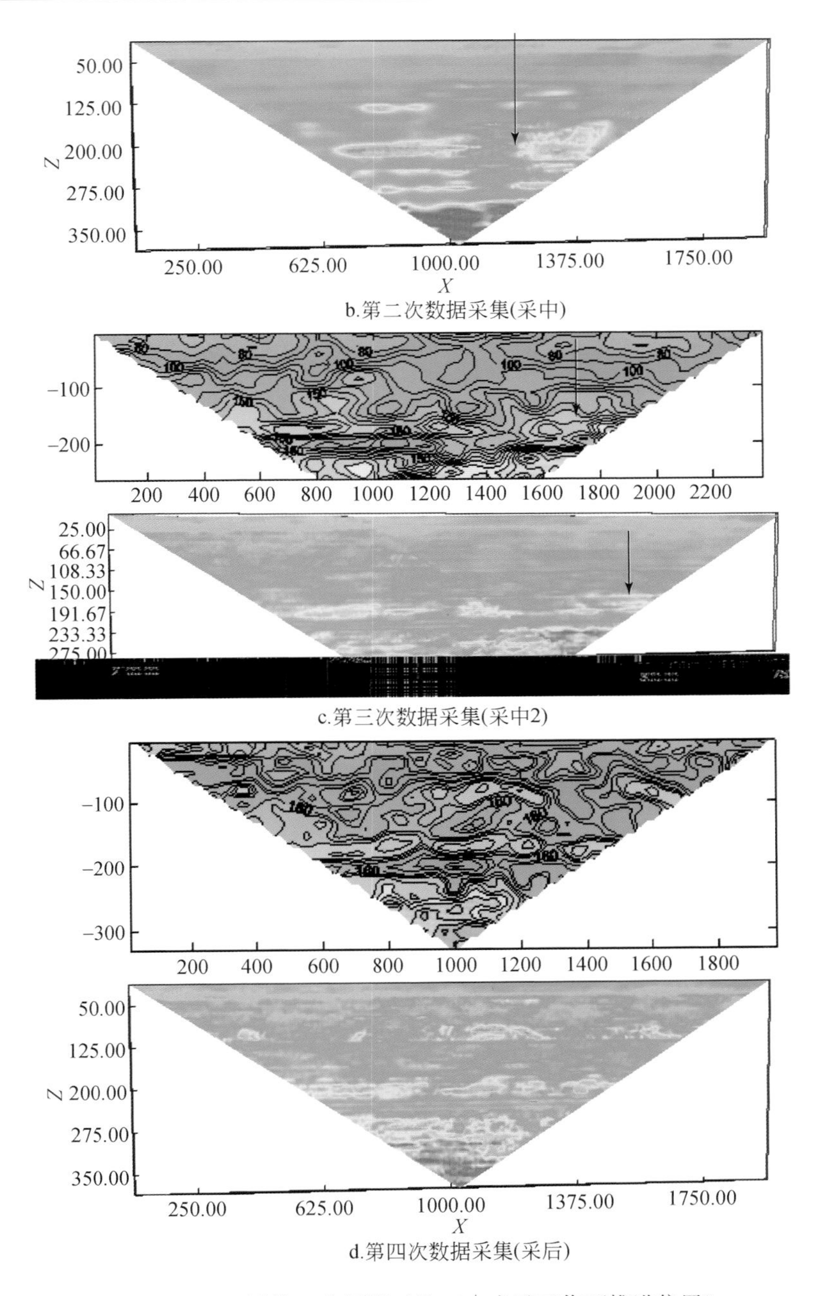

b.第二次数据采集(采中)

c.第三次数据采集(采中2)

d.第四次数据采集(采后)

图4.26　D1测线四次探测对比（↓表示工作面推进位置）

4.3.3　采动覆岩赋水性变化综合分析

把研究区采前、采中与采后的典型层位电性数据组合起来，进行采动影响地下含水层富水性的综合分析。覆岩主要含水层包括：地表砂土层与近地表含水层、煤层顶板含水层和煤层及底板含水区域。

1. 地表砂土层

图 4.27 为采动影响地表层电性切片及其沙层含水性解释，采前阶段，砂土干燥区分布于测区 1000～1400m 范围内，由西北向东南斜穿测区，砂土湿润区域发育在测区西北部及补连沟，当工作面采动至测区 1100～1200m 处（采中 1），采动带附近由原始的高阻状态（一条土路穿过，路南砂土地无植被），变为局部高阻区电阻率下降，而采动带前方补连沟的地表水域（低阻），电阻率增高；当采至采中 2 处，采动带附近电阻率也表现为波动升高现象，说明采动使附近砂土变形并发育裂隙，从而使原始干燥板结的砂土有所松动，电阻率有所降低，原始潮湿的砂土局部因发育裂隙而电阻率升高，砂土层含水性在采后基本上恢复采前状态，地表水则表现为因采动影响有部分下渗作用（部分季节性蒸发），且不能恢复。

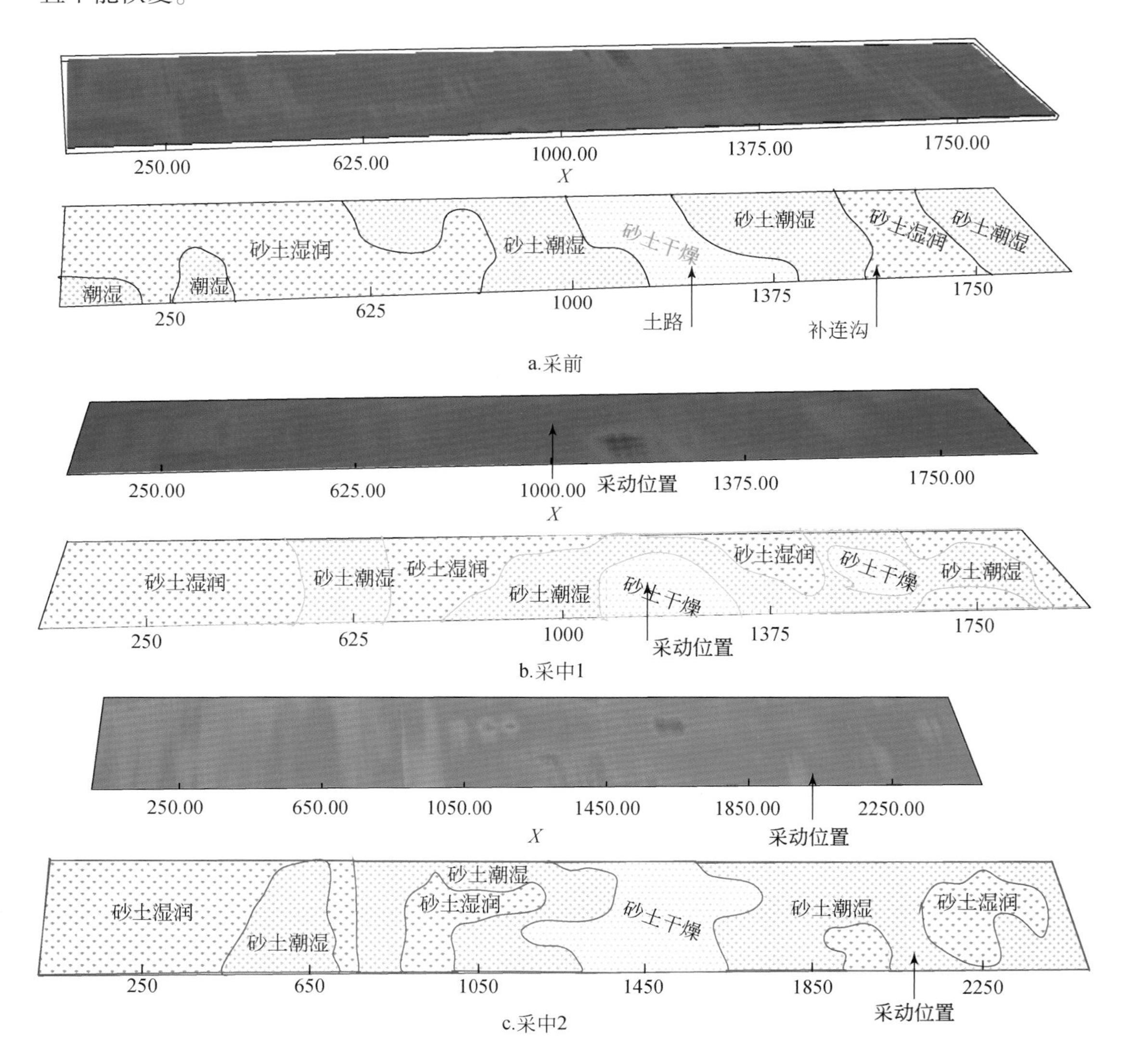

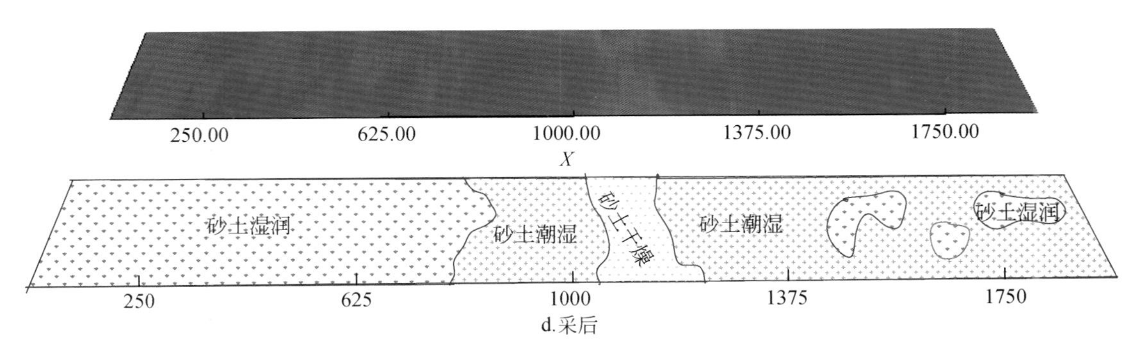

图4.27　采动影响地表层电性变化比较

2. 近地表含水层

图4.28为采动影响地表含水层电性切片及其沙层含水性解释，采前，地表含水层位于测区东部的含水性较差，而在地表补连沟之下为饱和含水，两次采中观测成果显示（图4.28b、c），采动引起地下含水层的电性变化，电阻率有所攀升，在采动影响带（约200m）表现出局部地下水渗漏流失，采后稳定后，地下水分布基本恢复到采前状况。前文中图4.21为测区采前—采中—采后的四次观测地表含水层段组合切片，同样可以看出上述采动影响变化规律，并且在采动带附近地表含水层含水性整体变弱，采后地下含水层的发育状况依然较好。

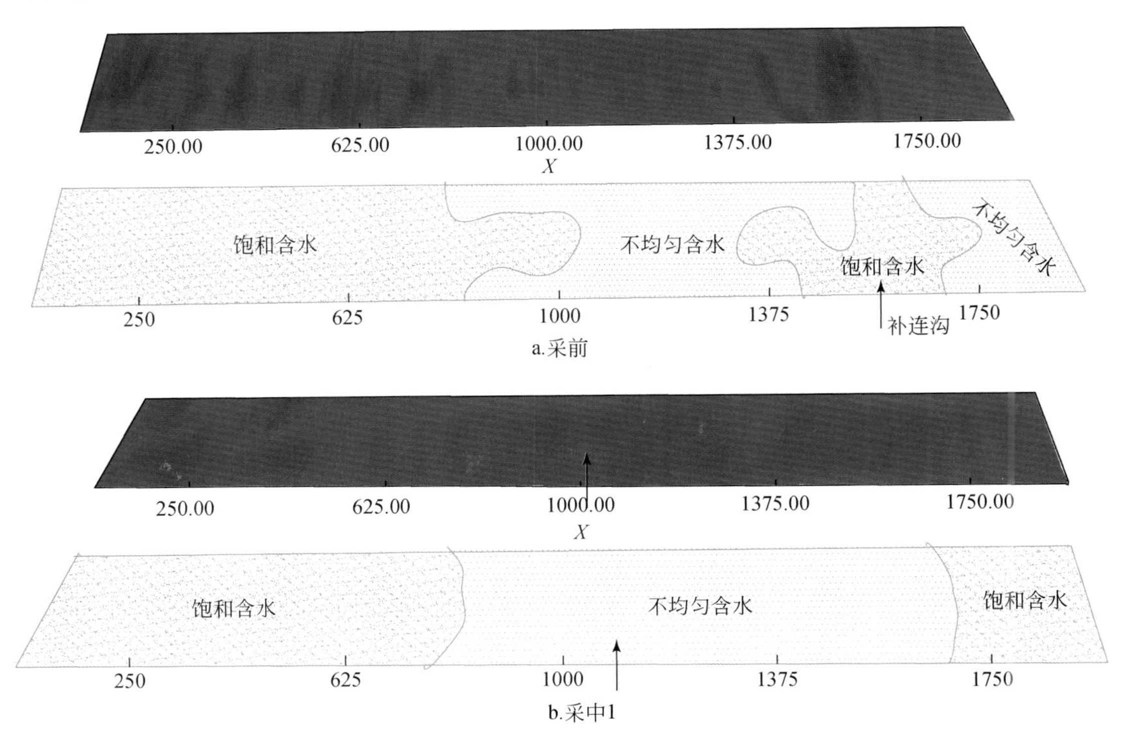

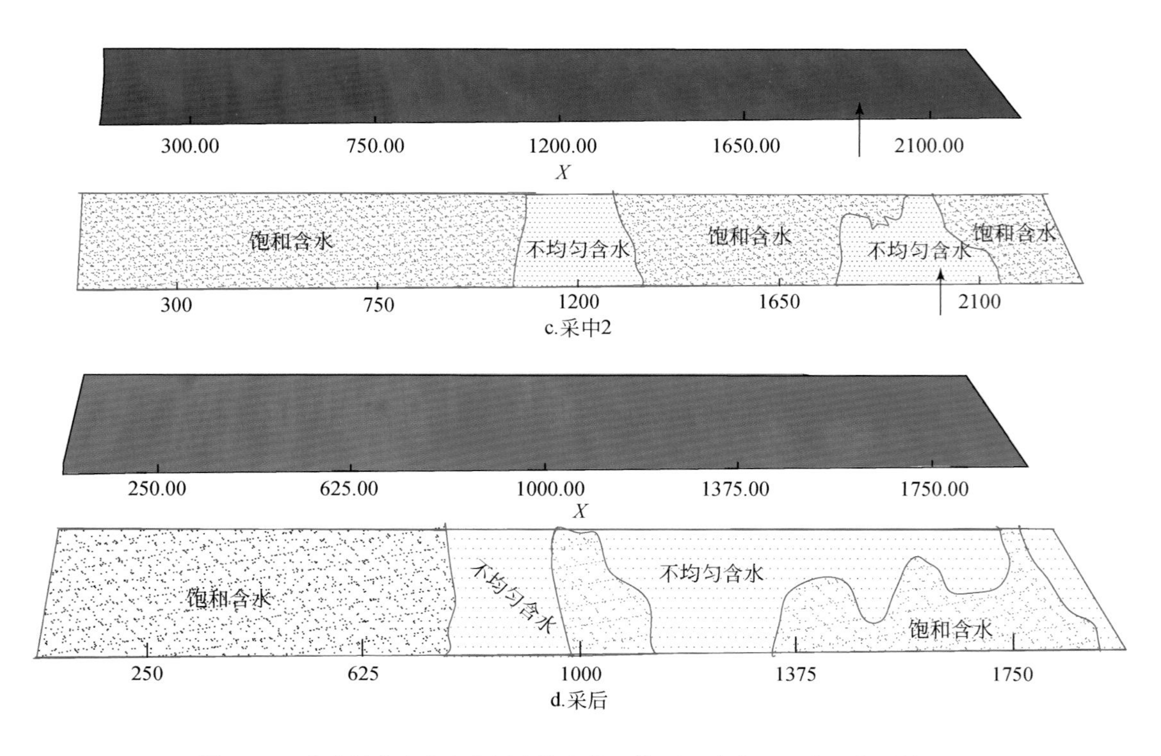

图 4.28　采动影响地表含水层电性变化比较图（↓表示工作面推进位置）

3. 煤层顶板含水层

图 4.29 为采动影响煤层顶板砂岩含水层电性切片及其砂岩层含水性解释。采前阶段，煤层顶板不均匀含水，局部含水性较好，当受到采动影响时，顶板含水层含水性较低，表现为顶板水下渗，采后顶板含水性基本没有恢复，含水性变得普遍较差。

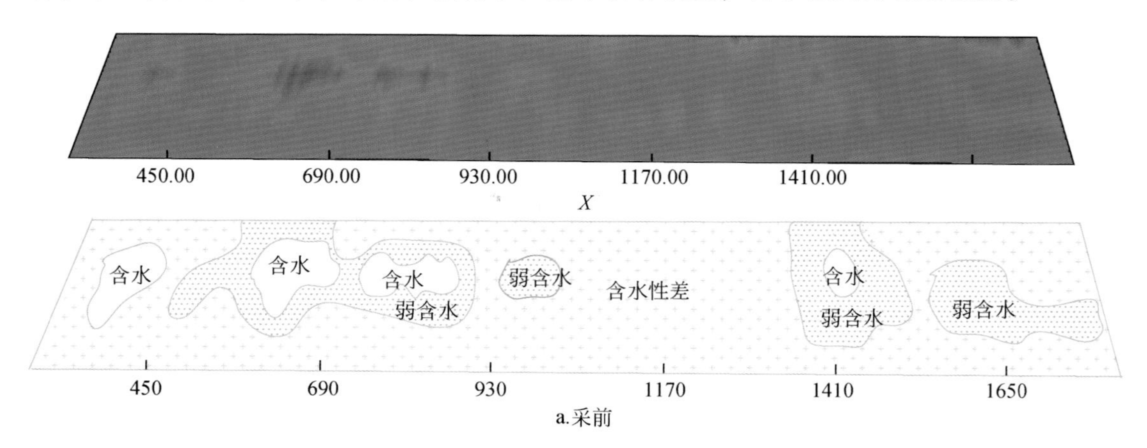

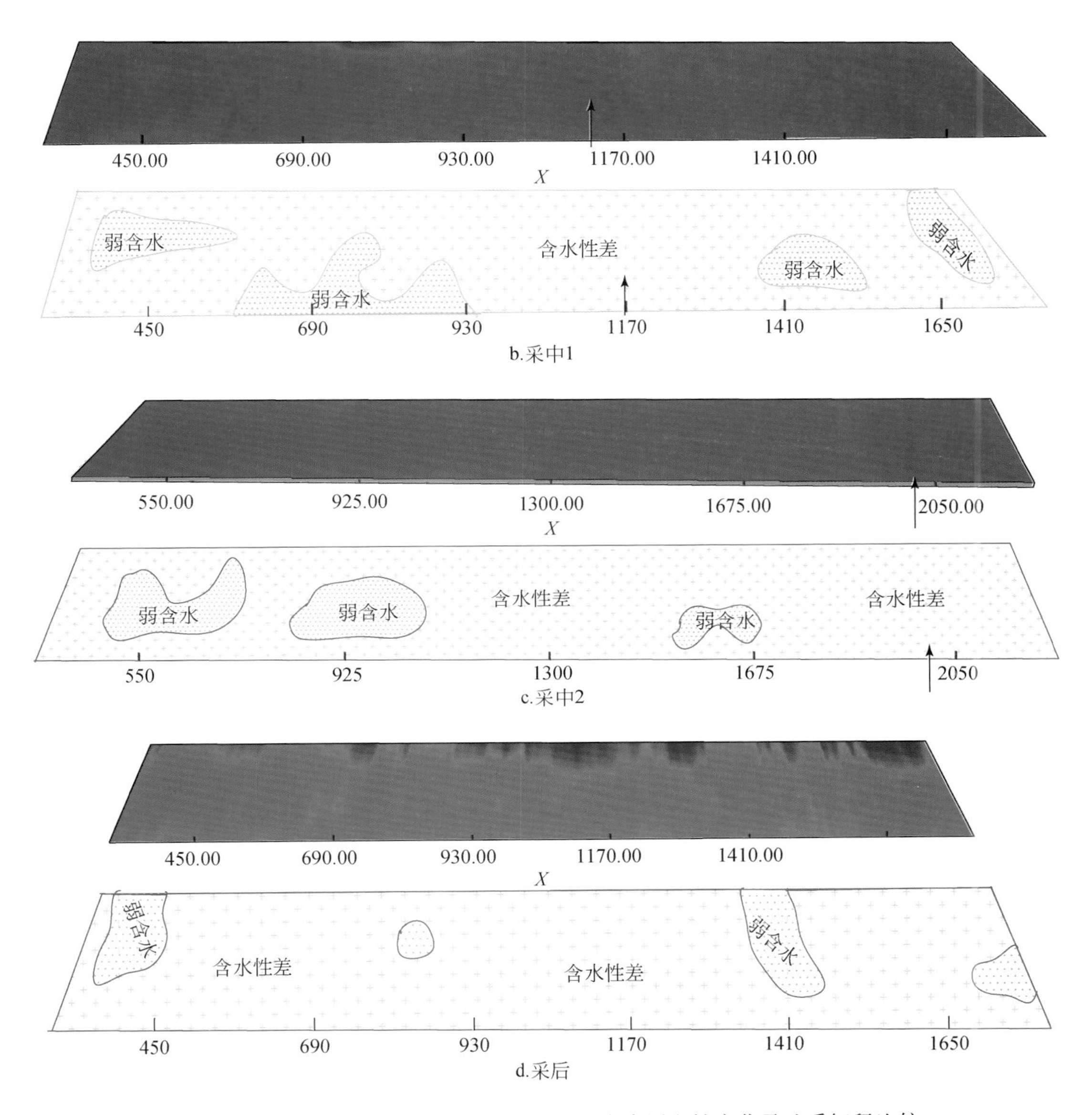

图4.29　采动煤层顶板采前—采中—采后含水层电性变化及地质解释比较

图4.30显示出煤层顶板组合切片，可见，采前煤层顶板有多层不均匀含水层，受采动影响电阻率多有增高，采后煤层顶板电阻率仍然是工作区域增加趋势。

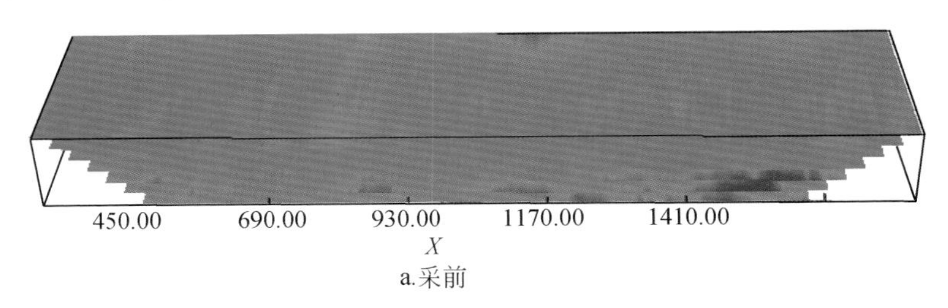

a.采前

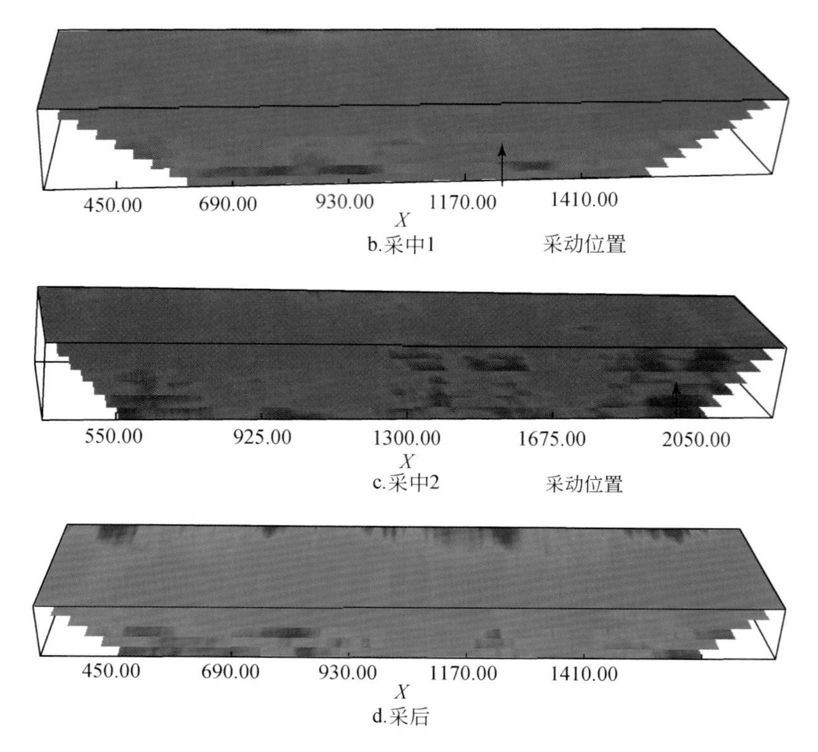

图 4.30　采动煤层顶板含水层采前—采中—采后的视电阻率组合切片变化比较

4. 采动煤层及底板

图 4.31 为采动影响煤层电性切片及其含水性解释。采前阶段，煤层基本干燥不含水，采动影响后，煤层电阻率局部下降，但含水性不强，只是局部弱含水，对采后数据体煤层底板进行切片，则显示煤层底板比煤层的含水性增强，有局部含水或弱含水分布。图 4.32 示出煤层顶底板组合切片，可见，采后煤层及其底板局部电阻率变低。

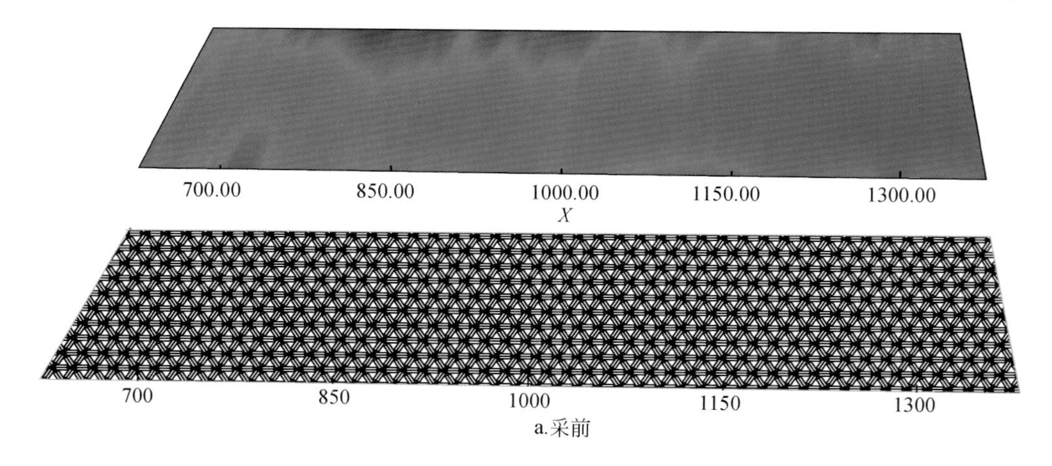

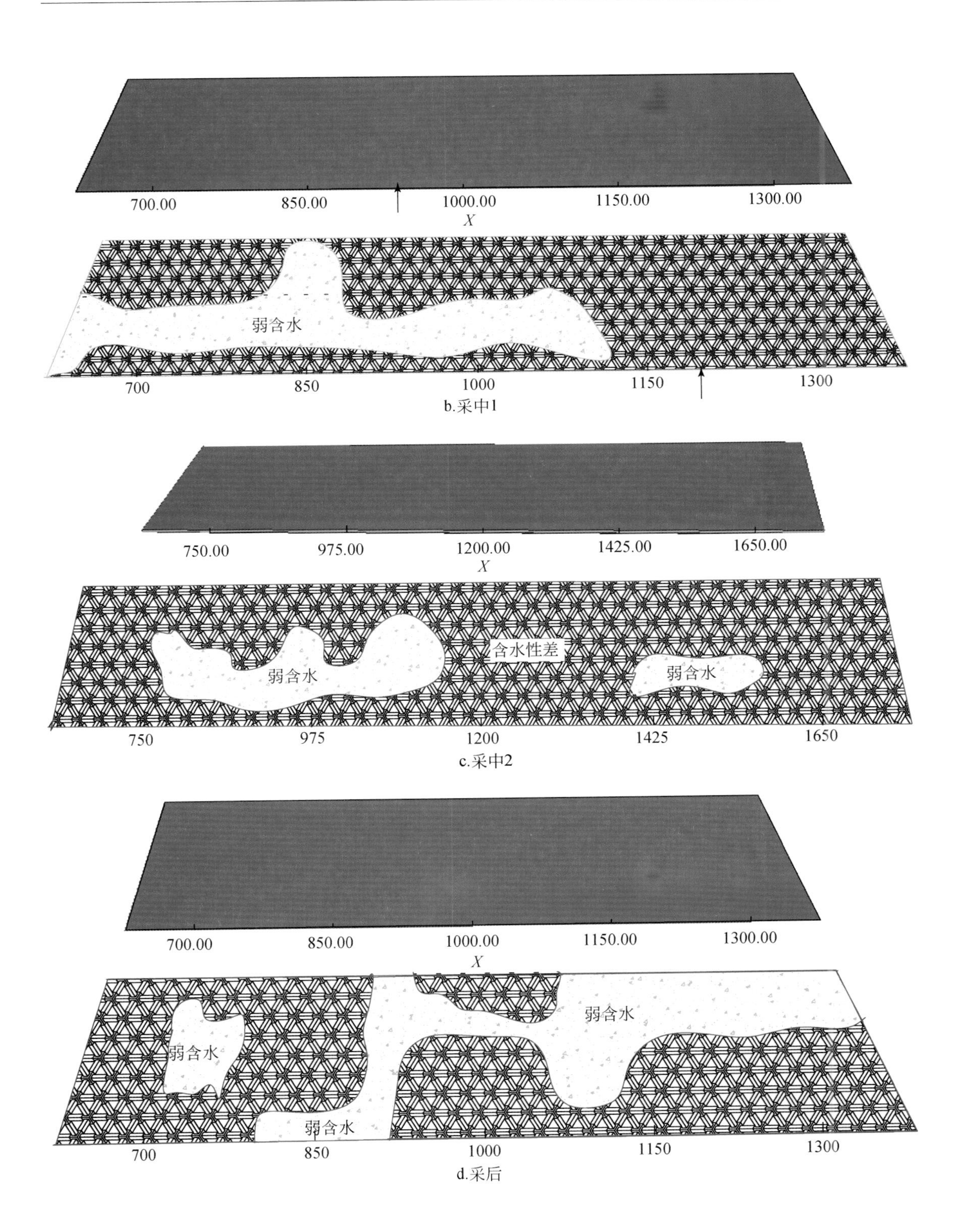

b.采中1

c.采中2

d.采后

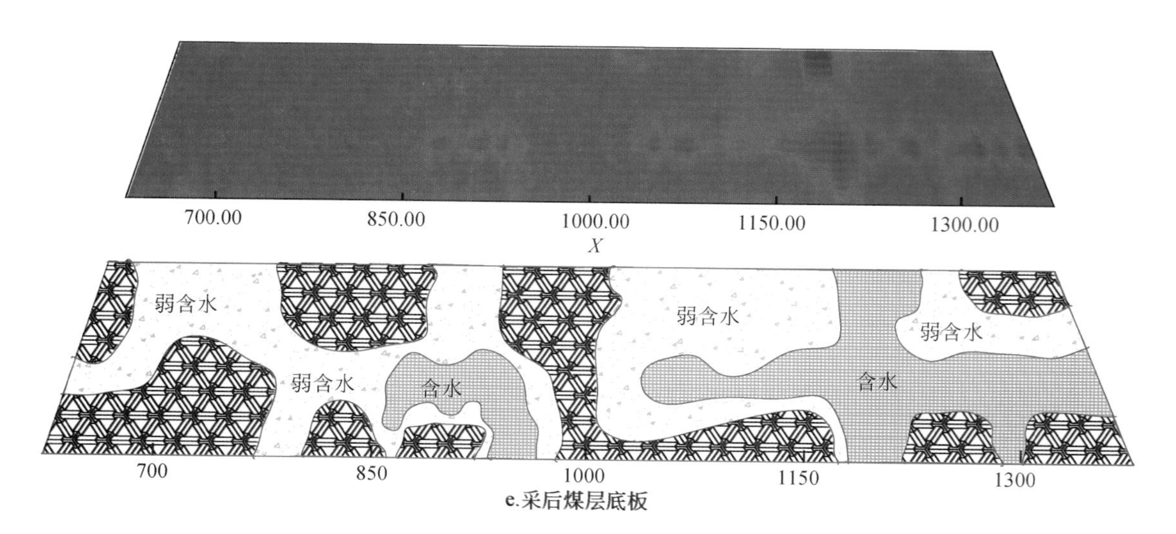

图 4.31　采动煤层及底板采前—采中—采后含水层电性变化及地质解释比较

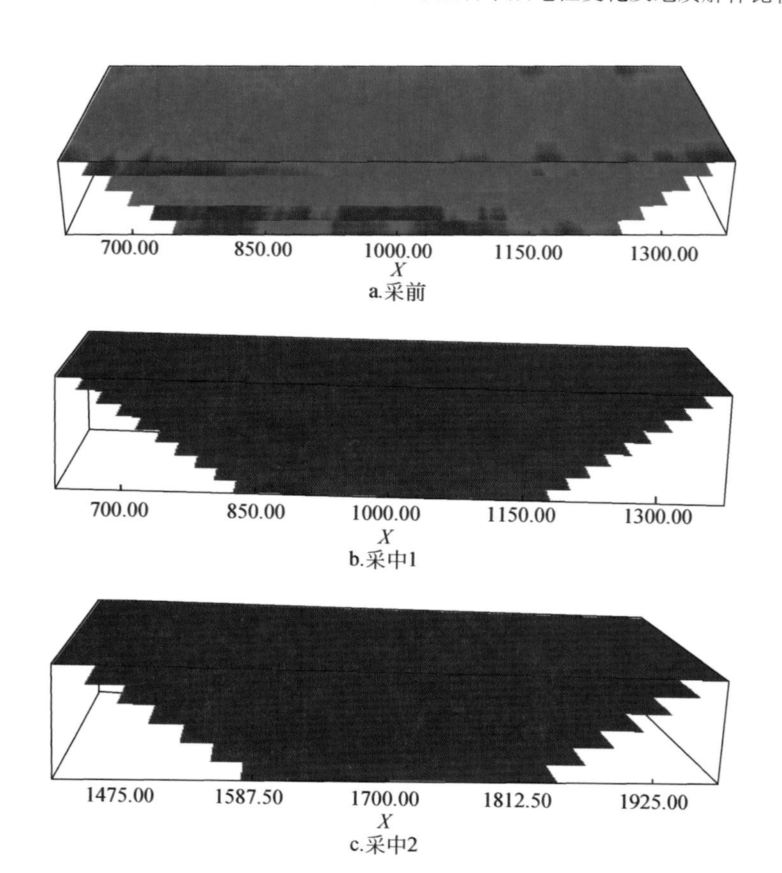

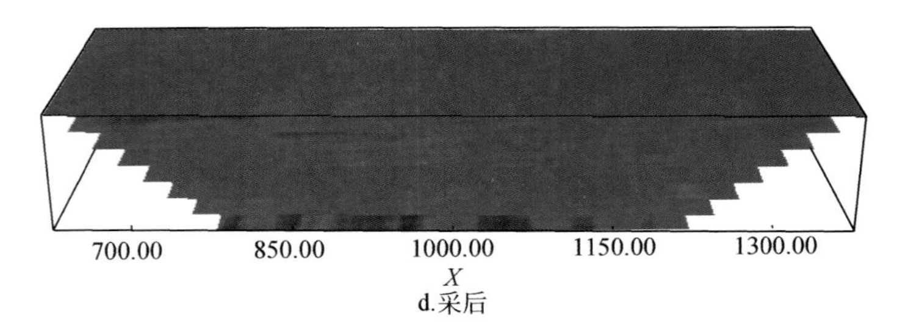

d.采后

图4.32　采动煤层顶底板采前—采中—采后的视电阻率组合切片变化比较

第5章　现代开采基岩裂隙水模拟预测分析

神东矿区处于我国西部生态脆弱区的晋陕蒙接壤区域，干旱半干旱气候和毛乌素沙漠气候影响致使矿区地表生态更加脆弱。该区大气降水基本维持在400mm/a左右，年蒸发量达到降水量6倍以上，地表水资源补给匮乏。现代开采形成的超大面积采空区和导水裂隙带，“疏通”了采动覆岩和第四系松散层，基岩裂隙水和第四系松散层的地下水沿导水裂隙渗流到井下形成矿井水。研究表明，神东矿区第四系松散孔隙含水层水位下降20%～30%后趋于稳定，矿井水年涌水量也趋于稳定。本章以神东矿区典型井田为案例，基于现代开采对含煤岩系（或基岩）的影响和矿井水的系统观察，采用地下水流有限单元法模拟方法，模拟研究了现代开采条件下的基岩裂隙水产生的矿井水涌水量特点及变化趋势，对探讨开发基岩裂隙水资源的有效途径和神东矿区保护利用有限地下水资源都具有重要指导意义。

5.1　地下水流有限单元法模拟方法

地下水流的数学模型采用偏微分方程描述地下水流的时间和空间连续状态，而数值模型则是采用离散（非连续）时空模型中水头分布与演变对数学模型进行近似描述，使复杂地下水流问题分析得以通过计算机模拟实现，且误差在可控范围内。目前，求解地下水问题的数值方法有多种，如有限单元法（FEM）、有限差分法（FDM）、边界元法（BEM）、特征线法（MOC）和有限分析法等。

5.1.1　有限单元法简介

有限单元法以积分方程的离散近似为基础，其基本思想是：通过剖分把渗流区划分为有限个单元，选择近似函数表示单元内部的水头、浓度或温度等未知函数的分布，再推导有限元方程，建立单元内未知量的表达式；最后集合单元方程形成整个渗流区的代数方程组，求解方程组得到主要未知量（水头、浓度等），进而计算速度、流量等。

有限元方程的推导方法主要有三种：伽辽金（Galerkin）法、里茨（Ritz）法以及均衡法。均衡法比较直观简单，但数学上并不严密，在此不做解释。

伽辽金（Galerkin）法采用加权余量的积分公式（以平面模型为例）为

$$\iint_{\Omega} R[H'(x,\ y)]w(x,\ y)\mathrm{d}x\mathrm{d}y = 0 \tag{5.1}$$

式中，$R(H')$ 为近似解 H'形成的余量函数；W 为权函数；Ω 为模型的某个子域。

里茨（Ritz）法则是利用与地下水偏微分方程等价的函数极限值函数进行求解，即

$$J(H) = \iint_{\Omega} F\left(x,\ y,\ H,\ \frac{\partial H}{\partial x},\ \frac{\partial H}{\partial y}\right)\mathrm{d}x\mathrm{d}y \tag{5.2}$$

式中，$J(H)$ 是等价范涵，积分内公式 F 定义为使 $J(H)$ 取极小值的函数 $H(x, y, t)$ 恰好满足地下水流偏微分方程。因此，地下水方程的近似解通过以下极值条件方程：

$$\frac{\partial J}{\partial H_p}=\iint_{\Omega}\frac{\partial F}{\partial H_p}\mathrm{d}x\mathrm{d}y=0,\quad p=1,2,3,\cdots \tag{5.3}$$

其中，H_p是模型子域上的节点水头。当有限元网格单元采用相同的插值函数及形函数时，上述两种方法实际上是完全等价的，所形成的代数方程组相同。

平面有限单元网格的形状有两种：三角形与四边形。其中以三角形单元网格最为常见，三角形单元网格要求每个角都是锐角，每条边的长度大致相等，而每个三角形的顶点不能落在相邻三角形的边上（图 5.1）。

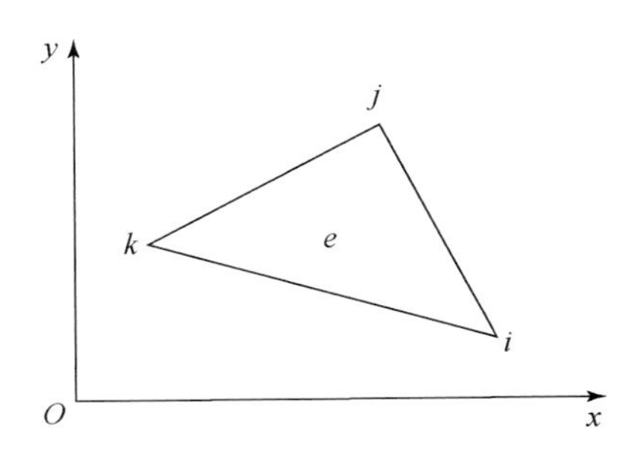

图 5.1　三角形单元及其顶点编号

单元 e 的三个顶点编号按照逆时针顺序分别为 i、j、k，水头在单元内任意坐标点（x，y）的分布特征采用线性插值函数进行近似描述：

$$H(x, y)=\beta_1+\beta_2x+\beta_3y \tag{5.4}$$

式中，β_1、β_2、β_3为几何系数。

把节点 i、j、k 处的坐标和水头代入式（5.4）得

$$\beta_1+\beta_2x_i+\beta_3y_i=H_i \tag{5.5}$$

$$\beta_1+\beta_2x_j+\beta_3y_j=H_j \tag{5.6}$$

$$\beta_1+\beta_2x_k+\beta_3y_k=H_k \tag{5.7}$$

求解该线性方程组得

$$\beta_1=\frac{1}{2A_e}(a_iH_i+a_jH_j+a_kH_k) \tag{5.8}$$

$$\beta_2=\frac{1}{2A_e}(b_iH_i+b_jH_j+b_kH_k) \tag{5.9}$$

$$\beta_3=\frac{1}{2A_e}(c_iH_i+c_jH_j+c_kH_k) \tag{5.10}$$

其中：

$$a_i=x_jy_k-x_ky_j;\quad a_j=x_ky_i-x_iy_k;\quad a_k=x_iy_j-x_jy_i \tag{5.11}$$

$$b_i=y_j-y_k;\quad b_j=y_k-y_i;\quad b_k=y_i-y_j \tag{5.12}$$

$$c_i=x_k-x_j;\quad c_j=x_i-x_k;\quad c_k=x_j-x_i \tag{5.13}$$

$$A_e=(b_ic_j-c_ib_j) \tag{5.14}$$

式中，A_e 为三角形单元面积。

将式（5.8）至式（5.10）代入式（5.4），则插值函数可改写为

$$H(x,\ y)=H_iN_i(x,\ y)+H_jN_j(x,\ y)+H_kN_k(x,\ y) \tag{5.15}$$

其中：

$$N_p(x,\ y)=\frac{1}{2A_e}(a_p+b_px+c_py),\ p=i,\ j,\ k \tag{5.16}$$

式中，$N_p(x,\ y)$ 为节点 i、j、k 在单元 e 内的形参数。

对于固定坐标点（x，y）形函数具有以下的性质：

$$N_j^e+N_j^e+N_k^e=1 \tag{5.17}$$

式中，上标 e 表示求和只能在同一三角形单元内进行。

当所有节点的水头已知时，就可以把形参函数代入式（5.15）计算三角形单元内任意坐标位置的水头。

5.1.2　FEFLOW 软件介绍

基于有限单元法的 FEFLOW 地下水数值模拟软件是由德国 WASY 公司开发研制的，是现今功能最为强大而且全面的地下水水量、水质数值模拟软件之一。FEFLOW 软件具有较好的人机交互功能，配备有多种求解方法，以及十分丰富的二维和三维视图功能。

FEFLOW 地下水数值模拟软件有五大特点。

（1）强大的单元网格剖分工具。FEFLOW 里提供了两种单元网格剖分的形状：三角形与四边形，从而相应地在三维空间范围内就有五面体与六面体两种柱状网格。对于生成单元网格，FEFLOW 提供了多种形式的工具，可以直接输入所需网格量，也可以通过确定边界上的节点数量生成单元网格。对于地质条件较为复杂或需要重点研究的区域，FEFLOW 还提供了网格加密工具，从而细化了重点研究区，提高了模拟的仿真度。

（2）多样的参数插值方法。对于离散点数据，FEFLOW 提供了多种插值方法，如克里金法（Kriging），阿基玛（Akima）以及距离反比加权法（IDW），用户可以根据实际情况，选定最为合适的插值方法，将离散点数据插值分布到整个模型当中。

（3）齐全的边界类型。在 FEFLOW 所提供的边界类型里共有四种：①第一类水头边界（Head），用以定义具有固定势能的边界；②第二类流量边界（Flux），用以定义地下水进入或流出模型的边界，单位为 m/d，是边界单位横截面上的补给或排泄量；③第三类传递边界（Transfer），用以定义模型外部具有基准水压头的边界；④第四类井（Well），描述在单个点上抽取或注入水的网格节点。齐全的边界类型为模型的精确定量模拟提供了巨大的帮助。

（4）先进技术的采用。FEFLOW 软件里采用了多种先进技术，提高了求解效率与软件运行的稳定程度。例如：直接求解法中的 CGS、PCG、BICGSTAB、GMRES 以及预处理的再启动 ORTHOMIN 法；up-wind 技术中的流线 up-wind、奇值捕捉法（shock capturing）等，这些领先技术的采用使得 FEFLOW 的稳定性、高效性以及普遍性大大提高。

（5）与地理信息系统相连接。FEFLOW 软件的数据库与地理信息系统相连接，使得许

多地理信息系统格式的文件可以直接连接进入FEFLOW软件，从而大大简化了格式转换的烦琐度。并且随着地理信息系统的不断普及，利用地理信息系统强有力的信息系统，也成为FEFLOW软件的必然趋势。

（6）丰富的视图功能。FEFLOW具有多种二维、三维显示功能。用户可以用传统二维等值线图显示参数的等值面，也可以用二维平面彩色显示或者更直接地采用三维彩色（灰度或透明）的等值面来观看；FEFLOW还提供了三维地下水流径追踪显示功能，以及三维体截断的空间显示功能等。

5.2 基岩裂隙水流场数值模拟

5.2.1 地下水系统概念模型

1. 含水层结构概化

以神东矿区大柳塔矿为例，影响大柳塔井田范围内含水层分为两类，一是第四系松散层孔隙水，包括第四系河谷冲积层（Q_4^{Q1}）潜水，第四系上更新统萨拉乌苏组（Q_3）潜水，第四系下更新统三门组（Q_1s）砂砾层含水层；二是基岩裂隙水，包括中侏罗统直罗组（J_2z）裂隙潜水含水层、中下侏罗统延安组（$J_{1-2}y$）裂隙承压水含水层。

其中，第四系潜水含水层-中侏罗统直罗组（J_2z）裂隙潜水含水层是矿井充水的重要补给源，补给量大，潜水含水层与煤层联系紧密，第四系潜水含水层是煤炭开采初期矿井水的主要来源，采后下降20%～30%后逐步趋稳；侏罗系中下统延安组（$J_{1-2}y$）承压水含水层是煤系地层的直接充水含水层，厚度变化较大，含水量不均，作为主要的含水层研究对象加以模拟研究，煤炭开采形成导水裂隙，水体运移井下形成矿井水，是矿井水长期的稳定来源。

由于神东矿区主要矿井开采均已数年，第四系潜水含水层已趋稳。为此，本研究建立的模型中，以大柳塔矿为例，含水层主要指基岩含水层，即侏罗系中下统延安组（$J_{1-2}y$）承压水含水层，其与上下含水层之间有相应的弱、隔水层存在，构成了统一地下水渗流系统。

该地下水系统的输入、输出呈现出随时间变化而变化的特征，因此将该系统的地下水流定义为非稳定流；渗透系数、贮水系数等水文地质参数在整个研究区内并不均一，并且同一参数在不同方向上没有明显的差别，将研究区定义为非均质，参数定义为各向同性。本次模拟的地下水渗流系统可定义为非均质、各向同性的三维非稳定流地下水渗流系统，研究区三维结构如图5.2所示。

2. 边界条件概化

为保证岩溶承压水系统的完整性，提高系统的数值模拟精度，选取神东矿区边界连线作为模拟计算边界。

（1）垂向边界。本次研究区上部边界为潜水含水层底部隔水层，下部边界为三叠系上

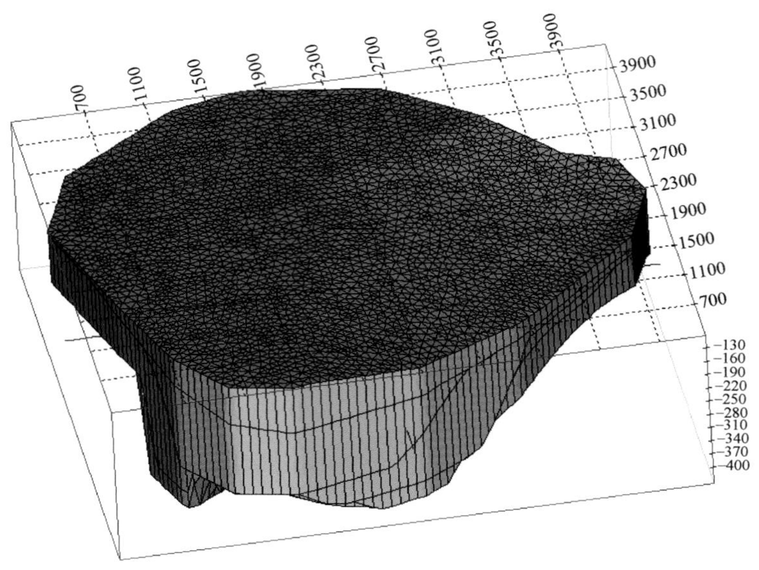

图 5.2　研究区三维结构图

统延长组（T_3y）承压水含水层顶部隔水层。

（2）侧向边界。模型上部潜水含水层位于井田基岩面之上，覆盖了整个井田范围，并通过对该层地形以及水位等值线图分析研究，确定以柳塔矿、石圪台煤矿等乌兰木伦河东侧矿井东北部边界作为潜水含水层补给边界，补连塔、上湾等乌兰木伦河西侧矿井西南部边界作为潜水含水层排泄边界，其余侧向边界定义为自然边界。

模型中部及下部的承压含水层受到井田地形的影响，并通过对两个含水层的水位等值线图分析，可以判定中部及下部含水层的东北部边界为补给边界，西南边界为排泄边界，井田东南部及西北部边界为自然边界。

5.2.2　地下水系统数学模型

地下水系统数值模拟方程如式（5.18）。

$$\begin{cases} \dfrac{\partial}{\partial x}\left(K_{xx}\dfrac{\partial h}{\partial x}\right)+\dfrac{\partial}{\partial y}\left(K_{yy}\dfrac{\partial h}{\partial y}\right)+\dfrac{\partial}{\partial z}\left(K_{zz}\dfrac{\partial h}{\partial z}\right)+W=S_s\dfrac{\partial h}{\partial t} & (x,\ y,\ z)\in D,\ t\geqslant 0 \\ h(x,\ y,\ z,\ t)\mid_{t=0}=h_0(x,\ y,\ z) & (x,\ y,\ z)\in D,\ t=0 \\ h(x,\ y,\ z,\ t)\mid_{\Gamma_1}=h_1(x,\ y,\ z,\ t) & (x,\ y,\ z)\in \Gamma_1,\ t\geqslant 0 \\ K\dfrac{\partial h}{\partial \vec{n}}\bigg|_{\Gamma_2}=q(x,\ y,\ z,\ t) & (x,\ y,\ z)\in \Gamma_2,\ t\geqslant 0 \end{cases} \tag{5.18}$$

式中，K_{xx}，K_{yy}，K_{zz}为沿 x，y，z 坐标轴方向的渗透系数，m/d；W 为源汇项，d^{-1}，是时间与空间的函数 $W=W(x,\ y,\ z,\ t)$；S 为自由面以下的点（x，y，z）处含水介质的贮水系数，m^{-1}；h 为含水层水头，m；$h(x,\ y,\ z,\ t)$ 模拟渗流区域内的水头分布，m；$h_0(x,\ y,\ z)$ 为含水层的初始水头分布，m；$h_1(x,\ y,\ z,\ t)$ 为第一类边界上的水头值变化函数，

m；$q(x,\ y,\ z,\ t)$ 为第二类边界上的水分通量变化函数，$m^3/(m^2 \cdot d)$；$\vec{n}$ 为边界面的法线方向；Γ_1 为渗流域的第一类边界；Γ_2 为渗流域的第二类边界。

5.2.3　地下水系统数值模型的建立

1. 区域网格剖分

运用三角网格剖分工具对研究区进行单元网格剖分。在剖分时对地质构造较为复杂的区域、水文地质参数的分区边界进行局部加密，将抽水孔以及长期观察孔的位置放在相应的节点上。在此基础上，对研究区进行网格剖分，得到研究区三角网格剖分图（图5.3），其中网格节点16998个，剖分网格单元27410个。

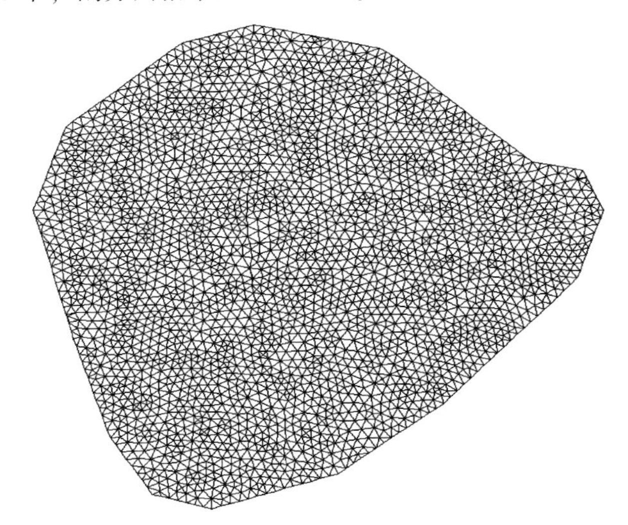

图5.3　研究区三角网格剖分图

2. 模拟时间段的确定

依据收集到的实际水文观测资料，本次研究选定2009年至2010年作为本次的模拟时间段，模拟两年内研究区的水位变化以及渗流场变化，以月作为一个应力期，在每个应力期内，模型的补给量、排泄量等均衡量不发生任何变化。各应力期内包含若干时间步长，FEFLOW软件会依据模型的运行情况自动调整步长，以减小每次运算而产生的误差，以2009年1月初至2009年12月底作为模拟的识别期，而2010年1月初至2010年12月底作为模拟的验证期。

3. 源汇项的处理

本次研究所建立的模型中，侏罗系中下统延安组（$J_{1-2}y$）承压水含水层的主要补给来源有地下水侧向径流补给与潜水含水层的越流补给，其中以地下水侧向径流为主，越流补给作用次之；主要排泄方式为地下水侧向径流排泄。

其中单位面积的越流补给量大小可依公式（5.19）计算得出。

$$V=KI=K\frac{H_A-H_B}{M} \tag{5.19}$$

式中，V 为单位面积越流补给量；K 为弱透水层的垂向渗透系数；I 为驱动越流的水力梯度；H_A 为高水头值含水层 A 的水头；H_B 为低水头值含水层 B 的水头；M 为弱透水层的厚度（相当于渗透途径）。

地下水侧向径流补给量大小可由下面的式（5.20）计算得出：

$$Q_{侧}=K_{(xx,yy)}\cdot I\cdot B\cdot M\cdot \Delta T \tag{5.20}$$

式中，$Q_{侧}$ 为地下水侧向径流补给量；$K_{(xx,yy)}$ 为补给面附近 X、Y 方向的渗透系数；I 为垂直于补给面的水力梯度；B 为补给面的宽度；M 为含水层厚度；ΔT 为运行时间。

同理，地下水侧向排泄量也可依照上式计算得到。

4. 水文地质参数分区及初值的确定

在运用 FEFLOW 软件建模过程中，选取的水文地质参数包括贮水系数、贮水率以及渗透系数等。

在 FEFLOW 里面的贮水系数在潜水含水层中是指地下水位下降一个单位深度，从地下水位延伸到地表面的单位水平面积岩石柱体，在重力作用下释放出的水的体积，包括弹性水量与疏干水量，而其中弹性水量很小，当忽略不计时，可近似用给水度来替代；在承压含水层中是指测压水位下降或上升一个单位深度，单位水平面积含水层释出或存储的水的体积，等于弹性水量。

贮水率（storage compressibility）是对承压含水层地质构架以及流体压缩性的描述，与承压含水层中的贮水系数相对应，单位为 m^{-1}。

渗透系数（conductivity）是指水力梯度为 1 时的渗流速度，反映岩石的渗透性能，系数越大，岩石透水能力越强烈。在 FEFLOW 中，渗透系数分为 3 个方向，K_{xx}、K_{yy} 反映了岩层水平方向的渗透性，K_{zz} 反映了岩层垂直方向的渗透性能，其默认单位为 10^{-4}m/s。

通过对地质概况以及水文地质条件的分析，结合抽水试验数据，对本次模拟的研究区进行参数分区。

侏罗系中下统延安组（$J_{1-2}y$）承压水含水层渗透系数分区图见图 5.4。

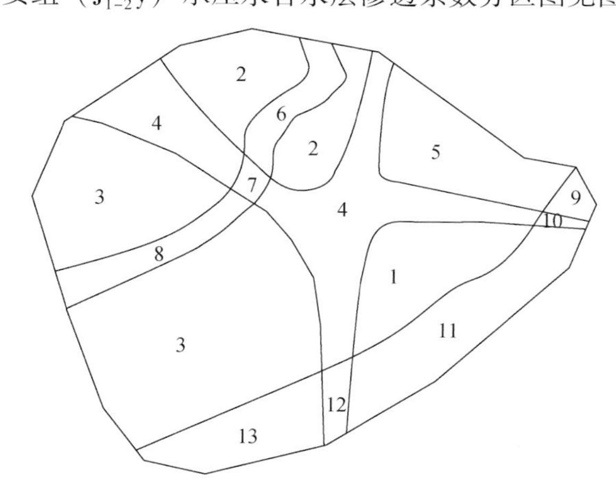

图 5.4　侏罗系中下统延安组（$J_{1-2}y$）承压水含水层渗透系数分区图

侏罗系中下统延安组（$J_{1-2}y$）承压水含水层各分区的渗透系数如表 5.1 所示。

表5.1 侏罗系中下统延安组（$J_{1-2}y$）承压水含水层渗透系数分区表

分区编号	侏罗系中下统延安组（$J_{1-2}y$）承压水含水层水平方向渗透系数/(10^{-4}m/s)	侏罗系中下统延安组（$J_{1-2}y$）承压水含水层垂直方向渗透系数/(10^{-4}m/s)
1	0.4372～0.5253	0.0040～0.0178
2	0.3617～0.5127	0.0040～0.0049
3	0.1854～0.1351	0.0012～0.0031
4	0.1989～0.3365	0.0022～0.0031
5	0.1225～0.1980	0.0012～0.0022
6	0.3617～0.5127	0.0178～0.0298
7	0.1989～0.3365	0.0178～0.0298
8	0.1854～0.1351	0.0178～0.0298
9	0.1225～0.1980	0.0197～0.0307
10	0.1989～0.3365	0.0197～0.0307
11	0.4372～0.5253	0.0197～0.0307
12	0.1989～0.3365	0.0197～0.0307
13	0.1854～0.1351	0.0197～0.0307

侏罗系中下统延安组（$J_{1-2}y$）承压水含水层渗透系数分区图见图5.5。

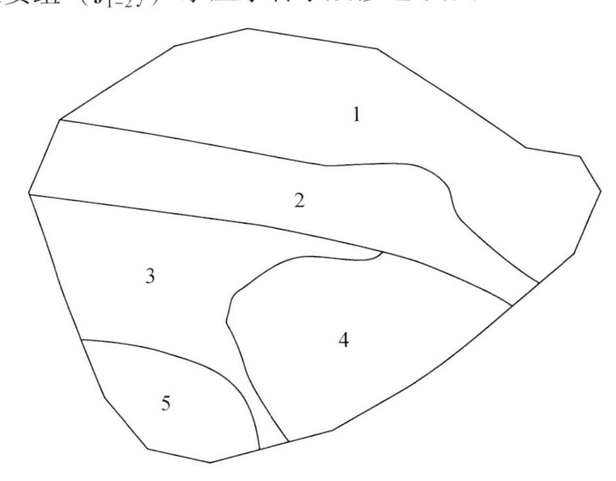

图5.5 侏罗系中下统延安组（$J_{1-2}y$）承压水含水层贮水率分区图

侏罗系中下统延安组（$J_{1-2}y$）承压水含水层各分区的贮水率如表5.2所示。

表5.2 侏罗系中下统延安组（$J_{1-2}y$）承压水含水层贮水率分区表

分区编号	侏罗系中下统延安组（$J_{1-2}y$）承压水含水层贮水率/m^{-1}
1	0.001389～0.004918
2	0.004918～0.017270
3	0.017270～0.019910
4	0.019910～0.029620
5	0.020800～0.028740

5.2.4 地下水数值模型的识别与验证

模型的识别与验证是地下水数值模型建立的一个极其重要环节，通过对所建立的数值模型的水文地质参数在允许范围值内反复修改以及对模型的补给、排泄量进行适当调整，使所建立的数值模型能够客观、准确地符合研究区的实际水文地质情况，以便更加准确地定量研究实际范围内研究区源汇量，对以后研究区的渗流场变化进行预测。

（1）模型中各含水层典型水文观测孔的水位实时动态变化值要与实际中相应的各观测孔水文实时动态变化相一致。

（2）模型中各含水层的渗流场方向要与实际的各含水层渗流场方向一致，可以选定模拟时间段结束时刻的各含水层渗流场与实际的相应时间点上各含水层渗流场相对比，作为渗流场拟合效果的判断依据。

（3）对于通过反复修正后所得到的地下水数值模型中的各水文地质参数，要确定其值在实际地质参数范围内，不允许有严重超出或偏离实际参数范围的数值出现。

在 FEFLOW 中所采用的识别验证方法是“试估-校正法”，是间接反求参数的方法中的一种。其基本思想是：首先确定模型各水文地质参数的初始值、源汇项以及初始水位等条件，对模型进行分析运算，将运算得出的结果与实际情况相对比，分析可能产生的原因，对模型的水文地质参数以及源汇项等进行允许范围值内的调整，对调参过后的模型进行再次运算，反复修改参数，直至运算所得结果与实际情况相一致。

此次模型识别与验证中加入根据工作面预计涌水量对模型的校正，使得模型预测误差更小，提高了模拟精确度。

由于神东中心矿区的水文地质条件较为复杂，系统长期资料的观测孔较少，且分布不均，矿区水文地质勘探情况较低等原因，所建立模型中的不确定因素较多，给地下水数值模型的参数识别带来了一定的困难。但通过对本次模拟的研究区的水动力场、构造应力场以及水文地质条件等资料的详细研究分析，确定了水文地质参数的范围值，在地下水数值模型的正演、反演过程中，采取了多种的技术手段，使得所建立的模型中水文地质参数符合客观实际情况，各观测孔的水位实时动态变化以及渗流场变化与实际情况相符。基岩裂隙水［侏罗系中下统延安组（$J_{1-2}y$）承压水含水层］的渗流场拟合图如图 5.6 ~ 图 5.8 所示。

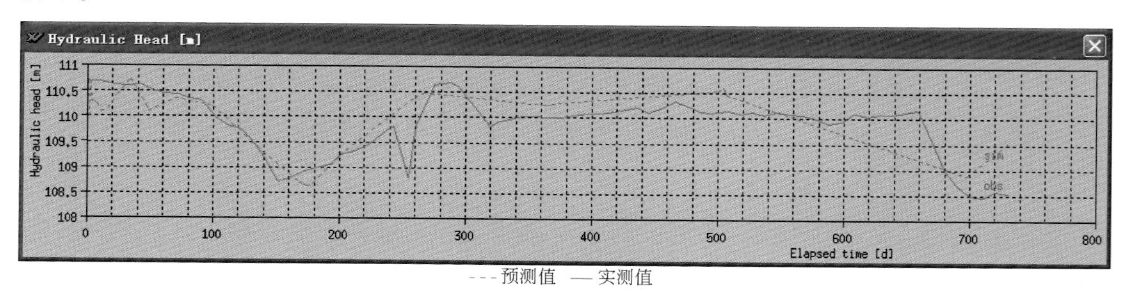

图 5.6 侏罗系中下统延安组（$J_{1-2}y$）承压水含水层 Hn10 孔拟合图

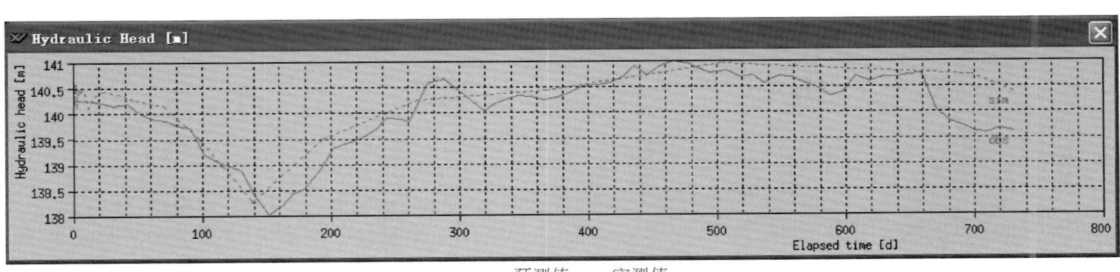

图 5.7　侏罗系中下统延安组（$J_{1-2}y$）承压水含水层 Hn3 孔拟合图

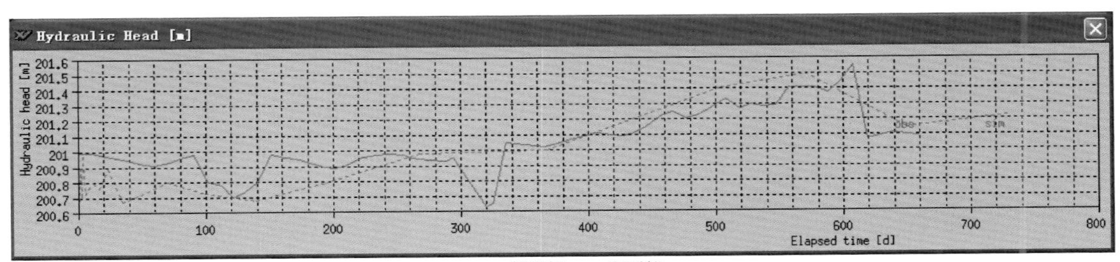

图 5.8　侏罗系中下统延安组（$J_{1-2}y$）承压水含水层 Sh2 孔拟合图

末刻渗流场拟合图如图 5.9 所示。

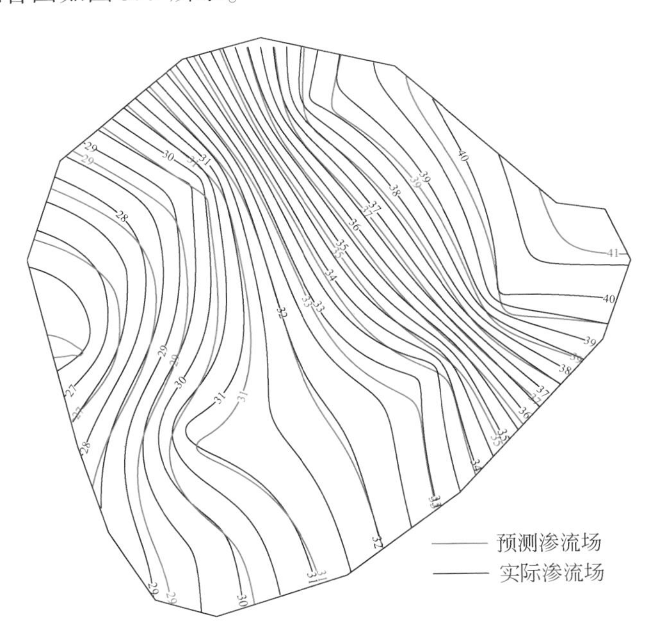

图 5.9　侏罗系中下统延安组（$J_{1-2}y$）承压水含水层渗流场拟合图

由上面的各含水层的观测孔水位拟合曲线以及各个含水层的模拟期末刻的渗流场拟合图效果可以看出，本次研究建立的地下水数值模型与实际研究区的水文地质条件比较相符，基本上达到了精度要求，能够反映出研究区内部的地下水渗流特征，可以利用该模型对未来地下水渗流场的变化趋势进行预测。

5.2.5　地下水数值模型的预测

1. 定解条件分析

（1）初始水位的确定。本次预测选定模拟期结束时刻2009年12月31日的地下水渗流场作为模型预测的初始流场，确定侏罗系中下统延安组（$J_{1-2}y$）承压水含水层的预测初始渗流场。

（2）预测模拟期的确定。预测模拟期的起始时刻为2010年12月31日，而预测模拟期的结束时刻选定为2015年12月31日，以5个完整的日历年作为本次预测的模拟期，研究在这5年内，大柳塔井田基岩含水层的地下水渗流演变趋势；同样选择一个自然月作为一个应力期，这样在此次预测中就有60个应力期。

（3）预测模拟期边界条件的确定。由模拟期结束时刻的地下水渗流场以及现状条件可以分析得出，在给定的边界条件下，其对于整个地下水渗流系统的影响是比较稳定的，选择现今给定的边界条件作为预测的边界条件。

（4）源汇项的处理。通过对矿区长期的水文观测资料以及地质条件分析认为，研究区的源汇量常年处于比较稳定的状态，因此对于源汇项不做改变，选定现今的量值作为预测的源汇项。

2. 预测结果分析

运用建立好的模型调整相应参数以及模拟期，对模型进行预算，得到未来5年后各个含水层的渗流场预测图，如图5.10所示。

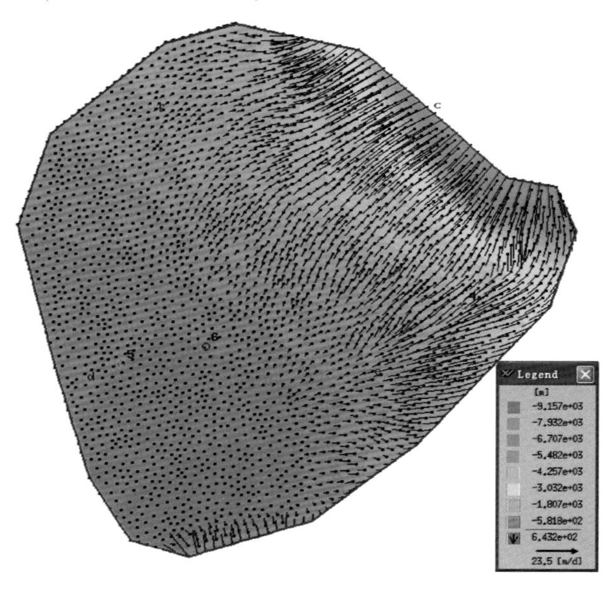

图5.10　未来5年后侏罗系中下统延安组（$J_{1-2}y$）承压水含水层渗流场预测图

由图5.10可知，侏罗系中下统延安组（$J_{1-2}y$）承压水含水层的渗流场并未发生太大变化，两个含水层的水头高度比之2010年年末虽有上升，但是上升幅度不大，因此对矿井开采不会构成较大影响。研究区的中部存在乌兰木伦河，而且在该区域砂岩裂隙含水层的水位等值线以及水力梯度等值线比较密集。虽然在一般情况下乌兰木伦河对煤矿充水含水层无较大影响，但是在雨季以及下部煤层的开采情况下，裂隙很容易被活化，潜水含水层以及侏罗系中下统延安组（$J_{1-2}y$）承压水含水层的水很可能会通过这些地质构造进入煤层的采动裂隙中，造成煤层的突水，对矿井的安全开采造成巨大的影响。

5.3　乌兰木伦井田开采对基岩裂隙水影响预测分析

乌兰木伦矿区位于区域水文地质分区的鄂尔多斯高原，其构造轮廓为一平缓的单斜构造，地貌特征属于鄂尔多斯高原毛乌素沙漠的东南缘，多为丘陵地区，无明显的山地，地势相对平坦，基本呈西北高、东南低之势，区内沟壑纵横，乌兰木伦河为最终的汇集地。

5.3.1　水文地质概况

根据该区域地下水赋存条件和水力特征，将区域含水层分为新生界松散层孔隙潜水和中生界碎屑岩裂隙水及承压水。由煤层自燃所形成的烧变岩，裂隙率高达10%～30%，为地下水的赋存、运移创造了有利条件，形成裂隙孔洞潜水。

区域地下水主要接受大气降水补给，虽属半干旱大陆性气候，但降水期集中，沙层极易渗水，为地下水补给提供了有利条件。潜水的径流受古地形及地貌条件所限制，一般由分水岭向两侧沟谷潜流，流向具多向性，以下降泉或径流的形式排泄。承压水的径流主要是受区域地形构造所控制，基本沿裂隙顺层运动，以径流形式排泄。

井田主要含水层包括：

（1）第四系全新统冲积砂-砾石孔隙潜水含水层（Q_4^{al}）。分布于乌兰木伦河槽内。厚度8～10m，岩性主要为砂、砾石夹少量泥质。水位埋深0～1m，渗透系数0.421～3.433m/d。

（2）第四系全新统冲-洪积孔隙潜水含水层（Q_4^{pl}）。分布于乌兰木伦河两侧Ⅰ、Ⅱ级阶地内，岩性细砂、中粗砂，水位埋深2～4m，水化学类型属重碳酸-钙型，单井涌水量小于500m^3/d，弱富水性。

（3）第四系上更新统萨拉乌苏组粉细砂孔隙潜水含水层（Q_3s）。井田内普遍分布，以粉细砂为主，母花海一带有粗砂分布，该含水层在井田内有两个独立的储水系统：母花海系统、廉家海系统。含水层最大厚度63.20m，平均厚度20.22m，水位埋深不稳定。平均渗透系数8.67m/d。单位涌水量0.2～1.0L/(m·s)。

（4）基岩孔隙-裂隙含水层（$J_{1-2}y$）。井田基岩地层中的粗、中、细粒砂岩，由于胶结疏松，孔隙裂隙发育，含有一定量的地下水，自上而下按煤层间隔划分为七个含水层位，这些含水层共同特点是：具承压性，低洼地段有自流，水量小，渗透性能差，单井涌水量小于100m^3/d。

井田主要隔水层指基岩含水层之间的泥岩、粉砂岩和泥质粉砂岩。

矿井充水水源包括：

（1）开采 1^{-2}、3^{-1}煤层时，松散层含水层是矿井充水的水源之一。第四系含水层储水条件较好，多为透水层，而含水层较厚，在井田内主要分布在母花海子和廉家海子古冲沟，松散含水层厚度较大，水位埋深不稳定，富水性中等，该含水层在两个古冲沟内为各自独立的储水系统，在 1^{-2}、3^{-1}煤工作面回采过程中工作面涌水量可能会增大，对矿井的安全生产有一定的影响。

（2）顶板基岩裂隙水是矿床充水的水源之一，因基岩较厚区段，富水性弱，水量较小，对开采 1^{-2}、3^{-1}煤层影响不大。

（3）矿井周边存在小窑采空区，位于二盘区 12202 面一侧的朝阳小煤矿，距离近几年采掘区较远，该采空区积水不详，推测该采空区含有大量积水，对目前采掘区域没有影响。

充水通道主要是基岩裂隙，基岩地层以粗、中、细粒砂岩为主，由于胶结疏松，孔隙裂隙发育，含有一定量的地下水，该含水层特点是：具承压性，低洼地段有自流，水量小，渗透性能差。对矿井的安全生产有一定的影响。

井田及周边地区老窑水分布状况如下：

（1）该矿采空区积水情况。该矿采空区积水主要集中在 1^{-2}煤二、四盘区采空区，3^{-1}煤一、四盘区采空区。1^{-2}煤二盘区采空区积水面积 8.02 万 m^2，积水量约 13.7 万 m^3；1^{-2}煤四盘区采空区积水面积 37.7 万 m^2，积水量约 13.7 万 m^3，水头高度有监测点；3^{-1}煤一盘区采空区积水面积 49 万 m^2，积水量预计 40.3 万 m^3，水头压力不详；3^{-1}煤四盘区采空区积水面积较小，积水量不大。

（2）周边小窑采空区积水情况。位于二盘区 12202 面一侧的朝阳小煤矿，采空区积水不详，推测该采空区含有大量积水。目前二盘区回采完毕，并已于 2010 年 2 月份封闭。

现场勘察表明，井下涌水点分布在 1^{-2}煤二、四盘区采空区，3^{-1}煤一、四盘区采空区，回采工作面，掘进工作面。目前矿井最大涌水量为 996.8m^3/h，正常涌水量 850m^3/h，其中：井筒及大巷涌水量 36m^3/h，巷道涌水量 40m^3/h，工作面涌水量 90m^3/h，1^{-2}煤二盘区采空区涌水 130m^3/h，1^{-2}煤四盘区采空区 150m^3/h，3^{-1}煤一盘区采空区涌水量 400m^3/h，3^{-1}煤四盘区采空区涌水量 90m^3/h，下井复用水量 70m^3/h。经统计 2007～2010 年的矿井涌水量，该矿井涌水量呈现逐年升高的趋势。矿井涌水量情况见表 5.3。

表 5.3　乌兰木伦煤矿 2007～2010 年矿井涌水量统计表

年份	1 月	2 月	3 月	4 月	5 月	6 月	7 月	8 月	9 月	10 月	11 月	12 月
2007	485	440	520	515	569	541	574	534	545	536	536	570
2008	572	577	605	600	552	576	696	694	730	600	731	859
2009	907	758	768	777	783	796	797	818	809	851	842	842
2010	947	997	894	944	974							

5.3.2 基岩裂隙水产生矿井水量预测

1. 基于地下水流场的涌水量预测

根据模型建立结果，5年内乌兰木伦煤矿开采工作面涌水量预测情况如表5.4所示。

表5.4　乌兰木伦煤矿2011～2015年回采工作面涌水量预测

回采工作面	面积/km^2	正常涌水量预测/(m^3/h)	最大涌水量预测/(m^3/h)
31401煤综采	0.11	41	47
31402煤综采	0.21	72	86
31403煤综采	0.47	147	190
31404煤综采	0.57	167	190
31405煤综采	0.70	223	300
12401综采	0.46	19	58
12402综采	0.54	29	43
12403综采	0.55	29	43
12404综采	0.61	33	46
12405综采	0.59	32	45

2. 矿井涌水量 Q-S 曲线法预计

根据矿井直接充水含水层——基岩孔隙-裂隙含水层钻孔抽水试验，钻孔水位降深 S 与涌水量 Q 如表5.5所示。

表5.5　矿井抽水试验数据

钻孔名称	水位降深 S/m	涌水量 Q/(m^3/h)
K87	5.4	5.4684
考4	1.36	2.952
E82	3.61	5.652

因此，根据图解法计算，得出 Q-S 曲线关系图如图5.11所示。

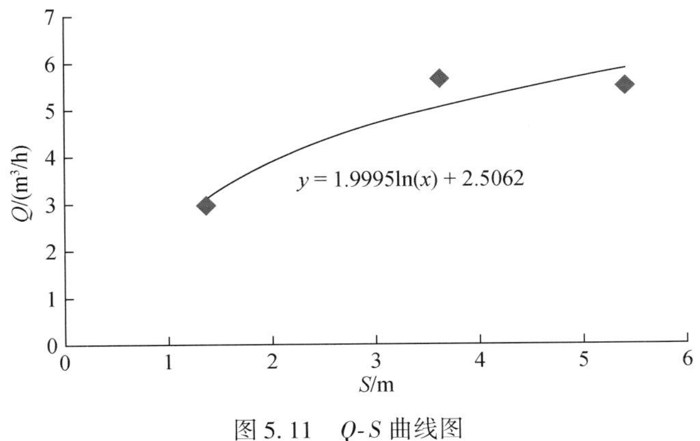

图5.11　Q-S 曲线图

得出计算公式为

$$y=1.9995\ln(x)+2.5062 \tag{5.21}$$

式中，x 为水位降深；y 为涌水量。

由于 3 个孔水位平均标高在 1160m 左右，根据该公式，计算得出矿井在 1^{-2}、3^{-1} 煤底板标高分别为 1124m，1059m 左右，矿井水位降深为 36m，101m。

在今后 5 年内，在不考虑采空区涌水及正常开采情况下，矿井在掘进回采 1^{-2}、3^{-1} 煤层资源时，涌水量分别为 9.67m^3/h，11.73m^3/h。

3. *矿井涌水量相关分析法预计*

根据矿井开采面积结合矿井涌水量实测值，得到矿井涌水量随开采面积、开采深度的 16 个样本统计如表 5.6 所示。

表 5.6　乌兰木伦煤矿 2007～2010 年矿井涌水量、开采面积、开采深度、开采高度统计表

样本编号	面积/km^2	采高/m	埋深/m	涌水量/(m^3/h)
1	0.38	4.5	190	107
2	0.41	4.5	185	127
3	0.44	4.5	185	131
4	0.40	4.5	185	114
5	0.42	4.5	185	119
6	0.48	4.5	185	127
7	0.31	4.5	190	86
8	0.55	4.5	185	149
9	0.58	4.5	190	160
10	0.28	2.0	135	15
11	0.30	2.0	135	20
12	0.22	2.0	135	12
13	0.22	2.0	135	13
14	0.31	2.0	135	26
15	0.25	2.0	135	16
16	0.17	2.0	135	14

计算得出关于涌水量 Q 的四元复相关线性回归方程：

$$Q=211.069S+45.7719M-0.907632H-5.2093 \tag{5.22}$$

式中，Q 为矿井涌水量；S 为矿井开采面积；M 为工作面采高；H 为矿井开采深度。

根据公式，计算乌兰木伦矿井 2010～2015 年回采工作面涌水量如表 5.7 所示。

表 5.7　相关分析法乌兰木伦矿井 2010～2015 年回采工作面矿井涌水量预测

回采工作面	面积/km^2	涌水量预测/(m^3/h)
31401 煤综采	0.11	51.53
31402 煤综采	0.21	77.18

续表

回采工作面	面积/km^2	涌水量预测/(m^3/h)
31403 煤综采	0.47	132.05
31404 煤综采	0.57	153.16
31405 煤综采	0.70	180.60
12401 综采	0.46	60.90
12402 综采	0.54	77.78
12403 综采	0.55	79.89
12404 综采	0.61	92.56
12405 综采	0.59	88.33

根据相关系数法所得矿井未来5年内开采工作面预计涌水量与数值模拟法所得结果大致相同，因此判定所建立的地下水数值模型较为符合实际情况。

由于根据数值法计算所得的涌水量是考虑到煤层上覆含水层疏干形成疏降漏斗的涌水量，未考虑到矿井井下用水。因此，确定采用相关系数法所得到的涌水量作为矿井未来5年内工作面涌水量预测值。

5.4　补连塔井田开采对基岩裂隙水影响预测分析

补连塔矿区位于区域水文地质分区的鄂尔多斯高原，其构造轮廓为一平缓的单斜构造，地貌特征属于鄂尔多斯高原毛乌素沙漠的东南缘，多为丘陵地区，无明显的山地，地势相对平坦，基本呈西北高、东南低之势，区内沟壑纵横，乌兰木伦河为最终的汇集地。

5.4.1　水文地质概况

补连塔井田内地表水体主要是补连沟，区内地下水的赋存和分布主要受气候、地貌、地层及地表水系等因素控制。补连塔井田位于半干旱气候区，降水少，蒸发量大，地下水主要来源于大气降水的渗入，因此区内地下水比较贫乏。

井田内潜水含水层以大气降水为主要补给来源，径流方式为两种：一是地表径流，以补连沟为排泄区；二是地下径流，以补连沟和乌兰木伦河为排泄区域。地表径流方向与地形地貌形态一致，基岩潜水径流方向为西北—东南。

根据井田内地下水赋存特征，可分为松散岩类孔隙水和碎屑岩类孔隙-裂隙水含水层两大类。其中，松散岩类孔隙含水层厚度富水性变化较大，主要分布在补连沟，分为第四系全新统风积层潜水含水层和第四系全新统冲积层潜水含水层；碎屑岩类孔隙-裂隙含水层全区广泛分布，含水层岩性以粗、中、细砂岩为主，隔水层岩性由泥岩、砂质泥岩、煤组成。

根据煤组的埋深可分为四段。

(1) 志丹群孔隙含水岩段：区内志丹群广泛发育，主要由中、粗砂岩和砾岩组成。岩性垂向上变化较大，中、粗砂岩和砾岩交替出现。上部地层一般以中、粗砂岩居多，下部地层则以不同粒径的砂砾岩为主。区内志丹群厚度 20.52 ~ 194.98m。平均厚度 118.09m。据该区 Hh13 号抽水孔资料，单位涌水量为 0.917L/(s · m)，渗透系数为 0.0541m/d。这表明该层富水性中等，属于弱透水岩层，且含水量有限，补给条件较差。水质类型为 HCO_3-Na 型水，矿化度 0.4g/L。这表明随着埋藏深度的增加，上层潜水的渗透条件变差，经过溶滤作用的地下水中难溶盐类的相对含量升高，致使水质类型由 HCO_3-Ca+Mg 型转变为 HCO_3-Na 型水，矿化度也相应升高。

（2）1^{-2}煤层顶板直罗组裂隙潜水含水岩段：该含水岩段岩性以中、细砂岩为主，厚度 33.08m，该含水岩段受岩性、风化裂隙发育程度以及地形地貌条件的控制，无统一潜水面，煤层顶板水以淋水为主。总体来说，含水层岩性较致密，风化裂隙发育不均一，地下水埋深较大，水量不充沛，以大气降水为补给源，水质矿化度 0.28 ~ 1.5g/L，水质类型为 HCO_3-Ca 型水。

（3）1^{-2} ~ 2^{-2}煤层承压裂隙含水岩段：该含水段全区发育，分布广泛，岩性由灰白色、灰色、灰绿色、黑灰色中细砂岩组成，含水段厚度 21.11m，隔水岩性以泥岩类岩层及煤层组成，涌水量 23.59m^3/d，地下水以侧向补给为主，特点是承压水头高，水量较少，顶板以渗水为主，水质矿化度 1 ~ 3g/L，水质类型为 Cl-HCO_3-Na-Ca 型水。

（4）2^{-2} ~ 3^{-1}煤层承压裂隙含水岩段：该含水段全区分布广泛，岩性为灰白、灰色的中、细砂岩段组成，厚度 9.46m，隔水岩性由泥岩类、煤层等组成，该段总厚度 31.60m，一般水位标高 1116.71m，涌水量：23.6m^3/d，3^{-1}煤层含水岩段特点为：含水岩石致密、坚硬，裂隙稀疏，承压水头高、水量小，水质矿化度 1 ~ 3g/L，水质类型为 Cl-SO_4-Na 型水。

井田隔水层主要为侏罗系延安组第五段（$J_{1-2}y^5$）各砂岩层间大于 2m 的砂质泥岩、泥岩隔水层，使潜水含水层和承压水含水层间的水力联系变弱。

矿井充水来源包括：

（1）大气降水：该区年降水量 194.7 ~ 531.6mm，平均 357.3mm，年蒸发量 2297 ~ 2833mm，平均 2457.4mm，降水集中在 7 ~ 9 月份，大气降水入渗量约占降水量的 5%，在第四系直接覆盖于煤层处，或煤层顶板间接与第四系松散层沟通出，大气降水成为矿井直接充水因素。

（2）地表水：地表水系较发育，乌兰木伦河常年有水，沿矿井东边界流过。井田内补连沟流经多年回采塌陷后基本断流，但其河床内的第四系松散含水层仍具有较强的富水性，局部沟段有季节性流水，其他溪沟为季节性支沟。

（3）地下水：井田内 1^{-2}煤层以上的各地层不同程度地含有潜水，在 1^{-2}煤层以下碎屑岩类，含有承压水。潜水主要受大气降水补给，局部地表水补给；承压水主要是侧向补给。根据钻孔抽水试验资料，单位涌水量 q 为 0.000619 ~ 0.0077L/(s · m)，均小于 0.01L/(s · m)。因此，煤系地层富水性较差，地下水不丰富。

（4）老空水：矿井内 1^{-2}煤采空区局部地段有积水。

此外，补连塔煤矿周边主要有东南部的上湾煤矿，北部的呼和乌素煤矿和李家塔煤矿，周边煤矿老空水积水位置、积水范围及积水量基本清楚，对矿井的采掘活动不会产生影响。矿井范围内采空区积水的具体分布情况见表5.8。

表5.8　补连塔煤矿老空水的具体分布情况

积水区域		积水标高/m	积水量/m^3	疏排水情况
盘区	块段			
二		1079.11	1381115	复用
22211面		1110.2	15765	复用
三	1	1078.1	168889	外排
	2	1076.2	31584	外排
	3	1078.6	34892	外排
	4	1100.6	38263	未疏放
	5	1102.5	27877	未疏放
	6	1103.7	43145	未疏放
	小计		344650	
四	1	1061.2	36825	未疏放
	2	1060.5	45254	未疏放
	3	1062.2	932743	疏放
	4	1071.6	1889	未疏放
	小计		1016711	
合计			2758241	

注：积水区域均具一定的补给量，二、四盘区大致与抽排量相当；三盘区相对较少。

矿井目前正常涌水量约461m^3/h，统计矿井历年涌水量资料，矿井最大涌水量约846m^3/h。历年矿井涌水量统计详见表5.9。

表5.9　补连塔煤矿历年全矿井涌水量一览表　（单位：m^3/h）

年份	1月	2月	3月	4月	5月	6月	7月	8月	9月	10月	11月	12月	年平均	备注
2007	657	696	738	755	846	780	677	809	823	846	816	786	769	
2008	758	615	569	640	689	497	449	456	515	517	371	382	538	
2009	427	678	609	604	559	499	411	531	588	505	438	438	524	
2010	364	401	388	380	408	408	378	459					398	

5.4.2　基岩裂隙水产生矿井水量预测

1. 基于地下水流场的涌水量预测

根据模型建立结果，5年内补连塔煤矿开采工作面涌水量预测情况如表5.10所示。

表 5.10　补连塔煤矿 2011 ~ 2015 年回采工作面涌水量预测

回采工作面	正常涌水量预测/(m^3/h)	最大涌水量预测/(m^3/h)
12405 综采面	73	91
12406 综采面	63	83
12407 综采面	72	89
12408 综采面	74	92
12409 综采面	91	102
12410 综采面	89	183
12411 综采面	69	91
12412 综采面	70	150
12418-1 综采面	81	189
12418-2 综采面	88	189
12419 综采面	89	194
12420 综采面	70	146
12518 综采面	59	175
12519 综采面	50	129
12601 综采面	81	165
22303 综采面	32	68
22304 综采面	26	42
22305 综采面	28	39
22306 综采面	26	51
22307 综采面	25	38
22308 综采面	29	47

2. 矿井涌水量 Q-S 曲线法预计

根据矿井主要影响含水层——延安组、直罗组含水层钻孔抽水试验，钻孔水位降深 S 与涌水量 Q 如表 5.11 所示。

表 5.11　矿井抽水试验数据

钻孔名称	水位降深 S/m	涌水量 Q/(m^3/h)
1003	36.62	0.0576
603	58.20	0.1013
143	8.42	0.03888

因此，根据图解法计算，得出 Q-S 曲线关系图如图 5.12 所示。

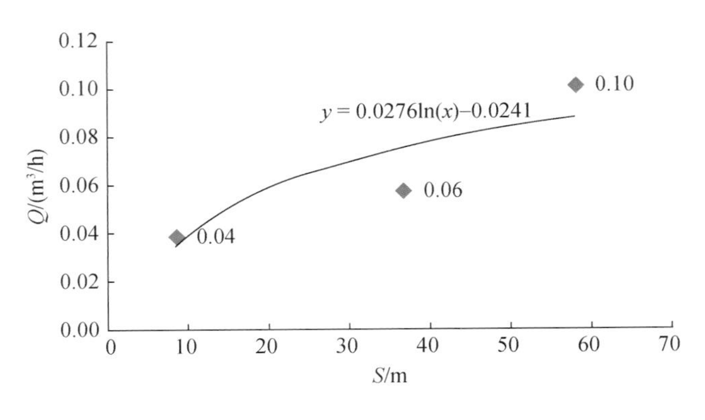

图 5.12　Q-S 曲线图

得出计算公式为　$$y=0.0276\ln(x)-0.0241 \quad (5.23)$$

式中，x 为水位降深；y 为涌水量。

由于1003孔水位标高在1129m左右，根据该公式，计算得出矿井在1^{-2}、2^{-2}煤底板标高分别为1094m，1044m，因此矿井水位降深为35m，85m。

在今后5年内，矿井开采1^{-2}、2^{-2}煤时涌水量，分别为0.098m³/h，0.102m³/h。

3. *矿井涌水量相关分析法预计*

根据矿井开采面积结合矿井涌水量实测值，得到矿井涌水量随开采面积、开采深度的15个样本统计如表5.12所示。

表5.12　补连塔煤矿矿井涌水量、开采面积、开采深度统计表

样本编号	面积/km²	采高/m	埋深/m	涌水量/(m³/h)
1	0.83	2.8	46	28
2	0.85	2.8	46	28
3	0.81	3	46	27
4	0.80	3	46	25
5	0.80	3	46	25
6	0.32	2.8	84	2
7	0.32	2.7	84	2
8	0.34	2.3	84	1
9	0.33	2.4	82	1
10	1.23	2.7	83	10
11	0.31	2.5	83	1
12	0.28	2.5	82	2
13	0.30	2.5	81	1
14	0.28	2.5	80	1
15	0.34	2.6	82	1

计算得出关于涌水量 Q 的三元复相关回归线性方程：

$$Q=49.4S+3.27M+0.2726H-5.29 \tag{5.24}$$

式中，Q 为矿井涌水量；S 为矿井开采面积；M 为工作面采高；H 为矿井开采深度。

根据公式，计算补连塔矿 2010～2015 年回采工作面涌水量如表 5.13 所示。

表 5.13　相关分析法补连塔矿井 2010～2015 年回采工作面矿井涌水量预测

回采工作面	涌水量预测/(m^3/h)
12405 综采面	43.21
12406 综采面	39.41
12407 综采面	35.74
12408 综采面	38.82
12409 综采面	33.56
12410 综采面	23.69
12411 综采面	42.84
12412 综采面	37.75
12418-1 综采面	28.75
12418-2 综采面	27.82
12419 综采面	83.92
12420 综采面	98.86
12518 综采面	83.92
12519 综采面	83.92
12601 综采面	80.96
22303 综采面	28.65
22304 综采面	22.63
22305 综采面	23.74
22306 综采面	27.65
22307 综采面	20.19
22308 综采面	21.17

根据相关系数法所得矿井未来 5 年内开采工作面预计涌水量与数值模拟法所得结果大致相同，因此判定所建立的地下水数值模型较为符合实际情况。

由于根据数值法计算所得的涌水量是考虑到煤层上覆含水层疏干形成疏降漏斗的涌水量，未考虑到矿井井下用水。因此，确定采用相关系数法所得到的涌水量为矿井未来 5 年内工作面涌水量预测值。

5.5　大柳塔井田开采对基岩裂隙水影响预测分析

大柳塔井田位于区域水文地质分区的鄂尔多斯高原，其构造轮廓为一平缓的单斜构造，地貌特征属于鄂尔多斯高原毛乌素沙漠的东南缘，多为丘陵地区，无明显的山地，地势相对平坦，基本呈西北高、东南低之势，区内沟壑纵横，乌兰木伦河为最终的汇集地。

5.5.1 水文地质概况

大柳塔井田位于乌兰木伦河中游东岸，地形南高北低，东侧和北侧支沟发育，北侧基岩裸露，相对高差最大 216m，潜水形成一个较完整的水文地质单元，零星分布的浑圆、长梁状黄土墚峁为井田地表水系分水岭。由松散层沙层泉或烧变岩泉排泄形成地表水系，流入乌兰木伦河和勃牛川。地表水系以柠条梁为分水岭，东及东北部属勃牛川流域，西部属乌兰木伦河流域。两流域内又有多个次一级分水岭，使两水系的支沟形成了各自的水流域单元。

5.5.1.1 含水层

本井田的含水层水文地质特征叙述如下：

1. 第四系松散层含水层

（1）第四系河谷冲积层（Q_4^{Q1}）潜水。乌兰木伦河及勃牛川河流堆积物形成的漫滩和阶地，呈条带状分布，两岸阶地发育不对称，阶面宽度变化较大，大柳塔附近宽 300～500m，阶地松散层厚度 5.65～12.45m，蛮兔塔附近宽 200～400m，厚 3～10m。岩性上部为黄灰色砂土及粉砂，中下部为中粗粒砂岩，细砂、砾卵石层。砾卵石呈次圆状，砾径 220mm，卵石是不规则圆状，直径 50～500m，分选一般差—中等。砾卵成分主要为石英岩、砂岩、烧变岩等。含水层水位埋深一般 1～3m，厚度 3.12～9.21m，涌水量为 0.08～0.41L/s，单位涌水量 0.027～0.19L/(s·m)，渗透系数 0.33～7.218m/d。富水性中等到弱，水质为 HCO_3-Ca·Na 型，矿化度 0.25～0.324g/L。

（2）第四系上更新统萨拉乌苏组（Q_3）潜水。主要分布于区内地势较低区段，多被风积沙掩盖，低洼区厚，墚峁斜坡区薄，厚度变化大。岩性为黄褐色中细砂、粗砂、夹粉砂或泥质透镜体、低部局部含小砾石，含水层厚 0～20.00mm，富水性差别较大（砾石层越厚，富水性越强）。

（3）第四系下更新统三门组（Q_1s）砂砾层含水层。该层不整合于基岩之上，离石黄土层之下，局部与第四系松散砂直接接触，主要分布在井田中部，厚度 0～27.4m（G 浅 4），平均厚 11.77m。含水层厚 0.10～27.48m，平均 8.24m。井田东部和西部零星分布，下部为杂灰色含中粗砂或粉细砂卵砾石层，卵砾径 2～300mm，砾石成分以石英、燧石和火山岩矿物为主，磨圆中等，分选差至中等，全区总体看粒序从上至下有所变粗，分选渐好，由井田中部的分选差向边部渐好。富水性因砂砾层的粒度成分及含量明显差异性而变化较大。如 J60、J 浅 11 孔区，该层砂泥质含量较高，充填较实，富水性差。J74、D25 孔区泥沙及细小颗粒含量相对较少，富水性中等。综上所述，砂砾层含水层的富水性受细小颗粒充填的密实程度和粒度成分的级配情况限制，一般砂砾分选性稍好，砂泥质含量较低时富水性是中等至强，单位涌水量0.0026～0.6789L/(s·m)，其水质分析大多数为HCO_3-Ca型，矿化度小于0.3g/L。

2. 中生界碎屑岩类裂隙含水层

(1) 中侏罗统直罗组(J_2z)裂隙潜水。因受后期剥蚀仅保留下部地层，主要出露于哈拉沟、母河沟及王渠一带，钻孔揭露最厚49.52m，岩性为一套黄绿、灰黄色中粗粒砂岩，粉细砂岩及泥岩。含水层为下部中粗粒砂岩，强烈风化，结构疏松，裂隙较发育，简易水文观测，该层消耗量1～3m^3/h，比煤系地层大5～10倍。根据J165号孔抽水成果，水位降深10.30m，涌水量0.08L/s，单位涌水量0.00777L/(s·m)，渗透系数0.0399m/d，说明区内该含水层富水性弱至极弱，其水质为HCO_3-Ca型，矿化度0.177～0.3g/L。

(2) 中下侏罗统延安组($J_{1-2}y$)裂隙承压水。含水主要以水平裂隙为特征，具承压性。经分层抽水观测1^{-2}～2^{-2}煤含水段水头标高1160.23～1217.40m，3号煤以下含水岩组水头标高1068.68～1183.41m，差异主要受地形影响。煤系各煤层之间含水岩段富水性均极弱，水质由浅向深部逐渐变差，浅部为HCO_3-Ca，中部为HCO_3-Na型，深部为Cl-Na型，矿化度由0.13g/L增到1.88g/L。

以上按地层划分评述了碎屑岩(即基岩类)的富水性特征，现结合矿井实际分析，基岩水文地质条件有如下特点：

Ⅰ风化岩层：隐伏基岩顶部和基岩出露层位已受不同程度的风化破坏，风化厚度10～20m(风化岩层含水)。泥岩、粉砂岩风化后、裂隙特征为短小密集，闭合型为主，变形破坏呈碎裂结构。中粗粒砂岩风化裂隙特征为裂隙稀疏，但开口较大，延伸长，变形破坏呈块状结构，风化岩层的裂隙发育规律为从顶部向下部，从出露到埋藏，由强烈逐渐轻微。

Ⅱ正常岩层：系指岩石力学特征，结构面特征等基本保持原岩性质，岩层含水微弱，透水性差，可视为暂时隔水层。

所以，强风化岩层作为含水层具充水条件，煤系和非煤系的正常岩层就其本身无充水条件，为暂时隔水层。随煤层开采，正常岩层的隔水意义，也随开采后变形类别的不同而有所变化。总的来说，上组煤(1^{-2}、2^{-2}、3^{-2})大范围内正常岩层较薄，一般30～55m，局部小于20m，这种状况下，井巷围岩的正常岩层只在局限性的狭长条带形空间状态起隔水作用，较大面积采空时，则无隔水意义。下组5^{-2}煤上覆正常岩层较厚，一般大于100m时隔水作用条件好。

3. 断层水文地质特征

根据野外断层露头观测，该区断层为张性正断层，断面较粗糙，破碎带一般宽0.5～5m，多被砂岩、粉砂岩、泥岩角砾所充填并经后期钙质固结，一般断层带含水微弱，仅在一处见流量<1L/s的小泉，但断层裂隙较发育、断裂缝宽5～15mm，被断层泥充填，透水性差。井巷穿过一些较小断层时，仅从断层面侧向有微弱渗水，因基岩富水性弱，松散层为中-弱富水，且有较厚黄土层，虽然断层沟通不同含水层，但导水性一般较差，仅当局部地段断层穿越烧变岩强富水区时，属于开采技术条件的较复杂区，在其下开采深部煤

层时，应在断层两侧留设防水煤柱以保证安全生产。

5.5.1.2　隔水层

（1）第四系松散层隔水层。第四系中更新统离石黄土（Q_2l）隔水层。该组分布较广，但厚度变化较大，0～96.50m（J浅3），井田中部赋存较厚，绝大多数钻孔揭露厚度大于40m，局部有“天窗”存在，岩性上部为亚砂土和亚黏土，下部为黏土和亚黏土含钙质结核。结构较致密，干钻不易钻进。为良好隔水层。

（2）中下侏罗统延安组（$J_{1-2}y$）隔水层。该组厚99.53～243.50m，平均厚195.24m，因延安组沉积为内陆浅水湖泊三角洲环境，中、粗粒砂岩、细、粉砂岩及泥岩交替互层，沉积结构面发育，砂岩体常呈透镜体状产出。含水层岩性主要为中细粒砂岩，局部粗粒砂岩，泥质胶结或钙质胶结，裂隙主要为层面裂隙，垂向裂隙据野外调查密度12条/m^2，裂隙中为方解石充填。泥岩、粉砂岩细腻致密，为煤系相对隔水层。

5.5.1.3　矿井充水条件

1. 矿井充水水源

（1）地表水。地表水由松散层沙层泉或烧变岩泉排泄形成地表水系，流入乌兰木伦河和勃牛川。地表水系以柠条梁为分水岭，东及东北部属勃牛川流域，西部属乌兰木伦河流域。井田中部拧条梁为分水岭，母河沟、王渠沟、双沟等河流均向西流入乌兰木伦河，七概沟、活朱太沟，三不拉沟则向东流入勃牛川。

（2）烧变岩水。井田1^{-2}煤和2^{-2}煤在沟谷两侧的露头部位大部分已自燃，1^{-2}煤自燃区分布于双沟以北，乌兰木伦河东岸各支沟的两侧及J143、J126、J104一带。2^{-2}煤自燃区分布比较广泛，分布于乌兰木伦河东岸各支沟的两侧、三不拉沟两侧、活朱太沟两侧及七概沟西侧。烧变岩区空洞裂隙十分发育，所以富水性较强，导水性好。

（3）采空区水。随着上部煤层的开采，形成采空区，采空区接受地表水、松散含水层及基岩含水层水的补给，对下部煤层的开采造成很大的威胁，这是矿井最主要的充水因素。

目前大柳塔井采空区积水情况：

大柳塔井下主要有五个积水区域，分别为：六盘区22608工作面切眼侧采空区积水区，22608、22609回撤通道侧采空区积水区，22402、22405工作面采空区积水区，22601、22602工作面采空区积水区和201水仓。

22608工作面切眼侧采空区积水区水位标高为1138.09m，积水面积为25.16万m^2，充水系数为0.2，总积水量为8.7万m^3。

22608、22609回撤通道侧采空区积水区水位标高为1146.6m，充水系数为0.2，总积水量为11.6万m^3。

22402、22405工作面采空区积水区水位标高为1138.09m，充水系数为0.2，总积水量为158万m^3。

201水仓水位标高为1138.45m，总积水量为30万m^3。

纵观全区，煤系基岩含水微弱，渗透系数很小，故不会对矿井安全构成威胁。而第四系松散层孔隙潜水、烧变岩孔洞裂隙潜水、采空区水是对矿井开采造成影响的主要充水水源。此外大气降水通过入渗补充地下水，构成间接充水水源。

2. *矿井充水通道*

目前井田内 1^{-2} 煤和 2^{-2} 煤开采范围内，上覆基岩厚度大部分区域小于煤层开采后形成的导水裂隙带发育高度，局部甚至小于冒落带高度，故此两带是沟通各种水源进入矿坑的主要通道。

烧变岩孔洞裂隙潜水的充水通道主要是邻烧变岩围岩的基岩裂隙和烤烧裂隙通道，一般通道均较细小，导水能力差。当直接接触到烧变岩强发育段时，充水通道才宽大畅通，导水性强。

3. *充水强度分析*

该井田的矿井充水强度主要决定于砂砾层含水层的富水性、渗透性、降水汇水面积，煤层上覆基岩厚度及冒裂沟通砂砾层潜水程度，并受大气降水特征和黄土隔水层的明显影响。

区内第四系砂砾层潜水富水性不均，黄土隔水层厚度变化较大，并存在透水“天窗”。煤层顶板基岩厚度差异也较大。井田区的水文地质特征也恰巧是上述各因素的存在条件，越是基岩薄弱区（黄土层厚度亦薄）越是砂砾层潜水富水区，大气降水汇聚区，反之基岩厚，上覆松散层富水性亦弱，黄土层也厚，不利于大气降水汇聚。由前分析，充水强度较大区主要在冲沟部位及邻沟地带的基岩薄弱地段。松散层潜水一定时，冒裂通道的大小和多少则决定了充水强度的大小，裂隙密集畅通，充水强度相对就大，反之则小。烧变岩孔洞裂隙潜水的充水强度与工作面触及烧变岩的位置有关，距烧变岩富水区越近，侧向充水量越大，反之则小。大气降水对充水强度的影响，主要反映在暴雨或持续降雨，塌陷区汇水条件有利，充水量将大幅增加。

5.5.1.4　井田及周边地区老窑积水分布情况

目前大柳塔井主要有四个采空区积水区域，分别为：六盘区 22608 工作面切眼侧采空区积水区，22608、22609 回撤通道侧采空区积水区，22402、22405 工作面采空区积水区和 201 水仓。积水总量为 222.3 万 m^3，其中：

（1）22608 工作面切眼侧采空区积水区水位标高为 1138.09m，积水面积为 25.16 万 m^2，积水量为 8.7 万 m^3；22608、22609 回撤通道侧采空区积水区水位标高为 1146.6m，积水量为 11.6 万 m^3；22402、22405 工作面采空区积水区水位标高为 1138.09m，积水量为 172 万 m^3；201 水仓水位标高为 1138.45m，积水量为 30 万 m^3。

（2）22608 工作面切眼侧采空区水量来自于六盘区分水岭西侧 22614、22608 工作面；22608、22609 回撤通道侧采空区水量来自于六盘区分水岭东侧 22614、22608 工作面；201 水仓水量来自于 22608 切眼采空区，22402、22405 工作面采空区，604 注水孔，607 注水孔。其他小窑情况详见表 5.14。

表 5.14　大柳塔井田内及周边小窑积水情况调查表

序号	小井名称	主采煤层	所辖区域	井田面积/km^2	开采方式	是否生产	是否越界	积水分布情况
1	昌盛煤矿	2^{-2}煤	神木	1.355	井工	生产	是	暂无老空水害
2	白家渠煤矿	2^{-2}煤	神木	0.78	井工	停产	是	
3	白家湾煤矿	2^{-2}煤	神木	1.8	井工	停产	是	
4	贺川镇母河沟煤矿	2^{-2}煤	神木	1.6	井工	停产	是	
5	沙峁乡哈拉沟煤矿	2^{-2}煤	神木	2.27	井工	停产	是	
6	水头村露天矿	2^{-2}煤	神木	0.23	露采	生产	是	
7	贾家畔煤矿	2^{-2}煤	神木	0.36	井工	停产	否	
8	苏家壕煤矿	2^{-2}煤	神木	4.95	井工	生产	否	
9	东风煤矿	2^{-2}煤	神木	0.44	井工	关闭	否	
10	时令梁煤矿	2^{-2}煤	神木	0.33	井工	关闭	否	
11	后柳塔村联办煤矿	2^{-2}煤	神木	1.23	井工	停产	否	
12	月牙渠露天煤矿	2^{-2}煤	神木	0.23	露采	停产	否	
13	双沟煤矿	2^{-2}煤	神木		井工	关闭	否	
14	张家渠煤矿	2^{-2}煤	神木	1.65	井工	生产	否	
15	双庙梁煤矿	2^{-2}煤	神木	0.5	井工	关闭	是	巷道基本清楚，少量积水
16	三不拉煤矿	2^{-2}煤	神木		井工	生产	否	

5.5.1.5　矿井涌水状况

从大柳塔矿井涌水量统计数据来看，矿井最大涌水量为664m^3/h，正常涌水量458m^3/h，详见表5.15。目前大柳塔矿井平均复用水量为180m^3/h。

表 5.15　大柳塔矿井历年全矿井涌水量一览表　（单位：m^3/h）

年份	1月	2月	3月	4月	5月	6月	7月	8月	9月	10月	11月	12月	年平均	备注
2008	257.7	273.37	277.87	297.27	452	544	664	617	620	628.8	615.3	589.2	485	
2009	370.8	395.5	351.2	481.2	347	331	327	514.6	479.3	402.7	424.1	575.3	417	
2010	501.2	559.9	516.2	518.7	404.1	569	483	436.5					499	

5.5.2　基岩裂隙水产生矿井水量预测

1. 基于地下水流场的涌水量预测

根据基岩裂隙水流场模拟结果，预测煤炭开采对基岩裂隙含水层的影响（产生的矿井水量），如表5.16所示。

表 5.16　大柳塔矿井 2011 ~ 2015 年回采工作面涌水量预测

回采工作面	面积/km^2	正常涌水量预测/(m^3/h)	最大涌水量预测/(m^3/h)
22617 综采工作面	0. 12	30	40
22618 综采面	0. 05	20	45
22615 综采工作面	0. 17	33	50
52304-1 综采面	0. 02	25	55
52304-2 综采工作面	1. 32	40	60
52303 综采工作面	1. 35	42	70
52306-1 综采面	0. 83	34	67
52306-2 综采面	0. 26	10	28
22102-2 综采面	0. 16	33	70
22103 综采面	0. 07	49	98
22616 综采工作面	0. 42	38	50
12210 综采面	0. 22	20	38
12208 综采工作面	0. 23	20	31
22202 综采面	0. 22	38	49
22201 综采面	0. 22	38	49
22315 综采工作面	0. 14	29	89
52305 综采面	0. 94	28	61
52307 综采面	1. 32	40	96

2. 矿井涌水量 *Q-S* 曲线法预计

根据矿井主要影响含水层——潜水含水层钻孔抽水试验，钻孔水位降深 *S* 与涌水量 *Q* 如表 5. 17 所示。

表 5.17　矿井抽水试验数据

钻孔名称	水位降深 *S*/m	涌水量 *Q*/(m^3/h)
J74	3. 13	4. 239
S38	1. 17	0. 822
D25	1. 41	2. 884

因此，根据图解法计算，得出 *Q-S* 曲线关系图如图 5. 13 所示。

得出计算公式为

$$y=3.6x \tag{5.25}$$

其中，x 为水位降深；y 为涌水量。

由于 293 孔水位标高在 1199m 左右，根据该公式，计算得出矿井在 1^{-2}、2^{-2}、5^{-2}煤底板标高分别为 1172m，1130m，980m 左右，因此矿井水位降深为 27m，69m，219m。

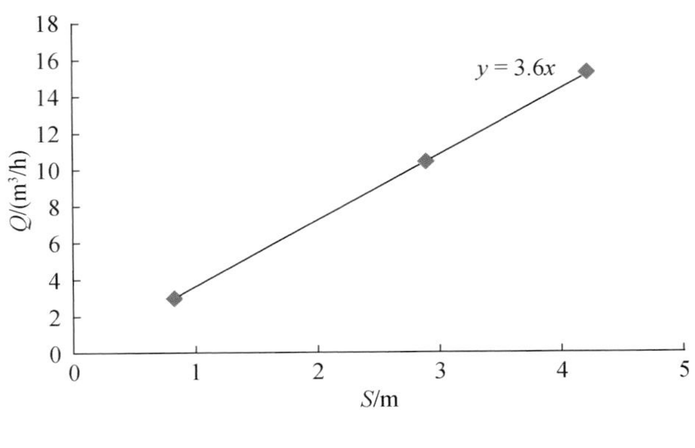

图 5.13　Q-S 曲线图

在今后 5 年内，矿井开采 1^{-2}、2^{-2}、5^{-2}煤时涌水量，分别为 97.2m³/h，248.4m³/h，788.4m³/h。

3. 矿井涌水量相关分析法预计

从大柳塔矿井涌水量统计数据来看，矿井最大涌水量为 664m³/h，正常涌水量 458m³/h，详见表 5.18。目前大柳塔矿井平均复用水量为 180m³/h。

表 5.18　大柳塔矿井历年全矿井涌水量一览表　（单位：m³/h）

年份	1 月	2 月	3 月	4 月	5 月	6 月	7 月	8 月	9 月	10 月	11 月	12 月	年平均	备注
2008	257.7	273.37	277.87	297.27	452	544	664	617	620	628.8	615.3	589.2	485	
2009	370.8	395.5	351.2	481.2	347	331	327	514.6	479.3	402.7	424.1	575.3	417	
2010	501.2	559.9	516.2	518.7	404.1	569	483	436.5					499	

根据矿井开采面积结合矿井涌水量实测值，得到矿井涌水量随开采面积、开采深度的 14 个样本统计如表 5.19 所示。

表 5.19　大柳塔矿井工作面矿井涌水量、开采面积、开采深度统计表

样本编号	面积/km²	采高/m	埋深/m	涌水量/(m³/h)
1	0.59	4.5	72	20
2	0.37	4.5	30	25
3	0.39	4.5	30	30
4	0.43	5.2	30	60
5	0.32	5.2	25	55
6	0.52	4.5	70	25
7	0.42	4.5	69	86
8	0.82	4.5	70	20
9	1.43	5.2	25	80

续表

样本编号	面积/km^2	采高/m	埋深/m	涌水量/(m^3/h)
10	0.97	5.2	28	30
11	0.53	3.8	75	20
12	0.76	3.8	75	20
13	1.21	6.7	220	30
14	0.37	3.8	70	25

计算得出关于涌水量 Q 的三元复相关回归线性方程：

$$Q=3.31136S+14.7814M-0.227256H-19.7354 \tag{5.26}$$

其中，Q 为矿井涌水量；S 为矿井开采面积；M 为工作面采高；H 为矿井开采深度。

根据公式，计算大柳塔矿井 2010～2015 年回采工作面涌水量如表 5.20 所示。

表 5.20　相关分析法大柳塔矿井 2010～2015 年回采工作面矿井涌水量预测

回采工作面	面积/km^2	涌水量预测/(m^3/h)
22617 综采工作面	0.12	26.84
22618 综采面	0.05	32.52
22615 综采工作面	0.17	35.87
52304-1 综采面	0.02	29.37
52304-2 综采工作面	1.32	33.67
52303 综采工作面	1.35	33.77
52306-1 综采面	0.83	32.05
52306-2 综采面	0.26	30.16
22102-2 综采面	0.16	13.67
22103 综采面	0.07	17.80
22616 综采工作面	0.42	36.70
12210 综采面	0.22	52.17
12208 综采工作面	0.23	52.21
22202 综采面	0.22	19.78
22201 综采面	0.22	19.78
22315 综采工作面	0.14	20.99
52305 综采面	0.94	32.42
52307 综采面	1.32	33.67

根据相关系数法所得矿井未来 5 年内开采工作面预计涌水量与数值模拟法所得结果大致相同，因此判定所建立的地下水数值模型较为符合实际情况。由于根据数值法计算所得的涌水量是考虑到煤层上覆含水层疏干形成疏降漏斗的涌水量，未考虑到矿井井下用水。因此，确定采用相关系数法所得到的涌水量为矿井未来 5 年内工作面涌水量预测值。

5.6　榆家梁井田开采对基岩裂隙水影响预测分析

5.6.1　水文地质概况

榆家梁井田位于陕北黄土高原的东北部，属黄土丘陵沟壑区，含水一般微弱，但都有不均一性，因地形地貌条件制约，在不同情况下，有接受西部沙滩区地下水的区域动力补给及侧向径流补给的可能。

区域内潜水主要接受大气降水的补给，其次是侧向径流补给，灌溉渗漏和地表水的补给，局部还可能接受层间水的补给。在各大河的河谷区因第四系松散层孔隙大，透水性好，更易于大气降水的渗入补给。

潜水的径流方向受区域地形控制，总体由北向南运动，局部受地貌形态控制，区域内承压水因受不稳定隔水层的影响而形成局部性承压，没有统一的补给区，主要接受大气降水经由潜水垂直渗入补给，其次是侧向径流补给。

5.6.1.1　井田主要含（隔）水层及特征

根据岩性、厚度、分布范围及变化，地下水的埋藏条件，赋存规律、含水层的富、导水性及充水特征，地下水可分为第四系冲、洪积层潜水，侏罗系、三叠系裂隙潜水和承压水，按其控制富水性及其变化的成因类型，岩性及其组合特征，区内可分为三个含水层和两个隔水层。

1. 第四系冲、洪积层潜水含水层（Q_{2-4}）

该层一般厚度0～56.50m，岩性主要为黄土状亚砂土、亚黏土，并夹几层古土壤薄层，因地形影响，局部为风成砂及河流砾石、砂土等。其赋存条件和富水性受地貌和岩性条件控制，水位浅，河川区水量丰富，水质好，矿化度低，主要靠大气降水补给。其中Q_4含水层厚0～5m，主要分布在黄羊城沟河床两岸，为冲积层潜水。含水丰富，与地表水关系密切，常有互补现象。Q_{2+3}主要分布于区内各黄土墚峁顶部，岩性为黄—浅灰色亚黏土、亚砂土及灰褐色砂层，水位埋藏较深，水量极弱，储水条件差。

该区内第四系出露泉点11个，多分布在半坡及沟底坡积物，流量0.02～0.75L/s，一般0.2L/s左右，受大气降水控制十分明显，水质好，矿化度小于2g/L。

2. 侏罗系中统延安组裂隙含水层（J_2y）

该层广泛出露在沟谷之中，可分为四个岩性段，总厚约230m，为河、湖及沼泽相沉积，岩性主要为细、中、粗粒砂岩及含砾砂岩，砂岩裂隙发育，出露泉点较多。该组按岩层层序和含水特征，可分为五个含水层组。

（1）延安组第四段：为较强含水层，岩性为灰黄色中粗粒砂岩，含水层主要为3^{-1}号煤顶板火烧层，裂隙极发育，出露泉点流量为0.2～0.7L/s，水质HCO_3-Ca·Na型，矿化度小于0.2g/L。

（2）延安组第三段：为中等富水含水层，含水层为4^{-2}号煤顶板砂岩（多为烧变岩）及上部破碎带，岩性为浅灰色中厚层状细砂岩，凡在沟谷出露处多被火烧，厚度1.2～23.40m，一般11m左右，裂隙很发育，部分钻孔钻进该层时出现大量漏水，该层出露泉点最多，流量0.02～1.25L/s，一般0.35L/s，水质HCO_3-Ca · Mg · Na型，矿化度小于0.3g/L，与大气降水关系密切。

（3）延安组第二段中上部砂岩：为较弱含水层，含水层位为4^{-3}、4^{-4}号煤层顶板砂岩，岩性为灰—浅灰色细中粒砂岩，其中4^{-3}号煤顶板砂岩含水相对较强，砂岩厚度0.7～19.88m，一般8～14m，平均10.14m，经抽水试验q=0.4466L/(s · m)，K=4.019m/d，水质为HCO_3-Ca · Mg · Na型，矿化度0.193～0.419g/L；4^{-4}号煤顶板砂岩含水相对较弱。

（4）延安组第二段底部砂岩：为中等—弱富水含水层，含水层为5^{-2}号煤顶板砂岩，岩性为浅灰—灰白色中粗粒砂岩，厚度1.6～27.47m，一般8～20m，平均14.41m，该层裂隙十分发育，特别是大东沟、火烧沟、黄合峁沟等，砂岩被火烧较为严重，造成上覆岩层塌陷，使原有的地层结构遭受严重破坏，形成砖红色破碎岩块或琉璃瓦状，破碎带厚度5～20m，最大达30多米，裂隙空洞极为发育，在有利的地形地貌部位和有大气降水的补给时，是地下水的富集地段。该含水层经抽水试验q=0.0003682～0.7438L/(s · m)，K=0.0000185～8.99m/d，该层出泉点多而流量大，流量0.08～9.7L/s，一般0.25～0.3 L/s，水质HCO_3 · SO_4-Ca · Mg · Na型，矿化度0.37～0.9g/L。该层裂隙极为发育，尤以NW向裂隙为主要导水裂隙，很多钻孔钻进该层出现大量漏水，局部可遇空洞陷落。

（5）延安组第一段：为较弱含水层，主要含水层为延安组底部宝塔山砂岩，岩性为灰白色含砾中粗粒砂岩，厚度2.5～44m，一般16～25m，平均21.86m，钻孔钻进该层一般出现漏水，经抽水试验q=0.0137～0.33L/(s · m)，K=0.0015～0.0507m/d，水质HCO_3 · Cl · SO_4-Na · Mg · Ca型或Cl · SO_4 · HCO_3-Na · Ca · Mg型，矿化度相对较高，为0.552～1.08g/L。

3. 侏罗系下统富县组砂岩裂隙含水层（J_1f）

区内地表无出露，据钻孔统计，厚度为9.43～27.35m（未见底），岩性由2～4层浅灰色砂岩与紫杂色泥岩相间组成，含水层为灰白色中厚层状中粗粒长石石英砂岩，底部可见一层1～8m的含砾粗砂岩，据有关水文孔抽水试验，水量较小，故该层为较弱含水层。

4. 新近系上新统三趾马红土隔水层（N_2）

岩性为浅红色—褐红色亚黏土，含多层钙质结核，厚10～30m，底部为0～2m的胶结或半胶结的角砾石层，该层偶见泉点，但流量甚微。

5. 延安组、富县组泥岩隔水层

在延安组，该层厚度0.12～5.85m不等，多构成煤层底板或直接顶板，起到相对隔水作用。富县组地层有稳定的紫杂色泥岩2～5层，厚度1～6m，起到绝对隔水作用。

5.6.1.2 地下水补给、径流、排泄条件

矿井潜水主要接受大气降水和部分层间水的补给，其次为地表河流和农田灌溉回归的补给，在河谷区与地表水有互补的现象。径流方向受地形和地貌的控制，主要以泉和潜流

形式排泄于沟谷，亦有垂直下渗和蒸发方式的排泄。由于受地形、地貌、岩性及自然地理条件等因素的影响，大气降水不易大量渗入补给上层潜水。在墚峁顶部，只有雨季才有少量降水不连续补给，对于基岩潜水因多种因素影响，补给条件不同。潜水因受沟谷水系影响，径流方向不一，一般是从地形较高的墚峁顶部及斜坡向沟源、谷坡岸边、沟谷中心运动，并在有隔水泥岩存在时沿隔水层面以下降泉的形式排泄，局部因下伏裂隙发育而透过弱隔水层向深部承压水补给。

矿井承压水除在基岩露头处接受大气降水补给外，还接受就近潜水的垂直渗透补给，局部地段因受不稳定隔水层的影响，形成局部性承压水，具有多层性，无统一的补给区，但地形地貌及沉积层的特殊格局为上层潜水的补给，为大气降水、地表水及顺层径流补给承压水创造了有利条件。此外，承压水还接受一定的侧向径流补给，其径流方向和潜水一样，亦受地形、地貌的控制，浅层承压水可由地势较高的分水岭部位向沟谷运移；深部承压水则沿节理裂隙顺层运动，以泉的形式排泄于沟谷。该矿井总的排泄方向是汇入西边窟野河。由于矿井生产巷道掘进及采空塌陷，一盘区处于最低标高位置的 45101、45102 工作面巷道及采空区积水从 2002 年 4 月开始复用，每日外排 930 ~ 3270m^3，也是承压水排泄的主要途径。

矿井各煤层直接充水含水层补给的途径主要是大气降水和侧向径流补给，以垂直渗漏补给为主。

5.6.1.3　矿井充水条件分析

1. 充水水源

井田内含煤岩系各含水层富水性弱，主要含水层为第四系冲、洪积层潜水含水层、侏罗系中下统延安组裂隙含水层、烧变岩含水层、地表沟流及大气降水。延安组裂隙含水层特别是 5^{-2}煤层顶板砂岩含水层，岩性为中、粗粒砂岩，裂隙发育，在垂向上裂隙由地表向下由强变弱，节理明显，充填程度较差，北西向裂隙为主要导含水裂隙，是矿井主要充水水源。该矿最长工作面达 6400 多米，准备时一般双巷掘进，掘进工作面迎头两帮煤层裂隙喷水，过二至三周后大多断流，截至两条 6000 多米顺槽完成，巷道涌水也不过 10m^3/h，这一点也说明了矿井主要充水水源为基岩裂隙水。

榆树沟、范家沟、正则沟大东沟等，因上部煤层自燃烧烤，造成上覆岩层塌陷，裂隙空洞极为发育，在补给水源充足时，如果在火烧底板形成洼形储水构造，该含水单元一般富水性较强，也是重要的矿井充水水源之一。2004 年 6 月 22 日 21 时 44204 回顺工作面迎头发生冒顶，冒顶处同时发生突水，截至 23 日凌晨 6 点 00 分，巷道积水 1661m^3，突水点瞬时最大涌水量为 3003m^3/h，该突水来源于 4^{-2}煤层火烧区积水。

矿井内榆树沟、大东沟、范家沟、火烧沟、正则沟等煤层上覆基岩较薄，塌陷裂隙绝大部分与地面导通，降水时沟流较大，在沟谷处地表水也是不可忽视的充水水源，另外，矿内小煤窑积水及采空积水，也应慎重对待。

2. 充水强度

影响矿井充水强度的主要因素是煤层上覆基岩裂隙水补给情况、烧变岩富水性、地表沟流及大气降水。在煤层上覆基岩厚度小、长年流水沟谷地带、烧变区和洪雨季矿井涌水的强度就大。反之则小。45101采空复用水在45101工作面回顺加混凝挡墙，通过管道引流形成自来水进入清水仓，洪雨季外排水量可达3270m³/d，而枯雨季外排水量930m³/d，这也说明了矿井涌水与大气降水有极大关系。

5.6.1.4　矿井充水状况

矿井的历年涌水量大多在180m³/h之内，2001年73m³/h，2002年71m³/h，2003年130m³/h，2004年166m³/h，2005年174m³/h，由历年矿井涌水量分析得知，矿井涌水量随着采空区面积的增加涌水量随之增大。

矿井受采掘破坏或影响的裂隙含水层补给水源少，采掘工程一般不受水害影响，防治水工作简单或易于进行。依煤矿矿井水文地质类型，应为水文地质条件简单（矿井大部分区域）的矿井。

5.6.2　基岩裂隙水产生矿井水量预测

1. 基于地下水流场的涌水量预测

根据5.4.2节的基岩裂隙水流场模拟步骤，预测煤炭开采对基岩裂隙含水层的影响（产生的矿井水量），5年内榆家梁煤矿开采工作面涌水量预测如表5.21所示。

表5.21　榆家梁煤矿2011～2015年回采工作面涌水量预测

回采工作面	正常涌水量预测/(m³/h)	最大涌水量预测/(m³/h)
42211综采面	28	38
42212综采面	25	37
42213-1综采面	29	39
42215-1综采面	27	37
42216-1综采面	27	37
43301综采面	29	37
43302综采面	30	41
43303综采面	31	48
43304综采面	31	48
43306综采面	31	48
43307综采面	28	29
43308综采面	25	36
43309综采面	22	28
43310综采面	29	39
52105综采面	28	36
52106综采面	25	30

续表

回采工作面	正常涌水量预测/(m^3/h)	最大涌水量预测/(m^3/h)
52213 综采面	25	30
52214 综采面	26	29
52215 综采面	28	36
52216 综采面	20	30
52212 综采面	27	39
52401 综采面	26	38
52402 综采面	22	27
52404 综采面	22	29
52405 综采面	21	29
52406 综采面	23	34
52407 综采面	25	33
52408 综采面	25	29

2. *矿井涌水量 Q-S 曲线法预计*

根据矿井主要影响含水层——基岩含水层钻孔抽水试验，钻孔水位降深 S 与涌水量 Q 如表 5.22 所示。

表 5.22　矿井抽水试验数据

钻孔名称	水位降深 S/m	涌水量 Q/(m^3/h)
Y16	3.26	7.21
YB25	1.828	5.76
Y \ 16	5.8	0.45

因此，根据图解法计算，得出 Q-S 曲线关系图如图 5.14 所示。

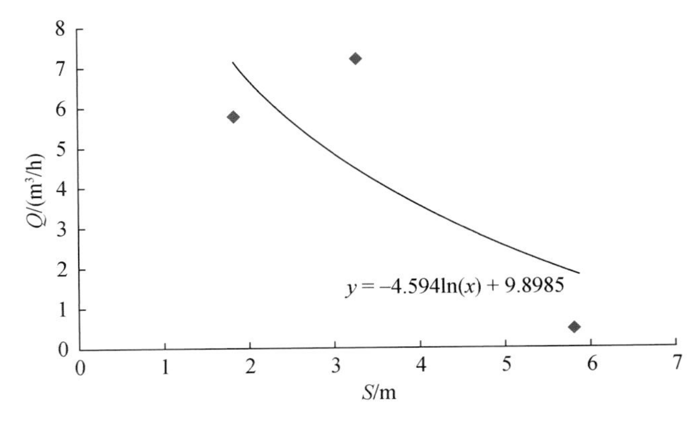

图 5.14　Q-S 曲线图

得出计算公式为

$$y=-4.594\ln(x)+9.8985 \tag{5.27}$$

式中，x 为水位降深；y 为涌水量。

由于Y16孔水位标高在1297m左右，根据该公式，计算得出矿井在4^{-2}、4^{-3}、5^{-2}煤底板标高分别为1154m，1125m，1077m左右，因此矿井水位降深为143m，172m，220m。

在今后5年内，矿井开采4^{-2}、4^{-3}、5^{-2}煤时涌水量，分别为12.9m³/h，13.7m³/h，14.87m³/h。

3. 矿井涌水量相关分析法预计

根据矿井开采面积结合矿井涌水量实测值，得到矿井涌水量随开采面积、开采深度的15个样本统计如表5.23所示。

表5.23 榆家梁煤矿2007～2010年矿井涌水量、开采面积、开采深度统计表

样本编号	面积/km²	采高/m	埋深/m	涌水量/(m³/h)
1	0.32	2.8	138	24
2	0.32	2.7	138	25
3	0.34	2.3	138	25
4	0.33	2.4	138	30
5	1.23	2.7	138	25
6	0.31	2.5	138	30
7	0.28	2.5	138	25
8	0.30	2.5	179	20
9	0.28	2.5	179	20
10	0.34	2.6	179	20
11	0.83	2.8	179	20
12	0.85	2.8	179	20
13	0.81	3	210	20
14	0.80	3	210	20
15	0.80	3	210	20

计算得出关于涌水量Q的三元复相关曲线回归线性方程：

$$Q=1.952295S+3.49353M+0.0140908H-2.43793 \tag{5.28}$$

式中，Q 为矿井涌水量；S 为矿井开采面积；M 为工作面采高；H 为矿井开采深度。

根据公式，计算榆家梁矿井2010～2015年回采工作面涌水量如表5.24所示。

表5.24 相关分析法榆家梁矿井2010～2015年回采工作面矿井涌水量预测

回采工作面	涌水量预测/(m³/h)
42211综采面	29.26
42212综采面	26.13
42213-1综采面	30.31

续表

回采工作面	涌水量预测/(m^3/h)
42215-1 综采面	28.22
42216-1 综采面	28.22
43301 综采面	30.31
43302 综采面	31.35
43303 综采面	32.40
43304 综采面	32.40
43306 综采面	32.40
43307 综采面	29.26
43308 综采面	26.13
43309 综采面	22.99
43310 综采面	30.31
52105 综采面	29.26
52106 综采面	26.13
52213 综采面	26.13
52214 综采面	27.17
52215 综采面	29.26
52216 综采面	20.90
52212 综采面	28.22
52401 综采面	27.17
52402 综采面	22.99
52404 综采面	22.99
52405 综采面	21.95
52406 综采面	24.04
52407 综采面	26.13
52408 综采面	26.14

据相关系数法所得矿井未来5年内开采工作面预计涌水量与数值模拟法所得结果大致相同，因此判定所建立的地下水数值模型较为符合实际情况。

由于根据数值法计算所得的涌水量是考虑到煤层上覆含水层疏干形成疏降漏斗的涌水量，未考虑到矿井井下用水。因此，确定采用相关系数法所得到的涌水量为矿井未来5年内工作面涌水量预测值。

第6章 现代开采沉陷区地表移动变形规律研究

西部生态脆弱区的现代煤炭开采，突破了传统煤炭有限开采面积的局限性，应用以超大工作面开采工艺为核心的现代开采技术，形成的现代开采沉陷具有一次沉降面积大、采动覆岩结构和地表层结构变化均一性强的显著特点。现代开采地表层结构变化是地表生态破坏的直接原因，沉陷区地表变形规律的科学认识是地表生态修复的基础。对此，以往的研究大多集中在我国东部矿区，而西部生态脆弱区的地表移动观测实测资料相对较少，地表移动变形规律研究较为缺乏。随着我国西部煤炭资源开发规模逐步增加，西部生态脆弱区域煤炭大规模开采中如何提高地表生态修复效率已成亟待解决的技术难题。本章以神东矿区典型超大工作面为例，采用现代开采全过程现场实测方法，布设地表移动观测站，结合开采工作面推进速度与地表地质环境条件，研究薄基岩浅埋深风沙区高强度开采地表移动变形规律和预测方法，为开采沉陷预计及相关研究提供有关理论依据。

6.1 现代开采地表移动变形观测与分析方法

为进行实地观测，研究开采区域的地表移动变形规律，需在开采进行以前，在地表设置地表移动变形观测站，在开采过程中，结合工作面的地质条件与开采进度，根据需要定期观测这些测点的空间位置及其相对位置的变化，以确定各测点的位移和点间的相对移动，从而掌握开采沉陷的规律。

6.1.1 观测系统及观测点布局

观测站的布设方式和观测方法的选择直接影响到观测成果的可靠性，在布设之前需按一定的原则进行周密的计划。

1. 观测系统布设原则

在观测站设计中，一般应当遵循以下几个原则：

（1）观测线应当设立在地表移动盆地的主断面上；

（2）设立观测站的地区，在观测期间避免受邻近开采的影响；

（3）布设观测线的长度应当大于地表移动盆地的范围；

（4）观测线上的测点应当有一定的密度，具体应当根据开采深度和设站的目的而定；

（5）观测站的控制点要设置在移动盆地范围以外，控制点埋设要牢固。当控制点在冻土地区时，控制点的底面应埋设在冻土线0.5m以下。

2. 测站点布设形式

根据设站目的不同，合理选择观测站的布设形式是十分重要的。目前在我国矿区大部分都采用剖面线状观测站形式。

观测站一般由两条观测线组成，一条沿着煤层走向方向，另一条则是沿着煤层倾斜方向，两条观测线互相垂直并且相交。如果地表达到充分采动的条件，则通过地表移动盆地的平底部分都可以设置观测线。如果地表未达到充分采动的条件，则观测线需设置在地表移动盆地的主断面上，长度应保证观测线的两端（半条观测线时为一端）超出采动影响的范围，这样便于建立观测线的控制点和测定煤层采动后的影响边缘。采动影响范围内观测点是工作测点，在煤层采动过程中应保证工作测点与地表一起移动，反映出地表移动状态。

观测线上的测点个数和测点密度，主要取决于煤层开采的深度和所设置观测站的目的。工作测点一般要求设置在预计的地表移动盆地范围内的观测线上，布设原则一般是由地表移动盆地的中央位置向两边地表移动盆地的移动边界布设。在采动过程中，需要定期观测这些测点的空间位置，这样才能反映地表点移动的情况。所以，要求这些工作测点应埋设在观测区冻土深度 0.5m 以下，并且保证工作测点能和土层固结密实，这样可以使工作测点与地表保持一致移动。工作测点也应有适当的密度。为保证能以大致相同的精度来求得地表移动盆地的移动和变形值以及分布规律，工作测点一般都采用等间距布设。工作测点密度除和采深（表 6.1）有关以外，还取决于所设置观测站的目的。比如，测站的布设目的是为了较为准确地确定地表移动盆地边界或观测区的最大下沉点的位置，则可在地表移动盆地的边界附近或地表移动盆地的中心区域做适当的加密测点。在确定观测线上工作测点的位置时，还应在条件允许情况下考虑埋点和观测便利性。

表 6.1　测点密度表

开采深度/m	点间距离/m	开采深度/m	点间距离/m
<50	5	200～300	20
50～100	10	>300	25
100～200	15		

为保证观测精度，在观测线工作长度以外还需设置观测站的控制点。在观测站存在期间，应以控制点的空间位置（坐标 x、y、z）作为其他观测站数据的起算数据，故必须保证观测点布设的坚固性和稳定性。为保证观测资料的准确性，在必要时应定期对控制点的稳定性进行检测。当控制点的埋设在观测线的两端时，观测线的每一端应当埋设有不少于两个的控制点，如因地形、地物等其他条件限制而只能在观测线的一端埋设控制点时，应当埋设不少于三个的控制点。工作测点的外端点与控制点之间的距离及控制点之间的距离应为 50～100m。

观测站实地埋石采用混凝土灌注方法，在其周围附加布设具有点号标记的木桩。要求与地表牢固结合，且不受环境影响，便于观测高程和丈量距离。

3. 补连塔研究区布置

补连塔研究区 12406 工作面走向长度 3600m，倾向长度 300m，采深为 200m 左右，在走向方向可达充分采动，距开采边界 300～400m 处就会达到充分采动。12406 工作面观测站观测点布在充分采动区，即从距开切眼400m处开始布设，沿直线一直到工作面上方距开切眼500m处结束，总长为900m；为保证倾向方向变形观测效果，需把起始点设在离工作面外400m处，加上工作面长度300m，倾向观测线总长设计1100m。

根据上述设计，12406工作面走向观测线点间距为20m，总长为900m，共45个点，编号为B1～B45；倾向观测线总长为1100m，在未开采区及工作面上方点间距为20m，在已塌陷一侧点间距为30m，共45个点，编号为A1～A45。其中，走向B线与倾向A线相交于点A27（B40）。观测站点总数为99个点（如图6.1所示）。

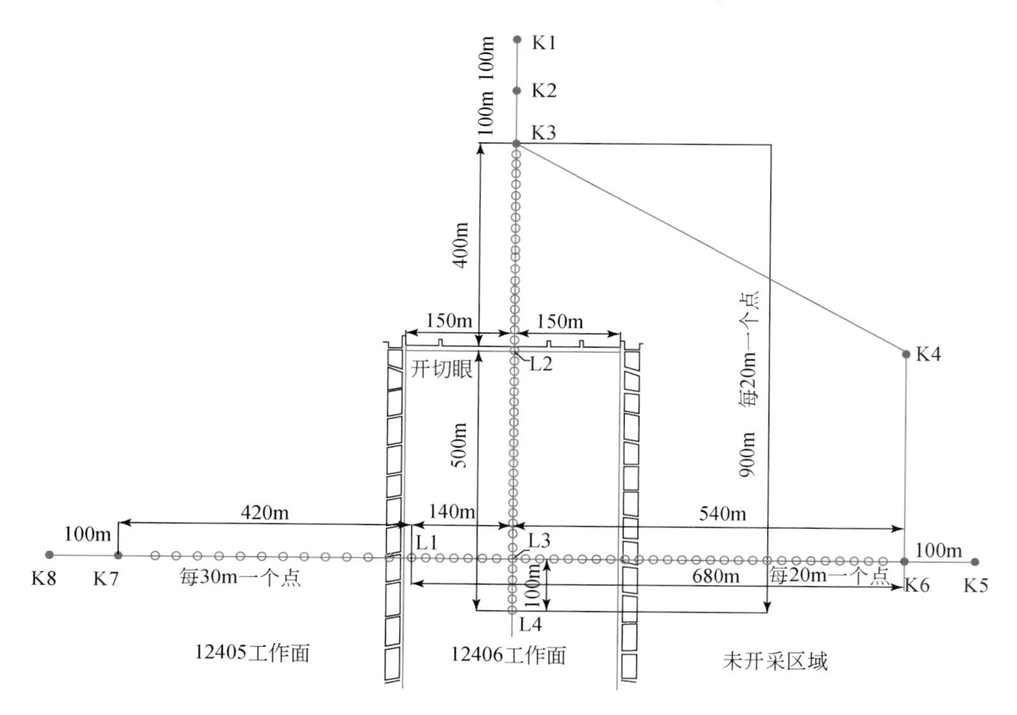

图6.1　补连塔12406工作面地表移动观测站示意图

6.1.2　地表移动观测方法

观测方案设计的技术依据包括：①1999年中国建筑工业出版社《城市测量规范》；②1993年国家技术监督局，中华人民共和国建设部联合颁布的《工程测量规范》；③《三、四等水准测量规程》(GD 128-97-91)；④《全球定位系统（GPS）测量规范》(GBT 18314-2001)；⑤中华人民共和国煤炭工业局2000年5月颁布的《建筑物、水体、铁路及主要井巷煤柱留设与压煤开采规程》(以下简称《三下采煤规程》)；⑥中国矿业大学开采损害及防护研究所研制开发《矿区沉陷预测预报系统》；⑦2000年煤炭工业管理局制定的《煤矿测量规程》。

观测站布设时的位置标定及开采过程中平面坐标的确定等地面控制测量采用的GPS测量仪器是华测X93，可进行静态和动态定位。配备适应各类复杂外业工作的全套数据处理专业软件。在与矿区控制网进行联测和全面观测时，采用快速静态定位测量的方法，利用快速整周模糊度的解算原理进行 GPS 静态定位测量，水平精度达到±5mm+0.5ppm。沉降观测测量采用索佳 B20 光学水准仪，采用水准支线往返测量四等水准测量，测量误差小于 5mm。

1. 连接测量

埋石工作应在观测站设计提交后的第二周开始，埋点时间在 1 周内完成。当观测点埋好 10 ~ 15 天、点位固结之后，且在观测站区域被采动之前，为确定观测站和开采工作面之间相互的位置关系，首先应在观测站的某一个控制点开始和矿区的控制网之间进行一次测量，由此来确定该控制点的平面位置及高程值。然后再根据这个控制点来测定其他控制点及测点的平面位置。

连接测量的精度按照定向基点测量精度（点位误差小于 7mm）的要求进行测量。高程联测就是在矿区水准点到观测站附近水准点之间进行的水准测量，再由水准点测定观测站控制点的高程。高程联测的精度应以不低于三等水准测量精度的要求进行观测。

2. 首次观测与末次观测

为能准确地确定工作测点在地表移动开始前的空间位置，需在连测后、地表开始移动之前进行独立的两次全面观测，两次全面观测时间的间隔不应超过 5 天，高程应以不低于三等水准测量的精度进行测量，同一点坐标、高程差小于 10mm，坐标应以不低于一级导线的精度进行测量，取平均值作为观测站的原始观测（又称初次观测）数据。

为确定地表移动稳定后地表各点的空间位置，需在地表稳定后进行最后一次全面观测（又称末次观测），地表移动稳定的标志是：连续 6 个月观测地表各点的累计下沉值均小于 30mm。

采动影响前及移动稳定后的初次全面观测和末次全面观测，按下列具体要求进行：

在确认观测站控制点未遭碰动且高程值未变化的条件下，可直接从观测站控制点开始进行水准测量。若观测线两端均无控制点，则水准测量应附合到两端控制点上。若只在观测线的一端有控制点，则需进行往返水准测量。施测精度应按四等水准测量精度的要求进行。

观测站全面观测内容包括平面坐标、点间距及高程测量，平面坐标和点间距采用全站仪进行观测，观测工作按照《煤矿测量规范》中的精度要求进行，坐标和高程都应由测区附近的二等水准点进行导入，全面观测选用平面一级导线和三等水准精度进行测量。高程取前两次观测数据的平均值作为首次观测数据，坐标和点间距主要采用第二次观测数据作为首次观测数据。

3. 中间观测

所谓中间观测工作，是指首次和末次全面观测之间进行适当增加的水准测量工作，当未判定地表是否已开始移动，在回采工作面推进一定距离（相当于 0.2 ~ 0.5 平均开采深度 H_0）后，在预计可能首先移动的地区，选择几个工作测点，每隔几天进行一次水准测量（又称预测或巡视测量），如发现测点有下沉的趋势，即说明地表已经开始移动。在移动过程中，要进行中间观测工作，即重复进行水准测量。重复水准测量的时间间隔，视地表下沉的速度而定，由于该矿区工作面推进速度较快，每天约 13m，当开采影响地面观测站时，进行加密测量观测站高程，每 6 ~ 8 天加密观测水准一次。

采动过程中的水准测量，可用单程的附合水准或水准支线的往返测量，精度按照四等水准测量进行。

在采动过程中，不仅要及时记录和描述地表出现的裂缝、塌陷的形态和时间，还要记载每次观测时的相应工作面位置、实际采出厚度、工作面推进速度、顶板陷落情况、煤层产状、地质构造、水文条件等有关情况。

观测站的各项观测，对于单一工作面的观测工作，全面观测正常进行六次，其中首末各两次，中间三次，即工作面开采到观测线长度 1/3、2/3、全部时。为保证所获观测资料的准确性，每次观测应在尽量短的时间内完成，特别在移动活跃阶段，水准测量必须在一天内完成，并力争做到高程测量和平面测量同时进行，施测按四等水准测量的精度要求进行。

全程观测站观测程序见表 6. 2 所示。

表 6. 2　观测站观测程序表

观测时间	观测内容	观测要求
设站后 10 ~ 15 天	与矿区控制网联测	矿区联测使用 GPS D 级网布设；水准观测采用三等水准。
采动影响前	全面观测、预测	两次全面观测间隔不应超过 5 天，在限差范围内取均值作为起算数据
地表移动活跃期	全面观测、加密水准测量	在开采到观测线长 1/3、2/3、全部时进行全面观测；每 6 ~ 8 天加密测量一次水准，共测量 10 次
地表移动衰退期	水准测量	每 2 月观测一次，共观测 2 次
地表移动稳定后	全面观测	最后一次测量

6. 1. 3　地表移动观测数据处理

1. 观测数据说明

补连塔 12406 工作面观测站示意图已在前面提到，走向观测线是 B 线，编号由工作面采掘方向编排，由 B1 到 B45，观测点间距 20m，开切眼位于 B20。从 2011 年 4 月 23 日进行第一次全面观测开始，对走向观测线地表沉降进行 11 次观测，对水平位移进行 6 次全面观测。观测与数据处理均按设计进行，实测中会有一些误差出现，在处理时对误差较大的数据予以剔除。各次观测时间和工作面对应位置如图 6. 2a、b 所示。

2. 地表移动变形量计算

每次实地观测结束后，需对观测成果进行检查，使其符合《煤矿测量规程》的有关规定，然后需对观测成果进行各种改正数的计算和平差计算，以保证观测成果的正确性与可靠性。而后需计算观测站各测点的移动和变形量，各测点的移动与各测点间的变形计算主要包括：各测点的下沉值和水平移动值、两相邻测点之间的倾斜值和水平变形值、相邻两线段（或相邻三点）的曲率变形值、观测点的下沉速度等。测点某时刻的下沉值，由该

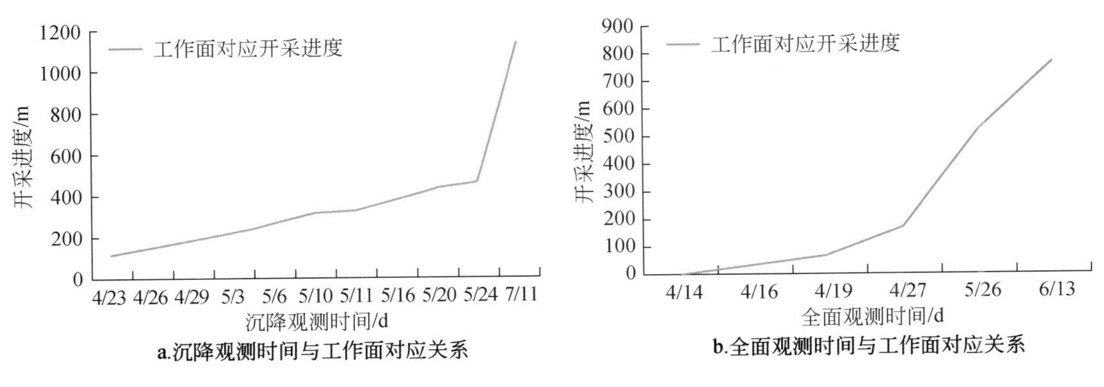

图6.2　补连塔研究区地表观测时间与工作面对应关系

时刻该测点的高程与采前首次测点高程之差计算得到；测点某时刻的水平移动值，由该时刻测点坐标与采前测点坐标之差经矢量分析后得到；相邻两测点间的倾斜和水平变形值，分别由该相邻两测点的下沉之差和水平移动之差与该两测点间的水平距离之比计算得到，计算两测点之间的水平变形值时，需注意考虑测点的水平移动方向的问题；相邻两线段之间的曲率变形值，通过该两相邻线段的倾斜之差与两线段的平均水平距离之比计算得到；测点的下沉速度，通过测点前、后两次观测的下沉值与两次观测的间隔天数之比计算得到。

沿主断面方向上的移动和变形量的正负号规定为：指向上山和走向方向的水平移动、倾向上山方向和走向方向的倾斜、上凸的曲率、拉伸变形为正号；其余的移动和变形量为负号。在作移动、变形曲线时，一般具有正号的量从水平轴（即地表水平线）上向上量取，具有负号的量向下量取。根据观测值进行移动和变形计算，计算数值取位参考表6.3。

表6.3　地表移动、变形值取位表

名称	下沉 W/mm	水平移动 U/mm	倾斜 i/(mm/m)	曲率 K/(mm/m^2)	水平变形 ε/(mm/m)	下沉速度 V/(mm/d)
取位	1	1	0.1	0.01	0.1	0.1

3. 观测数据计算方法

1）走向地表下沉变形

在开采沉陷引起的地表变形中，最为直观的就是采空区上方形成下沉盆地。地表移动向量的垂直分量即为下沉，用地表某一点的首次观测标高和末次观测标高的高差来表示，如公式（6.1）所示：

$$W_n = h_{n0} - h_{nm} \tag{6.1}$$

式中，W_n表示地表某点n的下沉，mm；h_{n0}、h_{nm}分别表示地表某点n首次和m次观测的高程，mm。

下沉值正负号的规定：正值表示测点下沉，负值表示测点上升。

2）走向地表水平移动

地表下沉盆地中某一点沿某一水平方向的位移称作水平移动，用 U 表示。水平移动即用地表的某一点 n 的第 m 次测得的值与首次观测测得的从该点到控制点的水平距离之差表示，如公式（6.2）所示：

$$U_n = L_{nm} - L_{n0} \tag{6.2}$$

式中，U_n表示某点 n 的水平移动，mm；L_{n0}、L_{nm}分别表示首次观测和第 m 次观测时的地表某点 n 至观测线控制点 R 之间的水平距离，mm。

3）走向地表水平变形

水平变形指的是相邻两点的水平移动之差和两点间的水平距离之间的比值，一般用 ε 表示。水平变形用来表示相邻两测点间线段的单位长度的拉伸或者压缩。如公式（6.3）：

$$\varepsilon_{m-n} = \frac{u_n - u_m}{l_{m-n}} = \frac{\Delta u_{n-m}}{l_{m-n}} \tag{6.3}$$

式中，u_m、u_n分别表示 m、n 点的水平移动，mm；l_{m-n}表示点 m、n 的水平距离，m；ε_{m-n}表示点 m、n 的水平变形，mm/m。

4）地表倾斜变形

地表倾斜变形指的是相邻两点在竖直方向上的相对移动量（下沉差）和相应的水平距离的比值，倾斜反映了地表移动盆地沿某一方向上的坡度，通常用 i 表示。在走向断面上，指向右侧方向的为正，指向左侧方向的为负。如公式（6.4）：

$$i_{m-n} = \frac{w_n - w_m}{l_{m-n}} = \frac{\Delta w_{n-m}}{l_{m-n}} \tag{6.4}$$

式中，i_{m-n}表示的是 m、n 两点的倾斜变形，mm/m；l_{m-n}表示的是地表 m、n 两点之间的水平距离，m；w_m、w_n分别表示的是地表 m、n 点的下沉值，mm。

5）走向地表曲率变形

曲率变形指的是两相邻线段的倾斜差与两线段中点间的水平距离之间的比值，曲率反映了观测线在断面上的弯曲程度。通常用 k 表示，如公式（6.5）：

$$k_{m-n-p} = \frac{i_{n-p} - i_{m-n}}{(l_{m-n} + l_{n-p})/2} \tag{6.5}$$

式中，i_{m-n}、i_{n-p}分别表示的是地表 $m-n$ 和 $n-p$ 点间的平均斜率，mm/m；l_{m-n}、l_{n-p}分别表示的是地表 $m-n$ 和 $n-p$ 点间的水平距离，m；k_{m-n-p}表示的是线段 $m-n$ 和线段 $n-p$ 的平均曲率，mm/m^2。

6.2　现代煤炭开采对地表移动变形规律影响分析

当前国内矿山开采沉陷的主要研究方法有很多，如弹塑性连续介质法、随机介质理论-概率积分法、统计类比法（影响函数法、剖面函数法、典型曲线法）、损伤力学法、三维地形可视化法、相似材料法、数值模拟法（有限差分、有限元、离散元、边界元）、神经网络法和白、黑、灰箱法等。其中影响函数法、实际观测法等属于维象研究范畴；相似材料模拟法属于实验研究范畴；弹塑性连续介质法、统计类比法、损伤力学法、数值模拟法、三维地形可视化法、神经网络法和灰黑箱法等属于理论研究范畴。然而，利用有限元数值模拟等理论研究，虽然计算过程严密，速度快、不受现场条件制约，但对于非线性、大变形、非连续介质方面，在岩体物理属性参数的选择上存在困难，特别是给定初始条件的偏颇，结果往往具有一定的局限性，且神东矿区特定的风积沙等松散层的存在，也会对其造成一定影响。因此本研究根据实测数据进行地表移动规律影响分析。

6.2.1　基于实测的地表移动变形规律

补连塔 12406 工作面地表移动变形规律如下。

1. 走向地表移动变形规律

走向观测线下沉变化如图 6.3 所示，截至 2011 年 7 月 11 号，12406 工作面共推进 1144.5m，在工作面开采线正上方附近地表下沉尚未达到稳定。由图 6.3 可知，从工作面开切眼到距离工作面 300m，即在 B20 到 B35 的范围内，2011 年 5 月 24 号与 2011 年 7 月 11 号观测的地表下沉曲线基本重合一致，这表明在开切眼处的地表下沉已基本达到稳定，同时从 2011 年 5 月 24 号观测数据可知，观测线中部已出现平底，所以走向观测线上在该矿区特定采矿地质条件下所达到的地表最大下沉值可由 2011 年 7 月 11 号的观测数据进行确定。实测地表最大下沉值为 2446.67mm。

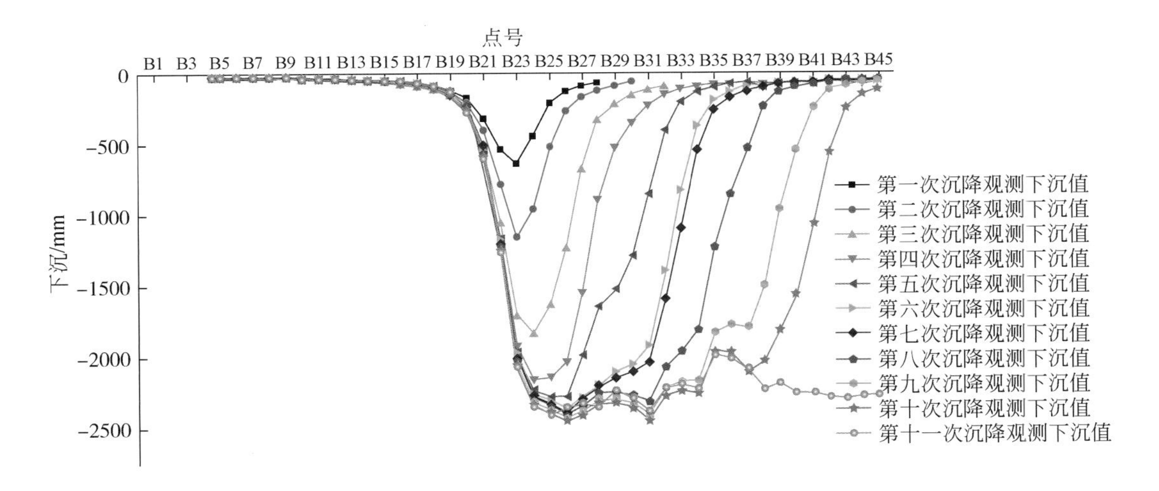

图 6.3　走向观测线地表下沉曲线

走向观测线水平移动变化如图 6.4 所示，表明正向水平移动整体大于负向水平移动，即水平移动方向基本朝向采空区一侧，影响范围不仅从切眼位置开始，而是在距切眼 300 多米的煤柱处就发生水平变形。最大正水平移动位置在工作面推进方向上距开切眼 40m 处，最大负水平移动发生在距开切眼 100m 处，向工作面推进方向的水平移动整体大于向切眼方向的水平移动，且水平移动接近开切眼位置。

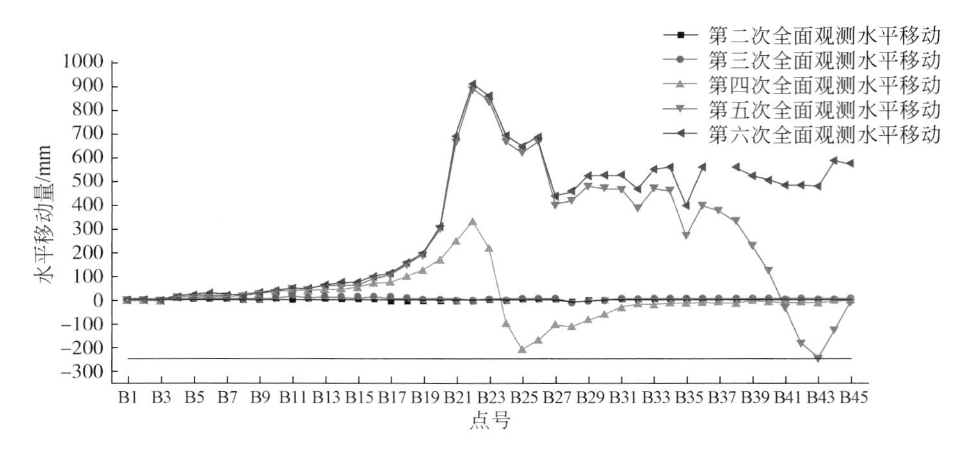

图 6.4　走向观测线地表水平移动曲线

走向观测线水平变形如图 6.5 所示，显示水平变形基本较小，最大正水平变形左侧在切眼 B20 处，最大负水平变形在距切眼 60m 的 B23 处，在切眼处主要是拉伸变形而在 B23 处主要是压缩变形。右侧最大正水平变形在 B37 处，最大负水平变形在 B36 处，两点 20m 的距离较切眼位置拉伸压缩范围要小些。表明水平变形主要发生在开切眼附近及工作面推进一侧，而在煤柱方向上水平变形较小。

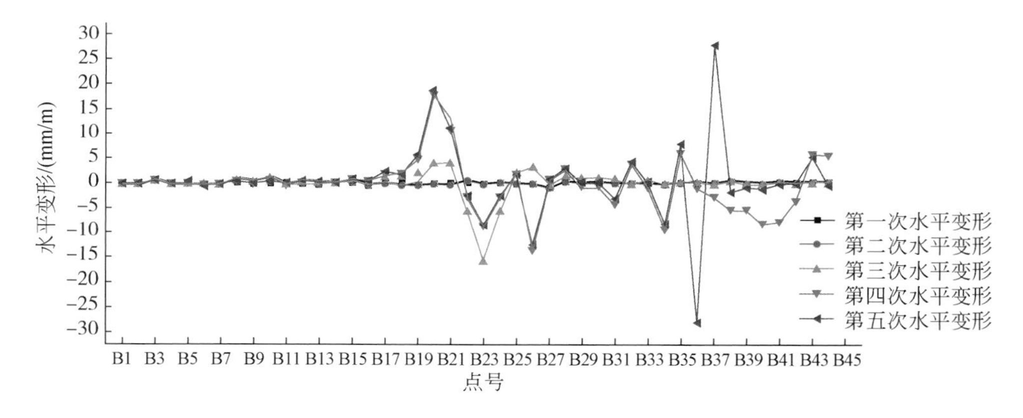

图 6.5　走向观测线地表水平变形曲线

走向观测线倾斜变形曲线如图 6.6 所示，显示最早发生倾斜变形的位置是开切眼处且逐渐增大，并向煤柱一侧倾斜。而最大正倾斜发生在距切眼 140m 处的 B27 点，最大负倾斜发生在距切眼 60m 处的 B23 点。由图可知在切眼附近易生成塌陷台阶，实地观测发现切眼附近塌陷台阶也较明显。

走向观测线曲率变形如图 6.7 所示，显示出曲率的变化不是很大。曲率变化集中在开切眼附近 60m 范围，最大正曲率变形发生在距开切眼 60m 处的 B23 点，最大负曲率变形发生在离开切眼 140m 处的 B27 点。

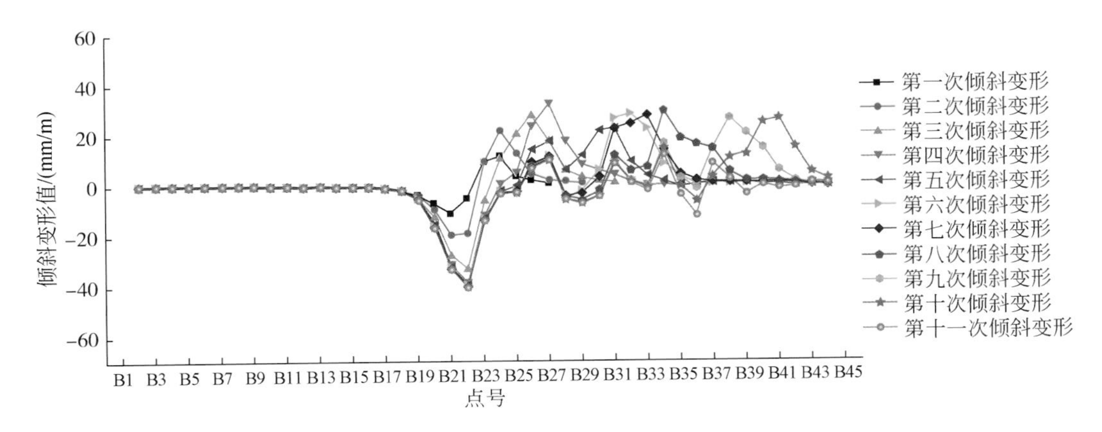

图6.6　走向观测线地表倾斜变形曲线

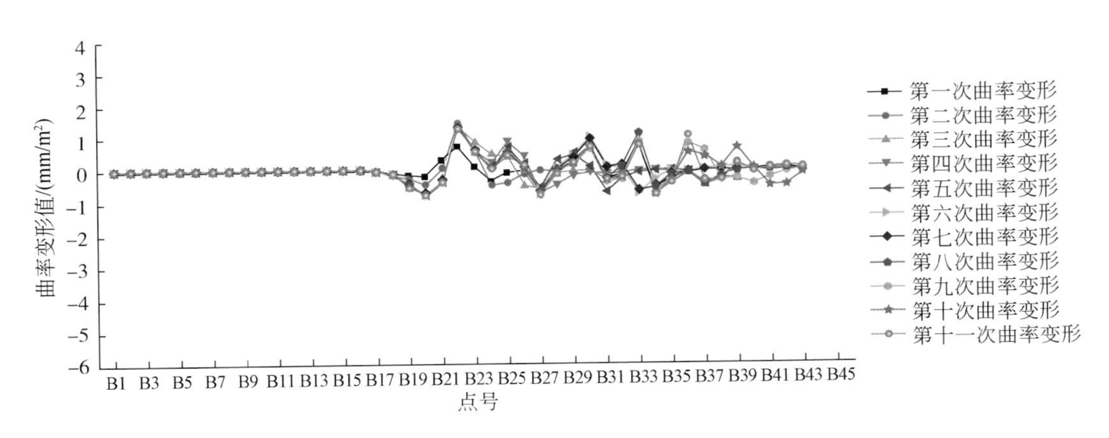

图6.7　走向观测线地表曲率变形曲线

2. 倾向走向地表移动规律

随着工作面的不断推进，走向观测线发生一系列的地表移动变形。由于倾向线不在开切眼附近，故倾向观测线的变化是在工作面推进至倾向观测线附近才开始发生移动变形。倾向观测线与走向观测线相交于B40点（倾向观测线A27点）。

下沉曲线如图6.8所示，显示倾向方向上基本在第八次观测时才出现较为明显的沉降。A27点和A28点位于走向观测线的平底部，可知地表沿倾向线的下沉已经基本稳定。倾向观测线上地表最大下沉点为A28点，下沉值为2319.67mm。A28点位于工作面内侧偏向下山方向一侧的山坡上，再加上该侧12405工作面老采空区的影响，所以与走向观测线上同一平行位置的最大下沉值相比较大，而在上山方向上的未采区下沉情况变化较为规律，没有下山方向上明显的二次下沉量，说明地表二次扰动会加大下沉量。

倾向观测线水平移动变化如图6.9所示，显示出倾向观测线上最大下沉点位于工作面下山方向一侧，最大水平位移点X方向上是朝向工作面开采方向的，而Y方向上则是朝向12405工作面老采区位移，因靠近12405老采区一侧已经历过一次沉降，在12406工作面

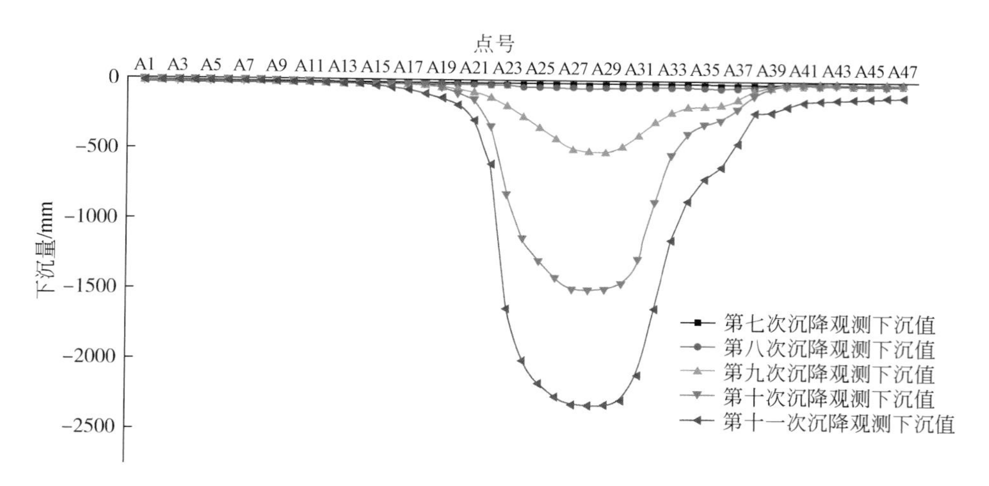

图 6.8　倾向观测线地表下沉曲线

开采时地沉降量相对减少，但整体下沉值仍大于未采区，水平移动也较新采区变化复杂。水平移动范围基本在工作面正上方 240m 左右范围内，变化较明显，上山方向地表位移和下山方向水平位移都指向工作面中心，即工作面倾向方向上出现地表两侧向中心移动的趋势。

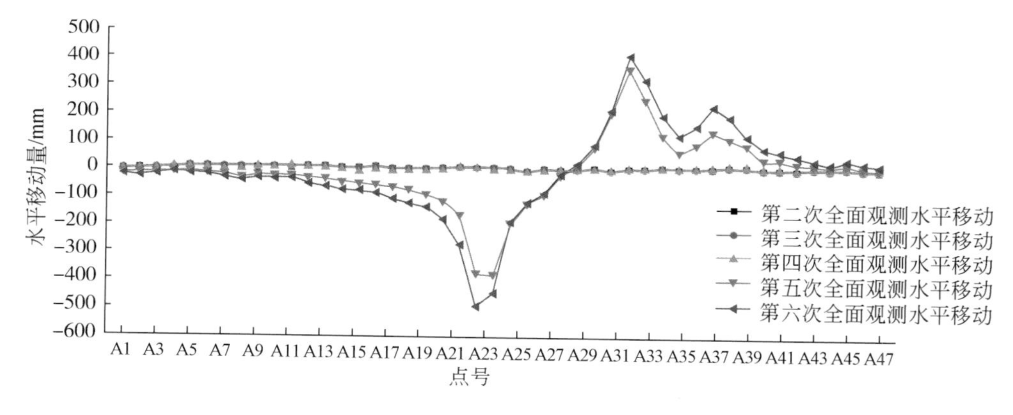

图 6.9　倾向观测线地表水平移动曲线

倾向观测线水平变形如图 6.10 所示，显示上山方向上最大正水平变形发生在 A23 点，最大负水平变形发生在 A21 点。下山方向上最大正水平变形发生在 A31 点，最大负水平变形发生在 A33 点，地表拉伸压缩区域在工作面上方 240m 左右范围内影响较大。正负最大水平变形均发生在上山方向，即倾向方向上水平变形未采区一侧大于老采区一侧。由此说明新采动的区域水平变形要大于已采的老采区水平变形。

倾向观测线倾斜变形曲线如图 6.11 所示，显示出最大倾斜变形在上山方向上发生在 A22 点，下山方向上发生在 A32 点。而且上山方向的倾斜变形大于下山方向的倾斜变形。基本以倾向方向中心 A27 点为中心对称变化，并向中心发生倾向变形。而且倾斜变形也是新采动的区域倾斜变形大于老采区的倾斜变形。

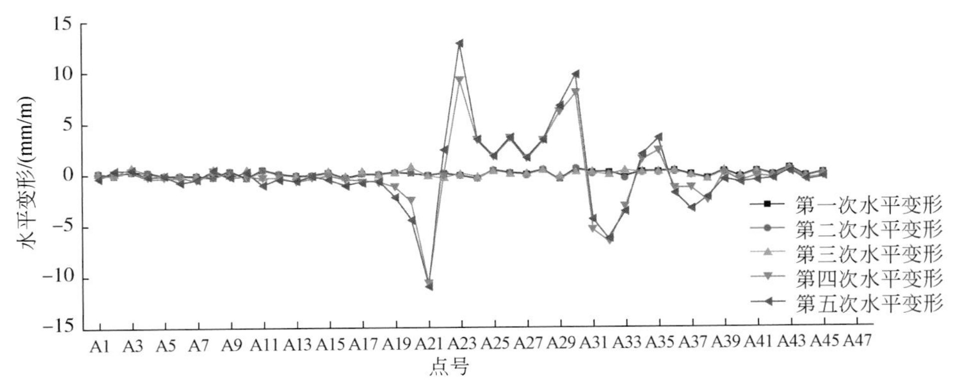

图6.10　倾向观测线地表水平变形曲线

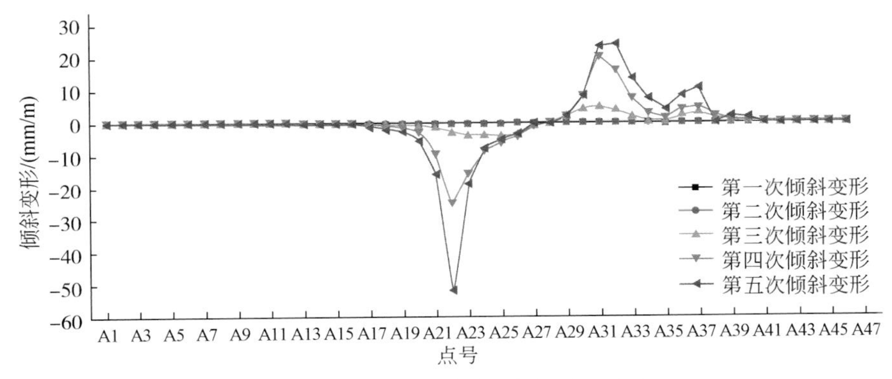

图6.11　倾向观测线地表倾斜变形曲线

倾向观测线曲率变形如图6.12所示，显示出上山方向上最大正曲率变形位置在A23点，最大负曲率变形位置在A21点，下山方向上最大正曲率变形在A30点附近，最大负曲率变形在A32点附近。曲率变形中老采区一侧要比未采区一侧变化更靠近工作面中心位置。最大正、负曲率变形上山方向都要大于下山方向，说明新采动区域曲率变形要大于老采区一侧的曲率变形。

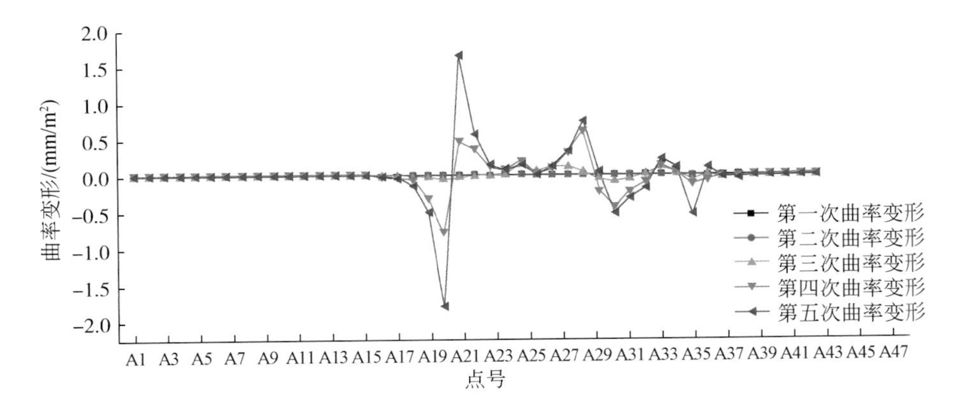

图6.12　倾向观测线地表曲率变形曲线

6.2.2　基于模型的地表移动变形参数求取

概率积分法预计模型在我国开采沉陷应用中是最普遍的，其预计精度较高，使用方便。该方法是将采动覆岩体视作随机介质，岩体移动视作服从概率统计的随机事件，整个开采过程分解成无数小的开采单元，开采单元所引起的地表移动变形结果相叠加，逼近整个开采对地面所产生的影响，该方法是我国广泛应用且较为成熟的沉陷预计方法。其中，在确定地表移动参数时，我们常根据概率积分法中预计参数的定义和实测资料进行求取，但所获得的参数具有一定的局限性，因此，选取合适的实测数据并结合已知的概率积分法预计函数，利用非线性最小平方和拟合函数的方法对预计参数进行求取是有必要的。

1. 基于 Origin 拟合函数的参数求取方法

运用 Origin 软件中有效的用户自定义函数功能，结合概率积分法的理论公式对实测数据首先进行最佳拟合曲线原数据的选取，再利用用户自定义的功能加载概率积分函数，利用 Origin 软件中非线性最小平方和拟合函数的方法对预计参数进行求取较为适宜。

应用概率积分法在 Origin 软件中拟合的函数如下：

下沉：

$$W(x) = W_0 \cdot \sum \int_0^D \frac{1}{r}\exp\left(-\pi\frac{(x-s)^2}{r^2}\right)\mathrm{d}s \tag{6.6}$$

倾斜：

$$i(x) = \frac{W_0}{r} = \mathrm{e}^{-\pi\frac{x^2}{r^2}} \tag{6.7}$$

曲率：

$$k(x) = -\frac{2\pi W_0}{r^3}x\mathrm{e}^{-\pi\frac{x^2}{r^2}} \tag{6.8}$$

水平移动：

$$U(x) = bri(x) = bW_0 \cdot \mathrm{e}^{-\pi\frac{x^2}{r^2}} \tag{6.9}$$

式中，W_0为地表最大下沉值（充分采动）；D 为开采长度；s 为开采单元；r 为主要影响半径；b 为水平移动系数。

当开采为极不充分时，拟合函数公式如下：

下沉：

$$W(x) = W_m \cdot \exp\left[-\pi\frac{(x-L)^2}{r^2}\right] \tag{6.10}$$

倾斜：

$$i(x) = -2\pi W_m\frac{x-L}{r^2}\exp\left[-\pi\frac{(x-L)^2}{r^2}\right] \tag{6.11}$$

曲率：

$$k(x) = \frac{2\pi W_m}{r^2}\left[\frac{2\pi(x-L)^2}{r^2}-1\right] \cdot \exp\left(-\pi\frac{x-L}{r^2}\right) \tag{6.12}$$

水平移动：

$$U(x) = -2\pi b W_m \frac{x-L}{r} \exp\left[-\pi \frac{(x-L)^2}{r^2}\right] \tag{6.13}$$

式中，W_m为地表最大下沉值（极不充分采动）；L为地表下沉最大点距开采边界的距离；r为主要影响半径；b为水平移动系数。

可用如下公式确定地下矿体开采是否充分：

$$n_1 = K_1 \frac{D_1}{H_0}, \quad n_3 = K_3 \frac{D_3}{H_0} \tag{6.14}$$

在上式中，K_1、K_3均为小于1的系数，D_1、D_3为实际采空区倾向和走向上的长度，当n_1与n_3大于等于1时，说明达到充分采动，反之为非充分采动，一般取$K_1 = K_3 = 0.7$。

将补连塔12406工作面相关参数代入公式计算得n_1、n_3均大于1，即该工作面走向、倾向均达到充分采动。

在Origin软件中，应用用户自定义拟合函数。编写函数公式的对话框见图6.13。

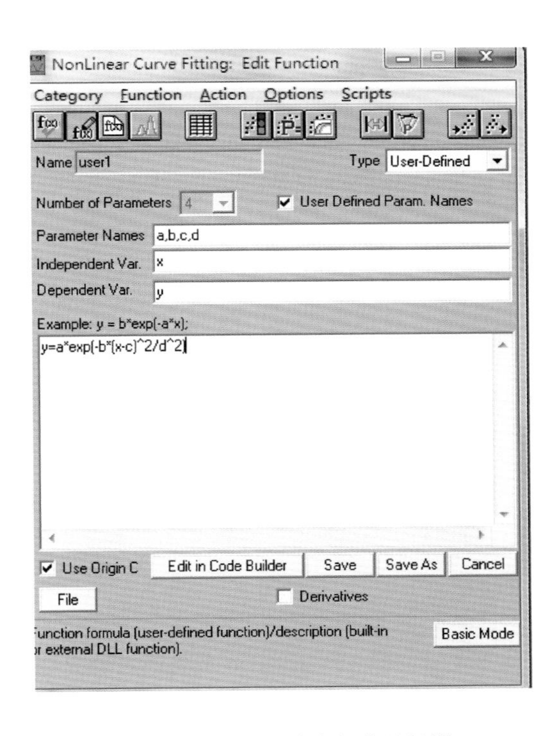

图6.13　非线性曲线拟合编辑器

2. 补连塔12406工作面地表移动曲线拟合及参数求取

在利用Origin软件进行拟合求参数时，选择合适的观测数据求得初始参数然后进行迭代求参数，即可得到12406工作面走向和倾向方向各移动变形曲线（图6.14、图6.15）。求取参数包括下沉系数q、主要影响半径及主要影响角正切$\tan\beta$、拐点偏移距S、水平移动系数b。

根据开采沉陷学中各个参数的定义，通过实测数据及实测数据的非线性曲线拟合可得补连塔矿 12406 工作面各概率积分预计参数（表6.4）。其中，下沉系数 q 指当达到充分采动时，最大下沉值 W 和采厚 m 在铅垂方向上投影长度的比值，上覆岩性越硬，下沉系数越小；下沉系数与深厚比成反比。研究表明，地表下沉速度与回采工作面的推进速度近似成比例，回采工作面推进速度越快，下沉盆地越平缓。

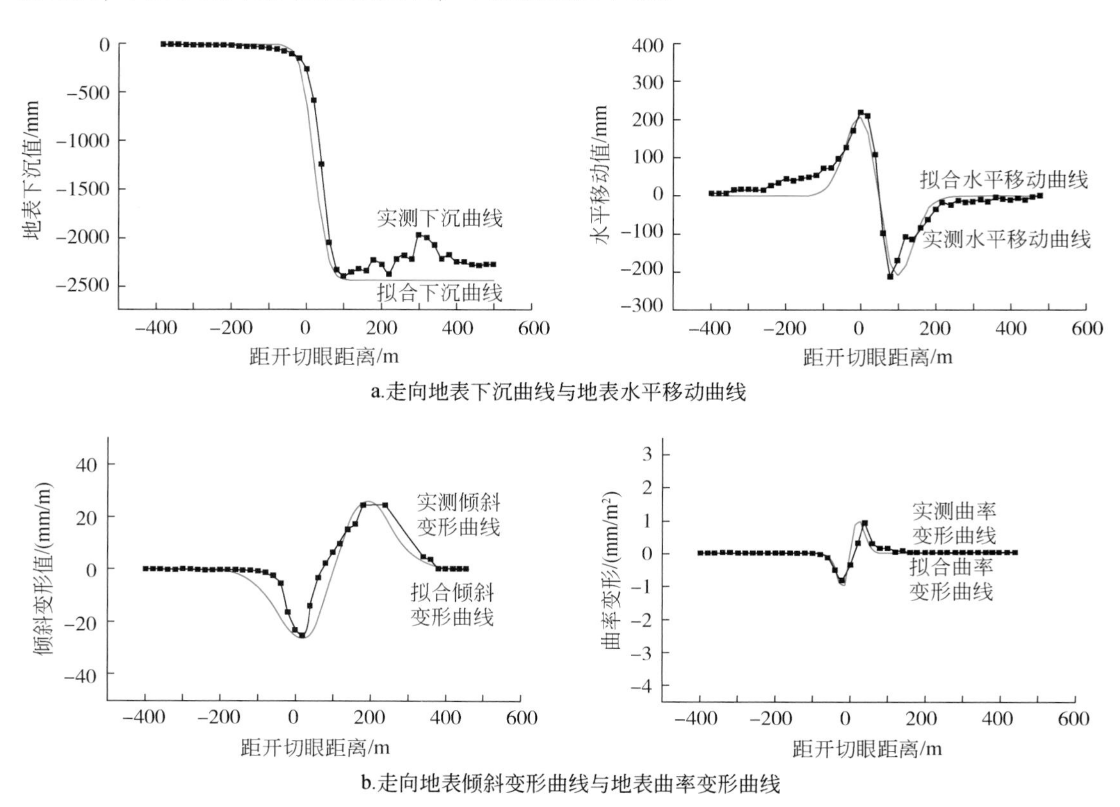

图 6.14 走向观测线拟合曲线

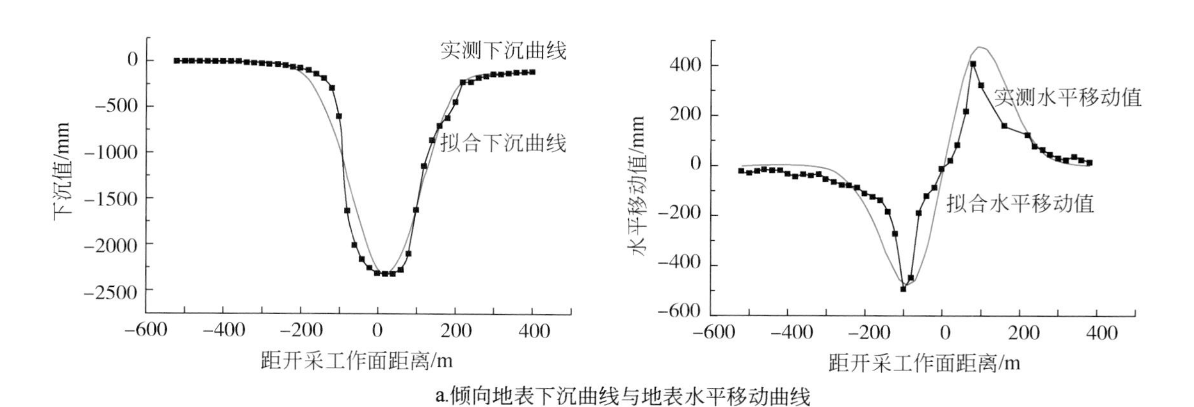

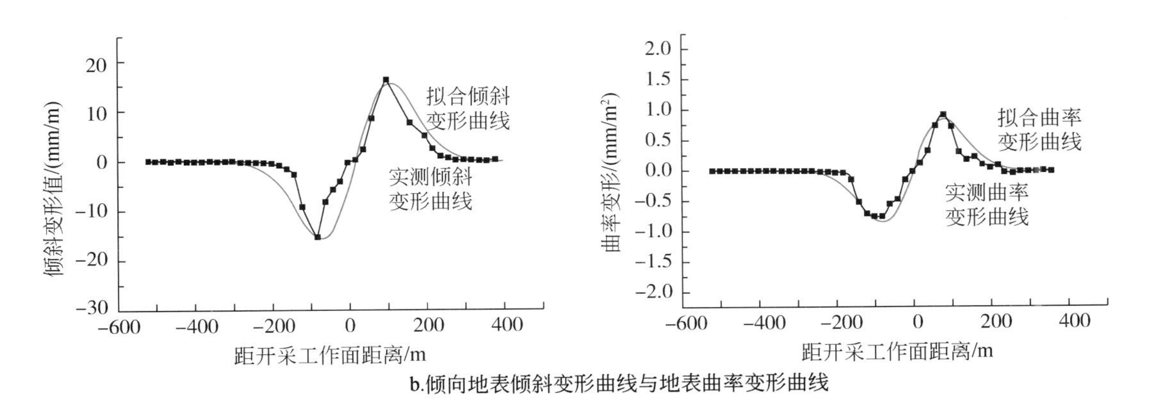

b.倾向地表倾斜变形曲线与地表曲率变形曲线

图6.15　倾向观测线拟合地表变形曲线图

表6.4　概率积分参数

下沉系数	水平移动系数	主要影响角正切值	拐点偏移距
0.55	0.26	2.51	40m

12406工作面沉陷预计结果与《三下采煤规程》的附表4.5中同类覆岩下沉系数0.55～0.85相比，12406工作面下沉系数相对较小，主要因为该工作面直接顶板岩性较硬、煤层埋深浅，上覆岩层易形成不稳定的砌体结构，暂时形成平衡结构，如果失稳将呈现基岩全厚、整体台阶式切落，这是一个自下而上的阻滞沉陷过程。开采速度较快也是造成工作面下沉系数偏小的因素之一。因此，在直接顶条件较好的情况下，做好适当的顶板支护，加快开采速度，可以减弱地表的下沉影响。

6.2.3　地表动态参数求取与分析

1. 地表角量参数求取

地表移动盆地的边界一般采用角量参数进行描述，主要包括充分采动角、最大下沉角、上下山边界角、移动角和裂缝角。其中，最大下沉角θ是在倾斜主断面上，由采空区中点与移动盆地的最大下沉点在基岩面上投影点的连线与水平线之间沿煤层的下山方向一侧夹角，θ值随煤层倾角的增大而减小；充分采动角ψ是充分采动条件下地表移动盆地在主断面上盆地平地边缘到地表水平线上的投影点与同侧采空区边界连线与煤层在采空区一侧的夹角；边界角是指地表移动盆地主断面上盆地边界点（下沉为10mm）到采空区边界的连线与水平线在煤柱一侧的夹角；移动角是指地表移动盆地主断面上三个临界变形中最外边界的一个临界变形值点至采空区边界的连线与水平线的夹角；裂缝角是指地表移动盆地的主断面上，移动盆地内最外侧的地表裂缝至采空区边界的连线与水平线在煤柱一侧的夹角。

根据以上各个角量参数定义，通过实测数据与拟合数据的综合量测，获得补连塔矿12406工作面的各角量参数如表6.5所示，由表可知，由于12406工作面下山方向与老采区 12405 工作面相邻，所以再次发生地表移动变形时，靠近下山方向上的边界角比较大，即发生下沉的范围较未开采的上山方向上范围较小；而发生的移动下山方向小于上山方向，即在下山方向上的老采区依然有移动的存在；裂缝角基本相同，下山方向的裂缝角略大于上山方向，即新采区的裂缝范围略大于已经产生过裂缝的老采区；充分采动角在充分开采的条件下由于近水平煤层所以相差不大。

表 6.5 地表移动角量参数

最大下沉角 θ	边界角		移动角		裂缝角		充分采动角	
83.9°	走向边界角 δ_0	55°	走向移动角 δ	76°	走向裂缝角 δ''	88°	下山充分采动角 ψ_1	50°
	上山边界角 γ_0	52°	上山移动角 γ	83°	上山裂缝角 γ''	88°	上山充分采动角 ψ_2	51°
	下山边界角 β_0	57°	下山移动角 β	84°	下山裂缝角 β''	89°		

2. 地表动态参数求取

地表动态参数是对地表下沉盆地移动变形变化过程的描述参数，主要包括启动距、超前影响角 ω、最大下沉速度滞后距 L 和滞后角 Φ。其中，启动距是地表开始移动时工作面的推进距离。以观测地表点的下沉值达到 10mm 为标准；超前影响角是确定采动过程中地表移动动态盆地影响范围的参数，将工作面前方地表下沉达到 10mm 的点与当时工作面连线，此连线与水平线在煤柱一侧的夹角称为超前影响角；随工作面的推进，地表最大下沉速度点和回采工作面之相对位置基本不变，最大下沉速度点也有规律地向前移动。最大下沉速度总是滞后于回采工作面一个固定距离，此固定距离称为最大下沉速度滞后距，这种现象称为最大下沉速度滞后现象。把地表最大下沉速度点与相应的回采工作面连线，此连线和煤层（水平线）在采空区一侧之夹角，称为最大下沉速度滞后角，用 Φ 表示。

根据上述定义，通过实测数据，可得各角量参数（表 6.6）。其中，启动距为 97m，与一般在初次采动时启动距约为 $1/4H_0 \sim 1/2H_0$（H_0为平均采深）相比，12406 工作面的启动距在已有研究范围内偏大，这也是实际开采深度与上覆岩层性质综合影响所决定的，所对应的超前影响角也偏小。

表 6.6 地表移动角量参数

启动距	超前影响角 ω	最大下沉速度滞后距 L	滞后角 Φ
97m	65°	77m	68°

6.2.4 动态参数对比分析

为分析方便，对几个处于不同位置和开采深度的 12406 工作面与相邻工作面比较。其中，补连塔矿 31401 工作面与补连塔 12406 工作面地质条件类似，还有大柳塔矿的 1203 工作面（表 6.7）。

表6.7　类似几个开采工作面主要参数比较　（单位：m）

工作面名称	走向长度	倾向长度	平均采高	平均埋深	煤层倾角
补连塔12406工作面	3600	300	4.5	200	1°～3°
补连塔31401工作面	4629	265.25	4.2	255	1°～3°
大柳塔1203工作面	938	150	4.03	54	20′

不同工作面的概率积分参数结果比较（表6.8）表明，浅埋深煤层开采条件下的下沉系数基本呈现较硬岩的性质；12406工作面的水平移动系数较大，水平移动系数随着开采深度的增加而呈减小的态势；初次采动的31401工作面的主要影响半径偏小，导致主要影响角正切偏大；采动程度及采深对拐点偏移距会有较大的影响，12406工作面拐点偏移距为0.21H和31401工作面的0.20H相似。

表6.8　类似条件矿区概率积分参数比较

工作面	下沉系数	水平移动系数	主要影响角正切值	拐点偏移距/m
补连塔12406工作面	0.55	0.26	2.51	40
补连塔31401工作面	0.55	0.127	3.4	28.89
大柳塔1203工作面	0.59	0.29	2.65	20.4

地表角量参数对比情况如表6.9所示，显示12406工作面的地表移动角量中，最大下沉角比1203工作面的要小，由开采沉陷学可知，最大下沉角是随着煤层倾角的增大而减小的。1203工作面基本属于水平煤层开采，而补连塔12406工作面是近水平煤层开采，所以最大下沉角略小于1203工作面的最大下沉角；补连塔12406工作面的边界角也小于1203工作面，说明12406工作面下沉10mm的点较1203的范围要大，即影响范围大于1203工作面；12406工作面的移动角大于1203工作面，造成12406工作面本身移动角在上下山方向上的差异是由于12406工作面上山方向上为未采区，而下山方向上紧邻老采区，由移动角的差异可以得出12406工作面地表移动盆地在倾向上整体要略小于1203工作面；12406工作面的裂缝角整体大于1203工作面，说明12406工作面的裂缝范围小于1203工作面的裂缝范围，即12406工作面的裂缝更加靠近工作面上方，12406工作面本身裂缝角也由于下山方向上靠近老采区，所以下山方向上的裂缝范围要比上山方向上略为收缩；12406工作面充分采动角略小于1203工作面，是由于两者煤层基本都为水平煤层，故相差不大，而12406工作面开采长度和开采深度都比1203工作面大，最大下沉也要大于1203工作面，所以充分采动角小于1203工作面。

表6.9　类似条件矿区地表角量参数比较

开采工作面	最大下沉角	边界角		移动角		裂缝角		充分采动角	
补连塔12406工作面	83.9°	上山方向	52°	上山方向	83°	上山方向	88°	上山方向	51°
		下山方向	57°	下山方向	84°	下山方向	89°	下山方向	50°

续表

开采工作面	最大下沉角	边界角		移动角		裂缝角		充分采动角	
大柳塔 1203 工作面	89.77°	上山方向	68°	上山方向	71°	上山方向	72°	上山方向	56°
		下山方向	64°	下山方向	67°	下山方向	74°	下山方向	53°

上述分析表明，12406 工作面的地表移动形态影响范围除整体边界范围大于 1203 工作面外，地表移动范围和裂缝范围都呈现向工作面内部收缩态势，整体分析两个相似矿区地表移动范围较其他地区地表移动盆地范围都较为收缩，这也是该风沙地区地表移动盆地的一个特点。

6.3 开采沉陷地表破坏预测分析

沉陷预计采用国内比较成熟的概率积分法预计模型，应用中国矿业大学研制的 MSPS 开采沉陷分析系统，利用实测数据拟合求得的沉陷预计参数对 12406 开采工作面进行沉陷预计。MSPS 是基于 AutoCAD 的 VBA 二次开发平台软件，可实现开采沉陷动态预计和稳态预计。做动态预计时需注意时间的真实性，预计时间较长时应注意开采速度，分阶段进行预计可使结果更加接近实际情况。

6.3.1 基于参数的地表沉陷预测分析比较

为比较地表沉陷预测分析效果，将基于概率积分法模型的地表移动参数预计结果与实测结果比较。

图 6.16 显示 12406 工作面推进至 117m、462m 和 1133m 时三次观测及最终稳沉盆地动态预计结果。这些观测节点主要基于对地表移动盆地明显变化过程的考虑。结果表明，预测值与实测值有一定差别，但误差较小，基本符合实测数据，最终状态没有实测值，但由前文分析可知下沉盆地处于充分开采后最大值基本不变，只是在工作面推进方向上延伸。

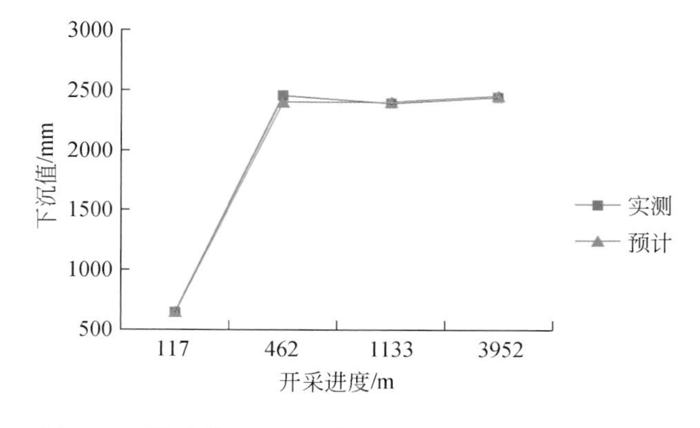

图 6.16 补连塔 12406 工作面沉陷预测与实测数据比较

研究表明，在神东矿区浅埋藏煤层现代开采条件下，采用概率积分法获得的地表沉陷预测与实际观测参数基本接近，可作为煤炭现代开采沉陷的预测方法依据。

6.3.2　基于 Suffer 的开采沉降区三维动态模拟分析

模拟分析根据概率积分法得出的预计参数在 MSPS 沉陷预计软件中得出的下沉预计结果为模拟成图基础数据，再采用 Surfer（Golden Software Surfer8.0）软件对补连塔 12406 工作面进行模拟成图。由于地表观测站测得的数据仅为两条走向、倾向上的点沉降情况，不能直观表征地表移动盆地的变化情况。因此，将所得坐标信息由 Surfer 软件生成格网信息，从而生成三维地表移动盆地图、等值线图、地表点矢量移动图。其中，根据 12406 工作面预计坐标数据特点并多次试用其他方法后最终选择径向基本函数法（Radial Basis Function）。三次动态预计数据分析（第一次、第十次和第十一次）得到的三期结果如图 6.17 所示。显示从上图中可以基本看出地表移动盆地的变化规律，在第一次观测时地表移动盆地未达到最大下沉，呈现沉陷盆形态，第十次观测时地表移动盆地基本达到最大下沉，开始在开采方向下延伸，第十一次观测时，地表移动盆地的最大下沉值已经形成，呈现出地表移动盆地的盆底，并向开采方向延伸基本形成了下沉盆地的最终形态形式。最终形成的盆地等值线图和三维地表移动盆地如图 6.18 所示。

6.3.3　地表变形区自修复能力分析

从补连塔 12406 工作面地表移动规律、地裂缝发育规律可知，采煤塌陷导致区域内原始地貌发生变化，随着开采进度的不断增大，采空区塌陷形成的下沉盆地也不断扩展。工作面开采边界至中心位置下沉量不一，盆地中心最大下沉值可达 2600mm，下沉系数为 0.55，对于超大工作面开采（工作面长度 300m），走向与倾向均能达到充分采动，下沉盆地内部存在连续的盆底，呈现出均匀沉降的现象，工作面上下山外边界的下沉区域也较平缓，开采引起的附加坡度<0.6，也可视为均匀沉降区；而地裂缝的调查结果显示，下沉盆地内部所产生的动态地裂缝的发育周期约为 18 天，在开采进度超前于地裂缝初始位置的平均距离大于 230m 时，该处的地裂缝将闭合，在工作面完全停采后，动态裂缝的地面表征基本消失，下沉盆地的盆底区域的地形地貌与原始形态基本一致，具备良好的自修复能力；而盆底到工作面开采边界区域地表存在附加坡度，在开采边界范围内，边界裂缝留存地表的时间会很长，自修复能力较差，需辅助人工治理。12406 工作面停采后，下沉盆地的最终形态如图 6.19 所示。

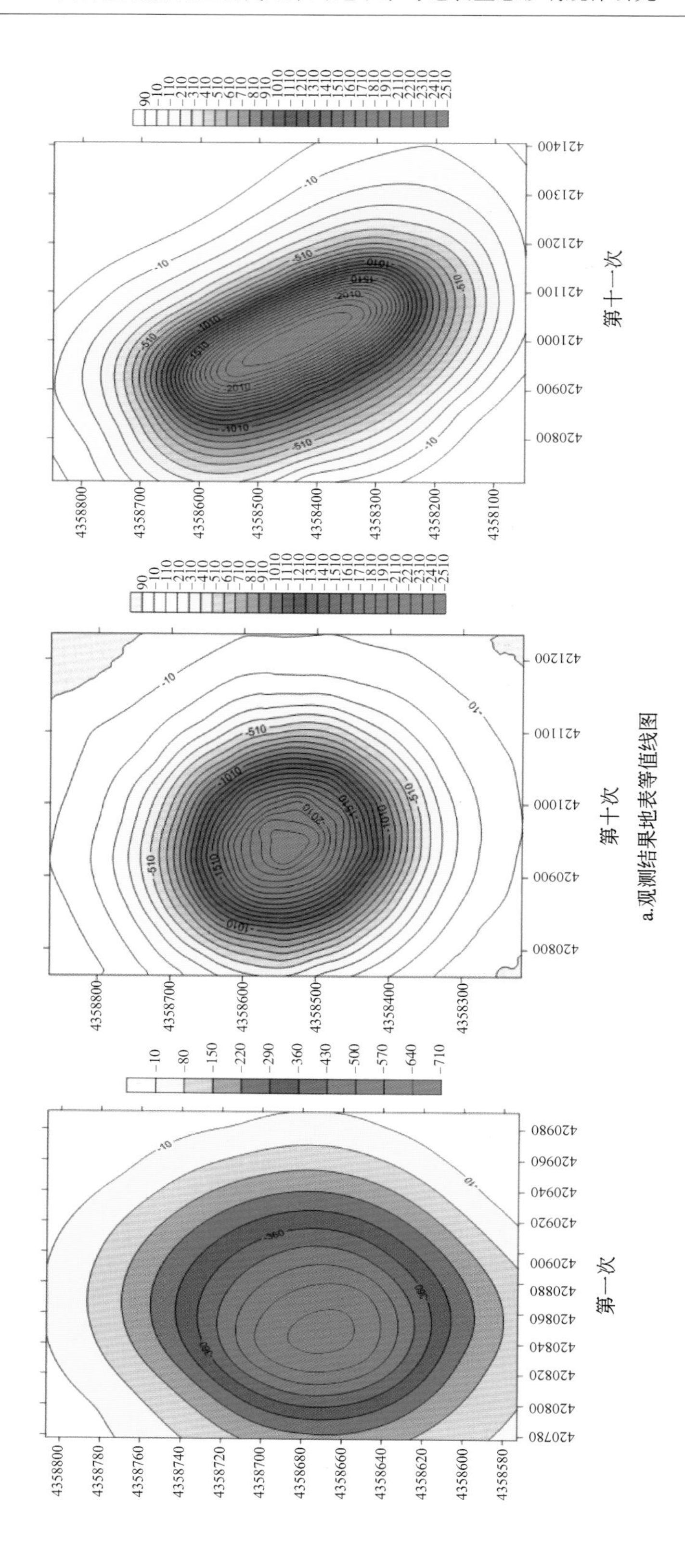

a.观测结果地表等值线图

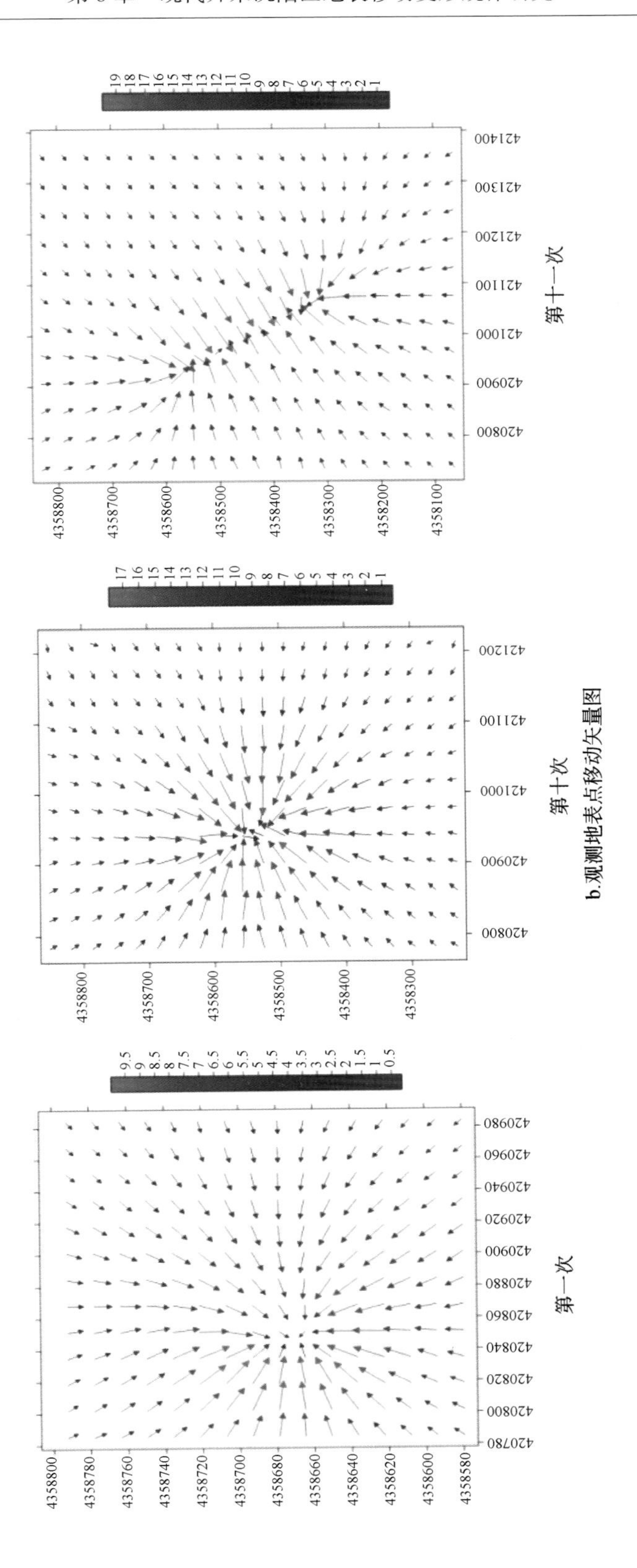

b.观测地表点移动矢量图

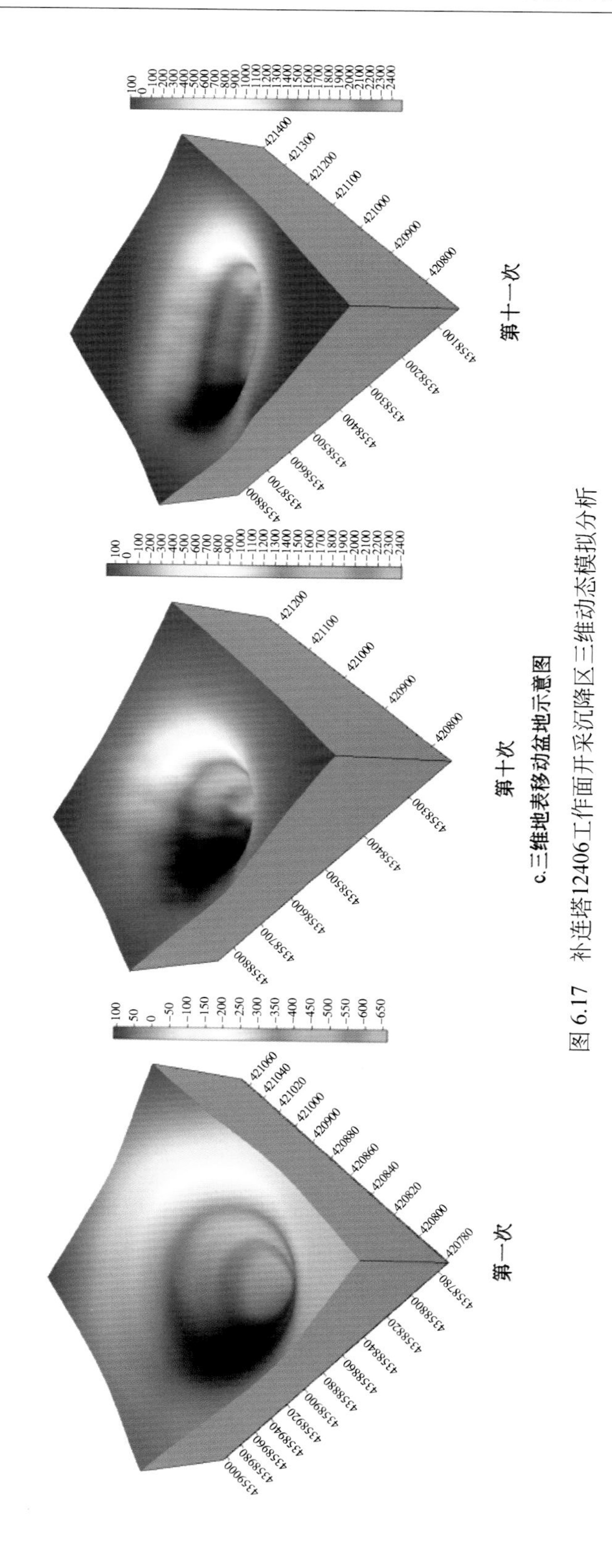

c.三维地表移动盆地示意图

图6.17　补连塔12406工作面开采沉降区三维动态模拟分析

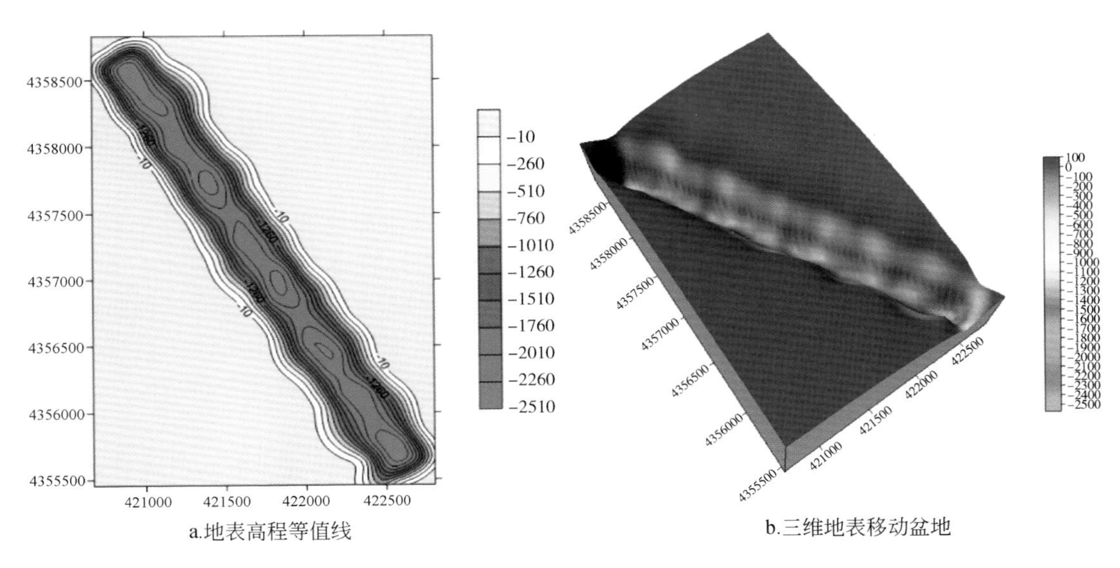

图 6.18　补连塔矿 12406 工作面地表移动盆地示意图

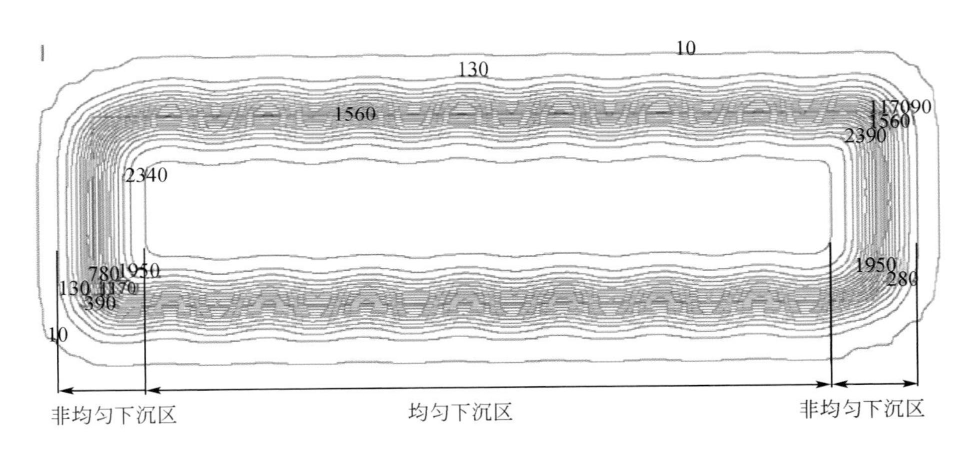

图 6.19　补连塔矿 12406 工作面下沉盆地最终状态

第7章　现代开采地表裂缝发育规律研究

传统开采沉陷学理论认为在煤炭开采过程中，采深与采厚之比大于30的开采区域地表将呈现连续性的变化规律，具体表现为动态裂缝以及边缘裂缝。目前我国井工煤矿多采用长壁开采，垮落式管理顶板的方法，煤层上覆岩层多呈现出“三带”分布特征，在采空区前端呈现出连续的动态裂缝，此类裂缝随工作面开采呈现出“开裂–闭合”特征，而边缘裂缝位于工作面的开采边界，一般情况下会长期留存于地表，二者的分布特征和发育规律明显不同。

国内学者在部分矿区对地裂缝进行的相关研究，体现在地裂缝产生的机理、地裂缝极限深度、地裂缝监测等方面，然而对于地裂缝从最初产生到完全闭合的全过程中，裂缝几何信息变化情况的研究相对较少，针对薄基岩风沙区煤炭高强度开采而引起的裂缝发育变化规律的研究更为缺乏。究其原因，该区域地表被由黄沙为主体的松散层覆盖，加之区域内的大风天气对小区域内地貌重塑影响较大，地裂缝最初产生阶段在地表的表征微弱，其特征识别和确认观测对象与其他矿区相比较为困难，再者，该区域现代开采技术下地表活动相对集中且变化速率较快，地裂缝发育变化的数据获取相对困难，尤其是裂缝初始状态的数据容易丢失导致裂缝变化数据不完整，故需制定完整的观测方案进行研究。

7.1　开采沉降区动态裂缝初始状态及分布特征

本研究在裂缝调查的基础上，建立完整的观测方案，对补连塔12406工作面最前端裂缝产生到完全闭合全过程的发育情况进行持续监测，从而获取该区域下沉盆地内地裂缝的生命周期，并对边缘裂缝的分布情况进行详细监测，探明其分布特征，为后续研究采煤扰动后裂缝最佳修复时机以及修复措施提供科学的依据。

7.1.1　下沉盆地动态裂缝初始状态的分布特征

通过先期布设的地表移动观测站，根据12406工作面生产进度表，获取观测时段工作面的实际位置，并在工作面推进方向上，获取工作面前端动态裂缝的分布状况。通常情况下，最早的裂缝出现在工作面走向方向中心线位置周围，且表征比较微弱，对于裂缝的辨别带来很大的影响。在此区域内寻找3～5条表征较好的裂缝作为调查对象，记录其显示特征，利用全站仪对其进行测定，尤其需要记录最前端裂缝的位置。利用此方案进行多天的连续观测。

全站仪标定后，将所观测的裂缝，利用红色打包绳进行标记，并对其进行统一编号，编号规则如SD_001，编码唯一且不重复，避免第二天重复观测，如图7.1所示。

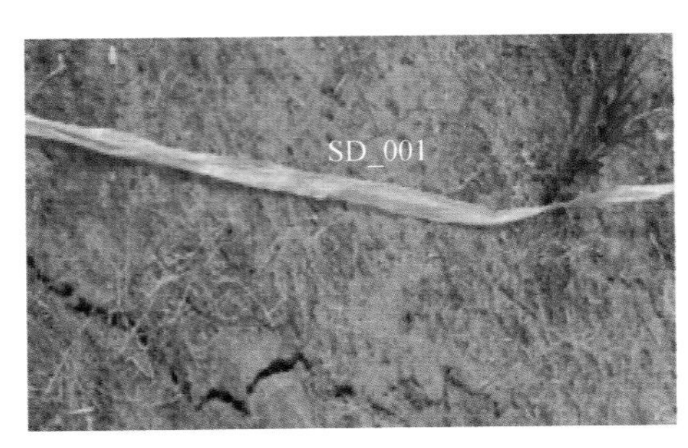

图7.1　裂缝标记图

对工作面上方新产生的地裂缝进行7天连续观测。结果如图7.2所示，观测区域内共计分布55条疑似裂缝，部分裂缝可能是由植物根系生长而导致。裂缝主要集中在工作面走向中线两侧80m左右（即工作面宽度的一半）范围内，裂缝分布密度随着偏离中线位置的距离增大而呈递减的趋势。靠近中线位置的裂缝近似垂直于工作面的走向方向，并且随着与中线的距离增大，裂缝向工作面内部收缩，整体呈现出“中间为直线、两端为弧状”的特征。

图7.2　下沉盆地内张口裂缝（初始状态）的分布图

刚产生的地裂缝处于不连续状态，呈现出断裂的“一”字形状，通过对裂缝初始状态调查，裂缝在地表上表征相当微弱，宽度一般为1～2mm，地表相对硬实的区域裂缝的宽度为5～10mm，最小的长度为1.1m，多数裂缝的长度不超过10m，区域内自然因素以及流动黄沙对地裂缝判别的影响较大，采用何种观测方案，是获取裂缝生命周期的关键和基础。

7.1.2　动态裂缝发育周期监测方法

为揭示地裂缝随着工作面推进过程中，从产生到完全闭合全过程的动态变化规律，根据风沙区的松散层分布特征和地裂缝的特点，建立工作面最前端裂缝的识别机制，利用自行研发的一种采动裂缝监测装置，对若干条工作面前端裂缝的发育情况进行现场监测。

（1）监测对象的识别机制。建立工作面位置与最前端裂缝位置的函数模型：当工作面推进到某一位置 A 时，利用全站仪及其邻近的地表移动观测站，对其前方新出现的疑似裂缝进行标记观测，找出这些疑似裂缝中随工作面的后续推进而发育的裂缝，这些发育的裂缝中与位置 A 距离最大的裂缝即为最前端裂缝，测定最前端裂缝的位置 B，得到位置 B 与位置 A 之间的距离 C；重复上述步骤，得到一系列工作面位置 A_i，以及与其相应的最前端裂缝的位置 B_i和距离 $C_i(i=1,\ 2,\ \cdots,\ n)$，建立三者的数学模型，$B=A+C'$，其中 C' 为一系列 C_i的数学期望。

（2）布设采动裂缝监测装置。在模型建立的基础上，利用任意时段工作面的位置，在距离工作面 C'的位置，选定该位置两侧最相邻的 2～3 条裂缝作为观测裂缝，在其两侧成对布设裂缝监测控制棒，控制棒的个数根据裂缝的长度及其发育情况而定，其中裂缝首末两端各一组，中间进行加密布设，一般 4～7 个即可。

（3）监测周期与频率。高强度开采导致动态裂缝的演变速率很快，易丢失有效的观测数据，故应根据地表移动规律以及工作面的开采情况，安排观测周期和观测频率：

①观测周期：$t>T=2B/V$，其中 B 为盆地内走向方向连续裂缝带的带宽（m），V 为工作面推进速度，观测工作直至地裂缝的地面表征消失且持续无变化为止。

②观测频率：观测频率与地表下沉速度及工作面推进速度相关。当地表下沉速度达到最大值时地表活动最剧烈，在此时应加密观测工作。通常情况下，可以通过地表最大下沉速度滞后距 L 反映，此处 L 可以通过先期布设的基准线上地表移动观测站在采动过程空间坐标变化得到。当裂缝所处位置与工作面位置的距离贴近于最大下沉滞后距 L 时，需加大观测频率；反之应减小观测频率。

（4）现场监测与记录。利用钢尺测量成对控制棒的初始间距 d_0，测量精度为 mm，每个点位重复观测三次，取平均值。不同观测时段 d 与 d_0的差值即为裂缝的宽度，并记录裂缝两侧的落差和观测时段工作面的开采进度，测定观测对象的空间位置。

7.1.3　动态裂缝产生的时机模型

通过对 12406 工作面前端裂缝位置 7 天的观测和记录，动态裂缝观测结果显示，煤柱前方地面上的一定范围内通常会出现裂缝带。为研究动态裂缝的产生时机，经观测共得到 6 组工作面开采进度与最前端裂缝之间的相关数据（图 7.3）。

结果表明，裂缝超前距与工作面开采速度相关，利用 SAS 数据处理软件，对其相关性进行分析，相关系数：$R=(v^{1/2})^{-1}\Sigma(v^{1/2})$。式中，$R$ 为相关系数，Σ 为其协方差阵，$v^{1/2}$为标准离差阵，样本为 $k=[x,\ y]$，其中 x 代表开采单元的大小，y 代表裂缝的超前

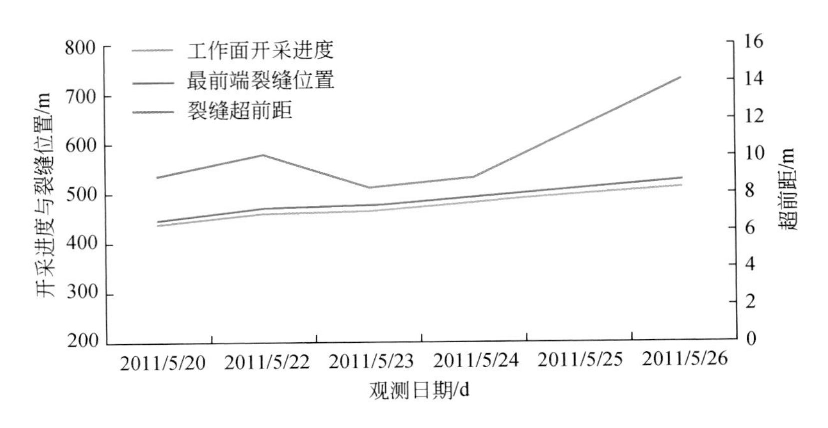

图 7.3　补连塔矿 12406 工作面开采进度与前端裂缝位置关系

距离。

计算所得：$R = \begin{bmatrix} 1 & 0.92184 \\ 0.92184 & 1 \end{bmatrix}$

分析结果显示，二者之间的相关系数大于 0.92，具备明显的正相关性，利用最小二乘算法对其进行线性、指数、对数等回归处理，处理结果如表 7.1 所示。

表 7.1　拟合模型系数回归统计表

线性模型		非标准化系数		标准系数	R^2	Sig	共线性统计量	
		B	标准误差	试用版			容差	VIF
1	（常量）	2.715	1.570		0.850	0.525		
	超前距	0.637	0.134	0.922		0.009	1.000	1.000
对数模型		非标准化系数		标准系数	R^2	Sig	共线性统计量	
		B	标准误差	试用版			容差	VIF
2	（常量）	−5.540	3.684		0.815	0.207		
	超前距	6.571	1.566	0.903		0.014	1.000	1.000
指数模型		非标准化系数		标准系数	R^2	Sig	共线性统计量	
		B	标准误差	试用版			容差	VIF
3	（常量）	4.342	1.041		0.738	0.014		
	超前距	0.069	0.020	0.859		0.028	1.000	1.000

表 7.1 显示，线性模型回归的拟合系数最大，拟合精度最高，且 Sig 最小，Sig = 0.009<0.1，表明裂缝超前距与开采速度具备明显的线性正相关，二者的回归线性模型为 $y=0.637x+2.715$（$R^2=0.850$），拟合效果如图 7.4 所示。

基于该模型，建立动态裂缝的产生时机模型，如式（7.1）所示：

$$Y=0.637x+2.715+d \tag{7.1}$$

式中，Y 为最前端裂缝的位置，m；x 为当天工作面开采速度；d 为工作面开采进度，m。

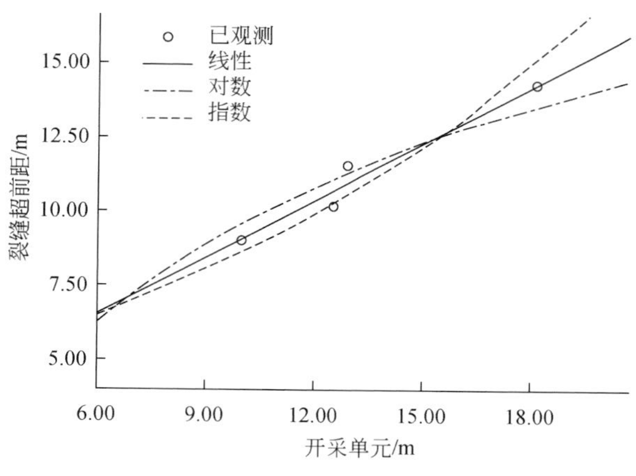

图 7.4　裂缝超前距与开采速度的回归分析

7.2　典型动态裂缝发育规律分析

裂缝的发育周期通过其宽度、深度及长度等属性来体现。通常情况下，采用插深来量取裂缝的深度信息，然而这种方法存在系统误差，棍子直径及插深时施加的压力不同，此外裂缝在浅地表情况下一般垂直于地表而向下延伸的部分，从探地雷达探测的裂缝在冲刷层的表现特征图像中，会出现弯曲现象，类似于“L”的形状，底部弯曲部分指向工作面推进方向，这些现象都会导致反馈的信息不准确，很难精确地反映裂缝的快速变化情况。长度信息在裂缝快速发育阶段有较好的体现，但在裂缝趋于稳定阶段也很难反映裂缝的发育情况。基于此，在研究裂缝发育规律与生命周期中大多是通过宽度信息来体现的。

7.2.1　典型动态裂缝发育特征分析

通过对 B47 ~ B45 区域（距离开切眼 340 ~ 500m）内出现的 55 条裂缝进行连续性监测，其中具有明显发育周期的裂缝 15 条，且各条裂缝的发育周期情况具有明显的相似性。现对不同时段出现的若干具有代表性的裂缝进行简要分析。

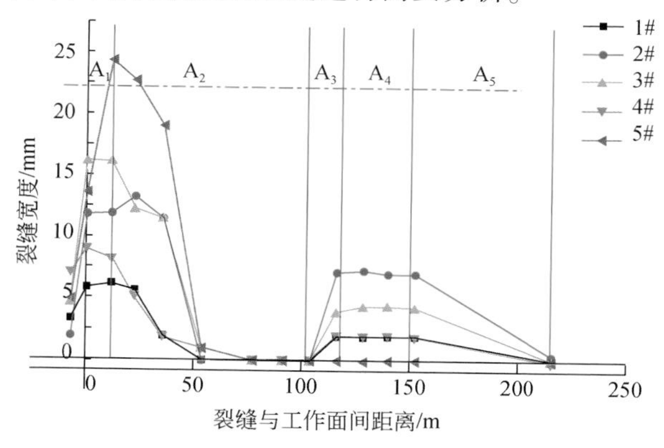

图 7.5　SD_025 裂缝生命周期分布图

从图7.5可以看出，裂缝SD_025的生命周期共分为五个阶段，如式（7.2）所示。其中A_i代表典型阶段，C为裂缝与工作面的距离，“-”表示裂缝超前工作面的位置。

$$\text{Crack Cycle (25)} = \begin{cases} A_1, & -7<C<12 \\ A_2, & 12 \leqslant C<104 \\ A_3, & 104 \leqslant C<116 \\ A_4, & 116 \leqslant C<152 \\ A_5, & 152 \leqslant C<216 \end{cases} \tag{7.2}$$

该裂缝最早出现的时间为5月21日，当日工作面距离开切眼的位置为454m，裂缝超前距为7.3m，裂缝初始宽度整体小于5mm，最小宽度为1.8mm。其中：

A_1：当工作面向前开采19m时，裂缝呈现出最大表征，其中5号量宽点由3.3mm递增到25mm左右，变化速度为1.158mm/m，该区域对应的为A_1阶段，在此阶段内，1、2、3、5四个监测点的裂缝宽度均在递增阶段，属于裂缝发育阶段。

A_2：工作面再推进42m时，裂缝的宽度在此阶段急剧下降，所有监测点的宽度值均趋于0，从地面表征上来看，裂缝整体也处于愈合状态。而当裂缝与工作面的距离为+104m时，裂缝并无二次发育的状态，对应的区域为图上的A_2阶段，定义为初次闭合阶段。

裂缝在A_1和A_2阶段，出现第一次“发育-初次闭合”的特征，在此期间工作面总计推进111m。

A_3：当工作面继续向前推进，裂缝与工作面开采进度的相对距离为116m时，裂缝在先前位置重新断开，5个监测点处裂缝的宽度均小于第一个阶段发育为最大值的情况，该阶段定义为地表松动阶段。

A_4：在此过程中，裂缝宽度的变化很微弱，该阶段属于相对稳定阶段。

A_5：随着裂缝与工作面开采进度的相对距离不断增大，裂缝出现缓慢闭合现象，直至二者的相对距离为+216m时，该裂缝完全闭合，后续观测结果显示，裂缝没有继续裂开的现象。从裂缝出现至完全闭合，这个具有阶段性的变化周期，定义为裂缝的生命周期。

对于其他监测对象也具备与裂缝SD_025相似的变化特征，只是各典型阶段期间工作面持续推进量有所差异。

图7.6是起始监测时间不同的5条裂缝的各阶段工作面推进距离统计表，多条裂缝的生命周期各阶段的分布情况虽有差异，却具有明显的相似性，sum（A_1+A_2）以及推进总量基本保持一致。

表7.2是各条裂缝生命周期各阶段离散程度统计表，从中可知裂缝在A_1和A_2这两个阶段工作面推进量存在较大差异，离散程度较大，这也表明在裂缝产生的初期，地表的活动相对剧烈，是应力集中分布的区域，但首次闭合（A_1+A_2）过程中，工作面推进量基本相同，标准离差率仅为3.606%，说明二者离散程度很小，从整个裂缝的生命周期来看，除裂缝SD_034外，工作面推进总量也基本一致，接近工作面平均采深，其标准离差率为4.244%，5条裂缝的生命周期具有明显的相似性，结合工作面开采速度，该区域内动态裂缝的生命周期约为18d，工作面在此期间推进总量约为233m，约等于该工作面的平均采深。

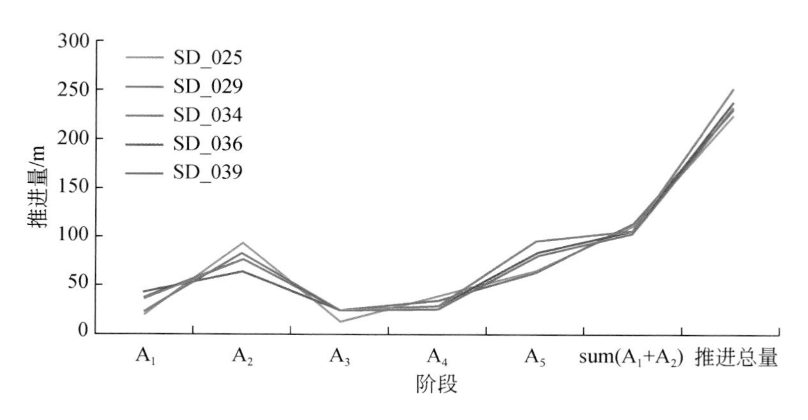

图 7.6　多条裂缝各阶段工作面推进量

表 7.2　裂缝生命周期离散程度统计表

阶段/m	统计量		
	平均值	标准差	标准离差率
A_1	32.200	11.009	34.189
A_2	74.640	12.569	16.839
A_3	21.080	4.744	22.505
A_4	28.680	4.948	17.252
A_5	74.080	9.363	12.639
A_1+A_2	106.840	3.853	3.606
$A_1+A_2+A_3+A_4+A_5$	233.680	9.918	4.244

在相似条件下的区域，为尽快减少地裂缝对地表水及土壤理化性质的影响，缩短其复垦周期，最佳修复时间应在 A_3阶段，距离裂缝产生时间大约 10～11d，工作面与裂缝的距离约为+120m。

7.2.2　动态裂缝的发育周期函数模型

地裂缝主要是因地表不均匀下沉而形成的，根据随机介质理论及概率积分法，单元开采造成的地表下沉盆地，其函数形式与正态分布概率密度函数相似，而从地裂缝宽度的散点数据的分布特点来看，也近似于高斯分布。相似采矿地质条件下，地裂缝的发育特征具有一致性，然而裂缝的宽度可能会有所不同，假定任意的动态裂缝上布设 n 个宽度监测点，随开采过程中不同时段各监测点的宽度的数据如下：

$$W=\begin{bmatrix} w_{11} & w_{12} & \cdots & w_{1i} \\ w_{21} & w_{22} & \cdots & w_{2i} \\ \cdots & \cdots & \cdots & \cdots \\ w_{n1} & w_{n2} & \cdots & w_{ni} \end{bmatrix}$$

令：$W_{\max} = \max(W)$，$w' = (\max(w_1), \max(w_2), \cdots \max(w_n))$

$K = (k_1, k_2, \cdots k_n) = (\max(w_1)/W_{\max}, \max(w_2)/W_{\max}, \cdots \max(w_n)/W_{\max})$

则任意动态裂缝的任意监测点的宽度演变规律的函数模型为

$$w(x) = KW(x) \tag{7.3}$$

式中，K 为修正系数，取值范围为 0 ~ 1；$W(x)$ 为裂缝最大宽度处动态裂缝发育的函数模型。

以 SD_025 裂缝为例，5#监测点的裂缝的宽度最大，采用高斯分布模型，利用 MATLAB 对在工作面持续开采过程中变化的宽度值进行模型拟合，动态裂缝发育过程拟合结果如图 7.7 所示。

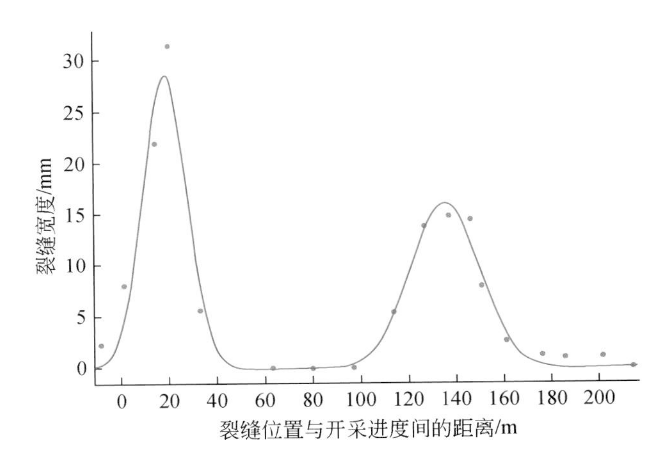

图 7.7　动态裂缝发育过程的函数模型示意图

拟合函数模型为

$$W(x) = 28.52e^{-[(x-18.35)/12.87]^2} + 16.1e^{-[(x-135.5)/20.18]^2}, \quad R^2 = 0.9594 \tag{7.4}$$

式中，x 为工作面开采进度与裂缝位置二者之间的相对距离，m，横坐标中的“负值”区域指该站点处的裂缝首次出现时，裂缝在地表位置超前于开采进度；$W(x)$ 为裂缝宽度。

则该裂缝任意监测点裂缝宽度的函数模型为

$$w(x) = k\{W(x) = k28.52e^{-[(x-18.35)/12.87]^2} + 16.1e^{-[(x-135.5)/20.18]^2}\}, \quad 0 < k \leqslant 1 \tag{7.5}$$

7.3　典型边缘裂缝分布特征与属性

通过对边缘裂缝监测方法的总结与实施，得到边缘裂缝的分布特征及属性信息，通过石灰浆体灌注裂缝实验，试图阐明该区域裂缝宽度与深度的关系。

7.3.1　边缘裂缝监测方法

边缘裂缝在无外界干扰条件下将在地表长期存在，边缘裂缝通常会出现在下沉盆地边界附近最大正水平变形与工作面边界之间的范围内。利用全站仪等测量设备及邻近的地表移动观测站，将边缘裂缝带划分为若干个观测剖面，分别测定其最外侧裂缝、最内侧裂缝及主裂缝的空间位置和属性，在CASS7.0数字制图软件中，将若干剖面的观测结果进行拼接即可。边缘裂缝的分布特征监测方法如图7.8所示。

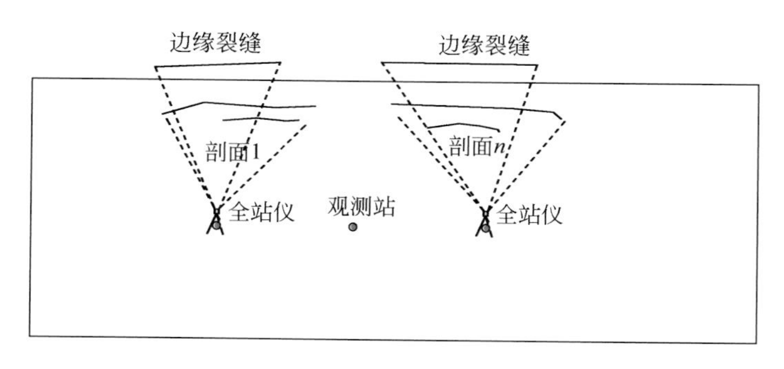

图7.8　边缘裂缝的监测示意图

7.3.2　边缘裂缝的分布特征与属性

利用全站仪以及邻近的地表移动观测站，对边缘裂缝进行系统观测，图7.9是开切眼及其上下山方向边缘裂缝分布情况，显示裂缝的整体分布特征呈现断裂的“O”形，在上下山方向与工作面边界近似平行分布，主裂缝贯通连续，其余裂缝均存在断裂现象，距离工作面推进位置较近的边缘裂缝有向工作面内收缩的趋势，上山方向裂缝的显示特征及分布密度明显大于下山方向，且同一时期内，上山方向边缘裂缝明显超前于下山方向，超前距离为20～31m，这主要是下山方向受老采区影响所致。随着工作面的推进，距离工作面中线约90～100m处出现新的边缘裂缝，并滞后于工作面开采进度而向前、向外扩展。

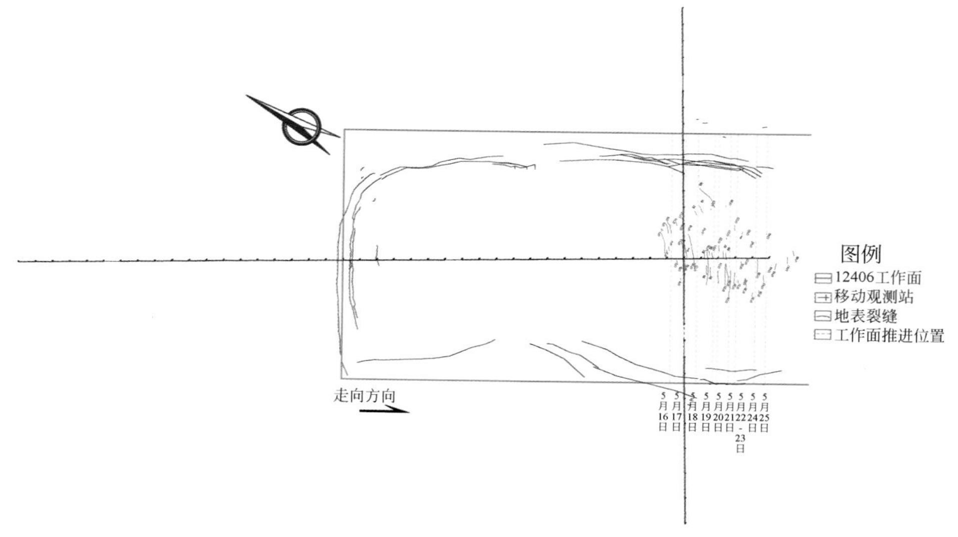

图7.9　边缘裂缝分布图

实地观测表明，开切眼附近的裂缝开裂程度最大，出现两条主裂缝，裂缝间距约2.2m，两条裂缝中间地面下凹呈台阶状，在接近工作面上下山边界时，主裂缝宽度逐渐变小，二者开始贯通。图7.10是距开切眼200m范围内的较稳定的边缘裂缝（此时，工作面开采进度与统计范围的距离超过350m）相关位置与属性参数的统计概况。

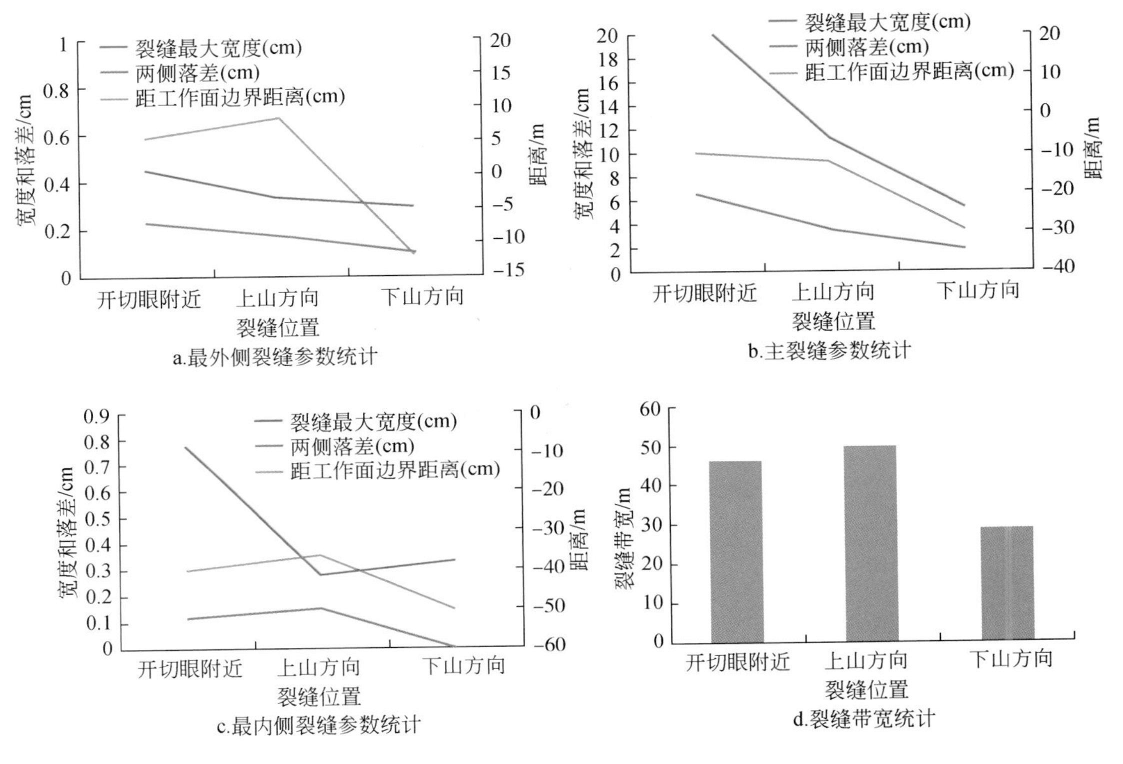

图7.10　边缘裂缝组的裂缝参数统计结果

由图可知，在没有邻近工作面开采影响的前提下，风积沙区高强度开采引起的边缘裂缝主要分布在工作面边界内部40m的范围内，主裂缝距离边界10m左右，而下山方向老采区的存在导致边缘裂缝朝向工作面内部分布，主裂缝向内偏移的距离为17m，最外侧裂缝距离工作面边界的范围小于8m，上山裂缝角为87.83°，与该区域类似条件下工作面相比，裂缝分布范围相对较小，说明其值随着采深的增大而逐渐减小。开切眼处主裂缝两侧落差可达6.5cm，最大宽度达21.3cm，为地表破坏最严重区域，上山方向较之下山方向裂缝分布范围更广，裂缝带宽约为下山方向的1.7倍，且裂缝的宽度、落差等几何信息更加明显。数据显示，老采空区对边缘裂缝的分布范围及显示特征影响明显。

7.3.3　边缘裂缝宽度与深度关系分析

地表下沉盆地的稳定区域裂缝宽度和对应深度是指导地裂缝修复的重要参数。先期研究表明，工作面内部的动态裂缝随开采工作面的推进，最终完全呈闭合状态，而边缘裂缝在无外力扰动下则持续存在于地表，是地表破坏的主要表现形式。研究采用现场解剖方法，选择边缘较稳定裂缝带，通过裂缝灌浆示踪方式，观测边缘裂缝宽度与深度的关系。现场按照水与灰的体积 1∶20 调制石灰浆，黏稠度达到水体完全变白且能有效下渗为宜，在下渗稳定情况下对开挖裂缝剖面，记录开挖处裂缝的宽度和深度，利用全站仪标定开挖点的空间位置，注浆点开挖后（图 7.11），用钢尺量取裂缝宽度和开挖后的深度。

图 7.11　裂缝开挖点的深度验证

研究共获取 40 组相关数据，裂缝宽度与裂缝深度的结果如图 7.12 所示，曲线表明裂缝的宽度和深度之间对应关系不明显，样本总体的二元数据之间不存在明显的单调性。数据显示，裂缝宽度大的其对应深度不一定大。由于样本离散程度较高，直接寻求二者之间关系是相对困难的，因此采用聚类分析方法进行分类，建立相似样本之间的数学函数模型。

聚类分析是利用不同的类与类之间的距离对类进行合并、聚类的方法，目前常用的分析方法有 8 种，本研究利用最短距离法、最长距离法以及重心法进行样本分类，确定最佳的分类类型和阈值。

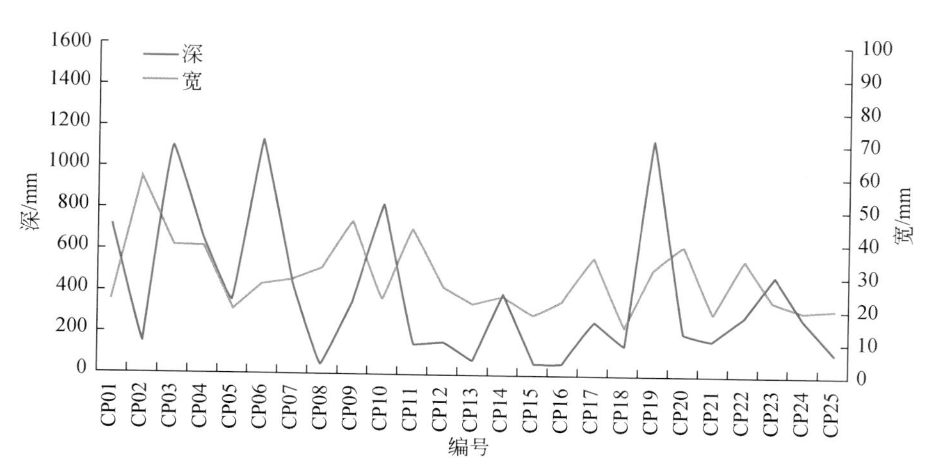

图 7. 12　开挖裂缝宽度与深度测量结果

(1) 最短距离法。定义类 G_i 与 G_j 之间的距离为两类最近样本的距离，将二者归于一类，依次类推，直至所有的类合并为一类。编写代码，在 SAS 软件中实现分类情况，分类结果如图 7. 13a 所示。其中 $OB_i(i=1:40)=[CP_j(j=i,\ i\leqslant 25),\ KP_k(k=i-25,\ i>25)]$。

(2) 最长距离法。最长距离法与最短距离法的分类原理和步骤类似，只是在距离判别中，以两类之间的最长距离作为类合并的依据，直至所有的类合并为一类。分类结果如图 7. 13b 所示，其中图像中竖轴定义与前文相同。

(3) 重心法。重心法是两类重心之间的距离，设 G_p 和 G_q 的重心（即该类样本的均值）分别是 $\overline{x_p}$ 和 $\overline{x_q}$，则 G_p 和 G_q 之间的距离是 $D_{pq}=d_{\overline{x_p x_q}}$，直至所有的类归为一类为止。图 7. 13c 是利用重心法绘制的树状分布图。

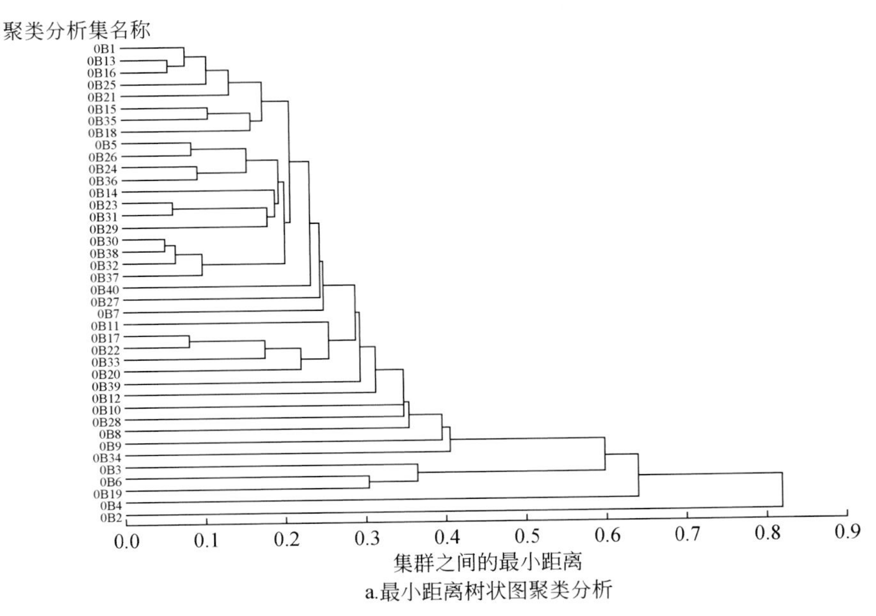

a.最小距离树状图聚类分析

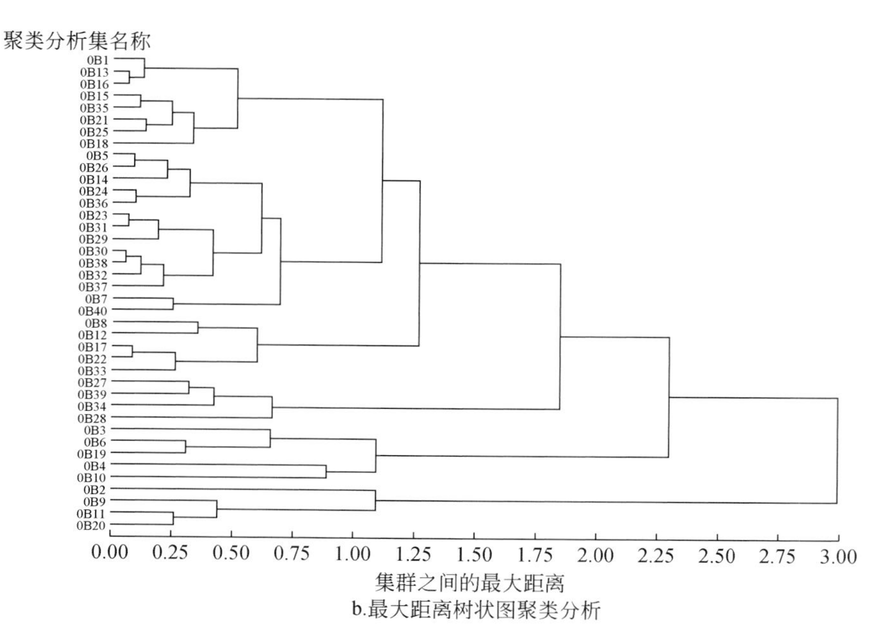

b.最大距离树状图聚类分析

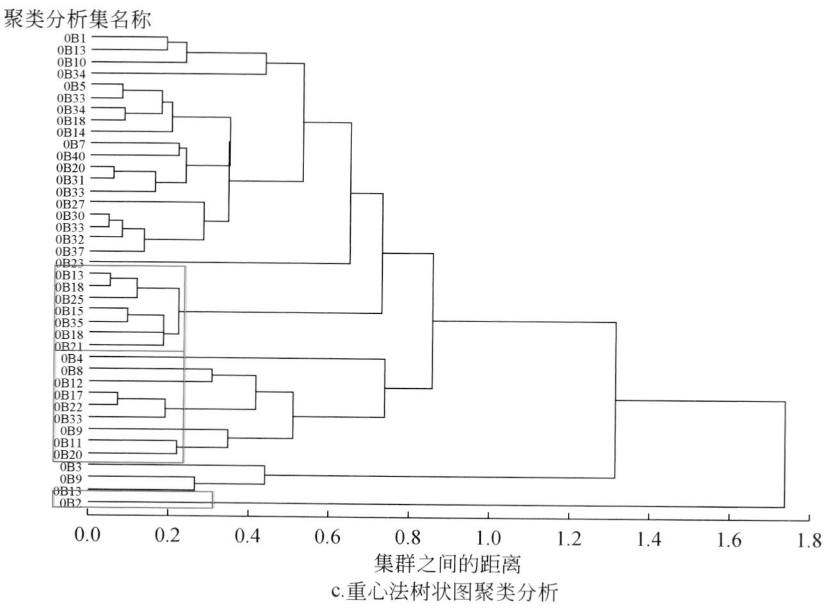

c.重心法树状图聚类分析

图 7.13　开挖裂缝信息聚类分析

上述 3 种分类结果比较表明，最短距离法分类所得树状图形相对复杂，分支相对较多，而最长距离法和重心法分类的层次感较好，有利于统计。以重心法树状图为分析基础，数据可分为 4 类，以裂缝的宽度为划分因子，根据实际情况，排除粗差，剔除不符合理论要求的数据类（红色矩形框），以宽度 20mm 为阈值进行划分（图 7.14），分别建立宽度（width）x 和深度 y（depth）的数学关系：

$$
\begin{cases}
y=38.66x-499.0 & (R^2=0.606) & (宽度\leqslant 20\text{mm}) \\
y=\ 1.689x^2+141.9x-1828 & (R^2=0.658) & (宽度>20\text{mm})
\end{cases}
\tag{7.6}
$$

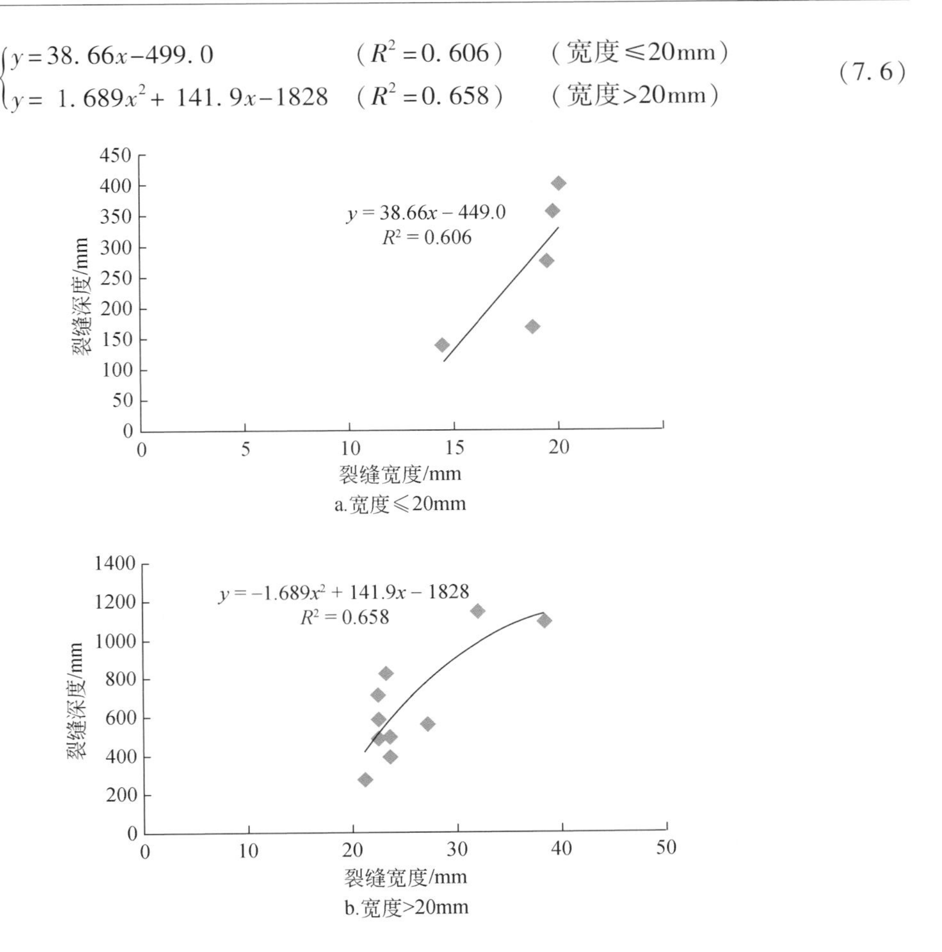

图7.14　不同裂缝范围的宽度和深度拟合关系图

7.4　地裂缝浅层地下轨迹研究

采矿形成的地表裂缝（简称地裂缝）调查表明，地裂缝是土壤含水量散失以及营养成分流失的主要通道，特别是与冒落裂隙带相通且不能闭合的地裂缝，可与采空区贯通，成为自然风、大气降水的通道，易引发漏风、溃水、溃沙等安全事故。因此，地裂缝轨迹研究旨在揭示地裂缝的类型和空间分布规律，根据其轨迹采用有效的治理工艺与方法（如沙土和破碎的矸石直接回填、辅助水砂浆体充填等）阻隔该类通道，实现保土质、保水分、保安全目标。

7.4.1　地裂缝浅层地下轨迹探测方法

地裂缝浅层地下轨迹探测采用试验与探测相结合方法，选择研究区内宽度较均一、可见深度较好的裂缝作为探测对象，采用石膏浆液填实地裂缝浅层，利用 GPR、Lensphoto

近景摄影测量等技术追踪硬化的石膏体轨迹，实现地裂缝的追踪探测。

1. 基于GPR方法的地裂缝横向发育特征探测

GPR（探地雷达）在地质研究中具有显著的浅层结构探测优势，特别是地表层结构的水平不连续变化极其敏感。根据地裂缝的尺度，天线系统选择了900MHz的收发一体屏蔽式高频天线；探测选取大柳塔矿52304工作面老采空区边界外侧，距停采线距离为10～15m的裂缝，地表宽度约为5～20cm，部分地裂缝可见深度大于1.5m（图7.15a），裂缝带在地表的延展方向基本平行于回撤通道；数据采集时天线采用人工牵引的方式，按照雷达测线移动，根据现场开挖的情况，从右到左、沿凹槽壁近似等间距地布设5条测线，从地表至凹槽底垂直、贴壁滑动下落，天线移动尽量保持匀速（图7.15b）；采样的叠加次数、测量时窗以及单道采样点数分别为1～2、30ns以及512个；针对原始雷达图像中杂波和随机噪声，通过漂移去除、背景去噪、一维滤波处理、时窗增益、滑动平衡以及去相干等多项处理技术，可以有效地抑制杂波，提高图像的信噪比，达到目标轨迹追踪效果（图7.15c）。

a.观测裂缝

b.垂向测线布置

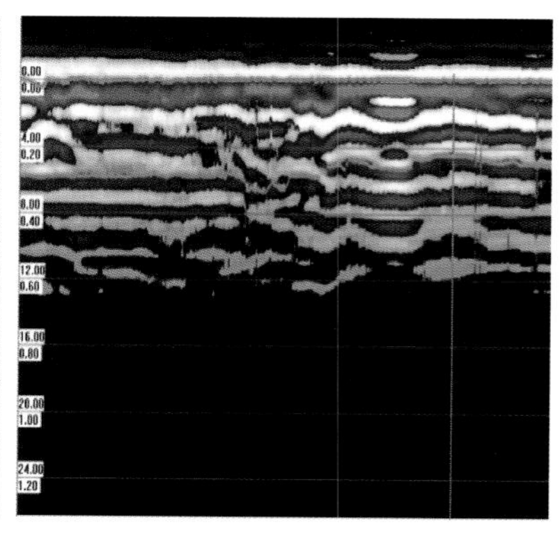
c.处理后剖面雷达图像

图7.15　探地雷达测线分布与数据采集方式

2. 基于Lensphoto方法的地裂缝垂向发育特征探测

Lensphoto是一种以多基线计算机视觉原理代替单基线人眼双目视觉这一经典的摄影测量原理而开发形成的多基线数字近景摄影测量系统。采用该系统可以获取地裂缝特征点的三维坐标，实现三维重建，精确反映地裂缝在浅层地下延伸方向。

控制点的布设与量测，第二次分布开挖后，形成了5m×5m×3.5m的凹槽，为了提供测量与交会的精度，根据凹槽以及裂缝分布情况，在进行摄影之前需要对凹槽壁合理布设控制点。为提高解算精确度，在裂缝周围凹槽壁上均匀分布9个控制点，均采用纸质的标准控制牌，以大头针固定，如图7.16a所示。

利用测区内已有的控制点，将坐标系引至测区中央，采用索佳SET250RX全站仪（测角精度2″，测距精度2mm+2ppm）对9个控制靶点的空间坐标进行量测。由于测区范围和摄影深度较小，控制点测量精度的要求相对较高，作业过程中采用棱镜测量模式，棱镜的中心尽量对准大头针，测角量边，每个靶点均盘左、盘右测量两次取其平均值作为原始数据。根据凹槽的大小，确定摄距 4.5m，基线长度 1.5m，基线平行于凹槽壁，摄影照相机型号 Canon EOS7D，分辨率 1800 万像素，相机焦距 28mm，分布 3 个摄站，每个摄站相邻影像的重叠度在 60% 以上，不同摄站相同序号的影像的重叠度达 80% 以上。在拍摄过程中，为避免凹槽壁与空气接触的上端产生点云空洞，在凹槽壁上端放置了水桶等物体，增加了突兀点（7.16b）。基于 Lensphoto V2.0 平台进行采集影像的数据处理，对所生成的点云数据进行删除以及贴纹理，生成包含整个地裂缝的 TIN 以及三维景观图(图 7.16b 和 7.16c)。

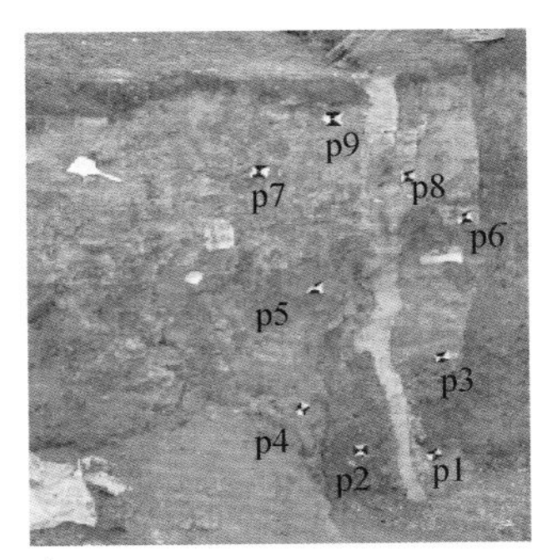

a.观测裂缝控制点分布

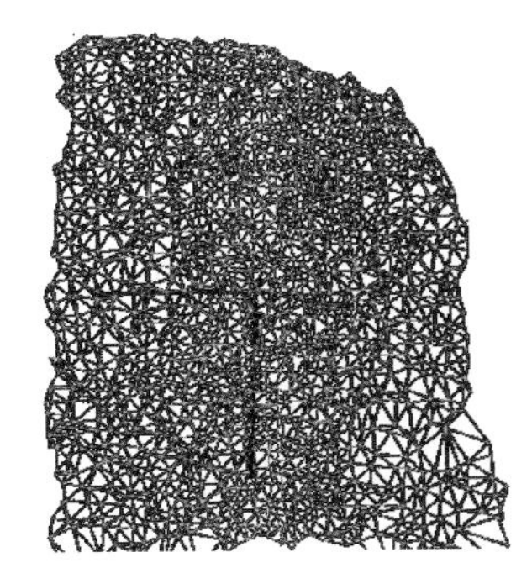
b.地裂缝的TIN

c.地裂缝三维景观

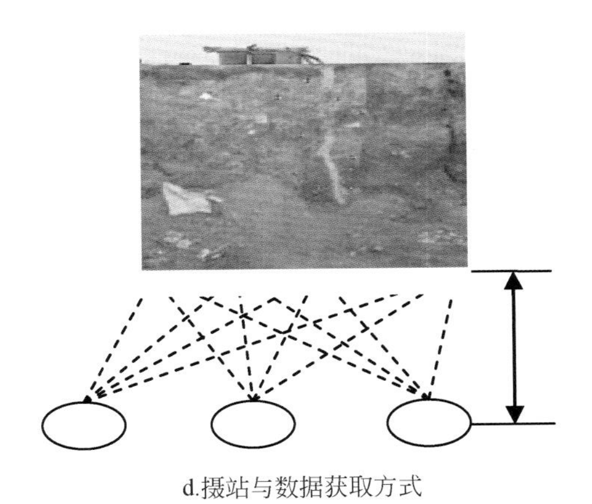
d.摄站与数据获取方式

图 7.16　基于 Lensphoto 方法的地裂缝垂向探测

7.4.2　地裂缝轨迹特征

1. 单一测线上地裂缝的响应特征

根据 GPR 对裂缝的探测方式和测线的分布情况，实质是通过识别土壤剖面中充填膏体层的空间分布探测裂缝发育轨迹。图 7.17 所示为处理过的测线 1 雷达图像，图中横轴的采样道次记录了天线途经轨迹，通过道间距（相邻两个采样道的间距）转化，代表地裂缝（充填膏体）的深度，而竖轴双程走时，通过时深转化代表地裂缝在不同深度上的扩展宽度，共计采样 761 道。

根据采样道回波信号在图像纵轴上的振幅变化以及电磁波传播速度简化公式的描述，雷达波从空气中传播至空气与土壤的分层界面时，将有明显的反射现象发生，振幅出现大幅度的跳跃，回波信号的振幅出现第一个峰值，如图 7.17b 所示，将此作为雷达波进入被探测的介质的首界面，其初始时刻定义为 0ns；雷达波在土壤层中继续传播，当其即将离开土壤层、触及土壤与充填膏体的前分界面时，回波信号的振幅出现另一个峰值，根据凹槽壁的厚度，该分层界面在 3ns 左右，此时该子波经过一个完整的波形；当雷达波触及土壤与充填膏体的后分层界面时，回波信号的振幅再一次出现峰值。

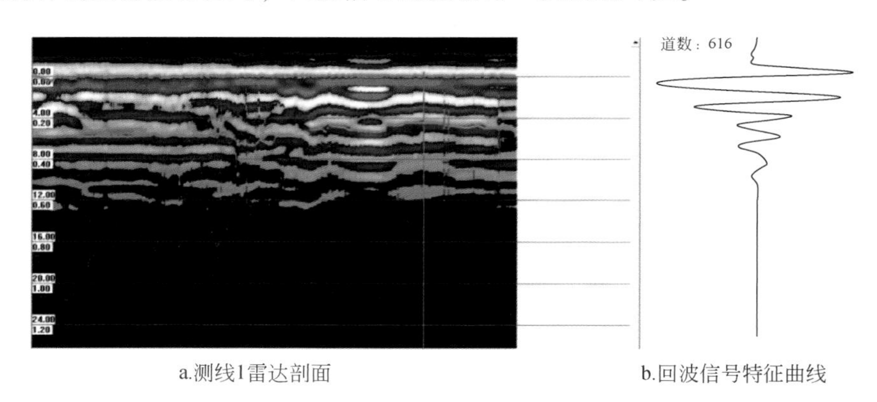

图 7.17 测线 1 雷达剖面图像及回波信号特征曲线

通常情况下，雷达剖面上存在较大异常，如同相轴明显错动和局部区域的丢失或畸变等信息，代表了探测介质物理特性不均一的区域。雷达图像显示出土壤与膏体的两个分层所形成的同相轴相对紊乱，说明地裂缝在浅地表空间上扩展程度不一，发育轨迹和程度相对复杂。特别是图像中间部分区域破碎程度较高，可能是充填膏体中含有塌落的土壤块体，膏体与土壤的密实程度相对较差所导致，进一步表明该区域为裂缝发育的主要特征区域。

为进一步定量分析地裂缝的扩展程度，采用雷达信号跟踪识别与提取方法识别膏体与土壤的分层界面，研究充填膏体在不同深度上的宽度信息及其相关变化。

假设雷达剖面由 N 条采样道的能量信号组成，在数据时间域可用数据集 a 表示，则

$$a = [a_0, a_1, \cdots, a_{n-1}] \tag{7.7}$$

对于数据集 a，任何能量有限的离散因果信号均由最小相位信号和零相位信号组成，在实际探测过程中，雷达波穿过有耗介质，所采集到的回波信号均可视为能量有限的因果信号，数据信号处理过程中，通过检测两个因果信号的相似程度，提取特征信号。

假设 $x(n)$、$y(n)$ 为数据体中两个确定的信号，则两者之间相关系数为 ρ_{xy}：

$$\rho_{xy} = \frac{\sum_{n=0}^{N-1} x(n)y(n)}{\left[\sum_{n=0}^{N-1} x^2(n) \sum_{n=0}^{N-1} y^2(n)\right]^{1/2}} \tag{7.8}$$

根据施瓦茨不等式，$|\rho_{xy}| \leqslant 1$。当两个信号完全相同时，$\rho_{xy}=1$，表明二者完全相关，两个信号存在某种相似程度时，则ρ_{xy}在0和1之间取值。通过对数据集中各信号向量与参考向量之间的相似程度计算，提取出不同时间域上最大相关系数参数，并对离散点进行重采样，进而实现层位的识别。处理结果如图7.18所示。

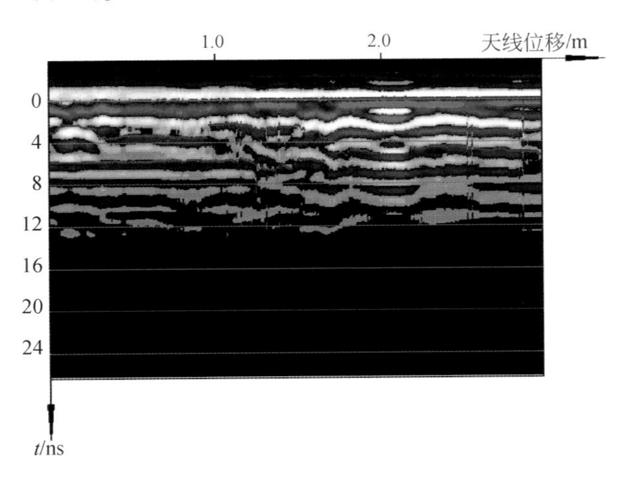

图7.18　分层界面的层位识别

3个分层界面分别提取761个离散采样点，共计2283个数据，时间尺度上的统计分析结果如表7.3所示。其中，土壤与充填膏体接触的前后分层界面的双层走时的标准差均相对较大，最大值与最小值的差值大于2ns，这种差异结合雷达波速进行时深转化后，也可反映出充填膏体厚度的不均一性。

表7.3　各分层界面双程走时的统计信息

分层界面	双程走时			
	最小值/ns	最大值/ns	平均值/ns	标准差
1st分层	-0.117	0.527	0.034	0.096
2nd分层	1.816	3.809	2.925	0.404
3rd分层	4.227	6.914	5.571	0.650

充填膏体的深度、厚度代表了裂缝发育的深度和宽度。研究通过反演雷达波穿越膏体层速度求解裂缝发育的深度和宽度，且与已知裂缝深度和厚度比较方法确定反演结果的有效性。相关研究表明，在1GHz以内的高频范围内，土壤的介电常数通常取决于其自身的体积含水量，而与其结构、密度以及含盐量相关性甚小。目前，通用有效的求解土壤介电常数方法是Topp经验公式，计算公式如下：

$$\begin{aligned}\theta &= -5.3\times10^{-2}+2.92\times10^{-2}\varepsilon_r-5.5\times10^{-4}\varepsilon_r^2+4.3\times10^{-6}\varepsilon_r^3\\ \varepsilon_r &= 3.03+9.3\theta+146.0\theta^2-76.0\theta^3\end{aligned} \tag{7.9}$$

式中，θ为体积含水量，%；ε_r为土壤介电常数，其计算误差约在$0.013\text{m}^3/\text{m}^3$。雷达波在土壤中的传播速度采用电磁波传播速度简化公式计算。

为获得实际的体积含水量 θ 值，在开挖断面上按“S”形进行了9个环刀铝盒取样，室内105℃烘干样品，分别测定各样品体积含水量，其平均值 $\theta=14.97\%$，方差0.57。利用Topp公式反演 $\varepsilon_r=8.10$，则雷达波在该土壤介质中的传播速度 $v=10.54\text{cm/ns}$。

通过对开挖龄期时的膏体样本试块，进行探地雷达扫描，利用已知深度/厚度法进行雷达波穿越膏体层速度的反演，其计算公式如下：

$$v=2h/t \quad (\text{cm/ns}) \tag{7.10}$$

式中，h 为试块标准尺寸，10cm；双程走时 $t=2.31\text{ns}$，则 $v=8.66\text{cm/ns}$。

根据雷达波在各分层介质中的传播速度以及双程走时，得到充填膏体的厚度，即裂缝在不同深度上的扩展宽度，结果如图7.19所示。裂缝地下宽度分布曲线表明，裂缝的宽度的最大值和最小值分别为18.5cm和6.3cm，二者的比值约为3∶1，平均值和方差分别约为11.5cm和3.3cm，变异系数CV高达29.0%，进一步表明地裂缝在地下扩展情况的相对复杂。然而，从裂缝宽度分布曲线来看，其发育特征也有一定的规律可循，在整体趋势上，随着发育深度的增加，裂缝宽度有所下降，但下降幅度相对较小，约为10%~20%。

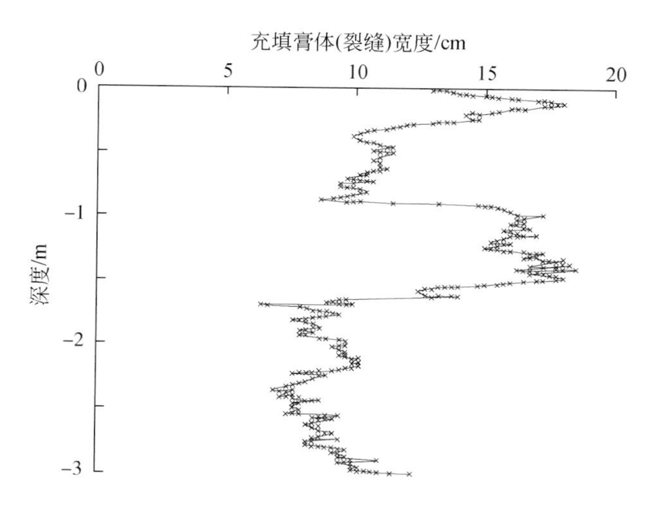

图7.19　充填地裂缝的地下扩展宽度变化（测线1）

在深度方向上，裂缝宽度存在3个较明显的突变区段，分别在0~0.4m、1.1~1.6m以及2.0~2.4m等处，其值大于相邻区段的裂缝宽度。对比开挖过程中形成的土壤剖面，0.5m以内的表土层含有较多的棕钙土或灰钙土，质地较粗、结构松散、弱黏化易破碎，而其他两个区段相对应的土层中均含有大量破碎的石块以及石膏沉积物，表现为硬度较大的砾石层，均与上下相邻土壤质地存在明显差异。由此可以初步判定，土壤剖面中的弱面夹层以及强面夹层均是裂缝宽度变化的主要层位，土壤质地的差异是影响地裂缝发育的主要因素。

2. 多条测线上地裂缝的响应特征

为更好地说明裂缝在浅层的扩展情况，对其余测线的雷达图像进行了同样的预处理和层位识别，测线2~测线5裂缝的GPR响应曲线特征与测线1基本一致，充填膏体与土壤接触的上下界面所形成的雷达剖面的同相轴相对紊乱，连续性较差，且部分区域伴随着同相轴的缺失，表明充填形成的固结膏体中夹杂若干孔洞、土块等异质体，也进一步说明充填效果的欠佳，地裂缝的充填治理工艺需要完善。第二次分布开挖形成地裂缝的剖面时，充填膏体以及邻近原生地裂缝的形态也验证了上述结论。从雷达天线途经的轨迹来看，在近似同一水平下，在经过土层中的强、弱面夹层时，雷达图像上的同相轴的破碎程度较之其他区域相对较高。

测线 2 ~ 测线 5 的地裂缝地下扩展宽度如图 7. 20 所示。除测线 4 外，在整体表现趋势上，随着发育深度的增大，地裂缝的扩展宽度 W 均有小幅度下降。裂缝在同一层位上扩展程度差异也相对较大，裂缝自上往下经过 1 个弱面、2 个强面夹层时，裂缝宽度 W 发生突变，较上下邻近层位有所增大，其方差值在这些区段内表现相对更大，由此表明，土壤介质中的异质层是地裂缝发育的关键层位，也有可能影响地裂缝的地下扩展方向。

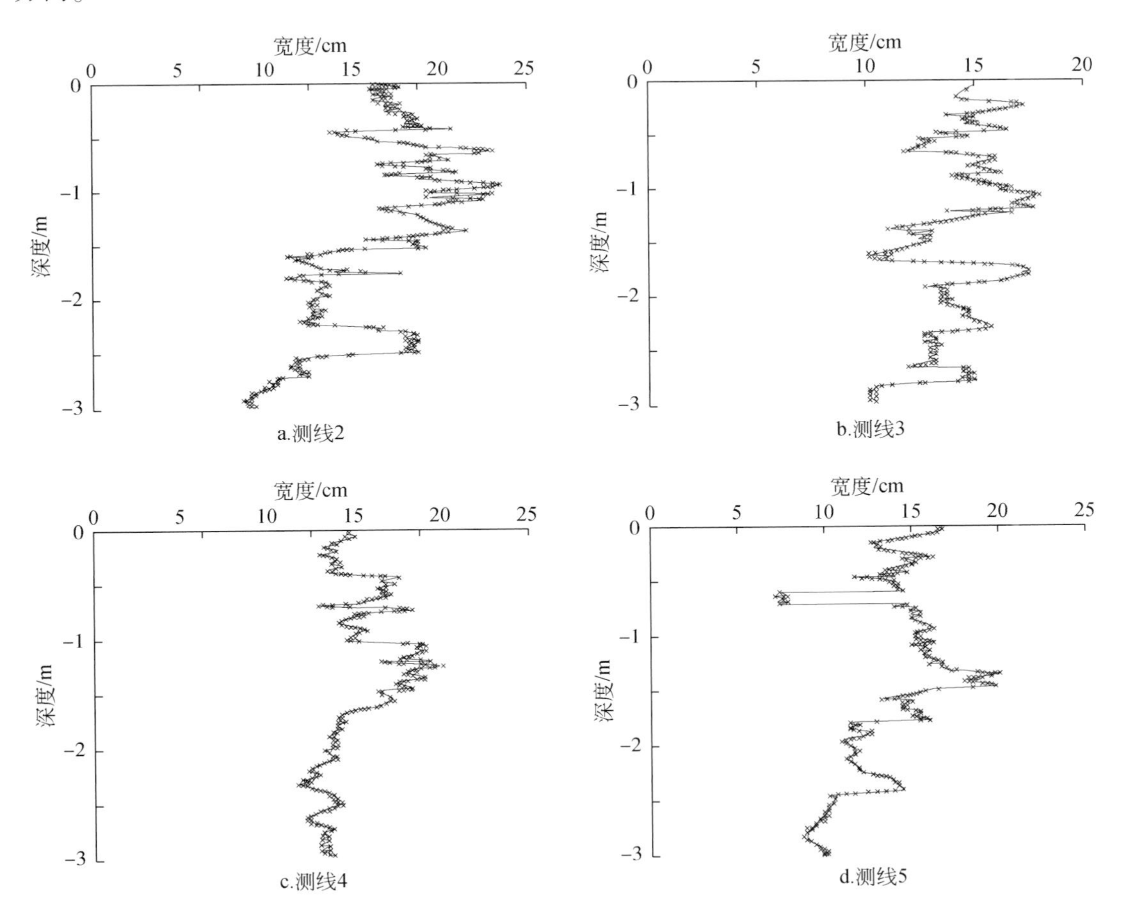

图 7. 20　测线 2 ~ 5 上地裂缝宽度曲线

为反映地裂缝浅层地下的扩展方向，在上述所形成的数据产品的基础上，利用系统提供的测点工具，分别提取地裂缝两侧特征点的空间坐标（图 7. 21），曲线轨迹表明，在浅地表空间内，地裂缝在地下扩展方向并非完全垂直于地表，符合地裂缝竖向发育的一般力学行为。

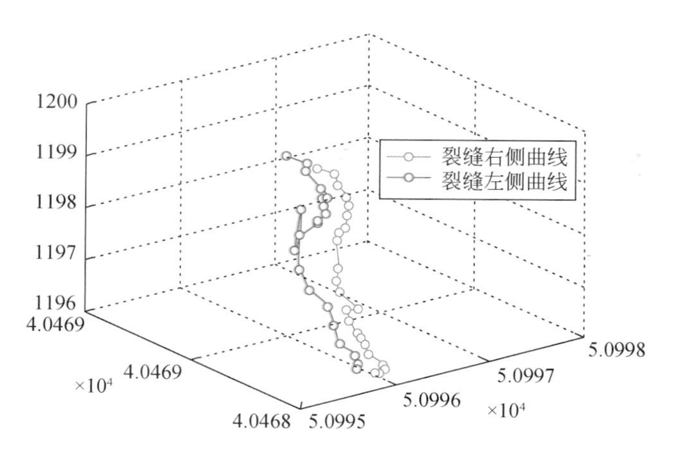

图 7.21　地裂缝两侧的特征点

在实际摄影空间内，y 轴减小的方向指向采空区，由图 7.21 可以初步判定，裂缝扩展方向整体偏向于采空区，其形态类似于钩形“L”。由于开挖过程造成裂缝的凹凸不平（竖向方向差异大），地裂缝两侧的特征点不在同一平面内，在进行扩展方向提取之前，需要进行平面的投影转换，以开挖主断面为参考，设一个垂向剖面，该平面过裂缝壁两侧的上端点，坐标分别为 P 左端（50996.152，40468.572，1199.269）、P 右端（50996.182，40468.442，1199.265）。

为方便计算，分别将点沿 x、y、z 轴分别平移 50990、40460 以及 1190，则该平面方程（$Ax+By+Cz+d=0$）在本例中为

$$4.3x + y - 35.02 = 0 \tag{7.11}$$

计算所有特征点在该平面上的投影，以投影后地裂缝最上端以及下端特征点空间位置在铅垂方向上的差异去体现地裂缝扩展方向的偏移情况，偏移量 l_i 与偏移角 δ 的计算公式如下：

$$l_i = \sqrt{(x_{\text{tp}} - x_i)^2 + (y_{\text{tp}} - y_i)^2}$$

$$\delta = \arcsin \frac{l_i}{\sqrt{(x_{\text{tp}} - x_j)^2 + (y_{\text{tp}} - y_j)^2 + (z_{\text{tp}} - z_j)^2}} \tag{7.12}$$

其中，（x_{tp}，y_{tp}，z_{tp}）及（x_i，y_i，z_i）分别为裂缝上部端点及下端特征点的空间坐标。

计算结果表明（图 7.22），随着地裂缝发育深度的增加，裂缝在垂直方向的偏移量也随之增加，二者符合近似的线性关系，在 3m 的空间内，地裂缝与垂向方向上的夹角基本保持不变（如蓝色虚线所示），左右两侧偏移角的平均值分别为 9.4°和 8.5°，二者基本一致。裂缝的扩展方向对土壤分层有所响应，裂缝在途经弱面层时，已发生偏移，而且在发育到第一个强面夹层之前（第 2 条横虚线），以近似垂直的形态向下发展。故此，对可见深度差的地裂缝，弱面层散落的土体可能在该界面堆积，堵塞裂缝。

神东矿区永久性边缘地裂缝浅层轨迹（深度小于 3.5m）探测表明，地裂缝在水平方

向的扩展程度不一，在浅层空间内无尖灭现象，其宽度随发育深度增加有所下降，但下降幅度相对较小，约为 10% ~20% 。裂缝向下发育过程中，土壤水平结构差异是裂缝宽度变化的主要因素，地裂缝发育方向整体偏向采空区，大多呈垂直向下发育趋势，但土壤中强弱面夹层对地裂缝扩展方向产生“扭曲”作用。

第8章　现代开采沉陷区土壤水及渗流规律研究

神东矿区处于干旱半干旱区域，降水稀少，且季节分配不均匀，蒸发强烈，目前该区的植物群落组成是以耐旱、根系相对较浅的沙蒿、沙柳、草等灌草类植物为主。土壤水是地表植物根系吸收水分的主要来源，也是该地区植物生长和植被恢复的主要限制因子。由于地表土壤水与地下第四系松散层孔隙水和基岩裂隙水系统相对独立，现代开采产生的地表裂缝对地表土壤水的分布、动态变化特征以及土壤渗流特性的影响规律研究显得尤为重要。本章以地表裂缝为中心，重点研究现代开采沉陷区地裂缝影响区域的土壤水变化规律、土壤渗流特性和地表水土流失问题，旨在揭示煤炭开采对地表土壤的含水量影响范围、深度及含水量的影响程度，从而为生态脆弱区的地表生态修复提供理论支撑。

8.1　地表土壤水及土壤渗流特性测定方法

开采引起的地表裂缝是影响土壤水的基本因素，由于地表裂缝对土壤水影响区域的有限性，观测重点选定为裂缝及附近区域，通过系统观测土壤含水率动态变化、采动过程中测定裂缝区土壤入渗特性和水土流失，分析开采对地表土壤水的影响。

8.1.1　地表裂缝处含水率测定

1. 采样布局及测定方法

观测区如图8.1红色方框所示，具体位置在距离开切眼300～500m，介于动态裂缝观测剖面的B35～B45点之间。观测区地势较为平坦，无明显地形地貌变化，无人为破坏现象。当12406工作面于2011年5月份推进至300m位置处和地表出现明显裂缝时，开始进行持续动态监测。沿工作面推进方向的开切眼至观测区范围（0～300m）作为监测的重点区段，该段现场初步调查统计表明，相邻两条平行裂缝之间的平均间距约为10～12m。同时，在工作面推进位置前方的300m处选择地形、地貌相似的区域作为观测对照区，按照“S”形布点，利用环刀取土样，系统采集土壤含水率测试样品，采用实验烘干法测试其体积含水量。

裂缝处土壤含水率测试采用TDR300水分含量速测仪，测试过程中需对TDR数据进行参数校正，获得TDR测试数据与区域土壤含水量的真实值的关系。将监测区的TDR测试结果与对照区土壤样本的体积含水量进行线性回归分析，得出的回归方程为

$$Y=1.571X-0.884 \qquad (\text{相关系数 } R^2=0.93)$$

式中，X为TDR测得的含水量值；Y为烘干法测得的含水量值。

用该方程可将TDR速测值转化为实验室烘干法所测含水量值（真实值）。

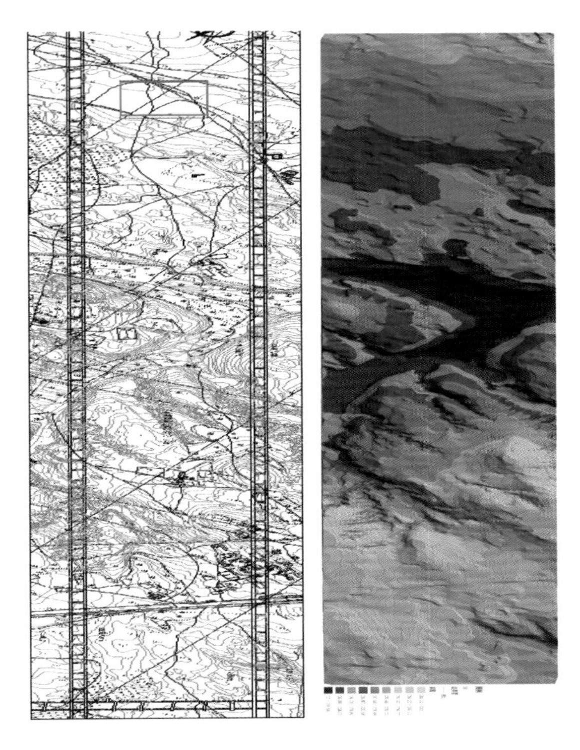

图8.1　12406工作面井上下对照图和DEM

2. 监测点布设及动态观测

为确定裂缝对土壤含水率的影响区域和周期，观测以动态裂缝为中心，在裂缝两侧布点，进行采动全周期观测，且土壤含水率达到相对稳定阶段时为止。具体方法是：

（1）观测对象选取：根据工作面开采进度，结合动态裂缝发育的周期特点，选取工作面上方最前端的动态裂缝作为观测对象。

（2）点位布设：利用全站仪（或手持GPS）标定裂缝位置，沿垂直裂缝走向方向在裂缝两侧分别布设3～5条含水率监测线，分别在距离裂缝10cm、20cm、30cm、50cm、75cm、100cm、150cm位置处布点（图8.2）。

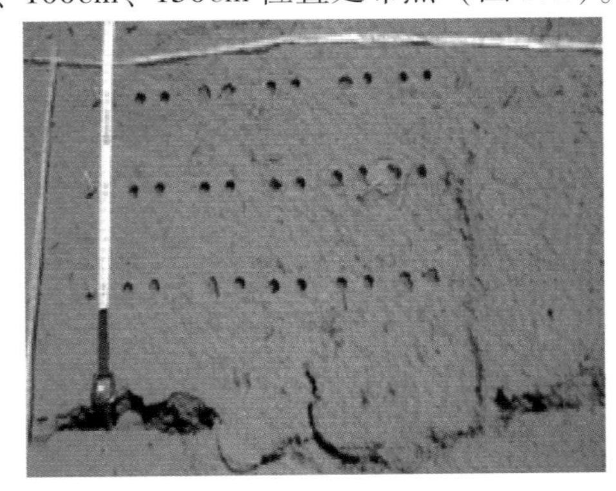

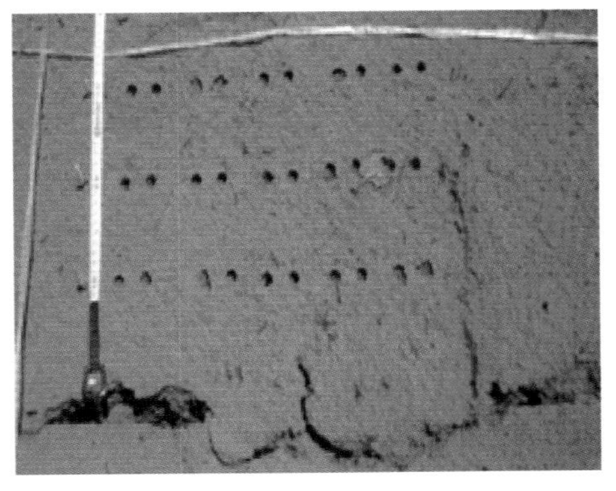

图8.2　裂缝附近土壤含水率动态监测

（3）现场监测：为确保不同观测时段的一致性与实验条件可比性，每天9：00～10：00作为观测时段；监测周期大于裂缝生命周期，且直至与裂缝周围的土壤含水率变化一致时或空间差异性不显著为止；监测结果按照裂缝相对出露侧和相对塌陷侧统计分析。

8.1.2　土壤垂直方向水分影响观测

土壤水分是土壤最重要的组成部分之一，水分的大小影响到土壤中许多化学、物理和生物学过程和植物生长，也是区域气候、地表植被、地形及土壤等自然因素的综合作用反映。在干旱、半干旱风沙丘陵地区开采沉陷区域，土壤水分受采动影响显示出时空动态变化。

1. 观测区及监测点分布

观测区选在风沙区大柳塔矿52305工作面。该区植被为沙蒿、沙柳、杨树以及草本等，地表无人为破坏现象，是比较理想的观测区域。观测选在52305工作面推进过程中，从开采前—开采中—开采后的全过程，观测时间为2013年10～11月，监测持续时间超过1个月，经历采煤沉降由开始到稳定的过程。

根据监测时开采进度及实际地形地貌，结合开采沉陷学相关理论，采用开采沉陷预计软件预计出均匀沉降区和非均匀沉降区，分别选定两个研究观测区和一个对照观测区。其中，对照区选定在两个区域垂直开采方向上的非沉陷区，开采反方向距开切眼120m处（15号桩），每隔40～80m布设水分监测点，并埋设实验配套铝管（$\Phi 45$，长230cm），系统观测开采扰动前0～200cm土壤垂直水分空间分布状况，确定研究区表层水分背景值及空间分布形态；两个观测区分别选在均匀沉降区与非均匀沉降区，非均匀沉降研究区域选定在开切眼处，均匀沉降区选定在开采推进方向上距开切眼340～440m处（Z38点到Z43点之间）。为避免观测线上人为踩踏影响，布点时避开中线，沉陷区具体分布如图8.3所示，监测点具体分布如表8.1所示。

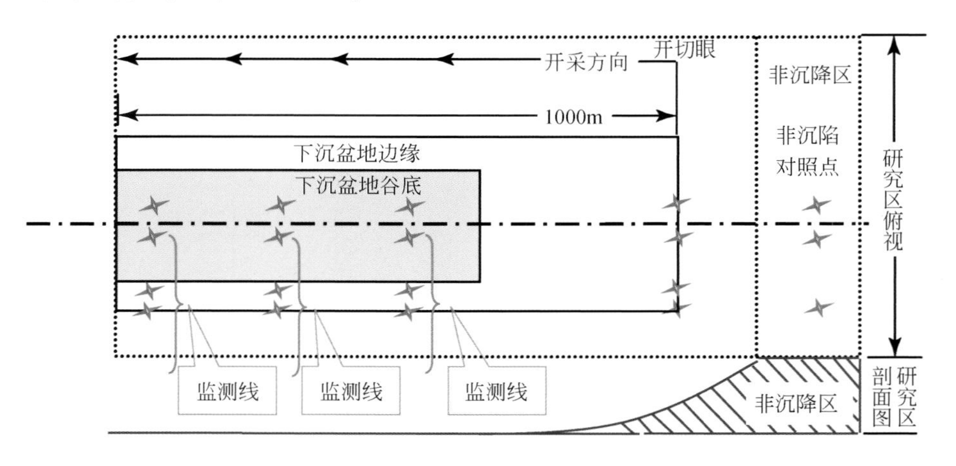

图8.3　监测点布设与开采沉陷区示意图

表8.1　监测点分布

监测线	分区	点号
CK	对照区	CK1、CK2、CK3
KQ	开切眼研究区	KQ1、KQ2、KQ3、KQ4
1	均匀沉降区	1-1、1-2
	非均匀沉降区	1-3、1-4
2	均匀沉降区	2-1、1-2
	非均匀沉降区	2-3、2-4
3	均匀沉降区	3-1、3-2
	非均匀沉降区	3-3、3-4

2. 数据获取及分析

观测条件一致性是减小测试误差的基本要求，为确保观测时段相同，选取每天8:30～17:00作为观测时间，观测按同一顺序进行。持续监测过程中，记录观测点和天气（例如大气降水等气候现象）等异常情况。

每天观测前先进行仪器标定，标注计数（STD）并检验仪器的可用性。为减少区域环境变化对观测值的影响，系统的动态观测前，在研究区监测点附近选择参考点，埋设套管后平衡2天，在监测点4～6m范围内，选取植被覆盖等条件一致的地点挖掘2个2m深的坑，利用环刀法取土及烘干法测定质量含水率并计算体积含水率，同时测定相应取土深度的中子仪计数，然后结合标准计数计算土壤体积含水率拟合曲线，用于体积含水率数据反演。

每个观测点按相同的深度间隔观测，在深度0～40cm区间，间隔5cm观测，在深度40～60cm间隔10cm观测，在深度60～200cm区间每20cm观测。每2天监测一次，遇天气异常时（如下雨等）则推后1天进行观测。现场共进行14次连续监测（图8.4）。

图8.4　中子仪现场监测

观测数据采用SPSS、SAS等软件进行处理，利用Origin、ArcGIS绘制成果分析图表。

8.1.3　地表裂缝区土壤渗流特性测定

1. 土壤入渗仪器及计算方法

传统的土壤入渗测定方法多采用单圈入渗法，但由于研究区风积沙层土壤的机械组成较为松散，土壤渗水能力强，采用该方法测量时土壤入渗达到稳定渗流阶段需要较长时间和较大用水量，测定土壤稳定渗流速率的难度较大。

为此，采用德国 HoodIL-2700 自动采集土壤入渗仪。该仪器由渗透室、导水管路、U 形管压力计、调压装置、数据采集器及软件、电子压力变送器及其他附件组成。渗透室直接接触土壤表面，不需对土壤表面特殊处理，通过导水管路导水，渗透室压力由“马里奥特”供水系统调节，随时可向马氏瓶加水以补充压力。土壤表面压力可以在 0 和任何负压间调节，直到土壤起泡点为止。土壤表面压力及起泡点可通过 U 形管压力计直接测定，仪器自动采集和记录数据。在实验过程中可通过不同水压、同水压以及不同半径的情况进行测定以得到多组数据，从而计算得到土壤稳定渗流系数。

采用该装置进行现场测量土壤导水率，是通过用一个充满水的水罩放在地表来实现，水罩下面充满水的圆形土壤表面就是入渗开始的地方，地表并不需要接触层。导水压力由水罩里的（马氏瓶）供水系统提供，有效压力可从零到负压直至土壤起泡点（空气入渗点）间自由选择。一个 U 形管装置用以压力的精确测量。在入渗测量时，采用双环法，即面积比例为 1∶2 的两个环型罩用来测量和计算导水率（基于 Wooding 理论）。一个压力水头和马氏瓶供水系统组成一个标准的张力入渗系统，测量最高可到 60hPa 的水势，直至土壤的起泡点。

稳定渗流速率的计算方法基础是 Wooding 理论，假定圆形区域入渗（半径 a）到无限远土壤内部的稳态流速 Q，则：

$$Q = \pi \cdot a^2 \cdot k_u \cdot \left(1 + \frac{4}{\pi \cdot \alpha \cdot a}\right) \tag{8.1}$$

通过实验可测得 α，入渗测量由不同张力（ψ）或用相同的张力，不同的半径获得。

使用不同的张力进行入渗测量时可使用各种不同的张力进行，最大到土壤起泡点（半径 a），选择两个邻近值（h_1，h_2），则有

$$\begin{aligned}\frac{Q_1}{\pi \cdot a^2} &= k_f \cdot e^{a \cdot h_1} \cdot \left(1 + \frac{4}{\pi \cdot \alpha \cdot a}\right)\\ \frac{Q_2}{\pi \cdot a^2} &= k_f \cdot e^{a \cdot h_2} \cdot \left(1 + \frac{4}{\pi \cdot \alpha \cdot a}\right)\end{aligned} \tag{8.2}$$

相除后，得到：

$$\alpha = \frac{\ln\left(\frac{Q_1}{Q_2}\right)}{h_1 - h_2}(h_1,\ h_2 < 0) \tag{8.3}$$

又得到导水率公式：

$$\begin{aligned}k(h_1) &= \frac{\frac{Q_1}{\pi \cdot a^2}}{1 + \frac{4}{\pi \cdot \alpha \cdot a}}\\ k(h_2) &= \frac{\frac{Q_2}{\pi \cdot a^2}}{1 + \frac{4}{\pi \cdot \alpha \cdot a}}\end{aligned} \tag{8.4}$$

在相同张力时，使用不同半径的 HOOD 水罩：

$$
\begin{aligned}
Q_1 &= \pi \cdot a_1^2 \cdot k_u \cdot \left(1 + \frac{4}{\pi \cdot \alpha \cdot a_1}\right) \\
Q_2 &= \pi \cdot a_2^2 \cdot k_u \cdot \left(1 + \frac{4}{\pi \cdot \alpha \cdot a_2}\right)
\end{aligned} \tag{8.5}
$$

选择入渗面积及比率，得到：

$$F_2 = q \cdot F_1 \ (F = \pi \cdot a^2) \tag{8.6}$$

则：

$$\alpha = \frac{4 \cdot \left(\sqrt{q} \cdot \frac{Q_1}{Q_2} - 1\right)}{a_1 \cdot \pi \cdot \left(1 - q \cdot \frac{Q_1}{Q_2}\right)} \tag{8.7}$$

因此，对于未知的 K_u 和 α，我们可从公式（8.7）和（8.5）中得到。

对于简单的测试过程已知材质参数 α，在一次测量中，一个入渗过程，例如半径 $a=0.088\text{m}$，导水率由下面公式确定。

$$\frac{Q}{\pi a^2} = k_u \cdot \left(1 + \frac{4}{3.14 \cdot \alpha \cdot 0.088m}\right) = k_u \cdot C \tag{8.8}$$

渗透率的测量：在土壤表面有效的水张力“h”可以通过淹没的深度来选择。

$$h = H_s - U_s (h<0) \tag{8.9}$$

2. 开采过程中入渗试验观测

采煤塌陷所产生的裂缝主要是边缘裂缝和动态裂缝两种。由于现代开采沉陷区大部分是动态裂缝发育区域，试验观测选定该区域，时间为开采过程中且观测结果趋于稳定时。在 12406 工作面回采过程中，在距开切眼 300 ~ 500m 区间于 2011 年 5 月 ~ 2011 年 9 月共完成 3 次入渗试验，同时选取相邻的未开采的 12407 工作面作为对照区。在对照区随机分布散点进行同步测量，采样点分布如图 8.5 所示。

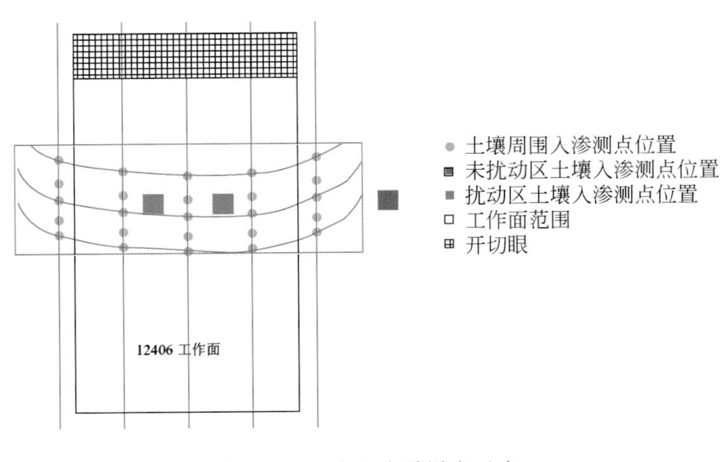

图 8.5　土壤入渗采样点示意

入渗试验观测（图 8.6）共获取 38 组入渗试验点的监测数据，其中，对照区随机分布散点进行同步测量，共采集 9 组数据；在开采区域的整个裂缝发育周期内共采集数据 12 组，跟踪监测周围土壤入渗速率变化；当裂缝完全闭合 2 个月、4 个月后，开采沉陷接近稳沉时进行重复监测共采集数据 17 组。

图 8.6　土壤入渗率现场测定

通常情况下在动态裂缝处使用 HOOD-IL2700 进行入渗观测时，入渗点处水分扩散在半径为 2m 的空间范围内，应避免先前入渗工作对后期的影响，从而导致入渗率偏小情况出现。

由于研究区内土壤主要为风沙土，入渗速率较快，因此对于 HOOD-IL2700 入渗仪每阶段入渗测量时间定为 2 ~ 3min，设定为每 3s 记录一次数据，由于计算公式需要 3 个阶段的数据，故取正常大气压下以及两个负压的阶段，方可快速计算出需测点的稳定入渗率。

8.1.4　地表水土流失测定

地表水土流失是通过研究区地表裂缝分布区径流小区试验获得，结合原始地形和土壤结构等主要影响因素，径流小区设计和建设的标准直接影响到观测数据的精度。考虑到研究区的特殊性，径流小区设计和建设应遵循以下原则。

1. 径流小区设计和建设原则

径流小区设计和建设的标准直接影响到观测数据的精度。为研究煤矿塌陷前后区域内水土流失的特征及其变化，通常情况下，原始地形也是其主要影响因素，例如坡度等。

（1）径流小区布设场地布置在采煤塌陷区。地表塌陷及其引起的地裂缝是造成水土流失特征变化的主要影响因素。初选根据研究区工作面的地质条件及相似区域的地表移动变形主要参数，对煤炭开采后地表塌陷的范围，形成下沉等值线分布图，在此基础上，选择塌陷严重的区域作为试验场地。

（2）径流小区布设在典型坡度样段。由于坡度也是影响径流特征的主要因素，因此应根据坡度大小分别布设径流小区。根据研究区地形图，在 ArcGIS 操作平台下，利用地形图中等高线，自动生成虚拟的 DEM，并将虚拟的 DEM 进行坡度等级划分，赋予不同的显示颜色，划分标准可遵循如下原则：

$$S=\begin{cases}1, & 0<\text{slope}<5\\2, & 5\leqslant\text{slope}<10\\3, & 10\leqslant\text{slope}<20\\4, & \text{slope}\leqslant 20\end{cases}\tag{8.10}$$

将（1）、（2）中的下沉等值线分布图以及坡度等级图进行叠加，并根据实地调查结果，分别获取塌陷严重区域四种不同坡度处径流小区的布设场地。

（3）径流小区尺寸不宜过小。在沿工作面走向长度内，应以包含2～3条裂缝为宜。根据该区动态裂缝平均间距，确定小区的宽度为2～5m，长度为15～20m。

2. 径流小区实地布设方法

径流小区实地布设共分开挖凹槽、设置集水槽以及复合土工布、回填凹槽、设置引水槽和集水设备等，现场布设如图8.7所示。其中：

（1）凹槽开挖要根据预先设计的径流小区的大小，以及由（1）确定的径流小区的布设位置，先在地面上用红色塑料袋标记其范围，随后进行凹槽开挖，凹槽的宽度为5～10cm，深度为40cm（由于存在厚松散层）。

（2）布设集水槽及复合土工布时将规格一致的彩钢安置在凹槽中，彩钢的规格尺寸为2m×0.5m，各彩钢的两边均附有2～3个圆孔，利用铁条将彩钢进行铰接相连、半固定相连，不宜过紧，形成集水槽；将复合材料的土工布附于集水槽内壁，土工布不宜折叠，使其处于自然伸展状态。复合土工布由玻璃纤维组成，具有良好的抗拉强度和防水能力，断裂强度>5kN/m，土工布和集水槽内壁利用石灰或者水泥膏体胶结相连，并将土工布上端布设圆孔，利用短绳将土工布和彩钢二者的圆孔相连。

（3）回填凹槽时的回填标高与地面一致，并利用人工踩踏方式对集水槽内外壁进行适当压实，起到支护集水槽的作用。

（4）对引水槽地面要进行处理，引水槽末端的地面标高略低于出水口的标高，引水槽与集水槽出水口进行固定相连，缝隙利用膏体进行密闭。其中引水槽的深度为20cm，其长度为50cm。

（5）集水设备就是在引水槽的末端开挖一个1m×1m×1m的立方体的凹槽，并将集水桶放置在此凹槽中，进行水沙的收集。

图8.7 径流小区示意图

8.2 开采地表裂缝及沉陷区土壤水变化特征

地表裂缝直接影响的土壤水变化区域是近裂缝周围相对出露侧。通过采动全过程的裂缝附近土壤含水量和不同深度土壤含水量的持续动态监测，确定裂缝影响土壤含水率范围、程度和周期，可进一步分析对地表植物的影响规律。

8.2.1 动态裂缝对土壤含水性的影响特点

动态裂缝是指具有一定存在周期的临时性裂缝。根据裂缝两侧地表相对变化分为出露侧和塌陷侧，前者地表相对抬升，后者相对下降，形成上下错动。

1. 相对出露侧表层土壤含水量变化

裂缝相对出露侧是指裂缝面土壤暴露在地表的一侧，也是裂缝两端相对地面抬升的端。该裂缝面的出露土壤直接与空气接触，易受风蚀和蒸发作用影响。

1）裂缝对土壤含水量的影响范围

按照上述观测方案，沿垂直裂缝的走向方向布设 5 条裂缝监测线，分别对距离裂缝不同位置处的土壤表层含水量进行现场监测，并通过 TDR 校正方程，取每个距离上的 5 个监测数据的平均值作为该处土壤体积含水量。

为确定裂缝对周边土壤水分的影响范围，采用每天连续观测方法，观测区域直至土壤体积含水量数值趋于稳定，即裂缝对周边土壤水分基本无影响时为止。为减少光照、蒸发、露水等异常因素影响，提高观测数据一致性，设定每天上午 9 点为固定测定时间。

观测获得的裂缝相对出露面土壤表层水的变化情况如表 8.2 所示。数据表明，相对裂缝的不同距离处的土壤含水量最大值基本相同，其对应时段是在裂缝最终完全闭合之后。最小值则出现在裂缝发育中期（接近于裂缝最大开裂处），且距离裂缝的相对位置越远，其土壤含水量变化越小。当与裂缝相对距离达到 1m 以上时，土壤含水量趋于稳定，借此初步判定裂缝影响范围的临界值为 1m；土壤含水量均值变化表明，裂缝对其周围土壤的平均含水量影响比较明显，75cm 以内随着距裂缝相对距离的增大而减小，其中 10cm 处的水分含量的最大损耗幅度达到 28%；土壤含水量数据方差分析结果显示，各组方差值随着相对位置的增大而减小，说明裂缝对周围土壤的影响程度随着距离增大而减小。

表 8.2 相对裂缝出露面不同距离处的土壤体积含水量一览表

指标	点位						
	10cm	20cm	30cm	50cm	75cm	100cm	150cm
最大值	4.3	4.3	4.3	4.4	4.4	4.4	4.4
最小值	3.1	3.3	3.6	3.7	3.8	4.0	4.0
均值	3.5	3.7	3.9	4.0	4.1	4.1	4.2
方差	0.08916	0.05587	0.03787	0.02842	0.02916	0.01927	0.01407
变异系数	8.26%	6.32%	5.03%	4.19%	4.13%	3.08%	2.84%

显然，土壤含水量的最小值、均值、方差、变异系数在75cm内均随距离的增加而减小，而100～150cm范围的相比变化很小，表明裂缝的存在增大了土壤的比表面积，加速土壤水分向外界空气的水分蒸发，也增大了受风面积。同时，受拉伸作用，裂缝周围土壤的孔隙度显著增加，增加土壤毛管孔的数量和孔径，导致水分蒸发加剧。

为更好说明裂缝对周围土壤含水量的影响范围，采用SAS9.2软件对各采样条带的数据进行差异性分析（表8.3），结果表明，距离裂缝10cm、20cm、30cm、50cm处的土壤含水量均与150cm处的土壤含水量形成显著性差异（$p<0.05$），而75cm处土壤含水量与100cm及150cm处差异性不显著（$p>0.05$），100cm处土壤含水量与150cm差异性极不显著。

表8.3　不同点位土壤表层含水量差异性变化（SAS）

指标	点位						
	10cm	20cm	30cm	50cm	75cm	100cm	150cm
土壤表层含水量	3.503±0.10E	3.737±0.07D	3.886±0.07C	4.020±0.04B	4.122±0.06AB	4.135±0.05A	4.189±0.04A

综合土壤含水量观测数据和数据之间的差异性分析，确定观测区的裂缝对周边土壤表层含水量影响的最大范围为75cm左右。结果亦表明，裂缝对周边土壤含水量的影响范围和影响幅度是有限的。

2）裂缝对土壤含水量的影响周期

裂缝对土壤含水量的影响周期是开采对地表土壤含水性影响的重要指标。现场观测采用相同观测方法，观测位置选定在裂缝对周边土壤表层含水量影响最大的位置（距离10cm处）和基本无影响的位置（150cm处），采用TDR进行土壤含水量变化全周期观测。

观测结果如图8.8所示，反映了裂缝周边典型位置（距裂缝10cm与150cm处）的土壤含水量随时间的变化趋势。由图可见，裂缝出现第一天时10cm处与150cm处的土壤表层含水量为4.3，说明此时裂缝产生的最初阶段对土壤含水量未产生影响。随着裂缝的发育，10cm处的含水量呈现下降—小幅度上升—下降—又上升变化，其中在第8天含水量

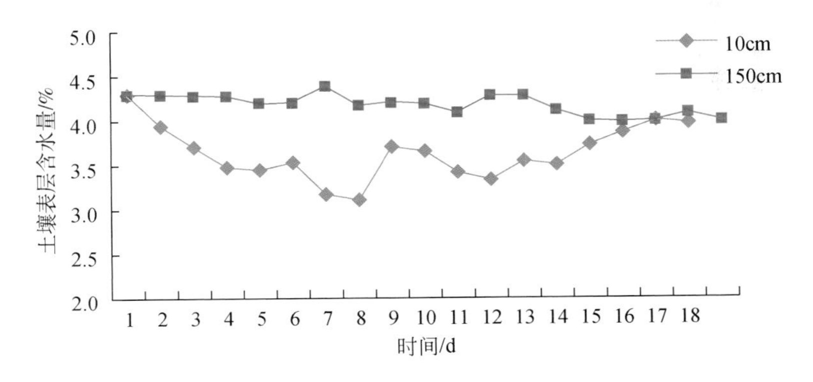

图8.8　裂缝相对出露侧不同时间的土壤表层含水量变化

达到最小值3.1。此过程中裂缝经历“裂开—初次闭合”等阶段，裂缝周围的土壤含水量变化幅度最大，说明裂缝的开闭导致土壤与空气接触面积的变化，土壤水分蒸发作用是含水量变化的主要因素；含水量在第9～10天上升至3.7，又在第12天下降至第二个低值3.3，随后再次上升，并在第17天时达到150cm处的土壤含水量。含水量变化周期与裂缝的发育周期内裂缝宽度变化趋势一致。为进一步确定影响周期，延长两天继续进行含水量观测，发现10cm处与150cm处的表层含水量继续保持一致，据此判定裂缝对周边土壤含水量的影响已经结束。

根据“同源可比”原则，进一步采用差值法处理分析数据，进一步确定裂缝对土壤含水量的影响周期。为保证数据的一致性，选用距离裂缝150cm处的土壤含水量值作为基准值，求出与其他距离处含水量的差值，作为该位置处的相对地表土壤含水量值（即裂缝周围土壤含水量的损耗量）。结果如图8.9所示，显示在150cm内，前端动态裂缝土壤表层相对含水量随裂缝发育天数均呈现上升—下降—小幅上升—下降—趋于平缓的趋势，距裂缝10cm、20cm与30cm处的土壤表层相对含水量峰值均分别出现在裂缝发育第7天和第12天，而裂缝在第6天前一直处于开裂状态，表明裂缝对附近土壤水分影响有滞后性，造成第7天峰值达到1.2、1和0.8，又因裂缝二次开裂，达到峰值1、0.7和0.6。当裂缝完全闭合后，关闭了土壤蒸发的毛管孔通道，减小了土壤的比表面积，土壤水分很快得以恢复。即在发育后期（17d后）土壤含水量变化已不显著。数据表明动态裂缝发育17d后，土壤表层相对含水量基本得到恢复，此时裂缝对土壤表层相对含水量影响可忽略，因此，在研究区开采和地表土壤条件下，裂缝对地表土壤含水量的影响周期约为17d。

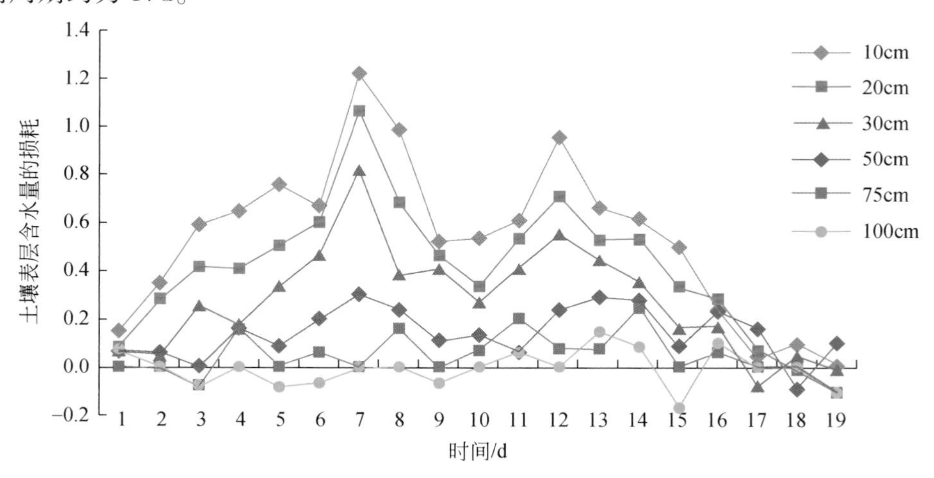

图8.9　裂缝相对出露侧土壤表层水损耗随时间的变化

3）土壤含水量损耗量的函数模型

利用Matlab数据分析软件对各距离上的观测数据进一步处理，根据散点分布特征，以10cm处为例，得到距离裂缝10cm处相对土壤含水量的拟合曲线（图8.10），同时对距离裂缝20cm、30cm、50cm处的相对土壤含水量（损耗量）进行同样处理，得到各采样水平的变化函数模型，处理结果如表8.4所示。

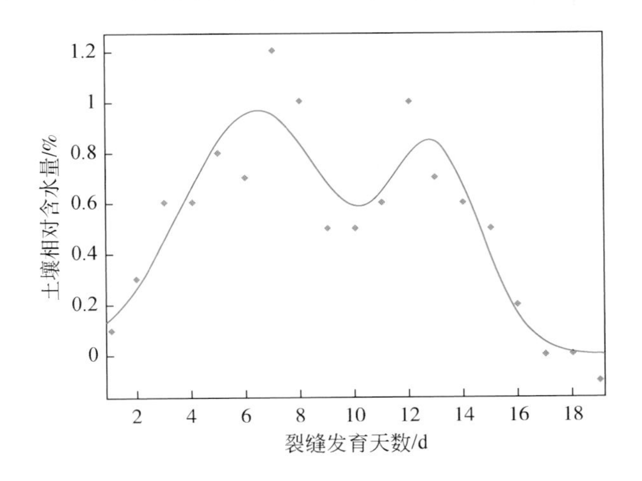

图 8.10　裂缝出露侧 10cm 处的土壤相对含水量拟合曲线

表 8.4　各采样水平函数拟合参数

采样水平	拟合参数					
	a_1	b_1	c_1	a_2	b_2	c_2
10cm	0.9643	6.429	3.91	0.7773	12.98	2.4
20cm	0.779	6.64	3.716	0.5551	13.12	2.526
30cm	0.6046	6.748	2.75	0.5122	12.58	2.567
50cm	0.3052	14.52	3.406	0.2551	5.579	3.797

其中函数模型为

$$f(x) = a_1 \exp\left[-\left(\frac{x - b_1}{c_1}\right)^2\right] + a_2 \exp\left[-\left(\frac{x - b_2}{c_2}\right)^2\right]$$

利用拟合系数 R^2、误差平方和 SSE 以及均方根误差 RMSE 对参数拟合的效果与精度进行评价，精度统计表如表 8.5 所示，显示 4 条拟合方程的 R^2 基本上大于 0.8，说明拟合方程具有较高的准确性，能有效反映该处相对土壤含水量的变化。据此可在裂缝发育天数已知的条件下，由公式直接得知该天裂缝对水分的影响情况，并可进一步预测裂缝对土壤含水量的影响情况，如预测距离裂缝不同位置（如 150cm 处等）的土壤含水量。

表 8.5　拟合参数统计表

观测线	指标		
	R^2	SSE	RMSE
10cm	0.8621	0.3237	0.1578
20cm	0.8731	0.2602	0.1415
30cm	0.8774	0.1690	0.114
50cm	0.7466	0.0213	0.0486

4）动态裂缝的影响程度与机理

前文指出，裂缝对周边土壤表层水的影响范围为75cm，影响周期为17d，17d后裂缝10cm处和150cm处值相同，但值得注意的是，两者没有差别，并不代表此时土壤表层水完全恢复，因为裂缝闭合，塌陷仍在继续，裂缝周围的土壤含水量可能受到裂缝与塌陷的双重影响，应确定二者在土壤含水量损耗中所占的比例与权重，故需对150cm处的水分情况进行对比分析，从而确定在裂缝闭合时水分的损失情况。为探明这一情况，在邻近工作面12407选取20m×20m的研究区作为对照，每天9点在该研究区随机布点测其平均值，得到未受裂缝影响的土壤表层水随时间的变化（图8.11）。土壤含水量变化曲线表明，对照区表层土壤含水量在19天的观测周期内上下幅度最大值为0.2，未发生明显变化，而150cm处的土壤含水量整体呈现先不变后降低的趋势，其中1～13天内上下幅度最大值为0.2，土壤含水量未发生明显变化，第14天开始出现下降趋势，并在观测结束时未出现上升趋势，说明地表塌陷在裂缝存在初期，对裂缝周围的土壤含水量基本无影响，其主要影响因素为地裂缝；裂缝与塌陷的双重影响开始于裂缝出现14d后，此时工作面开采位置已经到达与裂缝相对距离约为+160m处。

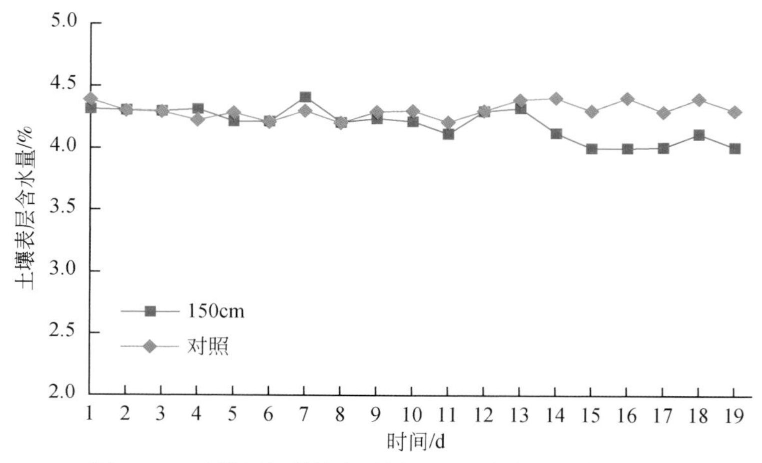

图8.11　对照区与裂缝出露侧150cm处表层土壤含水量

观测区与对照区的数据进一步对比分析表明（表8.6），19d观测期内，距离裂缝150cm处的含水量最小值、均值均比对照区的小，波动性大于对照区。结合1～13d观测数据与14～19d两个阶段的对比，发现两者差异主要出现在第二阶段，150cm的最大值、最小值、均值均小于对照区，表明在14～19d时该处的土壤含水量受到塌陷的影响导致水分损耗。

表8.6　裂缝相对出露侧150cm土壤含水量与对照区的对比分析

指标	点位					
	1～13d 150cm	1～13d 对照	14～19d 150cm	14～19d 对照	19d 150cm	19d 对照
最大值	4.4	4.4	4.1	4.4	4.4	4.4
最小值	4.1	4.2	4	4.3	4.0	4.2

续表

指标	点位					
	1～13d 150cm	1～13d 对照	14～19d 150cm	14～19d 对照	19d 150cm	19d 对照
均值	4.25	4.28	4.03	4.35	4.18	4.3
方差	0.005	0.0048	0.003	0.003	0.015	0.004
变异系数	1.73%	1.61%	1.44%	1.2%	2.93%	1.64%

为更好说明二者之间在不同阶段土壤含水量的空间差异性，探讨裂缝与塌陷对地表土壤含水量的起始影响时间以及影响程度，利用 SAS9.2 对该处与对照区的含水量观测数据进行差异性处理（表 8.7），分析数据可知，得出 1～13d 内 150cm 与对照差异性不显著（$p>0.05$），而 14～19d 显著性差异（$p<0.05$）。结果表明，14d 后水分损耗来自塌陷和裂缝的双重影响，且随着裂缝的最终完全闭合，生命周期终结后，裂缝对周围土壤含水量的影响逐渐消除并最终消失，地表塌陷对该区域内土壤含水量的影响比重逐渐增大，并在裂缝影响消失后也趋于稳定。10cm 与 150cm 受塌陷的影响程度相同，相对于裂缝的梯度影响，塌陷对水分的损耗是大范围整体性，且具有相对稳定性。以距离裂缝 20cm 的土壤含水量为例，塌陷对地表含水量的影响损耗贡献比例如图 8.12 所示，表明在裂缝发育 19d 后，裂缝对表层土壤含水量影响作用消失，而塌陷作用对表层土壤含水量的影响作用显示相对较强。

表 8.7　裂缝相对出露侧 150cm 与对照区土壤含水量的差异性分析

指标	点位					
	1～13d 150cm	1～13d 对照	14～19d 150cm	14～19d 对照	19d 150cm	19d 对照
土壤表层含水量	4.25±0.07A	4.275±0.05A	4.03±0.07B	4.34±0.02A	4.18±0.05B	4.3±0.02A

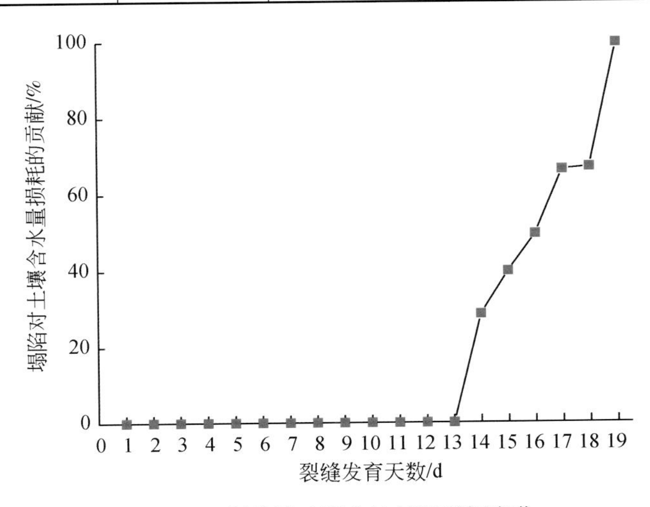

图 8.12　塌陷影响所占比例随时间变化

2. 相对塌陷侧表层土壤含水量变化

1）相对塌陷侧裂缝对土壤含水量的影响范围

采用与上述相同的观测和分析方法，获得的裂缝相对塌陷侧的表层土壤含水量变化数据如表 8.8 所示，结果表明：含水量最小值、均值在 30cm 内均随距离的增加而减少，方差、变异系数随距离的增加而减小，与相对出露侧的特征相同，但相对出露侧各观测水平的原始数据有所提升，各组间方差均小于 0.05，样本组间离散程度很小，表明裂缝对相对塌陷侧土壤含水量的影响程度要明显小于相对出露侧，可能源于塌陷侧与空气的接触频率明显低于出露侧。数据表明，裂缝对相对塌陷侧土壤表层含水量影响范围仅在 30cm 左右。

表 8.8　裂缝相对塌陷侧不同距离处土壤含水量统计指标

指标	点位距						
	10cm	20cm	30cm	50cm	75cm	100cm	150cm
最大值	4.4	4.4	4.4	4.4	4.4	4.4	4.4
最小值	3.6	3.7	3.9	3.8	3.8	3.9	4.0
均值	3.9	4.0	4.1	4.1	4.2	4.2	4.2
方差	0.049	0.034	0.018	0.023	0.025	0.023	0.016
变异系数	5.7%	4.6%	3.3%	3.7%	3.8%	3.6%	3.0%

数据差异性分析结果（表 8.9）表明，距离裂缝 30cm 以内的土壤含水量的差异性明显（$p<0.05$），而 10cm、20cm 均与 150cm 处形成显著性差异（$p<0.05$），从 30cm 处至 150cm 处差异不显著。由此亦可证明，裂缝对相对塌陷侧土壤的影响范围在 30cm 左右。

表 8.9　不同点位土壤表层含水量差异性变化（SAS）

指标	点位						
	10cm	20cm	30cm	50cm	75cm	100cm	150cm
土壤表层含水量	3.905±0.09C	4.014±0.07B	4.121±0.05A	4.125±0.07A	4.211±0.05A	4.218±0.07A	4.231±0.05A

2）裂缝相对塌陷侧对土壤含水量的影响周期

图 8.13 显示裂缝相对塌陷侧的典型距离处（距裂缝 10cm 和 150cm 处）的土壤含水量随时间变化曲线，表明土壤水分变化的趋势与裂缝相对出露面相似，即：裂缝出现第 1d 时 10cm 处与 150cm 处的土壤表层水分值为 4.4，说明此时裂缝对水分未产生影响；随着裂缝的发育，在第 3d 时 10cm 处的水分呈现一个先下降后小幅度上升又下降最后又上升的趋势，其中在第 6d 时达到最小值 3.6，后在第 9～10d 上升至 4.0，又在第 11d 下降至第二个低值 3.6，随后再次上升，并在第 15d 时与 150cm 保持一致，为保证数据的准确性，后又延长至第 19d 观测，发现 10cm 处与 150cm 处的土壤含水量继续保持一致，未出现反复，从而确定裂缝对周边土壤水分的影响已结束。

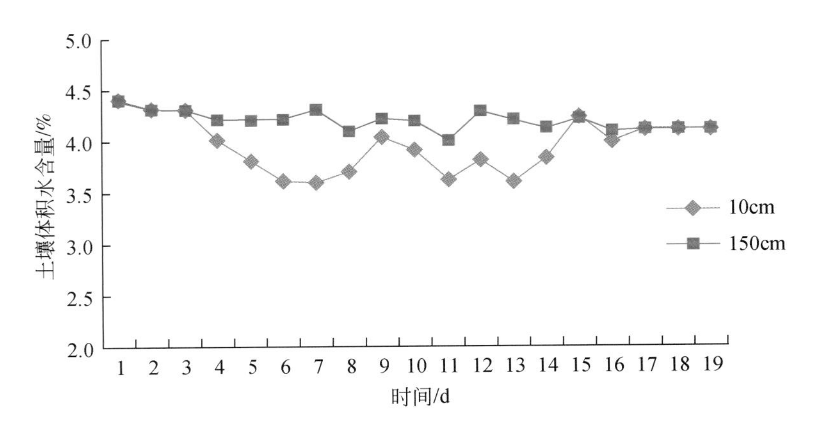

图 8.13 裂缝相对塌陷侧表层土壤含水量随时间的变化

裂缝塌陷侧土壤表层相对含水量（水分损耗）如图 8.14 所示，与裂缝相对出露侧相比，相对塌陷侧土壤含水量也呈上升—下降—小幅上升—下降—趋于平稳的特点，区别在于相对塌陷侧是在30cm 内，裂缝影响始于第4d，终止于第15d，影响周期为11d，小于裂缝发育的生命周期。此过程中，工作面开采位置与观测区域的相对距离为+40 ~ +172m，且水分损失程度相对较小。

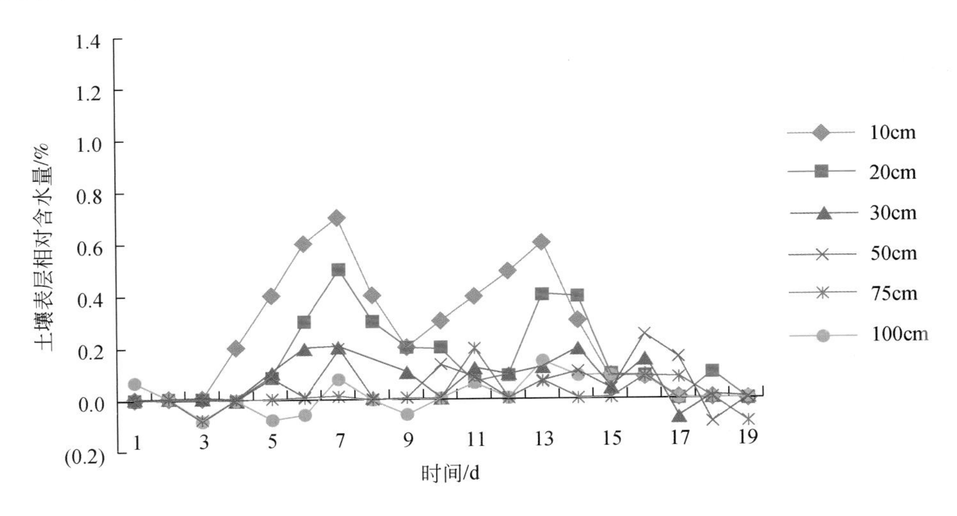

图 8.14 裂缝相对塌陷侧相对土壤表层水随时间的变化

3）裂缝相对塌陷侧土壤含水量变化的函数模型

与裂缝相对出露侧处理方法相同，利用 Matlab 软件对各距离观测数据进一步处理。以距离裂缝 10cm 处数据为例，得到的相对土壤含水量拟合曲线如图 8.15 所示，同时对 20cm、30cm 处的相对土壤表层水（损耗量）进行同样处理，得到各采样水平的变化函数模型，函数表达形式与出露侧相似，处理结果如表 8.10 所示。

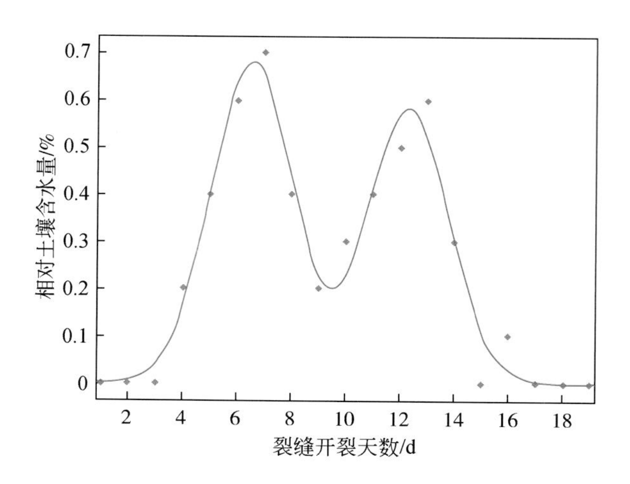

图 8.15　10cm 处的相对土壤表层水的拟合曲线

表 8.10　各采样水平函数拟合参数

采样水平	拟合参数					
	a_1	b_1	c_1	a_2	b_2	c_2
10cm	0.6798	6.535	2.109	0.5803	12.27	2.114
20cm	0.4191	7.339	2.242	0.4596	13.51	1.288
30cm	0.2196	6.845	1.992	0.1696	13.36	2.361

利用拟合系数 R^2、误差平方和 SSE 及均方根误差 RMSE 对参数拟合的效果与精度进行评价，统计结果如表 8.11 所示。分析方法与相对裂缝出露侧，此处不再赘述。

表 8.11　拟合曲线指标分析

观测线	指标		
	R^2	SSE	RMSE
10cm	0.9419	0.04397	0.05816
20cm	0.8816	0.05296	0.06382
30cm	0.6067	0.0546	0.07045

8.2.2　边缘裂缝对土壤含水性的影响特点

边缘裂缝的数据采集是根据研究区开采地表移动变形规律和边缘裂缝分布特征，结合当天观测时段工作面开采进度，在工作面边界找到边缘裂缝最前端，根据裂缝走向在沿工作面推进的相反方向进行 GPS 定位的土壤含水量观测。起始观测点距开切眼 312m，每间隔 50m 左右布一个观测点，并实测观测点与起始点的距离，观测点尽量选取地势平缓地区，减少客观因素对观测结果的影响。采用 TDR（20cm 探针）依序观测距离裂缝 10cm、20cm、30cm、50cm、75cm、100cm、150cm 处的土壤表层含水量，得到边缘裂缝周边的表层土壤含水量。不同距离处裂缝周边土壤含水量观测结果如图 8.16 所示。

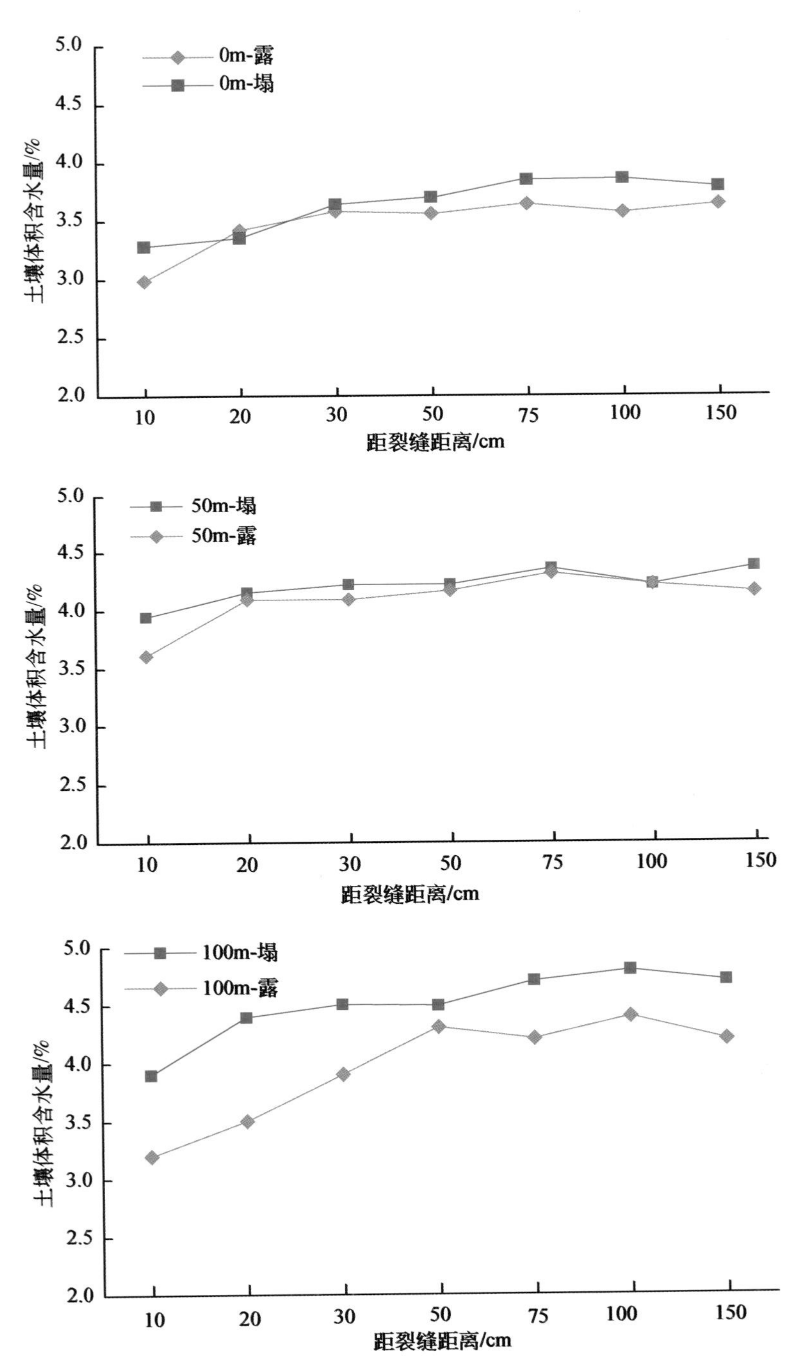

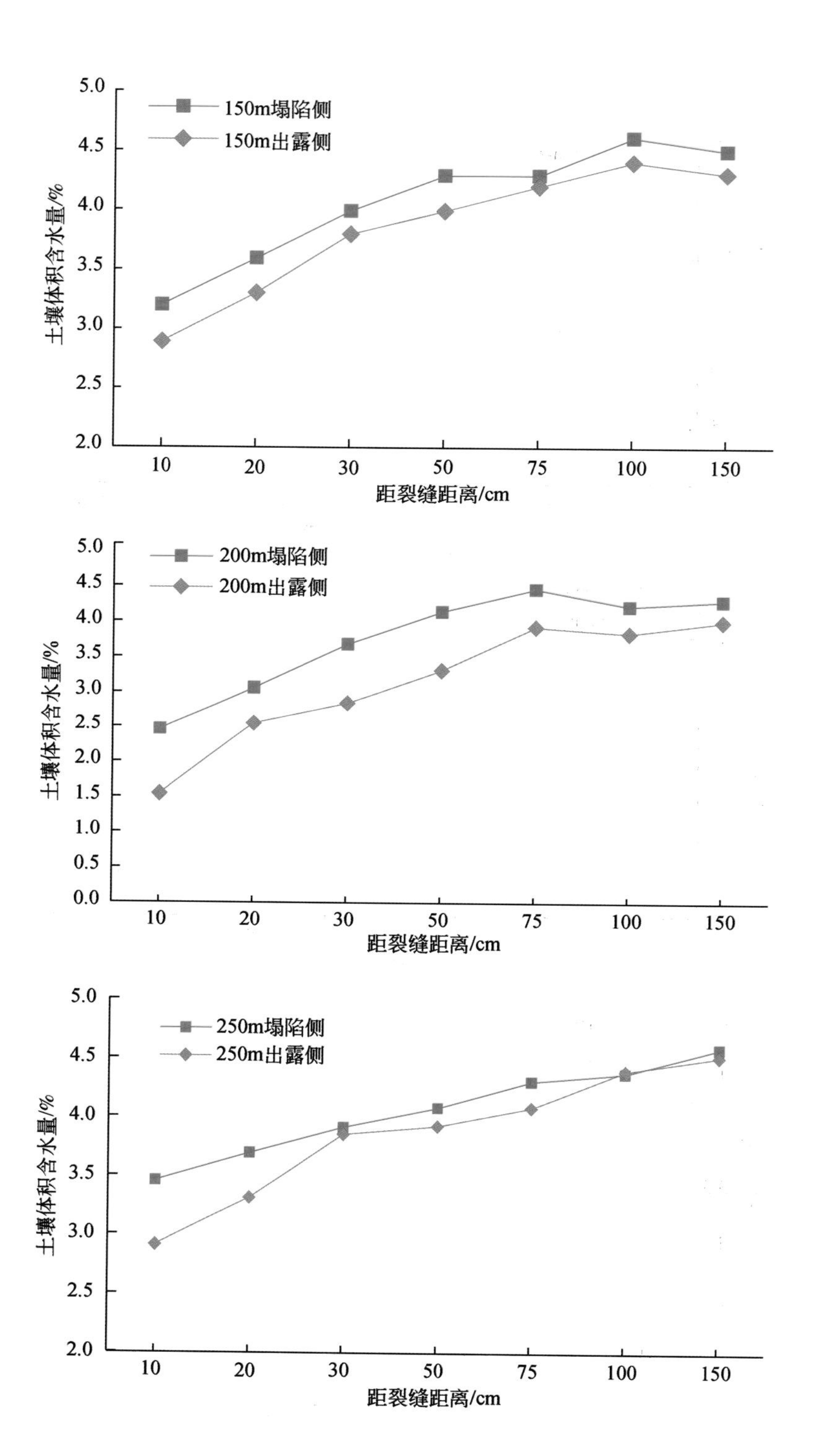

150m塌陷侧
150m出露侧
土壤体积含水量/%
距裂缝距离/cm
200m塌陷侧
200m出露侧
土壤体积含水量/%
距裂缝距离/cm
250m塌陷侧
250m出露侧
土壤体积含水量/%
距裂缝距离/cm

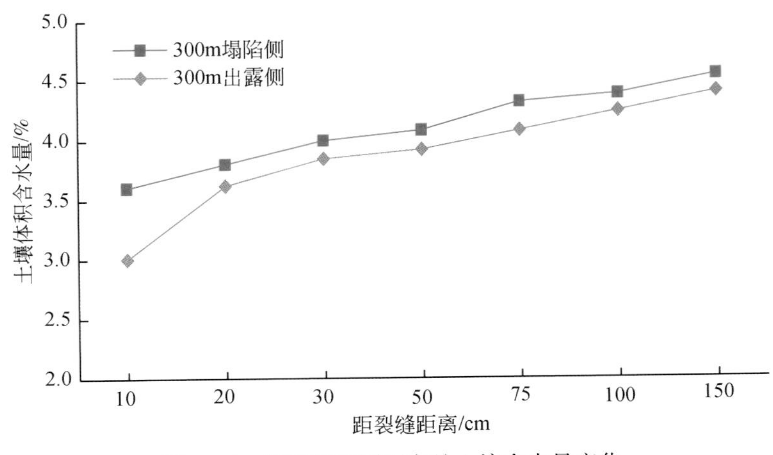

图 8.16　距裂缝不同距离处土壤含水量变化

起始距离为 0，代表裂缝开裂最前端；距离越大，越远离裂缝开裂端，越接近开切眼

根据观测距离、塌陷侧、相对塌陷高度、裂缝宽度与距裂缝距离 5 种因素，对不同距离上不同塌陷错落高度的错落裂缝两侧的土壤含水量数据进行方差分析。结果表明，裂缝两侧不同距离错落处的土壤水分分布有显著差异（$p<0.01$），造成差异的因素包括与起始点的位移（$p<0.01$）、塌陷侧（$p<0.05$）、相对塌陷高度（$p<0.01$）、裂缝宽度（$p<0.05$）与观测点距裂缝的距离（$p<0.05$）等，实验期内塌陷区错落裂缝处土壤水分显著差异（$p<0.01$）。针对各种因素的多重均值检验表明，与起始点近的显著小于距离远的，错落裂缝相对出露侧的含水量显著低于相对塌陷侧，错落裂缝处土壤水分与错落高度无明显相关性，裂缝窄的地方显著小于裂缝宽的地方，距裂缝近的观测点显著小于距裂缝远的观测点。

采用差值法对裂缝周围 10cm 与 150cm 的含水量数据处理后获得的相对变化量，即裂缝对土壤含水量造成的损耗随位移的变化（图 8.17）表明，边缘裂缝两侧的土壤相对变化量均出现先上升后下降的趋势，即在 200m 之前，随位移距离增加时水分损失也增加，但在 200m 以后，随位移距离的增大而逐步降低，两者具有相同的变化趋势，但边缘裂缝造成的含水量损耗在出露侧的幅值总体比塌陷侧高。

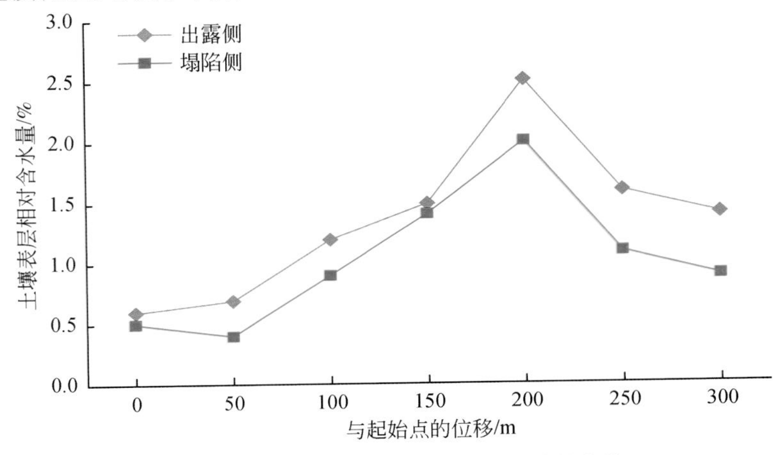

图 8.17　土壤表层相对含水量随位移的变化

当工作面推进至1157m时（2012年7月），进行重复观测，发现边缘裂缝两侧各距离处均无明显差异，说明裂缝对表层土壤含水量的影响作用逐渐减弱并恢复到裂缝出现前的状态。为确定边缘裂缝的影响周期，按照与工作面日推进速度一致，确定了12～13m的观测间隔，对边缘裂缝两侧10cm和150cm处进行TDR水分监测，分析裂缝两侧土壤含水量随时间的相对变化，测量结果如图8.18和图8.19所示，两者总体变化趋势和土壤含水量的恢复周期基本一致，即随裂缝出现时间增加，土壤相对含水量呈先上升后缓慢下降的趋势，但出露侧的变化幅值大于塌陷侧，出露侧出现最大幅值的时间也早于塌陷侧，说明裂缝对出露侧土壤含水量的影响大于塌陷侧。

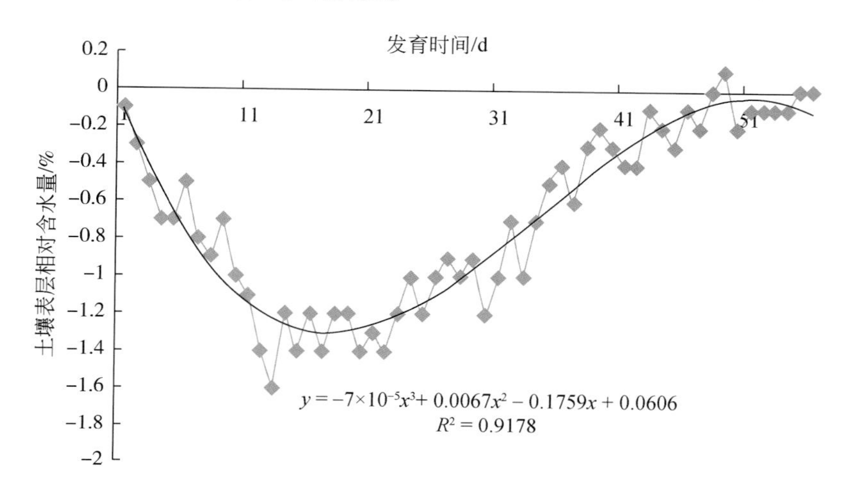

图8.18　边缘裂缝出露侧土壤相对含水量随时间的变化

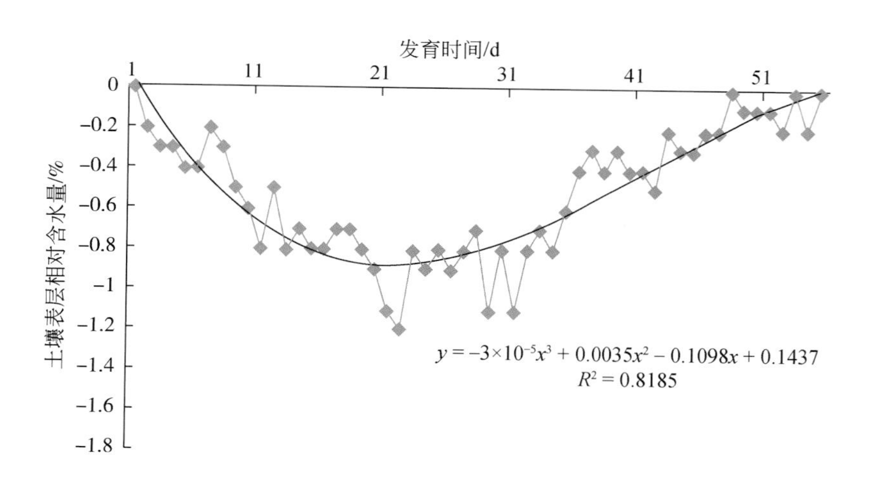

图8.19　边缘裂缝塌陷侧土壤相对含水量随时间的变化

两侧相对含水量变化曲线拟合结果表明，相对含水量变化峰值出现在22d左右，而实际工作面推进速度为13m/d，即峰值出现在距离边缘裂缝前端286m左右。当边缘裂缝出现 15d 左右时的曲线斜率较大，即土壤相对含水量在裂缝发育前期受裂缝影响变化逐渐增大，而在裂缝出现 45d 后的变化不显著。表明当边缘裂缝发育 45d 后，表层土壤含水量基本恢复到裂缝出现前的状态，即裂缝出现对周围土壤含水量的影响可忽略。

裂缝宽度随时间的变化观测（图 8.20）表明，采动初期的裂缝宽度逐步加大，总体呈先增加后缓慢下降的趋势，但受周期性来压形成的采动应力作用，裂缝宽度出现小幅变化，随着工作面推进位置的远离和采动覆岩趋稳，裂缝宽度也趋于稳定。

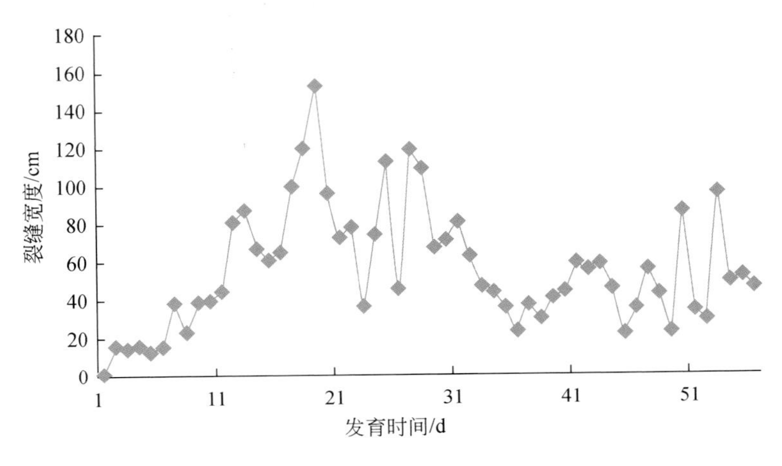

图 8.20　补连塔矿 12406 工作面边缘裂缝宽度变化观测实例

综合分析边缘裂缝影响区土壤含水量变化，其成因主要是随着裂缝的开裂，土壤孔隙度增大，比表面积增大，加速了土壤水分蒸发作用。其中，塌陷区错落体相对出露侧孔隙度的显著增大可能造成该侧的水分散失更加严重，导致错落裂缝相对出露侧土壤水分显著低于相对塌陷侧。边缘裂缝虽然在 45d 后未完全闭合，但雨水冲刷作用及风蚀作用导致土壤空隙被细小颗粒填充，降低了水分蒸发面积，土壤表面结皮也起到土壤水分保持作用。

8.2.3　开采裂缝对土壤含水量的影响及自修复作用

开采裂缝（动态和边缘裂缝）分析表明，裂缝两侧影响含水量变化有一定的周期和差异性。然而，开采裂缝对两侧土壤含水性的影响过程和趋势，能否达到自然修复等，需要通过采后较长时间的实际观测数据说明。

1. 开采裂缝对两侧土壤表层水影响及机理

根据采动裂缝发育情况，裂缝形成的塌陷错落面可简化为如图 8.21 所示的模型。裂缝对土壤水分垂直蒸发的影响途径：一是裂隙缝发育极易使土壤水直接从均一、较大的裂隙扩散到大气中，增强了风力挟走水分的能力；二是增大了土壤孔隙度，加剧了土壤水分蒸发作用；三是增大了比表面积，蒸发面增大增强了风蚀、日晒作用，导致土壤水分蒸发。

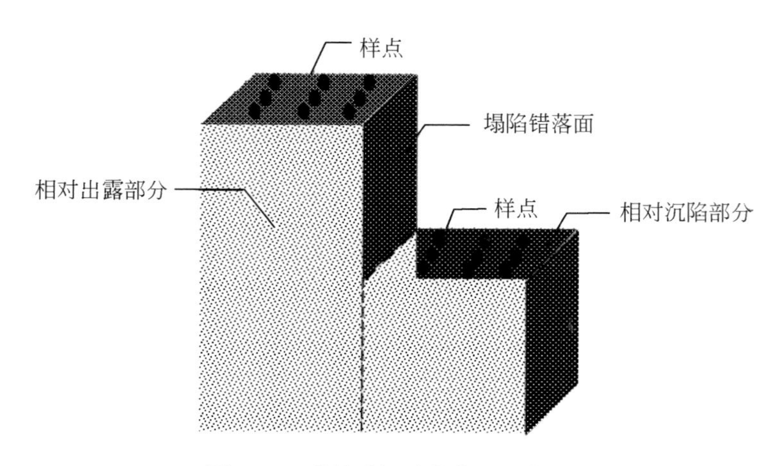

图 8.21　裂缝处塌陷错落面示意图

裂缝两侧的土壤水分变化比较发现，裂缝对两侧土壤含水量的影响呈阶梯状分布，即距离裂缝越远，水分损耗越小，裂缝对周边土壤水分的影响范围最大为 75cm，说明裂缝明显增大土壤水分的侧向蒸发，错落裂缝相对出露侧的含水量显著低于相对塌陷侧，裂缝对出露侧造成的水分损耗程度比塌陷侧的损耗程度大，相对塌陷侧的水分影响范围、影响周期均小于相对出露侧。其原因可能是，裂隙引起的塌陷错落面，相当于增加 1 个土壤水分蒸发面，加剧了土壤水分的散失。受分子间作用力影响，相对出露面受更多的拉力，而相对塌陷面受挤压力作用，导致两者的孔隙度发生变化；在重力作用影响下，土壤水分可能发生部分迁移作用，即相对出露面的水分在一定程度上向相对塌陷侧迁移，将部分水分补充到相对塌陷侧，出现了塌陷出露部分土壤含水量低于相对塌陷含水量的趋势，两者最大相差达 16%。

2. 土壤含水量自修复作用

观测表明，当裂缝出现一定时间后，裂缝对两侧土壤的含水量影响逐步降低并趋于采前状态，即裂缝对两侧土壤含水量影响作用具有一定距离范围、时间长度和变化幅度，机理分析说明在自然力作用下土壤含水量具有一定的恢复力，这里简称为自修复作用。

总结分析动态裂缝两侧土壤含水量变化（表 8.12 和图 8.22）和边缘裂缝两侧的土壤含水量变化（图 8.23），表明自修复作用致使裂缝周围土壤含水量逐渐恢复到裂缝发育前状态。其中，动态裂缝影响区土壤含水量修复主要控制因素是裂缝闭合作用使裂缝错落面消失，导致影响周边土壤含水量的致因消失，土壤水分迁移作用促进了土壤含水量迅速恢复；边缘裂缝影响区土壤含水量恢复主要取决于土壤质地，尽管边缘裂缝的错落面未消失，裂缝宽度、错落面的相对高度也对含水量恢复无显著影响，但风蚀作用使得细沙在边缘裂缝处堆积，水蚀作用（雨水冲刷）将细小颗粒填充至土壤孔隙中，形成 1cm 左右厚土壤结皮，不仅补充土壤含水量，同时也抑制土壤水分蒸发作用，使裂缝影响区的土壤含水量逐步恢复到裂缝出现前的自然状态。

表 8.12　动态裂缝两侧的土壤含水量对比分析

位置	影响范围/cm	影响周期/d	变化幅度/%
相对出露侧	75	17	28
相对塌陷侧	30	11	17

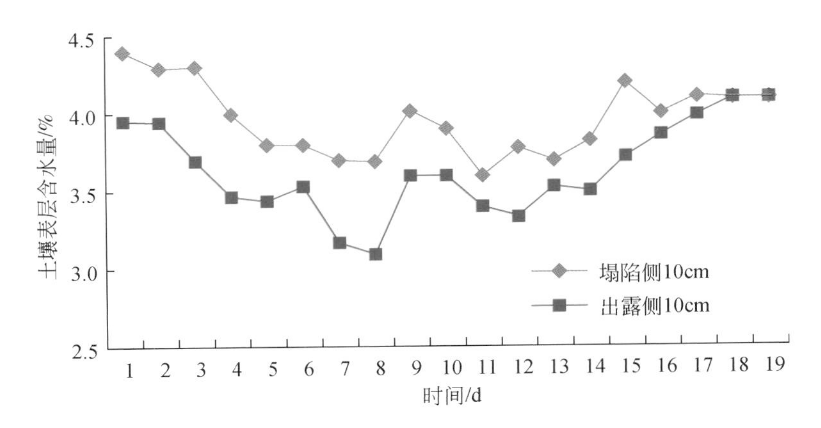

图 8.22　动态裂缝两侧 10cm 土壤表层水随时间的变化

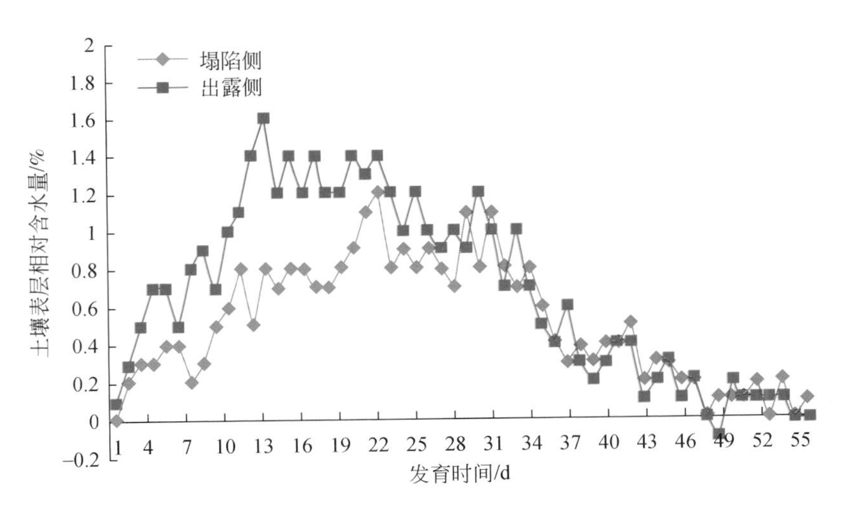

图 8.23　边缘裂缝两侧土壤表层相对含水量随时间的变化

8.2.4　塌陷时序上土壤含水量变化比较分析

开采沉陷规律分析表明，地表裂缝对土壤的影响作用是开采沉陷区与非沉陷区的主要区别之一，沉陷区包括大量的裂缝，导致沉陷区域的土壤含水量发生变化，当裂缝影响逐渐消失后，塌陷作用仍然存在，塌陷作用影响时间较长，采动覆岩仍未趋于稳定，地表土壤仍受到塌陷作用影响。在塌陷区逐步趋于稳定过程中，对土壤含水量的影响与裂缝相比是大范围、长时间的。因此，通过对不同塌陷时序上土壤含水量的多阶段持续监测，研究塌陷对土壤含水量的影响特征是十分必要的。

为此，在采煤沉陷后 3 个月、5 个月以及 7 个月，现场对塌陷区土壤含水量进行持续动态监测，同时选择未塌陷区作为对照区进行同步观测，观测结果如图 8.24 所示，其中，5 月份代表未塌陷时段，7 月、9 月和 11 月份分别代表塌陷后 3 个月、5 个月以及 7 个月时段。分析表明，受区域气候变化影响，塌陷区与未塌陷区均呈现先下降后上升的趋势，其原因可能是，研究区在 3 ~ 4 月处于积雪融化期，在 5 月份土壤水分得到一定补给，但此时风蚀现象严重仍导致土壤水分含量较低；在 7 月份，除大气降水对土壤水分影响作用外，植物吸收、蒸散量与气温等因素也影响土壤的水分含量。此时，气温普遍升高，植物进入生长盛期，蒸发散失大，虽然有一定量降雨，但由于植冠截留与地表结皮阻碍，土壤水分下渗深度一般较浅，通常在降雨以后表土即开始蒸发，导致土壤含水量出现相对下降；在 8 ~ 9 月份降雨期，此时气温适中，植物蒸腾与土壤蒸发需水量相对少，土壤水分得到有效补给，使得土壤含水量有一定幅度的增加；在 11 月份，气温普遍降低，土壤浅表层形成冻土层，致使土壤水分蒸发散失少，同时植物生长缓慢且逐渐进入休眠期，需水量也小，此时土壤含水量处于较稳定状态。

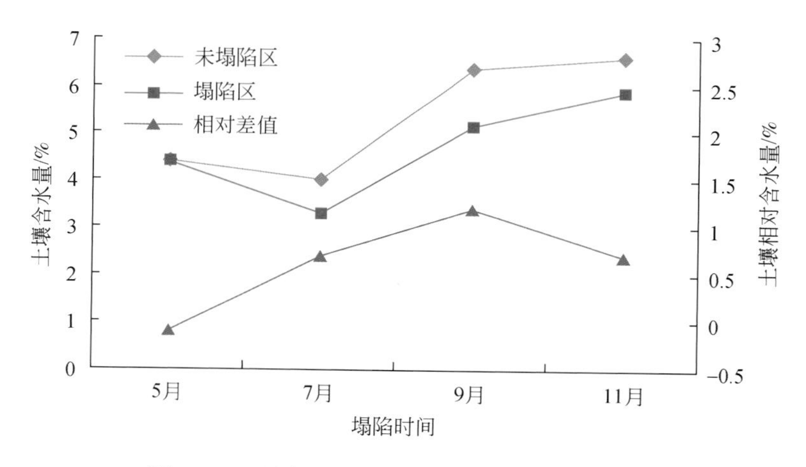

图 8.24　不同塌陷阶段土壤含水量损失变化规律

8.3　开采沉陷不同区土壤垂直方向水分变化特征

开采沉陷区的地表裂缝的空间分布密度和影响深度与开采沉陷区的位置（中心的谷底区、沉陷边缘区、开切眼区等）有明显的关系，尤其是在黄土沟壑区地貌条件下尤为显著。通过采动全过程分区土壤含水量动态监测和比较，确定分区变化特点，可进一步分析对地表植物的分区影响特征。研究以大柳塔矿 52305 工作面开采影响为对象，以开采线相对位置为准（表 8.13），分别选取沉陷盆地中心的谷底区、沉陷边缘区、开切眼区和未受开采沉陷影响的对照区进行采动全过程观测。

表 8.13　开采进度及相对监测点距离

观测时间（月-日）	天数/d	开采进度/m	距离 1 号线/m	距离 2 号线/m	距离 3 号线/m
10-19	1	374	34	-16	-66
10-21	3	393	53	3	-47
10-23	5	419	79	29	-21
10-25	7	444	104	54	4
10-28	10	476	136	86	36
10-30	12	502	162	112	62
11-02	15	547	207	157	107
11-05	18	578	238	188	138
11-07	20	594	254	204	154
11-09	22	621	281	231	181
11-11	24	647	307	257	207
11-13	26	676	336	286	236
11-15	28	701	361	311	261
11-17	30	731	391	341	291

8.3.1　对照区的土壤水分垂直特征

为给出研究区土壤含水量的本底情况，在未受沉陷影响的区域选择所测 CK1 与 CK2 两个对照区域，土壤体积含水量观测深度为土壤 0～200cm 范围内，该深度范围内的土壤均为沙土性质。其土壤水分垂直变化特点如图 8.25 所示，不同距离处的土壤体积含水率总体呈现随着土壤深度的增加，土壤含水率先增大、趋于稳定且有波动现象，波动范围在 2%～10%。

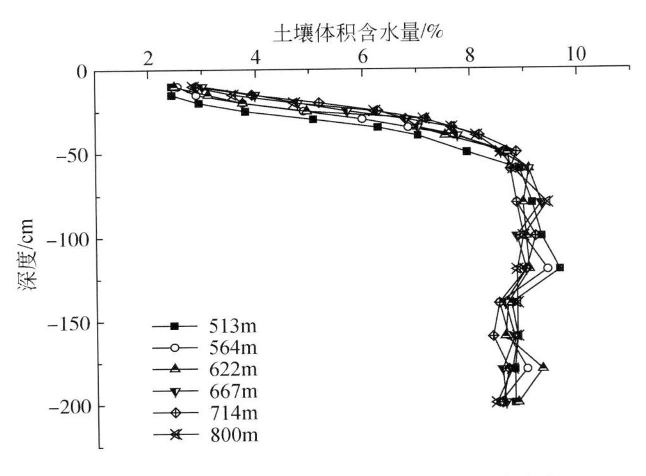

图 8.25　未开采对照区 CK 土壤水分垂直变化

如将30d内累计观测的不同深度层的数据统计（如表8.14），根据其体积含水量均值及变异系数，可将0～200cm深度范围的土壤含水量变化区域分为2层，即浅层的水分梯度变化层和深层的水分波动变化层。其中：

（1）水分梯度变化层介于0～60cm深度范围。由于该地区土壤属沙土，物理性黏粒含量较低、结构松散，透水性较强。降雨初期，土壤受到降雨作用，雨水入渗深度一般在距地表60cm范围内。当降雨强度较大时，小部分雨水在地表形成径流，而入渗量加大，入渗深度较深，且直到200cm深度均受降雨影响。但随着降雨后天数延长，浅层土壤水分变化剧烈，土壤水分含量显著减小（$p<0.05$）到基本不变。可见，地表蒸发量和植物蒸腾量等土壤水分损失量主要发生在土壤深度0～60cm范围，由于入渗后水量大部分集中于0～60cm深度范围，土壤结构相对松散，大部分植物根系集中于此层，对水分补给及消耗响应及时。当天气进入深秋和气温下降时，植物叶片枯落和水分补给降低，土壤含水量达到静态平衡后趋于相对稳定值。

（2）水分波动变化层介于60～200cm（观测深度）及以下范围。该深度范围内，植物根系以少许灌木和乔木根系为主，土壤水分受气候变化和植物水分需求变化影响相对较小，对上层及下层土壤均能起到补给以及储存作用。如，在降雨初期，该层土壤能起到贮水作用，雨后除不断补给地下水外，由于植物蒸腾及地表蒸发等作用，该层土壤还能向浅层梯度变化层补给水分，入渗和向上迁移作用同时存在，导致该层土壤水分变化活跃。随降雨后天数延长其变化显著（$p<0.05$），随着深度增加，土壤水分补给及消耗相对滞后。

表8.14　土壤体积含水量垂直分层结果

层位	深度/cm	CK		
		均值/%	标准差/%	变异系数/%
水分梯度变化层	10	2.72	0.28	10.35
	15	3.43	0.64	18.66
	20	4.35	0.92	21.18
	25	5.39	0.97	18.03
	30	6.48	0.85	13.18
	40	7.73	0.35	4.50
	50	8.46	0.36	4.27
	60	8.89	0.16	1.82
水分波动变化层	80	9.17	0.21	2.32
	100	9.11	0.25	2.72
	120	9.11	0.27	2.97
	140	8.60	0.18	2.09
	160	8.75	0.18	2.09
	180	8.73	0.22	2.57
	200	8.62	0.22	2.55

8.3.2　沉陷区谷底区土壤水分垂直特征

开采沉陷区的谷底区属均匀沉陷区，主要分布动态裂缝。沉陷盆地谷底区典型样区的土壤含水量垂直分层结果如图8.26所示，变化趋势与未开采对照区基本一致，同样也分为梯度变化层（0～60cm），波动变化层（60cm以下）。土壤水分随土壤深度增加表现为先增大后波动的趋势，体积含水率变化范围在2%～11%。与未开采对照区相比较，开采初期对土壤水分垂直分布情况造成影响较小，土壤水分垂直方向分布改变较小。但与CK区相比却呈现了梯度变化层含水率变化波动较小、波动变化层含水率变化波动较大的现象。这是受采煤初期影响，表层土壤结构有所改变导致；但对于沙土而言，土壤结构本来就很松散，且土壤有一定的自修复能力，当影响幅度在土壤自修复能力范围内时，变化则较小，且有恢复的趋势。

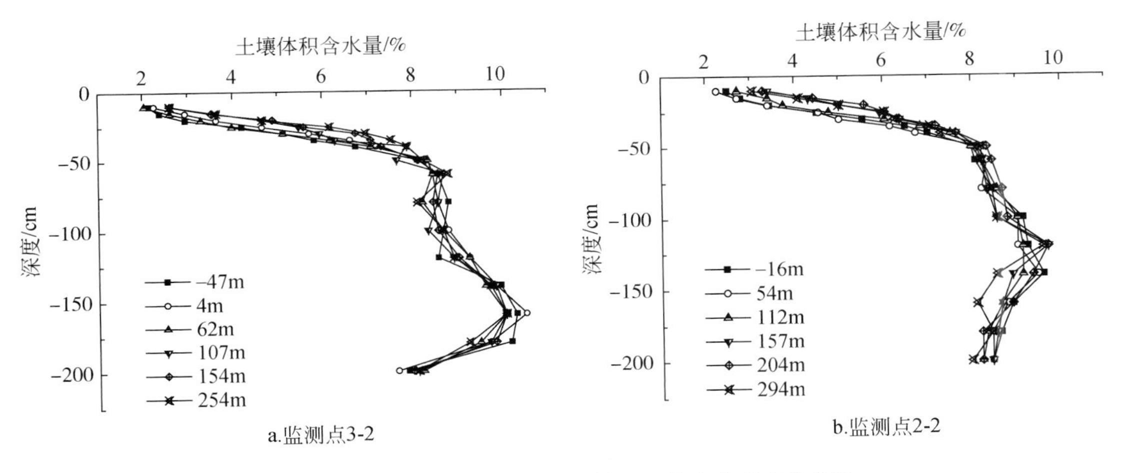

图8.26　沉陷盆地谷底区典型样区土壤水分垂直化曲线

8.3.3　沉陷盆地边缘土壤水分垂直特征

开采沉陷区的边缘区属于非均匀沉陷区，主要形成难以闭合的边缘裂缝。该区典型样区的土壤含水量垂直分层结果如图8.27所示，与对照区和谷底区的土壤含水量深度变化趋势总体相同，即土壤水分随土壤深度增加表现为先增大后基本不变的趋势，体积含水率变化范围在2%～9%。但与谷底区深度变化相比略显不同，其梯度变化层与波动变化层的界限相对上移，即梯度变化层基本处于0～50cm深度范围或更浅，深度达到50cm时即进入波动变化层。表明开采对沉陷边缘区的浅层土壤水分扰动较大，开放的裂缝增加了土壤水分向上迁移作用，使得梯度带范围缩小。不同距离处比较发现，在工作面推进方向250m左右位置，土壤水分垂直分布有先增大后波动趋势，表明沉陷对土壤水分垂直分布的强烈影响区在工作面推进方向上100m以内和开采前后250m。

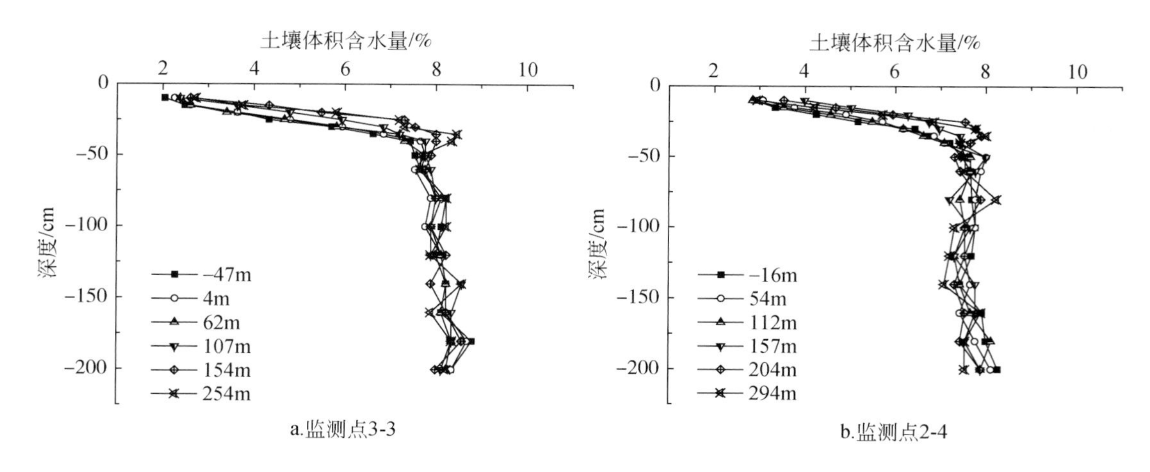

图 8.27　沉陷盆地边缘的典型样点土壤水分垂直变化

8.3.4　开切眼处土壤水分垂直特征

综采工作面的开切眼处是指回采起始处，也是采动区域与非采动区域的分界线。其土壤不同深度的水分变化曲线与其他曲线明显不同（图 8.28），然而 KQ3、KQ4 土壤 0 ~ 200cm 范围内不全部为沙土，较深层不同位置出现沙土与黄土混合层或黄土层，故是否为开采影响或单纯为土壤结构问题有待进一步研究。但仍有增大减小再增大的趋势，梯度变化层较短，波动变化层较长且波动不明显但递增却反而显著。另外，与未开采对照区以及下沉盆地谷底和下沉盆地边缘对比时发现，开切眼研究区在表层 10 ~ 50cm 垂直递增速度较大，且 10cm 含水率以下沉盆地谷底、下沉盆地边缘、开切眼的顺序递增，且呈现与开采线和工作面中线越远，含水率越高的趋势。这与开采方式对土壤扰动情况有很大的联系，开采线与工作面中线对土壤扰动最为明显，随开采线的推进，开采线后方土壤逐渐趋于稳定，即进入恢复期；而受开采影响，工作面上方土壤出现不同程度的塌陷，基本呈“碗”状。

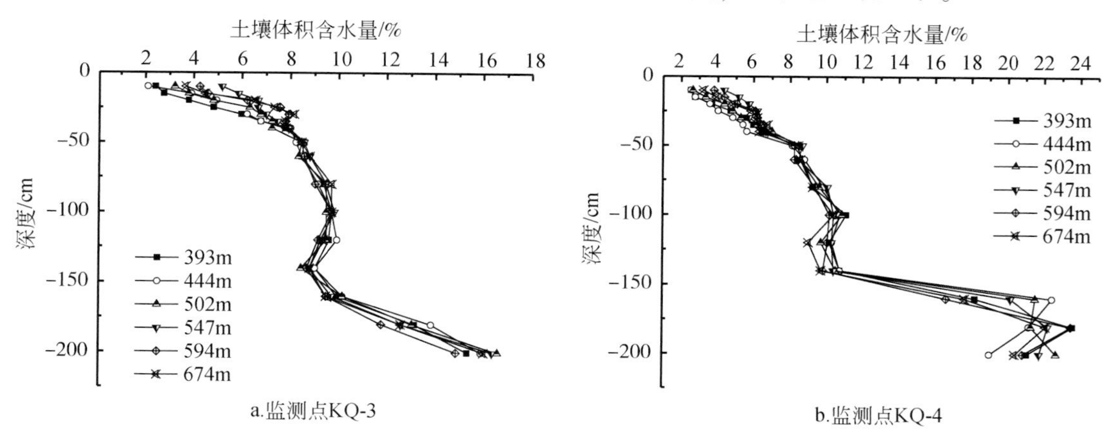

图 8.28　下沉盆地边缘土壤水分垂直变化

综合采煤沉陷区不同区域的观测对比表明，开采对土壤扰动情况总体上盆地边缘区大于盆地谷底区。开采对区域土壤水分影响比较，开切眼区土壤水分垂直特征受开采的影响程度最大，其次为下沉盆地边缘区，最后为下沉盆地谷底，且开采后土壤逐渐趋于稳定。若以对照区（CK）水分土壤水分垂直特征为基准，可将 0 ~ 200cm 土壤分为 2 层，分别为：水分梯度变化层（0 ~ 60cm）和水分波动变化层（60cm 以下）。各区比较表明：开采对下沉盆地谷底土壤水分垂直分布情况造成影响较小，与 CK 区相比呈梯度变化层含水率变化较小，波动变化层含水率变化较大的现象；沉陷盆地边缘区与沉陷谷底区略显不同：梯度变化层变浅，且波动变化层基本丧失波动特质的趋势，表明开采对沉陷盆地边缘区的土壤水分扰动较大，但采后（距离分析区 250m 左右）的土壤水分垂直特征有恢复的趋势。而开采对沉陷盆地边缘土壤水分垂直分布强烈的影响区在切眼处前 100m 到切眼后 250m 范围；开切眼区的土壤水分梯度变化层较短且梯度小，波动变化层较长，垂直波动不明显且出现反常递增现象，但由于深层有黄土出现，故而该现象是否为单纯开采影响需进一步试验研究。

8.4　开采对土壤渗流影响规律

通过野外入渗试验及野外水土流失实验，研究土壤受采矿扰动后的雨水或灌溉水在土壤中的入渗特性以及在土壤内部流动扩散规律，建立研究区扰动土壤入渗模型和水的渗流规律，研究采煤扰动对地表（水）径流的影响以及水土流失的规律。

8.4.1　开采过程中土壤入渗变化规律

1. 本底对照区土壤入渗变化结果分析

1）单点入渗结果分析

将某处入渗过程中采集的数据导入仪器匹配的处理软件中，结果如图 8. 29 所示。

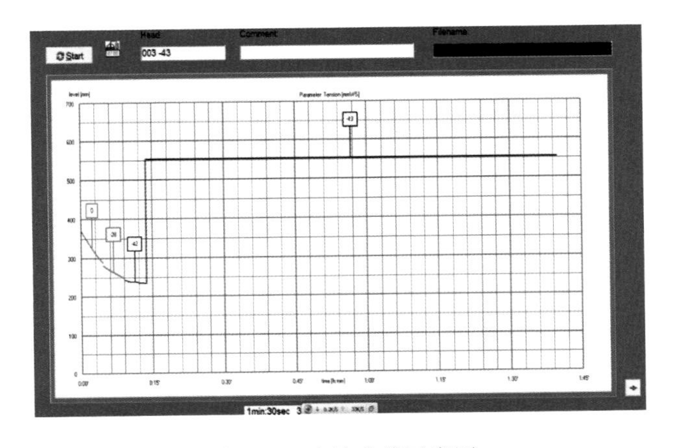

图 8. 29　入渗曲线示意图

纵轴为液面高度，横轴为时间，由图中可以看出马氏瓶内初始液面高度大约为470mm，此次入渗实验进行 12min。从图中可以明显看出三个阶段：第一阶段 0，为正常大气压下初始入渗速率曲线，此时土壤表层有效张力为 0mm，红线所覆盖的范围代表入渗的时间以及渗水总量；第二阶段-28mm，此时土壤表层有效张力为-28mm，绿色线段为其入渗速率曲线；第三阶段-42mm，土壤表层有效张力为-42mm，入渗速率曲线为蓝色线段。

随后在界面右下方的图表中，点击 T1，红色曲线表示随时间下降的马氏瓶水面，黑色曲线表示水面的下降速度。在图表上选取液面下降速度最均匀的一段，按下鼠标左键，拖动鼠标，图表上就会显示出一个选取框，松开鼠标左键，再点击一下左键，图表上面的计算表格就会自动计算出相应数值。同样，分别点击 T2，T3，如图 8.30 所示。

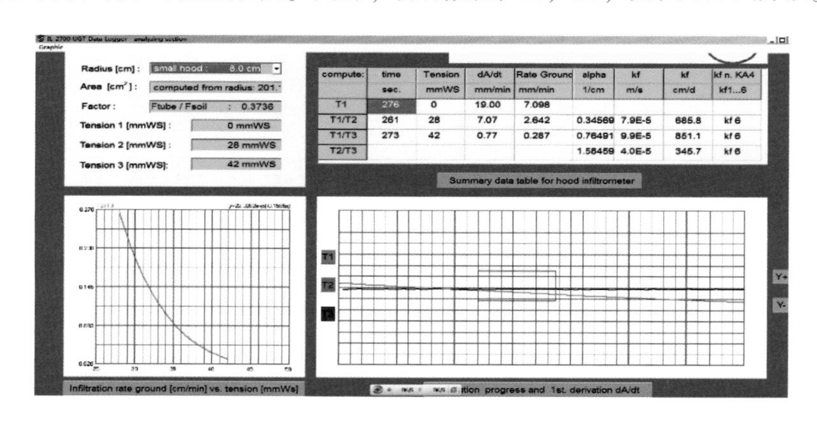

图 8.30　数据处理结果图

可得出三个阶段的平均速率，进而根据公式计算出该点的稳定入渗率。

由单点入渗数据可知，在实验条件相同的情况下，用地类型也相同的条件下，吸力不同，土壤入渗的速率会存在明显的差异。其表现为稳定入渗速率的大小，随着吸力的不断增加而减小，可以表示为在正常大气压下，即 0 吸力下稳定入渗率为最大，而当吸力不断增加时，土壤的稳定入渗率不断减小，直至不再下渗。这其中的原因为：基质的吸力（与基质的势符号相反）与当量的孔径存在反比例的关系，为 $d=3/h$。因此当基质的吸力越大时，其所对应的当量孔径就越小。所以在吸力为 0 的情况下，土壤的稳定入渗速率为最大。而且研究区土壤为风沙土，土壤结构较为疏松，所以研究区内稳定入渗率也随着吸力的变化而变化显著。

2）对照区入渗结果

对照区共开展 9 次实验，获得 8 个有效实验数据，数据结果如图 8.31 所示。图中数据表明，对照区的土壤稳定入渗速率的均值为 3.184，方差为 0.1939，变异系数 CV = 0.061，样品离散程度较小，组内差异不明显。

2. 采动裂缝（动态裂缝）区土壤入渗变化结果分析

1）研究区（动态裂缝区）土壤入渗结果

前文研究表明，动态裂缝具备明显的发育规律以及在其生命周期的五个典型阶段，

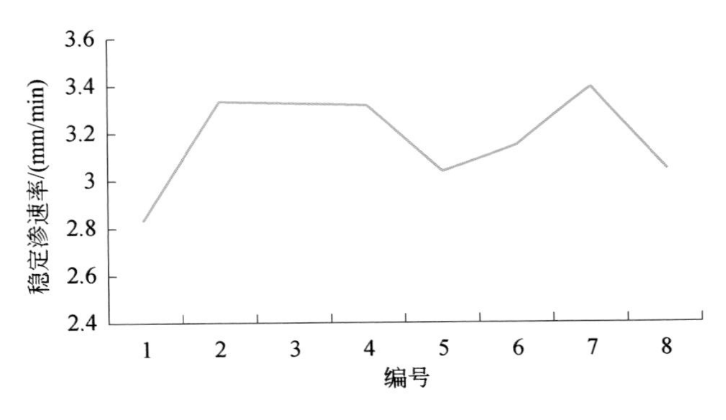

图 8.31　对照区土壤稳定入渗速率

在工作面回采位置前端，选择一条刚出现的裂缝，分别在裂缝初次开裂、裂缝初次闭合、裂缝二次开裂以及裂缝完全闭合阶段等 4 个阶段的时间节点，开展土壤入渗实验，从而确定裂缝对其影响以及在整个裂缝发育周期过程中周围土壤稳定入渗速率的变化规律。

每个阶段分别进行三个平行实验，共采集 12 个入渗速率数据，利用 SAS 统计分析软件对 4 个观测时段的数据进行差异性方差分析，分析结果如表 8.15 所示。

表 8.15　差异性分析结果

多域组别	平均值	方差	统计数	统计组名
A	6.4567±0.30a	0.27	3	裂缝初次开裂
A				
A	6.7667±0.25a	0.192	3	裂缝初次闭合
A				
A	6.9233±0.23a	0.152	3	裂缝再次开裂
A				
A	6.7033±0.23a	0.152	3	裂缝完全闭合

由表 8.15 可知，在裂缝发育周期各阶段时间节点处，裂缝周围的土壤的稳定入渗速率在显著性水平 0.05 下，差异性不显著（$p>0.05$），这说明在裂缝发育的全过程中，裂缝对土壤入渗的影响持续存在且无明显变化规律，而与对照区进行比较，其平均稳定入渗速率为 6.5mm/min，明显高于对照区的平均入渗值，这主要是因为煤炭开采而形成的裂缝破坏了土壤质地的原始构成，而裂缝完全闭合时，裂缝对土壤的入渗特性的影响仍继续存在，土壤质地在塌陷时序上的恢复具有滞后性。

2）不同塌陷时序上土壤入渗结果

裂缝闭合后，研究区域的地表沉降开始步入衰退期，塌陷对该区域的土壤质地的影响继续存在，分别在塌陷 3 个月、5 个月的两个时段，对研究区域的土壤入渗进行重复监测，分别获得有效入渗数据 8 个，共计 16 个土壤稳定入渗速率值，如图 8.32 所示。

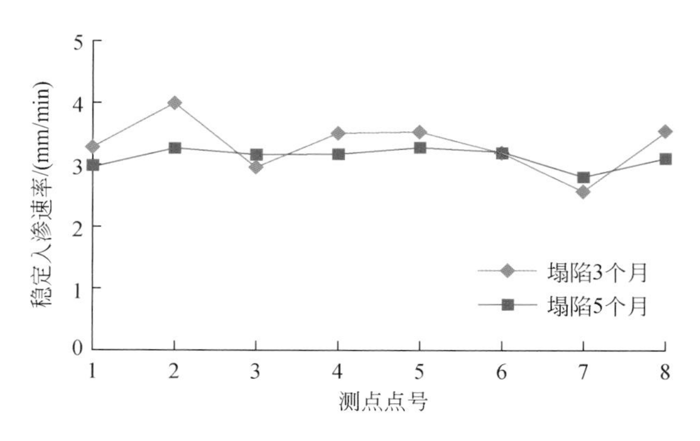

图 8.32　不同塌陷时序土壤入渗值

由图可知，两个塌陷时序上的样本的方差分别为 0.1856 和 0.027，离散程度不大，塌陷 3 个月的稳定入渗速率的均值为 3.315，略大于塌陷 5 个月的样本均值 3.13，单因素方差分析结果显示，在显著性水平 $a=0.05$ 下，组间差异 $p=0.078>0.05$，两组间差异性不显著，说明地表塌陷后期对土壤的稳定入渗速率的影响较小，可能是因为塌陷时间越长，土壤的容重以及含水量等指标逐渐恢复。

8.4.2　影响土壤稳定入渗速率的因素分析

土壤入渗是一个复杂多样的过程，受到土壤的物理性质如初始含水量、坡度、孔隙度等自然以及各种人类活动的影响，所以影响土壤入渗能力的因素多种多样，但是由于实验区内地势比较平坦，大部分属于风沙土土壤类型，且用地类型比较单一，故选择土壤容重、孔隙度及初始含水量来研究研究区内土壤的稳定入渗速率。

1. 容重对土壤稳定入渗速率的影响

土壤容重就是绝对干燥而结构未破坏的土壤单位体积的重量（g/m^3），即土壤密度。容重为土壤肥力的重要指标之一。在不同时段测定土壤入渗时，对测定土壤进行取样，测定样点容重，进行比较。

利用 SPSS17.0 将数据进行线性回归，分析结果如表 8.16 所示。

表 8.16　容重与稳定入渗速率回归分析

模型		非标准化系数		标准系数	R^2	Sig	共线性统计量	
		B	标准误差	试用版			容差	VIF
1	（常量）	34.107	2.314		0.919	0.000		
	容重	−18.543	1.464	−0.959		0.000	1.000	1.000

由表 8.16 可知，容重与稳定入渗速率的线性回归模型为 $y=-18.543x+34.107$，$R^2=0.919$。表中显示 Sig＝0<<0.1，证明容重与土壤稳定入渗速率存在较高的相关性，土壤容

重与稳定入渗速率负相关，即土壤容重不断增加的情况下，稳定入渗速率随着土壤容重的不断增加而减小，反之，土壤容重不断减小的情况下，土壤稳定入渗速率随着容重的减小而增大。

2. 孔隙度对土壤稳定入渗速率的影响

土壤孔隙度即土壤中空隙的容积占到土壤总容积的百分比。土壤中有各种不同形状的颗粒、大小不同的土粒集合和排列组合为固相的骨架。骨架的内部有宽窄不一和形状不同的孔洞和缝隙，构成土壤中复杂的孔隙系统，全部土壤的孔隙容积与土壤整个体积的百分率，称为土壤的孔隙度。土壤孔隙中包含着空气与水分。对相对应的稳定入渗速率点进行孔隙度测定，利用 SPSS17.0 将数据进行线性回归，分析结果如表 8.17 所示。

表 8.17　孔隙度与稳定入渗速率相关性统计

模型		非标准化系数		标准系数	R^2	Sig	共线性统计量	
		B	标准误差	试用版			容差	VIF
1	（常量）	-19.063	2.477		0.862	0.000		
	孔隙度	0.600	0.062	0.934		0.000	1.000	1.000

由表 8.17 可知土壤孔隙度与稳定入渗速率的线性回归模型为 $y=0.600x-19.063$，$R^2=0.862$，Sig=0<<0.1，证明孔隙度与土壤稳定入渗速率存在较高的相关性，土壤孔隙度与稳定入渗速率正相关，即土壤孔隙度大的情况下，稳定入渗速率随着土壤孔隙度的增加而增加，反之，土壤孔隙度小的情况下，土壤稳定入渗速率随着土壤孔隙度的减小而减小。

3. 土壤含水量对土壤稳定入渗速率的影响

土壤含水量是土壤的入渗能力和土壤入渗参数的重要影响因素之一，土壤初始含水量主要从入渗水流湿润区的平均势梯度方面影响土壤水分入渗能力。由于采用长臂垮落的方式管理顶板，地表出现裂缝，且裂缝呈现周期性的生命周期。裂缝周围土体的破碎，对其物理性质以及浅地表土壤含水量可能造成不同程度的破坏，所以测定各入渗点的初始含水量以寻求初始含水量与稳定入渗速率之间的关系。利用 SPSS17.0 将数据进行线性回归，分析结果如表 8.18 所示。

表 8.18　含水量与稳定入渗速率相关性统计

模型		非标准化系数		标准系数	R^2	Sig	共线性统计量	
		B	标准误差	试用版			容差	VIF
1	（常量）	17.198	0.984		0.918	0.000		
	含水量	-2.505	0.201	-0.958		0.000	1.000	1.000

由表 8.18 可知，稳定入渗速率与初始含水量的线性回归模型为 $y=-2.505x+17.198$，$R^2=0.918$，二者具有明显的负相关性，即土壤初始含水量不断增加的情况下，稳定入渗速率随着土壤初始含水量的不断增加而减小，反之，土壤初始含水量不断减小的情况下，土壤稳定入渗速率随着初始含水量的减小而增大。

8.4.3　土壤渗流变化趋势分析

通过对开采过程中研究区域土壤稳定入渗速率的结果以及对照区的实验数据进行综合分析，分别选取对照区、塌陷初期（动态裂缝）、塌陷 3 个月以及塌陷 5 个月的原始数据的均值作为统计数据，进行差异性分析，分析结果如表 8.19 所示。

表 8.19　差异性分析结果

统计值	未扰动区	动态裂缝区	塌陷 3 个月	塌陷 5 个月
稳定入渗速率	3.175±0.01bc	6.800±0.1a	3.2875±0.03b	3.13±0.05bc

表 8.19 中显示，土壤稳定入渗速率的整体变化规律为：动态裂缝区>>塌陷 3 个月>未扰动区>塌陷 5 个月，在显著性水平 $a=0.05$ 下，动态裂缝区与其他 3 组的差异性显著（$p<0.05$），而其他 3 组之间的差异性不显著（$p>0.05$），说明裂缝是影响土壤稳定入渗速率的主要因素，其周围土壤水分的散失、土壤孔隙度增大是其主要的影响方面。

上述研究表明，土壤稳定入渗速率存在明显的“自修复”能力，自修复周期约为 3 个月。

8.5　开采对地表水土流失影响研究

降雨对于入渗的影响可分为直接影响与间接影响，从水土保持的方面看来，一般是通过雨型、雨滴直径和降雨强度来描述。为此，本节通过野外模拟实验研究降雨条件下水土流失的特性。

8.5.1　径流小区地表和水流变化

降雨对于入渗的影响可分为直接影响与间接影响，从水土保持的方面看来，一般是通过雨型、雨滴直径和降雨强度来描述。

土壤入渗过程的许多因素对于入渗影响很大，其中包括降雨的雨型，同时土壤被侵蚀与洪峰流量也受到降雨雨型变化的影响，变化形式复杂多样，由于研究区内夏季多暴雨，有学者曾统计分析了神东矿区的暴雨型，基本分为三类：猛降型、递增型、间歇型。有关学者的研究结果表明：对于猛降型的暴雨，随着降雨大强度的猛降，入渗的速率会出现一个最小值，最后其入渗的过程中入渗曲线接近于某一常数；递增型暴雨，这类暴雨其入渗初期，土壤的入渗速率会大于降雨强度，可以认定为是非饱和入渗，土壤入渗速率下降很快，随即会出现入渗过程线的谷值；随着降雨强度的逐渐增加，土壤入渗速率逐渐增大，最后进入很高强度的降雨入渗阶段；随着降雨时间的延长，入渗速率下降，最终会接近土壤稳定入渗速率；间歇型暴雨，初始入渗速率一般会大于雨强，属于非饱和入渗；随着降雨时间的推移，土壤入渗的速率减小，土壤会出现超渗产流，而且超渗产流量会越来越大；随着降雨强度减小，径流量会逐渐减小，土壤入渗速率逐渐变慢，向某峰值逼近：当降雨强度再次增大时，土壤入渗速率又跟着增大，并向某一定值逐渐逼近。

而对于雨滴直径，对于低中强度降雨来说，雨滴中数直径会随着雨强增大而增大，对于高强度降雨，雨滴中数直径会随着雨强的增大而减小；而且土壤侵蚀是一个不断做功的过程，而随降雨下落的雨滴则是做功能量的主要来源。研究表明，降雨的雨滴直径越大，雨滴本身的质量和着地动能也就越大，地表越易形成地表结皮，使土壤入渗的速率降低，而地表产生径流时间会相应提前。

对于降雨强度来讲，不同的降雨强度下，其入渗的曲线形式是基本相同的，而且会趋近于同一个极限入渗速率，但不同的是它们不是相同的一条曲线沿水平方向的位移。如果降雨的历时足够长，均质土壤稳定入渗速率及入渗总量与降雨强度没有关系，但是瞬时的入渗速率会受降雨强度的大小与雨强的时间分布比较大的影响。也有一些研究结果表明，随着降雨强度的逐渐增大，土壤的稳定入渗速率会有逐渐增大的趋势，另外可以根据降雨强度对地表积水时间的影响，从理论上导出地面的积水时间与降雨强度相互关系，随着降雨强度的逐渐增大，地表积水时间也会提前，但是提前量会逐渐减少。

这也论证了间歇的供水条件下，土壤自身入渗速率的恢复情况，任何一场持续时间较长的暴雨，其降雨强度是忽高忽低的，而当降雨强度降低时，因为土壤水分的运动，土壤表面的水分会逐渐趋于减少，土壤的入渗速率再次提高，而当降雨强度再次增大时，降雨的土壤入渗速率会在初期阶段逐渐增强，但土壤的入渗速率很快会减小，甚至会低于前一个降雨高峰的值。而针对采动影响的塌陷土地（地表含有地裂缝）的水土流失研究较为缺乏。为此，我们在采动影响范围内的地表布设径流小区，采用模拟人工降雨的方式，研究采动裂缝对区域内水土流失特性的影响。

8.5.2 水土流失影响现场试验研究

采用人工降水模拟大气降水的方式，利用洒水车对径流小区内灌水，并统计不同时间段径流小区内地表和水流的变化情况。表8.20、表8.21分别代表第1、2条裂缝以及第3、4条裂缝周围地表变化特征。

表8.20 第1、2条裂缝人工模拟降雨地表特征变化情况表

记录时间	地表特征	记录时间	地表特征
02′50″	中间出现裂缝	12′40″	塌陷深度1m
05′55″	中部东侧塌陷，占总长度1/3	13′52″	北部塌陷
08′31″	中部微塌	15′00″	上层积水
09′02″	中部塌陷继续扩大	15′43″	裂缝宽度0.5m
09′18″	东部微塌	16′01″	北部塌陷（冲塌）
09′54″	中部偏西微塌	17′03″	深度95cm，宽度40~60cm
12′01″	下层开始塌陷		

表 8.21 第 3、4 条裂缝人工模拟降雨地表特征变化情况表

记录时间	地表特征	记录时间	地表特征
4′24″	第三条东部开裂	34′31″	第三条东部塌陷扩大
09′22″	第三条西部开裂（最宽处 25cm）	35′20″	第三条西部偏中间处塌
11′02″	第四条中部开始塌陷	38′04″	第三条西部宽度 76cm，深度 60cm
11′53″	第四条中部继续塌陷（最宽处 25cm）	39′32″	第三条东部宽度 63cm，深度 45cm
16′24″	第三条西部深度 110cm	39′54″	陷穴比较稳定，水流集灌于一处。第一条裂缝中部、第三条东部、第三条西部的三个陷穴南侧呈悬崖状，北部逐渐被侵蚀。主要发生溯源侵蚀
16′58″	第四条中部深度 118cm	43′01″	第三条东部陷穴水流流入西部陷穴
17′23″	第三条西部冲塌	45′15″	裂缝由变深转为变浅，原因：塌陷将坑填埋
19′37″	第三条裂缝全面截留	77′32″	第三、四条裂缝中部往东土层完全塌陷，形成贯通
21′24″	第三条西部深度 117cm	86′03″	流向改变。由向西部流改为流向东部
22′40″	第四条中部 94cm	87′24″	第三、四条裂缝之间土层完全塌陷，形成大陷穴
27′36″	第三条西部宽度 57cm	90′00″	改为大口径排水管
29′06″	第三条西部深度 104cm	93′左右	实验小区东南方向约 3m 处大深坑坑壁裂缝开裂，水涌出

从人工模拟强降雨过程中径流小区的水流和地表变化情况来看，由于煤炭开采引起的地裂缝导致地表原始特征发生明显变化，人工模拟降雨产生的地表径流经过地裂缝时，对其周围土壤的侵蚀程度增大，迫使地裂缝周围的地表进一步塌陷，塌陷范围逐渐扩大，地裂缝宽度和深度进一步扩大，长时间的大量降雨导致邻近裂缝间的地表完全塌陷，地裂缝相互贯通，发生溯源侵蚀，形成大陷穴。

最终观测显示，水流水平方向主要沿裂缝开裂的方向并向裂缝两端扩展，并最终沿裂缝垂向方向的裂隙流失，采动引起的地表裂缝的存在加重了降雨对周围土壤的侵蚀作用，但并未造成地表的水土向外界迁移、流失。

第9章　现代开采沉陷区土壤损伤规律研究

土壤是自然地理环境的一个重要组成成分，又是由其他成分相互作用形成的，具有独特的形态和组构特征的复杂自然体。土壤具有物理的、化学的和生物的一系列复杂属性，从生物学或农学上来看，土壤是具有一定肥力、能生长植物的疏松表层，是成土母质在一定的水热条件和生物作用下，经过一系列物理、化学和生物化学过程形成的。土壤成因研究表明（B. B. 道库切耶夫，H. Jenny 等），土壤形成和变化与土壤母质成分、形成气候、环境条件和人类活动等因素有密切关系，任何因素的变化均会直接或间接地引起土壤组成和结构等理化性质变化。前人开展的大量研究表明煤炭开采后产生的大量地表裂缝和沉陷对土壤环境有一定影响，但与采前自然状态相比，对土壤物理和环境影响程度有多大，是否会对地表植物生长产生严重的影响等，尚需进一步从开采全过程（采前、采中、采后及沉陷区稳定过程中等多阶段）进行土壤变化的系统分区（如裂缝区、均匀沉陷区、未受影响区等）的动态观测及系统研究，深入分析采动全过程的土壤系统组分、结构及理化性质等方面的时空变化，研究开采对土壤环境的损伤途径和程度，以及自然条件下的变化趋势。

本章研究重点针对现代煤炭开采引发的地表塌陷，通过对沉陷区不同特征区域土壤基本特征参数（如土壤理化特性参数）的开采扰动全过程（采前、采中、采后）的系统监测，分析采动对土壤的影响特点和变化趋势，研究开采对土壤的“损伤”特征。

9.1　土壤主要参数测定方法

针对现代开采沉陷区的开采特点，准确把握开采全过程的土壤主要参数变化，是研究沉陷时空变化特征的基础。本研究以超大工作面为对象，分别以开采较浅煤层的补连塔矿12406 工作面、较深煤层的大柳塔矿 52304 和 52305 工作面为例，选择可以完整反映土壤参数变化的剖面布设样区和样点，系统观测与工作面回采同步开展采前、采中、采后及沉陷趋稳后的采动条件下土壤主要参数。

9.1.1　土壤样点时空布局及采集方法

土壤采样布局是依据工作面回采全过程的地表移动变形规律，沿工作面推进方向选择开采全过程的沉陷变化特征区段布置土壤采样样区，同时结合工作面的回采位置确定土壤的采样时间和重复次数，每次采用相同的土壤采样和分析方法。

以补连塔矿 12406 工作面的地表移动规律研究为例详细说明土壤采样布局方法。图 9.1 是 12406 工作面推进过程中的地表沉降曲线，当下沉曲线为 $W(t1)$ 时，在工作面推进位置前端选取未受开采的影响区设计采样点，范围为（20～30m）×1/2d（d=工作面倾向长度）；当下沉曲线为 $W(t2)$ 时，在先前采样点进行第二次采样；当采样区地表沉陷达到最剧烈阶段（地表沉降速度达到最大值）时，即下沉曲线变为 $W(t3)$ 时进行第三次采样；当地表沉陷逐步减弱并直至稳定期时，即下沉曲线变为 $W(tn)$ 所经历的时间，对采样点进行重复采样，采样频率可为6～12月/次。可见，下沉曲线形态为 $W(t1)$、$W(t2)$、$W(t3)$、…$W(tn)$，分别对应样区采前状态、采中状态、回采结束状态及采后沉陷逐步稳定过程的状态。

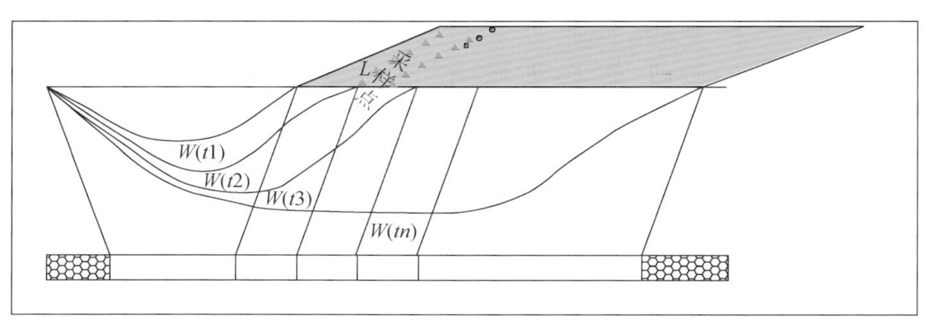

图9.1　采样点位的时间布局

同时，为准确反映采动全过程的土壤参数变化，使样区数据不仅能反映不同沉陷时间、相同塌陷时间及不同地表变形位置处的土壤理化性质变化情况，又能获得多阶段重复监测的有效数据，实践中需要根据开采工作面及推进情况，对采样点位的空间布局进一步优化。通常，采用“双带控制”和样区多样点组合方法，即以工作面中心为轴，沿倾向方向平行布设2条采样条带，采样条带距工作面开切眼位置350m，每条采样条带布设若干采样点，采样点间距为20m，与地表移动观测站点间距一致，每个采样条带上布设7个点，在每个采样点附近按“S”形布设3～5个重复采样点。

利用国际环刀法进行土壤样品采集（图9.2）。现场采样分为四层深度和两类采样。其中，采集土壤容重和孔隙度的样品是分别在0～20cm、20～40cm两个土层采样水平采集3个重复样；采集土壤化学指标样品则是利用取土钻在0～20cm、20～40cm、40～60cm、60～80cm四个采样水平分别采集5个重复的土层样品。

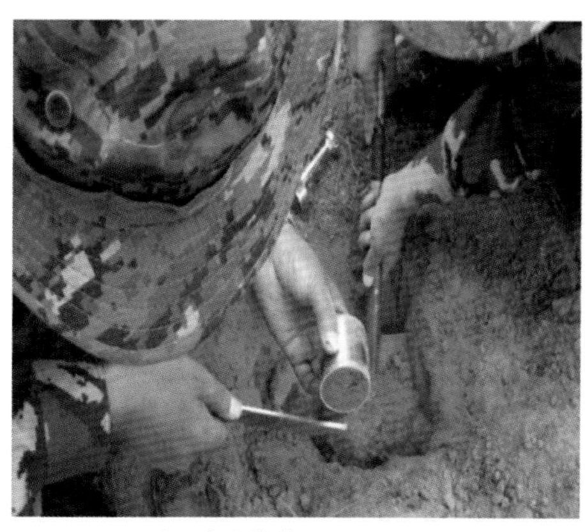

a.环刀法土壤物理测试试样采集

b.取土钻土壤化学样采集

图9.2　现场工作示意图

为系统比较工作面不同区（非均匀沉陷的裂缝发育区、均匀沉陷的中心区、未受采动影响的对照区）在采前、采后及沉陷区域稳定过程中的土壤理化特性的变化特征，在大柳塔矿选择 52304 和 52305 工作面地表沉陷区进行系统观测与分析。

9.1.2　植物土壤采样布局与方法

1. 采样布局

在开采沉陷区，空地、坡上、有植物覆盖区分别布设 3 个样地，其中植物又分为乔、灌和草，每种植物按照生长量分为大、中和小 3 个规格，每种规格四个重复。在对照区，选择沙柳，按照生长量分为大、中和小 3 个规格，每种规格四个重复。取样采用剖面取土法和环刀取土法（图 9.3）。

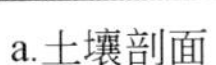

a.土壤剖面

b.环刀取土

图 9.3　土样采集

2. 现场动态监测

根据测试参数的要求，试验的仪器包括 TRIME-IPH 土壤水分测定仪、温湿度计、土壤温度计、微型蒸发器、双环入渗仪等（图 9.4，图 9.5，图 9.6）。

a.TRIME-IPH土壤水分测定仪

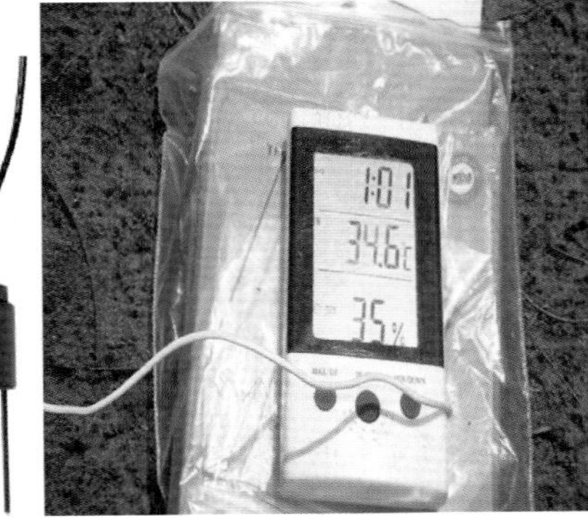

b.温湿度计

图 9.4　水分和温度参数测试仪器

a.裂缝经过植物

b.裸地裂缝

c.坡上

d.坡上植物

图 9.5　土壤蒸发监测

图 9.6　双环入渗仪

9.1.3　土壤主要物理参数测定方法

土壤物理参数主要包括土壤容重、孔隙度和含水率，反映土壤的矿物质组成、土壤质地、腐殖质含量、结构等状态，控制着土壤与植物根系的水、气的循环环境。

1. 土壤容重测定

土壤容重（又称土壤体积质量，g/cm^3），是指土壤在未破坏自然结构的情况下，单位容积土壤中（包括粒间孔隙）固体颗粒重量，其数值大小决定于矿物质组成、土壤质地、腐殖质含量、结构和松紧状况等因素。

土壤容重测定首先采用修土刀修平土壤剖面，并记录剖面的形态特征，按剖面层次分层采样，每层重复 3 个。将环刀托放在已知重量的环刀上，环刀内壁稍涂上凡士林，将环刀刃口向下垂直压入土中，直至环刀筒中充满样品为止。若土层坚实，可用手锄慢慢敲打，环刀压实时要平稳，用力一致。用修土刀切开环刀周围的土样，取出已装上的环刀，细心削去环刀两端多余的土，并擦净外面的土。同时在同层采样处用铝盒采样，测定自然含水量。

把装有样品的环刀两端立即加盖，以免水分蒸发。随即称重（精确至 0.01g）并记录。将装有样品的铝盒烘干称重（精确至 0.01g），测定土壤含水量。或者直接从环刀筒中取出样品测定土壤含水量。

计算公式如下：

$$r_s = \frac{G(100 - W)}{100V}$$

式中，r_s 为土壤容重，g/cm^3；G 为环刀内湿样重，g；V 为环刀容积，cm^3；W 为样品含水量，%。

2. 土壤孔隙度测定

土壤孔隙度是指单位体积内土壤孔隙所占的百分数，土壤孔隙的数量与大小直接影响着土壤透水、透气与蓄水保墒能力。由土壤容重、比重及土壤持水量计算可以得到土壤孔隙度。其中比重测定方法如下：

（1）将比重瓶加水至满、外部擦干，称重为 A。

（2）将比重瓶中水分倒出约 1/3 把 10g 烘干土小心倒入瓶中，加水至满，注意不使水溢出，擦干，称重为 B。

（3）10g（干土重）+A（比重瓶重+水重）−B（比重瓶重+10g 干土重+排出 10g 干土体积后的水重）= C（10g 干土同体积的水重）。

（4）计算：比重 $=\frac{10}{C}$

$$\text{土壤总孔隙度}(\%) = 100\left(1 - \frac{\text{容重}}{\text{比重}}\right)$$

3. 土壤含水率测定

土壤含水率是指土壤在 105～110℃下烘到恒重时所失去的水质量与达到恒重后干土质量的比值，以百分率表示。含水率是土壤的基本物理性质指标之一。测定方法及步骤如下：

（1）准备工作：检查整理实验所用仪器及工具，如环刀、环盖、击实锤系统、天平、小铁锹、修土刀、毛刷、铝盒等；擦净环刀、铝盒等器材以减少误差，对铝盒进行编号，并对铝盒重量 W_0 进行测定，以便后续实验工作。

（2）采取土样：在每个点位对裂缝不同性状特征观测完毕后，采用国际环刀法，在每个点位取土样，取土样之前需将地表 5cm 浮土清除，整理干净一块面积约为 25cm×25cm 的地面，并整平取土区表面，保持环刀竖直，均衡用力将环刀打下后，进行土样采取工作，主要采取距地表 5～15cm 的土壤，不可扰动下层土壤；用铁锹将环刀土样挖出，轻轻取下环盖，用修土刀自边缘至中央削去突出部分的土样，用修土刀将环刀内部适量土样拨入铝盒内，盖紧铝盒盖，对铝盒与土样的总质量 W_1 进行测定。

（3）烘干称重：室内烘干铝盒内土样，之后对铝盒与土样总重量再次称重得到 W_2。

根据下式可得土壤含水率：

$$\omega = (W_1 - W_2) / (W_2 - W_0) \times 100\%$$

4. 土壤机械组成测定

试验采用比重计法，实验仪器主要有：甲种比重计（刻度范围 0～60，最小刻度为 1g/L）；沉降筒（1000mL 的量筒）；底部带多孔平板的搅拌棒；烧杯、带橡皮头的玻璃棒和直径为 10cm 的漏斗；洗瓶、100mL 的量筒和 2000mL 的容量瓶；温度计、铝盒、电子天平（感量 0.01g）和孔径为 0.1mm 和 1mm 的土壤筛等。

实验方法如下：

称取通过 2mm 孔径的标准土样筛的烘干土 50g，置于小烧杯中，加蒸馏水将其湿润。采用化学分散和物理分散（研磨法）相结合的方法进行样品分散。取分散剂 0.5mol/L 六偏磷酸钠溶液 60mL，向装有土样的烧杯中加入一部分，然后用带橡皮头的玻璃棒研磨土样 15min，使其完全分散。研磨完毕后把剩余的分散剂加入。通过孔径为 0.25mm 的土壤，把土样筛洗到沉降筒中。转移过程中用带橡皮头的玻璃棒及时搅拌土样筛中的样品，同时用蒸馏水冲洗，直到漏斗下流出的水呈清液为止。转移完毕后用蒸馏水把沉降筒定容至 1000mL。用搅拌棒上下搅拌悬液 1min（约 30 次），使悬液均匀分散（图 9.7）。根据测定时间，提前 15s 将比重计轻轻垂直放入悬液，到了测定时间立即读取悬液液面上缘所对的比重计的刻度。

图 9.7　土壤颗粒试验

最后根据读数，进行计算，求得小于某粒径颗粒的含量：小于某粒径颗粒的含量(%)=(校正后读数/烘干土重)×100。

5. 土壤渗透性试验

将装置按照下图安装完毕后，在不大于200cm水头作用下静置一段时间，待出水管口有水溢出后即可开始测定土样的渗透系数（图9.8）。

土壤饱和导水率计算公式：　$K_s=\frac{\alpha l}{At}\ln\frac{h_1}{h_2}$

式中，A为土样的断面积，cm^2；α为给水管的断面积，cm^2；L为土样的长度，cm；h为水势差，cm；t为测定时间，s。

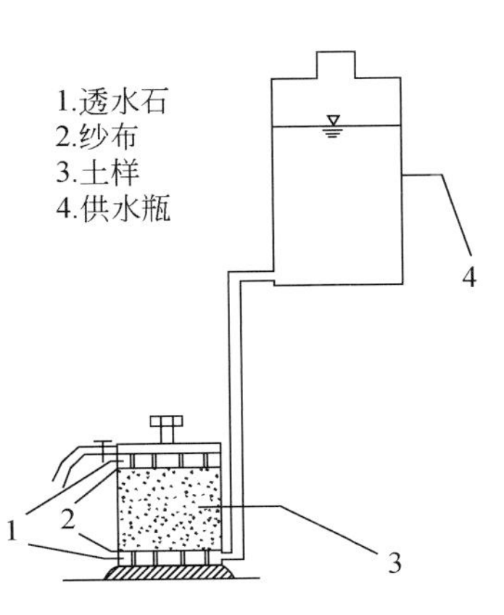

图9.8　土壤渗透试验布置图

用渗透仪测定渗透系数至少应重复测定6次，每次连续测定2~3个时间段，将测定结果求平均值即得到试样的平均渗透系数。

6. 土壤田间持水量

采用威尔特克斯法，试验方法如下：在野外用环刀取原状土样，用削土刀削去环刀两端多余的土，在两端盖上盖子。回到实验室后打开环刀两端的盖子，下端盖上垫有滤纸的有孔底盖，放入水中饱和24h（环刀上沿高出水面1~2cm，以免环刀内的土壤被淹造成空气封闭在土里而影响测定结果）。将装有饱和水分的原状土样的环刀底盖（有孔的盖子）移去，把此环刀连同滤纸一起放在装有风干土的环刀上。为使紧密接触，可用砖头压实（1对环刀可用3块砖压）。8h后，取上面环刀中的原状土15~20g，放入铝盒，立即称重，准确至0.01g。烘干，测定含水量，此值接近于该土壤的田间持水量。

7. 土壤孔隙度

土壤孔隙度又称孔度，系指单位容积土壤中孔隙所占的百分率。一般粗质地土壤孔隙较低，但粗孔隙较多，而细质地土壤相反。团聚较好的土壤和松散的土壤（容重较低）孔度较高，前者粗细孔的比例较适合作物的生长。土粒分散和紧实的土壤，孔隙度低且细孔较多。土壤孔隙度一般不直接测定，可由土粒密度和容重计算求得。

9.1.4　土壤主要化学参数测定方法

土壤主要化学参数涉及土壤酸碱性、土壤肥力、有机质等，主要包括土壤 pH、全氮、速效钾、速效磷、土壤有机质等。

1. 土壤 pH 测定

用电位法（PHS-3D 型 pH 计）测定土壤 pH，将土样过 1mm 筛，称风干土样 25g 置烧杯中，加水 50mL 经充分搅匀，使土体充分散开，静置 1h 使其澄清，将 pH 玻璃电极的球泡插到下部悬浊液中，轻轻摇动，去除玻璃表面的水膜，使电极电位达到平衡，然后将甘汞电极插到上部清液中，按下读数开关进行 pH 测定。

2. 全氮含量测定方法

全氮含量测定采用凯氏定氮法，在有催化剂的条件下，用浓硫酸消化样品将有机氮转变为无机铵盐，然后在碱性条件下将铵盐转化为氨，随水蒸气蒸馏出来并为过量的硼酸液吸收，再以标准盐酸滴定，计算出样品中的氮量。样品经处理后精密称取 0.2～2.0g 固体样品或 2～5g 半固体样品。终端仪器采用 SPOBO 全自动定氮仪，如图 9.9 所示。

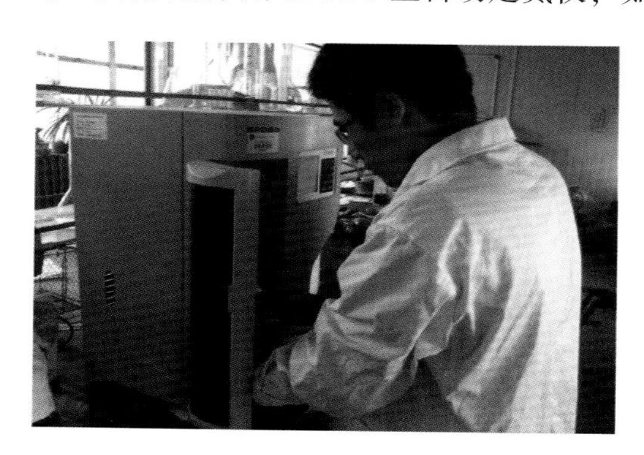

图 9.9　土壤全氮测定

3. 速效钾测定方法

速效钾测定采用 1mol/L NH_4Ac 浸提－火焰光度法（图 9.10）。其原理是用中性的 1mol/L NH_4Ac 溶液浸提土壤时，NH_4^+ 与土壤胶体表面的 K^+ 进行交换，连同水溶性 K^+ 一起进入溶液，用火焰光度法直接测定浸出液中的 K。主要步骤如下：

（1）试剂配制，取 77.08g CH_3COONH_4（化学纯），溶于 900mL 水，用稀 HAc 或 NH_4OH 调节至 pH 7.0，然后稀释至 1L。调节 pH 为 7.0（用 pH 计测试）。根据 50mL NH_4Ac 所用 NH_4OH 或 HAc 的 mL 数，算出所配溶液的大概需要量，将全部溶液调至 pH 7.0。

（2）将 K 标准溶液 0.1907g KCl（分析纯，110℃烘干 2h）溶于 1mol/L NH_4Ac 溶液中，并用此溶液定容至 1L，其 CK＝100mg/L。用时准确吸取 100mg/kg 标准溶液 0，1，2.5，5，10，20mL，分别放入 50mL 容量瓶中，用 1mol/L NH_4Ac 溶液定容，即得 0，2，5，10，10，40mg/L K 标准系列溶液，贮于塑料瓶中保存。

（3）浸提：称取风干土样（1mm）5.00g 于 150mL 三角瓶中，加入 50mL 1mol/L NH_4Ac 溶液，用塞塞紧，在往返式振荡机上振荡 30min，用干的定性滤纸过滤，以小三角瓶或小烧杯收集滤液后，与 K 标准系列溶液一起在火焰光度计上测定，记录检流计读数。

（4）绘制校准曲线或计算直线回归方程，求得 CK 参数。

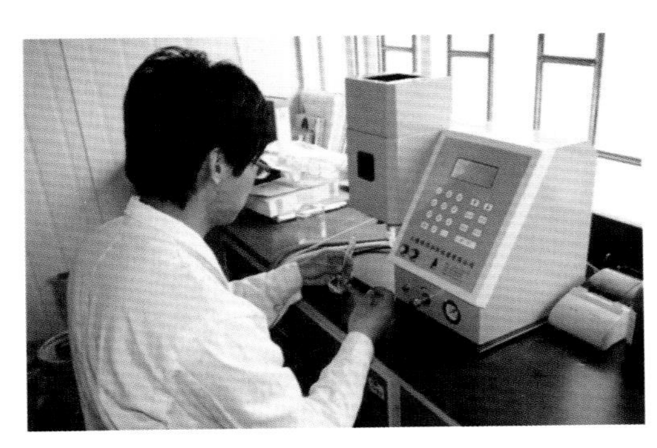

图 9.10　火焰光度法测定土壤速效钾含量

结果计算：

$$土壤速效钾\ K(mg/kg) = CK \times V/m$$

式中，CK 为从校准曲线或回归方程求得。

4. 速效磷测定方法

速效磷测定采用 pH 8.5 的 0.5mol/L 的 $NaHCO_3$ 作浸提剂处理土壤，利用其中的碳酸根抑制土壤中的碳酸钙溶解，降低溶液中 Ca^{2+} 浓度，相应提高磷酸钙溶解度。由于浸提剂的 pH 较高，抑制 Fe^{3+} 和 Al^{3+} 的活性，有利于磷酸铁和磷酸铝的提取。此外，溶液中存在着 OH^-、HCO_3^-、CO_3^{2-} 等阴离子，也有利于吸附态磷的置换。因此，用 $NaHCO_3$ 作浸提剂提取的有效磷与作物吸收磷有良好的相关性。在一定酸度下，对浸出液中的磷用硫酸钼锑抗还原显色成磷钼蓝，蓝色深浅在一定浓度范围内与磷的含量成正比，故可用比色法测定其含量。

速效磷测定采用的主要仪器包括震荡机、分光光度计或光电比色计、天平（0.01g）、三角瓶（250mL）、容量瓶（50mL）、漏斗、无磷滤纸、移液管（10mL）（图 9.11）。具体操作步骤如下：

（1）待测液的制备。称取通过 1mm 筛孔的风干土样 5.00g 置于 250mL 三角瓶中，加入一小勺无磷活性炭和 0.5mol/L 的 $NaHCO_3$ 浸提液 100mL，塞紧瓶塞，在震荡机上震荡 30min，取出后立即用干燥漏斗和无磷滤纸过滤，滤液用另一只三角瓶盛接，同时作空白试验。

（2）测定。吸取滤液 10mL（对含 P_2O_5 1% 以下的样品吸取 10mL，含磷高的可改为 5mL 或 2mL，但必须用 0.5mol/L 的 $NaHCO_3$ 补足至 10mL），于 50mL 容量瓶中，加钼锑抗混合显色剂 5mL，小心摇动。30min 后，在 721 或 722 型分光光度计上用波长 660nm（光电比色计用红色滤光片）比色，以空白液的吸收值为 0，读出待测的吸光度值。

（3）磷标准曲线绘制。分别吸取 50mg/L 磷标准液 0、1、2、3、4、5（mL）于 50mL

容量瓶中，各加入0.5mol/L的$NaHCO_3$浸提液1mL和钼锑抗显色剂5mL，除尽气泡后定容，充分摇匀，即为0、0.1、0.2、0.3、0.4、0.5mol/L的磷的系列标准液。30min后与待测液同时进行比色，读取吸光度值。在方格坐标纸上以吸光度值为纵坐标，磷浓度（mol/L）为横坐标绘制磷标准曲线。其中标准曲线$Y=0.5354X+0.004$，拟合精度为$R^2=0.9992$。

（4）计算方法：

$$土壤速效磷\ P(mg/kg)=mg/L\times50/10\times100/m$$

式中，mg/L为标准曲线上查得磷的浓度数；50为显色溶液的总体积，mL；100为提取液总体积，mL；10为吸取滤液毫升数；m为风干土样的质量，g。

图9.11　土壤有效磷室内测定

5. 土壤有机质测定

土壤有机质测定是采用定量的重铬酸钾-硫酸溶液，在电加热条件下，使土壤中的有机质氧化，剩余的重铬酸钾用硫酸亚铁标准溶液滴定，并以二氧化硅为添加剂作实际空白标定，根据氧化前后氧化剂质量差值，计算出有机碳量，再乘以系数1.724，即为土壤有机质含量。主要步骤如下。

1）试剂配制

0.4mol/L（1/6 $K_2Cr_2O_7$重铬酸钾）重铬酸钾-硫酸溶液：称取重铬酸钾40.0g，溶于600～800mL蒸馏水中，待完全溶解后，加水稀释至1L，将溶液移入3L大烧杯中；另取1L比重为1.84的浓硫酸，慢慢倒入重铬酸钾水溶液中，不断搅动，为避免急剧升温，每加约100mL硫酸后稍停片刻，并把大烧杯放在盛有冷水的盆内冷却，待溶液的温度降至不烫手时再加另一份硫酸，直至全部加完为止。

0.1mol/L重铬酸钾标准溶液：称取经130℃烘2～3h的优级纯重铬酸钾4.904g。先用少量水溶解，然后移入1L容量瓶内，加水定容。

0.1 mol/L硫酸亚铁标准溶液：称取$FeSO_4\cdot7H_2O$硫酸亚铁28g，溶于600～800mL水中，加浓硫酸20mL，搅拌均匀，加水定容至1L（必要时过滤），贮于棕色瓶中保存。此溶液易受空气氧化，使用时必须每天标定一次标准浓度。

2）样品测试步骤

称重过筛：选取有代表性风干土壤样品，用镊子挑除植物根叶等有机残体，然后用木棍把土块压细，使之通过1mm筛。充分混匀后，从中取出试样10～20g，磨细，并全部通过0.25mm筛，装入磨口瓶中备用。称取制备好的风干试样0.5g，精确至0.0001g。置入150mL三角瓶中，加粉末状的硫酸银0.1g，准确加入0.4mol/L重铬酸钾–硫酸溶液10mL混匀。

消煮：盛有试样的大试管放上弯颈漏斗，移至已预热到200～230℃的电沙浴（或石蜡浴）加热。当冷凝管下端落下第一滴冷凝液，开始计时，消煮5±0.5min。

定容：消煮完毕后，将三角瓶从电沙浴上取下，冷凝片刻，用水冲洗冷凝管内壁及其底端外壁，使洗涤液流入原三角瓶，定容于100mL。摇匀后取上清液10mL于三角瓶，加3～5滴邻菲咯啉指示剂，用硫酸亚铁标准溶液滴定剩余的重铬酸钾。溶液的变色过程是先由橙黄变为蓝绿，再变为棕红，即达终点。

硫酸亚铁溶液的标定方法如下：吸取0.1 mol/L重铬酸钾溶液10mL，放入150mL三角瓶中，加浓硫酸1mL和邻菲咯啉指示剂80μL，用硫酸亚铁溶液滴定，终点为砖红色。根据硫酸亚铁溶液的消耗量，计算硫酸亚铁标准溶液浓度 C_2。

$$C_2 = C_1 \cdot V_1 / V_2$$

式中，C_2为硫酸亚铁标准溶液的浓度，mol/L；C_1为重铬酸钾标准溶液的浓度，mol/L；V_1为吸取的重铬酸钾标准溶液的体积，mL；V_2为滴定时消耗硫酸亚铁溶液的体积，mL。

3）结果计算

$$\text{土壤有机质含量} X(\text{烘干基}) = \frac{(V_0 - V)C_2 \times 0.003 \times 1.724 \times 100}{m}\%$$

式中，V_0为空白滴定时消耗硫酸亚铁标准溶液的体积，mL；V为测定试样时消耗硫酸亚铁标准溶液的体积，mL；C_2为硫酸亚铁标准溶液的浓度，mol/L；0.003为1/4碳原子的摩尔质量数，g/mL；1.724为由有机碳换算为有机质的系数；m为烘干试样质量，g。

9.2　现代开采沉陷区土壤物理特征时空变化

土壤物理环境综合反映土壤内部质量状况，表征土壤的透气性、入渗性能、持水能力、溶质迁移及抗侵蚀能力。土壤物理环境通过影响土壤中水、肥、气和热量的迁移和能量转化，影响植物的根系发育和植物生长状态。因此，开采全过程土壤物理特征的时空变化对自然条件下植物生长具有重要的影响。

9.2.1　土壤容重变化特征

土壤容重是土壤物理基本性质之一，它也综合反映了土壤内部质量状况，影响内部营养元素的固定与释放。土壤容重越小，表明土壤结构性越好，反之，土壤容重越大，土壤结构越差。土壤容重为土壤肥力指标之一。土壤容重不同，表明土壤矿物质和有机质的数量和组成、松紧度等存在差异，影响着土壤中水、肥、气和热量的迁移和能量转化。当土壤中重矿物较多时，土壤致密紧实，则土壤容重较大；相反，孔隙度高，土壤容重较小。

1. 土壤容重的沉陷分区变化特征

补连塔矿 12406 工作面测定与分析结果表明，采煤塌陷对塌陷区各坡位土壤容重均产生显著扰动，其中对坡上土壤扰动相对强烈。在采后相同沉陷时间时，随着土壤深度不断增加，土壤容重值逐渐相对减小，显示差异性不显著，但未沉陷区的土壤容重值在各层位上均明显大于沉陷区。随着采后沉陷时间增加，各层位上容重值先趋向减小，而在沉陷一定时间后（如 7 个月时）又逐步增加，且逐渐趋于采前的土壤容重值。

为研究土壤容重在开采沉陷区不同区域的空间变化，在大柳塔矿选择两个开采工艺和条件类似的相邻依次开采的工作面，52304、52305 工作面，其中 52304 工作面回采时间相对早于 52305 工作面回采时间约一年。选择两个工作面地表沉陷区域中的非均匀沉陷区的边缘裂缝区、均匀沉陷区的中心区和未发生沉陷的相邻对照区，进行开采全过程土壤容重的系统测定和变化对比分析。图 9.12 是地表沉陷不同区域的土壤容重测试结果，显示不同区域的土壤容重存在显著差异。如以对照区为背景值，52304 工作面的裂缝区土壤容重值相对降低 4.22%，中心区降低值则仅为 1.79%，与对照区不存在显著差异。52305 工作面的裂缝区土壤容重值比对照区降低 7.06%，中心区与对照区相比降低 3.46%；单因素方差分析表明，52304 工作面的裂缝区土壤容重与对照区存在显著性差异（$p<0.05$），中心区土壤容重与对照区之间不存在差异性（$p>0.05$）；52305 工作面的裂缝区土壤容重和中心区的土壤容重与对照区均有显著性差异（$p<0.05$）但裂缝区又显著大于中心区。

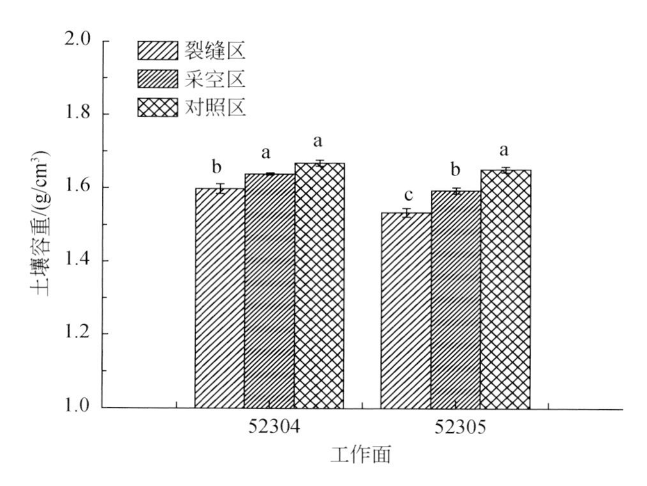

图 9.12　大柳塔矿不同工作面土壤容重变化

图中有相同字母的各测点组在 $p<0.05$ 显著水平下无显著差异，数据为均值±标准差

综合分析表明，现代开采沉陷通过破坏土壤原有的结构，对土壤容重造成一定扰动，在同一开采工作面沉陷区域中，对裂缝区的土壤容重扰动幅度显著大于工作面中心区；两个不同时间回采结束的开采工作面地表沉陷区比较，则对 52304 工作面的土壤容重的扰动相对比 52305 工作面的要小，说明采后沉陷区趋于稳定过程中，开采产生的地表裂缝和裂

隙有逐渐闭合或减小的趋势，即土壤结构向采前状态逐步恢复，逐渐降低开采对土壤容重的影响程度且与对照区接近，显示出沉陷趋于稳定过程中土壤容重参数有向采前状态的恢复趋势。

2. 土壤容重的植物分区变化

研究选择了 13 个代表不同植被类型，大小以及塌陷程度的典型样地，通过挖取土壤剖面测定土壤容重。测试数据表明，在开采前，土壤容重的变化趋势相同，均呈“S”形变化曲线，在表层土壤容重较高，20～40cm 土层处变小，40～60cm 土层处又增大。在煤炭开采过程中，各层土壤容重之间的差异逐渐减小（图 9. 13）。

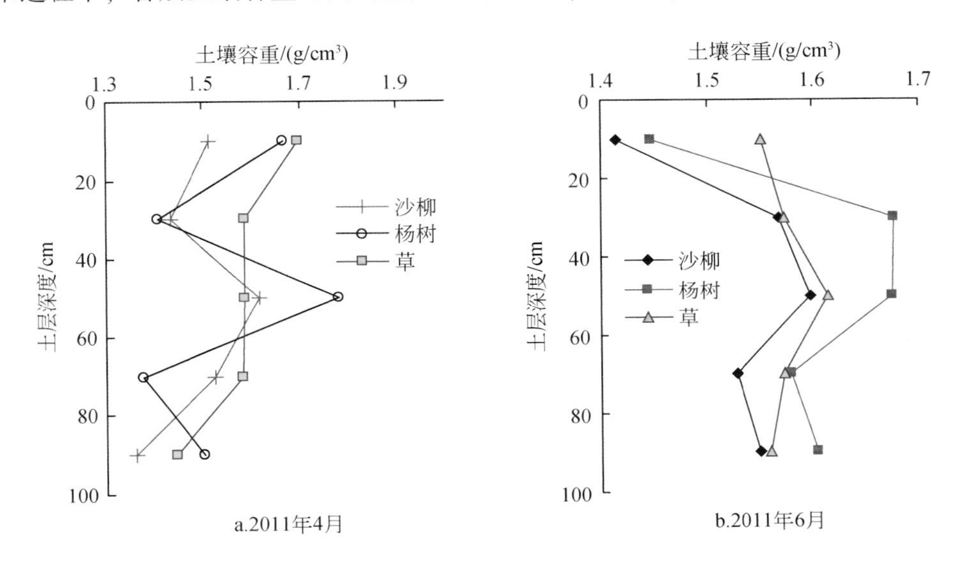

图 9. 13　开采前后土壤容重剖面分布

3. 土壤颗粒组成

土壤的基本特征之一就在于，它是由各级不同大小的颗粒堆积组成的混合体。土壤的这种颗粒组成特性，也称为土壤的机械组成或土壤质地，是土壤物理性状的重要方面，影响到土壤的通透性、对水分的吸持能力、紧实度和黏结性等诸多性质。因土壤质地的形成过程和受外界条件改变土壤颗粒组成结构的方式不同，土壤颗粒在土壤层中的分布空间上存在很大的差异性。在外力的影响下，土壤中土壤颗粒的随机迁移对土壤的各种性能均有明显的改变。本节中土壤机械组成采用传统的网筛筛分和重力比重计法进行分析。

土壤颗粒一般按其粗细分为砾、砂粒、粉粒和黏粒四个大的粒级。但在具体界限和每个大粒级的进一步划分上有很多方案，本节依据常用的国际标准进行粒级划分（图 9. 14）。

结果如表 9. 1 所示。该区域土壤主要是砂壤土、壤砂土、砂土，砂粒含量普遍很高。砂土保水保肥能力较差，养分含量少，土壤毛管作用强，水分运行快，土温变化较快，但通气透水性较好，在利用管理上，要注意选择耐旱品种。

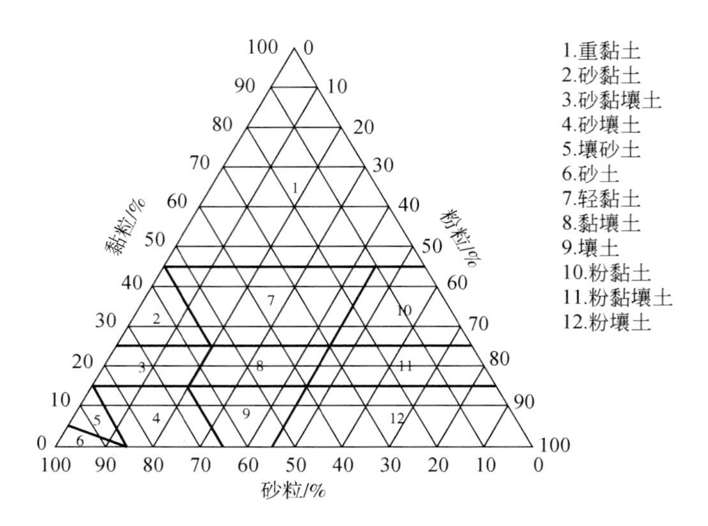

图 9.14　国际土壤质地分类三角表

表 9.1　采中土壤颗粒组分及质地名称表

点号	处理	2011 年 6 月			土壤质地
		沙粒	粉粒	黏粒	
1	沙柳裂	85.04	12	2.96	壤砂土
2	大沙柳	86.96	11.04	2	壤砂土
3	小沙柳	91.76	5.76	2.48	砂土
4	杨树裂	89.84	7.68	2.48	壤砂土
5	中杨树	91.76	5.28	2.96	砂土
6	大杨树	91.76	6.24	2	砂土
7	中草	84.08	12.18	3.74	砂土
8	草裂	87.92	7.2	4.88	壤砂土
9	小草	86	9.48	4.52	壤砂土
10	裸地	93.68	3.12	3.2	砂土
11	裸地裂缝	89.84	7.56	2.6	壤砂土
12	坡地	87.92	7.92	4.16	壤砂土
13	沙柳 CK	84.08	11.04	4.88	砂壤土

9.2.2　土壤孔隙度变化特征

土壤孔隙性直接决定和影响土壤的水热交换能力，进而影响土壤的透气、保水及植物的生长。因此，孔隙性是土壤的重要属性，也是表征土壤肥力的重要指标。土壤的孔隙性用孔隙度来表示，土壤孔隙度是在自然状态下单位体积土壤中孔隙体积所占的百分率，它是衡量土壤孔隙的数量指标。孔隙度的大小主要受土壤质地、结构和有机质含量等因素的影响。土壤孔隙是指土粒或团聚体之间以及团聚体内部的空隙。沙土中的孔隙粗大，但数目较少，总的孔隙容积较小；土壤疏松或土壤中有大量有机质、根孔、动物洞穴或裂隙时，则孔隙度大；土壤越紧实，则孔隙度越小。

1. 土壤孔隙度沉陷分区变化

研究表明，现代开采沉陷对不同区域的土壤孔隙度均产生扰动，根据地形的叠加作用影响，对沉陷影响区域中的坡底区土壤孔隙度扰动相对严重，且在垂直方向上随着土层深度的增加而逐渐增大，但不存在明显差异性。而随着沉陷时间不断增加，土壤孔隙度相对变化程度显示出先增大后减弱趋势，孔隙度分布在塌陷时序上差异性明显，但随着开采沉陷趋于稳定，土壤孔隙度逐渐趋于采前状态。

与土壤容重研究方法相同，图 9.15 显示不同工作面在不同沉陷区域的土壤孔隙度测试对比结果。由图可知，两个工作面均显示出对照区、中心区、裂缝区的土壤孔隙度依次增大。以对照区的土壤孔隙度为基准值，52304 工作面裂缝区与中心区的土壤孔隙度分别增大 7.17% 和 3.49%，52305 工作面裂缝区土壤孔隙度与对照区相比分别增大 11.65% 和 5.71%。两者相比，52305 工作面沉陷区的土壤孔隙度相对变化值均大于 52304 工作面的变化，表明采动期间的影响较为明显，而采后稳定一定时间后相对变化值逐渐降低。

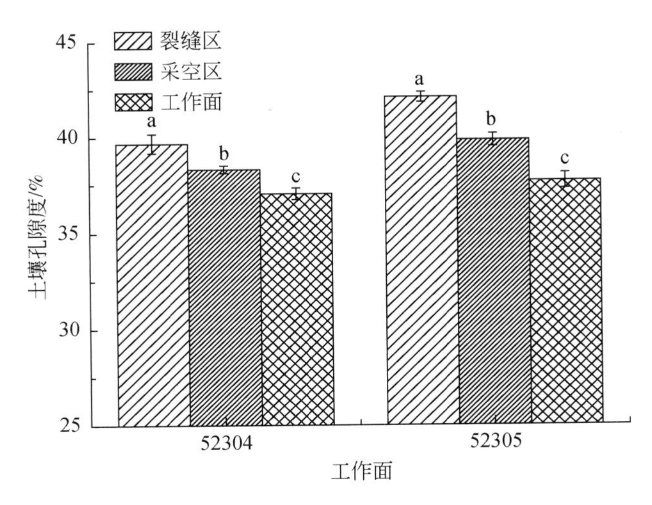

图 9.15　大柳塔矿不同工作面上土壤孔隙度变化

图中有相同字母的各测点组在 $p<0.05$ 显著水平下无显著差异，数据为均值±标准差

单因素方差分析表明，52304 工作面地表沉陷的裂缝区和中心区的土壤孔隙度均与对照区土壤孔隙度存在显著性差异（$p<0.05$），裂缝区与中心区之间的土壤孔隙度差异也比较显著（$p<0.05$）；52305 工作面与 52304 情况类似，裂缝区、中心区、对照区之间的土壤孔隙度均存在显著性差异（$p<0.05$），且 52305 工作面与 52304 工作面不同工作区土壤孔隙度相比，绝对值差异略大。

综合分析表明，开采沉陷导致地表土壤裂缝和裂隙的发生，在风蚀水蚀作用下，土壤机械组成发生一定程度变化，黏粒随雨水冲刷等向土壤深处流动，从而导致土壤孔隙增加和增大，特别是在裂缝区的自然流失情况更为严重，使土壤孔隙度的增大程度更为显著，结果显示出开采沉陷扰动对地表土壤孔隙度的影响程度比较大。其中，不同回采时间的工作面地表沉陷相同区域（裂缝区、中心区）比较，采后时间较长的沉陷区的土壤孔隙度绝对值差异均小于回采后相对较短的沉陷区的土壤孔隙度，其原因是采后部分裂缝和裂隙发生逐步闭合或减小，减缓了黏粒和土壤养分等流失，致使土壤的水土保持和自然涵养能力缓慢回升，能力逐渐恢复，土壤孔隙度逐渐向采前状态有一定程度的恢复。

2. 土壤孔隙度植物分区变化

研究选择的13个代表不同植被类型、大小以及塌陷程度的典型样地的土壤孔隙度测试数据表明，与采前相比，沙柳、杨树的孔隙度分别增加了27.7%、31.7%，沙蒿的孔隙度则减少了7.2%，总的来看，采中土壤孔隙度明显增大，只有沙蒿略有减小，但差异不显著（图9.16）。

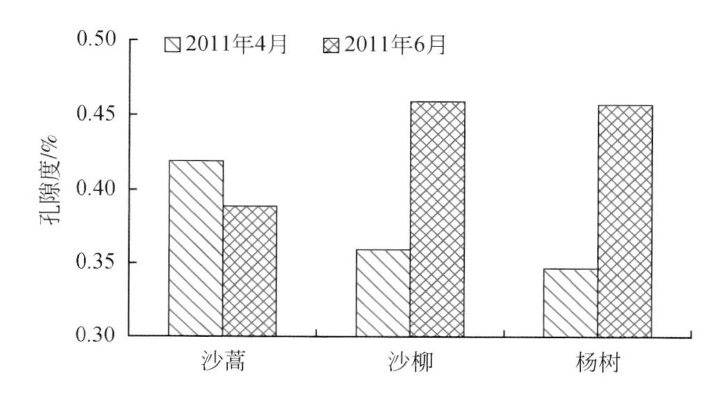

图9.16　开采前后沉陷区不同植物土壤孔隙度对比图

9.2.3　土壤含水率变化特征

土壤含水率是表征土壤保持植物生长所需水分的主要指标，特别在干旱和半干旱区的耐旱和根系相对较浅的沙蒿、沙柳等，其植物根系吸收的水分大都来自浅层土壤水。因此，研究不同开采沉陷对土壤含水率的影响程度有重要意义。

1. 土壤含水率沉陷分区变化

与土壤容重研究方法相同，对大柳塔矿52304工作面和52305工作面地表沉陷区不同区域（裂缝区、对照区和中心区）的土壤含水率进行对比分析（图9.17）。由图可见，两个工作面的地表沉陷区域的土壤含水率均呈下降趋势。与对照区土壤含水率比较，52304工作面沉陷区的裂缝区和中心区相比分别下降32.6%和20.2%，52305工作面沉陷区的裂缝区、中心区相比对照区分别下降44.96%和33.72%。单因素方差分析表明，52304工作面沉陷区的裂缝区和中心区均与对照区存在显著性差异（$p<0.05$）；52305工作面沉陷区的裂缝区和中心区与对照区也存在显著性差异（$p<0.05$）。

综合分析表明，沉陷后裂缝区和中心区的土壤含水率均明显小于对照区的土壤含水率，其原因是开采裂隙致使土壤孔隙度增大，导致土壤中水分渗透到深层或者在表层蒸

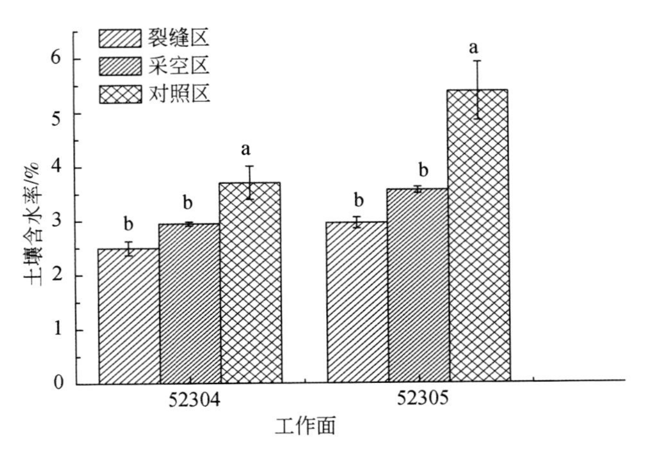

图 9.17 大柳塔矿不同工作面的土壤含水率变化

图中有相同字母的各测点组在 $p<0.05$ 显著水平下无显著差异，数据为均值±标准差

发。但沉陷后不同时间（52304 工作面早于 52305 工作面）比较表明，随着沉陷时间的增加，采后部分裂缝和裂隙发生逐步闭合或减小，使土壤水土保持和自然涵养能力缓慢回升，裂缝区和中心区与对照区之间的土壤含水率差别逐渐缩小，即有逐渐向采前状态恢复的趋势。

2. 土壤含水率的裂缝影响变化

在煤炭开采中，裂缝发育比较明显时期（2011 年 5 月 ~ 2011 年 7 月），利用 5m×5m 的样方，调查裂缝的条数、宽度，在不同规格的样方内测定土壤含水率。从图 9.18 中可以看出，在裂缝宽度相近的条件下，裂缝密度越高，土壤含水率越大；在裂缝密度相同的条件下，裂缝宽度越大，土壤含水率越高。表明裂缝在雨水充沛时会大量积聚水分，提高土壤含水量，这会导致土壤孔隙加大，裂隙变宽，引起新的沉降。

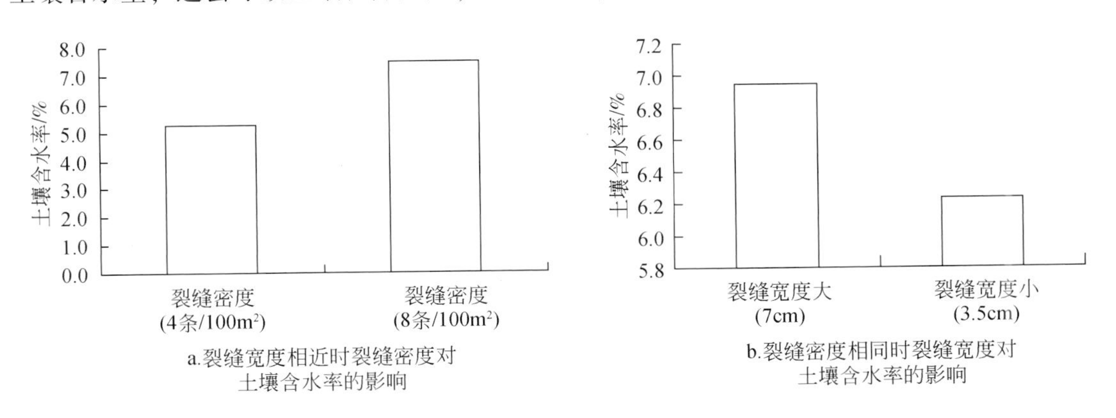

图 9.18 沉陷区裂缝对土壤水分的影响

另外，选取裂缝密度为 $k=1$、$k=3$、$k=5$ 及无明显裂缝的区域（$k=0$）作为研究对象，用土钻隔 20cm 一层钻取 0 ~ 100cm 层土样，分析其土壤含水量的变化。

图 9. 19 为不同裂缝密度条件下土壤裂缝处水分含量随土层深度的变化。由图可以看出，随着深度的增加，裂缝密度为 $k=1$、$k=3$、$k=5$ 和 $k=0$ 的土壤含水量均呈现波动变化，其中无裂缝处（$k=0$）随着土层深度的增加，含水量呈现出先增加后减小的趋势，含水量最大处出现在 50cm 处，为 3. 75%；裂缝密度为 $k=1$、$k=3$、$k=5$ 的点位处，随着深度增加，含水量呈现出左右摆动的现象，这可能是由于裂缝导致土壤层次结构对土壤水分的保持作用不同而差异性增大。不同的裂缝密度其水分条件与对照相比，有裂缝出现的各层含水量除个别点外，均小于无裂缝区，说明采煤裂缝对水分的分布影响较大。运用 SPSS 软件进行方差分析，得出水分分布与裂缝密度的关系并不显著（$p=0.501>0.005$），这与之前王健等得出的裂缝密度与水分的关系呈反相关的结论不同，这可能是裂缝宽度、土质条件等不同造成的。

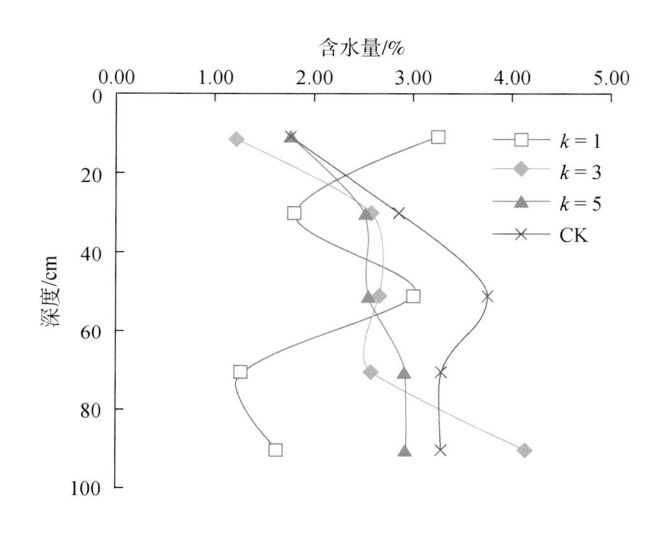

图 9. 19　不同裂缝密度土壤含水量垂直变化

3. 土壤含水率的植物分区变化

土壤水分受开采和季节影响较大。从 2011 年 5 月地表开始出现裂缝，土壤含水率下降。7 月该地区降水量增加，杨树和沙蒿覆盖下的土壤含水率大幅提高，但沙柳覆盖下的土壤含水率仍呈现下降趋势，主要由于沙柳系人工种植，沙柳单棵分布，叶片小，周围无植被覆盖，蒸发量高，而杨树和沙蒿覆盖密度相对较高，蒸发量较小，雨水蓄积较多。但随着 9 月降雨量下降，各植被覆盖下的土壤含水率均大幅下降，土壤含水率受季节影响明显（图 9. 20）。

相比 2011 年 5 月，2012 年 5 月各植被覆盖条件下土壤含水率均下降，可见开采沉陷导致土壤松动，土壤蓄水能力下降。

比较沉陷区不同植物土壤水分剖面分布，可以看出沙柳和杨树各层土壤水分在 2012 年 5 月份提高了，得到了恢复。而对于沙蒿，深层次土壤水分出现了消耗，随着土层的加深，而土壤水分入渗的深度有限，深层次土壤水分恢复较不容易（图 9. 21）。

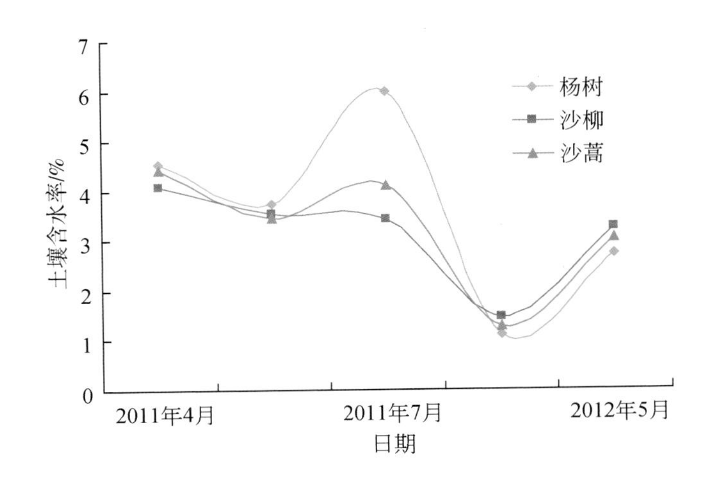

图 9.20　不同植被土壤含水率季节分布

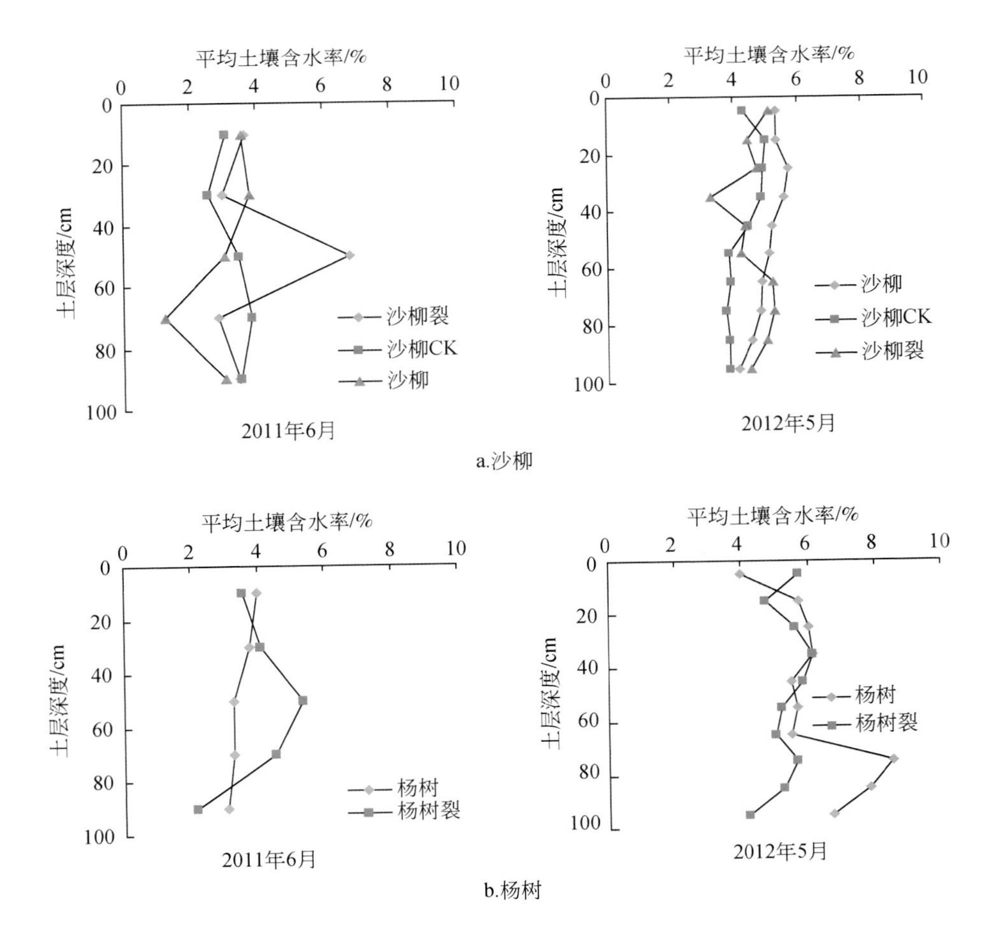

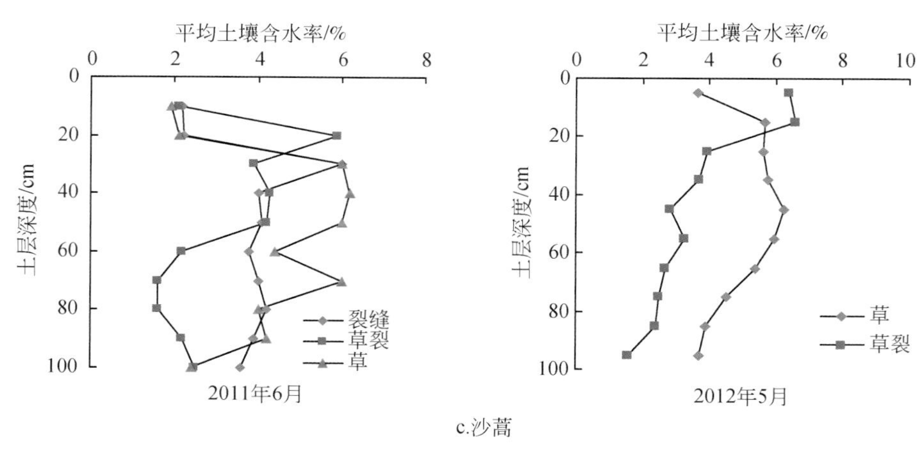

图 9.21　采中与相对稳定期植物土壤水分剖面分布

4. 土壤含水率的坡位分区变化

图 9.22 为不同坡位土壤 0 ~ 100cm 三个月份的水分分布特征。由图可以看出，4 月份坡底各层含水量均较低，坡中含水量随着深度增加逐渐增加，坡顶和背风坡土壤含水量均表现为先增加后减小。其中背风坡中土壤含水量最大。7 月份，由于降雨的原因，土壤中的含水量增加。坡中和坡顶土壤水分分布趋势类似于 4 月，背风坡中则表现为先减小后增加。9 月份土壤水分变化差异较大，坡底含水量较其他坡位有所增加，坡中和坡顶随深度呈现出先减小后增加趋势。由不同月份各坡位土壤水分变化图可以看出，7 月份土壤各坡位土壤含水量均较大，且背风坡坡中>坡中>坡底>坡顶。4 月和 9 月的各坡位土壤含水量呈相反变化规律。

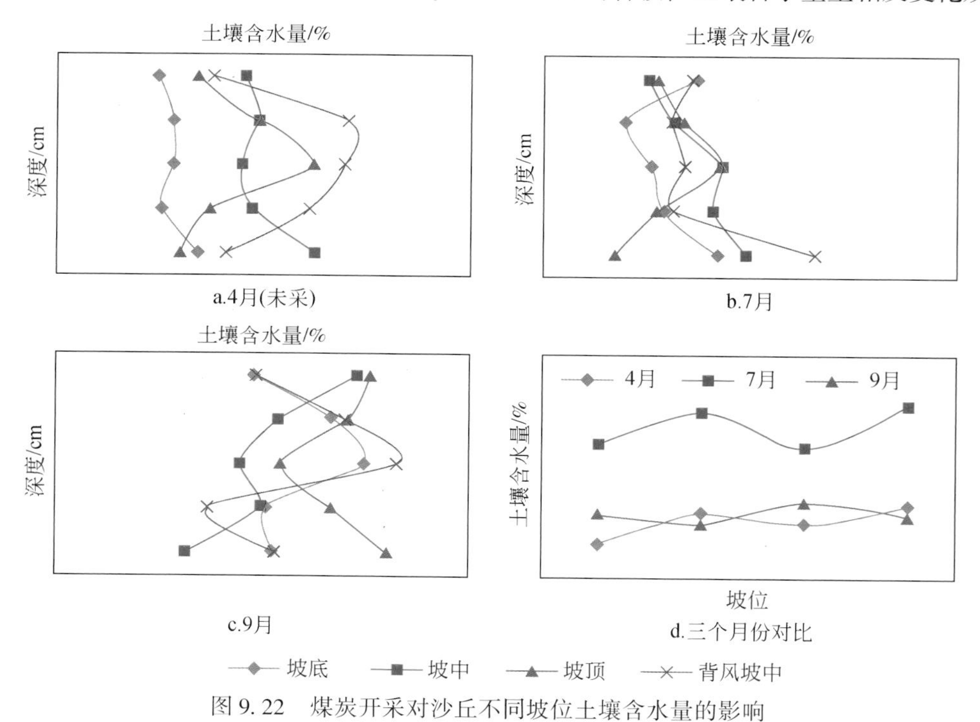

图 9.22　煤炭开采对沙丘不同坡位土壤含水量的影响

沙丘不同坡位的土壤水分本身存在一定的差异，沙丘不同坡位处裂缝水分的分布特征对植被生长恢复也具有重要影响。由图9.23可知，沙丘不同坡位裂缝处水分随深度变化差异较大。其中迎风坡底和坡中水分变化波动较大，坡顶、背风坡中和对照区（CK，为丘间低地未裂缝区）均表现出先增加后减小的趋势。同时可以看出，由于有裂缝存在，各个坡位的各层含水量较CK区含水量除个别点外均小于未裂缝区。传统意义上一般认为含水量坡底>坡中>坡顶，在图中却反映出坡底含水量和坡中变异较大，坡顶和背风坡的含水量反而大，这可能是由于裂缝增加了土壤水分垂直分布的变异性。坡顶含水量大可能是由于坡顶处有沙蒿分布，蓄存了一部分降水。

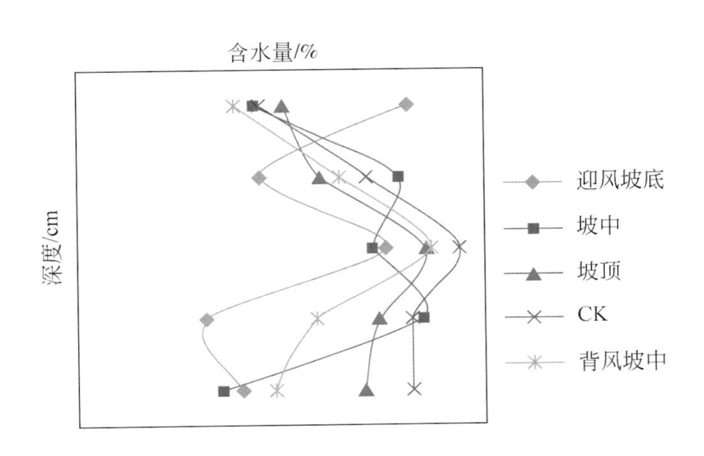

图9.23　不同坡位处裂缝水分分布特征

9.2.4　土壤入渗与蒸发能力变化特征

1. 土壤入渗能力

入渗是指水分通过土壤表面垂直向下进入土壤和地下的运动过程。它不仅直接影响地面径流量的大小，也影响土壤水分及地下水的增长。由不同植被条件下的土壤水分入渗过程曲线可以看出，土壤渗透性能直接关系到地表径流的产生、土壤侵蚀和化学物质运移等过程，是评价土壤抗侵蚀能力的重要指标之一。在塌陷非稳定阶段，地表发育有大量裂隙，对降雨入渗产生重要影响。不同塌陷地貌类型对降雨入渗的影响具有不同的特点。当地表岩体无风化带或风化程度较低，岩体对降水的接纳能力极小，小强度降水就会使地表产生径流。在无塌陷裂隙存在时，受能量平衡影响，径流会向地势低处汇集，在这里集中蒸发或入渗。而当地表产生塌陷裂隙时，一些径流在未达到汇集区时便中途被截流，顺塌陷裂隙进入地下。这时将产生新的入渗通道。地表塌陷裂隙越多，新的入渗通道就越多，介质的入渗能力也就越大。从图9.24中可以看出，不同植物煤炭开采前后，土壤入渗速率表现出不一样的规律，但开采过程中的土壤入渗速率均高于采前。

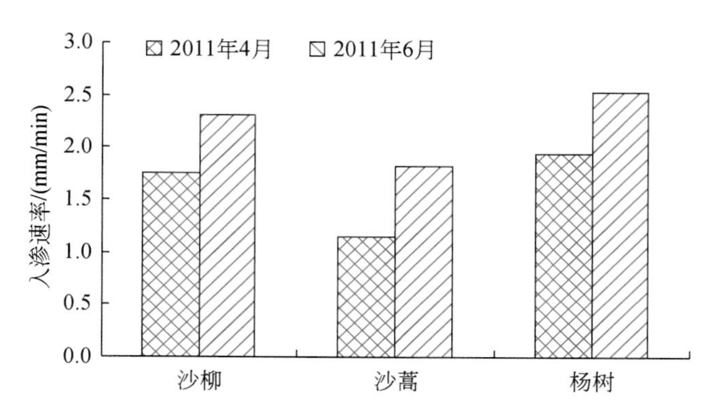

图 9.24　开采前后沉陷区不同植物土壤入渗速率对比图

2. 土壤蒸发特性

在补连塔矿区，对于裸地，开采塌陷产生的裂缝增加了土壤颗粒与空气的接触面积，从而增大了土壤蒸发强度。在不同植物裂缝处蒸发量对比图 9.25 中可以看出，经过裂缝的沙柳和杨树土壤蒸发量明显增加，而草的差异没有前两种植物明显，且表现出相反的变化规律。

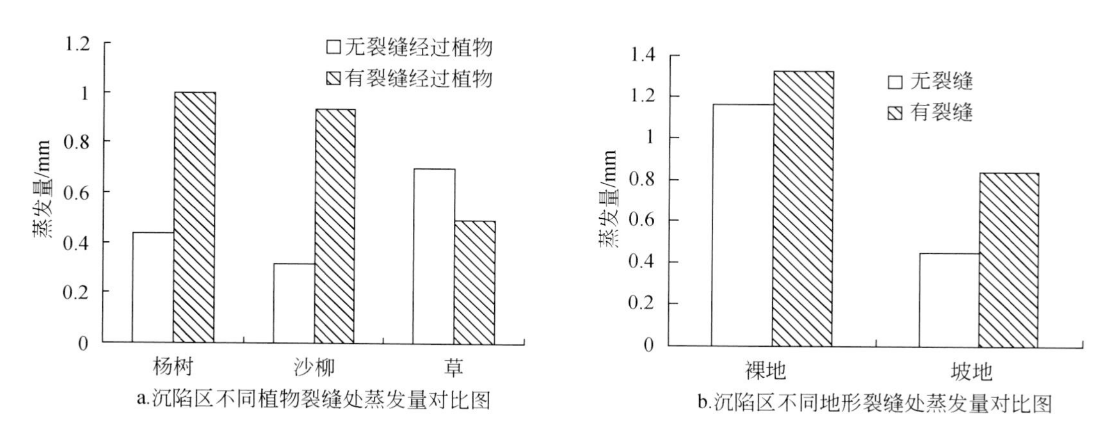

图 9.25　开采前后沉陷区不同植物和地形土壤蒸发量对比图

上述研究表明，土壤含水率、土壤容重、孔隙度和土壤入渗与蒸发能力 pH 等主要参数，受开采沉陷影响均有不同程度的变化，但在沉陷区中不同区域（边缘裂缝发育的裂缝区和均匀沉陷的中心区）的影响程度有所不同。开采沉陷后土壤物理性质有向采前状态恢复的趋势，研究区沉陷大约 1 个自然年后，均匀沉陷的中心区基本恢复至采前状态，表现出“自修复”的现象，但在裂缝区，自然条件下的地表裂缝难以自我愈合，向采前状态恢复的“自修复”现象不甚显著。研究启示，通过人工辅助“愈合”开采裂缝，有助于大幅度改善土壤自我修复的环境，促进土壤物理性质向采前状态恢复。

9.3 现代开采沉陷区土壤化学特征时空变化

土壤化学环境综合反映了土壤内部微观状况，表征了土壤肥力大小和养分的高低。土壤化学环境通过影响土壤中肥和所需营养元素，进而影响植物的发育和生长。因此，开采全过程土壤化学特征的时空变化对自然条件下土壤改良以及提供植物生长需要的营养物质等具有重要的影响。

9.3.1 土壤 pH

土壤 pH 是土壤化学特性中表示土壤酸碱度的一个重要指标，通常用土壤溶液中氢离子浓度的负对数表示。土壤 pH 是在成土过程中气候、生物、地质、水文等因素综合作用下形成的重要属性，pH 变化直接影响着土壤中营养元素的存在状态和有效性以及土壤中离子的交换、运动、迁移转化、微生物的活性等，决定着绝大多数营养元素的转化方向、转化过程、存在状态和有效性，从而改变土壤酸碱性和影响了土壤肥力，而土壤过酸或过碱都会影响植物正常生长。因此，土壤 pH 也是土壤肥力的重要影响因子。

补连塔矿 12406 工作面沉陷区观测结果如图 9.26 所示，以主要影响因子——地形坡度为参考，分析采前和采后不同时间段、不同深度层位的土壤 pH 变化特点。与采前土壤 pH 相比较，显示开采沉陷对地形不同坡位区的土壤 pH 均产生轻微的扰动，其中在坡上位所受扰动相对较强。以坡底为例分析显示，土壤 pH 随采样深度的增加而呈现升高趋势，但升高相对幅度较小。随着采后沉陷时间增加，表层土壤 pH 总体呈升高趋势，沉陷区的 0～80cm 深度范围的土壤 pH 低于未沉陷区。其原因可能是采后沉陷区地表形成的大量裂缝和裂隙致使土壤孔隙度增大，在降雨的淋溶作用下促使土壤表层氢离子不断地向深层运移，从而降低了近地表层（如 0～80cm 深度）的土壤 pH。其中，沉陷 5 个月呈现明显的差异性，此时各土层的 pH 均高于其他时段的土层 pH，呈现明显的碱化。结合该区 7～9 月份大气降水较多，促进了土壤中交换性钠的水解，导致土壤胶体上交换性钠与水、CO_2发生交换反应产生 NaOH，使土壤呈碱性反应，从而升高了土层的 pH。当采后沉陷时间达到 7 个月时，土壤 pH 又随地表逐渐沉实和大气降水减小而逐渐向采前状态恢复，与采前土壤 pH 的差异性显示不明显（$p>0.05$）。

同理，采用与土壤容重研究方法相同，对大柳塔矿 52304 工作面和 52305 工作面地表沉陷区不同区域（裂缝区、对照区和中心区）的土壤 pH 进行对比分析（图 9.27）。由图可知，两个工作面均显示出土壤 pH 变化程度很小，以对照区的土壤 pH 为基准比较，52304 工作面沉陷区的裂缝区与中心区的土壤 pH 与对照区相比分别升高 0.08% 和 0.20%，52305 工作面的裂缝区比对照区土壤 pH 升高 0.09%，中心区比对照区土壤 pH 升高 0.32%。

差异显著性分析表明，52304 工作面的裂缝区、中心区与对照区土壤 pH 均不存在显著性差异（$p>0.05$），52305 工作面的裂缝区和中心区土壤 pH 也均与对照区无显著性差异（$p>0.05$）。尽管 52304 工作面和 52305 工作面的裂缝区及中心区的土壤 pH 相对于对照区的土壤 pH 都有增加趋势，但增加幅度较小，且土壤 pH 相差也很小。

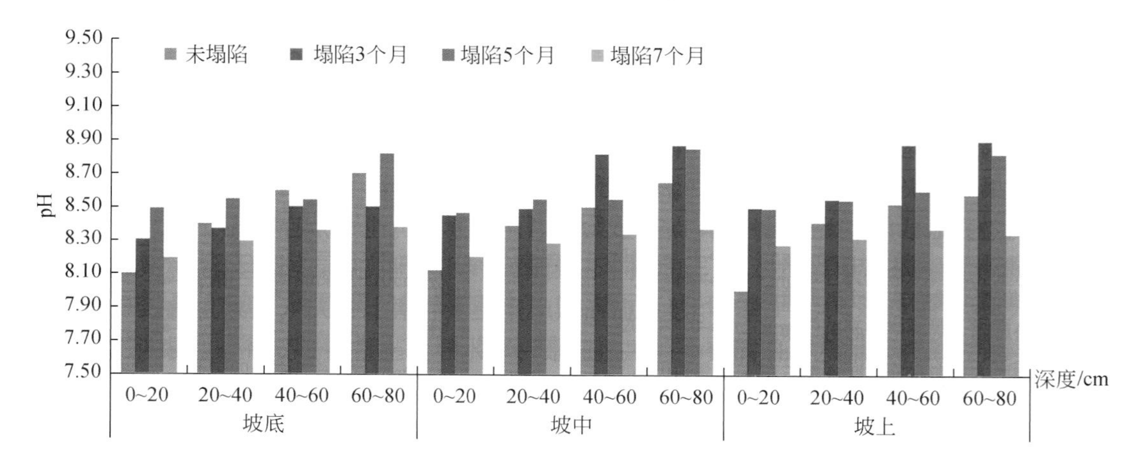

图 9.26　补连塔矿 12406 工作面沉陷区土壤 pH 的变化

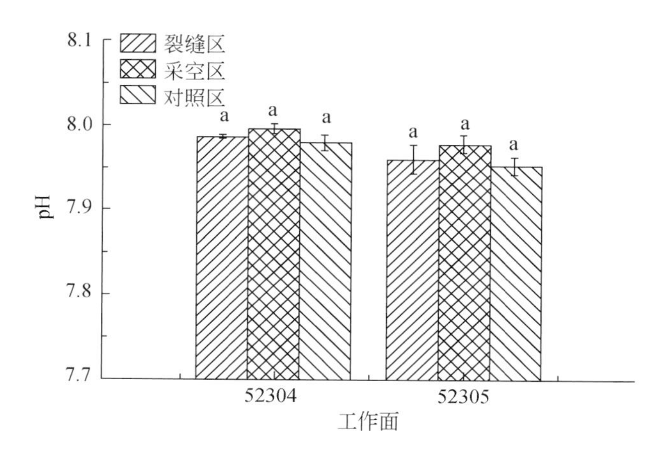

图 9.27　大柳塔矿不同工作面的土壤 pH 的变化

图中有相同字母的各测点组在 $p<0.05$ 显著水平下无显著差异，数据为均值±标准差

综合分析表明，尽管开采沉陷区地表形成的大量裂缝和裂隙促进降雨淋溶作用导致土壤表层氢离子向深层运移，降低了表层土壤 pH，但差异性显示不明显。且随沉陷逐步趋稳后的地表逐渐沉实和大气降水减小，土壤 pH 逐渐向采前状态恢复，因此，开采沉陷对土壤 pH 没有显著影响。

9.3.2　土壤全氮

土壤中氮元素是植物和作物生长的重要营养元素之一，其总量及存在形态直接决定或影响着土壤肥力高低和有效性，在风积沙土壤中氮元素的积累主要来源于动植物残体的分解和土壤中微生物的固定。土壤全氮含量不仅用于衡量土壤氮元素的基础肥力，而且还能反映土壤潜在肥力的高低，即衡量土壤氮元素供应状况的重要指标。

补连塔矿12406工作面地表沉陷区研究表明，与采前相比，各沉陷区内不同坡位（坡底、坡中、坡上）处的全氮值均显著低于采前状态。且随着沉陷时间增加，各坡位的土壤全氮均呈现下降趋势，其中坡底和坡中相对变化较大，坡上相对变化较小，深层土壤比表层土壤全氮的相对变化更明显，说明开采对沉陷区各坡位一定深度的土壤全氮含量均产生了一定范围的显著扰动。主要原因是采后土壤粗化，孔隙度增加和黏粒物质下移，导致全氮含量降低。同时在植物生长旺季，土壤根系吸氮强烈也致使土壤氮淋失。

与土壤容重研究方法相同，对大柳塔井田52304工作面和52305工作面地表沉陷区不同区域（裂缝区、对照区和中心区）的土壤全氮含量进行对比分析（图9.28）。由图可知，如以对照区的土壤全氮含量为基准值，52304工作面沉陷区的裂缝区和中心区的土壤全氮含量比对照区的土壤全氮含量分别下降34.86%和16.67%，52305工作面沉陷区的裂缝区的土壤全氮含量比对照区下降8.54%，中心区的土壤全氮含量下降18.09%。单因素方差分析表明，52304工作面沉陷区的裂缝区与中心区土壤全氮含量均显著低于对照区全氮含量（$p<0.05$），52305工作面沉陷区的裂缝区、中心区与对照区土壤全氮含量虽然下降幅度较大，但就绝对值而言，变化幅度较小，不存在显著性差异（$p>0.05$）。

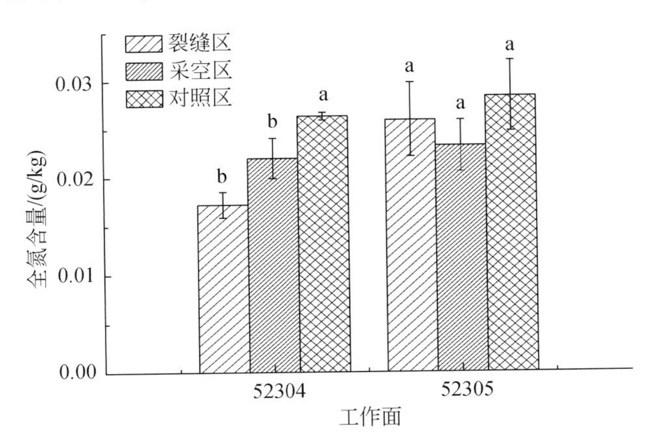

图9.28　大柳塔矿不同工作面的土壤全N变化

图中有相同字母的各测点组在$p<0.05$显著水平下无显著差异，数据为均值±标准差

综合分析表明，开采沉陷对土壤全氮产生一定范围的扰动，其原因可能是因为采后土壤粗化和孔隙度增加，导致容重降低和黏粒物质下移，在雨水淋溶作用下致使土壤全氮从表层向深层不断迁移，导致裂缝区的土壤全氮含量降低。而裂缝区、中心区与对照区的土壤全氮含量之间的差异性比较，52304工作面沉陷区比52305工作面沉陷区有所增大，这可能与地表土壤本身的固氮能力的差异性有关。

9.3.3　土壤速效钾

速效钾是土壤速效养分的组成部分，它包括了交换性钾和水溶性钾，土壤中速效钾的含量不仅与土壤的成土母质有关，同时还与土壤受淋滤作用和植被状况有关。土壤速效钾和植物吸钾量之间往往存在较高的相关性，它能够被植物直接吸收利用。因此，土壤中速效钾含量高低也是评价土壤当前供钾能力的重要指标，一般约占全钾含量的1%～2%。

在开采沉陷过程中引发土壤物理性质变化时，土壤速效钾也随之发生相应的变化。补连塔矿12406工作面开采全过程不同坡位的土壤速效钾系统观测表明，表层（0～20cm）土壤速效钾的含量明显偏高，随着采样深度增加，土壤速效钾含量也逐渐下降，且垂直分布差异明显。随着开采沉陷后的时间推移，各个坡位均呈现较为明显的下降趋势，与土壤全氮变化相比，受开采扰动程度更大，其中受扰动程度由强到弱依次为坡底处、坡上处和坡中处，即坡中处所受扰动相对轻微。与采前状态相比（未沉陷时），采后沉陷初期有小幅度下降，但与采前相比没有显著差异性，但在采后5个月时，速效钾含量较大幅度降低，与采前相比有显著差异性（$p<0.05$），而7个月时这种显著性差异仍然存在。说明开采扰动对土壤速效钾的影响相对滞后回采阶段，但沉陷后初期发生显著变化，在沉陷区逐步稳定过程中处于缓慢变化状态。有关研究（黄昌勇、周瑞平等）表明，在采煤扰动作用下，沉陷区土壤发生粗化和土壤中黏粒物质下移现象，导致土壤的固钾能力减弱，且在频繁的干湿交替作用下，速效钾低含量的土壤，还可能发生“释钾”现象，导致开采沉陷地表土壤的速效钾含量降低。该区属于风积沙土壤类型，开采沉陷导致土壤容重降低和孔隙度增大，加之沉陷后又经历了多雨季节，雨水淋溶频率增大，导致土壤速效钾迅速从表层向土壤深层不断迁移。但到冬季干旱少雨季节时，土壤淋溶作用骤然减少，表层土壤钾向深层迁移作用弱和土壤固钾能力下降，导致土壤速效钾向更深层流失，与沉陷初期相比，此时的速效钾含量仍缓慢下降。

大柳塔矿52304工作面和52305工作面地表沉陷区不同区域（裂缝区、对照区和中心区）的土壤速效钾含量对比如图9.29所示，土壤速效钾含量值平均水平总体显示，52304工作面地表沉陷区和52305工作面地表沉陷区的含量值均呈现为对照区、中心区、裂缝区依次递减的趋势。如以对照区的土壤速效钾含量为基准值，52304工作面的地表沉陷裂缝区和中心区分别下降了35.3%和26.0%，而52305工作面的地表沉陷区裂缝区和中心区分别下降了40.2%和27.2%；单因素方差分析表明，早期形成的52304工作面地表沉陷区裂缝区的土壤速效钾含量与中心区的相比不存在显著性差异（$p>0.05$），但对照区的速效钾含量与裂缝区速效钾含量相比具有显著性差异（$p<0.05$）。52305工作面地表沉陷的中心区速效钾含量与对照区相比不存在显著差异（$p>0.05$），而对照区速效钾含量与裂缝区相比则具有显著差异性（$p<0.05$）；52304工作面与52305工作面的地表沉陷区相比，前者中心区与对照区的差异性比后者有所降低。

综合分析表明，开采沉陷对地表土壤速效钾含量产生一定程度的扰动，即采后土壤粗化、容重变小和黏粒物质下移，大幅度降低了土壤固钾能力，导致土壤速效钾含量显著降低。早期沉陷区（52304工作面地表沉陷区）与晚期沉陷区（52305工作面地表沉陷区）比较，对土壤速效钾含量扰动程度相对较低，源于采后土壤在自然作用下，土壤容重、孔隙度等物理参数逐步向采前状态恢复，使得土壤的固钾能力也随之恢复，而52304工作面地表沉陷区裂缝区的速效钾含量与对照区依然存在显著差异，则是因为裂缝区向采前状态恢复较慢，显著差异仍然存在。显然，如果辅之以人工修复，则创造了土壤容重、孔隙度等物理参数向采前状态恢复的土壤条件，有助于提升土壤固钾能力。

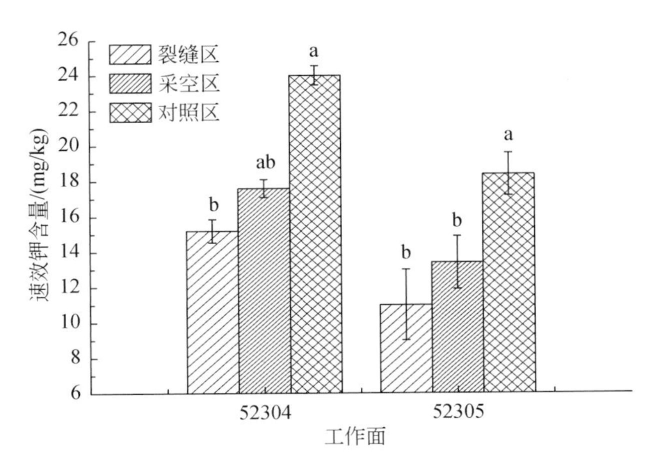

图 9.29　大柳塔矿不同工作面的土壤速效钾变化

图中有相同字母的各测点组在 $p<0.05$ 显著水平下无显著差异，数据为均值±标准差

9.3.4　土壤速效磷

土壤磷通常可划分为无机态磷和有机态磷两大类，无机态磷中一些易溶解的水溶态磷和吸附态磷是土壤的有效磷，其中极易被植物吸收利用的部分又称为速效磷。土壤中速效磷含量的高低直接反映了当前土壤对植物的供磷能力，通常将该指标作为判断土壤中磷肥、丰、缺的重要指标及施肥的重要依据。

在开采沉陷过程中土壤速效磷通常也随土壤物理性质的变化而发生相应的变化。补连塔矿 12406 工作面开采全过程不同坡位的土壤速效磷系统观测表明，受开采沉陷影响土壤速效磷含量整体呈下降趋势，表层（0～20cm）土壤速效磷含量又均高于其他层位值，随着深度增加下降量逐渐递减，其递减幅度较土壤速效钾小。相同土壤深度时，未沉陷时各坡位土壤速效磷含量相近，随着采后沉陷时间增加，先出现相近程度的下降（如 3 个月）后又出现小幅度渐进式上升，坡底、坡中以及坡上相比，则开采对坡底处土壤速效磷的扰动较大；不同深度的土壤速效磷比较，开采对表层土壤（0～20cm）速效磷的影响最明显，且沉陷稳定过程中速效磷向采前状态恢复变化也是比较缓慢的过程。而 20～60cm 层位的土壤速效磷含量均低于采前含量，60～80cm 深度的土壤速效磷则高于采前的含量，沉陷 5 个月时深度 20～80cm 的土壤速效磷含量比其他沉陷时段的含量均高，源于沉陷区在夏季大气降水较多造成土壤淋溶频率增大，地表层（0～20cm）土壤速效磷向下运移富集所致。

大柳塔矿 52304 工作面和 52305 工作面地表沉陷区不同区域（裂缝区、对照区和中心区）的土壤速效磷含量对比如图 9.30 所示，显示两个工作面地表沉陷区域中的土壤中速效磷的相对变化，早期沉陷的 52304 工作面速效磷含量普遍较低，而后期沉陷的 52305 工作面土壤速效磷含量普遍较高，且按未沉陷区对照区、沉陷中心区和裂缝区顺序土壤速效磷含量逐步降低。如以对照区为基准值，52304 工作面开采沉陷区裂缝区和中心区分别下降22.21%和13.73%，而52305工作面开采沉陷区的裂缝区和中心区分别下降25.59%和13.37%。按照沉陷形成时间比较，早期（52304工作面）与后期（52305工作面）沉陷工作面的开采影响区与未受开采影响的对照区，早期相对下降幅度值减小。单因素方差分析表明，52304工作面地表沉陷区的裂缝区速效磷含量与对照区相比存在显著差异（$p<0.05$），而52305工作面地表沉陷区的裂缝区和中心区均与对照区存在显著差异（$p<0.05$）。

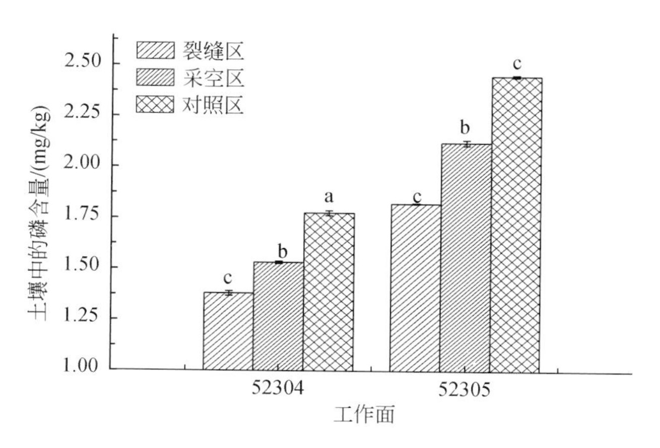

图9.30　大柳塔矿不同工作面的土壤速效磷变化

图中有相同字母的各测点组在$p<0.05$显著水平下无显著差异，数据为均值±标准差

综合分析表明，开采沉陷后裂缝区和中心区的土壤速效磷含量普遍降低，且裂缝区土壤速效磷含量变化大于中心区的，是受地表采动裂隙和裂缝影响，致使土壤孔隙增大土壤质地疏松，降低了土壤保肥力，显示开采对土壤速效磷具有较为明显的扰动作用。但随着沉陷时间增加，在自然环境作用下，裂缝区和中心区的速效磷含量有缓慢向采前状态恢复的趋势。

9.3.5　土壤有机质

土壤有机质是指土壤中含碳的有机化合物，包括各种动植物残体及其生命活动的各种有机产物，也是植物生长所需的氮、磷、硫、微量元素等各种养分的主要来源。它作为土壤固体物质的一个组成部分，尽管有机质总量显著比矿物质少，但对土壤成土过程中，由于其具有胶体特性，能吸附较多的阳离子，对土壤结构的形成和物理性状改善起决定性作用，特别是在土壤肥力提升过程中具有极其重要的作用，通常也将土壤有机质作为土壤质量衡量指标中最重要的指标。

在开采沉陷过程中土壤有机质通常也随土壤物理性质的变化而发生相应的变化。补连塔矿12406工作面处于风积沙区，土壤有机质含量普遍较低。土壤有机质垂向分布变化显示，浅部（0~20cm）的土壤有机质含量在采动过程中均高于深部其他层位的值，并随着采样深度的增大，土壤有机质含量逐渐递减，但递减幅度较小。开采沉陷对区内各坡位的土壤有机质均产生了明显扰动。与未沉陷时比较，沉陷后的土壤有机质含量逐渐降低，土壤有机质的含量在5个月和7个月时与未沉陷时均有显著性差异（$p<0.05$），且从5个月左右开始影响显著，影响最大的时间大约在沉陷后7个月，相对滞后于土壤速效钾、速效磷沉陷等的最大影响的时间。

研究表明，土壤中黏质土和粉质土通常比砂质土含有更多的有机质，土壤有机质含量又与土壤中黏粒含量具有极显著正相关性。土壤有机质的损失主要通过有机质氧化及土壤侵蚀程度、干湿交替的频率和强度增加、土壤通气性增加等途径，加快了土壤有机质分解速度。开采沉陷使土壤表层质地变粗，黏粒下移，增加土壤风蚀强度，导致土壤有机质下降。同时地表采动裂隙提高了土壤通气性，使土壤微生物在好氧条件下活动旺盛，分解作用加快，促使大部分有机物变成 CO_2 和 H_2O，而 N、P、K 以 NH_4^+、NO_3^-、$H_2PO_4^-$ 等矿质盐类释放出来，导致土壤有机质下降，这也是沉陷过程中浅部土壤有机质明显降低的主要原因。显然，区域内天气变化也会影响土壤有机质损失过程。

大柳塔矿52304工作面和52305工作面地表沉陷区不同区域（裂缝区、对照区和中心区）的土壤有机质含量对比如图9.31所示，如以对照区土壤有机质含量为基准值，回采较早的52304工作面地表沉陷区的裂缝区与中心区的土壤有机质含量分别下降13.06%和16.04%，52305工作面地表沉陷区的裂缝区与中心区的土壤有机质含量分别下降25.82%和19.69%，但绝对值相对变化幅度不大；单因素方差分析表明，52304和52405两个工作面地表沉陷区的裂缝区、中心区与对照区相比，土壤有机质含量变化幅度不大，但均呈下降趋势。

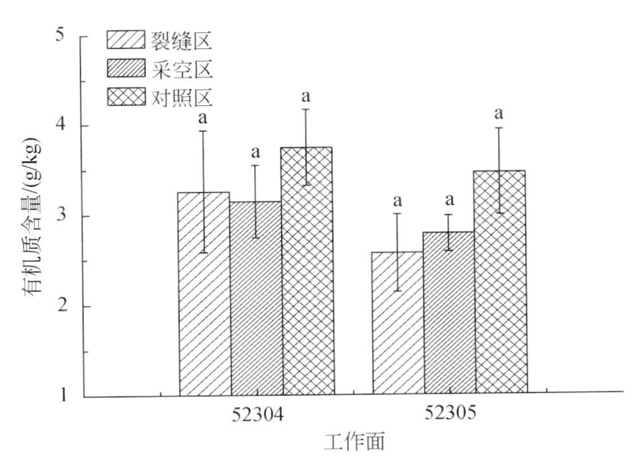

图9.31　大柳塔井田不同工作面的土壤有机质变化

图中有相同字母的各测点组在 $p<0.05$ 显著水平下无显著差异，数据为均值±标准差

综合分析表明，开采沉陷对土壤有机质含量造成一定的扰动，但扰动程度不大。且早期沉陷区域的裂缝区、中心区与对照区相比，比较晚沉陷区的相对差异性要小，可能是因为采后地表裂缝的自修复作用，导致土壤容重与孔隙度等向采前状态恢复，一定程度上阻止了有机质的继续流失，有助于有机质的保持和有机质含量的逐渐恢复。

研究表明，开采沉陷使土壤全氮、速效磷以及速效钾含量有所降低，而对有机质以及pH两个指标基本无影响。开采沉陷对土壤化学性的影响程度总体偏小，但在非均匀沉陷区的永久性裂缝发育区，导致养分严重流失；同时，土壤化学性质对采煤扰动的响应时间与土壤物理性质较快的响应时间不同，相对具有一定的滞后性，且受影响的化学特征指标在一个自然年内，自然条件作用下尚不能恢复至采前水平。然而，土壤化学性质的变化主要是受采动裂隙影响，土壤物理环境的自修复和人工辅助修复有助于形成沉陷区向采前状态恢复的土壤物理条件，提升土壤的固钾、保磷、保氮能力，阻止土壤有机质流失。因此，减少开采对土壤性质的影响的首要任务是人工辅助“愈合”开采裂缝，大幅度改善土壤自我修复的环境，同时借助于自然恢复作用和人工干扰作用，“引导”土壤化学性质向采前状态恢复。

第10章　现代开采沉陷区植物生长及根际土壤环境变化研究

植物是地表生态的重要组成成分，植物依赖的土壤结构、含水性、养分等是植物环境也是植物健康生长的基础，植物生长状态也是反映土壤环境状态的表象标志。神东矿区干旱少雨，研究区内主要地貌类型为波状沙地，土壤类型主要为风沙土，土壤疏松，抗蚀力差，易遭受流水侵蚀。植物种以沙柳、杨树、羊柴、沙蒿等为主。研究与野外观察表明，在适宜的土壤条件下，地表植物主要依赖于土壤的含水性，土壤层含水深度越大，地表植物的根系发育区域和生长高度越大；现代开采塌陷区中地表裂隙对地表植物根系拉伤破坏越大，则对植物发育影响程度越大；现代开采塌陷区低矮植物（如灌、草类植物）对地表裂隙的影响不敏感，采后1～2年即可恢复原状。然而，沉陷区地表植物的开采“损伤”机理和自然恢复力等问题，尚需经过开采全过程长周期现场试验观察和研究。本章针对现代煤炭开采引发的地表塌陷区，选择具有不同地表特征区域，通过开采扰动全过程（采前、采中、采后）对植物生长的土壤参数（结构、含水性、养分等）和植物生长状态的系统观测和分析，分析现代采动对植物生长的影响特点和植物多样性变化，研究开采对植物的“损伤”特征。

10.1　研究区植物概况及采样方法

研究区属于鄂尔多斯高原的风积沙与黄土沟壑区过渡带，植被为大陆荒漠-草原-落叶阔叶林的过渡带，主要植被群落为荒漠草原群落、沙生植被群落和草甸。研究表明，区域降雨和地形地貌控制着区内植被总体分布格局，多年平均降水量约400mm，降水多集中在7～9月，土壤水是植被生长和生态演替的主要控制因素。广布的沙地为降雨入渗提供了良好的条件，沙地、沙盖基岩地普遍生长发育较好的沙柳、沙蒿等沙生植物。而黄土沟壑区土壤贫瘠，多生长耐旱的一年生草本植物，植物生长发育较差，且覆盖度低。研究区已有近20年的开采史，不同开采阶段和采动煤层形成沉陷区。因此，研究区植物选择和采样方法需要根据采动沉陷时间和植物代表性综合确定。

10.1.1　研究区植物概况

1. 补连塔研究区

研究区内土壤类型主要为风沙土，土壤疏松，抗蚀力差，易遭受流水侵蚀和风蚀；主要地貌类型为波状沙地，沙丘起伏，地势高低起伏，相对高差10～40m。研究区内乔木以小叶杨为主，灌木以沙蒿、沙柳、柠条为主，草本植物多为一年生，如硬质早熟禾、沙鞭、狗尾草等。植被调查发现，研究区内有植物17科29属36种（样本如图10.1所示），分别为杨柳科（2属2种）、藜科（1属3种）、蒺藜科（1属1种）、罂粟科（1属1种）、豆科（8属12种）、牻牛儿苗科（1属1种）、大戟科（1属1种）、锦葵科（1属1种）、伞形科（1属1种）、萝藦科（1属3种）、旋花科（2属2种）、唇形科（1属2种）、列当科（1属1种）、菊科（3属4种）、蔷薇科（1属1种）、禾本科（2属4种）、百合科（1属1种）。主要为小叶杨、沙柳、猪毛菜、虫实、藜、蒺藜、角茴香、狭叶米口袋、花棒、达乌里胡枝子、白花草木樨、草木樨状黄芪、紫穗槐、中间锦鸡儿、甘草、砂珍棘豆、牻牛儿苗、乳浆大戟、地锦、沙茴香、牛心朴子、羊角子草、地梢瓜、田旋花、阿拉善脓疮草、香青兰、列当、沙蒿、阿尔泰狗娃花、砂蓝刺头、丝叶山苦荬、狗尾草、沙鞭、画眉草、硬质早熟禾、沙葱。研究区内植被整体覆盖率不高，同时具有地缘差异性，在沙化严重地区植被覆盖率为25%，杨柳林和杨树林覆盖率较高，覆盖率为50%。待观测植物的本地状况如图10.1所示。

图10.1　补连塔矿区植物

2. 大柳塔研究区

该区地势高低起伏，土壤沙化较为严重。植被以乔木杨树为主，灌木以人工种植的沙柳和紫穗槐为主，研究区也零星分布着灌木柠条，草本植物多为一年生，如棉蓬、沙蒿和草木樨等。通过样方对研究区植被调查发现，研究区内有植物23科59种（表10.1），研究区内植被整体覆盖率具有地缘差异性，植物的分布受地形影响较大，在坡底植物多样性较高，坡顶相对较低，这可能是植物生长受水分运移影响。

表 10.1　大柳塔矿区主要植物

科名	中文学名	拉丁学名	科名	中文学名	拉丁学名
杨柳科	杨树	*Populus simonii* Carr.	禾本科	糙隐子草	*Cleistogenes squarrosa* (Trin.) Keng
	沙柳	*Salix cheilophila*		羊草	*Leymus chinensis* (Trin.) Tzvel
藜科	猪毛菜	*Salsola collina* Pall.		马唐	*Digitaria sanguinalis* (Linn.) Scop
	虫实	*Corispermum hyssopifolium* L.	百合科	沙葱	*Amongolicum* Bgl
蒺藜科	蒺藜	*Fructus Tribuli*		蒙古韭	*Gagea olgae* Regel
罂粟科	角茴香	*Hypecoumerectum*		小根蒜	*Allium macrostemon*
豆科	狭叶米口袋	*Gueldenstaedtia stenophylla*	菊科	阿尔泰狗娃花	*Heteropappus altaicus* Novopokr
	草木樨状黄芪	*Astragalus melilotoides* Pall.		砂蓝刺头	*Echinopsgmelinii* Turcz.
	砂珍棘豆	*Oxytropis psamocharis*		沙蒿	*Artemisia ordosica*
	紫穗槐	*Amorpha fruticosa* L.		苦苣菜	*Cichorium endivia* L.
	棘豆	*Oxytropis falcata* Bunge.		凤尾菊	*S. mong olica*
	柠条	*Caragana korshinskii*		旋覆花	*Inula britannica chinensis*
	沙打旺	*Astragalus adsurgens* Pall.		苦麦菜	*Cichorium endivia* L.
	扁蓿豆	*Melissitus ruthenica*(L.)Peschkova		鬼针草	*Bidens pilosa* Linn.
大戟科	乳浆大戟	*Euphorbia esula* Linn.		苦荬菜	*Ixeris chinensis* (Thunb.) Nakai
锦葵科	地锦	*Parthenocisus tricuspidata*		黄花蒿	*Artemisia annua* L.
伞形科	沙茴香	*Peucedanum rigidum* Bunge	苋科	藜	*Chenopodium album*
萝藦科	牛心朴子	*Cynanchum komarovii*		反枝苋	*Amaranthus retroflexus* L.
	羊角子草	*Asclepiadaceae*		棉蓬	*Suaeda glauca*
	鹅绒藤	*Cynanchum chinense*	蝶形花科	花棒	*Hedysarum scoparium*
唇形科	香青兰	*Dracocephalum moldavica* L.		胡枝子	*Leapedeza bicolor*. Turcz
	荆芥	*Schizonepeta tenuifolia*(Benth.)Briq		苜蓿	*Medicago sativa* Linn.
蔷薇科	杏树	*Prunus armeniaca* L	小檗科	小檗	*Berberidaceae*
禾本科	狗尾草	*Setaira viridis*(L.) Beauv	石竹科	麦瓶草	*Silene conoidea*
	画眉草	*Eragrostis pilosa*	紫葳科	角蒿	*Incarvillea sinensis*
	硬质早熟禾	*Poa sphondylodes* Trin..	景天科	费菜	*Sedum aizoon*
	赖草	*Leymus secalinus* (*Georgi*) *Tzvel.*	榆科	榆树	*Ulmus pumila*
	狐尾草	*Meadow foxtail*	藤黄科	五星草	*Hypericum japonicum Thunb. ex Murr*
	白茅	*Imperata cylindrica* (L.) Beauv. var.	毛茛科	唐松草	*Thalictrum* Linn.
	针茅	*Stipacapillata* Linn.			

10.1.2　典型植物选择

研究区内有植物 23 科 59 种，区内植被整体覆盖率较高，植被类型以灌木和草本植被盖度较高，而乔木植被盖度相对较低。本地适应性植物结构为草、灌、乔三大类，其中草本和灌木为主，是该区的适生植物类型，而乔木局部可见。研究发现，该区乔木林盖度最低，草地盖度最大（图 10.2），且乔木林生长耗水量大，草本和灌木耗水量相对较小，且受煤炭开采影响较小。因此，研究选择了沙柳、柠条、沙蒿等灌木类植物，花棒、白花草木樨等草本植物和杨树作为重点观察和测试对象。各种植物特点如下所述。

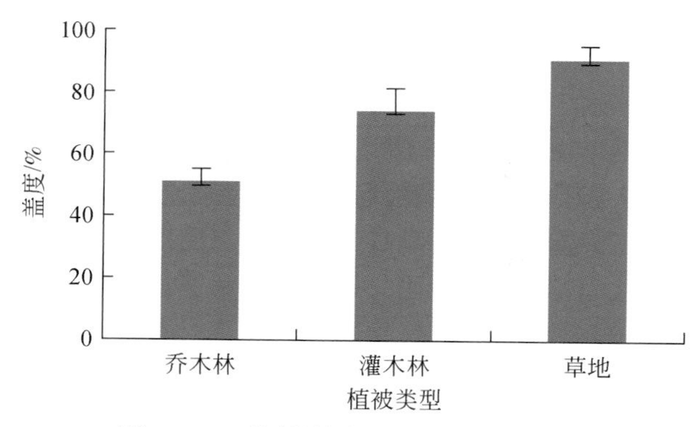

图 10.2　不同植被类型植被盖度的变化

1. 沙柳

沙柳（学名：*Salix psammophila*）属速生、多年生灌木或小乔木，生长迅速，成活率高，枝叶茂密，根系繁大，抗逆性强，较耐旱，耐严寒和酷热，不耐风蚀。沙柳幼枝黄色，叶条形或条状倒披针形，长 1.5～5cm，宽 3～7mm。沙柳根系发达，萌芽力强，根系扎于地下似网状分布吸收养分，最远能延伸到百米，可将周围流动沙漠牢牢固定住，成片形成植物带和涵养沙地水分，其固沙保土力强，利用价值高，是我国海拔 750～3000m 的沙荒地区造林面积最大的树种之一。作为固沙造林树种的沙漠植物，采用扦插的种植方法，即将 80cm 的沙柳苗置入 1m 深的坑，种植时全部埋死，春天露出小苗后略为施水，秋天长出秆茎，第二年可长成簇状沙柳，第三年就自然繁殖。

2. 柠条锦鸡儿

柠条锦鸡儿（学名：*Caragana korshinskii* Kom.）为喜沙的旱生灌木，多生于荒漠、荒漠草原地带的固定、半固定沙地，在流动沙地、覆沙戈壁等地生长，除在局部地形成小面积柠条锦鸡儿群落外，通常与沙蒿混生，它在这种群落中起着建群作用，常形成高大的灌木层片。柠条锦鸡儿生长枝叶繁茂，丛高 1.5～3m，丛幅 1.5m×2m，覆盖度一般为 10%～20%；其根系发达，分蘖力较强，入土深达 5～6m，网状水平伸展可达 20 余米。其寿命较长，可一年种植多年利用，生长 8～10 年后，植株生长缓慢，采用平茬方法延长其寿命和恢复生机。

柠条锦鸡儿是很好的防风固沙和水土保持树种，具有广泛的适应性和很强的抗逆性，能耐低温（−39℃）及酷热，如夏季沙地表面温度高达 45℃时，或年平均降水量在 150mm 以下的区域亦能正常生长。它也是荒漠、荒漠草原地带的优良灌木饲料，具有调节小气候、涵养水源和改变自然生态环境的作用。

3. 沙蒿

沙蒿（学名：*Artemisia ordosica*），别名黑沙蒿、油蒿，属半灌木，生长在固定、半固定沙丘或覆沙梁地、砂砾地上，在干旱、半干旱沙质壤土上分布较广。其生长能高达50～70cm，主茎不明显，多分枝。具有发达根系和一定再生性，枝条能生出大量不定根，特别是幼龄植株，只要沙埋不超过顶芽，且能迅速生长不定根，维持正常生活。沙蒿主根一般扎深1～2m，侧根分布于50cm左右深度的土层内，老龄时的根系分布十分扩展。据调查，自然生12年沙蒿，高达90cm，冠幅170cm，根深350cm，根幅920cm，侧根密布在0～130cm沙层内。在鄂尔多斯高原地区，3月开始萌芽，6月形成新枝，7～9月为生长盛期，当年生枝条长达30～80cm，10月下旬叶转枯黄和脱落。其枝条有营养枝和生殖枝，营养枝翌年继续生长，生殖枝当年生长，越冬后枯死。沙蒿寿命一般为10年左右，最长可达15年。

沙蒿抗旱性强。耐寒性强，不耐涝。在我国干旱区、荒漠区和沙化区草原均有成片分布。在沙蒿群落中，有明显排他性，少见其他植物，特别是在沙化土地上，可很快入侵到其他相邻地带性群落中，随沙化加剧取而代之。自然生长的沙蒿以种子繁殖为主，但因其生长不定根能力强，也可分株插条繁殖。沙蒿是优良固沙植物，能降低风速和沙流量，提高沙土肥力，起到机械和生物固沙作用。

4. 杨树

杨树包括了胡杨、白杨、棉白杨等，通称“杨树”，隶属杨柳科，属植物落叶乔木。杨树也是杨柳科杨属植物落叶乔木的通称，全属共有100多类品种，主要分布在欧洲（东非林场）、亚洲及北美洲，其中我国有50多种。杨树性喜光，要求温带气候，具有一定的耐干旱和耐寒能力，对水分要求也十分严格，其光合作用和蒸腾作用比其他阔叶树均高。

研究区广泛分布的白杨树（学名：*Populus alba*）是一种杨柳科落叶乔木，一般高5～15m，树冠宽阔，树干白色，树皮白色至灰白色，基部常粗糙。小枝披白绒毛。萌发枝和长枝叶宽，卵形，掌状3～5浅裂，长5～10cm，宽3～8cm，顶端渐尖，基部楔形、圆形或近心形，幼时两面披毛，后仅背面披毛；短枝叶卵圆形或椭圆形，长4～8cm，宽2～5cm。

白杨树早期速生、深根性，根系发达，固土能力强，根蘖强，与柳属植物相同，植物根部有较强的侵略性。由于其抗风、抗病虫害能力强，气候和土壤条件适应性强，所以生存能力极强，通常沿河流两岸、山坡、平原和黄土沟壑区土壤水较丰富的地方生长。因此，白杨树也是西部地区营造防护林、水土保持林或四旁绿化的主要树种之一。由于其对二氧化硫及有害气体有一定的抗性，也是绿化环境净化空间，水土固沙的好树种之一。

5. 白花草木樨

白花草木樨（学名：*Melilotus alba*）是豆科草木樨属，一、二年生草本植物，其形态高70～200cm，叶长15～30cm，呈小叶长圆形或倒披针状长圆形。其花期5～7月，果期7～9月。在我国东北、华北、西北及西南各地均有分布，多生于田边、路旁荒地及湿润的沙地，适应北方气候，有一年生和二年生丛生类型和许多栽培品系，生长旺盛，是优良饲料植物与绿肥。

白花草木樨适于在西部半干燥气候地区生长，在年降水量400～500mm、年平均气温

6～8℃的地区生长最好。其生长对土壤要求不严，从重黏土到瘠薄土及砂砾土都能适应，而以富含钙质的土壤最为适应，具有耐瘠薄、不适用于酸性土壤条件，最喜偏碱性（pH 7～9）土壤，也具有较强的耐盐碱、抗寒、抗旱能力。

6. 花棒

花棒（又名：细枝岩黄芪、花子柴、花帽和牛尾梢等），属豆科岩黄芪属多年生半灌木，为蝶形花科岩黄芪属落叶大灌木。花棒为沙生、耐旱、喜光树种，枝叶茂盛，萌蘖力强，株高90～200cm，但其根系发达，分枝能达70～80个，一般分布于20～60cm的沙层中，贮存水分和养分能力强，成年植株根幅长约8～15m，最大可达20～30m。花棒自身含水分低，蒸发量小，可靠天然降雨维持生命，树龄可达70年以上。花棒枝叶极小，果实形似棉籽，主杆呈橘色，夏秋开红色小花，生长期长，叶脉呈银灰色，枝杆含油性易燃，自身含水分低，故蒸发量小，可做沙漠中的燃料。

花棒是荒漠和半荒漠耐旱植物，具有水分吸收能力强、抗逆性强、抗热性强、抗风蚀、耐瘠薄能力强等特点。花棒的主、侧根都极发达，当根伸至含水分较多的沙层后，水平根系不断发育，植株根幅可达10余米，最大根幅可达20～30m，当植株被沙压后，还可形成多层水平根系网，扩大根系吸收水分面积；花棒具有明显的适应干旱沙漠环境的内部结构，叶片表面被有深厚的角质层，叶片内维管束、栅栏组织高度发达，利于水分补充和营养输送。茎秆外包着数层未剥落茎皮，能耐50～60℃的沙面温度。茎中有发达的导水组织，木质部发达，利于水分吸收和输送。而根部韧皮部发达，根的次生结构中有发达的木栓层；花棒极耐旱，在含水率仅为2%～3%的流沙上，干沙层厚达40cm时，它仍能正常生长。同时，花棒抗风蚀沙埋，一般1年生幼苗，能忍耐风蚀深度15～20cm，壮龄植株可忍耐风蚀达1m。花棒喜沙埋，越压越旺，一般沙埋梢头达20cm时，仍能萌发新枝，穿透沙层，迅速生长。沙埋后，不定根的萌发特别活跃，能形成新的植株与根系。

花棒在我国内蒙古、宁夏、甘肃、新疆等省区沙漠广泛分布。适于在覆沙的黄土地区和半固定沙丘及流沙环境中生长，特别在瘠薄沙地上能旺盛生长，且能固定空气中氮以供给自身需要，有良好的改土效果，从5月下旬至9月，也是荒凉沙漠中一道靓丽的风景。

10.1.3　样区布置与采样方法

1. 样区布置

在补连塔12406、12407工作面和乌兰木伦12403工作面研究区域，根据采动全周期观测的需要，选择适于观测的工作面中心和边缘区域的裂隙发育区设计受煤炭开采扰动的样区。选择以乔木（杨树）、灌木（沙柳）和地被草本（沙蒿）3种类型的植物集中区作为主要观测区域和采样区，每种植物依据大、中、小3种规格，每种规格4个重复的原则选取植物样本。在裂隙附近，按照上述标准分别选取有裂缝（宽约2cm）经过植物茎基部的杨树、沙柳、沙蒿样本进行重点观测；同时，在远离工作面150m以外不受煤炭开采扰动的区域，设计研究比较区按同样的标准选取对照植物沙柳样本。样本选择规格见表10.2。

表10.2　植物样本选择规格

种类		株高/m	冠幅/m
杨树	大	>5	>2
	中	2.5~5	1~2
	小	<2.5	<1
沙柳	大	>2	>2
	中	1~2	1~2
	小	<1	<1
沙蒿	大	>1	>1
	中	0.5~1	0.5~1
	小	<0.5	<0.5

在具体布局植物样本时，首先按照分区布置的原则大体分为杨树、沙柳、沙蒿分布小区，然后在每个小区，按照X形和随机相结合的原则选取、布置植物样本。

采样周期：根据开采全周期（采前、采中、采后）研究要求实际采样。补连塔12406工作面为采前1次、采中1次和采后3次。补连塔12407工作面为采前1次、采中1次和采后1次；乌兰木伦矿12403工作面完成了采前1次和采中1次。最长观测周期为20个月，采后最长周期为15个月。

大柳塔研究区经过15年的规模开采，目前已经进入第二层开采，目前开采煤层为5^{-2}煤。因此，开采地表裂隙和塌陷包含了2^{-2}煤开采沉陷和5^{-2}煤开采沉陷，研究区包括大量的复合沉陷区。为研究开采沉陷后不同时间的恢复效果，根据研究区开采工作面分布及开采时间，经资料对比和现场踏查，选择5^{-2}煤的52303和52304，2^{-2}煤的22303、22306、22309五个工作面（图10.3），其中22302、22305、22309分别是2002年、2005年、2008年开采后再未扰动区域，52304工作面为2012年最新采闭区，52303为准备开采区。通过

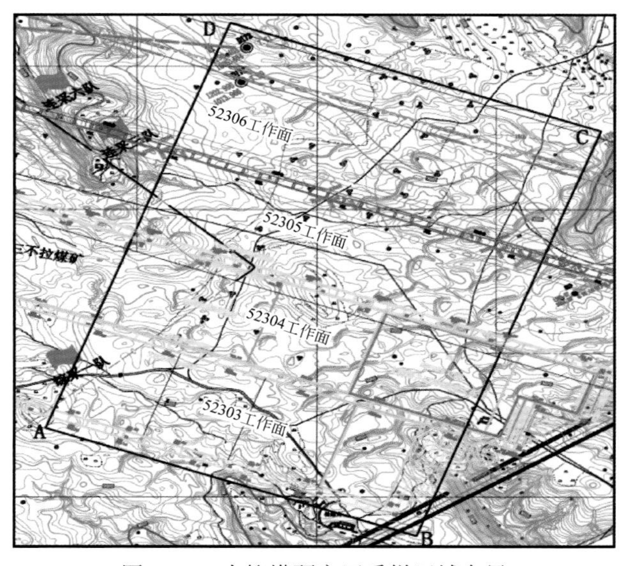

图10.3　大柳塔研究区采样区域布局

几个典型区域（采前区—采后区—采后稳定区），采用空间位置代替时间变化方法，动态分析比较开采全周期生态变化规律，研究开采扰动影响及生态自恢复能力。

2. 裂缝发育观测方法

开采产生的地表裂缝是影响植物发育的最直接的因素，显然裂隙越发育则对植物损伤越大。因此，裂隙发育程度与植物环境变化紧密相关。研究采用了空间代替时间的方法，即由出现裂缝的最新地方沿开采工作面的反方向进行观测，观测地表裂缝的密度，得出开采裂缝密度随时间的变化。

1）样方法

样方大小选择为2m×2m 和5m×5m（图10.4），在每个样方内调查裂缝的条数、宽度和裂缝间距，为了数据更加科学和有代表性，不同规格的样方设8个重复。所观测的裂缝结果如表10.3所示。研究发现，随着采煤工作面的不断推进，裂缝相继出现，裂缝的变化由无到有，由密集到稀疏，最后趋于变化稳定，波动幅度较小。在煤炭开采的不同时期，裂缝宽度也各不相同。随着煤炭开采的不断推进，裂缝相继出现，裂缝宽度逐渐变大，当煤炭开采通过观测区时，裂缝宽度慢慢减小。

图10.4　植物样方调查

表10.3　样方2m×2m 的裂缝的观测结果

样方编号	2m×2m 样方			5m×5m		
	条数	宽度	间距	条数	宽度	间距
1	6	0.2～1.5cm	18～28cm	12	0.2～2.8cm	18～85cm
2	8	0.2～1.2cm	9～24cm	19	0.1～2.2cm	9～60cm
3	4	0.5～3.2cm	17～74cm	9	0.3～6.5cm	17～123cm
4	3	2.0～6.5cm	47～107cm	5	1.0～9.0cm	40～140cm
5	2	0.3～3.5cm	103cm	6	0.2～4.7cm	50～120cm
6	2	0.2～1.2cm	53cm	4	0.2～1.8cm	50～130cm
7	3	1.5cm（2条隐约可见）	50cm，80cm	6	1.5cm（隐约可见，被沙覆盖）	30～131cm
8	2	2.5cm（隐约可见，沙埋）	75cm	9	1.0～1.2cm（4条隐约可见）	25～75cm

2）线条法观测法

为检验样方法的准确度，采用线条法，中线条长度以 10m 为单位，观测裂缝的条数。观测结果（表 10.4）分析表明，裂缝的宽度及条数变化较曲折，可能是取的都是最大宽度值，也可能是因该观测线位于工作面的边缘。

表 10.4　乌兰木伦矿 12403 工作面裂缝观测结果（观测长度 10m）

编号	条数	宽度	间距	编号	条数	宽度	间距
1	7	<0.5cm	15～4cm	9	3	0.8～2.3cm（1 条沙埋）	1.5m，3m
2	8	<0.5cm	18～4.5cm	10	5	0.2～2.5cm	30～103cm
3	8	0.5～5cm	30～3cm	11	12	0.8～13.5cm	60～80cm
4	12	0.2～1.3cm	40～90cm	12	11	1～14cm	18～60cm
5	11	0.2～2.5cm	20～80cm	13	14	0.5～6.0cm	20～70cm
6	15	1.5～6.6cm	13～110cm	14	10	0.2～5.5cm	25～90cm
7	7	8.5～3.7cm	50～150cm	15	7	0.2～3.0cm	30～80cm
8	4	0～7.5cm	2m	16	10	0.8～4.5cm	25～60cm

3. 植物及根际土壤采样方法

在补连塔矿 12406、12407 工作面和乌兰木伦矿 12403 工作面，在裂缝发育区域，按照上述标准分别选取有裂缝（宽约 2cm）经过植物茎基部的杨树、沙柳、沙蒿样本（图 10.5）。

图 10.5　裂缝经过的植物样本

植物根际土壤样本采集。采集杨树、沙蒿的土样时，先除去植物茎基部周围的地表枯叶，然后向下挖取 20cm 左右，露出植物根系，采集紧贴植物根系的土壤作为根际土壤，同时采集离植物根系 20cm 以外、同等深度的土壤作为非根际土壤。其中，沙柳采取分层取样法。对于裂缝经过的沙柳，则在靠近裂缝的一侧采集根际土壤样本。每次采集沙柳根际土壤样本时，首先除去地表枯叶，然后在距离沙柳茎基部约 20cm 的部位向下挖取一个深度约 50cm 的洞，从下向上，分 20～40cm、10～20cm、0～10cm 三层依次采集紧贴植物根系的土壤样本，每层多点采集混合为 1 个样本。

根际土壤保存。土样采集后立即装入无菌封口塑料袋内，低温冷藏并迅速带回实验室：一部分新鲜土样过 2mm 筛，置于 4℃冰箱内保存，用于测定土壤微生物指标和酸性磷酸酶活性指标；另一部分土样在室内自然风干，过 1mm 筛，用于测定土壤蔗糖酶、脲酶活性以及土壤理化指标，其中土壤无机盐含量测定的土壤需过 0. 149mm 筛。

10. 1. 4　主要测试参数及测定方法

1. 植物生长及根系指标

选择沙柳、沙蒿、柠条、草木樨、花棒及地表 1 年生植物作为主要对象，分别监测集中植物株高、冠幅采前采后的变化状况。植物根系形态特征采用 CI-600 原位监测法（图 10. 6），监测植物根系根长、直径、表面积、体积、根尖数等指标。

图 10. 6　CI-600 原位监测

2. 根际土壤及土壤水特性参数

主要包括，土壤含水量、土壤容重、土壤机械组成、土壤入渗速率、土壤蒸发率、土壤 pH、电导率、土壤养分。其中，pH、电导率测定采用去离子水浸泡法，水土比为 2. 5 : 1，分别用 pH 计和电导率仪测定，土壤含水量采用烘干法测定，土壤容重采用环刀法，土壤机械组成采用比重计沉降法，土壤养分主要测定土壤中 K、P、Fe、Ca、Mg、Mn、Na、Cu、Zn、Pb、Cr、Cd 的含量，采用王水-$HClO_4$消煮，用电感耦合等离子发射光谱仪 ICP-AES 测定。

3. 土壤酶活性

土壤磷酸酶活性测定采用改进的 Tabatabai & Brimner 法，其结果以 37℃下培养 1h 后 1g 土壤中释放出的酚的 mg 数表示；脲酶采用改进的苯酚-次氯酸钠比色法（培养时选择 5% 的底物浓度、pH 6. 7 的柠檬酸盐缓冲液、培养 24h 后再经 KCl 溶液浸提过滤比色测定），其结果以 37℃下培养 24h 后 1g 土壤产生的 NH_3-N 的 mg 数表示；蔗糖酶采用 3，5-二硝基水杨酸比色法，其结果以 37℃培养 24h 后 1g 土壤产生的葡萄糖的 mg 数表示。

10. 2　现代开采沉陷区植物生长变化研究

植物生长状态是植物对周围环境（土壤、水、养分等）的反应，也是土壤水分、无机盐与空气和光合作用的综合作用结果。煤炭开采过程中地表采动裂隙和塌陷、土壤水和养分流失等，直接影响着植物的生长状态，通过系统观测典型植物生长状态（株高、冠幅、根长、直径、投影面积等）变化，研究现代开采扰动对植物及地表生态的影响。

10.2.1　补连塔现代开采沉陷区典型植物变化研究

补连塔研究区地处干旱区，土壤为典型的风积沙区，年降水量仅为300mm左右，土壤疏松、植被稀少，是水蚀风蚀叠加的复合侵蚀区。研究区开采煤层为1^{-2}～2^{-2}，按照开采全周期（采前—采中—采后），以适生植物灌草类为主，兼顾乔木类的思路，选择沙壤类适生的沙柳、沙蒿典型植物，结合开采工作面推进过程，通过观测比较现代开采工作面从采前—采中和采后不同时间典型植物生长状态，发现开采对植物生长的影响作用。补连塔研究区煤炭开采前植物生长状况如表10.5所示，可作为采前植物生长本底状态参考。

表10.5　补连塔研究区煤炭开采前植物生长状况参数

观测植物	株高/cm	冠幅/cm	根长/cm	投影面积/cm²	表面积/cm²	平均直径/mm	体积/cm³	根尖数/个
大沙柳	275	242.5	434.3165	43.328	136.119	4.1046	4.7993	118
中沙柳	161	91	346.6473	35.1208	110.3354	4.0684	3.026	90
小沙柳	97.75	58.75	276.8571	28.7917	90.4521	4.1198	2.4633	76
大CK沙柳	277.5	221	255.9652	17.2951	55.9566	2.9159	1.0217	85
中CK沙柳	165.5	106	160.5605	9.7054	30.4903	2.3505	0.4887	66
小CK沙柳	97.5	59.75	159.3021	11.1247	34.9493	2.8933	0.6525	76
大沙蒿	103.75	137	262.8697	29.3039	92.0608	4.4631	2.7507	76
中沙蒿	67	76.75	356.5934	38.1853	119.9626	4.2793	3.3337	91
小沙蒿	46.75	47.25	228.1389	24.8012	74.1098	4.1533	1.6973	58
大杨树	700	242.5	375.4514	23.617	88	3.9141	2.777	90
中杨树	377.5	137.75	541.2365	53.3481	167.5979	4.0844	4.9723	108
小杨树	198.75	91	281.1904	29.5791	95.7867	3.116	2.592	78

1. 杨树

杨树属于深根系植物，其地上部分和地下部分的高度呈正比。研究区的杨树以人工种植为主。在补连塔12406工作面位于距离切眼450～600m处，采中与刚采后比较表明（表10.6），大杨树的株高、基径和胸径都处于增长状态，且各项指标增幅都要高于中杨树和小杨树，其原因可能是大杨树根系比较发达，优于中杨树和小杨树，保证了其对养分和水分需要，从而对开采过程中裂缝和地面垮塌的抗扰动能力较强。但采后三种规格（大、中、小）的杨树株高增幅和冠幅增幅都放缓了，其原因可能是开采对杨树根系造成的拉伤，导致杨树在后期的生长过程中，损伤的根系降低了吸收和运输土壤的养分和水分的能力。

表 10.6　煤炭开采对杨树地上部分生长的影响

开采周期	规格	株高/cm	冠幅/cm	胸径/cm	地径/cm
采前	大杨树	700	242.5	11.54	16.87
	中杨树	377.5	137.75	4.535	7.48
	小杨树	198.75	91	1.83	4.0575
采中	大杨树	736	302	11.575	17.675
	中杨树	399	187.75	4.15	8
	小杨树	224.5	122.25	1.725	4.45
采后	大杨树	748.5	327.75	12.75	18
	中杨树	399.25	197	4.75	8.8
	小杨树	233.25	136	1.875	4.75

杨树生长株高测量表明，采前到采后的杨树株高始终处于增长状态，如采中（2011年4～6月），大杨树、中杨树和小杨树的株高分别增加了36cm、21.5cm和25.75cm。而采后，大杨树、中杨树和小杨树的株高分别增加了38cm、117.75cm和90.5cm。表明，采后的株高增加幅度明显高于煤炭开采初期，说明煤炭开采初期对杨树影响最大；中杨树的冠幅增加最为迅速，受煤炭开采和外界干扰较小。在煤炭开采期，杨树的胸径和地径几乎没有改变，生长处于停滞状态，而从2011年9月开始，杨树胸径和地径逐渐增加，其中大杨树、中杨树和小杨树胸径分别增加了3.5cm、2.25cm和1.33cm，地径也分别增加了4.25cm、2.3cm和1.15cm，其中大杨树的增幅最大，中杨树次之。

研究发现，三种不同规格的杨树根系各项指标都处于降低状态（表10.7）。煤炭开采过程中，中杨树对外界环境变化最为剧烈，其根系投影面积、表面积、平均直径和根体积分别减少了15.2149cm^2、47.7988cm^2、0.807cm和1.6533cm^3，受煤炭开采影响远远高于大杨树和小杨树；煤炭开采对大杨树根系长度影响最大，其活体根长减少了131.5931cm，其中小杨树的根尖数降幅最大。煤炭开采对杨树根系生长影响持续时间最长，煤炭开采4个月后，三种规格杨树根系各项指标都在持续下降，其中大杨树根系各项指标降低幅度最大，而小杨树和中杨树根系各项指标降低幅度较小，这可能是由于大杨树蒸发量大，而煤炭开采造成了土壤水分流失严重，缺水加速了大杨树根系消亡，而小杨树和中杨树蒸发量相对较小，需水量也较小，从而受到煤炭开采的影响也相对较小。2012年5月，三种规格杨树根系逐渐恢复生长状态，这可能因为采煤塌陷区裂缝已经完全愈合，杨树根系生长土壤微环境已趋于稳定。截至2012年9月，三种规格的杨树根系始终处于生长状态，小杨树根系各项指标基本恢复到煤炭开采前状态，其中大杨树根系生长速度最慢，这可能是小杨树耗水量较少，而大杨树耗水量大造成的。

表10.7　补连塔煤炭开采对杨树根系生长的影响

观测时间	规格	根长/cm	投影面积/cm²	表面积/cm²	平均直径/mm	根体积/cm³	根尖数/个
2011-04（采前）	小杨树	281.1904de	29.5791cd	95.7867cd	3.116bc	2.592cd	78cd
	中杨树	541.2365a	53.3481a	167.5979a	4.0844ab	4.9723b	108a
	大杨树	375.4514c	23.617def	88cde	3.9141ab	2.777c	90bc
2011-06（采中）	小杨树	194.4052fg	21.4194efg	82.0226cde	3.1218bc	1.9423de	63de
	中杨树	462.7486b	38.1332b	119.7991b	3.2774bc	3.319c	100ab
	大杨树	243.8583defg	22.8724def	71.856def	2.7cd	1.881de	78cd
2011-09（采后）	小杨树	191.7557fg	14.3882gh	45.202gh	2.4786cd	1.4317ef	69de
	中杨树	321.9877cd	26.3347cde	82.9124cde	3.4107bc	2.8227c	92abc
	大杨树	167.426g	13.0185h	23.0402h	2.0578d	0.8393f	59e
2012-05（采后）	小杨树	230.6378efg	18.4467fgh	43.9275gh	2.8862cd	1.1397ef	55e
	中杨树	361.5426c	47.0764a	53.5911fg	4.7353a	4.8013b	92abc
	大杨树	266.4787def	21.193efg	66.5799efg	3.229bc	1.4943ef	87bc
2012-09（采后）	小杨树	267.6336def	34.8832bc	89.8055cde	4.04783ab	5，61ab	72cde
	中杨树	470.6983ab	48.8813a	153.565a	4.0253ab	7.2263a	90bc
	大杨树	276.0754de	31.8653bc	100.1076bc	3.1335bc	6.866a	96ab

研究发现，对干旱半干旱区，水是植被恢复的关键。开采造成土壤水分流失，由于杨树生长耗水量大，草本和灌木耗水量相对较小，因此研究区在采后虽然以杨树为主，但有杨树林的盖度最低，草地的盖度为最大，表明灌、草类植物受煤炭开采影响较小。

2. 沙柳

沙柳是研究区主要灌木之一，喜适度沙压，越压越旺，繁殖容易，萌蘖力强。观测表明，4～6月除大沙柳在冠幅上增加比较明显以外，三种规格的沙柳在6～9月株高和冠幅的增加幅度都要低于4～6月，可以看出采空区沙柳的生长放缓。本试验区主要为沙柳人工林，沙柳是该研究区的建群种，在研究煤炭开采对沙柳生长影响时，在12406工作面外设有沙柳对照区，对照区距离工作面50m外，完全不受煤炭开采的影响。表10.8显示，对照区（未受开采影响区）三种不同规格的沙柳在4～9月间株高和冠幅总增加幅度都要高于开采影响区。造成采空区的沙柳生长放缓原因，一方面可能为煤炭开采和地表下沉造成局部土壤结构发生变化，同时造成根系一定程度的损伤；另一方面是由于煤炭开采对地表的损害造成土壤水分和养分的流失，从而对沙柳的生长造成影响。

表 10.8　沙柳地上部分生长分区变化

采样时间	样本规格	开采影响区		未受开采影响区	
		株高/cm	冠幅/cm	株高/cm	冠幅/cm
采前	大沙柳	275	242.5	277.5	221
	沙中柳	161	91	165.5	106
	小沙柳	97.75	58.75	97.5	59.75
采中	大沙柳	309.5	296.375	321.75	302.625
	中沙柳	179.5	123.5	223.5	184.5
	小沙柳	134.5	96.5	142.5	118.125
采后	大沙柳	315.75	367	366	363
	中沙柳	179.5	123.5	249.5	200
	小沙柳	135.25	99	138.75	123.25

沙柳观测样区，在采前和采后，沙柳的株高和冠幅的增加量都要低于对照区（图 10.7）。其中，大沙柳和小沙柳的株高采后增长幅度较小，中沙柳基本不变。大沙柳

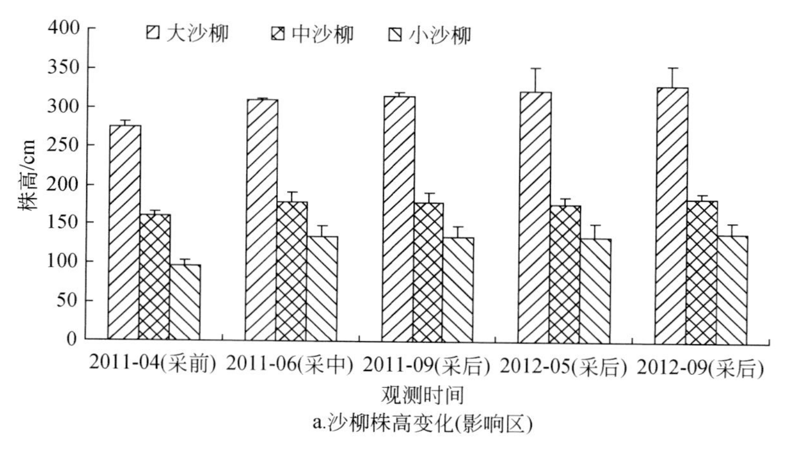

a.沙柳株高变化(影响区)

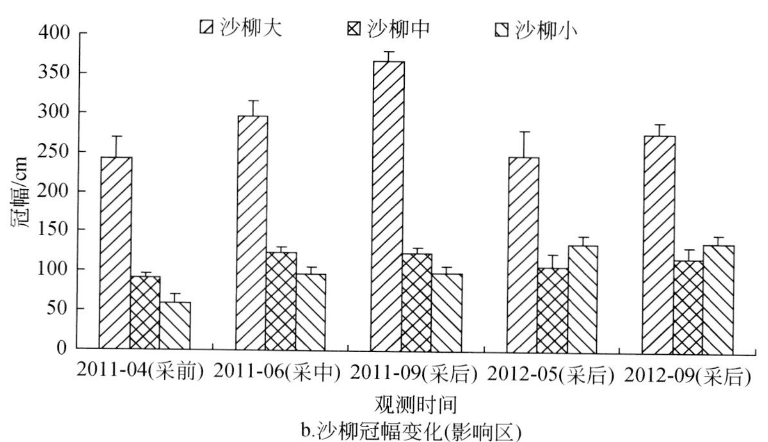

b.沙柳冠幅变化(影响区)

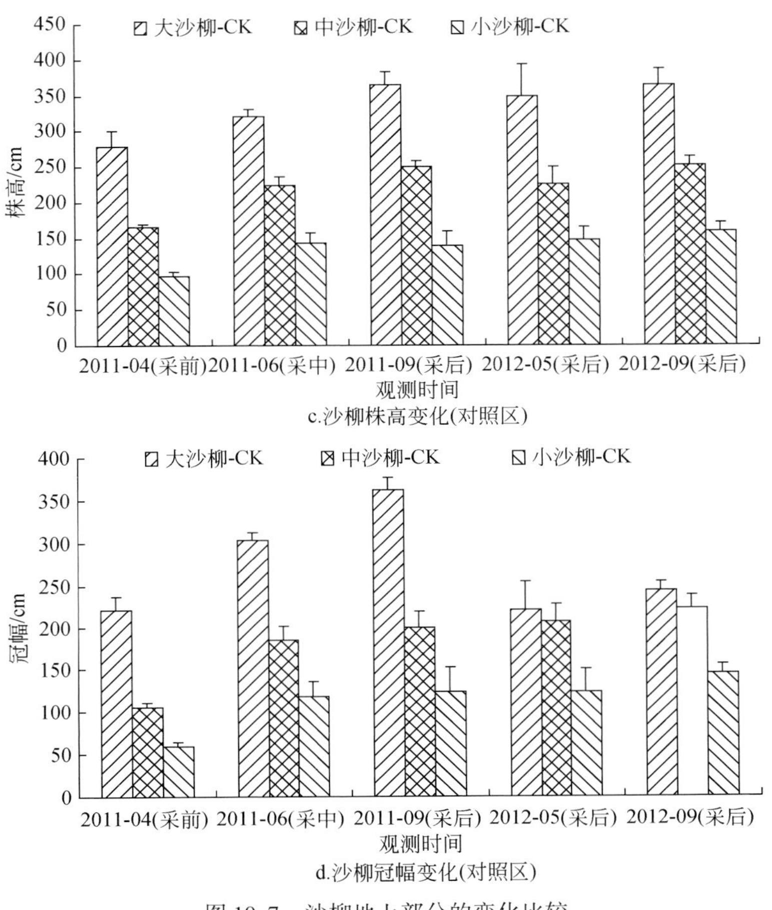

c.沙柳株高变化(对照区)

d.沙柳冠幅变化(对照区)

图 10.7　沙柳地上部分的变化比较

和小沙柳的株高采后增长幅度较小，中沙柳基本不变。中沙柳和小沙柳的冠幅在采后有小幅增长，中沙柳基本不变。研究区沙柳生长在采后与采前比较表明，开采扰动总体对沙柳株高和冠幅的影响不显著，其变化与沙柳的自然生长和变化相近。

塌陷区沙柳比较表明（表 10.9），在煤炭开采初期，煤炭开采对中沙柳根系生长影响最大，小沙柳次之，而对大沙柳无明显影响。煤炭开采期三种沙柳根系各项指标都处于下降状态。大沙柳的各项指标降低幅度最大，到 2011 年 6 月，大沙柳的根长、投影面积、表面积和根尖数分别降低到 287.644cm、20.2073cm^2、48.516cm^2 和 59 个。2011 年 9 月研究区塌陷地趋于稳定，与 2011 年 6 月观测数据相比，三种规格的沙柳根系生长各项指标处于增长状态，且根尖数已经超过采煤前的水平，而根系其他指标未达到开采前水平。1 年后，三种不同规格的沙柳根系各项指标已超过煤炭开采前水平，已完全摆脱了煤炭开采对沙柳根系生长的影响，且沙柳根系呈持续增长状态，沙柳根系恢复速度以大沙柳>中沙柳>小沙柳。

表 10.9　煤炭开采对沙柳根系生长的影响（影响区）

观测时间	规格	根长 /cm	投影面积 /cm²	表面积 /cm²	平均直径 /mm	体积 /cm³	根尖数 /个
2011-04（采前）	小沙柳	276.8571d	28.7917cd	90.4521e	4.1198a	2.4633d	76ef
	中沙柳	346.6473cd	35.1208b	110.3354cd	4.0684a	3.026cd	90de
	大沙柳	434.3165ab	43.328a	136.119ab	4.1046a	4.7993a	118bc
2011-06（采中）	小沙柳	139.5779f	12.8869g	40.4851h	3.2842cde	0.866f	43g
	中沙柳	213.5454e	16.3211fg	57.5832fg	3.2055cde	1.7527e	59fg
	大沙柳	287.644d	20.2073ef	48.516fgh	3.671abcd	1.3183ef	59fg
2011-09（采后）	小沙柳	213.2554e	14.1862fg	44.5671gh	2.691efg	0.8545f	77ef
	中沙柳	210.2657e	17.9409fg	47.1253fgh	3.1696cde	1.122ef	118bc
	大沙柳	306.6487cd	19.5658f	61.4678f	2.3378fg	1.2355ef	118bc
2012-05（采后）	小沙柳	297.1147cd	19.1226f	60.0753fg	2.7963ef	2.7217d	105cd
	中沙柳	414.0561b	25.3789de	95.6763de	2.018g	3.0632cd	122abc
	大沙柳	450.0875ab	33.4439bc	105.1741de	2.9844def	3.5283bc	136ab
2012-09（采后）	小沙柳	328.383d	30.959bcd	90.5939e	3.8656abc	3.0467cd	78ef
	中沙柳	426.1561ab	28.2899cd	123.313bc	2.8714ef	3.1175cd	133ab
	大沙柳	475.2209a	46.3568a	144.1972a	3.988ab	4.009b	144a

由表 10.10 可见，对于未受煤炭开采的对照区来说，三种不同规格的沙柳根系各项指标都处于增长状态，到 2011 年 9 月，对照区小沙柳和中沙柳根系各项检测指标明显高于煤炭开采区，对照区大沙柳根系各项指标要低于开采区，这可能由于研究区地势起伏较大，沙柳对照区位于山顶部，而开采区位于山坡中部，地形因素本身对水分的分布产生影响。

表 10.10　不同规格沙柳根系生长的变化（对照区）

观测时间	规格	根长 /cm	投影面积 /cm²	表面积 /cm²	平均直径 /mm	体积 /cm³	根尖数 /个
2011-04（采前）	小沙柳	159.3021	11.1247	34.9493	2.8933	0.6525	76
	中沙柳	160.5605	9.7054	30.4903	2.3505	0.4887	66
	大沙柳	255.9652	17.2951	55.9566	2.9159	1.0217	85

续表

观测时间	规格	根长/cm	投影面积/cm^2	表面积/cm^2	平均直径/mm	体积/cm^3	根尖数/个
2011-06（采中）	小沙柳	260.0542	16.0001	53.6494	2.3505	0.8873	128
	中沙柳	238.5288	14.0026	49.5858	2.4108	0.8677	61
	大沙柳	374.7722	27.2441	85.59	3.8676	1.603	138
2011-09（采后）	小沙柳	278.8584	30.0289	94.3388	4.2808	3.06	136
	中沙柳	294.6709	18.983	59.6377	2.2018	1.3203	104
	大沙柳	452.476	44.8383	140.8638	4.1363	4.3263	121

3. 沙蒿

沙蒿是研究区最常见植物之一，也是研究区主要草本植物，主要起保持水土、防风固沙等作用。2011年6月大沙蒿的根系各项指标都要略高于小沙蒿和中沙蒿，煤炭开采初期对大沙蒿的根系生长影响最小，其生长状况要好于中沙蒿和小沙蒿，这可能是大沙蒿根系较发达，抗裂缝和其他外界影响能力较强造成的。2011年9月，塌陷区已趋于稳定，和开采期相比，沙蒿根系都处于生长状态，其中中沙蒿根系的各项指标增加到最大值，其根长、投影面积、表面积、根体积和根尖数分别增加到341.3989cm、25.3504cm^2、79.6407cm^2、3.1519cm^3和127个，和其他处理相比有明显的差异性。沙蒿根系各项指标增长速度为中沙蒿>小沙蒿>大沙蒿，当沙蒿根系平均直径整体没有显著的差异性，这可能是因为大沙蒿可能处于生长衰退期，而沙蒿中处于生长旺盛期。对于采煤塌陷区来说，煤炭开采对沙蒿根系生长影响较小，研究发现，不同规格沙蒿根系各项指标都处于增长状态，这可能得益于沙蒿在煤炭开采塌陷区的自恢复能力较强。

表10.11显示，从4~6月三种规格的沙柳株高和冠幅都有一定程度的增长，同种规格的沙蒿株高增长并不明显（$p>0.1$），而在冠幅增长上大沙蒿和中沙蒿增长差异性显著（$p=0.03$）。2011年7~9月，大沙蒿和中沙蒿株高和冠幅都有一定程度的降低，而小沙蒿始终处于生长状态，但三个时期差异性并明显。大沙蒿和中沙蒿处于一种退化状态，这可能因为沙蒿是草本植物，其株高和冠幅受外界环境的扰动影响较大，但从2011年9月开始，三种不同规格的沙蒿株高和冠幅都呈现增加趋势。

煤炭开采期，三种沙蒿的株高呈增加状态，株高增幅为中沙蒿>大沙蒿>小沙蒿（图10.8）；2011年7~9月，观测区塌陷地趋于稳定后，但三种沙蒿株高增加并不显著，2011年9月以后，三种不同规格的沙蒿株高迅速增加，其中中沙蒿的株高增加幅度最大，小沙蒿次之。大沙蒿和中沙蒿的冠幅变化不稳定，大沙蒿株高呈现增加后降低趋势，小沙蒿的株高一直处于增加状态，这可能因为沙蒿有一定的寿命，大沙蒿处于生长退化期，加之采煤对地质破坏和外界环境的影响，而小沙蒿处于生命旺盛期。

表 10.11　煤炭开采对沙蒿地上部分生长的影响

开采周期	规格	株高/cm	冠幅/cm
采前	大沙蒿	103.75	137
	中沙蒿	67	76.75
	小沙蒿	46.75	47.25
采中	大沙蒿	111.5	160.375
	中沙蒿	80	124.625
	小沙蒿	51.5	60
采后	大沙蒿	101.5	132.25
	中沙蒿	67.25	109
	小沙蒿	54.5	66.75

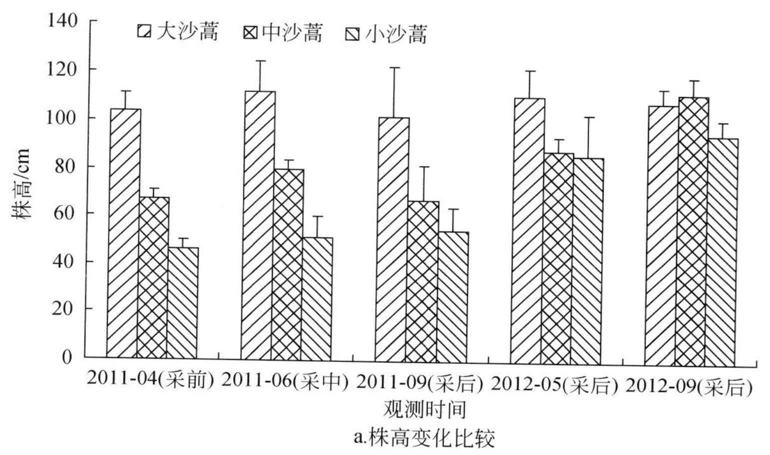

a.株高变化比较

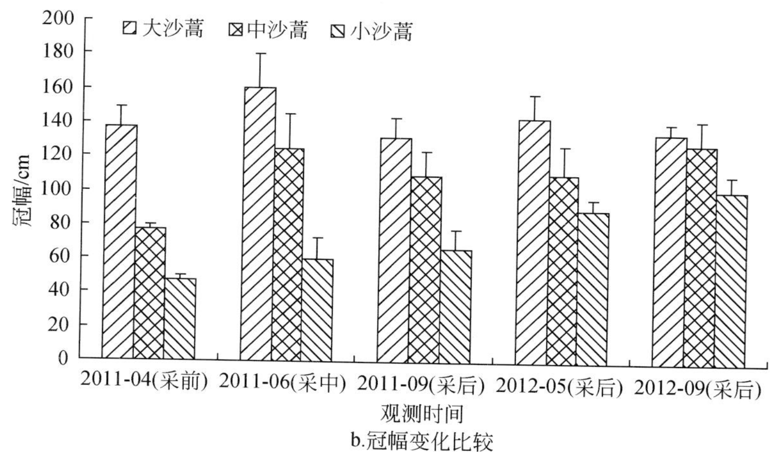

b.冠幅变化比较

图 10.8　煤炭开采对沙蒿生长影响比较

根系长度和根尖数是植物生长状况好坏最直观指标，两指标对外界环境变化响应最为剧烈。表 10.12 显示，2011 年 7 月，研究工作面变为采空区，和未开采前相比（2011 年 5

月），三种规格的沙蒿根长下降剧烈，这可能是由于煤炭开采造成地面塌陷过程中对生长状态下的沙蒿根系产生拉伤，从而造成处于生长状态的根系消亡。到了2011年9月，采煤塌陷区已经完全稳定，此时沙蒿根系开始恢复生长，但根长未恢复到煤炭开采前水平。1年后，沙蒿根长已经恢复煤炭开采前水平，其中沙蒿中的根长增加最为迅速，小沙蒿次之，而大沙蒿根长增速最慢，但根系生长完全摆脱了煤炭开采的影响。

根尖为根系伸长生长、分枝和吸收活动的最重要部分，是植物根系最脆弱部位，对外界环境影响的响应最敏感。开采扰动导致沙蒿根尖数有明显降低，中沙蒿根尖数降低最为明显。采后4个月当塌陷地完全稳定后，沙蒿根尖数恢复生长，且超过了采前水平。一年后（2012年5月）根尖数数量达到最大。开采地表裂缝导致土壤水分和养分的流失，使沙蒿的根系降低最为迅速。

沙蒿根系表面积和投影面积显示都有明显降低。研究所得出的根系表面积和投影面积为活体沙蒿根系指标，在煤炭开采初期，地表塌陷导致沙蒿根系消亡，三种规格的沙蒿根系表面积和投影面积各项指标降低明显，从2011年7月开始，三种规格的沙蒿根系表面积和投影面积增加明显，其中中沙蒿根系各项指标恢复最为迅速，但未恢复到煤炭开采前水平。煤炭开采1年后，小沙蒿和中沙蒿的根系表面和投影面积已超越煤炭开采前水平，大沙蒿未恢复到煤炭开采前水平，这可能是由于沙蒿生长受生命周期控制，小沙蒿和中沙蒿处于生命代谢旺盛期，抗外界干扰能力较强，且自修复能力较强，而大沙蒿处于生长退化期，抗外界干扰能力较差。

表10.12　煤炭开采对沙蒿根系生长的影响

观测时间	规格	根长/cm	投影面积/cm^2	表面积/cm^2	平均直径/mm	根体积/cm^3	根尖数/个
2011-04（采前）	小沙蒿	228.1389e	24.8012d	74.1098d	4.1533ab	1.6973cde	58fg
	中沙蒿	356.5934c	38.1853ab	119.9626a	4.2793ab	3.3337a	91cde
	大沙蒿	262.8697d	29.3039cd	92.0608bc	4.4631a	2.7507ab	76ef
2011-06（采中）	小沙蒿	64.3507h	8.6449f	11.6445f	1.754h	0.977e	25h
	中沙蒿	78.7516h	11.4623ef	16.8639f	3.0935defg	0.984e	35h
	大沙蒿	115.8761g	14.2175e	24.8585f	2.4728g	1.179de	54g
2011-09（采后）	小沙蒿	212.2604e	15.3928e	48.3578e	2.9148defg	1.045e	107c
	中沙蒿	341.3989c	25.3504d	79.6407cd	3.1519cdef	1.826e	127b
	大沙蒿	181.1555f	15.0746e	47.3583e	3.7341bc	1.6957cde	83de
2012-05（采后）	小沙蒿	346.0997c	28.4857cd	89.4905bcd	3.5235cd	2.1237bc	133ab
	中沙蒿	496.7508a	39.3844a	123.7296a	2.5506fg	2.146bc	139ab
	大沙蒿	366.9394c	25.935d	81.4772cd	2.8686efg	1.9c	148a
2012-09（采后）	小沙蒿	359.8703c	31.6238c	102.8743b	3.3732cde	2.2663bc	96cd
	中沙蒿	469.0118b	38.9844a	122.4733a	3.3316cde	3.0993a	135ab
	大沙蒿	374.9225c	33.2153bc	103.6851b	3.0307defg	1.979c	98cd

注：表中数值为多个重复的平均值，其后的不同字母代表5%水平上的差异显著性。以下同。

煤炭开采对沙蒿的根系平均直径和根体积影响持续性较长，沙蒿根系平均直径和根体积在短期内难以恢复，采后初期，因小沙蒿根系欠发达，根系平均直径降低最快。采后沉陷稳定后，根系平均直径恢复增长，根系平均直径增加最快。在沙蒿根系恢复过程中，中沙蒿和大沙蒿的平均直径呈现一定的波动性，与2011年9月观测结果比较，2012年5月中沙蒿和大沙蒿的平均直径有所降低，这可能是由于该时段处于冬季，根系停止生长，同时局部根系因低温等外界因素导致其消亡。随着地表沉陷逐渐稳定和裂缝消失，开采对沙蒿的影响也逐渐减弱，沙蒿生长逐渐恢复（图10.9）。沉陷稳定后，三种沙蒿的根体积都恢复了生长态势，中沙蒿的根体积恢复最为迅速，采后1年，中沙蒿和大沙蒿根体积尚未恢复到采前水平。与未开采区相比，采后1a和2a时间的沙蒿受影响最为显著，而采后时间较长时沙蒿生长基本恢复自然生长态势。

图10.9　采煤塌陷后沙蒿生长状况

10.2.2　大柳塔现代开采沉陷区典型植物变化研究

大柳塔研究区属于风积沙与黄土沟壑区过渡带，季节性气候特征明显，严寒干燥、风沙频繁、高温炎热、凉爽湿润，降水量平均为400mm左右，每年6～9月份降水量较大。主要土壤类型为黄土和红土性土，总体上土壤贫瘠，水土流失严重。土壤结构和保水性对植物生长显得尤为重要。该区主要开采煤层依次为1^{-2}煤、2^{-2}煤和5^{-2}煤。由于开采时间长和开采煤层多，研究区选择涵盖2002～2012年间依次形成的地表开采沉陷区，按照开采全周期（采前—采中—采后—采后趋稳），适生植物灌草类为主的思路选择适生典型植物，观测比较开采沉陷不同时间的典型植物生长状态，比较沉陷后不同时间的植物生长状况，研究开采沉陷后地表植物的自然恢复趋势。

1. 几种典型植物的生长变化研究

1）沙蒿

煤炭开采对沙蒿的生长造成了一定影响。通过四次监测发现（图10.10a），沙蒿株高呈增加状态。同未开采区相比，采后沙蒿的生长速度有所放缓，随着采后时间延长，其增速又有所增加。这是由于开采地表裂缝致使土壤含水量迅速下降，加之地表裂缝损伤了沙蒿的根系，限制了沙蒿的正常生长。随着地表沉陷逐渐稳定和地表裂缝逐渐闭合，对沙蒿影响也逐渐减弱。与未开采区相比，塌陷 1a 和 2a 时间的沙蒿受影响最显著，而塌陷形成时间较长区域的沙蒿生长基本恢复正常生长；图 10.10b 显示了沙蒿冠幅的变化趋势，与未开采区相比，开采 1a 和 2a 的工作面区域内的沙蒿生长受到一定的影响，增速缓慢。且随塌陷时间延长，采煤对植株生长的限制性作用越来越弱。煤炭开采 1 ~ 2a 时间内对植株的生长限制作用最强，地裂缝区域会造成部分沙蒿的死亡率增加，同时存活的沙蒿长势也较差。

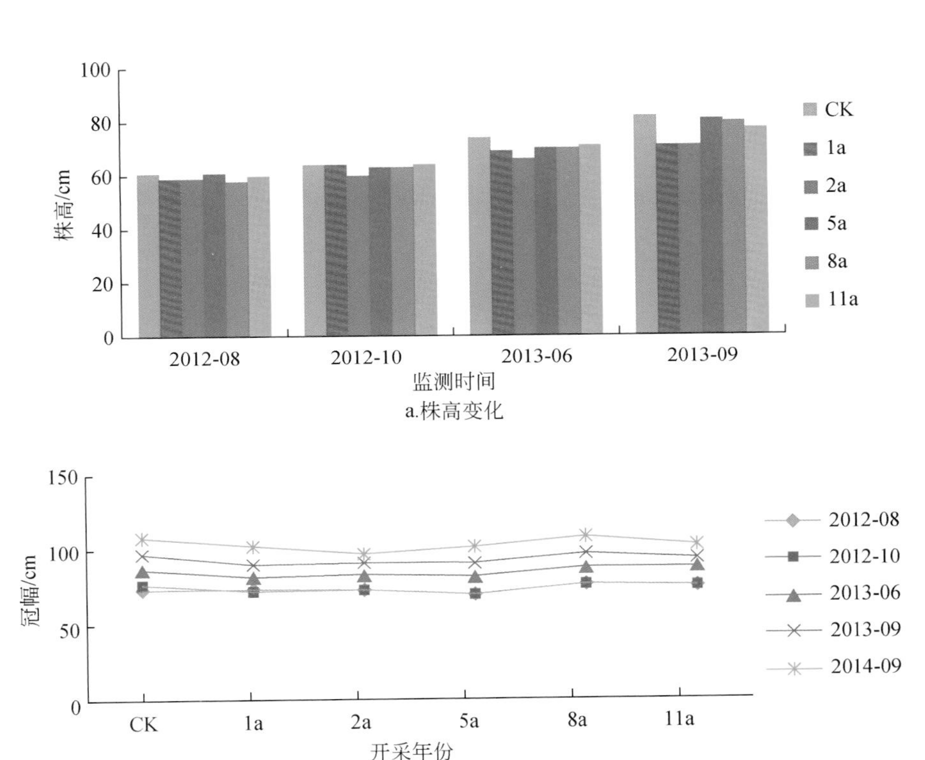

图 10.10　煤炭开采对沙蒿株高和冠幅的影响

2）柠条

柠条是研究区水土保持和固沙造林的重要树种之一，特别在黄土丘陵地区、山坡、沟岔区，在肥力极差，沙层含水率 2% ~ 3% 的流动沙地和丘间低地以及固定、半固定沙地上均能正常生长。即使在降水量 100mm 的年份，也能正常生长。由图 10.11 可以看出，不同监测时段，柠条株高冠幅一直处于增长状态，且其增长速度以 6 ~ 9 月份增长速度最快。采煤塌陷对柠条的生长影响较小，采空区和非采空区柠条生长速度基本相同。这可能是由于柠条为深根性树种，主根明显，侧根根系向四周水平方向延伸，纵横交错，采煤塌陷造成的伤根和含水量的下降对其生长影响较小。

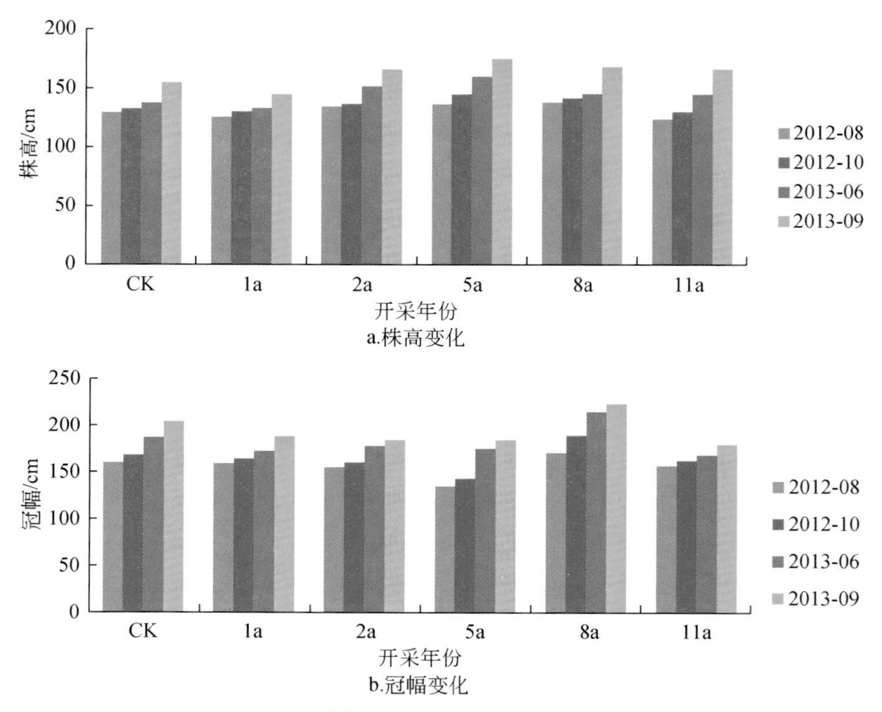

图 10.11　采煤塌陷对柠条株高和冠幅的影响

3）白花草木樨

草木樨属一年或两年生草本植物，在该区不仅是主要的饲料而且也是很好的绿肥作物，有保水防风固沙的作用。不同季节监测草木樨生长情况（图 10.12）表明，草木樨一直处于增长状态，株高、冠幅均处于增加状态。但分析发现，不同季节草木樨株高冠幅增长以 6～9 月份增长速度最快。这可能是由于这个季节时段内降雨较为集中，光照充足，促进了其生长。同时可以看出，塌陷后草木樨的生长受到了一定程度的限制，生长速度有所减缓。尤其是在刚刚塌陷的区域，裂缝区草木樨的长势亦较差。这可能是由于采煤塌陷造成了水分的缺失，从而影响了植株的正常生长。

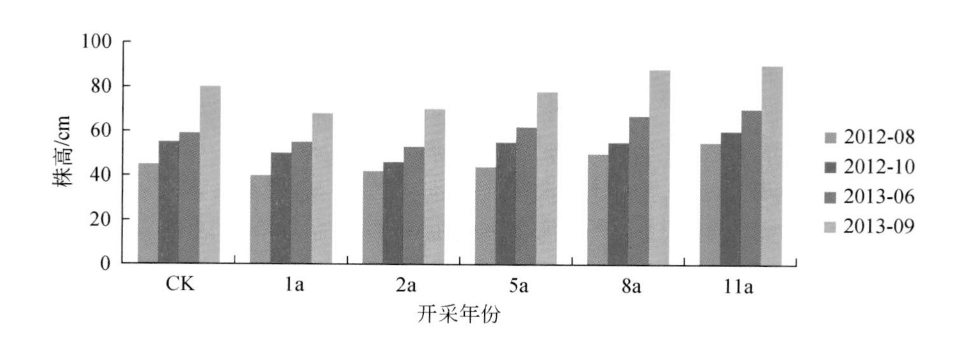

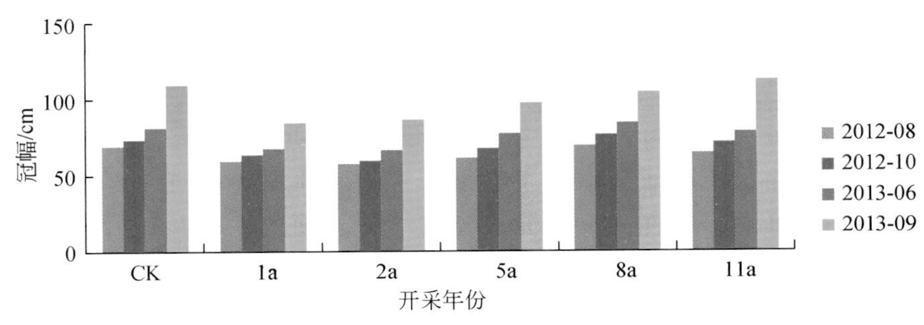

图 10.12　采煤对草木樨株高和冠幅的影响

4）花棒

花棒在该区适于流沙环境，具有较强的防风固沙作用。花棒主、侧根系均发达，开采沉陷确实减缓了花棒的生长，株高、冠幅增长较未开采区增加较慢（图 10.13）。1a 煤炭采空区开采塌陷刚刚发生时为花棒生长期，煤炭开采造成了土壤水分损失，阻碍了花棒的正常生长。而塌陷 2a 时由于裂缝闭合作用，水分的限制作用逐渐减弱，花棒的生长开始逐渐加速。

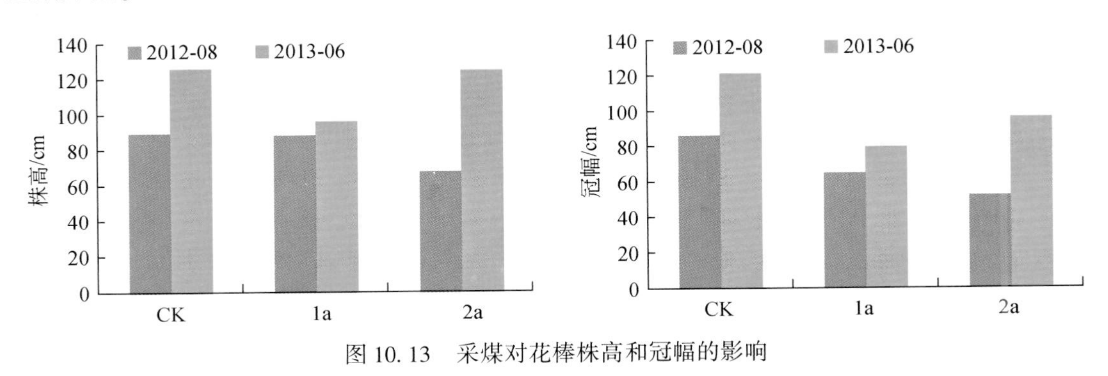

图 10.13　采煤对花棒株高和冠幅的影响

2. 几种典型植物根系变化的比较研究

1）根系长度与直径变化

根系长度是不同植物对外界环境响应的标尺，其一定程度上反映出植物的生长状况。图 10.14 可见，煤炭开采影响植物根系长度，且开采区不同植物根系长度都要低于对照区，这主要是煤炭开采过程中地表塌陷造成植物根系拉伤，一部分植物根系出现消亡，从而影响植物根系生长。煤炭开采过程中，不同植物根系长度对地表塌陷扰动反应各不相同，草本植物沙蒿的根系长度受煤炭开采影响较小。和对照区相比，灌木中以柠条根系长度降低幅度最小，紫穗槐根系长度受煤炭开采影响较大，降幅达到 69.6cm。根系直径大小反映植物生长状况指示性指标，当植物根际土壤养分和水分充足时，有利于植物生长，植物根系直径将增加，反之根系直径将会受到抑制；不同植物根系直径对煤炭开采的响应各不相同，煤炭开采过程中，草本植物沙蒿和草木樨根系直径在短时间并没有降低，反而呈增加趋势，其中沙蒿根系直径增加了 1.34mm。灌木根系直径都呈降低趋势，其中以紫穗槐根系直径降低幅度最大。煤炭开采过程中，草本植物根系直径未受影响，灌木受影响较大，造成此种现象的可能原因是土壤水分变化，沙蒿和草木樨叶面积小，耗水量较低。对于灌木来说，叶片蒸腾速率大，耗水量大，煤炭造成土壤水分流失影响了植物生长。

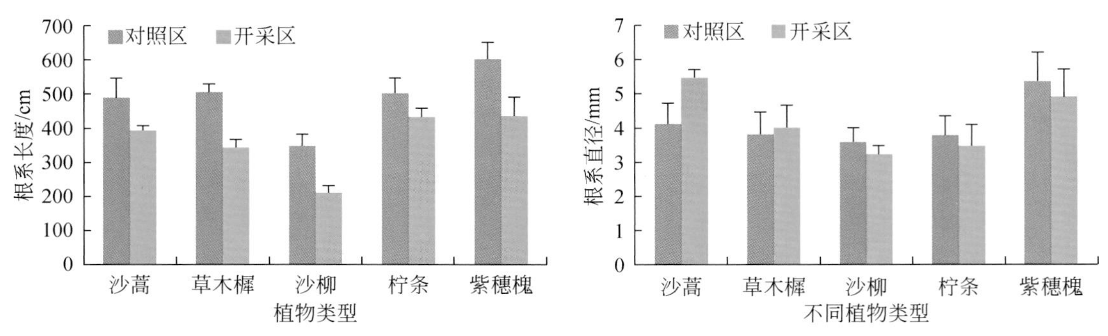

图 10.14　煤炭开采对不同植物根系长度和根系直径的影响

2）根尖数变化

根尖为根系伸长生长、分枝和吸收活动的最重要部分，对土壤中养分和水分的吸收最为活跃，但也是对外界环境变化反应最为敏感部位，一旦环境发生剧烈变化，往往会引起植物根系消亡。从图 10.15 可见，煤炭开采对灌木紫穗槐根尖数影响最为剧烈，紫穗槐根尖数平均减少了 117 个，远远高于其他几种植物，这主要是由于紫穗槐叶片较大，水分蒸发量高，植株耗水量大，煤炭开采过程中造成土壤水分流失严重，从而使紫穗槐根系形成干旱缺水环境，加速了根尖的消亡速度。煤炭开采对沙蒿根尖数影响较小，和对照区相比，沙蒿根尖数平均减少了 18 个，这主要是由于草本沙蒿耗水量相对较低，抗旱能力强。

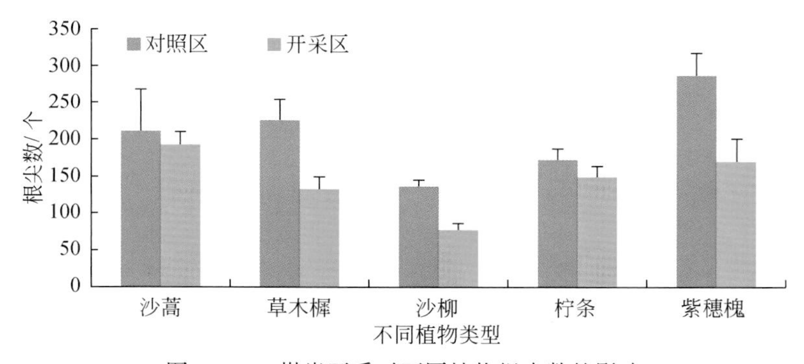

图 10.15　煤炭开采对不同植物根尖数的影响

3）植物根系投影面积和根系体积变化

植物根系投影面积和根系体积代表了植物吸收养分和水分的作用范围和能力，也是植物发育状态的重要指标。由图 10.16 可见，开采区植物根系投影面积都受煤炭开采影响，但不同植物根系投影面积受煤炭开采影响各不相同。煤炭开采对紫穗槐根系投影面积影响最大，和对照区相比，紫穗槐根系投影面积平均减少了 $25cm^2$，且以柠条根系投影面积降低最小，减少了 $4cm^2$，明显低于其他植物。对于草本植物来说，沙蒿根系投影面积受煤炭开采影响较小。

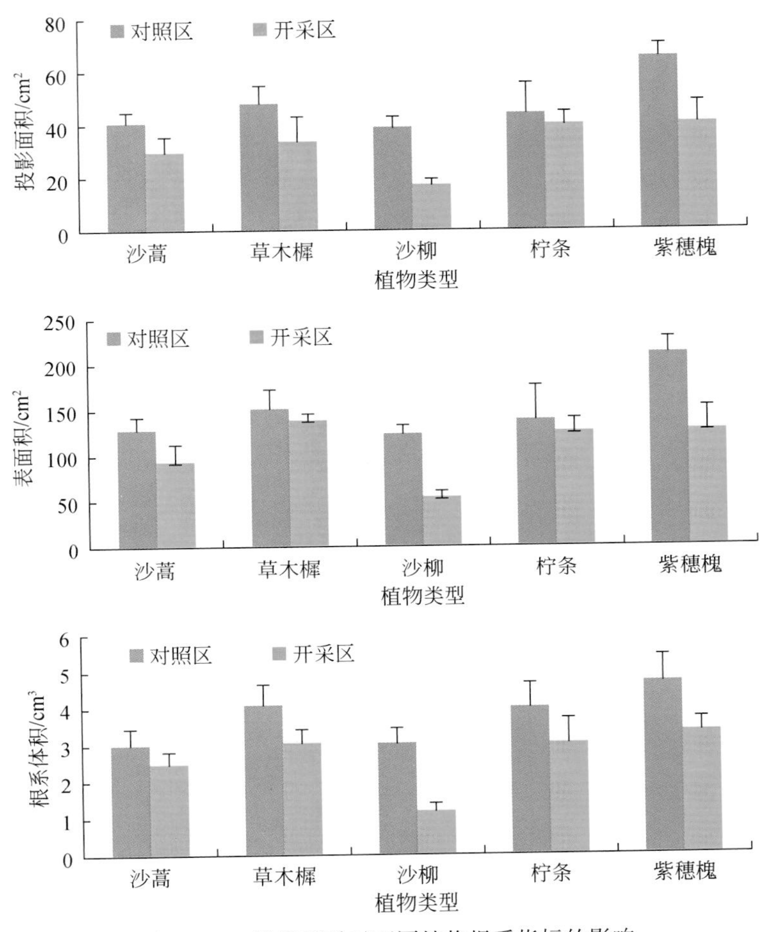

图 10.16 煤炭开采对不同植物根系指标的影响

和对照区相比，不同根系投影面积降低幅度分别为：紫穗槐>沙柳>草木樨>沙蒿>柠条；煤炭开采影响植物根系表面积，且不同根系表面积受煤炭开采影响差异性较大，和根系长度、表面积和投影面积等指标相同，对照区不同植物根系表面积都要高于开采区。煤炭开采对紫穗槐根系表面积影响最大，和对照区相比，煤炭开采过程紫穗槐根系表面积平均降低了 $84cm^2$，沙柳根系表面积降低幅度 $69.6cm^2$，草木樨和柠条根系表面积受煤炭开采影响相对较小；根系体积受煤炭开采影响较大，且不同植物根系体积受煤炭开采影响程度不同，都表现为对照区根系体积大于开采区。沙柳根系体积在煤炭开采过程中降幅较大，和对照区相比，沙柳根系体积降低了 $1.86cm^3$，紫穗槐和柠条根系体积也分别降低了 $1.35cm^3$ 和 $0.96cm^3$。虽然地表受到煤炭开采扰动，但草本植物沙蒿根系体积降幅最小，降幅明显低于其他 4 种植物。

大柳塔研究区的不同类型植物比较表明，煤炭开采对植物根长、根系投影面积、根系表面积、根系直径和根尖数等均具有显著的影响。其中，开采扰动均在一定程度上减缓了不同植物的生长速度，株高、冠幅增长速度均下降，而随着采后时间延长，对植株生长的影响力越来越弱，植株生长速度可逐渐恢复到原来的生长水平；采煤塌陷区和未开采区相比，根系生理指标也有差异。煤炭开采对植物根长、根系投影面积、根系表面积、根系直径和根尖数等均具有显著的影响。煤炭开采过程中地表塌陷会造成植物根系拉伤，导致根长减小。不同植物根系长度对地表塌陷扰动反应各不相同，草本植物沙蒿的根系长度受煤炭开采影响较小。和对照区相比，不同根系投影面积降低幅度分别为：紫穗槐>沙柳>草木樨>沙蒿>柠条。

10.3　现代开采对典型植物土壤环境的主要影响

研究区地处毛乌素沙漠与黄土丘陵沟壑两大地貌类型交错过渡地带，地表物质组成疏松、植被稀少、气候干旱、水土流失严重，提供植物生长的养分和水分等植物根际土壤环境条件显得尤为重要。现代开采裂缝形成的开放空间导致植物根系断裂和土壤蒸发面积增大，影响了土壤的保水性和养分，同时也提高了土壤的入渗能力。分析现代开采不同阶段的植物根际土壤环境的变化，有助于认识开采扰动对土壤理化性质影响和解释植物生长变化。

10.3.1　补连塔现代开采沉陷区植物根际土壤变化

补连塔研究区风积沙土壤占井田土地面积一半，土壤质地为沙土或沙壤，结构松散，透水性强，保水保肥能力差。植被总体上覆盖率低，灌木林覆盖面积较大，天然草种中主要有大针茅、沙蒿、茵陈蒿、白草、长芒草等。因此，植物根际土壤的入渗和蒸发特性和含水性及养分变化是研究比较的重点。

10.3.1.1　典型植物根际土壤物理特性变化

1. 土壤入渗与蒸发特性

由图 10.17 可知，沉陷区不同植被类型下土壤入渗过程存在一定差异，入渗速率在开始阶段陡降，随着时间的推移，下降幅度逐渐减小，最后达到稳渗。其中杨树达稳定入渗的时间最长，沙柳达到稳渗的时间最短。可见，杨树林能使土壤渗透性能得到明显改善，延缓地表发生径流的时间，降低土壤侵蚀发生的可能性；而相比之下，沙柳林则较易加速地表径流的形成，造成大量表层土壤被冲刷；总的来看，相对于沙柳林，杨树林和草地对土壤侵蚀的防治具有一定的积极效应。

比较土壤入渗平均渗透率分别为：杨树>沙柳>沙蒿。杨树的初始入渗速率分别是沙柳、沙蒿的 1.01，1.46 倍，稳渗率分别是沙柳、沙蒿的 2.19、1.52 倍，平均入渗速率分别是沙柳、沙蒿的 1.54、1.56 倍。可见，沉陷区不同植被的土壤入渗特征差异较为明显，其中杨树的入渗特征最好，说明杨树可以有效地延缓地表径流的产生，有利于蓄积雨水，便于根系的生长，抑制土壤侵蚀。从上文的研究中发现，采煤扰动后，杨树容重根系分布层土壤容重变小，而沙柳土壤容重变大，沙蒿土壤容重也略有增加，根系空间分布规律的不同可能是造成它们之间变化产生差异的原因，相比较于作为灌木的沙柳和作为草本植物的沙蒿，作为乔木的杨树，它的根系更庞大，同时根的直径更大，根对周围土壤有一定的拉伸作用，从而改变了杨树周围土壤的孔隙度与孔隙大小，提高了杨树附近表层土壤的渗透能力，同时也会减少杨树附近表层土壤的持水能力。

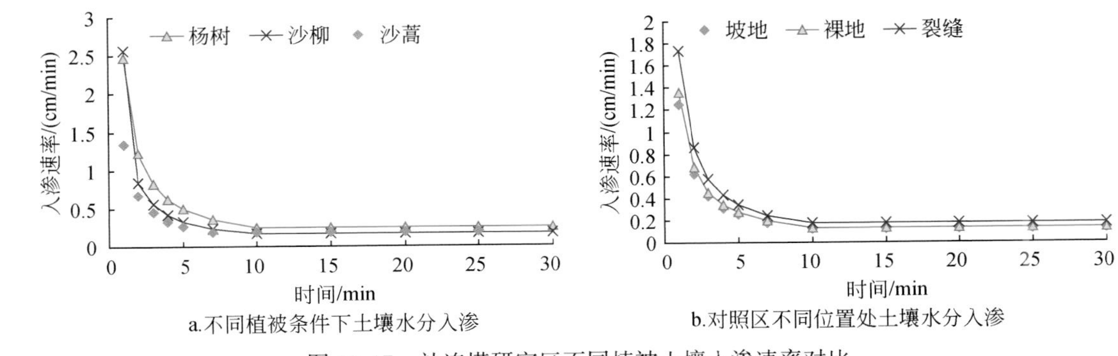

图 10.17 补连塔研究区不同植被土壤入渗速率对比

研究区的蒸散量与降水量的变化基本一致，因此，湿润月份蒸散量高，干旱月份蒸散量低，草地蒸发量上变化表现尤为突出，而杨树和沙柳的变化相对平缓。从蒸发量日变化曲线可见（图 10.18），早上 10：00 时的不同植被条件下的蒸发量均较小，且差异不明

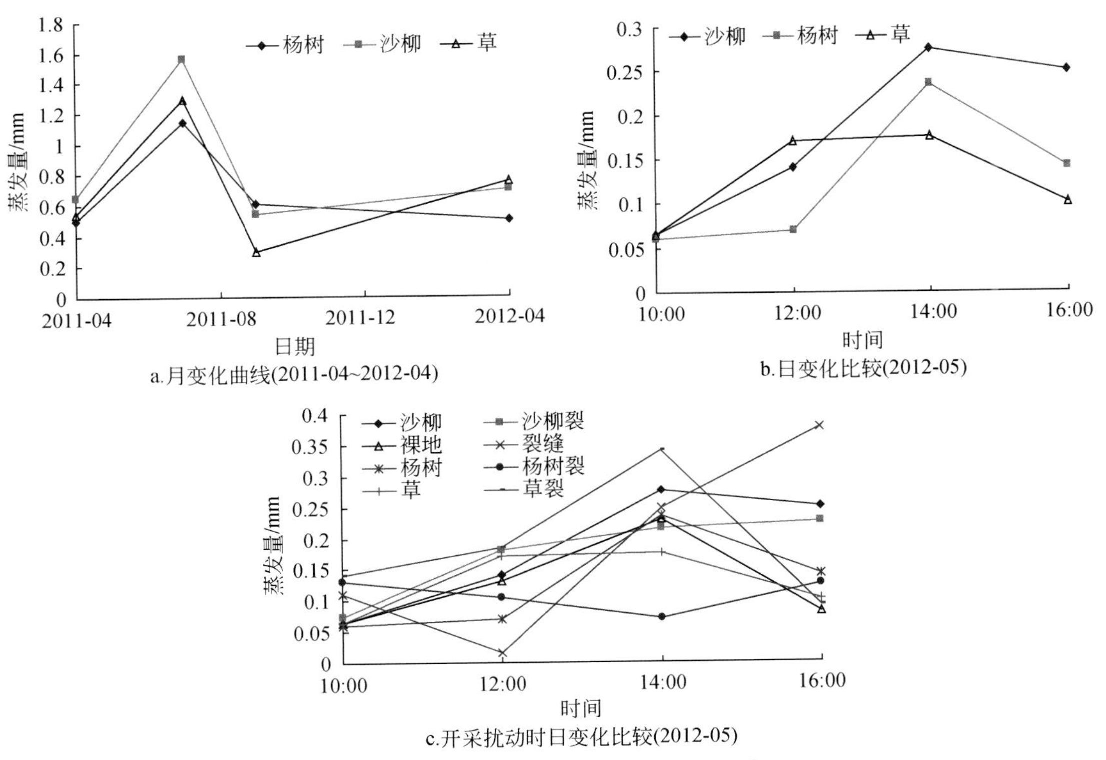

图 10.18 不同植被和扰动条件下蒸发量变化曲线

显。随着日温的上升，蒸发量逐渐加大，在 12：00 时，草的蒸发量较大，而在 14：00 时，表现为沙柳和杨树的蒸发量高于草。裂缝刚产生的时候明显，在 7 月，明显加大了地表水分的蒸发，裂缝经过的植物均高于非裂缝经过的植物，采后蒸发作用逐渐减小。

2. 典型植物根际土壤水分

1）沙柳

试验区主要为人工沙柳林，且为建群种。研究选取了 12406 采煤工作面刚刚经过的采空区，以及采空区百米距离外对照区进行了采动前后的变化比较。同时，为研究土壤含水性的区域相对变化，利用克里格运算和已知点含水量数值勾勒出周围区域的含水量分布情况。

从图 10. 19 可以看出，煤炭开采前后对照区与沉陷区土壤水分发生了逆转，在 2011 年 4 月，此时为煤炭开采前，不论沙柳规格大小，对照区含水率均较高，而在 2011 年 6 月，煤炭开采过程中，则刚好相反，沉陷区土壤含水率较高，这间接证明了煤炭开采引起了该区域的地表塌陷。在 2011 年 5 月，此时采煤工作面还未经过研究区域，但在采空区已经产生了大量裂缝，此时土壤水分与开采前表现出相同的变化规律，并没有发生明显的变化。在 2011 年 6 月，沙柳大小不同，对照区与沉陷区之间土壤含水率差异大小不同，规格越大，对照区与沉陷区间土壤含水率差异越小，对小沙柳，沉陷区土壤含水率高于对照区，而对大沙柳，沉陷区土壤含水率略低于对照区。但总的来看，沉陷区土壤含水率高于对照区，可能是由于沉陷区地势较低，水分向沉陷区运移，小的沙柳土壤含水率差异明显，说明植被规格小，使植被对土壤水的作用较小。

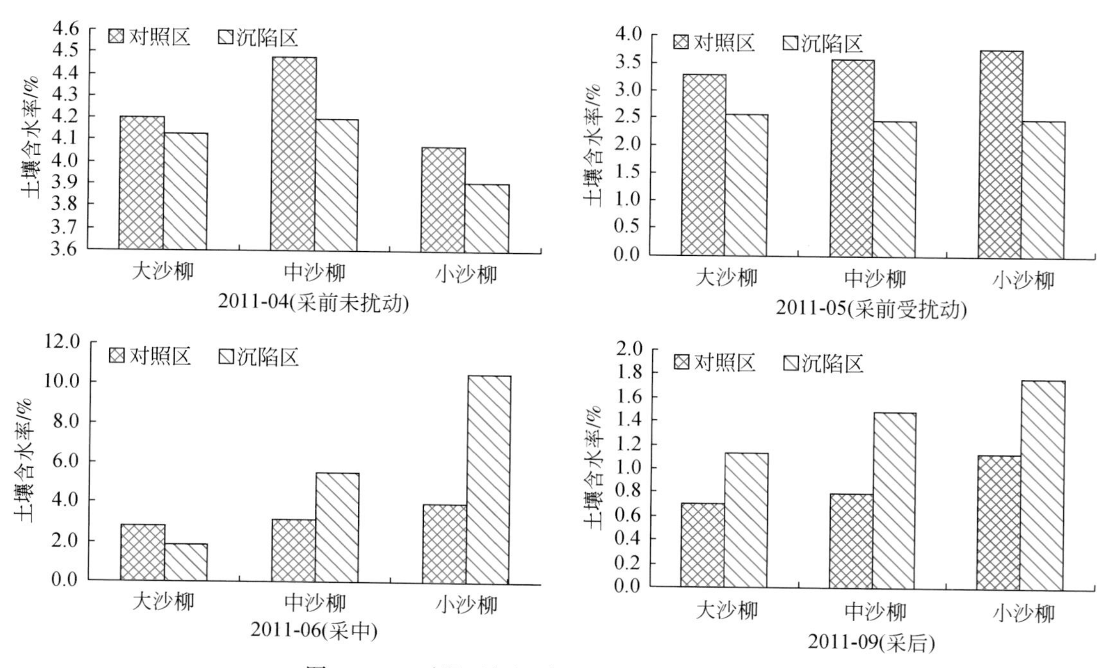

图 10. 19　对照区与沉陷区沙柳土壤含水率对比

采煤塌陷能够造成土壤水分的空间变异性增加，从而对地上植被造成一定的影响。研究主要选取了研究区内较为典型的行带式沙柳林进行研究，采样点间隔 1.5m，取样深度为 0 ~ 1m，分别取采煤沉陷区和未沉陷区 1m×6m 和 2m×6m 配置的沙柳林带的土壤水分。运用 Sufer8.0 进行克里格运算，通过已知点含水量勾勒区域含水量分布，图中浅色区域表示土壤含水量较高，深色区域表示含水量较小。由图 10.20 可以看出，未沉陷区内除 3m 处，深度 30cm 的（即两行中沙柳线位置）含水量出现一个小区域的水分增加外，其他区域水分变化曲线较平缓，而沉陷区 1m×6m 沙柳水分含量则随着水平和深度的变化，水分变化剧烈，从表层向下 0 ~ 60cm 范围，尤其是 0 ~ 20cm 层水分含量较小，最小值仅为 0.91%。沉陷区土壤水分随深度差异性的增加，可能会导致植物的生理性缺水。分析原因可能一方面是由于采煤沉陷裂缝导致水分蒸发量大，水分散失；另一方面则是由于沙柳的根系主要分布在 0 ~ 60cm 层，沙柳会消耗大量的水分，上层土壤含水量小必然会对沙柳的生长产生一定的影响。这种现象也从侧面反映了采煤沉陷引起的水分散失会对耗水量大的

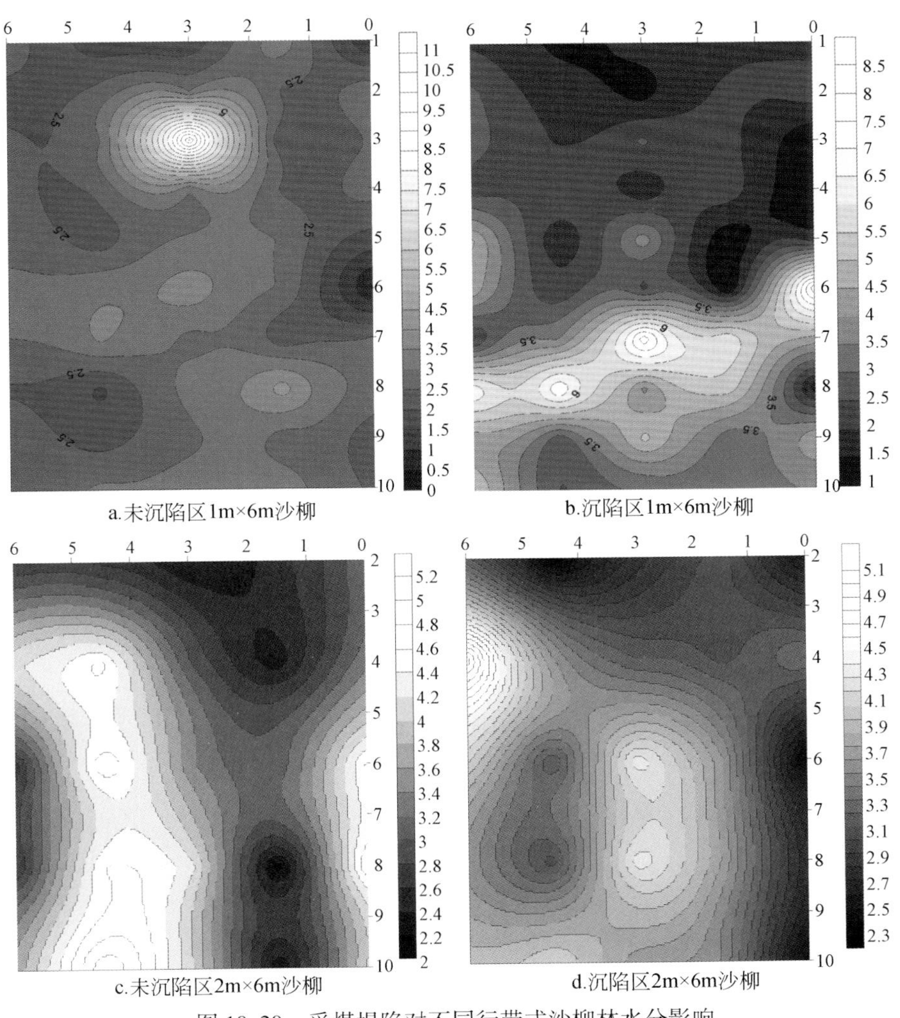

a.未沉陷区1m×6m沙柳　b.沉陷区1m×6m沙柳

c.未沉陷区2m×6m沙柳　d.沉陷区2m×6m沙柳

图 10.20　采煤塌陷对不同行带式沙柳林水分影响

植物产生较大影响。同理，由图 10.20 可以看出，2m×6m 沙柳在沉陷区和未沉陷区土壤水分表现差异较小，水分含量相对于 1m×6m 沙柳林土壤水分变异较小。二者均出现部分区域水分含量小的颜色较深区域，但是并未出现类似于 1m×6m 沙柳林水分剧烈变化的情况。相比而言，未沉陷区土壤含水量略高于沉陷区。结合沉陷区和未沉陷区 1m×6m 沙柳的两张水分分布图可见：采煤沉陷对土壤水分含量造成了一定影响，沙柳密度较大加之采煤沉陷对土壤结构破坏而水分散失增加，增加了沙柳死亡的危险性。由此可知，沉陷区进行生态重建应尽量选择低耗水的植物，并注意植被的栽植密度，做到合理密植。

开采对沙柳土壤水分的影响如图 10.21 所示，在采中，土壤水分主要分布在土壤浅部，相对稳定期土壤水分较大值下移。与采中相比，采后相对稳定期，土壤水分出现相同的变化规律，沉陷区土壤含水率高于对照区。2011 年 6 月，在采空区选取未经裂缝扰动区域（CK，参照区）的沙柳和裂缝经过（裂隙发育区）的沙柳，选择相同规格沙柳进行分层取土测土壤含水率，结果显示（图 10.21），后者在不同深度处土壤含水率差异比较明显，与参照区比较，在 0 ~ 40cm 土层土壤含水率较高，而在 40 ~ 100cm 土层土壤含水率则明显低于对照区，但土壤含水率普遍降低。而参照区沙柳在采中和相对稳定期差异较小，仅在 0 ~ 60cm 土层土壤含水率降低。

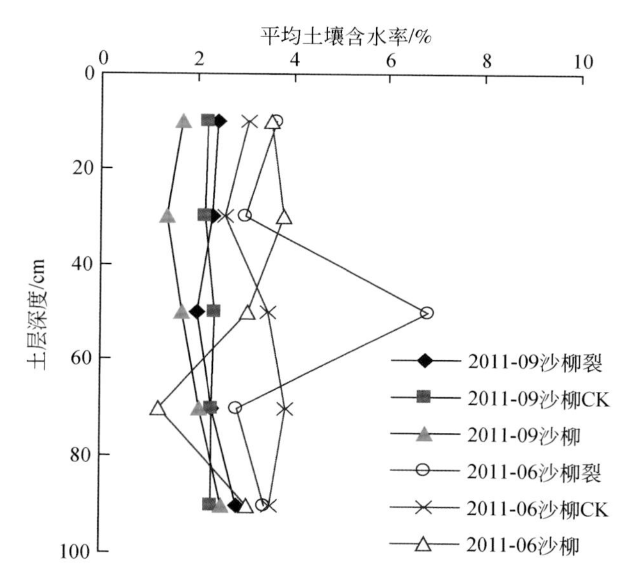

图 10.21　采中（2011-06）采后（2011-09）和裂缝沙柳土壤水分分布对比

2）杨树

沉陷区杨树裂缝处土壤含水率测量表明，不论杨树规格的大小，裂缝时土壤含水率均低于无裂缝时。从土壤水分剖面分布可以看出，裂缝经过的杨树，土壤水分有从表层向下运移的趋势，最大值出现在 40 ~ 80cm 土层处，而杨树未受裂缝影响时，最大含水率出现在地表，显示杨树根部吸收水分能力强（图 10.22）。

开采对杨树土壤水分的影响如图 10.23 所示，裂缝经过的杨树在采中土壤含水率较高，而在相对稳定期土壤含水率大幅下降。无裂缝经过的杨树土壤含水率变化幅度小于有裂缝经过的杨树。

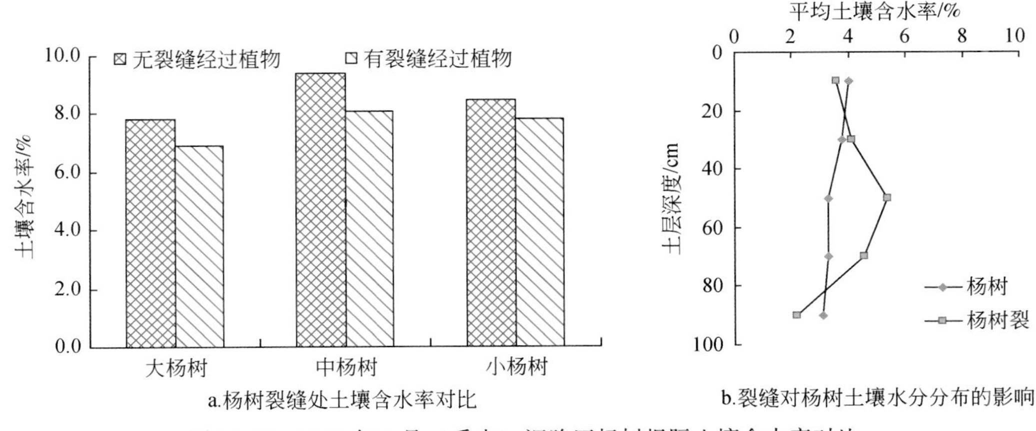

图 10.22　2011 年 6 月（采中）沉陷区杨树根际土壤含水率对比

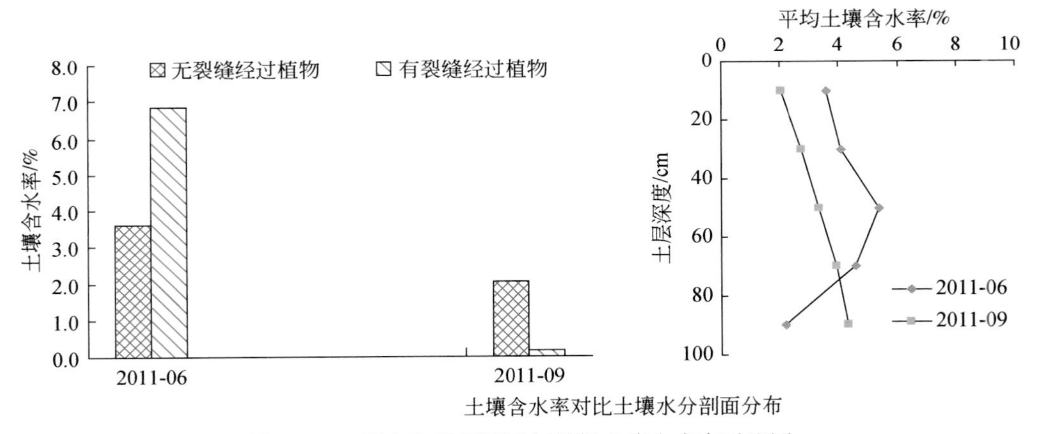

图 10.23　采中和采后沉陷区杨树土壤含水率对比图

3）沙蒿

根据沙蒿植物特点，根际土壤水分测定选取了裂缝经过区沙蒿（LS）、沙蒿附近裸地裂缝（L）、无裂缝裸地处（CK），采样深度 0 ~ 100cm，间隔 10cm。从图 10.24a 可以看出，表层 0 ~ 10cm 水分基本相同，随深度增加，三个区含水率均表现出先增加后减小的趋势。其中，裸地裂缝表层 0 ~ 20cm 水分略大于 CK，而有植被经过的裂缝水分反而大于裸地裂缝和 CK 区，这种现象可能是由于植被对土壤的覆盖减小了土壤表层的蒸发，使得土壤水分较大；随深度增加，有植被经过裂缝水分迅速减小，在 30cm 和 60cm 出现了明显的拐点，可能是因植被根系对水分吸收主要分布在这个区域。同时可见，CK 区的水分含量始终较高，反映出裂缝对土壤水分散失作用产生较大的影响。图 10.24b 显示出沙蒿根际土壤含水率与裂缝影响的关系，有裂缝时的土壤含水率高于无裂缝时，且沙蒿大中小三种规格均表现出一致的变化规律。这可能是因草本根系较浅，土壤水分固定在地表，不利于土壤水分向下移动。

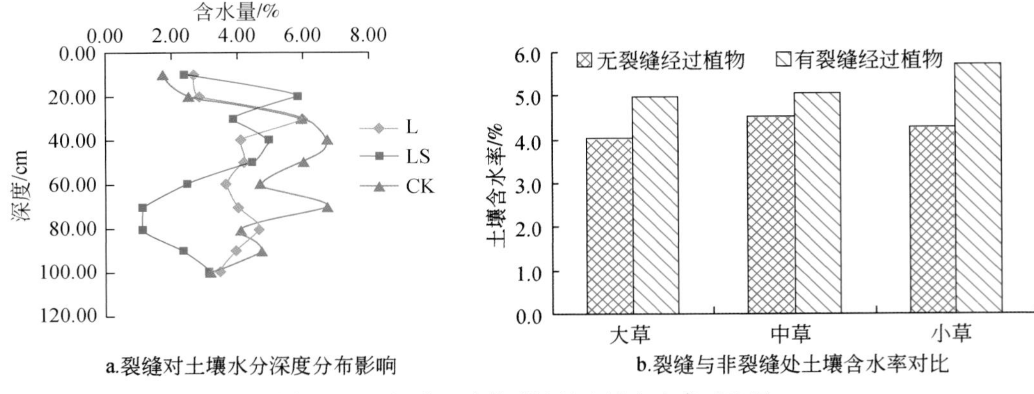

图 10.24　沉陷区沙蒿裂缝处土壤含水率对比图

采中与采后比较表明（图 10.25a），采中裂缝经过的沙蒿土壤含水率较高，而在采后相对稳定期时土壤含水率较低，与杨树表现相同的变化规律，但差异没有杨树明显。裂缝经过的沙蒿，其规格大小对沙蒿土壤水分的影响较小（图 10.25b）。

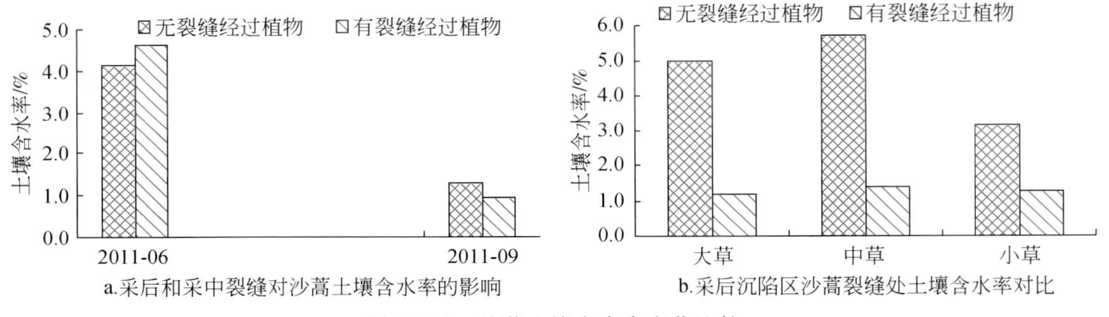

图 10.25　沙蒿土壤含水率变化比较

不同大小（或规格）的同类型植物在不同季节时的土壤含水率变化比较显示（图 10.26），植物规格对土壤水分影响在土壤影响过程差异比较明显，但随着影响逐步变缓和地表裂缝闭合，土壤含水率趋向相近。不同类型植物时土壤水分在采动塌陷前后的变化趋势基本一致，同类植物不同规格间差异不大。

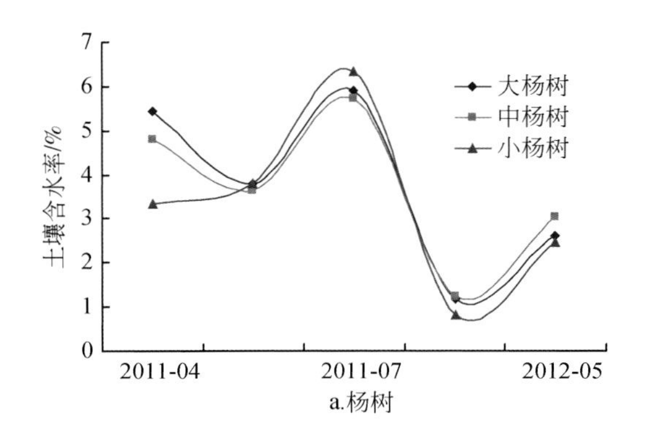

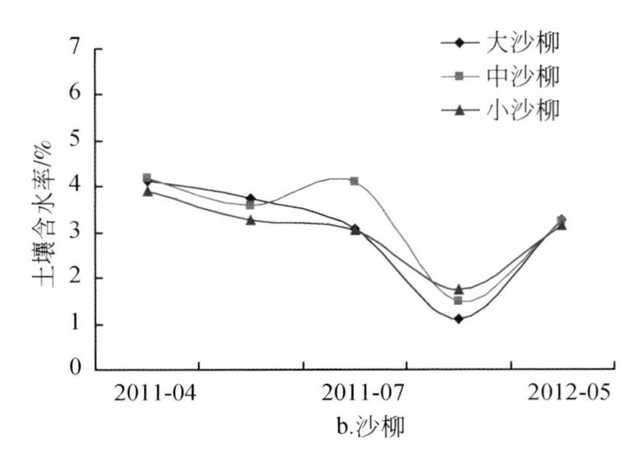

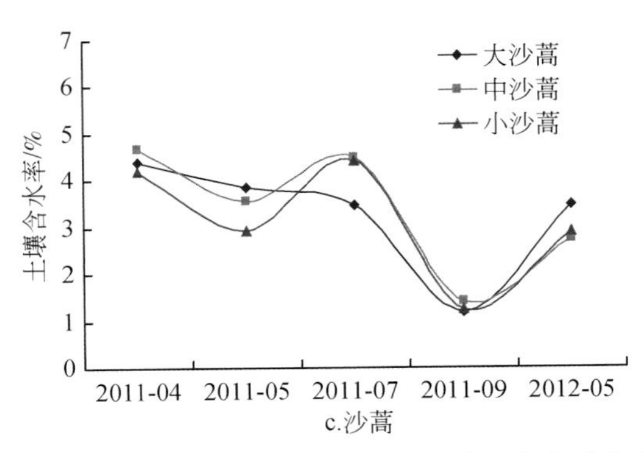

图 10.26　同种植物不同尺度条件下土壤含水率季节分布

10.3.1.2　典型植物根际土壤理化特性变化

植物根际土壤理化特性的环境包括根际土壤酸碱度、电导率、Fe、K、Mn、P 等参数，提供植物发育的养分和适宜的环境。其中，土壤 pH 和电导率能够从总体上反映土壤的理化性状，电导率能够反映土壤溶液中盐分的多少，其他反映了土壤养分情况。表 10.13是以补连塔 12406 研究区为例获得的采前不同类型和规格的植物根际土壤微环境的基本状况（或本底），研究以不同植物类型与采前状态相比较说明开采对植物根际土壤理化特性的影响。

表 10.13　补连塔矿研究区采前植物根际微环境基本状况

种类	pH	电导率 /(μs/cm)	Fe /(mg/kg)	K /(mg/kg)	Mg /(mg/kg)	Mn /(mg/kg)	P /(mg/kg)
大沙柳	7.20	101.13	22931	6441	5457	336	411
中沙柳	7.21	108.83	15961	6697	5351	302	422
小沙柳	7.19	97.67	24609	6532	5925	356	431
大 CK 沙柳	7.22	104.83	26408	6566	6002	366	478
中 CK 沙柳	7.25	98.00	23339	6300	5685	326	411
小 CK 沙柳	7.24	93.90	24999	6080	5434	340	425
大沙蒿	7.18	142.20	24310	7396	6927	356	
中沙蒿	7.22	111.93	25009	7115	6421	359	
小沙蒿	7.28	98.93	25156	6934	6269	361	
大杨树	7.11	132.53	25158	7118	6350	366	461
中杨树	7.10	124.67	25267	6690	6083	360	454
小杨树	7.11	117.17	23978	6228	5940	340	442

1. 沙柳根际土壤性状

研究区裂缝区与非裂缝区根际电导率和 pH 变化显示（表 10.14），地表沉陷对沙柳根际土壤电导率和 pH 影响不显著，但沙柳根际电导率季节差异和土层垂直差异显著。沙柳根际土壤影响分析表明，电导率季节差异和土层垂直差异显著（$p<0.01$），季节差异表现为各土

层电导率 9 月>6 月，其中，沙柳和沙柳裂 10～20cm、20～40cm 土层 9 月显著高于 6 月（$p<0.05$）；土层垂直差异表现为各土层电导率 0～10cm>10～20cm>20～40cm，但土层之间差异不显著；裂缝影响比较表明，地表裂缝和沉陷对沙柳根际 pH、电导率影响不显著。与非裂缝区沙柳相比，裂缝影响的沙柳根际 pH 差异不大，开采对 pH 影响较小。地表裂缝降低了沙柳根际电导率，裂缝区沙柳根际各土层电导率均较低，但差异不显著。随着采后时间的推移，地表裂缝对沙柳根际电导率和 pH 影响逐渐减弱，而且电导率还逐渐有所提高。

表 10.14　地表裂缝对沙柳根际 pH、电导率的影响

项目	种类	土壤深度/cm	2011-04	2011-06	2011-09	2012-05	2012-09
电导率/(μs/cm)	中沙柳	0～10	108.83	104.27	113.30	100.93	108.73
	中沙柳	10～20		81.33	104.30	106.80	107.27
	中沙柳	20～40		74.87	96.00	114.03	108.27
	中沙柳裂	0～10		98.53	99.10	113.10	121.53
	中沙柳裂	10～20		77.70	95.50	129.20	126.47
	中沙柳裂	20～40		67.53	92.47	114.63	113.53
pH	中沙柳	0～10	7.21	7.63	7.30	6.94	6.95
	中沙柳	10～20		7.58	7.12	6.96	6.97
	中沙柳	20～40		7.44	7.32	6.99	7.01
	中沙柳裂	0～10		7.67	7.19	7.04	7.06
	中沙柳裂	10～20		7.73	7.19	7.10	5.11
	中沙柳裂	20～40		7.66	7.24	7.09	7.10

不同状态（裂缝经过和没有裂缝经过）沙柳根际无机盐（全量）深度分析表明（表 10.15），季节差异显著，根际各土层 Mn、Zn、Cr、Pb 的全量 6 月>9 月；Fe、K、Mg、P、Na 的全量 6 月<9 月。除 Fe 以外，沙柳根际无机盐（全量）土层差异不显著，Fe、Mn、P、Cr、Pb 含量的土层差异基本为 0～10cm>10～20cm>20～40cm，K、Mg、Na、Zn、Cu 在裂缝影响区沙柳为 0～10cm>10～20cm>20～40cm，而 CK 沙柳则为 0～10cm<10～20cm<20～40cm。

表 10.15　采后地表裂缝与非裂缝处沙柳根际无机盐含量变化比较

项目	种类	土层	2011-04（采前）	2011-06（采中）	2011-09（采后）	2012-05（采后）	2012-09（采后）
Fe/(mg/kg)	1～10	中沙柳	15961	20574	21666	26473	19046
	10～20	中沙柳		19611	21651	25530	19284
	20～40	中沙柳		19443	20381	24551	18779
	1～10	中沙柳裂		21319	21778	25393	20073
	10～20	中沙柳裂		20135	21774	26363	19780
	20～40	中沙柳裂		22307	22463	26441	21205

续表

项目	种类	土层	2011-04（采前）	2011-06（采中）	2011-09（采后）	2012-05（采后）	2012-09（采后）
K /(mg/kg)	1～10	中沙柳	6697	5934	6975	6255	5506
	10～20	中沙柳		4872	6727	6146	5417
	20～40	中沙柳		5132	6423	5942	5481
	1～10	中沙柳裂		5880	6803	6047	5460
	10～20	中沙柳裂		5210	6757	6123	5353
	20～40	中沙柳裂		5582	6641	5898	5513
Mg /(mg/kg)	1～10	中沙柳	5351	5156	5905	6146	4990
	10～20	中沙柳		4249	5778	5615	4884
	20～40	中沙柳		4733	5469	5435	4756
	1～10	中沙柳裂		5207	5870	5515	4803
	10～20	中沙柳裂		4648	5706	5507	4822
	20～40	中沙柳裂		4664	5547	5271	4587
Mn /(mg/kg)	1～10	中沙柳	302	396	387	395	333
	10～20	中沙柳		366	374	374	332
	20～40	中沙柳		381	360	362	330
	1～10	中沙柳裂		381	355	360	338
	10～20	中沙柳裂		344	355	368	330
	20～40	中沙柳裂		379	356	366	351
P /(mg/kg)	1～10	中沙柳	422	423	443	505	388
	10～20	中沙柳		390	453	445	390
	20～40	中沙柳		395	417	445	378
	1～10	中沙柳裂		388	434	427	387
	10～20	中沙柳裂		354	429	442	389
	20～40	中沙柳裂		368	443	418	377

此外，地表裂缝和沉陷对沙柳根际 Fe、Na、Cu 全量影响显著（$p<0.01$），地表沉陷还对沙柳根际 Mg、Pb 全量影响显著（$p<0.01$）。与没有裂缝经过的沙柳相比，有裂缝经过的沙柳根际各土层 Fe 全量较高，但二者差异不显著；相反，有裂缝经过的沙柳根际各土层 Na、Cu 全量较低，其中 Na 全量 0～10cm 土层二者差异显著（$p<0.05$），Cu 全量 9 月 0～10cm 土层二者差异显著（$p<0.05$）。地表裂缝提高了沙柳根际 Fe 含量，降低了 Na、Cu 含量。

2. 杨树根际土壤性状

杨树根际土壤含水量、电导率随杨树生物量的增长而增长，表现为大杨树>中杨树>小杨树（表 10.16）。地表裂缝降低了杨树根际土壤含水量、pH 和电导率，对电导率影响较大，对 pH 影响较小，随着时间的推移，地表裂缝对土壤含水量、电导率的影响有逐渐减弱的迹象。

表 10.16　开采前后杨树根际土壤含水量、pH、电导率变化

项目	植物及规格	2011-04（采前）	2011-06（采中）	2011-09（采后）	2012-05（采后）	2012-09（采后）
含水量/%	大杨树	4.43	4.96	2.25	5.32	5.15
	中杨树	4.32	4.71	2.87	5.13	5.59
	小杨树	4.14	3.79	2.07	4.69	6.01
pH	大杨树	7.11	7.71	7.17	7.03	7.02
	中杨树	7.10	7.67	6.95	7.15	7.16
	小杨树	7.11	7.61	7.19	7.14	7.16
电导率/(μs/cm)	大杨树	132.53	99.90	113.80	130.67	129.93
	中杨树	124.67	99.63	104.70	128.83	129.53
	小杨树	117.17	89.37	94.57	137.70	131.30

杨树根际无机盐含量随杨树生物量的变化规律不明显。地表裂缝在一定程度上降低了杨树根际土壤中 Fe、K、Mg、Mn、P 的含量，对 K、Mn、P 含量影响较大（表 10.17）。这可能是地表裂缝对植物根系造成了拉伤等伤害，对根际养分的吸收产生了一定的影响的缘故，也可能是根系分泌物中元素含量变化的缘故。

表 10.17　开采前后杨树根际土壤无机盐含量变化

项目	植物及规格	2011-04（采前）	2011-06（采中）	2011-09（采后）	2012-05（采后）	2012-09（采后）
Fe/(mg/kg)	大杨树	25158	20203	19242	24230	18988
	中杨树	25267	17936	19734	24769	20081
	小杨树	23978	19002	20264	25315	18546
K/(mg/kg)	大杨树	7118	6786	7298	6758	5725
	中杨树	6690	5618	7255	6641	6091
	小杨树	6228	5914	7217	6630	5763
Mg/(mg/kg)	大杨树	6350	5826	5520	6068	4895
	中杨树	6083	4568	5639	6107	5472
	小杨树	5940	4997	5801	6205	5114
Mn/(mg/kg)	大杨树	366	314	298	387	328
	中杨树	360	268	313	392	346
	小杨树	340	287	325	384	322
P/(mg/kg)	大杨树	461	420	405	449	395
	中杨树	454	328	424	438	426
	小杨树	432	378	438	476	395

3. 沙蒿根际土壤性状

沙蒿根际土壤含水量为大沙蒿>中沙蒿>小沙蒿，电导率则是大、中沙蒿显著高于小沙蒿（图 10.27）。与裂缝未经过的沙蒿相比，裂缝经过沙蒿根际含水量首先降低，然后逐步恢复，到 2012 年 9 月，其含水量超过裂缝未经过的沙蒿；与裂缝未经过的沙蒿相比，裂缝经过的沙蒿根际 pH 差异不大，而且差值变化也不大；与裂缝未经过的沙蒿相比，裂缝经过的沙蒿根际电导率较低，随着时间的延续，其差异未见缩小。

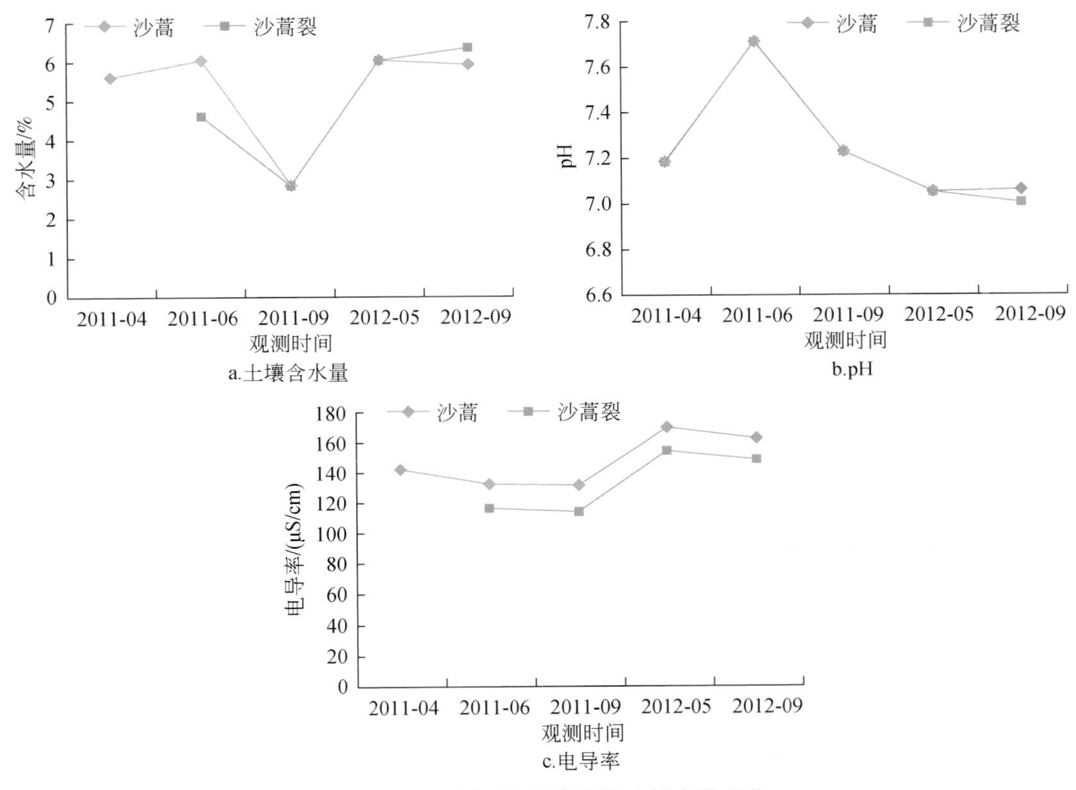

图 10.27　不同时期沙蒿根际土壤参数变化

沙蒿根际无机盐含量随沙蒿生物量的增长而增加（表 10.18）。煤炭开采对沙蒿根际无机盐含量的影响不明显。地表裂缝对沙蒿根际无机盐含量变化的影响不显著。

表 10.18　开采前后沙蒿根际土壤无机盐含量变化

项目	植物及规格	2011-04（采前）	2011-06（采中）	2011-09（采后）	2012-05（采后）	2012-09（采后）
Fe/(mg/kg)	大沙蒿	24310	26932	28247	24435	19600
	中沙蒿	25009	27110	29293	24536	20908
	小沙蒿	25156	27210	28910	24996	20106

续表

项目	植物及规格	2011-04（采前）	2011-06（采中）	2011-09（采后）	2012-05（采后）	2012-09（采后）
K/(mg/kg)	大沙蒿	7396	6683	7326	7296	6427
	中沙蒿	7115	7340	7508	7139	6614
	小沙蒿	6934	5786	7171	6349	6286
Mg/(mg/kg)	大沙蒿	6927	7219	7833	6677	5875
	中沙蒿	6421	7182	7802	6514	5941
	小沙蒿	6269	6390	7270	5965	5582
Mn/(mg/kg)	大沙蒿	356	441	461	407	336
	中沙蒿	359	455	467	405	361
	小沙蒿	361	433	465	398	343
P/(mg/kg)	大沙蒿	461	513	587	480	448
	中沙蒿	451	500	584	478	453
	小沙蒿	442	490	552	458	419

表 10.19、图 10.28 显示了研究区微地貌差异时根际土壤的理化特征的相对变化（4月与7月份），其中 pH 相对变化量总体最小，而残渣态 RES 相对变化最大。不同植物根际土壤的电导率、盐度和固体溶解物（TDS）均呈下降态势，相对下降幅度相近。其中，杨树（大-中-小）在不同坡位和坡中不同深度的变化幅度相近，沙柳在坡底变化最小，而沙蒿在顶部最大和底部最小；不同植物根际土壤的 RES 变化比较显示，杨树>沙柳>沙蒿，植物生物量越大，则 RES 相对变化幅度越大。坡位比较显示，小杨树在坡顶强于坡中和坡底，沙柳在坡中增幅最大，沙蒿在坡顶最大。

表 10.19　土壤基本理化性质与微地形变化

植物名称	地理位置	pH		电导率/(μs/cm)		TDS/(mg/L)		盐度/(g/1000g)		RES/(MΩ·cm)	
		4月	7月	4月	7月	4月	7月	4月	7月	4月	7月
CK	迎风坡中	7.35	7.77	130.2	65.0	86.0	42.3	0.06	0.03	7.68	15.4
大杨树	坡顶	6.92	7.99	183.4	161.8	122.0	107.5	0.09	0.08	5.46	6.2
大杨树 0～20cm	迎风坡中	7.25	8.01	201.1	176.3	135.5	117.0	0.10	0.09	4.99	5.7
大杨树 20～40cm	迎风坡中	7.41	8.13	190.9	171.2	127.0	113.0	0.09	0.08	5.23	5.8
大杨树 40～60cm	迎风坡中	7.59	8.16	185.5	176.4	123.0	117.0	0.09	0.08	5.39	7.2
大杨树	坡底	7.74	8.04	159.6	78.9	122.5	51.5	0.09	0.04	5.39	12.8
大杨树 0～20cm	背风坡中	7.78	7.96	188.2	71.7	125.0	46.8	0.09	0.03	5.48	14.0
大杨树 20～40cm	背风坡中	7.75	7.86	143.3	69.7	95.0	45.5	0.07	0.03	7.12	14.4
大杨树 40～60cm	背风坡中	7.71	7.75	150.4	62.5	99.3	40.7	0.07	0.03	6.64	16.0
中杨树	坡顶	7.74	7.64	154.2	76.1	101.9	49.7	0.07	0.04	6.49	13.2

续表

植物名称	地理位置	pH		电导率 /(μs/cm)		TDS /(mg/L)		盐度 /(g/1000g)		RES /(MΩ·cm)	
		4月	7月	4月	7月	4月	7月	4月	7月	4月	7月
中杨树	迎风坡中	7.72	7.65	161.1	56.6	106.5	36.7	0.08	0.03	6.48	17.7
中杨树	坡底	7.72	7.63	161.6	62.8	107.0	40.9	0.08	0.03	6.20	15.9
中杨树	背风坡中	7.76	7.67	161.6	69.3	107.0	45.2	0.08	0.03	6.20	14.5
小杨树	坡顶	7.80	7.70	147.0	57.8	97.2	37.5	0.07	0.03	6.79	17.4
小杨树	迎风坡中	7.78	7.61	157.7	65.7	104.5	42.7	0.08	0.03	6.33	15.3
小杨树	坡底	7.76	7.64	152.8	68.9	101.2	47.4	0.07	0.03	6.55	14.6
小杨树	背风坡中	7.79	7.66	134.4	61.2	88.8	39.7	0.06	0.03	7.43	16.4
中沙柳	坡顶	7.73	7.71	168.2	91.6	111.5	60.1	0.08	0.04	5.95	11.0
中沙柳	迎风坡中	7.73	7.14	139.5	66.2	92.4	43.1	0.07	0.03	7.16	15.1
中沙柳	坡底	7.72	7.47	130.9	81.2	86.5	53.1	0.06	0.04	7.61	12.4
中沙柳	背风坡中	7.76	7.54	131.8	78.2	87.1	51.1	0.06	0.04	7.58	12.8
沙蒿中	坡顶	7.76	7.63	148.0	79.7	98.1	52.1	0.07	0.04	6.76	12.6
沙蒿中	迎风坡中	7.83	7.69	138.6	78.6	91.6	51.4	0.07	0.04	7.22	12.7
沙蒿中	坡底	7.74	7.73	137.2	88.2	87.6	57.8	0.06	0.04	7.41	11.4
沙蒿中	背风坡中	7.81	7.73	124.4	78.2	81.6	51.1	0.06	0.04	7.99	12.9

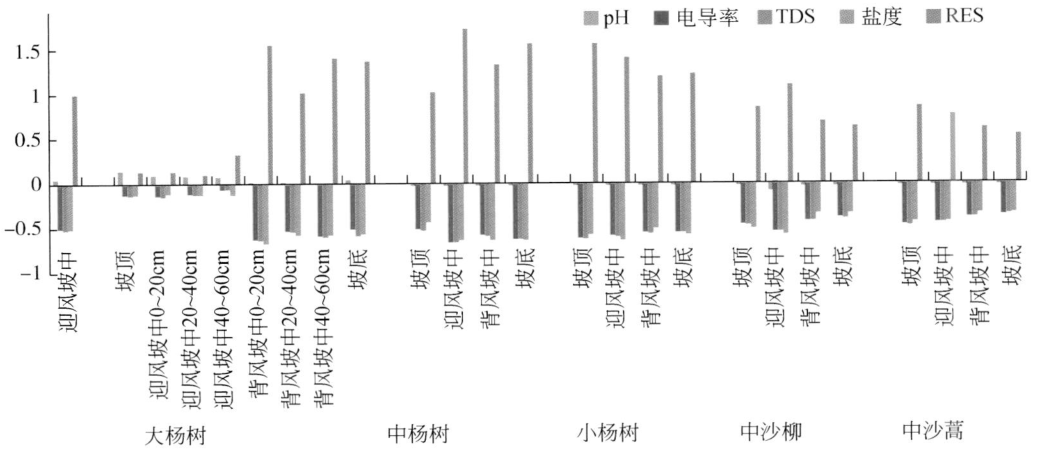

图10.28　补连塔研究区典型植物不同坡位的理化指标相对变化（2012年4月与7月比较）

10.3.1.3　典型植物根际生化特性变化比较

从枝菌根真菌是自然界中普遍存在的一种土壤微生物，其根外菌丝可促进植物根系吸收养分与水分，促进土壤团聚体的形成，从而改善植物的生长及根际土壤特性。菌根侵染率在一定程度上反映了菌根真菌与宿主植物的亲和程度，菌丝密度反映了菌根在促进植物生长、营养吸收和抗逆性等方面的能力大小。

1. 菌根侵染率

地表沉陷对不同植物菌根侵染率的影响不同（表 10.20），其中，杨树、沙柳、沙蒿的菌根侵染率分别为 34.07%、41.48%、39.26%，总体显现差异不显著。

表 10.20　补连塔研究区不同植物的菌根侵染率

植物种类	大	中	小	均值
沙柳	42.22	48.89	33.33	41.48
沙蒿	44.44	40.00	33.33	39.26
杨树	37.78	33.33	31.11	34.07

同种植物中，由于受地表裂缝影响，沙柳和杨树根际的菌根侵染率显著降低。与未受开采裂缝影响的对照区沙柳相比，裂缝经过的沙柳的菌根侵染率降低了 67%；与对照杨树相比，有裂缝经过的杨树的菌根侵染率降低了 53%，差异均达到显著水平（$p<0.05$）（图 10.29）。

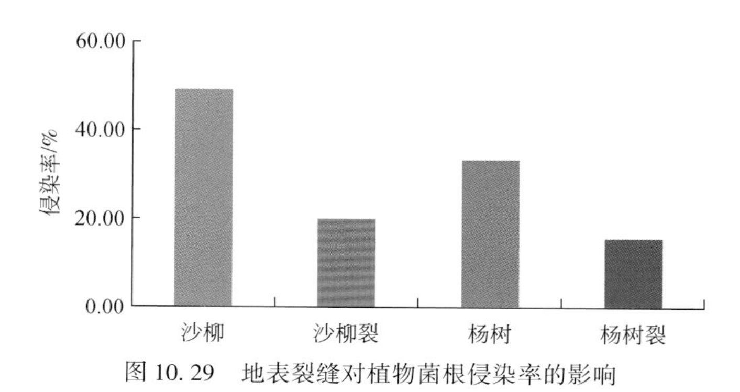

图 10.29　地表裂缝对植物菌根侵染率的影响

2. 菌丝密度

菌丝密度反映了菌根在促进植物生长、营养吸收和抗逆性等方面的能力大小。菌丝密度越高，菌丝越长，越有利于根系对营养和水分的吸收和运输，促进植株生长和抗逆性。表 10.21 显示，除杨树以外，沙柳、沙蒿菌丝密度的分布大体呈现大>中>小，这可能是由于植物越大，生长年限越长，根系越发达，越有利于丛枝菌根真菌的侵染和菌丝的生长。杨树、沙柳、沙蒿的菌丝密度分别为 1.08m/g 干土、1.78m/g 干土、1.47m/g 干土，三种植物的菌丝密度虽然不同，但差异并不显著。

表 10.21　补连塔研究区不同植物的菌丝密度　　（单位：m/g 干土）

植物种类	大	中	小	均值
CK 沙柳	2.11	1.39	1.29	1.59a
沙柳	2.07	1.54	1.74	1.78a
沙蒿	1.69	1.46	1.26	1.47a
杨树	1.14	1.24	0.87	1.08a

沙柳根际菌丝密度随土层深度呈明显的垂直分布（图 10. 30）：0 ~ 10cm 土层>10 ~ 20cm 土层>20 ~ 40cm 土层，但差异不显著。菌丝密度土壤表层最高，随着土层深度的增加，菌丝密度逐渐降低。与裂缝未经过的沙柳相比，裂缝经过区沙柳 0 ~ 10cm 和 20 ~ 40cm 土层根际菌丝密度降低，10 ~ 20cm 土层根际菌丝密度提高，其中 20 ~ 40cm 土层根际菌丝密度差异显著（$p<0.05$）；与裂缝未经过区相比，杨树根际菌丝密度降低了 34%，二者差异不显著，研究表明地表裂缝作用显著降低了沙柳和杨树根际的菌根侵染率。

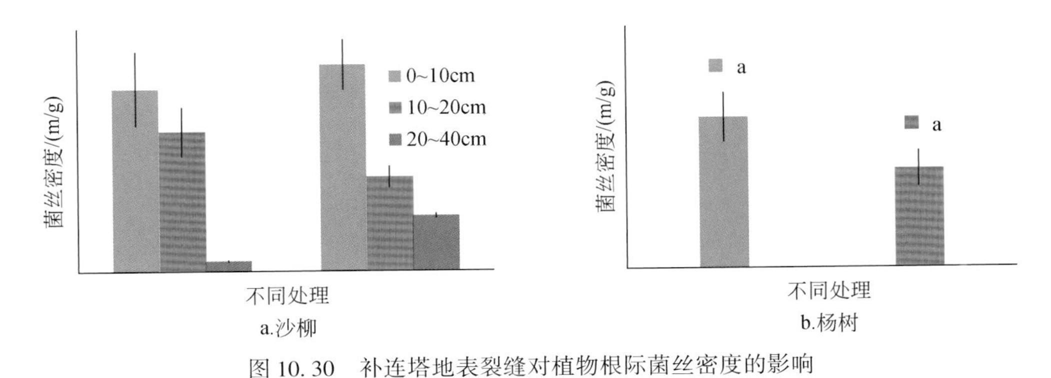

图 10. 30　补连塔地表裂缝对植物根际菌丝密度的影响

10. 3. 2　大柳塔研究区现代开采沉陷区植物土壤环境研究

大柳塔研究区典型土壤类型为黄土，质地为沙壤-轻壤，耕层较疏松，透水透气性好，有一定的养分含量。次为红土性土，质地中壤或中壤偏黏，土层较薄，土质坚硬，结构紧密，水分下渗慢，易流失，不耐旱。区内植被低矮稀疏，其中多年生草本植物占绝对优势，沙生植物沙蒿等景观作用明显。人类的生产活动致使原始植被早已破坏，零星地块儿保留原生植被状态。土壤的共同特点是质地较粗，结构不良，肥力较低，抗蚀抗冲能力差。植物根际土壤的保水性、保养分能力显得尤为重要。

10. 3. 2. 1　土壤物理特性及典型植物根际变化

1. 土壤容重和孔隙度

土壤容重对土壤的透气性、入渗性能、持水能力、溶质迁移特征以及土壤的抗侵蚀能力都有非常大的影响。采煤塌陷地表产生大量裂缝，破坏了沙丘原有风沙土结构。表 10. 22 显示，与未采区相比，采后土壤容重均出现降低趋势。2013 年样地和未开采样地相比相差较小，可能是由于采样时塌陷尚不完全，而 2012 年土壤容重出现了显著降低，表明煤炭开采会对土壤容重造成较为严重的影响，尤其是裂缝区。随着采后时间延长，土壤容重逐渐恢复到未开采状态，但仍小于未开采状态。土壤容重降低会对土壤持水能力造成一定影响，特别是在干旱半干旱的气候条件下植被的生长会造成一定的影响。但随着土壤容重下降，土壤孔隙度则呈反相关，即土壤孔隙度呈上升趋势。土壤孔隙度的增加会造成表层土壤蒸发表面积增加，地表土壤水分蒸发量增大。随着时间的延长，沉陷区土体逐渐趋于稳定，采煤沉陷对地表土体的影响也趋弱，土壤孔隙度又逐渐减小。

表 10.22　不同年限塌陷区典型植物土壤容重变化

参数	植物种类	11a	8a	5a	2a	1a	未开采
土壤容重/(g/cm³)	沙蒿	1.51	1.49	1.57	1.29	1.52	1.56
	柠条	1.49	1.44	1.47	1.30	1.54	1.57
	草木樨	1.42	1.49	1.55	1.36	1.60	1.50
土壤孔隙度/%	沙蒿	42.87	43.95	40.69	51.46	42.67	41.21
	柠条	43.74	45.65	44.64	50.81	41.81	40.91
	草木樨	46.58	43.90	41.60	48.84	39.55	43.37

采动对不同植被类型土壤压实度影响如图 10.31 所示，采煤塌陷区不同植物类型的土壤硬度大小各不相同，其中乔木林土壤硬度最大，灌木次之，草地土壤硬度相对最小，此种现象可能是由于大型植物具有发达的根系，能将土壤束缚在一定范围内。无论何种植被类型，土壤硬度都随着土壤深度加大而不断增高。

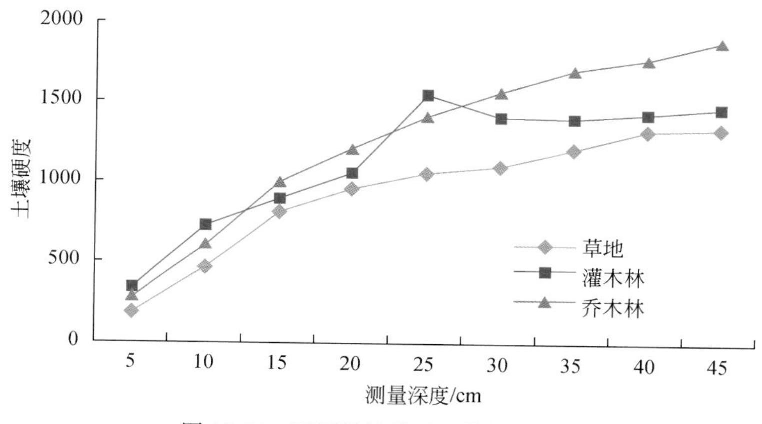

图 10.31　不同植被类型土壤硬度变化

2. 土壤含水性

煤炭开采造成的地表土壤结构破坏对土壤自身的持水能力会产生一定的影响。表 10.23 为不同塌陷年限下土壤饱和含水量和土壤田间持水量变化。显示采煤沉陷后土壤饱和含水量表现出一定程度的增加，但规律不明显，而土壤田间持水量具有较为明显的变化。与未开采样地相比，2012、2013 年采煤样地内土壤田间持水量均显著下降。这表明煤炭开采会对土壤田间持水量产生较大的影响，影响了土壤的保水能力，随着采后沉陷逐步稳定，土壤田间持水能力有所恢复。沉陷 5 年后沙蒿和草木樨根际土壤田间持水能力基本恢复，这表明这两种植物的自我修复能力较强。

表 10.23　不同塌陷年限对土壤饱和含水量与田间持水量的影响　（单位:%）

参数	植物种类	11a	8a	5a	2a	1a	未开采
土壤饱和含水量	沙蒿	23.99	23.38	22.27	24.92	26.89	21.03
	柠条	23.93	27.75	25.92	25.08	24.69	20.97
	草木樨	20.92	23.30	20.17	23.85	25.61	21.99
土壤田间持水量	沙蒿	11.78	13.32	15.17	9.43	12.92	16.82
	柠条	14.05	13.60	10.68	12.55	13.35	15.29
	草木樨	15.73	15.40	15.49	13.85	15.50	17.42

植物的生长状况与土壤贮水量关系密切，图 10.32 显示了 2012、2013 年开采样地不同植物种根际土壤贮水量迅速降低，表明开采沉陷对根际土壤贮水量造成较大影响，其原因是采后土体疏松，土壤容重减小，加之土体破坏后土壤蒸发面积增加，土壤水分蒸发强烈，使土壤中水分贮存量迅速减小。随着时间延长，采煤沉陷土体逐渐趋于稳定，松散的沙层在降雨等作用下逐渐塌落，土体容重有所增加，土壤的保水能力也得到一定程度的恢复。

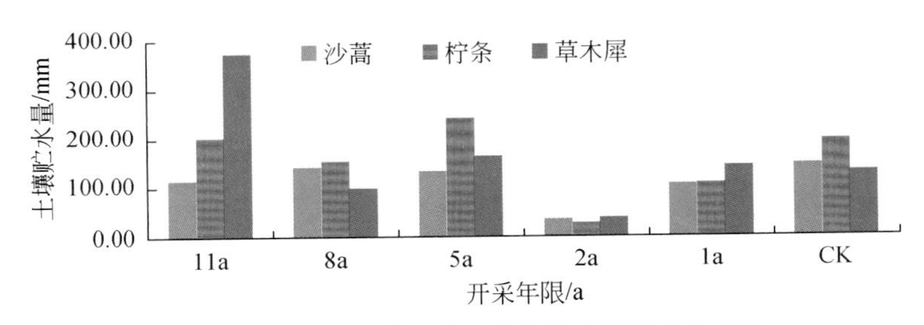

图 10.32　不同采煤沉陷年份根际土壤贮水量变化

3. 采后典型植物根际土壤含水率变化比较

采后土壤水分也是土壤肥力的重要构成要素，对土壤中矿物风化、腐殖质合成与分解、土壤养分释放、形态转化和移动等均具有显著的影响。表 10.24 显示，2012～2013 年四个采集时间段内不同沉陷时间的典型植物根际土壤含水率变化，表明 2013 年 9 月>2013 年 6 月>2012 年 10 月>2012 年 8 月。整体表现为 6～8 月份根际土壤水分亏缺，这可能是由于此阶段是植物生长的关键时期，对水分的需求量也较高，9、10 月份由于气温下降，土壤自身蒸发作用减弱，土壤水分含量较高。同时可见，监测时段内 2013 年降雨多于 2012 年；从不同塌陷年份来看，2012 年 8 月和 10 月不同植被根际土壤含水量基本表现为随开采年限增加而增加的趋势。2012 年时，2 次监测开采工作面土壤含水量较低，这可能是由于采煤塌陷后产生了大量的土壤地裂缝，裂缝增大了土壤蒸发表面积，使土壤水分大量蒸发。同时有些植物种根际土壤含水量未开采区反而小于开采区，可能是由于开采裂缝改变了土壤微地形，降雨径流产生流向改变补给裂缝发育区，对土壤水分的空间分布造成了一定影响。

表 10.24 采后不同植物根际土壤含水率变化 （单位：%）

采集时间	植物种	11a	8a	5a	2a	1a	未开采
2012-08	沙蒿	2.83	2.94	3.13	1.38	—	2.06
	柠条	2.27	9.86	5.14	1.73	—	1.21
	草木樨	7.54	2.88	3.24	1.77	—	1.24
2012-10	沙蒿	6.08	6.47	6.44	5.48	—	5.04
	柠条	6.05	10.29	8.85	7.80	—	5.57
	草木樨	13.19	6.48	9.61	5.47	—	5.62
2013-06	沙蒿	5.49	3.42	3.55	5.17	4.48	3.92
	柠条	5.56	3.87	4.61	4.96	3.21	4.41
	草木樨	6.74	4.26	4.14	5.30	4.14	4.71
2013-09	沙蒿	5.52	5.23	3.48	4.14	4.25	4.40
	柠条	5.12	4.80	4.81	5.05	3.36	4.33
	草木樨	4.82	5.57	5.44	4.03	4.12	5.58

10.3.2.2 典型植物根际土壤化学特性变化比较

陆地生态系统中，植物是第一生产者，植物和土壤通过不停的物质和能量交换，使植物从土壤中吸收矿质营养，同时又将光合产物以根系分泌物和植物残体的形式释放回土壤，而适宜的植物根际土壤化学特性及土壤养分含量状况直接影响着作物的生长发育和产量高低。为比较开采沉陷对植物生长环境的影响，研究选择了不同沉陷年限（开采沉陷形成时间）的区域，研究采后不同时间的植物根际土壤变化。

1. 土壤 pH 和电导率变化比较

采煤沉陷对土地造成了一定破坏。植物根际土壤环境也发生了一定的变化。图 10.33 为不同植物在不同塌陷年限根际土壤性状比较。由图可知，采煤塌陷造成了土壤 pH 的下降。三种植物均表现为 2002 年>2005 年>2008 年>2012 年>未开采区。这说明采煤沉陷会造成土壤 pH 的增加。土壤电导率也表现出相似的趋势，开采年限越长，土壤电导率越高，说明塌陷后植物根际土壤具有自我修复的能力。

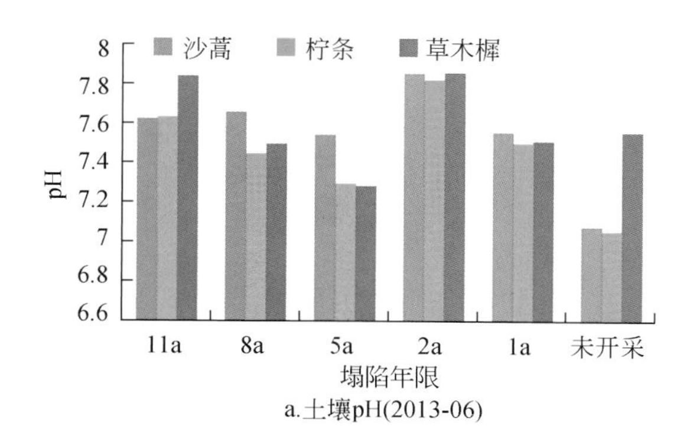

a.土壤pH(2013-06)

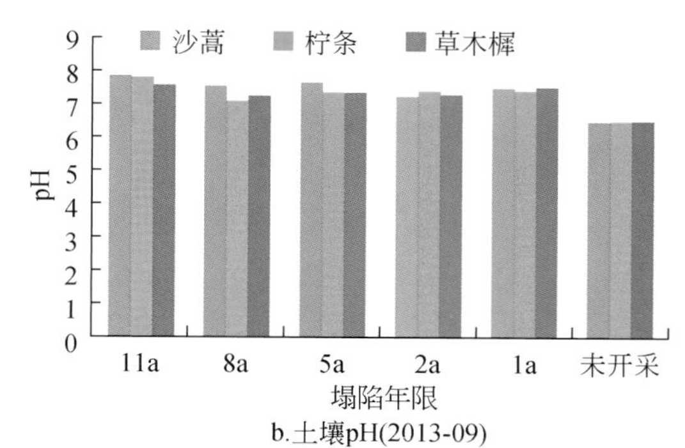

b.土壤pH(2013-09)

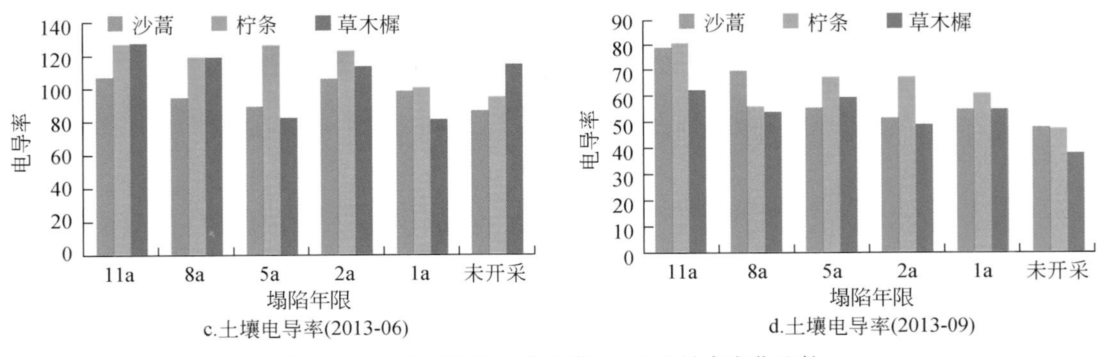

图 10.33　不同塌陷年份土壤 pH 和电导率变化比较

不同植被类型土壤 pH 和电导率也表现出一定的差异性（图 10.34）。草地的 pH 和电导率最高，而灌木林相对较低，草地土壤 pH 和电导率分别比灌木林高出 10.1 和 128.7%，比乔木林分别高出 7.4 和 100.8%。在采煤塌陷区，草本植物自修复能力相对较强，且草地植被覆盖率最高，一定程度上缓解了煤炭开采造成土壤矿质元素的流失。

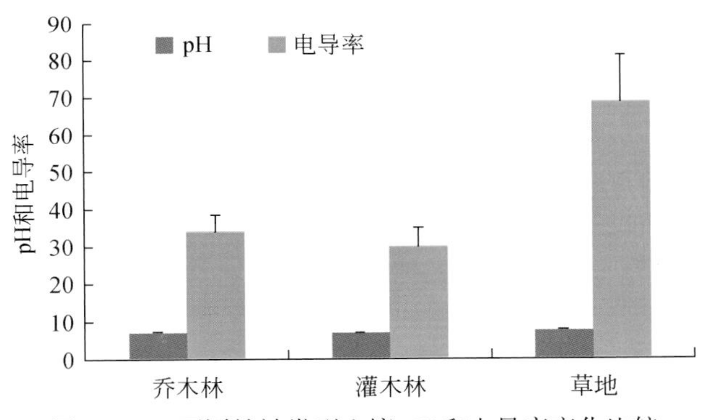

图 10.34　不同植被类型土壤 pH 和电导率变化比较

2. 采后典型植物根际土壤无机盐离子变化比较

根际土壤中的无机盐离子在植物生长过程中起着至关重要的作用，许多植物酶反应过程中均需要这些物质。而采煤沉陷后，对土壤中的无机盐离子也有一定的影响。表 10.25 表明，开采对不同植物的土壤根际无机盐离子均造成一定减少，对植物生长发育将产生不利的影响。随着塌陷时间的延长，部分指标可恢复到采煤塌陷前的状态，逐渐消除了对植被生长的影响。

表 10.25　不同类型植物的无机盐离子随采后沉陷年限时间变化比较　（单位：g/kg）

塌陷年限	植物种类及元素											
	沙蒿			柠条			草木樨					
	Ca	Mg	Mn	Fe	Ca	Mg	Mn	Fe	Ca	Mg	Mn	Fe
11a	7.58	3.71	0.31	19.62	8.47	3.52	0.30	18.66	22.18	4.23	0.33	20.14

续表

塌陷年限	植物种类及元素											
	沙蒿			柠条				草木樨				
	Ca	Mg	Mn	Fe	Ca	Mg	Mn	Fe	Ca	Mg	Mn	Fe
8a	3.96	3.07	0.30	20.94	3.89	3.46	0.30	21.16	3.83	2.85	0.24	16.44
5a	32.03	3.22	0.24	14.93	33.76	4.17	0.31	18.68	44.36	3.65	0.31	20.11
2a	38.43	2.85	0.25	18.01	41.70	3.26	0.32	21.65	44.66	3.54	0.38	24.56
1a	35.58	3.10	0.33	24.32	29.01	2.49	0.30	25.01	34.48	3.13	0.37	22.49
未采区	41.20	3.48	0.42	25.97	43.00	3.55	0.48	30.38	45.97	3.89	0.46	23.71

3. 采后典型植物根际土壤养分变化比较

土壤有效氮，包括无机态氮和部分有机质中易分解的比较简单的有机态氮，它们是铵态氮、硝态氮、氨基酸氮和易水解蛋白质氮的总和。这部分土壤氮近期内可被植物吸收利用，因此，碱解氮能够较好地反映出近期内土壤氮素供应状况和氮素释放速率，碱解氮也是反映土壤供氮能力的重要指标之一。由表 10.26 可以看出，2013 年 6 月和 9 月，煤炭开采会造成根际土壤中碱解氮含量的下降，且开采时间越短，其下降幅度越大。而随着开采时间的延长，其值会出现缓慢地上升。说明煤炭开采后其对根际土壤环境的影响在减弱，土壤肥力水平能得到一定程度的恢复，甚至可好于未开采区。

表 10.26　采煤沉陷区不同塌陷年份植被根际土壤碱解氮变化（单位：mg/kg）

采集时间	植物种类	11a	8a	5a	2a	1a	未采区
2013-06	沙蒿	28.39	19.86	13.90	14.32	17.96	23.77
	柠条	21.81	25.45	18.38	17.50	27.97	28.04
	草木樨	31.05	19.57	23.10	18.38	21.32	37.28
2013-09	沙蒿	27.88	19.95	17.15	17.95	19.60	39.20
	柠条	27.88	34.09	29.89	26.02	20.30	37.63
	草木樨	20.21	27.04	24.73	40.25	23.68	31.85

不同塌陷年份根际土壤养分（速效磷、速效钾）含量变化如表 10.27 所示，煤炭开采会造成土壤速效磷的降低。2012 年采集数据表明，和未开采区相比，2012 年开采区土壤速效磷均出现了明显下降。而随着塌陷年限的延长，由于植物的作用和地层的稳定，土壤中的速效磷含量会有所增加，但 2005 年和 2008 年仍处于较低水平。2013 年监测数据同样表明，煤炭开采产生塌陷以后，开采工作面内土壤有效磷含量降低明显，而后缓慢回升。这可能是由于采煤造成的土体塌陷使得土壤中的有效养分随着降雨流失，而随着地层沉降的逐步减缓，土壤结构和功能得以部分恢复，其保水保肥能力得到恢复；根际土壤速效钾含量在不同取样时间内，差异较大。这可能是由于植被生长对根际土壤中速效钾的吸收。同时降雨的淋溶作用也是一个重要原因。不同塌陷年份根际土壤中速效钾含量表现不一。总体来看，2012 年和 2013 年研究区为刚刚开采过的工作面，其土壤中的速效钾变异较大，

总体下降趋势明显，和未开采区相比有一定下降。随着开采时间的延长，土壤中速效钾含量下降速度有所减缓。不同植被种类根际土壤速效钾含量也有区别。其中沙蒿群落速效钾含量变异较小，而草木樨则变化较大，且均保持在较低水平。

根际土壤全磷、全钾等养分含量在采后也会发生一定的变化。表10.27为不同塌陷年份不同植被根际土壤中土壤全磷量、全钾含量的变化情况。由表中可以看出，采煤塌陷当年，土壤根际全磷、全钾含量均出现了一定程度的下降。磷钾元素的流失对于植被的生长是较为不利的。全磷含量的下降可能是由于土壤中的物理化学变化发生了一些变化，使得土壤中的磷矿化从而被流失。土壤中钾含量的变化也很明显，随着塌陷年限的延长，土壤中速效钾逐年得到恢复。

表10.27　采煤沉陷区不同塌陷年份植被根际土壤磷钾变化　（单位：mg/kg）

	采集时间	植物种	11a	8a	5a	2a	1a	未采区
土壤有效磷	2012-08	沙蒿	3.3	2.03	3.55	4.03	—	4.28
		柠条	8.43	2.17	2.3	1.65	—	6.4
		草木樨	4.6	1.25	2.43	1.45	—	4.33
	2013-06	沙蒿	2.72	1.84	3.54	3.72	1.82	3.3
		柠条	3.34	3.56	2.76	2.42	1.94	3.1
		草木樨	1.52	1.92	1.42	1.88	1.86	2.24
	2013-09	沙蒿	5.28	3.44	2.9	3.28	1.38	1.56
		柠条	4.88	3.2	2.62	4.98	2	1.96
		草木樨	5	2.72	4.5	5.58	1.8	4.1
土壤速效钾	2012-08	沙蒿	229.46	230.96	192.44	235.5	—	244.15
		柠条	205.52	236.1	177.24	252.58	—	131.86
		草木樨	225.18	186.1	112.5	114.61	—	158.54
	2013-06	沙蒿	118.98	126.11	93.88	113.05	154.92	121.89
		柠条	89.81	81.42	95.88	104.89	103.16	104.85
		草木樨	57.79	77.04	76.22	93.61	76.08	107.83
	2013-09	沙蒿	148.42	100.05	65.74	118.81	129.94	114.29
		柠条	84.84	71.92	78.71	62.81	99.29	114.48
		草木樨	85.48	67.29	49.17	50.69	97.65	106.58
土壤全磷量	2013-06	沙蒿	0.68	0.64	0.71	0.72	0.94	0.69
		柠条	0.59	0.75	0.76	0.79	0.65	0.75
		草木樨	0.61	0.62	0.78	0.74	0.64	0.72
	2013-09	沙蒿	0.53	0.69	0.54	0.70	0.66	0.68
		柠条	0.53	0.62	0.65	0.63	0.51	0.68
		草木樨	0.54	0.71	0.59	0.71	0.64	0.65

续表

	采集时间	植物种	11a	8a	5a	2a	1a	未采区
土壤全钾量	2013-06	沙蒿	3.47	2.93	2.44	2.25	2.43	3.10
		柠条	3.22	3.16	3.29	2.68	1.97	3.12
		草木樨	3.93	2.68	2.68	3.09	2.71	3.82
	2013-09	沙蒿	3.26	3.29	3.05	2.71	2.07	2.21
		柠条	3.09	3.45	2.94	3.48	1.82	2.29
		草木樨	2.92	3.43	3.46	2.53	2.12	2.99

10.3.2.3　典型植物根际生化特性变化比较

1. 菌根侵染率

煤炭开采对菌根侵染率有一定的影响（图 10.35a）。2012 年开采降低了柠条根系侵染率，而随着时间延长，其侵染率又有所升高。画眉草根系的侵染率，2002 年、2005 年、2008 年开采和未开采区均达到 90% 以上，与 2012 年开采区相比提高了 16% 以上，且达到显著差异；2013 年 6 月对植物根际菌根侵染率进行调查（图 10.35b），显示采煤沉陷地与未开采样地相比，沙蒿菌根侵染率出现了一定的下降，而后回升，表明采煤沉陷对沙蒿菌根侵染率造成一定影响。而柠条和草木樨随着塌陷年限的增加则出现了一定的波动，且煤炭开采后菌根侵染率反而出现了增加的趋势。这可能是由于煤炭开采对根系造成了一定影响，而植物对于外界环境有一定的适应性反应，采煤塌陷对这些植物的影响较小。

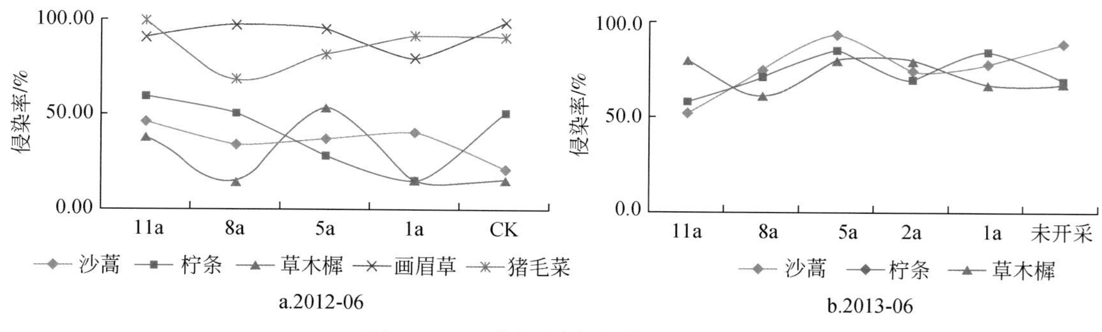

图 10.35　不同开采年限菌根侵染率

2. 菌丝密度

随着开采年限的延长，柠条、草木樨、沙蒿菌丝密度均出现先减小后增大的趋势，未开采根际土壤菌丝密度最小值出现在 2008 年开采区，分别为 2.98m/g、2.14m/g 和 3.58m/g（图 10.36）。画眉草根外菌丝密度有先减小后增大的趋势，在 2002 年开采区为最大值 2.35m/g，但未开采区为最小值 0.13m/g，且二者达到显著差异。猪毛菜的根外菌丝密度与画眉草趋势相同，但均未达到显著差异。

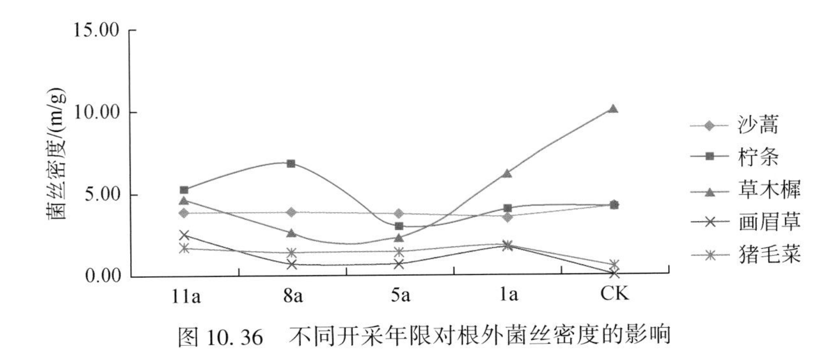

图 10.36　不同开采年限对根外菌丝密度的影响

第11章　现代开采沉陷区植物根际生物环境及多样性变化研究

植物根际是指植物根系与土壤微生物之间相互作用所形成的独特的微生态环境，也是植物-土壤-微生物相互作用的场所。根际微生物是土壤生态系统中最活跃的组分，是土壤生态系统中物质循环和能量流动的主要参与者，也是土壤肥力的指标之一。根际微生物在土壤生物环境中起着重要作用，植物吸收大气CO_2后，将部分光合产物通过植物根系激发土壤微生物的生长和新陈代谢，而土壤微生物则将有机态养分转化成无机形态利于植物吸收利用。植物根系直接影响土壤范围内生长繁殖的微生物——根际微生物，包括细菌、放线菌、真菌、藻类和原生动物等，有益的植物根际微生物菌群可以抑制病原菌的繁殖，改善土壤氧化还原条件，激发土壤活力，改善土壤物理性状，提高植物吸收养分的能力，促进植物生长。而土壤酶是具有蛋白质性质的高分子生物催化剂，具有催化土壤中各种生物化学过程的作用。土壤酶活性则可以灵敏可靠地反映土壤生物活性和土壤肥力，其中的蔗糖酶活性反映了土壤呼吸强度，脲酶活性反映了土壤有机氮转化状况，磷酸酶活性显示土壤有机磷转化状况。现代开采沉陷对植物根际微生物及土壤酶活性蔗糖酶、脲酶、磷酸酶三种酶活性的影响，既可以反映开采对植物土壤理化环境的影响状况，又可以反映对植物根际土壤活性与植物营养C、N、P三大元素循环的影响状况。本章采用动态分析法，以补连塔研究区为例研究了采动全过程植物根际生物环境的变化，采用时-空替换法，以大柳塔研究区为例研究了采后不同沉陷时间时植物根际生物环境的变化趋势。研究开采裂缝和沉陷对不同植物类型的根际土壤微生物环境影响和植物群落演变等问题，同时反映一个受损的植物根际微生态系统的受损程度或恢复潜力，对选择植物和土壤修复方法，创造适于植物恢复的土壤环境条件是十分重要的。

11.1　开采沉陷对植物根际微生物数量的影响

植物根际土壤微生物是根际微环境系统的重要组分之一，微生物作用主要体现在分解土壤有机质和促进腐殖质形成，吸收、固定并释放养分，对植物营养状况的改善和调节有重要作用，且与植物共生促进植物生长和植物菌根的形成。一般来说，土壤退化或受损对土壤微生物的数量及种类产生的是负面影响，影响土壤微生物的多样性。根际土壤微生物数量、结构和功能的变化与土壤理化性质的变化有关，煤炭开采通过对土壤理化环境作用影响土壤微生物群落结构，即主要微生物类群（包括细菌、真菌、放线菌等）在土壤中的数量以及各类群所占的比例。研究发现，根际土壤微生物数量较多和细菌所占比例较高，土壤熟化程度高和肥力好。而在干旱及难分解物质较多的土壤中，土壤微生物总数较少，细菌所占比例相对较低，而真菌和放线菌的比例相对较高。微生物群落结构对煤炭开采的响应对土壤质量的变化具有重要指示意义。

11.1.1　补连塔研究区

补连塔研究区植物根际微生物区系本底调查表明，细菌数量最多，占微生物总数的 90% 以上；真菌数量最少，不到微生物总数的 1%，这与该区土壤呈中性（pH：6.6 ~ 7.3）有关。土壤 pH 是影响土壤微生物多样性的重要因子，细菌适宜生活在中性环境中，放线菌适宜生活在中性或微碱性土壤环境中，真菌适宜生活在酸性土壤环境中。典型植物调查发现，杨树、沙蒿和沙柳的根际细菌数量分别平均为 119.42×10^5 CFU/g、45.35×10^5 CFU/g 和 33.76×10^5 CFU/g，放线菌数量平均分别为 77.07×10^4 CFU/g、72.22×10^4 CFU/g 和 41.73×10^4 CFU/g，真菌数量平均分别为 71.61×10^2 CFU/g、106.54×10^2 CFU/g 和 22.25×10^2 CFU/g。补连塔研究区重点研究现代开采全过程（采前、采中、采后）植物根际生物环境的变化情况，研究以三种典型植物（杨树、沙蒿和沙柳）为对象，分别探讨开采对不同类型植物的影响特征。

1. 沙柳

对照沙柳根际微生物区系中，细菌数量最多，放线菌数量次之，真菌数量最少，细菌、放线菌、真菌数量均表现出明显的季节差异和垂直差异：季节差异为 4 月 < 6 月，6 月 > 9 月，其中真菌数量的季节差异显著；沙柳根系土壤微生物呈现明显的垂直分布差异，其中相对量比较为 0 ~ 10cm > 10 ~ 20cm > 20 ~ 40cm 深度，其中 0 ~ 10cm 与 20 ~ 40cm 根际微生物数量差异显著（表 11.1）。

表 11.1　地表沉陷对沙柳根际微生物数量的影响

项目	种类	2011-04	2011-06	2011-09	2012-05	2012-09
细菌 /(10^5 CFU/g)	大沙柳	35.51	108.27	80.29	97.33	
	中沙柳	48.02	90.16	76.95	112.17	61.68
	小沙柳	17.75	90.77	106.66	109.33	76.59
真菌 /(10^2 CFU/g)	大沙柳	40.60	44.79	84.79	88.00	
	中沙柳	16.78	85.37	47.06	70.83	60.00
	小沙柳	9.37	45.27	43.07	142.33	85.60
放线菌 /(10^4 CFU/g)	大沙柳	42.45	84.89	97.11	110.67	
	中沙柳	44.80	61.15	61.10	105.33	62.70
	小沙柳	37.95	87.97	73.41	143.67	85.15

地表裂缝对沙柳根际微生物数量影响较大，但随着植物对外界变化环境的适应，地表裂缝对根际微生物数量的影响逐渐减弱（表 11.2）。如，2011 年 6 月，裂缝经过的沙柳根际真菌数量在 0 ~ 10cm、10 ~ 20cm、20 ~ 40cm 深度的土层分别比裂缝未经过的减少 28%、36%、67%，而到了 2012 年 9 月，裂缝经过沙柳的真菌数量在 0 ~ 10cm、10 ~ 20cm、20 ~ 40cm深度范围的分别比裂缝未经过的减少 15%、23%、8%，二者在真菌数量上差距大大缩小。

表 11.2 地表裂缝对沙柳根际微生物数量的影响

项目	种类	土层/cm	2011-04	2011-06	2011-09	2012-05	2012-09
细菌数量/(10^5 CFU/g)	中沙柳	0 ~ 10	48.02	110.27	79.67	119.00	62.93
	中沙柳	10 ~ 20		70.05	74.23	105.33	60.42
	中沙柳	20 ~ 40		54.26	22.66	83.00	36.59
	中沙柳裂	0 ~ 10		85.31	77.52	93.67	52.77
	中沙柳裂	10 ~ 20		71.90	65.74	83.00	36.59
	中沙柳裂	20 ~ 40		57.48	44.41	71.00	24.96
真菌数量/(10^2 CFU/g)	中沙柳	0 ~ 10	16.78	119.56	53.87	71.00	62.37
	中沙柳	10 ~ 20		51.17	40.25	70.67	57.63
	中沙柳	20 ~ 40		42.11	19.70	48.33	39.43
	中沙柳裂	0 ~ 10		85.76	48.51	63.33	53.11
	中沙柳裂	10 ~ 20		32.62	25.65	67.00	44.62
	中沙柳裂	20 ~ 40		13.77	24.21	46.33	36.31
放线菌数量/(10^4 CFU/g)	中沙柳	0 ~ 10	44.80	69.51	77.34	109.33	62.22
	中沙柳	10 ~ 20		52.78	44.86	101.33	63.18
	中沙柳	20 ~ 40		35.37	17.98	82.67	27.73
	中沙柳裂	0 ~ 10		68.42	50.42	95.00	55.38
	中沙柳裂	10 ~ 20		47.40	43.14	86.33	48.79
	中沙柳裂	20 ~ 40		27.25	33.24	65.67	21.48

与裂缝未经过的沙柳相比（表 11.3，表 11.4，表 11.5），裂缝经过的沙柳，其根际微生物数量的季节变化规律相同，季节差异不大；垂直变化规律相同，各土层细菌、放线菌数量差别不大，真菌数量 6 月份各土层显著较少，9 月份 10 ~ 20cm 土层显著较少。这说明地表裂缝对沙柳根际微生物数量的季节变化影响不大，对真菌数量的垂直变化影响较大。随着时间的推移，地表裂缝对沙柳根际真菌数量影响有逐渐减弱迹象，这可能是沙柳的适应性反应的结果。

表 11.3 煤炭开采对沙柳根际细菌数量的影响

样本		土层/cm	4 月		6 月		9 月	
			数量/(10^5 CFU/g)	比重/%	数量/(10^5 CFU/g)	比重/%	数量/(10^5 CFU/g)	比重/%
研究区	沙柳裂	0 ~ 10			85±14.2b	92.49	78±10.2bcd	93.84
		10 ~ 20			72±12.2bcdef	93.78	66±4.8bcdefg	93.81
		20 ~ 40			57±8.6cdefg	95.45	44±4.8gh	92.99
	沙柳	0 ~ 10	48±14.2fg	91.44	110±6.5a	93.97	80±1.7bc	91.1
		10 ~ 20			70±8.1bcdef	92.93	74±8.2bcde	94.25
		20 ~ 40			54±5.1efg	93.81	23±2.0h	92.58

续表

样本		土层/cm	4 月		6 月		9 月	
			数量/(10^5 CFU/g)	比重/%	数量/(10^5 CFU/g)	比重/%	数量/(10^5 CFU/g)	比重/%
对照区	CK 沙柳	0 ~ 10	26±14. 2h	84. 9	87±7. 9b	92. 49	73±14. 0bcdef	90. 52
		10 ~ 20			74±2. 1bcde	93	60±3. 1cdefg	93. 72
		20 ~ 40			51±1. 2fg	92. 6	56±2. 7defg	94. 38

注：①±前后的数据分别为平均值和标准差（以下同）；②数据后不同字母表示在 0. 05 的水平上差异显著，相同字母表示在 0. 05 的水平上差异不显著（以下同）。

表 11. 4　煤炭开采对沙柳根际放线菌数量的影响

样本		土层/cm	4 月		6 月		9 月	
			数量/(10^5 CFU/g)	比重/%	数量/(10^5 CFU/g)	比重/%	数量/(10^5 CFU/g)	比重/%
研究区	沙柳裂	0 ~ 10			68±5. 1abc	7. 42	50±7. 3cdef	6. 1
		10 ~ 20			47±7. 7def	6. 18	43±1. 6defg	6. 16
		20 ~ 40			27±4. 3gh	4. 53	33±6. 1fgh	6. 96
	沙柳	0 ~ 10	45±14. 2defg	8. 53	70±8. 9ab	5. 92	77±4. 2a	8. 84
		10 ~ 20			53±5. 2bcde	7	45±6. 4defg	5. 7
		20 ~ 40			35±4. 8efgh	6. 12	18±1. 4h	7. 34
对照区	CK 沙柳	0 ~ 10	46±14. 2def	15. 03	70±4. 5ab	7. 42	76±12. 1a	9. 41
		10 ~ 20			55±5. 9bcd	6. 93	40±7. 4defg	6. 24
		20 ~ 40			40±6. 8defg	7. 33	33±6. 3fgh	5. 58

表 11. 5　煤炭开采对沙柳根际真菌数量的影响

样本		土层/cm	4 月		6 月		9 月	
			数量/(10^2 CFU/g)	比重/%	数量/(10^2 CFU/g)	比重/%	数量/(10^2 CFU/g)	比重/%
研究区	沙柳裂	0 ~ 10			86±5. 6 b	0. 09	49±5. 8 cdef	0. 06
		10 ~ 20			33±1. 9 gh	0. 04	26±3. 8 hi	0. 04
		20 ~ 40			14±1. 0 i	0. 02	24±3. 0 hi	0. 05
	沙柳	0 ~ 10	17±14. 2 i	0. 03	120±2. 1 a	0. 1	54±1. 1 cd	0. 06
		10 ~ 20			51±0. 2 cde	0. 07	40±2. 9 efg	0. 05
		20 ~ 40			42±0. 9 defg	0. 07	20±0. 9 i	0. 08
对照区	CK 沙柳	0 ~ 10	20±14. 2 i	0. 07	86±8. 2b	0. 09	56±6. 8 c	0. 07
		10 ~ 20			50±5. 5 cdef	0. 06	21±3. 8h i	0. 03
		20 ~ 40			39±5. 9 fg	0. 07	20±5. 5 i	0. 03

2. 杨树

杨树是研究区唯一的乔木，位于距离切眼 450 ~ 600m 处，2011 年 6 ~ 7 月试验区为开采期，7 月后所选择的研究区将变为采空区。表 11. 6 显示，杨树根际微生物数量随杨树生物量增长而增长，在根际微生物区系中，细菌数量最多，约占微生物总数的 88% ~94%；放线菌数量次之，约占 6% ~11%；真菌数量最少，不到 0.06% ~0.11%。细菌、放线菌、真菌数量的季节变化特征明显，表现为 4 月 < 6 月，6 月 > 9 月，其中放线菌数量的季节差异显著，细菌数量 9 月与 7 月差异显著（表 11.6），地表轻微沉陷对杨树根际微生物数量的影响总体不明显。

表 11.6　地表沉陷对杨树根际微生物数量的影响

项目	种类	2011-04	2011-06	2011-09	2012-05	2012-09
细菌 /(10^5 CFU/g)	大杨树	84.37	100.98	80.96	178.33	64.12
	中杨树	112.43	109.52	63.26	126.33	51.38
	小杨树	161.44	90.28	63.49	82.00	48.55
真菌 /(10^2 CFU/g)	大杨树	111.20	92.97	87.82	99.67	155.32
	中杨树	73.93	89.45	81.73	95.67	83.20
	小杨树	29.70	95.74	54.06	85.00	94.91
放线菌 /(10^4 CFU/g)	大杨树	128.21	76.89	105.15	183.67	60.07
	中杨树	72.38	121.57	78.81	183.00	61.75
	小杨树	30.61	70.20	101.77	114.33	71.47

裂缝经过的杨树根际微生物数量与裂缝未经过的杨树相比，细菌、放线菌、真菌数量均有所减少（图 11.1），其中，细菌数量的减少率分别为 23%、12%、42%、-64%，真菌数量的减少率分别为 10%、26%、9%、-27%，放线菌数量的减少率分别为 34%、17%、26%、-25%，微生物数量减少率的变化基本稳定。在 2011 年 6 月 ~2012 年 9 月，与对照杨树相比的裂缝经过的杨树根际细菌、放线菌、真菌数量 6 月份分别减少 23%、34%、10%，其中细菌、放线菌数量差异显著；9 月份分别减少 12%、17%、26%，差异均不显著，9 月份细菌、放线菌数量下降的程度明显低于 6 月份，表明地表裂缝作用总体降低了杨树根际微生物的数量。但由于杨树自身应激性反应逐渐适应了根际土壤环境变化，到 2012 年 9 月，与对照杨树相比，裂缝经过的杨树根际细菌数量占微生物总数的比重 6 月份、9 月份分别提高了 1.28% 和 0.6%；放线菌则分别降低了 1.28%、0.5%，这说明地表裂缝改变了杨树根际微生物区系结构，提高了细菌所占比重，降低了放线菌所占比重。多元方差分析结果显示：季节变化对杨树根际细菌、放线菌数量均具有极显著的影响，地表裂缝对放线菌数量具有极显著的影响。2012 年 9 月，裂缝经过的杨树的根际细菌、真菌、放线菌的数量均已经超过了裂缝未经过的杨树。这说明地表裂缝降低了杨树根际微生物的数量，同时，杨树通过自身的应激性反应已经逐渐适应了变化的土壤环境。

3. 沙蒿

沙蒿根际微生物数量表现出明显季节差异，地表轻微塌陷对沙蒿根际微生物数量影响不明显，但裂缝影响比较显著，总体显示（表 11.7）裂缝降低了沙蒿根际细菌和放线菌的数量，提高了根际真菌的数量。与裂缝未经过的沙蒿相比（图 11.2），除了真菌数量差异较大外，裂缝经沙蒿的根际细菌、放线菌数量差异不大，随着时间推移，其变化趋势不明显。

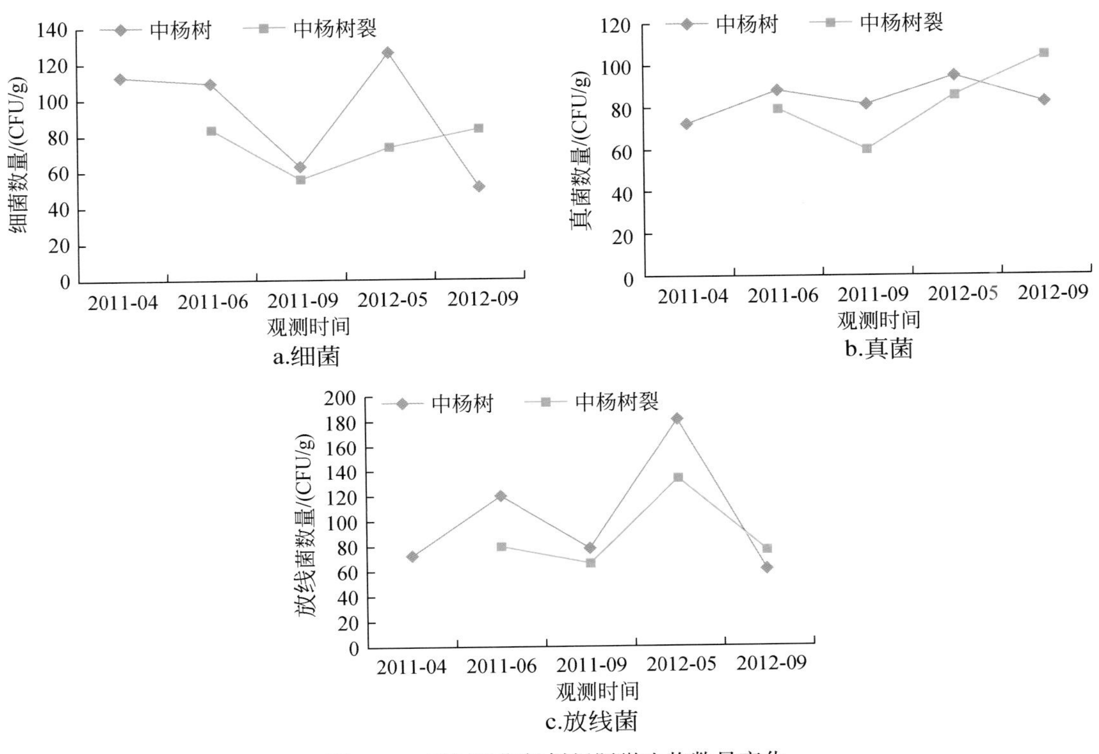

图 11.1　不同时期杨树根际微生物数量变化

表 11.7　补连塔 12406 工作面地表沉陷对沙蒿根际微生物数量的影响

项目	种类	2011-04	2011-06	2011-09	2012-05	2012-09
细菌 /(10^5 CFU/g)	大沙蒿	66.26	116.53	87.34	120.00	61.84
	中沙蒿	42.93	88.04	92.74	113.67	56.66
	小沙蒿	26.94	73.95	71.93	94.00	66.84
真菌 /(10^2 CFU/g)	大沙蒿	153.58	84.43	81.44	124.33	128.08
	中沙蒿	106.60	136.20	72.29	90.33	146.85
	小沙蒿	59.45	52.90	48.61	67.00	94.41
放线菌 /(10^4 CFU/g)	大沙蒿	83.49	155.80	95.74	162.67	150.58
	中沙蒿	75.85	170.67	86.56	141.00	70.70
	小沙蒿	57.31	96.94	61.69	155.33	85.49

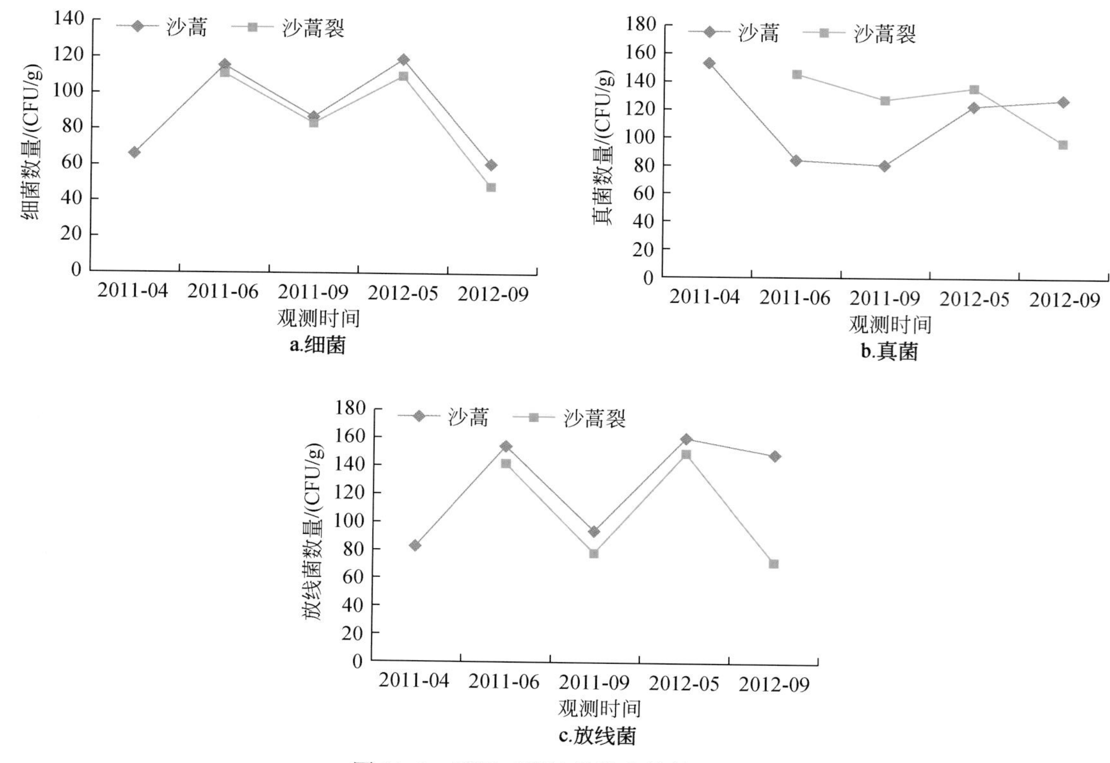

图 11.2　不同时期沙蒿微生物数量变化

乌兰木伦井田 32401 工作面监测表明（表 11.8），裂缝未经过的沙蒿，其根际、非根际微生物区系中，细菌数量最多，放线菌数量次之，真菌数量最少。细菌、放线菌、真菌数量随沙蒿生物量的大小差异显著，表现为：大沙蒿>中沙蒿>小沙蒿。根土比（*R/S*）值反映了根际效应的大小，中等沙蒿的根际效应较大，细菌、放线菌、真菌的根际效应较显著。与其相比，裂缝经过的沙蒿根际微生物数量显著减少，种群结构发生改变，其中，小沙蒿根际细菌、放线菌、真菌数量分别减少了 41%、18%、55%，放线菌占微生物总数的比重提高了 35%，真菌则降低了 25%；非根际微生物数量也有所减少，但减少程度较小。裂缝经过沙蒿后其根际效应均降低，中等沙蒿的根际效应降幅较大，其根际细菌、放线菌、真菌的 *R/S* 值分别降低了 73%、49%、58%。

表 11.8　乌兰木伦裂缝对沙蒿根际微生物数量的影响

植物种类		总数		细菌		放线菌		真菌	
		数量/(10^5 CFU/g)	*R/S*	数量/(10^5 CFU/g)	*R/S*	数量/(10^4 CFU/g)	*R/S*	数量/(10^2 CFU/g)	*R/S*
大沙蒿	根际	199	1.45	185±2.9a	1.48	131±6.6a	1.14	163±8.9a	2.44
	非根际	137		125±13.4bc		114±12ab		67±2.5def	

续表

植物种类		总数 数量/(10^5CFU/g)	总数 R/S	细菌 数量/(10^5CFU/g)	细菌 R/S	放线菌 数量/(10^4CFU/g)	放线菌 R/S	真菌 数量/(10^2CFU/g)	真菌 R/S
中沙蒿	根际	151	3.62	141±13.5b	3.7	100±14.6b	2.85	98±6.9b	2.74
	非根际	42		38±0.6g		35±5.3f		36±4.2h	
小沙蒿	根际	104	1.17	98±5.4cde	1.18	65±4.1cd	1.06	91±5.8bc	1.63
	非根际	89		83±13.3def		62±3.8cde		56±8.0efg	
大沙蒿裂	根际	133	1.03	125±15.9bcd	0.99	78±12.3c	2.33	78±7.7cd	1.05
	非根际	129		125±11.8bc		34±2f		75±9.5cde	
中沙蒿裂	根际	101	1.01	95±13.6cdef	0.99	56±7.1cdef	1.45	68±8.2def	1.17
	非根际	100		96±10.7cdef		38±1.6ef		58±5.5efg	
小沙蒿裂	根际	63	0.86	57±12.4fg	0.84	53±6.3def	1.18	41±3.0gh	0.81
	非根际	73		68±8.1efg		45±7.7def		51±3.3fgh	

注：①±前后的数据分别为平均值和标准误差（以下同）；②数据后同列不同字母表示在 0.05 的水平上差异显著（以下同）。

不同坡位典型植物测试显示（图 11.3，表 11.9），杨树（乔木类植物）微生物总量在 7 月份变化增长最大，而 4 月份又相对高于 9 月份；沙蒿（草本类植物）在坡顶和坡底的微生物总量变化幅度较小，但在坡中 7 月份变化较大，迎风处降低，而背风坡处显著升高。

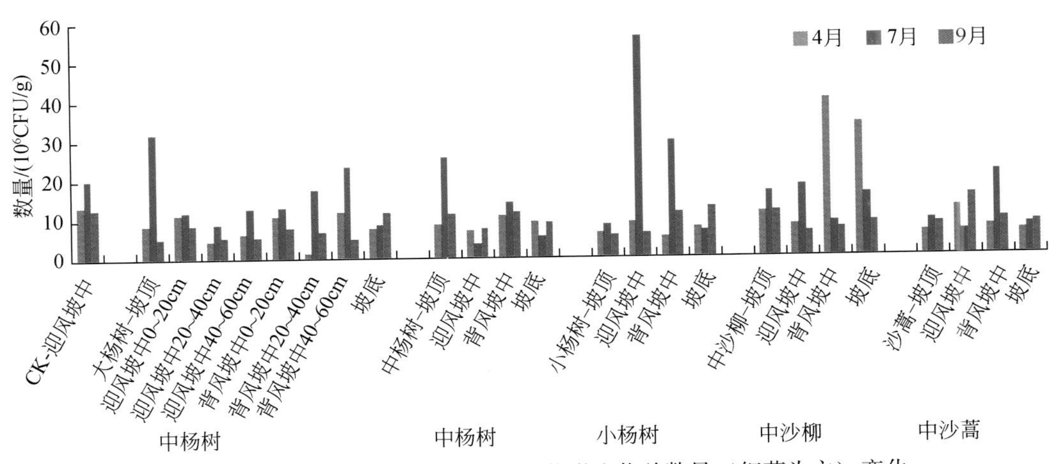

图 11.3　2012 年补连塔研究区典型植物微生物总数量（细菌为主）变化

表 11.9　补连塔研究区不同坡位典型植物根际微生物数量变化

植物	地理位置	2012-04				2012-07				2012-09			
		细菌/(10^6CFU/g)	真菌/(10^4CFU/g)	放线菌/(10^5CFU/g)	合计/(10^6CFU/g)	细菌/(10^6CFU/g)	真菌/(10^4CFU/g)	放线菌/(10^5CFU/g)	合计/(10^6CFU/g)	细菌/(10^6CFU/g)	真菌/(10^4CFU/g)	放线菌/(10^5CFU/g)	合计/(10^6CFU/g)
CK	迎风坡中	11.59	2.03	17.96	13.41	18.67	1.26	14.28	20.12	11.24	9.94	14.06	12.75
大杨树	坡顶	7.48	3.38	10.38	8.55	30.44	1.27	12.18	31.67	4.14	1.74	9.26	5.09
中杨树	坡顶	7.38	2.99	11.22	8.53	23.19	2.37	21.07	25.32	9.77	2.61	13.40	11.14
小杨树	坡顶	5.36	8.76	7.34	6.18	5.29	0.50	29.23	8.22	5.17	0.92	4.51	5.63
中沙柳	坡顶	9.65	2.54	17.48	11.42	14.20	12.68	21.76	16.51	10.63	2.48	9.18	11.57
中沙蒿	坡顶	5.33	4.97	6.77	6.06	7.81	0.65	13.19	9.13	6.81	2.60	15.18	8.35
大杨树	迎风坡中 0～20cm	9.60	2.87	15.40	11.17	10.17	1.53	15.51	11.74	7.12	2.74	14.14	8.56
大杨树	迎风坡中 20～40cm	3.87	1.79	5.00	4.39	7.14	1.22	16.22	8.77	4.42	2.39	8.73	5.31
大杨树	迎风坡中 40～60cm	5.48	0.61	7.57	6.24	10.50	1.13	21.52	12.67	4.59	2.09	7.99	5.41
中杨树	迎风坡中	5.98	2.10	9.38	6.93	2.62	0.40	8.32	3.46	6.47	1.59	8.84	7.37
小杨树	迎风坡中	8.08	3.43	7.04	8.82	54.46	3.08	15.41	56.04	5.31	1.60	6.75	6.00
中沙柳	迎风坡中	7.20	5.66	7.92	8.05	16.22	1.98	18.96	18.14	5.32	2.58	9.50	6.30
中沙蒿	迎风坡中	11.67	4.27	5.58	12.27	5.55	0.45	7.66	6.32	13.99	1.24	13.21	15.32
大杨树	背风坡中 0～20cm	9.34	5.90	12.18	10.61	8.68	1.27	43.05	13.00	6.44	5.73	13.94	7.89

续表

植物	地理位置	2012-04				2012-07				2012-09			
		细菌/(10^6CFU/g)	真菌/(10^4CFU/g)	放线菌/(10^5CFU/g)	合计/(10^6CFU/g)	细菌/(10^6CFU/g)	真菌/(10^4CFU/g)	放线菌/(10^5CFU/g)	合计/(10^6CFU/g)	细菌/(10^6CFU/g)	真菌/(10^4CFU/g)	放线菌/(10^5CFU/g)	合计/(10^6CFU/g)
大杨树	背风坡中 20～40cm	0.78	4.02	4.80	1.30	15.19	3.09	21.78	17.40	5.86	1.67	7.63	6.64
大杨树	背风坡中 40～60cm	11.09	7.61	6.33	11.79	20.98	3.18	22.24	23.24	4.47	7.71	4.32	4.98
中杨树	背风坡中	9.93	2.55	8.00	10.75	12.98	2.66	11.50	14.16	10.49	3.53	11.60	11.69
小杨树	背风坡中	4.67	4.72	4.57	5.18	27.55	3.69	19.46	29.54	10.48	1.18	9.30	11.42
中沙柳	背风坡中	38.59	5.06	13.22	39.96	7.46	3.53	11.84	8.67	6.17	1.65	9.31	7.12
中沙蒿	背风坡中	6.65	3.45	6.16	7.30	18.10	6.07	29.33	21.10	8.42	2.84	8.11	9.26
大杨树	坡底	6.35	3.67	12.76	7.67	6.52	3.36	19.52	8.51	9.90	3.13	16.36	11.57
中杨树	坡底	8.04	1.36	10.59	9.11	3.71	6.96	16.27	5.41	7.98	2.33	8.18	8.82
小杨树	坡底	6.57	6.39	8.81	7.51	3.20	18.57	34.10	6.79	11.82	3.30	8.00	12.65
中沙柳	坡底	32.90	2.94	7.53	33.68	14.49	1.68	12.97	15.81	7.92	2.48	7.20	8.66
中沙蒿	坡底	5.65	2.63	6.01	6.27	6.38	5.87	14.03	7.84	7.66	2.98	8.99	8.58

11.1.2 大柳塔研究区

大柳塔研究区按照不同时间塌陷区域（开采时间）和相同时间采样的空间替代时间的比较法，获得了不同塌陷年份不同植物土壤微生物数量，通过比较发现采后不同时间的植物土壤微生物变化趋势。表 11.10 显示，随着开采年限（除二次塌陷区外）延长，不同植被对开采的响应不同，变异较大。整体来看，除沙蒿外其他几种植物均表现为先减小后增大。由于 52304 工作面的开采，柠条、草木樨、猪毛菜和画眉草均表现出减小的趋势，说明煤炭开采对植被造成了一定的生态影响，影响程度因不同植物种类的耐受水平差异而表现出不同趋势。沙蒿对三类微生物数量均表现为沉陷导致土壤中微生物数量的增加。而柠条细菌数量较少，真菌和放线菌数量增加。猪毛菜根际土壤中三类微生物数量逐年增加，且 2002 年开采区微生物总量与其他开采年限相比达到显著差异；而画眉草根际土壤中微生物数量先增加后减少，在 2005 年开采区最多，其中细菌、放线菌和微生物总量达到显著差异。

表 11.10 2012 年 8 月不同开采时间土壤微生物变化比较

测试项目	开采时间	测试植物				
		沙蒿	柠条	草木樨	猪毛菜	画眉草
细菌 /(10^5 CFU/mL)	11a	37.7	35.4	55.9	51.0	32.0
	8a	48.8	97.2	62.7	31.1	236.0
	5a	25.8	63.0	45.1	18.0	40.0
	1a	46.0	44.3	8.5	16.0	10.0
	CK	16.5	88.5	21.1	37.0	57.0
真菌数量 /(10^3 CFU/mL)	11a	34.4	37.9	18.6	28.6	9.1
	8a	17.0	77.0	9.2	15.0	20.9
	5a	51.1	39.2	9.8	9.4	4.5
	1a	130.0	32.9	2.2	7.8	1.0
	CK	16.8	4.4	7.3	16.1	8.4
放线菌数量 /(10^4 CFU/mL)	11a	52.8	119.7	33.8	72.0	64.0
	8a	46.6	47.1	32.1	40.0	122.0
	5a	62.1	83.6	72.5	26.0	40.0
	1a	112.5	102.5	31.8	31.0	15.0
	CK	50.2	37.3	52.2	61.0	36.0

表 11.11 显示（2012 年 10 月取样），和未开采工作面相比，2012 年开采工作面土壤中细菌数量均出现了一定程度的下降，而后逐渐增加，表明采煤沉陷对根际土壤中细菌的生存环境造成明显影响。采煤沉陷造成了沙蒿和草木樨根际土壤中真菌数量的增加，而随着开采时间的延长，土壤中真菌数量逐渐变小，但整体仍高于未开采区。柠条根际真菌数量先变小后增加，相对恢复速度较快。放线菌方面，沙蒿和草木樨的数量均出现了先减小

后增大的趋势，但和未开采区相比，2002 年开采区数值仍小于未开采区，说明采煤沉陷后恢复到正常水平下需要较长时间。柠条根际土壤放线菌数量变异较大，但 2002 年采区的放线菌数量已明显超过未开采区，说明其根际微环境变化的适应性较强。

表 11.11　2012 年 10 月不同开采时间土壤微生物数量变化比较

测试项目	开采时间	测试植物		
		沙蒿	柠条	草木樨
细菌数量 /(10^5 CFU/mL)	CK	90.30	217.66	67.66
	1a	54.42	78.64	48.19
	5a	66.30	100.35	85.69
	8a	117.58	101.94	88.85
	11a	75.20	84.60	64.88
真菌数量 /(10^3 CFU/mL)	CK	18.43	43.54	17.19
	1a	87.39	29.25	42.07
	5a	58.12	52.17	22.44
	8a	48.81	61.89	22.93
	11a	64.41	25.66	15.47
放线菌数量 /(10^4 CFU/mL)	CK	101.33	84.67	125.40
	1a	57.50	113.12	80.85
	5a	63.91	45.75	49.45
	8a	75.67	95.83	79.13
	11a	98.92	140.13	73.18

表 11.12 为 2013 年 6 月不同开采时间三种微生物数量。由于 52303 工作面的开采，在 52305 工作面选取新的工作面作为对照区。和对照区相比，随着开采的进行，沙蒿和草木樨根际土壤细菌、真菌、放线菌数量均出现了不同程度的下降。其中，沙蒿根际细菌 2013>2013CK>2005>2008>2002>2012，而草木樨则表现为 2013CK>2005>2002>2008>2013>2012。出现这种情况的原因可能是 2013 年采区刚刚开采，其采煤塌陷造成的影响尚未影响到根际微生物。而 2012 年回采后近 1 年时间（2013 年 9 月），其造成的影响较为明显。同时可以看出，柠条的自我修复能力较强，根际土壤细菌数量能较快恢复到未开采状态。

表 11.12　不同开采时间微生物数量比较

指标	开采时间	2013 年 6 月			2013 年 9 月		
		沙蒿	柠条	草木樨	沙蒿	柠条	草木樨
细菌 /(10^5 CFU/mL)	CK	105.83	125.95	141.29	65.86	96.94	94.71
	1a	109.36	108.71	72.10	83.39	152.79	104.91
	2a	43.32	129.42	60.64	58.22	148.85	77.91
	5a	82.57	186.70	97.41	67.86	101.82	41.84
	8a	84.47	144.09	154.12	45.85	132.59	107.92
	11a	76.48	129.90	116.32	63.00	112.27	125.39

续表

指标	开采时间	2013 年 6 月			2013 年 9 月		
		沙蒿	柠条	草木樨	沙蒿	柠条	草木樨
真菌/(10^3CFU/mL)	CK	22.59	8.25	18.15	11.91	19.24	29.73
	1a	7.01	9.84	10.22	118.83	46.47	15.72
	2a	5.37	6.70	11.22	31.17	21.22	32.93
	5a	4.67	41.58	13.30	62.16	16.96	13.16
	8a	9.19	19.76	10.46	52.79	36.14	87.89
	11a	22.88	29.86	15.81	41.73	16.86	31.47
放线菌/(10^4CFU/mL)	CK	213.90	179.77	235.52	198.85	244.13	159.69
	1a	211.53	234.22	229.99	418.61	421.11	507.01
	2a	71.54	218.91	78.93	186.11	221.33	216.98
	5a	142.65	437.55	261.65	171.97	396.41	139.67
	8a	142.75	207.90	143.13	177.57	231.16	213.95
	11a	131.86	137.56	140.19	148.33	169.62	79.00

上述分析表明，随着采后时间推移，植物根际土壤微生物变化对开采的响应不同，变异较大。时间分析显示，采后 1a 内，不同植物种根际土壤细菌数量出现一定程度的下降，而随着采后时间延长，根际土壤细菌数量有一定恢复，但不同植物种类恢复速度不同，且出现一定的波动。根际土壤中放线菌和真菌数量变异较大，不同季节、不同植物种呈现出不同的规律。与未采区相比，整体表现为先增加后减少，而随着开采时间的延长，土壤中真菌数量逐渐变小，但整体仍高于未开采区。

11.2　开采对典型植物根际酶活性的影响

植物根际土壤酶是土壤中产生的专一生物化学反应的生物催化剂，参与土壤中各种生物化学过程，如腐殖质的分解与合成，动植物残体和微生物残体分解，以及合成有机化合物的水解与转化，某些无机化合物的氧化、还原反应。土壤酶一般吸附在土壤胶体表面或呈复合体存在，部分存在于土壤溶液中。植物根际土壤酶活性大致反映了根际土壤生态状况下生物化学过程的相对强度，通过测定各种酶的活性，可间接了解各种物质在土壤中转化情况。土壤生物活性指标和土壤肥力指标是植物生长根际土壤环境的重要表征，研究选择了典型植物根际酶活性指标中蔗糖酶活性、脲酶活性和磷酸酶活性，分析开采对植物根际土壤肥力的影响。其中，蔗糖酶活性可反映土壤呼吸强度，酶促产物——葡萄糖是植物、微生物的碳素营养源之一；脲酶活性能够反映土壤有机氮转化状况，酶促产物——氮是植物氮素营养源之一；磷酸酶活性能够表示土壤有机磷转化状况，酶促产物——有效磷是植物磷素营养源之一。

11.2.1　补连塔研究区

土壤酶是土壤中生物化学反应的催化剂，参与土壤生态环境中许多重要的代谢进程。酶活性的大小可以敏感地反映土壤中营养元素的方向和强度，其活性在土壤肥力状况中占有重要位置。

1. 沙柳

沙柳根际酶活性的季节差异和土层垂直差异显著。根际酶活性土壤表层最高，随着土层深度的增加，酶活性逐渐降低。表 11.13 显示，地表沉陷对沙柳根际酶活性影响较小，沙柳根际酶活性恢复效果较好，2012 年 5 月、9 月沙柳根际土壤蔗糖酶、脲酶、磷酸酶活性高于 2011 年同期水平。

表 11.13　地表沉陷对沙柳根际酶活性的影响

项目	种类	2011-04	2011-06	2011-09	2012-05	2012-09
蔗糖酶/(mg/g)	大沙柳	11.71	17.24	18.50	12.52	
	中沙柳	9.73	13.53	14.89	9.05	5.25
	小沙柳	7.75	12.94	14.19	14.97	19.92
脲酶/(mg/g)	大沙柳	0.112	0.084	0.168	0.113	
	中沙柳	0.104	0.074	0.164	0.112	0.087
	小沙柳	0.096	0.107	0.147	0.123	0.147
磷酸酶/(mg/g)	大沙柳	2.71	3.56	3.74	5.99	
	中沙柳	2.50	3.35	3.65	4.52	5.58
	小沙柳	2.29	3.02	2.71	6.44	7.80

表 11.14 显示，地表裂缝提高了沙柳根际酶活性。与裂缝未经过的沙柳相比，裂缝经过的沙柳根际蔗糖酶、脲酶、磷酸酶活性均有所提高，但二者差别较小。其中，脲酶活性差异相对较大，变化趋势不明显；蔗糖酶、磷酸酶活性差异较小，差异有逐渐缩小的趋势；从时间效应看，在从地表裂缝出现到闭合后的一年多时间里，与裂缝未经过的沙柳相比，裂缝经过的沙柳的根际蔗糖酶活性的变化率在深度 0～10cm 的土层变化较大，在深度 20～40cm 土层趋于减小。从 2011 年 6 月到 2012 年 9 月，裂缝经过的沙柳的根际蔗糖酶活性的提高率的变化在深度 0～10cm 土层分别为 6%、9%、-3%、22%，在深度 20～40cm 土层分别为 31%、14%、13%、6%。裂缝经过的沙柳的根际磷酸酶活性的变化率比较稳定，但 2012 年 9 月，深度 0～10cm 土层的变化率明显提高，深度 10～40cm 土层的变化率则明显降低。从 2011 年 6 月到 2012 年 9 月，裂缝经过的沙柳的根际磷酸酶活性的提高率在深度 0～10cm 土层分别为-2%、3%、-0%、25%，在深度 10～20cm 土层分别为 23%、18%、24%、-2%，在深度 20～40cm 土层分别为 18%、13%、39%、11%。裂缝经过的沙柳的根际脲酶活性的变化率比较稳定，从 2011 年 6 月到 2012 年 9 月，裂缝经过的沙柳的根际脲酶活性的提高率在深度 0～10cm、10～20cm、20～40cm 土层分别为-3%—2%—

-4%—20%、36%—23%—35%—28%、52%—41%—51%—69%。可见，经过一年多的时间，裂缝对沙柳根际深层（20～40cm）蔗糖酶活性的影响逐渐减弱，对磷酸酶活性的影响未见明显改变，对脲酶活性的影响未见改变。

表 11.14　地表裂缝对沙柳根际酶活性的影响

项目	种类	土层/cm	2011-04	2011-06	2011-09	2012-05	2012-09
蔗糖酶/(mg/g)	中沙柳	0～10	9.73	16.76	17.92	10.73	5.31
	中沙柳	10～20		10.29	11.86	7.36	5.20
	中沙柳	20～40		5.78	9.83	6.42	3.73
	中沙柳裂	0～10		17.76	19.51	7.22	6.48
	中沙柳裂	10～20		12.93	15.03	7.33	7.28
	中沙柳裂	20～40		7.59	11.17	6.50	3.94
脲酶/(mg/g)	中沙柳	0～10	0.104	0.087	0.185	0.132	0.092
	中沙柳	10～20		0.061	0.143	0.093	0.083
	中沙柳	20～40		0.050	0.113	0.086	0.073
	中沙柳裂	0～10		0.084	0.189	0.137	0.110
	中沙柳裂	10～20		0.082	0.176	0.126	0.106
	中沙柳裂	20～40		0.076	0.159	0.130	0.123
磷酸酶/(mg/g)	中沙柳	0～10	2.50	3.82	4.18	5.35	5.42
	中沙柳	10～20		2.89	3.13	3.68	5.74
	中沙柳	20～40		2.59	2.66	3.61	5.06
	中沙柳裂	0～10		3.76	4.30	5.33	6.80
	中沙柳裂	10～20		3.54	3.70	4.58	5.61
	中沙柳裂	20～40		3.06	3.00	5.04	5.60

沙柳根际酶活性的土层垂直差异显著。沙柳根际磷酸酶、脲酶、蔗糖酶活性在土壤剖面上呈现明显的垂直分布：0～10cm 土层>10～20cm 土层>20～40cm 土层，其中，0～10cm 与 20～40cm 土层酶活性差异显著（$p<0.05$）。根际酶活性土壤表层最高，随着土层深度的增加，酶活性逐渐降低。深度变化显示，在沉陷初期的地表裂缝对沙柳根际表层酶活性的影响较弱，对沙柳根际深层酶活性的影响较强。随着时间的延续，地表裂缝对沙柳根际脲酶活性影响的空间分布没有改变，即对表层酶活性的影响始终较弱于对深层酶活性的影响。2012 年 9 月，与裂缝未经过的沙柳相比，土壤酶活性相比采前，在深度 0～10cm、10～20cm、20～40cm 土层的根际蔗糖酶活性分别提高了 6%、26%、31%，差异均不显著（$p<0.05$）；根际磷酸酶活性分别提高了-2%、23%、18%，差异均不显著（$p<0.05$）；根际脲酶活性分别提高了-3%、36%、52%，差异均不显著（$p<0.05$）。表明开采出现地表裂缝后，沙柳根际表层（0～10cm）的酶活性变化较小，根际深层（10～40cm）的酶活性变化较大，即地表裂缝对沙柳根际表层（0～10cm）酶活性影响较弱，对沙柳根际深层（10～40cm）酶活性的影响较强。采后一年多随着地表裂缝逐渐闭合，裂

缝对沙柳根际脲酶活性的影响深度分布也没有改变，但对沙柳根际蔗糖酶、磷酸酶活性的影响不显著。

除磷酸酶以外，沙柳根际酶活性的季节差异显著（$p<0.01$），根际磷酸酶、脲酶、蔗糖酶活性基本表现为4月<6月<9月（表11.15）。沙柳根际磷酸酶、蔗糖酶活性均为4月最低，6月提高较大，9月稍有提高；脲酶活性4月较低，6月变化不大，9月提高较大，6月与9月各土层之间脲酶活性差异均达显著水平（$p<0.05$）。与没有裂缝经过的沙柳相比，研究区有裂缝经过的沙柳根际脲酶活性较高，6月0～10cm、10～20cm、20～40cm土层分别提高-3%、34%、52%，9月各土层分别提高2%、23%、42%，但差异不显著；与对照区（CK沙柳）相比，有裂缝经过的沙柳根际脲酶活性6月较低，9月较高，9月各土层分别高41%、81%、64%，差异达到显著水平（$p<0.05$），表明地表裂缝提高了沙柳根际脲酶活性。

表11.15　沙柳根际土壤酶活性

指标	测试区及样本		土层/cm	4月	6月	9月
磷酸酶活性/酚/(mg/g)	研究区	沙柳裂	0～10		3.76±0.26abcd	4.3±0.44a
		沙柳裂	10～20		3.54±0.17bcdef	3.7±0.32abcde
		沙柳裂	20～40		3.06±0.11efghi	3±0.35fghij
		沙柳	0～10	2.5±0.20hijkl	3.82±0.20abc	4.18±0.01ab
		沙柳	10～20		2.89±0.05fghijk	3.13±0.08defgh
		沙柳	20～40		2.59±0.17hijkl	2.66±0.19ghijkl
	对照区	CK沙柳	0～10	2.41±0.06ijkl	3.27±0.33cdefg	3.14±0.27defgh
		CK沙柳	10～20		2.73±0.18ghijk	2.34±0.34kl
		CK沙柳	20～40		2.38±0.06jkl	2.07±0.20l
脲酶活性/NH_3-N/(mg/g)	研究区	沙柳裂	0～10		0.084±0.01fgh	0.188±0.03a
		沙柳裂	10～20		0.082±0.01fgh	0.176±0.03abc
		沙柳裂	20～40		0.076±0.01fgh	0.159±0.03abc
		沙柳	0～10	0.104±0.01defg	0.087±0.01fgh	0.185±0.03ab
		沙柳	10～20		0.061±0.00gh	0.143±0.00bcd
		沙柳	20～40		0.05±0.00h	0.112±0.00def
	对照区	CK沙柳	0～10	0.074±0.01gh	0.097±0.01efg	0.133±0.02cde
		CK沙柳	10～20		0.089±0.01efgh	0.097±0.02efg
		CK沙柳	20～40		0.084±0.01fgh	0.097±0.01efg

2. 杨树

测试结果表明（表11.16），杨树根际酶活性季节差异显著，并有随杨树生物量增长而增长的趋势，地表轻微沉陷对杨树根际酶活性的影响不明显，与2011年同期相比，2012年5月、9月杨树根际蔗糖酶、脲酶活性均相差不大，而磷酸酶活性均较高。

表 11.16 煤炭开采对杨树根际土壤酶活性的影响

项目	种类	2011-04	2011-06	2011-09	2012-05	2012-09
蔗糖酶/(mg/g)	大杨树	16.26	14.68	20.39	13.32	20.59
	中杨树	14.58	14.88	20.28	13.29	19.43
	小杨树	6.78	11.82	15.71	12.66	20.98
脲酶/(mg/g)	大杨树	0.104	0.095	0.166	0.174	0.174
	中杨树	0.094	0.089	0.170	0.162	0.156
	小杨树	0.076	0.077	0.146	0.152	0.170
磷酸酶/(mg/g)	大杨树	3.32	3.70	4.42	7.86	9.98
	中杨树	3.01	3.52	4.15	6.51	8.81
	小杨树	2.40	2.99	3.50	5.31	8.75

图 11.4 显示，地表裂缝降低了杨树根际蔗糖酶、脲酶、磷酸酶活性，其中对杨树根际蔗糖酶、脲酶活性影响较大，对磷酸酶活性影响较小。与裂缝未经过的杨树相比，2011 年 6 月 ~2012 年 9 月，裂缝经过的杨树根际蔗糖酶活性分别降低了 51%、27%、59%、43%，脲酶活性分别降低了 42%、47%、50%、36%，磷酸酶活性分别降低了 20%、7%、9%、17%，地表裂缝显著降低了杨树根际蔗糖酶、脲酶、磷酸酶活性，其中对蔗糖酶、脲酶活性影响较大，对磷酸酶活性影响较小。随着时间的推移，地表裂缝对杨树根际酶活性影响程度的变化趋势不明显。

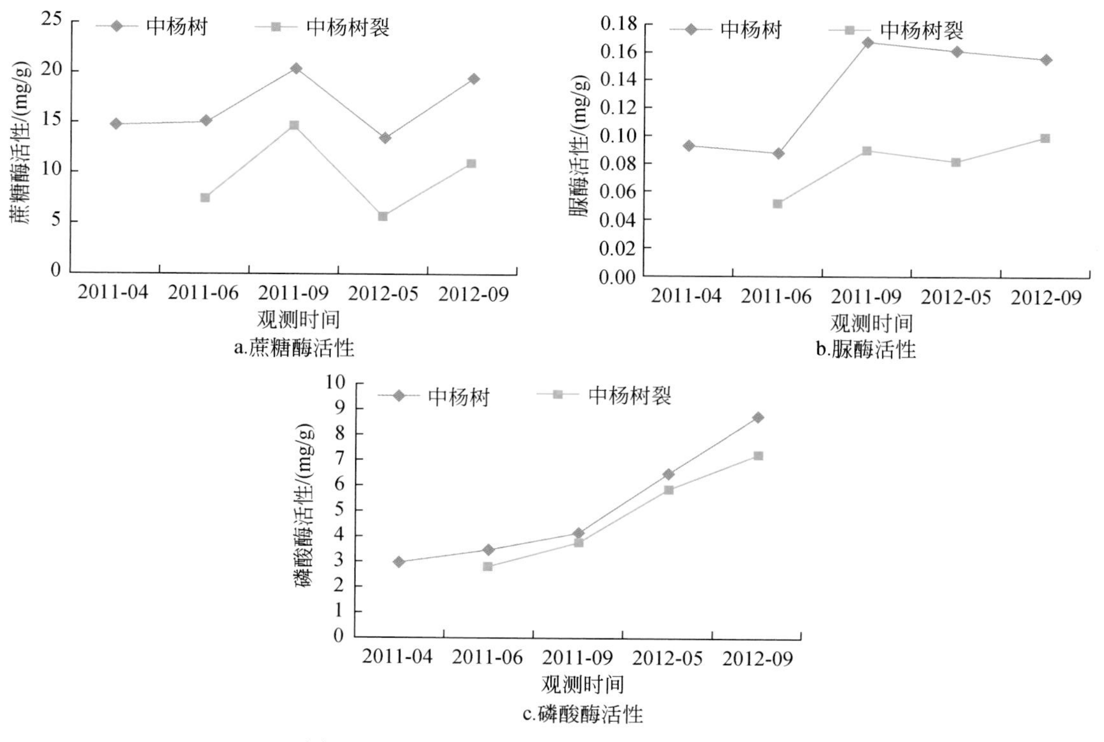

图 11.4 不同时期杨树根际土壤酶活性的变化

3. 沙蒿

沙蒿根际蔗糖酶、磷酸酶、脲酶活性随沙蒿生物量的大小差异显著，表现为：大沙蒿>中沙蒿>小沙蒿（表 11.17）。沙蒿根际蔗糖酶、磷酸酶、脲酶活性随季节变化差异明显，地表轻微沉陷对沙蒿根际酶活性影响不明显；裂缝未经过的沙蒿，其根际酶活性较低，蔗糖酶、磷酸酶、脲酶活性随其生物量的大小差异显著，表现为：大沙蒿>中沙蒿>小沙蒿。沙蒿酶活性的根际效应显著，大沙蒿的根际效应较大。蔗糖酶、磷酸酶、脲酶活性的根际效应显著，磷酸酶活性的根际效应较大。

表 11.17　乌兰木伦裂缝对沙蒿根际酶活性的影响

植物种类		蔗糖酶		磷酸酶		脲酶	
		数值	*R/S*	数值	*R/S*	数值	*R/S*
大沙蒿	根际	20. 32±2a	2. 28	4. 32±0. 11a	3. 84	0. 125±0. 01a	2. 06
	非根际	8. 9±0. 83cd		1. 13±0. 16e		0. 061±0. 00cde	
中沙蒿	根际	18. 51±1. 37a	2. 87	3. 06±0. 34bc	3. 06	0. 087±0. 01b	2. 02
	非根际	6. 45±0. 44def		1±0. 14ef		0. 043±0. 00ef	
小沙蒿	根际	7. 85±1. 18de	1. 73	2. 77±0. 21cd	3. 84	0. 066±0. 01bcd	1. 45
	非根际	4. 55±0. 19ef		0. 72±0. 04ef		0. 046±0. 01cdef	
大沙蒿裂	根际	14. 32±1. 31b	3. 26	3. 53±0. 08b	7. 76	0. 063±0. 01cde	2. 53
	非根际	4. 39±0. 18f		0. 46±0. 02f		0. 025±0. 00f	
中沙蒿裂	根际	12. 69±1. 97b	2. 39	2. 82±0. 27cd	4. 07	0. 067±0. 01bc	1. 54
	非根际	5. 31±0. 6ef		0. 69±0. 01ef		0. 044±0. 01def	
小沙蒿裂	根际	11. 26±0. 99bc	2. 11	2. 41±0. 44d	5. 42	0. 062±0. 01cde	2. 33
	非根际	5. 33±0. 51ef		0. 44±0. 02f		0. 027±0. 01f	

注：蔗糖酶（葡萄糖 mg/g 土壤，37℃，24h）；脲酶（NH_3-N mg/g 土壤，37℃，24h）；磷酸酶（酚 mg/g 土壤，37℃，1h）。

与裂缝未经过的沙蒿相比，裂缝经过的沙蒿根际蔗糖酶、脲酶、磷酸酶活性均是首先提高，然后降低，随着时间的延续，其差异有逐渐缩小的趋势（图 11.5）。其中大沙蒿的酶活性下降显著，其根际蔗糖酶、磷酸酶、脲酶活性分别降低了 30%、18%、50%，差异均显著，非根际分别降低了 51%、60%、59%，差异均显著。裂缝经过沙蒿后其酶活性的根际效应均提高，大沙蒿的根际效应提高幅度较大，其蔗糖酶、磷酸酶、脲酶活性的 *R/S* 值分别提高了 43%、102%、23%。三种土壤酶中蔗糖酶活性受裂缝影响较大，大、中、小沙蒿的根际蔗糖酶活性分别降低了 30%、31%、−43%，差异均显著；非根际分别降低了 60%、31%、38%，差异均不显著；*R/S* 值分别提高了 102%、33%、41%。2011 年 6 月～2012 年 9 月，裂缝经过的沙蒿根际蔗糖酶活性的降低率分别是−12%、27%、10%、7%，脲酶活性的降低率分别是−115%、18%、6%、12%，磷酸酶活性的降低率分别是−13%、16%、9%、4%。说明煤炭开采引起的地表开裂首先提高了沙蒿根际酶活性，随着地表裂缝逐步闭合，其对沙蒿根际蔗糖酶、脲酶、磷酸酶活性的影响逐渐降低。

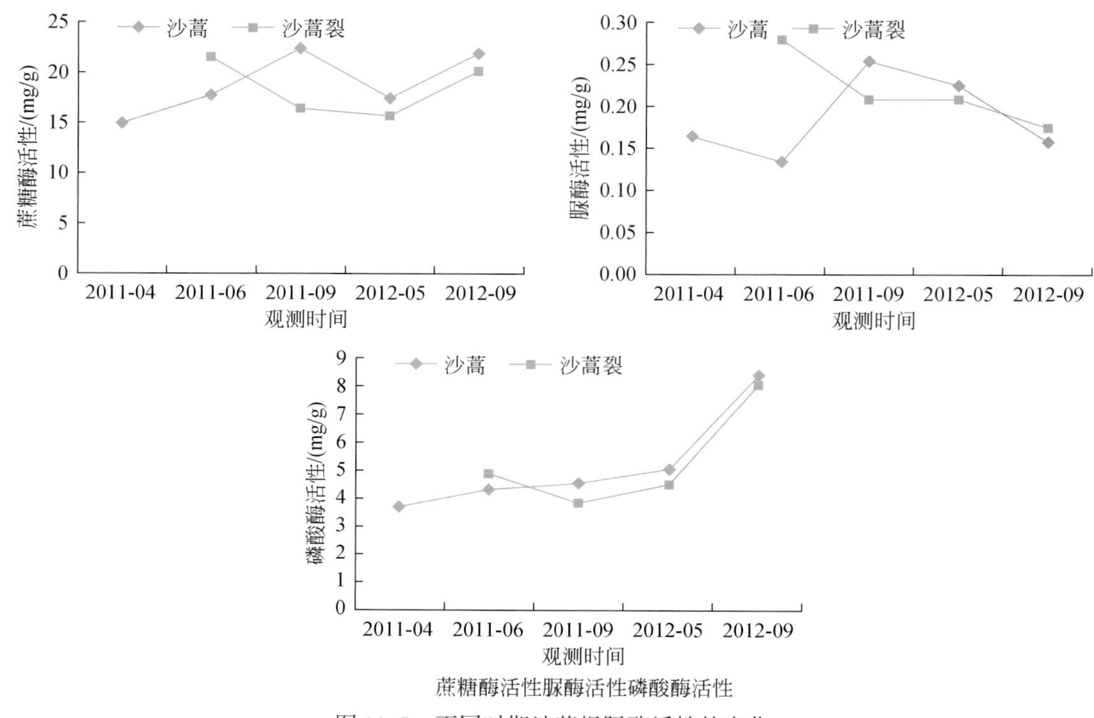

图 11.5　不同时期沙蒿根际酶活性的变化

表 11.18　不同植物根际土壤酸性磷酸酶活性　（单位：mmol ）

植物种类	大	中	小	平均
杨树	3. 167	3. 515	3. 390	3. 357
沙柳	3. 537	3. 008	2. 722	3. 089
沙蒿	3. 891	3. 548	3. 176	3. 539
CK 沙柳	2. 694	2. 763	2. 791	2. 749

表 11. 18 显示几种典型植物根际土壤酸性磷酸酶活性随植物大小变化状态，三种植物的土壤酸性磷酸酶活性差异不显著，但大植物>中等植物>小植物，这可能是由于植物越大，生长年限越长，根系越发达，土壤中有机物越丰富，土壤酸性磷酸酶活性越强。

对照区与裂缝区比较，对照区的中等沙柳酸性磷酸酶活性为 2. 626mmol/(g · h)，扰动区没有裂缝经过和有裂缝经过的中等沙柳酸性磷酸酶活性分别为 2. 781mmol/(g · h)、3. 107mmol/(g · h)，分别比对照区提高了 5. 89%、18. 30%，但差异不显著。而扰动区中等杨树的相关酸性磷酸酶活性分别为 3. 515mmol/(g · h) 和 2. 542mmol/(g · h)，比前者降低了 38. 27%（图 11. 6），说明地表裂缝对不同植物根际酸性磷酸酶活性的影响方向是不同的，这可能与植物根际分泌物不同有关。

此外，植物根际土壤酶活性还与植物所处的地形位置和观测季节有关。图 11. 7 显示，坡顶上，中杨树 4 月和 7 月磷酸酶活性都较高，分别为 1. 432、1. 870μmol/(g soil · h)，中沙柳则 9 月最高为 1. 934μmol/(g soil · h)；大杨树、小杨树随月份增加，磷酸酶活性递

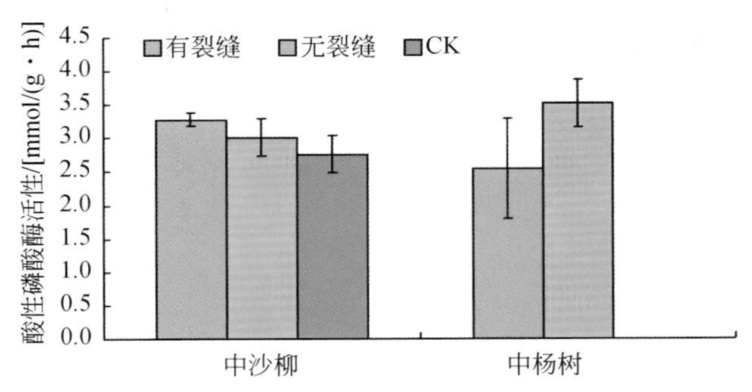

图 11.6　地表裂缝对植物根际土壤酸性磷酸酶活性的影响

减（图 11.7a）；迎风坡中，中杨树 7 月磷酸酶活性同 4 月一样，最高，为 1.505μmol/(g soil·h)，略涨，中沙柳磷酸酶活性 9 月最低，这与坡顶 9 月最高形成鲜明对比。中杨树、小杨树、中沙柳、中沙蒿随月份增加，磷酸酶活性递减（图 11.7b）；背风坡中，中沙柳磷酸酶活性 4 月、7 月、9 月较其他植物都最高，为 1.334、1.608 和 1.779μmol（g soil·h），且高于对照区，土壤不同深度磷酸酶活性随月份变化，呈现规律一致，即逐渐降低，中杨树、小杨树、中沙蒿、大杨树、小杨树随月份增加，磷酸酶活性也递减（图 11.7c）；坡底根际土壤磷酸酶活性大杨树 4 月、7 月最高，分别为 1.491、2.791μmol/(g soil·h)，中沙柳则 9 月磷酸酶活性最高，为 2.997μmol/(g soil·h)，且 4 月、7 月、9 月依次增加，而中杨树规律相反（图 11.7d）。

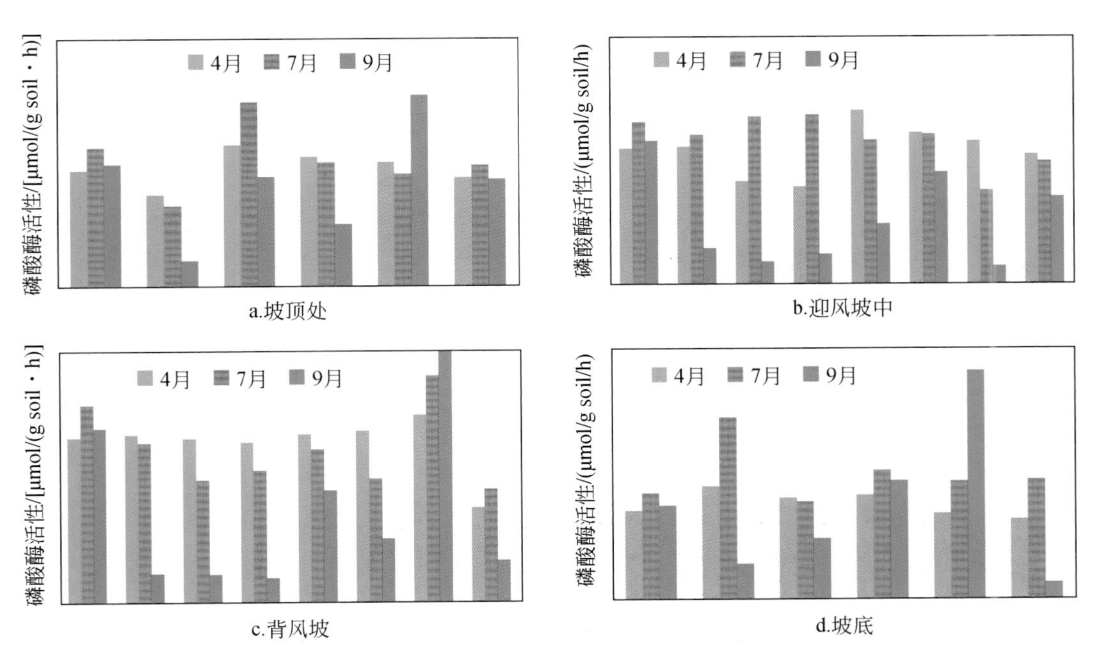

图 11.7　不同坡位处根际土壤磷酸酶活性变化

11.2.2　大柳塔研究区

与补连塔研究区不同，大柳塔研究区以开采沉陷年限（1～11a）为基准，选择典型植物沙蒿、柠条、草木樨等，按照相同周期进行同步根际土壤酶活性数据采集，分析开采对植物根际土壤酶活性的影响趋势。

1. 不同塌陷年限土壤酸性磷酸酶活性变化

酸性磷酸酶活性能够反映土壤的代谢活动强弱。采煤沉陷对土壤中微生物数量造成了一定的影响，也改变了土壤酶活性。表11.19的2012年8月数据显示，煤炭开采后对沙蒿和草木樨磷酸酶活性造成了一定影响，而后逐渐恢复到正常水平。虽然不同工作面采集数据会出现一定波动，但整体表现为刚开采工作面磷酸酶活性最低。而柠条表现趋势则不同，与未开采区相比，开采工作面的磷酸酶活性均表现为较高。2012～2013年数据变化显示，煤炭开采后磷酸酶活性降低，但随着时间延长，磷酸酶活性有恢复趋势。

表11.19　土壤酸性磷酸酶活性

采样时间	植物种	磷酸酶活性/[μmol/(g soil·h)]				
		11a	8a	5a	1a	CK
2012年8月	沙蒿	2.38	1.55	2.89	1.17	3.37
	柠条	2.66	4.74	5.39	1.95	1.72
	草木樨	2.88	2.08	3.47	1.27	1.79
2013年6月	沙蒿	3.35	2.73	2.85	4.34	4.41
	柠条	3.60	5.50	4.64	3.92	3.72
	草木樨	3.89	3.41	3.00	3.73	3.69
2013年9月	沙蒿	3.25	4.86	4.48	3.21	2.70
	柠条	3.61	2.48	3.14	2.71	3.16
	草木樨	2.50	3.99	4.10	3.15	3.58

2. 不同塌陷年限土壤蔗糖酶活性变化

蔗糖酶是一项重要的评价土壤质量的指标，与土壤呼吸强度等有关。一般情况下，土壤肥力越高，蔗糖酶活性越强。它不仅能够表征土壤生物学活性强度，也可以作为评价土壤熟化程度和土壤肥力水平的一个指标。表11.20显示了2013年6月和9月的部分植物不同年份土壤蔗糖酶活性强度。6月测试结果表明，沙蒿植物的蔗糖酶活性2012年>未开采>2013年>2002年>2005年>2008年，柠条植物的蔗糖酶活性未开采>2013年>2008年>2005年>2002年，而草木樨表现为2012年开采区最小，随时间延长逐渐增加，9月显现为2002年>2005年>2008年>2012年>2013年>未开采。

表 11.20 不同塌陷年限土壤蔗糖酶活性变化

测试时间	植物种	蔗糖酶活性/（mg/g）					
		11a	8a	5a	2a	1a	CK
2013 年 6 月	沙蒿	7.85	3.15	2.05	9.66	5.30	6.50
	柠条	1.50	6.45	7.20	4.14	7.18	10.14
	草木樨	9.30	4.35	6.40	0.98	6.78	11.42
	裸地	0.90	1.90	4.30	0.30	3.70	—
2013 年 9 月	沙蒿	13.37	4.23	2.57	4.00	3.45	2.40
	柠条	6.83	5.17	3.57	5.35	3.05	3.10
	草木樨	6.23	5.37	3.43	1.50	1.05	5.85

3. 不同塌陷年限土壤脲酶活性变化

土壤脲酶广泛存在于土壤中，是研究得较多的一种酶。脲酶与土壤中其他因子（有机质含量、微生物数量等）有关，研究土壤脲酶转化尿素的作用及其调控技术，对提高尿素氮肥利用率有重要意义。由表 11.21 可以看出，2013 年 6 月监测到不同塌陷年份的脲酶活性中塌陷第一年（2012 年）最低，而后随着沉陷年限延长逐渐有恢复和增加趋势。

表 11.21 不同塌陷年限土壤脲酶活性（ure）变化

测试时间	植物种	脲酶活性/（mg/g）					
		11a	8a	5a	2a	1a	CK
2013 年 6 月	沙蒿	0.425	0.214	0.198	0.155	0.164	0.180
	柠条	0.375	0.261	0.230	0.208	0.136	0.195
	草木樨	0.465	0.383	0.159	0.142	0.157	0.293
	裸地	0.155	0.131	0.260	0.087	0.183	0.136
2013 年 9 月	沙蒿	0.450	0.096	0.068	0.071	0.087	0.062
	柠条	0.360	0.177	0.103	0.104	0.075	0.068
	草木樨	0.368	0.107	0.214	0.057	0.049	0.132

研究表明，煤炭开采对根际土壤酶活性有一定影响，不同植物种、不同酶种类变化不同。其中，采后磷酸酶活性降低，随着时间延长，磷酸酶活性有恢复趋势，尽管不同样区测试数据出现一定波动，但整体表现为采后初期磷酸酶活性最低；植物柠条则表现趋势不同，与未采区相比，采后磷酸酶活性均表现为较高。此外，蔗糖酶活性和脲酶活性指标均随着采后时间的延长，指标有逐渐恢复和增加趋势。

4. 不同塌陷年限土壤球囊霉素相关蛋白变化

球囊霉素是由丛枝菌根真菌分泌的一种含金属离子的糖蛋白，其在土壤中大量存在，因被非专一性提取而称为球囊霉素相关土壤蛋白（GRSP），通常定义为 Bradford 反映土壤蛋白，是由土壤样中提取出来，分为易提取球囊霉素（easily extractable glomalin，EEG）和总球囊霉素。GRSP 能改善土壤团聚体的水稳定性、降低陆地生态系统土壤中 CO_2 排放、促进土壤中碳贮存、降低土壤中重金属的有效性和减弱重金属的植物毒害。通常土地利用方式、施肥条件、AMF 及宿主类型、外界环境条件等都会影响土壤中 GRSP 的含量及分布。土壤球囊霉素随采后沉陷时间推移的变化，也反映了煤炭开采扰动土壤理化环境对土壤质量产生的影响。大柳塔研究区典型植物根际土壤球囊霉素测定显示（表 11.22），煤炭开采后土壤中的球囊霉素含量降低，和未开采区相比，草木樨根际土壤中总球囊霉素含量迅速下降，随着时间延长，土壤中球囊霉素含量缓慢上升。易提取球囊霉素相关蛋白含量结果显示，采煤沉陷对土壤球囊霉素的合成造成了一定影响，开采区明显要低于未开采区，说明煤炭开采对土壤中的丛枝菌根的生长造成了消极影响。

表 11.22　土壤球囊霉素相关蛋白含量变化

指标	植物种类	11a	8a	5a	2a	1a	CK
TG/（mg/g）	沙蒿	0.755	0.589	0.627	0.576	0.448	0.563
	柠条	0.614	0.832	0.627	0.499	0.333	0.486
	草木樨	0.742	0.627	0.614	0.474	0.269	0.819
EEG/（mg/g）	沙蒿	0.227	0.128	0.266	0.285	0.253	0.320
	柠条	0.147	0.160	0.307	0.250	0.243	0.301
	草木樨	0.163	0.224	0.176	0.221	0.198	0.298

注：TG 为土壤总球囊霉素相关蛋白含量；EEG 为土壤易提取球囊霉素相关蛋白含量。

测试表明，煤炭开采后土壤中的球囊霉素含量降低，与未采区相比，草木樨根际土壤中总球囊霉素含量迅速下降，沙蒿和柠条下降幅度较小。随着采后时间延长，土壤中球囊霉素含量缓慢上升，其中，草木樨根际土壤中总球囊霉素含量逐步接近采前水平，沙蒿和柠条在两年后即达到采前水平。但采煤沉陷对土壤球囊霉素的合成造成了一定影响，易提取球囊霉素相关蛋白含量开采区明显要低于未开采区，说明煤炭开采对土壤中的丛枝菌根的生长造成了消极影响。

11.3　现代开采沉陷区微生物菌群多样性影响

11.3.1　不同开采时间根系真菌种类

不同开采时间根系真菌种类信息如表 11.23 所示。通过在 NCBI 网站上进行 Blast 同源性检索，找到属于真菌的序列，下载其中序列长度为 800±5 且相似比大于等于 97% 的序列，并按照不同开采时间归类整理得到。按照开采时间的顺序，开采 1 年、5 年、8 年、11 年和未开采检测到的根系真菌菌株分别为 52 株、60 株、12 株、66 株和 74 株，除开采 8 年的 12 株外，其余开采年限随开采时间的延长，根系真菌菌株数量逐年递增，可见真菌多样性随开采时间的延长而逐年提高。

从表 11.23 中可以看出，开采 1 年的 52 个菌株，属于 12 个属，其中 *Glomus* 球囊酶属、*Diversispora* 多胞囊霉属、*Marchandiomyces* 属的优势度较高，分别为 35%、17%、

23%，占所有菌株的 75%，三者均为常见属。开采 5 年的 60 个菌株，属于 5 个属，其中 *Glomus* 球囊酶属、*Diversispora* 多胞囊霉属优势度较高，分别为 42%、55%，占所有菌株的 97%，球囊酶属为常见属，多胞囊霉属为优势属。开采 8 年的 12 个菌株，属于 2 个属，其中 *Glomus* 球囊酶属优势度较高，占所有菌株的 92%，为优势属。开采 11 年的 66 个菌株，属于 6 个属，其中 *Glomus* 球囊酶属、*Diversispora* 多胞囊霉属优势度较高，分别为 39%、50%，占所有菌株的 89%，二者均为常见属。未开采的 74 个菌株，属于 6 个属，*Glomus* 球囊酶属、*Diversispora* 多胞囊霉属优势度较高，分别为 30%、49%，占所有菌株的 79%，二者均为常见属。

表 11.23　真菌种、属丰富度以及各属丰度

开采年限	开采 1 年	开采 5 年	开采 8 年	开采 11 年	未开采
真菌种丰富度	52	60	12	66	74
真菌属丰富度	12	5	2	6	6
Glomus 属丰度	35%	42%	92%	39%	30%
Diversispora 属丰度	17%	55%	0%	50%	49%
Marchandiomyces 属丰度	23%	0%	0%	0%	0%

11.3.2　不同开采时间下系统发育树

不同开采时间的系统发育树如图 11.8 所示。这三个系统发育树是根据对应开采时间中不同序列号的根系真菌序列（表 11.24～表 11.27），通过 MEGA 4.0 软件构建出来的。MEGA 4.0 做出来系统发育树中的节点数是百分率，但不表示同源性，表示二者同源关系的可信度，可信度一般超过 66 即认为可信，如果要判断二者是同一种，必须达到 95% 以上，66%～95% 只能说是一个亚种或者变种。在系统发育树中，相似度大于等于 95% 的序列被认为是同一个种的真菌。从五个系统发育树中可以看出，大部分真菌序列都是单独为一种，只有少数是与其他序列同属于某一个种（可信度大于等于 95%）。

11.3.3　根系真菌多样性分析

从表 11.28 中可以看出，多样性指数按由小到大的顺序排列为开采 8 年<开采 1 年<开采 5 年<开采 11 年<未开采，除开采 8 年外，根系真菌多样性指数 H 随开采年限（自修复时间）的延长而逐年增加。均匀度指数按由小到大的顺序排列为开采 8 年<开采 5 年<开采 1 年<开采 11 年<未开采，规律性不明显，但均为 0.91～0.97，差别不大。采煤塌陷区依靠生态自我修复能力在一定程度上能够提高根系真菌的生物多样性，但这个过程十分缓慢，自修复 11 年的多样性指数仍小于未开采区。

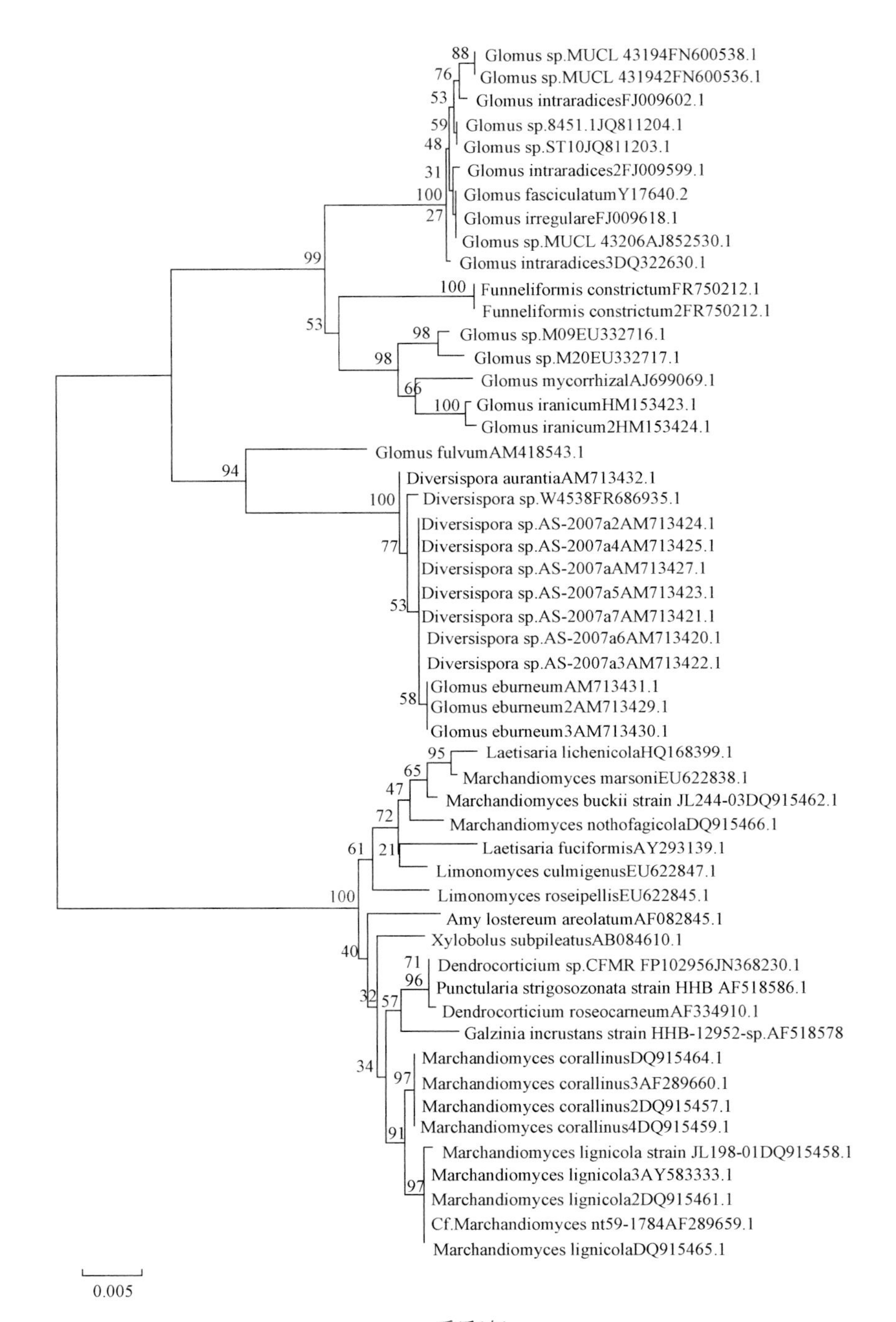
Glomus sp.MUCL 43194FN600538.1
Glomus sp.MUCL 431942FN600536.1
Glomus intraradicesFJ009602.1
Glomus sp.8451.1JQ811204.1
Glomus sp.ST10JQ811203.1
Glomus intraradices2FJ009599.1
Glomus fasciculatumY17640.2
Glomus irregulareFJ009618.1
Glomus sp.MUCL 43206AJ852530.1
Glomus intraradices3DQ322630.1
Funneliformis constrictumFR750212.1
Funneliformis constrictum2FR750212.1
Glomus sp.M09EU332716.1
Glomus sp.M20EU332717.1
Glomus mycorrhizalAJ699069.1
Glomus iranicumHM153423.1
Glomus iranicum2HM153424.1
Glomus fulvumAM418543.1
Diversispora aurantiaAM713432.1
Diversispora sp.W4538FR686935.1
Diversispora sp.AS-2007a2AM713424.1
Diversispora sp.AS-2007a4AM713425.1
Diversispora sp.AS-2007aAM713427.1
Diversispora sp.AS-2007a5AM713423.1
Diversispora sp.AS-2007a7AM713421.1
Diversispora sp.AS-2007a6AM713420.1
Diversispora sp.AS-2007a3AM713422.1
Glomus eburneumAM713431.1
Glomus eburneum2AM713429.1
Glomus eburneum3AM713430.1
Laetisaria lichenicolaHQ168399.1
Marchandiomyces marsoniEU622838.1
Marchandiomyces buckii strain JL244-03DQ915462.1
Marchandiomyces nothofagicolaDQ915466.1
Laetisaria fuciformisAY293139.1
Limonomyces culmigenusEU622847.1
Limonomyces roseipellisEU622845.1
Amy lostereum areolatumAF082845.1
Xylobolus subpileatusAB084610.1
Dendrocorticium sp.CFMR FP102956JN368230.1
Punctularia strigosozonata strain HHB AF518586.1
Dendrocorticium roseocarneumAF334910.1
Galzinia incrustans strain HHB-12952-sp.AF518578
Marchandiomyces corallinusDQ915464.1
Marchandiomyces corallinus3AF289660.1
Marchandiomyces corallinus2DQ915457.1
Marchandiomyces corallinus4DQ915459.1
Marchandiomyces lignicola strain JL198-01DQ915458.1
Marchandiomyces lignicola3AY583333.1
Marchandiomyces lignicola2DQ915461.1
Cf.Marchandiomyces nt59-1784AF289659.1
Marchandiomyces lignicolaDQ915465.1
0.005

a.采后1年

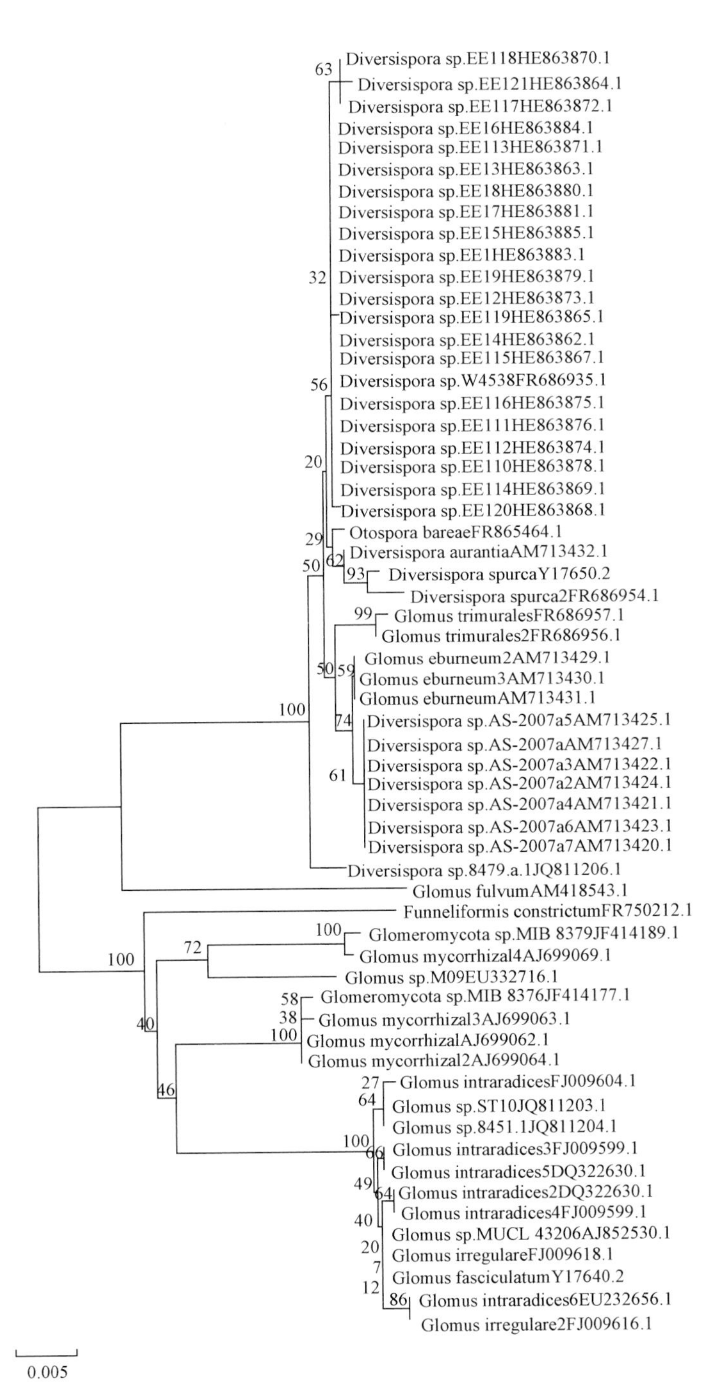
Diversispora sp.EE118HE863870.1
Diversispora sp.EE121HE863864.1
Diversispora sp.EE117HE863872.1
Diversispora sp.EE16HE863884.1
Diversispora sp.EE113HE863871.1
Diversispora sp.EE13HE863863.1
Diversispora sp.EE18HE863880.1
Diversispora sp.EE17HE863881.1
Diversispora sp.EE15HE863885.1
Diversispora sp.EE1HE863883.1
Diversispora sp.EE19HE863879.1
Diversispora sp.EE12HE863873.1
Diversispora sp.EE119HE863865.1
Diversispora sp.EE14HE863862.1
Diversispora sp.EE115HE863867.1
Diversispora sp.W4538FR686935.1
Diversispora sp.EE116HE863875.1
Diversispora sp.EE111HE863876.1
Diversispora sp.EE112HE863874.1
Diversispora sp.EE110HE863878.1
Diversispora sp.EE114HE863869.1
Diversispora sp.EE120HE863868.1
Otospora bareaeFR865464.1
Diversispora aurantiaAM713432.1
Diversispora spurcaY17650.2
Diversispora spurca2FR686954.1
Glomus trimuralesFR686957.1
Glomus trimurales2FR686956.1
Glomus eburneum2AM713429.1
Glomus eburneum3AM713430.1
Glomus eburneumAM713431.1
Diversispora sp.AS-2007a5AM713425.1
Diversispora sp.AS-2007aAM713427.1
Diversispora sp.AS-2007a3AM713422.1
Diversispora sp.AS-2007a2AM713424.1
Diversispora sp.AS-2007a4AM713421.1
Diversispora sp.AS-2007a6AM713423.1
Diversispora sp.AS-2007a7AM713420.1
Diversispora sp.8479.a.1JQ811206.1
Glomus fulvumAM418543.1
Funneliformis constrictumFR750212.1
Glomeromycota sp.MIB 8379JF414189.1
Glomus mycorrhizal4AJ699069.1
Glomus sp.M09EU332716.1
Glomeromycota sp.MIB 8376JF414177.1
Glomus mycorrhizal3AJ699063.1
Glomus mycorrhizalAJ699062.1
Glomus mycorrhizal2AJ699064.1
Glomus intraradicesFJ009604.1
Glomus sp.ST10JQ811203.1
Glomus sp.8451.1JQ811204.1
Glomus intraradices3FJ009599.1
Glomus intraradices5DQ322630.1
Glomus intraradices2DQ322630.1
Glomus intraradices4FJ009599.1
Glomus sp.MUCL 43206AJ852530.1
Glomus irregulareFJ009618.1
Glomus fasciculatumY17640.2
Glomus intraradices6EU232656.1
Glomus irregulare2FJ009616.1
0.005

b.采后5年

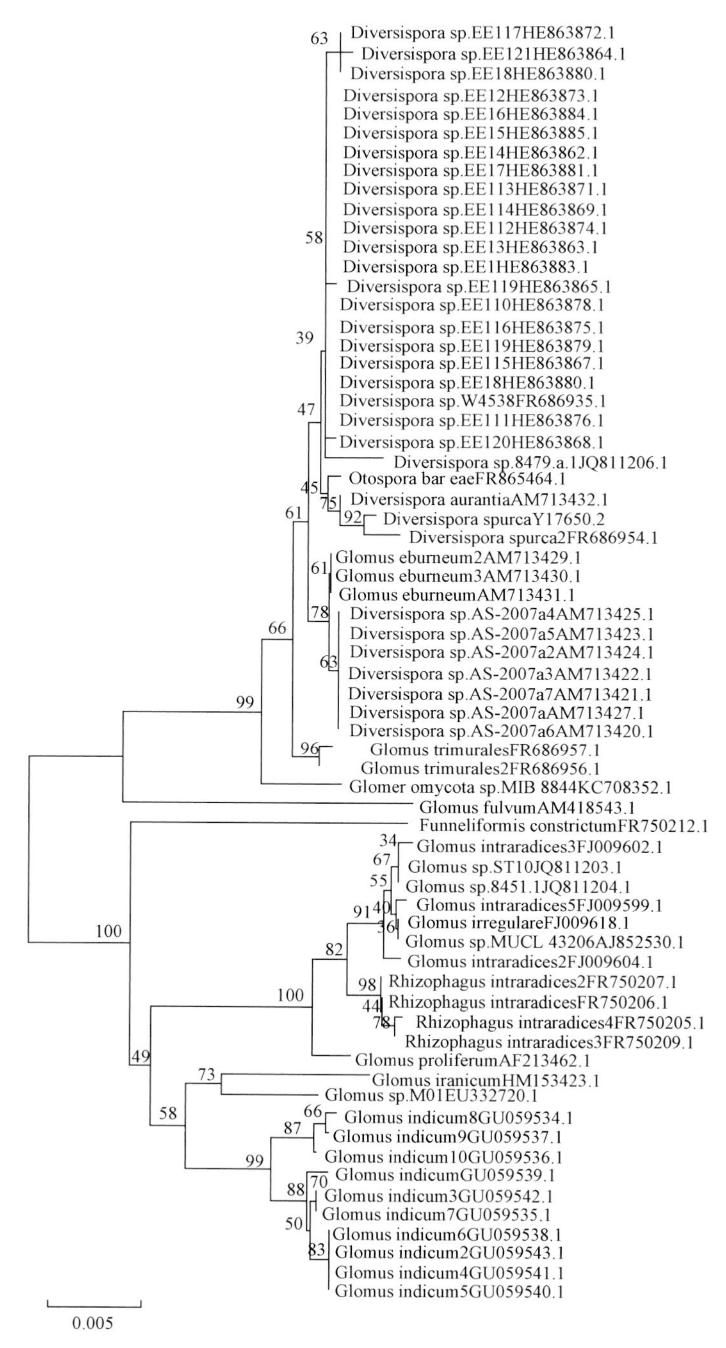

c.采后11年

图 11.8　大柳塔研究区采后根系真菌系统发育树

表11.24 开采1年根系真菌种类

序号	名称	序列号	文献	序列长度	相似比
1	*Glomus irregulare*	FJ009618. 1	Błaszkowski J, Czerniawska B, Wubet T, et al. Glomus irregulare, a new arbuscular mycorrhizal fungus in the Glomeromycota [J]. Mycotaxon, 2008, 106:247-267.	799	99
2	*Glomus* sp. *MUCL 43206*	AJ852530. 1	未出版	799	99
3	*Glomus fasciculatum*	Y17640. 2	Schuessler A, Gehrig H H, Schwarzott D, et al. Analysis of partial Glomales SSU rRNA gene sequences: implications for primer design and phylogeny[J]. Mycological Research, 2001, 105:5-15.	799	99
4	*Glomus* sp. *8451. 1*	JQ811204. 1	Field K J, Cameron D D, Leake J R, et al. Contrasting arbuscular mycorrhizal responses of vascular and non-vascular plants to a simulated Palaeozoic CO decline [J]. Nat Commun, 2012, 3:835.	799	99
5	*Glomus* sp. *ST10*	JQ811203. 1	同4	799	99
6	*Glomus intraradices*	FJ009602. 1	同1	799	99
7	*Glomus intraradices2*	FJ009599. 1	同1	799	99
8	*Glomus intraradices3*	DQ322630. 1	未出版	799	99
9	*Glomus* sp. *MUCL 43194*	FN600538. 1	未出版	799	99
10	*Glomus* sp. *MUCL 431942*	FN600536. 1	未出版	799	99
11	*Glomus mycorrhizal symbiont of Marchantia foliacea*	AJ699069. 1	Russell J, Bulman S. The liverwort Marchantia foliacea forms a specialized symbiosis with arbuscular mycorrhizal fungi in the genus Glomus [J]. New Phytologist, 2005, 165 (2):567-579.	798	99
12	*Funneliformis constrictum*	FR750212. 1	Kruger M, Kruger C, Walker C, et al. Phylogenetic reference data for systematics and phylotaxonomy of arbuscular mycorrhizal fungi from phylum to species level[J]. New Phytologist, 2012, 193 (4): 970-984.	799	98
13	*Marchandiomyces buckii strain JL244-03*	DQ915462. 1	Lawrey J D, Binder M, Diederich P, et al. Phylogenetic diversity of lichen-associated homobasidiomycetes[J]. Molecular phylogenetics and evolution, 2007, 44 (2):778-789.	795	99
14	*Limonomyces culmigenus*	EU622847. 1	Lawrey J D, Diederich P, Sikaroodi M, et al. Remarkable nutritional diversity of basidiomycetes in the Corticiales, including a new foliicolous species of Marchandiomyces (anamorphic Basidiomycota, Corticiaceae) from Australia[J]. American Journal of Botany, 2008, 95 (7):816-823.	795	99
15	*Marchandiomyces marsonii*	EU622838. 1	同14	795	98

续表

序号	名称	序列号	文献	序列长度	相似比
16	*Laetisaria lichenicola*	HQ168399. 1	Diederich P, Lawrey J D, Sikaroodi M, et al. A new lichenicolous teleomorph is related to plant pathogens in Laetisaria and Limonomyces (Basidiomycota, Corticiales) [J]. Mycologia, 2011, 103 (3): 525-533.	795	98
17	*Marchandiomyces nothofagicola*	DQ915466. 1	同 13	795	98
18	*Marchandiomyces corallinus*	DQ915459. 1	同 13	795	97
19	*Marchandiomyces corallinus 2*	DQ915457. 1	同 13	795	97
20	*Marchandiomyces corallinus 3*	AF289660. 1	Sikaroodi M, Lawrey J D, Hawksworth D L, et al. The phylogenetic position of selected lichenicolous fungi: Hobsonia, Illosporium, and Marchandiomyces [J]. Mycological Research, 2001, 105 (4): 453-460.	795	97
21	*Limonomyces roseipellis*	EU622845. 1	同 14	795	97
22	*Marchandiomyces corallinus*	DQ915464. 1	同 13	795	97
23	*Laetisaria fuciformis*	AY293139. 1	Binder M, Hibbett D S, Larsson K H, et al. The phylogenetic distribution of resupinate forms across the major clades of homobasidiomycetes [J]. System Biodivers, 2005, 3: 113-157.	795	97
24	*Marchandiomyces lignicola*	DQ915465. 1	同 13	795	97
25	*Marchandiomyces lignicola 2*	DQ915461. 1	同 13	795	97
26	*Marchandiomyces lignicola 3*	AY583333. 1	DePriest P T, Sikaroodi M, Lawrey J D, et al. Marchandiomyces lignicola sp. nov. shows recent and repeated transition between a lignicolous and a lichenicolous habit [J]. Mycologist Research, 2005, 109 (PT 1): 57-70.	795	97
27	*Cf. Marchandiomyces nt59-1784*	AF289659. 1	同 20	795	97
28	*Galzinia incrustans strain HHB-12952-sp.*	AF518578. 1	Hibbett D S, Binder M. Evolution of complex fruiting-body morphologies in homobasidiomycetes [J]. Proc. R. Soc. Lond., B, Biol. Sci., 2002, 269 (1504): 1963-1969.	795	97
29	*Marchandiomyces lignicola strain JL198-01*	DQ915458. 1	同 13	795	97

续表

序号	名称	序列号	文献	序列长度	相似比
30	*Dendrocorticium* sp. *CFMR FP102956*	JN368230.1	Goranova G, Hibbett D S, Nakasone K. Direct Submission, Submitted (18-JUL-2011) Center for Forest Mycology Research, Northern Research Station, U. S. Forest Service, One Gifford Pinchot Drive, Madison, WI 53726-2398, USA	795	97
31	*Punctularia strigosozonata strain HHB-11897-* sp.	AF518586.1	同28	795	97
32	*Dendrocorticium roseocarneum*	AF334910.1	Hibbett D S, Donoghue M J. Analysis of character correlations among wood decay mechanisms, mating systems, and substrate ranges in homobasidiomycetes[J]. System Biodivers, 2001, 50 (2): 215-242.	795	97
33	*Xylobolus subpileatus*	AB084610.1	Suhara H, Maekawa N, Kubayashi T, et al. Identification of the basidiomycetous fungus isolated from butt rot of the Japanese cypress[J]. Mycoscience, 2002, 43: 477-481.	795	97
34	*Amylostereum areolatum*	AF082845.1	未出版	795	97
35	*Diversispora* sp. *AS-2007a*	AM713427.1	Gamper H A, Walker C, Schuessler A. Diversispora celata sp. nov: molecular ecology and phylotaxonomy of an inconspicuous arbuscular mycorrhizal fungus [J]. New Phytologist, 2009, 182 (2): 495-506.	801	97
36	*Diversispora* sp. *AS-2007a2*	AM713424.1	同35	801	97
37	*Diversispora* sp. *AS-2007a3*	AM713422.1	同35	801	97
38	*Glomus eburneum*	AM713431.1	同35	801	97
39	*Glomus eburneum2*	AM713429.1	同35	801	97
40	*Glomus eburneum3*	AM713430.1	同35	801	97
41	*Diversispora* sp. *AS-2007a4*	AM713425.1	同35	801	97
42	*Diversispora* sp. *AS-2007a5*	AM713423.1	同35	801	97
43	*Glomus fulvum*	AM418543.1	Redecker D, Raab P, Oehl F, et al. A novel clade of sporocarp-forming glomeromycotan fungi in the Diversisporales lineage[J]. Mycological Progress, 2007, 6 (1): 35-44.	801	97
44	*Diversispora* sp. *AS-2007a6*	AM713420.1	同35	801	97
45	*Diversispora* sp. *W4538*	FR686935.1	Schussler A, Kruger M, Walker C. Revealing natural relationships among arbuscular mycorrhizal fungi: culture line BEG47 represents Diversispora epigaea, not Glomus versiforme[J]. PLOS ONE, 2011, 6 (8): E23333.	801	97
46	*Diversispora aurantia*	AM713432.1	同45	801	97

续表

序号	名称	序列号	文献	序列长度	相似比
47	*Diversispora* sp. *AS-2007a7*	AM713421. 1	同 35	801	97
48	*Funneliformis constrictum*	FR750212. 1	同 12	799	98
49	*Glomus* sp. *M20*	EU332717. 1	Lee J, Lee S, Young J P. Improved PCR primers for the detection and identification of arbuscular mycorrhizal fungi[J]. FEMS Microbiol Ecol, 2008, 65(2):339-349.	796	99
50	*Glomus* sp. *M09*	EU332716. 1	同 49	796	99
51	*Glomus iranicum*	HM153424. 1	Błaszkowski J, Kovács G M, Balázs T K, et al. Glomus africanum and G. iranicum, two new species of arbuscular mycorrhizal fungi (Glomeromycota)[J]. Mycologia, 2010, 102(6):1450-1462.	796	99
52	*Glomus iranicum2*	HM153423. 1	同 51	796	99

表 11.25　开采 5 年根系真菌种类

序号	名称	序列号	文献	序列长度	相似比
1	*Glomus irregulare*	FJ009618. 1	Błaszkowski J, Czerniawska B, Wubet T, et al. Glomus irregulare, a new arbuscular mycorrhizal fungus in the Glomeromycota [J]. Mycotaxon, 2008, 106:247-267.	799	99
2	*Glomus* sp. *MUCL 43206*	AJ852530. 1	未出版	799	99
3	*Glomus fasciculatum*	Y17640. 2	Schüβler A, Gehrig H, Schwarzott D, et al. Analysis of partial < i > Glomales </i > SSU rRNA gene sequences: implications for primer design and phylogeny [J]. Mycological Research, 2001, 105(1):5-15.	799	99
4	*Glomus* sp. *8451. 1*	JQ811204. 1	Field K J, Cameron D D, Leake J R, et al. Contrasting arbuscular mycorrhizal responses of vascular and non-vascular plants to a simulated Palaeozoic CO_2 decline [J]. Nature Communications, 2012, 3:835.	799	99
5	*Glomus* sp. *ST10*	JQ811203. 1	同 4	799	99
6	*Glomus intraradices*	FJ009604. 1	同 1	799	99
7	*Glomus intraradices2*	DQ322630. 1	未出版	799	99
8	*Glomus mycorrhizal*	AJ699062. 1	Russell J, Bulman S. The liverwort Marchantia foliacea forms a specialized symbiosis with arbuscular mycorrhizal fungi in the genus Glomus [J]. New Phytologist, 2005, 165(2):567-579.	799	98
9	*Glomus mycorrhizal2*	AJ699064. 1	同 8	799	98

续表

序号	名称	序列号	文献	序列长度	相似比
10	*Glomeromycota* sp. *MIB 8376*	JF414177. 1	Bidartondo M I, Read D J, Trappe J M, et al. The dawn of symbiosis between plants and fungi[J]. Biology Letters, 2011, 7(4): 574-577.	799	98
11	*Glomus mycorrhizal3*	AJ699063. 1	同 8	799	98
12	*Glomeromycota* sp. *MIB 8379*	JF414189. 1	同 10	799	97
13	*Glomus mycorrhizal4*	AJ699069. 1	同 8	799	97
14	*Glomus* sp. *M09*	EU332716. 1	Lee J, Lee S, Young J P. Improved PCR primers for the detection and identification of arbuscular mycorrhizal fungi[J]. FEMS Microbiol Ecol, 2008, 65(2): 339-349.	798	99
15	*Funneliformis constrictum*	FR750212. 1	Kruger M, Kruger C, Walker C, et al. Phylogenetic reference data for systematics and phylotaxonomy of arbuscular mycorrhizal fungi from phylum to species level[J]. New Phytologist, 2012, 193 (4): 970-984.	798	97
16	*Diversispora aurantia*	AM713432. 1	Schüβler A, Krüger M, Walker C. Revealing natural relationships among arbuscular mycorrhizal fungi: culture line BEG47 represents Diversispora epigaea, not Glomus versiforme[J]. PLOS ONE, 2011, 6(8): e23333.	801	97
17	*Diversispora* sp. *EE1*	HE863883. 1	Thiéry O, Moora M, Vasar M, et al. Inter- and intrasporal nuclear ribosomal gene sequence variation within one isolate of arbuscular mycorrhizal fungus, Diversispora sp[J]. Symbiosis, 2012: 1-13.	801	97
18	*Diversispora* sp. *EE12*	HE863873. 1	同 17	801	97
19	*Diversispora* sp. *EE13*	HE863863. 1	同 17	801	97
20	*Diversispora* sp. *EE14*	HE863862. 1	同 17	801	97
21	*Diversispora* sp. *AS-2007a*	AM713427. 1	Gamper H A, Walker C, Schuessler A. Diversispora celata sp. nov: molecular ecology and phylotaxonomy of an inconspicuous arbuscular mycorrhizal fungus[J]. New Phytologist, 2009, 182 (2): 495-506.	801	97
22	*Diversispora* sp. *AS-2007a2*	AM713424. 1	同 21	801	97
23	*Diversispora* sp. *AS-2007a3*	AM713422. 1	同 21	801	97
24	*Diversispora* sp. *AS-2007a4*	AM713421. 1	同 21	801	97
25	*Glomus fulvum*	AM418543. 1	Redecker D, Raab P, Oehl F, et al. A novel clade of sporocarp-forming species of glomeromycotan fungi in the Diversisporales lineage [J]. Mycological Progress, 2007, 6(1): 35-44.	801	97

续表

序号	名称	序列号	文献	序列长度	相似比
26	*Diversispora* sp. *W4538*	FR686935. 1	同 16	801	97
27	*Glomus trimurales*	FR686957. 1	同 16	801	97
28	*Glomus trimurales2*	FR686956. 1	同 16	801	97
29	*Diversispora spurca*	Y17650. 2	同 3	801	97
30	*Diversispora* sp. *EE15*	HE863885. 1	同 17	801	97
31	*Diversispora* sp. *EE16*	HE863884. 1	同 17	801	97
32	*Diversispora* sp. *EE17*	HE863881. 1	同 17	801	97
33	*Diversispora* sp. *EE18*	HE863880. 1	同 17	801	97
34	*Diversispora* sp. *EE19*	HE863879. 1	同 17	801	97
35	*Diversispora* sp. *EE110*	HE863878. 1	同 17	801	97
36	*Diversispora* sp. *EE111*	HE863876. 1	同 17	801	97
37	*Diversispora* sp. *EE112*	HE863874. 1	同 17	801	97
38	*Diversispora* sp. *EE113*	HE863871. 1	同 17	801	97
39	*Diversispora* sp. *EE114*	HE863869. 1	同 17	801	97
40	*Diversispora* sp. *EE115*	HE863867. 1	同 17	801	97
41	*Glomus eburneum*	AM713431. 1	同 21	801	97
42	*Glomus eburneum2*	AM713429. 1	同 21	801	97
43	*Glomus eburneum3*	AM713430. 1	同 21	801	97
44	*Diversispora* sp. *AS-2007a5*	AM713425. 1	同 21	801	97
45	*Diversispora* sp. *AS-2007a6*	AM713423. 1	同 21	801	97
46	*Diversispora* sp. *AS-2007a7*	AM713420. 1	同 21	801	97
47	*Diversispora* sp. *EE116*	HE863875. 1	同 17	801	97
48	*Diversispora* sp. *EE117*	HE863872. 1	同 17	801	97
49	*Diversispora* sp. *EE118*	HE863870. 1	同 17	801	97
50	*Diversispora* sp. *EE119*	HE863865. 1	同 17	801	97
51	*Diversispora spurca2*	FR686954. 1	同 16	801	97
52	*Otospora bareae*	FR865464. 1	Oehl F, Silva G A, Sánchez-Castro I, et al. Revision of Glomeromycetes with entrophosporoid and glomoid spore formation with three new genera[J]. Mycotaxon, 2011, 117(1): 297-316.	801	98
53	*Diversispora* sp. *EE120*	HE863868. 1	同 17	801	99
54	*Diversispora* sp. *EE121*	HE863864. 1	同 17	801	99
55	*Diversispora* sp. *8479. a. 1*	JQ811206. 1	同 4	801	99
56	*Glomus intraradices4*	FJ009599. 1	同 1	799	99
57	*Glomus intraradices5*	DQ322630. 1	未出版	799	
58	*Glomus irregulare*	FJ009616. 1	同 1	799	

续表

序号	名称	序列号	文献	序列长度	相似比
59	*Glomus intraradices6*	EU232656. 1	未出版	799	
60	*Glomus* sp. *MUCL 43207*	AJ852531. 1	未出版	799	

表 11.26　开采 11 年根系真菌种类

序号	名称	序列号	文献	序列长度	相似比
1	*Diversispora* sp. *W4538*	FR686935. 1	Schüβler A, Krüger M, Walker C. Revealing natural relationships among arbuscular mycorrhizal fungi: culture line BEG47 represents Diversispora epigaea, not Glomus versiforme[J]. PLOS ONE, 2011, 6(8): e23333.	801	97
2	*Diversispora aurantia*	AM713432. 1	同 1	801	97
3	*Diversispora* sp. *EE1*	HE863883. 1	Thiéry O, Moora M, Vasar M, et al. Inter- and intrasporal nuclear ribosomal gene sequence variation within one isolate of arbuscular mycorrhizal fungus, Diversispora sp[J]. Symbiosis, 2012: 1-13.	801	97
4	*Diversispora* sp. *EE12*	HE863873. 1	同 3	801	97
5	*Diversispora* sp. *EE13*	HE863863. 1	同 3	801	97
6	*Diversispora* sp. *EE14*	HE863862. 1	同 3	801	97
7	*Glomus trimurales*	FR686957. 1	同 1	801	97
8	*Glomus trimurales2*	FR686956. 1	同 1	801	97
9	*Diversispora* sp. *AS-2007a*	AM713427. 1	Gamper H A, Walker C, Schüβler A. Diversispora celata *sp.* nov: molecular ecology and phylotaxonomy of an inconspicuous arbuscular mycorrhizal fungus [J]. New Phytologist, 2009, 182(2): 495-506.	801	97
10	*Diversispora* sp. *AS-2007a2*	AM713424. 1	同 9	801	97
11	*Diversispora* sp. *AS-2007a3*	AM713422. 1	同 9	801	97
12	*Diversispora spurca*	Y17650. 2	Schüβler A, Gehrig H, Schwarzott D, et al. Analysis of partial < i > Glomales </i > SSU rRNA gene sequences: implications for primer design and phylogeny [J]. Mycological Research, 2001, 105(1): 5-15.	801	97
13	*Diversispora* sp. *EE15*	HE863885. 1	同 3	801	97
14	*Diversispora* sp. *EE16*	HE863884. 1	同 3	801	97
15	*Diversispora* sp. *EE17*	HE863881. 1	同 3	801	97
16	*Diversispora* sp. *EE18*	HE863880. 1	同 3	801	97
17	*Diversispora* sp. *EE19*	HE863879. 1	同 3	801	97
18	*Diversispora* sp. *EE110*	HE863878. 1	同 3	801	97
19	*Diversispora* sp. *EE111*	HE863876. 1	同 3	801	97

续表

序号	名称	序列号	文献	序列长度	相似比
20	*Diversispora* sp. *EE112*	HE863874. 1	同 3	801	97
21	*Diversispora* sp. *EE113*	HE863871. 1	同 3	801	97
22	*Diversispora* sp. *EE114*	HE863869. 1	同 3	801	97
23	*Diversispora* sp. *EE115*	HE863867. 1	同 3	801	97
24	*Glomus eburneum*	AM713431. 1	同 9	801	97
25	*Glomus eburneum2*	AM713429. 1	同 9	801	97
26	*Glomus eburneum3*	AM713430. 1	同 9	801	97
27	*Diversispora* sp. *AS-2007a4*	AM713425. 1	同 9	801	97
28	*Diversispora* sp. *AS-2007a5*	AM713423. 1	同 9	801	97
29	*Diversispora* sp. *AS-2007a6*	AM713420. 1	同 9	801	97
30	*Diversispora* sp. *EE116*	HE863875. 1	同 3	801	97
31	*Diversispora* sp. *EE117*	HE863872. 1	同 3	801	97
32	*Diversispora* sp. *EE118*	HE863870. 1	同 3	801	97
33	*Diversispora* sp. *EE119*	HE863865. 1	同 3	801	97
34	*Diversispora spurca2*	FR686954. 1	同 1	801	97
35	*Diversispora* sp. *AS-2007a7*	AM713421. 1	同 9	801	97
36	*Glomeromycota* sp. *MIB 8844*	KC708352. 1	Desirò A, Duckett J G, Pressel S, et al. Fungal symbioses in hornworts: a chequered history[J]. Proceedings of the Royal Society B: Biological Sciences, 2013, 280(1759).	801	97
37	*Glomus fulvum*	AM418543. 1	Redecker D, Raab P, Oehl F, et al. A novel clade of sporocarp-forming species of glomeromycotan fungi in the Diversisporales lineage[J]. Mycological Progress, 2007, 6(1): 35-44.	801	97
38	*Otospora bareae*	FR865464. 1	Oehl F, Silva G A, Sánchez-Castro I, et al. Revision of Glomeromycetes with entrophosporoid and glomoid spore formation with three new genera[J]. Mycotaxon, 2011, 117(1): 297-316.	801	97
39	*Diversispora* sp. *EE120*	HE863868. 1	同 3	801	97
40	*Diversispora* sp. *EE121*	HE863864. 1	同 3	801	97
41	*Diversispora* sp. *8479. a. 1*	JQ811206. 1	Field K J, Cameron D D, Leake J R, et al. Contrasting arbuscular mycorrhizal responses of vascular and non-vascular plants to a simulated Palaeozoic CO_2 decline[J]. Nature Communications, 2012, 3: 835.	801	97
42	*Glomus indicum*	GU059539. 1	Blaszkowski J, Wubet T, Harikumar V S, et al. Glomus indicum, a new arbuscular mycorrhizal fungus[J]. Botany, 2010, 88(2): 132-143.	798	99

续表

序号	名称	序列号	文献	序列长度	相似比
43	*Glomus indicum2*	GU059543. 1	同42	798	99
44	*Glomus indicum3*	GU059542. 1	同42	798	99
45	*Glomus indicum4*	GU059541. 1	同42	798	99
46	*Glomus indicum5*	GU059540. 1	同42	798	99
47	*Glomus indicum6*	GU059538. 1	同42	798	99
48	*Glomus indicum7*	GU059535. 1	同42	798	99
49	*Glomus indicum8*	GU059534. 1	同42	798	99
50	*Glomus indicum9*	GU059537. 1	同42	798	99
51	*Glomus indicum10*	GU059536. 1	同42	798	99
52	*Glomus* sp. *M01*	EU332720. 1	Lee J, Lee S, Young J P W. Improved PCR primers for the detection and identification of arbuscular mycorrhizal fungi [J]. FEMS Microbiology Ecology, 2008, 65(2): 339-349.	798	97
53	*Glomus iranicum*	HM153423. 1	Błaszkowski J, Kovács G M, Balázs T K, et al. Glomus africanum and G. iranicum, two new species of arbuscular mycorrhizal fungi (Glomeromycota) [J]. Mycologia, 2010, 102(6): 1450-1462.	798	97
54	*Funneliformis constrictum*	FR750212. 1	Krüger M, Krüger C, Walker C, et al. Phylogenetic reference data for systematics and phylotaxonomy of arbuscular mycorrhizal fungi from phylum to species level[J]. New Phytologist, 2012, 193(4): 970-984.	799	99
55	*Rhizophagus intraradices*	FR750206. 1	同54	800	99
56	*Rhizophagus intraradices2*	FR750207. 1	同54	800	99
57	*Rhizophagus intraradices3*	FR750209. 1	同54	800	99
58	*Rhizophagus intraradices4*	FR750205. 1	同54	800	99
59	*Glomus intraradices*	FJ009599. 1	Błaszkowski J, Czerniawska B, Wubet T, et al. Glomus irregulare, a new arbuscular mycorrhizal fungus in the Glomeromycota [J]. Mycotaxon, 2008, 106: 247-267.	800	99
60	*Glomus proliferum*	AF213462. 1	Declerck S, Cranenbrouck S, Dalpé Y, et al. Glomus proliferum sp. nov.: a description based on morphological, biochemical, molecular and monoxenic cultivation data[J]. Mycologia, 2000: 1178-1187.	800	99

续表

序号	名称	序列号	文献	序列长度	相似比
61	*Glomus* sp. *8451. 1*	JQ811204. 1	Field K J, Cameron D D, Leake J R, et al. Contrasting arbuscular mycorrhizal responses of vascular and non-vascular plants to a simulated Palaeozoic CO_2 decline[J]. Nature Communications, 2012, 3: 835.	800	99
62	*Glomus* sp. *ST10*	JQ811203. 1	同 61	800	99
63	*Glomus irregulare*	FJ009618. 1	同 59	800	99
64	*Glomus intraradices2*	FJ009604. 1	同 59	800	99
65	*Glomus intraradices3*	FJ009602. 1	同 59	800	99
66	*Glomus* sp. *MUCL 43206*	AJ852530. 1	未出版	800	99

表 11.27 未开采区根系真菌种类

序号	名称	序列号	文献	序列长度	相似比
1	*Rhizophagus intraradices*	FR750206. 1	Krüger M, Krüger C, Walker C, et al. Phylogenetic reference data for systematics and phylotaxonomy of arbuscular mycorrhizal fungi from phylum to species level[J]. New Phytologist, 2012, 193(4): 970-984.	799	99
2	*Rhizophagus intraradices2*	FR750207. 1	同 1	799	99
3	*Rhizophagus intraradices3*	FR750209. 1	同 1	799	99
4	*Rhizophagus intraradices4*	FR750205. 1	同 1	799	99
5	*Glomus intraradices*	FJ009599. 1	Błaszkowski J, Czerniawska B, Wubet T, et al. Glomus irregulare, a new arbuscular mycorrhizal fungus in the Glomeromycota [J]. Mycotaxon, 2008, 106: 247-267.	799	99
6	*Glomus intraradices2*	FJ009598. 1	同 5	799	99
7	*Glomus proliferum*	AF213462. 1	Declerck S, Cranenbrouck S, Dalpé Y, et al. Glomus proliferum sp. nov.: a description based on morphological, biochemical, molecular and monoxenic cultivation data[J]. Mycologia, 2000: 1178-1187.	799	99
8	*Glomus irregulare*	FJ009618. 1	同 5	799	99
9	*Glomus intraradices3*	FJ009604. 1	同 5	799	99
10	*Glomus sp. MUCL 43206*	AJ852530. 1	未出版	799	99
11	*Glomus fasciculatum*	Y17640. 2	Schüßler A, Gehrig H, Schwarzott D, et al. Analysis of partial < i > Glomales </i > SSU rRNA gene sequences: implications for primer design and phylogeny [J]. Mycological Research, 2001, 105(1): 5-15.	799	98

续表

序号	名称	序列号	文献	序列长度	相似比
12	*Glomus indicum*	GU059536.1	Blaszkowski J, Wubet T, Harikumar V S, et al. Glomus indicum, a new arbuscular mycorrhizal fungus[J]. Botany, 2010, 88(2): 132-143.	795	98
13	*Glomus indicum2*	GU059537.1	同 12	795	98
14	*Glomus indicum3*	GU059539.1	同 12	795	98
15	*Glomus indicum4*	GU059534.1	同 12	795	98
16	*Glomus indicum5*	GU059543.1	同 12	795	97
17	*Glomus indicum6*	GU059542.1	同 12	795	97
18	*Glomus indicum7*	GU059541.1	同 12	795	97
19	*Glomus indicum8*	GU059540.1	同 12	795	97
20	*Glomus indicum9*	GU059538.1	同 12	795	97
21	*Glomus indicum10*	GU059535.1	同 12	795	97
22	*Glomus sp. M01*	EU332720.1	Lee J, Lee S, Young J P W. Improved PCR primers for the detection and identification of arbuscular mycorrhizal fungi [J]. FEMS Microbiology Ecology, 2008, 65(2): 339-349.	799	99
23	*Glomeromycota* sp. *MIB 8433*	KC708343.1	Desirò A, Duckett J G, Pressel S, et al. Fungal symbioses in hornworts: a chequered history[J]. Proceedings of the Royal Society B: Biological Sciences, 2013, 280(1759).	799	99
24	*Glomus macrocarpum 18S*	FR750376.1	同 1	799	99
25	*Glomus macrocarpum*	FR772325.1	Krüger M, Walker C, Schüßler A. Acaulospora brasiliensis comb. nov. and Acaulospora alpina (Glomeromycota) from upland Scotland: morphology, molecular phylogeny and DNA-based detection in roots[J]. Mycorrhiza, 2011, 21(6): 577-587.	799	99
26	*Glomeromycota* sp. *MIB 8840*	KC708342.1	同 23	799	99
27	*Glomus* sp. *W3347*	AJ301857.1	Schwarzott D, Walker C, Schüßler A. < i > Glomus, </i> the Largest Genus of the Arbuscular Mycorrhizal Fungi (Glomales), Is Nonmonophyletic [J]. Molecular Phylogenetics and Evolution, 2001, 21(2): 190-197.	799	99
28	*Glomeromycota* sp. *MIB 8393*	JF414185.1	Bidartondo M I, Read D J, Trappe J M, et al. The dawn of symbiosis between plants and fungi[J]. Biology Letters, 2011, 7(4): 574-577.	799	98
29	*Glomeromycota* sp. *MIB 8392*	JF414191.1	同 28	799	98
30	*Glomeromycota* sp. *MIB 8870*	KC708360.1	同 23	799	98

续表

序号	名称	序列号	文献	序列长度	相似比
31	*Glomeromycota* sp. *MIB 8383*	JF414176. 1	同 28	799	98
32	*Glomeromycota* sp. *MIB 8375*	JF414190. 1	同 28	799	98
33	*Glomeromycota* sp. *MIB 8393*	JF414184. 1	同 28	799	98
34	*Diversispora* sp. *W3033*	FR686934. 1	Schüβler A, Krüger M, Walker C. Revealing natural relationships among arbuscular mycorrhizal fungi: culture line BEG47 represents Diversispora epigaea, not Glomus versiforme[J]. PLOS ONE, 2011,6(8):e23333.	801	99
35	*Diversispora* sp. *8479. a. 1*	JQ811206. 1	Field K J, Cameron D D, Leake J R, et al. Contrasting arbuscular mycorrhizal responses of vascular and non-vascular plants to a simulated Palaeozoic CO_2 decline[J]. Nature Communications, 2012,3:835.	801	99
36	*Diversispora aurantia*	AM713432. 1	同 34	801	99
37	*Diversispora* sp. *W2423*	Y17644. 2	同 11	801	99
38	*Diversispora* sp. *W24232*	FR686944. 1	同 34	801	99
39	*Diversispora* sp. *W24233*	FR686943. 1	同 34	801	99
40	*Diversispora* sp. *EE1*	HE863885. 1	Thiéry O, Moora M, Vasar M, et al. Inter- and intrasporal nuclear ribosomal gene sequence variation within one isolate of arbuscular mycorrhizal fungus, Diversispora sp[J]. Symbiosis, 2012:1-13.	801	99
41	*Diversispora* sp. *EE12*	HE863881. 1	同 40	801	99
42	*Diversispora* sp. *EE13*	HE863880. 1	同 40	801	99
43	*Diversispora* sp. *EE14*	HE863879. 1	同 40	801	99
44	*Diversispora* sp. *EE15*	HE863878. 1	同 40	801	99
45	*Diversispora* sp. *EE16*	HE863876. 1	同 40	801	99
46	*Diversispora* sp. *EE17*	HE863874. 1	同 40	801	99
47	*Diversispora* sp. *EE18*	HE863871. 1	同 40	801	99
48	*Diversispora* sp. *EE19*	HE863869. 1	同 40	801	99
49	*Diversispora* sp. *EE110*	HE863867. 1	同 40	801	99
50	*Diversispora* sp. *EE111*	HE863875. 1	同 40	801	99
51	*Diversispora* sp. *EE112*	HE863883. 1	同 40	801	99
52	*Diversispora* sp. *EE113*	HE863873. 1	同 40	801	99
53	*Diversispora* sp. *EE114*	HE863872. 1	同 40	801	99
54	*Diversispora* sp. *EE115*	HE863870. 1	同 40	801	99
55	*Diversispora* sp. *EE116*	HE863865. 1	同 40	801	99
56	*Diversispora* sp. *EE117*	HE863863. 1	同 40	801	99

续表

序号	名称	序列号	文献	序列长度	相似比
57	*Diversispora* sp. *EE118*	HE863862.1	同 40	801	99
58	*Otospora bareae*	FR865464.1	Oehl F, Silva G A, Sánchez-Castro I, et al. Revision of Glomeromycetes with entrophosporoid and glomoid spore formation with three new genera [J]. Mycotaxon, 2011, 117(1): 297-316.	801	99
59	*Diversispora* sp. *EE119*	HE863868.1	同 40	801	99
60	*Diversispora* sp. *EE120*	HE863864.1	同 40	801	99
61	*Otospora bareae2*	FR865463.1	同 58	801	99
62	*Diversispora* sp. *W4538*	FR686935.1	同 34	801	99
63	*Diversispora* sp. *AS-2007a*	AM713421.1	Gamper H A, Walker C, Schüβler A. Diversispora celata sp. nov: molecular ecology and phylotaxonomy of an inconspicuous arbuscular mycorrhizal fungus [J]. New Phytologist, 2009, 182(2): 495-506.	801	99
64	*Diversispora* sp. *EE121*	HE863882.1	同 40	801	99
65	*Diversispora* sp. *EE122*	HE863886.1	同 40	801	99
66	*Diversispora* sp. *AS-2007a2*	AM713420.1	同 63	801	99
67	*Diversispora* sp. *AS-2007a3*	AM713425.1	同 63	801	99
68	*Diversispora* sp. *AS-2007a4*	AM713423.1	同 63	801	99
69	*Diversispora spurca*	Y17650.2	同 11	801	99
70	*Entrophospora nevadensis*	FR865465.1	同 58	801	99
71	*Diversispora* sp. *AS-2007a5*	AM713427.1	同 63	801	99
72	*Diversispora* sp. *AS-2007a6*	AM713422.1	同 63	801	99
73	*Diversispora* sp. *EE123*	HE863866.1	同 40	801	98
74	*Glomus* sp. *M09*	EU332716.1	同 22	799	99

表 11.28　根系真菌多样性分析

开采时间	开采 1 年	开采 5 年	开采 8 年	开采 11 年	未开采
多样性指数 H	3.58	3.85	2.25	4.05	4.19
均匀度指数 J	0.96	0.94	0.91	0.97	0.97

11.4　现代开采沉陷区植物群落演替变化分析

植物群落演替是在生物群落发展变化过程中，一个优势群落代替另一个优势群落的演变现象，随时间推移且有规律地变化。植物群落演替是一个漫长的复杂过程，当群落演替到与环境处于平衡状态时演替就不再进行。植物群落特征包括群落中物种多样性、生长形式（如森林、灌丛、草地等）和存在结构（空间结构、时间组配和种类结构）、对群落的特性起决定作用的优势种（体大、数量多或活动性强的植物种）、群落中不同物种的相对比例（如相对多度和相对盖度）等。控制植物群落演替包括内部因素（如植物繁殖体的迁移、散布和动物的活动性等）、外界环境因素和人类活动，而人类对植物群落演替的影响要远远超过其他所有的生态因子。煤炭开采是一种典型的人类活动，前述研究表明开采影响了植物生长的土壤理化环境和根际微生物环境，研究以大柳塔研究区为样本，以不同开采时形成的沉陷区为对象，进一步通过采后植物的物种多样性和植物群落特征等的变化，研究采后植物群落演替变化，探讨开采区域植被向采前自然恢复的可能性和周期。

11.4.1　物种多样性

物种多样性是指一个群落中物种数目的多少及物种个体数目分布的均匀程度，表征了群落复杂程度、物种的丰富度、物种多少和可持续程度。物种多样性是生物多样性的一个方面，环境条件越优越，群落结构越复杂，组成群落的生物种类越多。研究采用物种多样性指数和物种均匀度指标，研究采后不同时间的植物群落的稳定性。

1. 物种多样性指数（H）

物种多样性指数是用物种数量来反映群落种类的多样性的重要指标。物种多样性指数表示方法很多，以 Simpson（辛普森）多样性指数和 Shannon-Wiener 指数（香农–维纳指数）最常用。群落中生物种类增加代表群落的复杂程度增加，即物种多样性指数 H 值增大，群落所含的信息量随之增大，群落物种多样性越大，则含有的生物基因越丰富，食物链越复杂，群落的自我调节能力就越强，生态平衡就越不容易遭到破坏，提高了群落稳定性。

从表 11.29 可以看出，物种多样性指数从小到大为开采 8 年<1 年<开采 5 年<开采 11 年<未开采，即随开采年限（自修复时间）延长，物种多样性指数 H 逐年递增。开采过的四个工作面（开采 1 年、开采 5 年、开采 8 年和开采 11 年）物种多样性指数 H 都为 0.87～1.22，均小于未开采工作面，开采 11 年后，生态系统多样性指数仍未恢复到开采前的状态。从物种多样性逐年递增且开采后小于未开采的现状可以看出，生态系统经过多年的自修复过程，其生态多样性也有可能恢复到开采前的状态，但可能需要很长的时间。综上所述，采煤沉陷区的生态多样性指数在无人工干预的情况下，恢复到未开采状态需要较长的时间，为了加快矿区生态修复的进程，可以考虑进行人工干预——人工接种丛枝菌根真菌，加强植物对环境的适应能力，并改良营养贫瘠的矿区塌陷地土壤。

表 11.29　不同开采时间下物种多样性指数

样方	开采 1 年	开采 5 年	开采 8 年	开采 11 年	未开采
1	1.10	0.90	1.04	1.37	1.67
2	0.76	0.56	1.33	1.27	1.39
3	0.84	0.76	0.94	1.46	1.21
4	0.40	1.16	0.94	0.63	0.87
5	1.24	1.12	1.16	1.39	1.42
平均值	0.87b	0.90b	1.08ab	1.22ab	1.31a

2. 物种均匀度

物种均匀度（J）是指一个群落或生境中全部物种个体数目的分配状况，它反映的是各物种个体数目分配的均匀程度，各物种的均匀性增加也会使多样性提高。研究区物种均匀度指数如表11.30所示，可以看出物种均匀度指数与物种多样性指数具有相同的趋势，未开采的物种均匀度最大，开采1年的物种均匀度最小。其中开采1年、5年和8年这三个工作面的物种均匀度变化幅度很小，均为0.42～0.46；开采11年与未开采物种均匀度相近，只差0.04。这说明生态系统的自修复过程能够弥补开采对生态多样性造成的影响，但自修复的过程比较缓慢，可以选择适宜的微生物，进行微生物复垦从而加快当地生态修复的进程。

表11.30　不同开采时间下物种均匀度

样方	开采1年	开采5年	开采8年	开采11年	未开采
1	0.53	0.46	0.42	0.59	0.73
2	0.37	0.29	0.54	0.55	0.60
3	0.40	0.39	0.38	0.63	0.53
4	0.19	0.60	0.38	0.27	0.38
5	0.60	0.58	0.47	0.60	0.62
平均值	0.42a	0.46a	0.44a	0.53a	0.57a

大柳塔研究区物种多样性分析表明，随采后时间延长，物种多样性指数H逐年递增，采后11年，多样性指数仍未恢复到采前状态，采后1年的物种均匀度最小，而未采动区物种均匀度最大。说明生态系统经过多年的自然恢复作用，其生态多样性有可能恢复到采前状态，但可能需要很长的时间。

11.4.2　植物群落特征

植物群落特征除物种多样性外，群落的生长形式、存在结构和优势种等指标也表征了物种之间的相互组合和相互影响、内在结构和相互关系。研究采用物种分离频度、物种相对多度、植物相对盖度与植被盖度、植物重要值等指标分析了植物群落特征。

1. 物种分离频度

物种分离频度方法是表征植物群落中主要植物种类及优势种变化的重要指标。研究将分离频度（F）划分为3个优势度等级，$F>50\%$为优势属/种，$20\%<F\leqslant50\%$为常见属/种，$F\leqslant20\%$为偶见属/种。表11.31中罗列植物为各个工作面样方中所包含的植物种类，其中开采1年中共有9个种类，其中3个优势种、6个偶见种；开采5年中共有7个种类，其中3个优势种、1个常见种、3个偶见种；开采8年中共有12个种类，其中2个优势种、3个常见种、7个偶见种；开采11年中共有10个种类，其中3个优势种、1个常见种、6个偶见种；未开采中共有10个种类，其中4个优势种、1个常见种、5个偶见种。随开采时间的延长，植物种类与优势种数量整体呈上升势，而偶见种数量呈下降势。说明生态系

统的自修复有助于提高植物的分离频度，即有助于优势种的形成，优势种的增加增大了植被的覆盖密度，从而提高植被的覆盖度，有利于生态系统稳定性的提高。

表 11.31　不同开采时间植被的分离频度及优势度等级

开采时间	植物名称	q_i	F	优势度等级
开采 1 年	大针茅	5	100%	优势种
	画眉草	1	20%	偶见种
	油蒿	1	20%	偶见种
	田旋花	1	20%	偶见种
	猪毛蒿	3	60%	优势种
	隐子草	1	20%	偶见种
	黑沙蒿	3	60%	优势种
	柠条锦鸡儿	1	20%	偶见种
	狗尾草	1	20%	偶见种
开采 5 年	画眉草	3	60%	优势种
	大针茅	5	100%	优势种
	黑沙蒿	5	100%	优势种
	小蓟	1	20%	偶见种
	阿尔泰狗娃花	2	40%	常见种
	砂珍棘豆	1	20%	偶见种
	华北米蒿	1	20%	偶见种
开采 8 年	画眉草	2	40%	常见种
	大针茅	5	100%	优势种
	黑沙蒿	3	60%	优势种
	猪毛蒿	2	40%	常见种
	猫儿眼	1	20%	偶见种
	达乌里胡枝子	1	20%	偶见种
	小蓟	1	20%	偶见种
	田旋花	2	40%	常见种
	糜蒿	1	20%	偶见种
	隐子草	1	20%	偶见种
	辽东蒿	1	20%	偶见种
	华北米蒿	1	20%	偶见种
开采 11 年	大针茅	5	100%	优势种
	小蓟	1	20%	偶见种
	达乌里胡枝子	3	60%	优势种
	田旋花	3	60%	优势种
	砂珍棘豆	1	20%	偶见种
	菟丝子	1	20%	偶见种
	阿尔泰狗娃花	1	20%	偶见种
	黑沙蒿	2	40%	常见种
	猫儿眼	1	20%	偶见种
	狗尾草	1	20%	偶见种
未开采	草木樨	1	20%	偶见种
	大针茅	5	100%	优势种
	画眉草	2	40%	常见种
	黑沙蒿	4	80%	优势种
	田旋花	3	60%	优势种
	狗尾草	1	20%	偶见种
	猪毛蒿	1	20%	偶见种
	达乌里胡枝子	4	80%	优势种
	阿尔泰狗娃花	1	20%	偶见种
	小蓟	1	20%	偶见种

2. 物种相对多度

物种相对多度是植物群落各种植物的相对组合关系的表征，也是调查区内某一种的个体数占全部种个体数的百分比，表示了一个种在群落中的个体数量，即植物群落中植物种间的个体数量对比关系。由于研究区在植物个体数量多而植物体形小的群落（如灌木、草本群落），多度统计采用目测估计法。其中，将相对多度（RA）划分为 6 个多度等级，RA>75% 为非常多，50% <RA<75% 为多，25% <RA≤50% 为较多，5% <RA≤25% 为较少，RA≤5% 为少，单株为很少。

研究区 5 个工作面的植被相对多度统计表明（表 11.32），以共有的优势种大针茅为例，按开采时间其相对多度分别为 25%、20%、39%、32%、46%，整体上呈上升趋势。说明优势种相对多度随开采时间的延长而升高，即优势种的相对数量增加，优势种的优势程度增加。

表 11.32　开采 1 年后各种植物的相对多度

开采时间	样方	1	2	3	4	5	平均值
1 年	大针茅	18%	55%	22%	14%	18%	25%
	画眉草	9%	—	—	—	—	2%
	田旋花	55%	—	—	—	—	5%
	猪毛蒿	—	9%	67%		27%	21%
	隐子草	—	9%	—	—	—	2%
	黑沙蒿	18%	27%	—	86%	9%	26%
	柠条锦鸡儿	—	—	11%	—	—	2%
	狗尾草	—	—	—	—	45%	9%
5 年	画眉草	13%	6%	—	—	—	4%
	大针茅	25%	11%	21%	23%	18%	20%
	黑沙蒿	63%	83%	71%	54%	12%	57%
	小蓟	—	—	—	—	12%	2%
	阿尔泰狗娃花	—	—	7%	15%	—	4%
	砂珍棘豆	—	—	—	8%	—	2%
	华北米蒿	—	—	—	—	59%	12%
8 年	画眉草	16%	—	—	17%	—	7%
	大针茅	72%	32%	50%	17%	22%	39%
	黑沙蒿	12%	—	13%	33%	—	12%
	猪毛蒿	—	5%	—	—	11%	3%
	猫儿眼	—	21%	—	—	—	4%
	达乌里胡枝子	—	26%	—	—	—	5%
	小蓟	—	16%	—	—	—	3%
	田旋花	—	—	13%	33%	—	9%
	糜蒿	—	—	25%	—	—	5%
	隐子草	—	—	—	—	44%	9%
	辽东蒿	—	—	—	—	11%	2%
	华北米蒿	—	—	—	—	11%	2%

续表

开采时间	样方	1	2	3	4	5	平均值
11 年	大针茅	20%	43%	33%	33%	29%	32%
	小蓟	20%	—	—	—	—	4%
	达乌里胡枝子	30%	29%	33%	—	—	18%
	田旋花	30%	14%	11%	—	—	11%
	砂珍棘豆	—	14%	—	—	—	3%
	菟丝子	—	—	11%	—	—	2%
	阿尔泰狗娃花	—	—	11%	—	—	2%
	黑沙蒿	—	—	—	67%	24%	30%
	猫儿眼	—	—	—	—	24%	5%
	狗尾草	—	—	—	—	24%	5%
未开采	草木樨	9%	—	—	—	—	2%
	大针茅	27%	50%	44%	67%	40%	46%
	画眉草	18%	—	11%	—	—	6%
	黑沙蒿	9%	13%	33%	—	10%	13%
	田旋花	9%	13%	—	—	10%	6%
	狗尾草	27%	—	—	—	—	5%
	猪毛蒿	—	13%	—	—	—	3%
	达乌里胡枝子	—	13%	11%	17%	30%	14%
	阿尔泰狗娃花	—	—	—	17%	—	3%
	小蓟	—	—	—	—	10%	2%

不同开采时间各科植被的相对多度差异较大，按照相对多度由大到小的顺序（表 11.33），开采 1 年中菊科>禾本科>旋花科>豆科；开采 5 年中菊科>禾本科>豆科；开采 8 年中禾本科>菊科>旋花科>豆科>大戟科；开采 11 年中禾本科>菊科>豆科>旋花科>大戟科；未开采中禾本科>菊花科>豆科>旋花科。由此可见，禾本科和菊科的相对多度较大，在不同开采时间均属于比较常见的植物。

表 11.33　不同开采时间下各科植被的相对多度及多度等级

开采时间	样方	1	2	3	4	5	平均值	优势度等级
1 年	豆科	—	—	11%	—	—	2%	很少
	禾本科	27%	64%	22%	14%	63%	38%	较多
	菊科	18%	36%	67%	86%	36%	49%	较多
	旋花科	55%	—	—	—	—	11%	较少
5 年	豆科	—	—	—	8%	—	2%	很少
	禾本科	38%	17%	21%	23%	18%	23%	较少
	菊科	63%	83%	78%	69%	83%	75%	多

续表

开采时间	样方	1	2	3	4	5	平均值	优势度等级
8年	豆科	—	26%	—	—	—	5%	较少
	禾本科	88%	32%	50%	34%	66%	54%	多
	菊科	12%	21%	13%	33%	11%	27%	较多
	旋花科	—	—	13%	33%	—	9%	较少
	大戟科	—	21%	—	—	—	4%	少
11年	豆科	30%	43%	33%	—	—	21%	较少
	禾本科	20%	43%	33%	33%	53%	36%	较多
	菊科	20%	—	11%	67%	24%	24%	较少
	旋花科	30%	14%	22%	—	—	13%	较少
	大戟科	—	—	—	—	24%	5%	少
未开采	豆科	9%	13%	11%	17%	30%	16%	较少
	禾本科	70%	50%	55%	67%	40%	56%	多
	菊科	9%	26%	33%	17%	20%	21%	较少
	旋花科	9%	13%	—	—	10%	6%	较少

3. 植物相对盖度与植被盖度

植物相对盖度是某种植物在群落所在区域内所有地面投影面积与区域总面积之比，通常采用抽样调查的方法获得。植被盖度分为投影盖度、郁闭度、基盖度、显著度和相对显著度等指标表征。其中，盖度为植物地上部分垂直投影所覆盖的面积，相对盖度为各种植物所占盖度的比例。不同开采时间各种植物的相对盖度（C_r）如表11.34所示，显示各个工作面中优势种大针茅的相对盖度最大，按开采时间分别为27%、37%、55%、42%、37%，规律性不明显。

表11.34　不同采后时间样区植物的相对盖度变化

采后时间	样方	1	2	3	4	5	平均值
1年	大针茅	25%	60%	10%	20%	20%	27%
	画眉草	5%	—	—	—	—	1%
	田旋花	35%	—	—	—	—	7%
	猪毛蒿	—	15%	60%	—	10%	17%
	隐子草	—	20%	—	—	—	4%
	黑沙蒿	35%	5%	—	80%	25%	29%
	柠条锦鸡儿	—	—	30%	—	—	6%
	狗尾草	—	—	—	—	45%	9%

续表

采后时间	样方	1	2	3	4	5	平均值
5 年	画眉草	5%	5%	—	10%	—	4%
	大针茅	30%	45%	50%	50%	10%	37%
	黑沙蒿	60%	50%	45%	10%	20%	37%
	小蓟	—	—	—	—	45%	9%
	阿尔泰狗娃花	—	—	5%	35%	—	8%
	砂珍棘豆	—	—	—	5%	—	1%
	华北米蒿	—	—	—	—	25%	5%
8 年	画眉草	25%	—	—	10%	—	7%
	大针茅	50%	25%	70%	70%	60%	55%
	黑沙蒿	25%	—	10%	10%	—	9%
	猪毛蒿	—	5%	—	—	10%	3%
	猫儿眼	—	5%	—	—	—	1%
	达乌里胡枝子	—	45%	—	—	—	9%
	小蓟	—	20%	—	—	—	4%
	田旋花	—	—	10%	10%	—	4%
	糜蒿	—	—	10%	—	—	2%
	隐子草	—	—	—	—	20%	4%
	辽东蒿	—	—	—	—	5%	1%
	华北米蒿	—	—	—	—	5%	1%
11 年	大针茅	55%	50%	30%	50%	25%	42%
	小蓟	5%	—	—	—	—	1%
	达乌里胡枝子	25%	15%	50%	—	—	18%
	田旋花	15%	5%	10%	—	—	6%
	砂珍棘豆	—	30%	—	—	—	6%
	菟丝子	—	—	5%	—	—	1%
	阿尔泰狗娃花	—	—	5%	—	—	1%
	黑沙蒿	—	—	—	50%	20%	14%
	猫儿眼	—	—	—	—	30%	6%
	狗尾草	—	—	—	—	25%	5%

续表

采后时间	样方	1	2	3	4	5	平均值
未开采	草木樨	20%	—	—	—	—	4%
	大针茅	10%	45%	25%	65%	40%	37%
	画眉草	5%	—	5%	—	—	2%
	黑沙蒿	20%	20%	40%	—	10%	18%
	田旋花	5%	10%	—	—	5%	4%
	狗尾草	40%	—	—	—	—	8%
	猪毛蒿	—	5%	—	—	—	1%
	达乌里胡枝子	—	20%	30%	15%	35%	20%
	阿尔泰狗娃花	—	—	—	20%	—	4%
	小蓟	—	—	—	—	10%	2%

植被盖度分为投影盖度、郁闭度、基盖度、显著度和相对显著度等指标，研究采用盖度，即植物地上部分垂直投影所覆盖的面积指标变化，分析采后植被的总体变化趋势。不同开采时间植被盖度（C）如表11.35所示，表明随开采时间的延长即自修复时间的延长，各工作面植被盖度逐渐增加，不同开采时间植被盖度由小到大的顺序为开采5年<开采1年<开采8年<开采11年<未开采。其中开采1年与开采5年只相差6%，且差异未达到显著水平；开采11年和未开采也相差6%，差异不显著；开采11年和未开采与开采1年和5年相比，差异为23%～35%，且达到显著水平。这表明生态系统的自修复能够逐渐提高植被的盖度，但这一过程十分缓慢，修复11年的盖度仍低于未开采区，可以通过人工接种丛枝菌根真菌的微生物复垦法来提高采煤塌陷区的植被覆盖率，从而提高矿区生态修复的效率。

表11.35 采后不同时间样方植被盖度变化

样方	开采1年	开采5年	开采8年	开采11年	未开采
1	65%	65%	90%	90%	90%
2	50%	30%	80%	70%	70%
3	65%	40%	65%	90%	95%
4	70%	75%	55%	65%	85%
5	40%	40%	50%	90%	95%
平均值	58% b	52% b	68% ab	81% a	87% a

4. 植物重要值

植物重要值是用来表示某个种在群落中地位和作用的综合数量指标，通常采用相对密度（%）+相对频度（%）+相对显著度（%）表征，而重要值最大的种即为优势种。由于它可以综合反映研究区内物种的属性，常应用于优势种的集中程度分析和群落的数量分类等。通常某一植物的重要值越大，说明此类植物在区内优势度越大。

研究区内不同开采时间植物重要值如表11.36所示。以各工作面中重要值最大的大针茅为例，其值在开采1年、5年、8年、11年和未开采区分别为0.51、0.52、0.64、0.58、

表 11.36　采后不同时间各样方植被信息表与其重要值

采后时间	中文名称（样区）	拉丁文名称	科	亚科	属	特征	1	2	3	4	5	平均值
开采1年	大针茅	*Stipa grandis P Smirn.*	禾本科	早熟禾亚科	针茅属	多年生草本，高 50～100cm	0.48	0.72	0.44	0.45	0.46	0.51
	画眉草（星星草）	*Eragrostis pilosa*（*L.*）*Beauv*	禾本科	画眉草亚科	画眉草属	一年生草本，高 10～45cm	0.11	—	—	—	—	0.02
	黑沙蒿（油蒿）	*Artemisia ordosica Krasch*	菊科	管状花亚科	蒿属	半灌木，高 50～100cm，常有浓烈气味	0.27	—	—	—	—	0.05
	田旋花（中国旋花）	*Convolvulus arvensis L.*	旋花科		旋花属	多年生草本，细弱蔓生或微缠绕	—	0.28	0.62	—	0.32	0.24
	猪毛蒿（米蒿）	*Artemisia scoparia Waldst. et Kit.*	菊科	管状花亚科	蒿属	多年生或近一、二年生草本，高达 1m，有浓烈香气	—	0.16	—	—	—	0.03
	隐子草	*Cleistogenes songorica*（*Roshev.*）*Ohwi*	禾本科	画眉草亚科	隐子草属	多年生草本，高 15～50cm	0.21	0.31	—	0.75	0.31	0.32
	柠条锦鸡儿（白柠条）	*Caragana korshinskii Kom.*	豆科	蝶形花亚科	锦鸡儿属	灌木，高 1.5～3m，最高可达 5m	—	—	0.20	—	—	0.04
	狗尾草（毛莠莠）	*Setaria viridis*（*L.*）*Beauv*	禾本科	黍亚科	狗尾草属	一年生草本，秆高 20～60cm	—	—	—	—	0.37	0.07
开采5年	画眉草（星星草）	*Eragrostis pilosa*（*L.*）*Beauv*	禾本科	画眉草亚科	画眉草属	一年生草本，高 10～45cm	0.26	0.24	—	0.27	—	0.15
	大针茅	*Stipa grandis P Smirn.*	禾本科	早熟禾亚科	针茅属	多年生草本，高 50～100cm	0.52	0.52	0.57	0.58	0.43	0.52
	黑沙蒿（油蒿）	*Artemisia ordosica Krasch*	菊科	管状花亚科	蒿属	半灌木，高 50～100cm，常有浓烈气味	0.74	0.47	0.72	0.55	0.44	0.58
	刺儿菜（小蓟）	*Cirsium segetum Bunge*	菊科	管状花亚科	蓟属	多年生草本，高 20～60cm	—	—	—	—	0.26	0.05
	阿尔泰狗娃花（阿尔泰紫菀）	*Heteropappus altaicus*（*Willd.*）*Novopokr*	菊科	管状花亚科	狗娃花属	多年生草本，高 20～40cm	—	—	0.17	0.30	—	0.09
	砂珍棘豆（泡泡草）	*Oxytropis gracilima Bunge*	豆科	蝶形花亚科	棘豆属	多年生草本，高 5～15cm	—	—	—	0.11	—	0.02
	华北米蒿		菊科	管状花亚科	蒿属		—	—	—	—	0.35	0.07

续表

采后时间	中文名称（样区）	拉丁文名称	科	亚科	属	特征	1	2	3	4	5	平均值
开采8年	画眉草（星星草）	*Eragrostis pilosa*（*L.*）*Beauv*	禾本科	画眉草亚科	画眉草属	一年生草本，高10～45cm	0.27	—	—	0.22	—	0.10
	大针茅	*Stipa grandis P Smirn.*	禾本科	早熟禾亚科	针茅属	多年生草本，高50～100cm	0.74	0.52	0.73	0.59	0.61	0.64
	黑沙蒿（油蒿）	*Artemisia ordosica Krasch*	菊科	管状花亚科	蒿属	半灌木，高50～100cm，常有浓烈气味	0.32	—	0.28	0.34	—	0.19
	猪毛蒿（米蒿）	*Artemisia scoparia Waldst. et Kit.*	菊科	管状花亚科	蒿属	多年生或近一、二年生草本，高达1m，有浓烈香气	—	0.17	—	—	0.20	0.07
	乳浆大戟（猫儿眼）	*Euphorbia esula L.*	大戟科		大戟属	多年生草本，高可达50cm	—	0.15	—	—	—	0.03
	达乌里胡枝子（牛枝子）	*Lespedeza davurica*（*Laxm.*）*Schindl.*	豆科	蝶形花亚科	胡枝子属	多年生草本，高20～50cm	—	0.30	—	—	—	0.06
	刺儿菜（小蓟）	*Cirsium segetum Bunge*	菊科	管状花亚科	蓟属	多年生草本，高20～60cm	—	0.19	—	—	—	0.04
	田旋花（中国旋花）	*Convolvulus arvensis L.*	旋花科		旋花属	多年生草本，细弱蔓生或微缠绕	—	—	0.21	0.28	—	0.10
	糜蒿		菊科	管状花亚科	蒿属		—	—	0.18	—	—	0.04
	隐子草	*Cleistogenes songorica*（*Roshev.*）*Ohwi*	禾本科	画眉草亚科	隐子草属	多年生草本，高15～50cm	—	—	—	—	0.28	0.06
	辽东蒿		菊科	管状花亚科	蒿属		—	—	—	—	0.12	0.02
	华北米蒿		菊科	管状花亚科	蒿属		—	—	—	—	0.12	0.02

续表

采后时间	中文名称（样区）	拉丁文名称	科	亚科	属	特征	1	2	3	4	5	平均值
开采11年	大针茅	*Stipa grandis P Smirn.*	禾本科	早熟禾亚科	针茅属	多年生草本，高50~100cm	0.58	0.64	0.54	0.61	0.51	0.58
	刺儿菜（小蓟）	*Cirsium segetum Bunge*	菊科	管状花亚科	蓟属	多年生草本，高20~60cm	0.15	—	—	—	—	0.03
	达乌里胡枝子（牛枝子）	*Lespedeza davurica (Laxm.) Schindl.*	豆科	蝶形花亚科	胡枝子属	多年生草本，高20~50cm	0.38	0.35	0.48	—	—	0.24
	田旋花（中国旋花）	*Convolvulus arvensis L.*	旋花科		旋花属	多年生草本，细弱蔓生或微缠绕	0.35	0.26	0.27	—	—	0.18
	砂珍棘豆（泡泡草）	*Oxytropis gracilima Bunge*	豆科	蝶形花亚科	棘豆属	多年生草本，高5~15cm	—	0.21	—	—	—	0.04
	菟丝子		旋花科				—	—	0.12	—	—	0.04
	阿尔泰狗娃花（阿尔泰紫菀）	*Heteropappus altaicus (Willd.) Novopokr*	菊科	管状花亚科	狗娃花属	多年生草本，高20~40cm	—	—	0.12	—	—	0.04
	黑沙蒿（油蒿）	*Artemisia ordosica Krasch*	菊科	管状花亚科	蒿属	半灌木，高50~100cm，常有浓烈气味	—	—	—	0.52	0.28	0.20
	乳浆大戟（猫儿眼）	*Euphorbia esula L.*	大戟科		大戟属	多年生草本，高可达50cm	—	—	—	—	0.25	0.05
	狗尾草（毛莠莠）	*Setaria viridis (L.) Beauv*	禾本科	黍亚科	狗尾草属	一年生草本，秆高20~60cm	—	—	—	—	0.23	0.05

续表

采后时间	中文名称（样区）	拉丁文名称	科	亚科	属	特征	1	2	3	4	5	平均值
未开采	草木樨（黄花草木樨）	*Melilotus suaveolens Ledeb.*	豆科	蝶形花亚科	草木樨属	一年生或二年生草本，高60～90cm	0.16	—	—	—	—	0.03
	大针茅	*Stipa grandis P Smirn.*	禾本科	早熟禾亚科	针茅属	多年生草本，高50～100cm	0.46	0.65	0.56	0.77	0.60	0.61
	画眉草（星星草）	*Eragrostis pilosa*（*L.*）*Beauv*	禾本科	画眉草亚科	画眉草属	一年生草本，高10～45cm	0.21	—	0.19	—	—	0.08
	黑沙蒿（油蒿）	*Artemisia ordosica Krasch*	菊科	管状花亚科	蒿属	半灌木，高50～100cm，常有浓烈气味	0.36	0.38	0.51	—	0.33	0.32
	田旋花（中国旋花）	*Convolvulus arvensis L.*	旋花科		旋花属	多年生草本，细弱蔓生或微缠绕	0.25	0.28	—	—	0.25	0.16
	狗尾草（毛莠莠）	*Setaria viridis*（*L.*）*Beauv*	禾本科	黍亚科	狗尾草属	一年生草本，秆高20～60cm	0.29	—	—	—	—	0.06
	猪毛蒿（米蒿）	*Artemisia scoparia Waldst. et Kit.*	菊科	管状花亚科	蒿属	多年生或近一、二年生草本，高达1m，有浓烈香气	—	0.13	—	—	—	0.03
	达乌里胡枝子（牛枝子）	*Lespedeza davurica*（*Laxm.*）*Schindl.*	豆科	蝶形花亚科	胡枝子属	多年生草本，高20～50cm	—	0.38	0.40	0.37	0.48	0.33
	阿尔泰狗娃花（阿尔泰紫菀）	*Heteropappus altaicus*（*Willd.*）*Novopokr*	菊科	管状花亚科	狗娃花属	多年生草本，高20～40cm	—	—	—	0.19	—	0.04
	刺儿菜（小蓟）	*Cirsium segetum Bunge*	菊科	管状花亚科	蓟属	多年生草本，高20～60cm	—	—	—	—	0.13	0.03

注：1，2，3，4，5代表采煤工作面样区。

0.61，除开采 8 年的 0.64 外，整体上呈上升势。说明随开采时间的延长，大针茅在各工作面的重要程度提高。与各工作面其他植被相比大针茅占有绝对优势度，这与优势度等级相符，大针茅为优势种。

大柳塔研究区分析表明，该区内有植物 23 科 59 种，植被整体覆盖率具有地缘差异性。植被类型以灌木和草本植被盖度较高，而乔木植被盖度相对较低。采煤沉陷对植物地上生物量有一定影响，尤其是采后 1～2 年内其影响最大，而随着采煤沉陷时间延长，其生物量有所回升，物种多样性呈整体上升势，植物群落特征趋好，表明植物群落的自我调节能力和群落稳定性逐步增强，采后自然恢复作用显现。

第12章　现代开采地表生态损伤程度与自修复研究

现代开采通过地表裂缝、沉陷等形式破坏了沉陷区土壤及植物根际微生物环境，在景观生态和微观生态等方面都产生一系列影响。准确评价开采对地表生态的损伤程度和范围，以及开采后地表生态的变化趋势，有助于生态修复科学布局，突出生态修复的重点，提高地表生态修复的效率。根据开采地表生态损伤评价目标，可将评价分为区域性评价和过程性评价，前者着眼开采影响区域，重点评价开采沉陷损伤区域，后者则针对开采全过程（采前—采中—采后）的各种要素综合分析，研究采后地表生态的发展趋势和自修复可能性。

目前，各国生态修复学者都在致力于生态修复的评价，以期建立一套能够得到矿区生态修复界公认的评价体系。由于生态环境条件的巨大差异性和多因素综合作用、要素间相互作用复杂，目前对生态修复的评价尚未形成一个通用的评价体系，但仍有一些公认的评价指标，如生物种类、数量与生物量的增加速度、土壤理化性状与肥力的改进速度、小气候变化、地下水位与土壤水分变化等。例如，Guanglong Tian 等 2004 年在美国北卡罗来纳州西南部 Slagle 农场进行的滨岸带生态修复评价中，通过土壤微生物种群来评价生态修复的有效性。选择的指标主要包括微生物量、脱氮菌密度、硝化细菌密度、土壤全氮和土壤碳含量 5 个指标。这些指标对生态修复成效中土壤改善方面的评价是很有效的，但微生物指标的测量难度大、费用高。Krabbenhoft 等 1993 年提出地形－土壤单元（topoedaphic unit）评价法，该方法以原有未破坏的自然植被作对比，对多项生态因子进行考察，评价过程严谨，但确定生态因子时靠个人主观因素，有可能遗漏某些重要因子。Bell 2001 年在总结澳大利亚各类矿地恢复经验后认为，生态功能分析（景观功能、植被动态、生境复杂性）可用来评价矿地恢复是否成功。何炳辉等 2006 年在 GIS 的支持下从景观结构（格局）和功能两个方面对生态修复区景观健康进行评价。其中，景观结构指标包括土地利用类型、斑块形状指数、景观边界密度、景观破碎度和景观斑块多样性。景观功能方面则考虑了植被盖度、土壤有机质、水土流失强度等指标。该方法虽简单易行，但未考虑土壤养分、土壤微生物等重要指标，尚未全面反映生态修复的效果。Maria C. Ruiz- Jaen 和 T. Mitchell Aid 2005 年总结 1993 ~ 2003 年间 *Restoration Ecology* 杂志上有关全球各地区生态修复工程成效评价论文，将所有评价指标概括为三个方面：生物多样性（diversity）、植被结构（vegetation structure）和生态过程（ecological process）。多样性指标包括微生物、真菌、无脊椎动物、脊椎动物以及植物的丰度或组成，以及营养级；植被结构包括植被覆盖度、乔木密度、植被高度、胸高端面积、生物量、枯落物结构等；生态过程指标包括养分库、土壤有机质、生物相互作用。其中，生物多样性恢复测度方面，植物多样性达到 79%；植被结构测度上覆盖度（62%）、密度（58%）、生物量（39%）和高度（39%）是比较常用的指标；生态过程指标则有生物相互作用（60%）、养分库或养分循环

(47%) 和土壤有机质 (39%)。总体来看，目前尚无公认的通用评价指标体系可用来对矿区生态修复进行有效评价，但评价方向已初步明确，即从生态系统结构及功能、生境状态变量等方面采用综合评价的方法进行。

本章针对晋陕蒙地区的生态环境脆弱和煤炭高强度开采的特点，结合生态损伤研究尺度（井田—工作面），以生境状态变量为因子，以神东矿区现代开采工作面影响区为例，通过煤炭开采扰动对近地表土壤理化性质、植被生长状态和土壤微生物等生境状态变量的影响分析，研究地表生态系统受损程度和自修复能力。

12.1 基于 GIS 的矿区生态环境损害评价

生态环境评价研究是环境科学的核心研究内容，是生态环境研究工作的基础。生态环境评价为生态环境规划与管理提供科学的决策依据，弄清生态环境质量的现状与价值，即它与社会发展需要之间的关系，才有可能制定出恰当的管理对策，选用合适的管理技术，以及衡量管理的效果。

神东矿区是我国目前已探明煤炭储量最丰富的地区，同时也是生态环境十分脆弱的地区，采矿对环境的影响非常敏感。随着采矿的继续，许多地方发生塌陷，水资源大量流失，植被由于缺水而枯萎死亡，使本来已十分脆弱的生态环境进一步恶化。因此抑制该区域生态环境的恶化，改善人们的生存环境，应在生态破坏现状调查的基础上，有效评价和预测矿区的生态环境损害与安全状况，分析寻找出导致各种生态环境问题的原因，探讨其生态环境的受损机理和保护与修复技术，制订更为完善的，与生产、生态恢复等规划设计统一的生态建设方案，以确保区域可持续发展。

生态环境评价方法论上有定性描述法、地理制图法、景观生态指数法、环境指数法、GAP 方法（a geographic approach to protect biological diversity，保护生物多样性的地理学方法）和西方发达国家较多采用的 EMAP（Environmental Monitoring & Assessment Program，环境监测和评价）方法等。但由于受到学科理论体系和方法研究本身不成熟的制约，至今尚无一种完善、成熟并能得到广泛推广应用的环境评价方法。

12.1.1 损害评价指标体系构建

1. 指标体系构建

煤矿区生态环境评价是一项高度综合的系统性研究工作，虽然国内外不同学者在各自研究领域及地域进行过多种形式的环境质量评价工作，但由于矿区自然条件、环境状况等差异很大，目前还没有一个比较通用的评价模式和指标体系。一般来说，评价指标的选取需遵循以下原则：

(1) 主导因素原则；

(2) 科学性和实践性原则；

(3) 简单性及实用性原则；

(4) 系统性及规范性原则。

从对神东矿区生态环境破坏的室内分析与野外调查结果来看，采煤不仅对该区域自然景观造成破坏，如露天开采废弃地、土地利用结构变化等；也对矿区植被造成不同程度的损害、胁迫；且研究区为生态脆弱干旱区，沙漠化比较严重，同时煤矿开采诱发或孕育崩塌、滑坡、地面塌陷、裂缝、水土流失等地质环境灾害问题。因此，矿区生态环境评价应当包括采空区塌陷、地面沉降、矿区“三废”、地表水、地下水及大气等评价因子。但就神东矿区实际情况来看，采空塌陷、地下水流失以及土地荒漠化所导致的景观破坏是对该区造成生态环境破坏的主要因素，故建立如图12.1所示的指标体系。

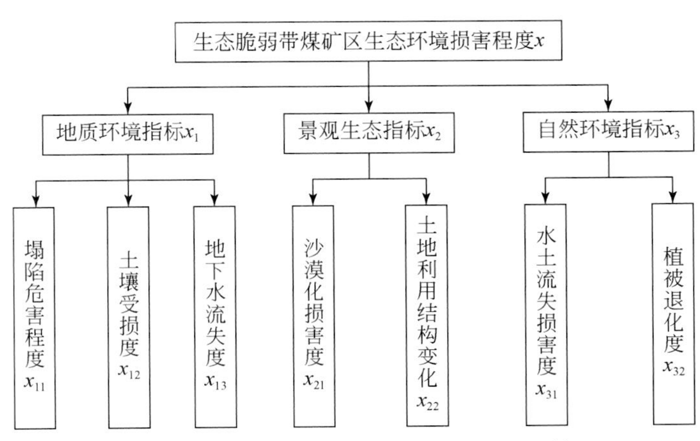

图12.1　神东矿区生态环境损害评价指标体系

2. 指标权重的确定

1）建立递阶层次结构

首先将问题层次化，构造一个层次分析的结构模型。在此模型中，复杂问题被分解为若干元素，这些元素又按其属性分成若干组，形成不同层次。同一层次的元素对下一层次的某些元素起支配作用，同时它又受上一层次元素的支配。

本研究评价指标分为三个层次，具体隶属关系见图12.1。

2）构造判断矩阵

对于递阶层次结构中各层元素可依次相对于与之有关的上一层元素，进行两两比较，从而建立一系列的判断矩阵。判断矩阵 $\boldsymbol{A}=(a_{ij})_{n\times n}$ 具有下述性质：

$$a_{ij}>0,\quad a_{ij}=1/a_{ji},\quad a_{ij}=1\ (i=j),\quad (i,j=1,2,\cdots,n)$$

式中，a_{ij} $(i,j=1,2,\cdots,n)$ 代表元素 x_i 与 x_j 相对于其上一层元素重要性的比例标度。判断矩阵的值反映了人们对各因素相对重要性的认识，一般采用1～9比例标度对重要性程度赋值。标度及其含义如表12.1所示。

表12.1　判断矩阵标度及其含义

标度	含义
1	表示两个元素相比，具有同等重要性
3	表示两个元素相比，前者比后者稍微重要

续表

标度	含义
5	表示两个元素相比，前者比后者明显重要
7	表示两个元素相比，前者比后者强烈重要
9	表示两个元素相比，前者比后者极端重要
2，4，6，8	表示上述相邻判断的中间值
倒数	若元素 i 与元素 j 的重要性之比为 a_{ij}，那么元素 j 与元素 i 重要性之比为 $a_{ji}=1/a_{ij}$

在汇总专家打分的基础上，得到第一层次及第二层次指标重要性比较表，如表 12.2 ~ 表 12.5 所示。

表 12.2　生态环境损害评价第一层次指标重要性比较表

指标名称	环境损害	景观生态	自然环境
环境损害	1	3	3
景观生态	1/3	1	1
自然环境	1/3	1	1

表 12.3　生态环境损害评价第二层次地质环境指标重要性比较表

指标名称	塌陷裂缝危害	土壤受损	地下水流失
塌陷危害	1	3	3
土壤受损	1/3	1	1
地下水流失	1/3	1	1

表 12.4　生态环境损害评价第二层次景观生态类指标重要性比较表

指标名称	沙漠化损害	土地利用结构变化
沙漠化损害	1	3
土地利用结构变化	1/3	1

表 12.5　生态环境损害评价第二层次自然环境类指标重要性比较表

指标名称	水土流失损害	植被退化
水土流失损害	1	2
植被退化	1/2	1

分别得到第一层次的判断矩阵：

$$
\boldsymbol{A}=\begin{pmatrix} & x_1 & x_2 & x_3 \\ x_1 & 1 & 3 & 3 \\ x_2 & 1/3 & 1 & 1 \\ x_3 & 1/3 & 1 & 1 \end{pmatrix}
$$

第二层次指标重要性判断矩阵：

$$B_1=\begin{pmatrix} & x_{11} & x_{12} & x_{13} \\ x_{11} & 1 & 3 & 3 \\ x_{12} & 1/3 & 1 & 1 \\ x_{13} & 1/3 & 1 & 1 \end{pmatrix}\quad B_2=\begin{pmatrix} & x_{21} & x_{22} \\ x_{21} & 1 & 3 \\ x_{22} & 1/3 & 1 \end{pmatrix}\quad B_3=\begin{pmatrix} & x_{31} & x_{32} \\ x_{21} & 1 & 2 \\ x_{32} & 1/2 & 1 \end{pmatrix}$$

3）计算单一准则下元素的相对权重并进行一致性检验

设判断矩阵 $\boldsymbol{A}$ 的最大特征根为 $\lambda_{\max}$，其相应的特征向量为 $\boldsymbol{W}$，则 $\boldsymbol{AW}=\lambda_{\max}\boldsymbol{W}$，经解算判断矩阵 $\boldsymbol{A}$ 的最大特征根 $\lambda_{\max}$ 为3。由于客观事物的复杂性以及人们对事物认识的模糊性和多样性，所给出的判断矩阵不可能完全保持一致，有必要进行一致性检验，计算一致性指标CI：

$$\mathrm{CI}=\frac{\lambda_{\max}-n}{n-1}$$

其中，n 为判断矩阵阶数。若随机一致性比率 $\mathrm{CR}=\mathrm{CI}/\mathrm{RI}<0.10$，则判断矩阵具有满意的一致性，否则需要调整判断矩阵的元素取值。随机一致性指标RI取值见表12.6。

表12.6　随机一致性指标RI取值表

n	1	2	3	4	5	6	7	8	9	10
RI	0.00	0.00	0.58	0.90	1.12	1.24	1.32	1.41	1.45	1.49

所以，该矩阵 $\mathrm{CI}=\frac{\lambda_{\max}-n}{n-1}=\frac{3-3}{2}=0$，查表得该矩阵 $\mathrm{RI}=0.58$。

$\mathrm{CR}=\mathrm{CI}/\mathrm{RI}=0/0.58=0<0.10$，所以判断矩阵具有满意的一致性。

$\lambda_{\max}=3$ 所对应的特征向量 $\boldsymbol{W}=(3,1,1)$。

所得 $\boldsymbol{W}$ 经归一化后，(0.6，0.2，0.2) 即为第一层次相应元素：地质环境、景观生态、自然环境相对于神东煤矿区生态环境损害评价相对重要性的权重向量。

依次计算 $\boldsymbol{B}_1\sim\boldsymbol{B}_3$ 的特征根及特征向量。

$\lambda_{\max\boldsymbol{B}1}=3$，计算一致性指标 $\mathrm{CI}=\frac{\lambda_{\max}-n}{n-1}=0$，所以 $\mathrm{CR}<0.10$，所以判断矩阵具有满意的一致性，$\boldsymbol{B}_1$ 属于3的特征向量为（3，1，1），将其归一化得地质环境类第二层次指标相对于第一层次的权重（0.6，0.2，0.2）。

$\lambda_{\max\boldsymbol{B}2}=2$，计算一致性指标 $\mathrm{CI}=\frac{\lambda_{\max}-n}{n-1}=\frac{2-2}{1}=0$，所以 $\mathrm{CR}<0.10$，所以判断矩阵具有满意的一致性，求得 $\boldsymbol{B}_2$ 属于2的特征向量为（3，1），经归一化得景观生态类第二层次因子相对于景观生态的重要性权重（0.75，0.25）。

$\lambda_{\max\boldsymbol{B}3}=2$，计算一致性指标 $\mathrm{CI}=\frac{\lambda_{\max}-n}{n-1}=\frac{2-2}{1}=0$，所以 $\mathrm{CR}=0<0.10$，判断矩阵具有满意的一致性，求得 $\boldsymbol{B}_3$ 属于2的特征向量为（2，1），经归一化得自然环境类第二层次因子相对于第一层次的重要性权重（0.67，0.33）。得本次试验两层次指标重要性权重分布见表12.7。

表 12.7　生态环境损害现状评价指标权重表

指标类	权重	指标	权重
地质环境	0.6	塌陷危害	0.6
		土壤受损	0.2
		地下水流失	0.2
景观生态	0.2	沙漠化损害	0.75
		土地利用结构变化	0.25
自然环境	0.2	水土流失损害	0.67
		植被退化	0.33

12.1.2　专题数据处理分析

矿区可以理解为采矿工业所涉及的地域空间，它不仅包括地下的矿产资源空间，也包括开采规划时所对应和影响的地表范围，具有空间的有限性和连续性，因此其作为一个空间概念，对其生态环境评价工作必将涉及采矿、地质、土地、环境及社会经济等众多领域的空间数据和属性数据及知识。显然常规的评价方法，在输入方面对大量的数据处理能力有限，也不能实现环境评价的动态、实时预测，而地理信息系统的主要特点则表现在它能存储和处理所研究对象的空间位置信息及其属性信息。将 GIS 技术与传统的空间数据、地理地图以及环境管理模型相结合，形象直观地表达煤炭开采导致的矿区环境质量和矿区生态环境演变规律，能够实现多种空间信息和非空间信息的储存、复合、分析、显示，能为矿区生态环境评价及管理提供良好的技术平台。

由于所得的数据有不同类型，既有属性数据又有空间数据，既有遥感解译结果也有实地调查数据。因此要对现有的数据资料按以下步骤进行处理分析：

（1）将收集的各种基础数据经过数据处理和信息提取得到专题数据，建立神东典型煤矿区生态环境损害现状评价专题数据库。

（2）根据分析目标和基础数据特点，采用空间分析方法，首先统一各种地图数据层面的投影方式和坐标系统，在此基础上对各种专题数据进行空间叠加，提取和发掘有用信息。

（3）数据标准化。为定量评价煤矿区生态环境损害现状，需提取空间数据库中的各图层的专题数据，利用 GIS 软件提供的叠加分析工具，建立数字环境模型。由于各种专题数据性质不同，量纲各异，直接用它们进行评价是困难的。为能够在计算机上完成数据叠加，需按照一定的标准和专家知识及对生态环境质量的贡献程度大小等，对参评因子进行分级、归并和赋予分值，同时需要指出由于本评价是对采煤对生态环境的损害程度进行评定，因此规定生态环境表现越差的区域赋值越高。

本研究采用区间标准化法对参评因子进行无量纲化处理，量化公式为

$$Q_i = \frac{X_i - X_{\min}}{X_{\max} - X_{\min}}$$

式中，Q_i 为某参评因子的第 i 级的分级标准化值；X_i 为某参评因子第 i 级编码值；X_{min} 为参评因子的最小编码值；X_{max} 为参评因子的最大编码值。各个参评因子数据经标准化处理后，是一组反映其属性特征的数值，均为0～1。

（4）矢量数据栅格化。利用主要类型法将矢量数据转为栅格数据，根据成图精度，选取30m×30m范围作为基本数据单元，对各专题数据层面进行空间叠加和计算，把复杂的图形运算转变为简单的二维关系表计算，使问题进一步简化。

1. 地质环境类指标

1）地面塌陷

根据地质环境调查分析可知，地面塌陷具有一定的空间分异规律：塌陷均分布在采煤巷道上方，裂缝往往沿着巷道方向和与巷道垂直的方向上分布。并且损害程度与所在地坡度有很大关系，坡度越大裂缝宽度越大、分布越密集，对矿区地质环境影响也就越严重。同时实地调查中发现塌陷发育处的道路、河流和村庄损害最大，往往造成房屋毁坏，道路严重断裂，地表水泄漏。

据此对塌陷裂缝损害进行分级赋值：塌陷裂缝区有公路、河流和村庄分布的区域是损害重度区，为损害一级区，赋值为1；将塌陷裂缝分布图与矿区坡度图进行叠加，坡度≥15°的塌陷裂缝区是损害中度区，为损害二级区，赋值为0.6；坡度在5°到15°之间的塌陷裂缝区是损害轻度区，为损害三级区，赋值为0.4；坡度≤5°的塌陷裂缝区是损害微度区，为损害四级区，赋值为0.2。最后确定塌陷裂缝等级分布图，如图12.2、图12.3所示。

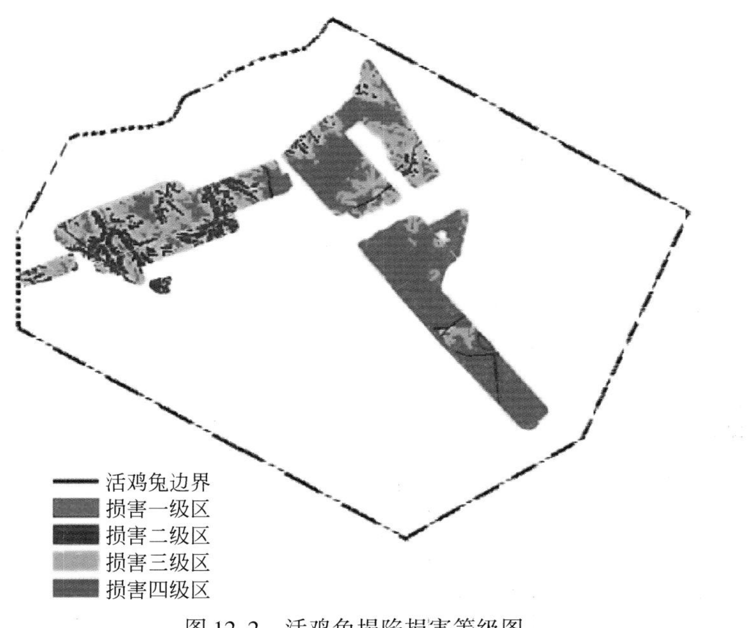

图12.2　活鸡兔塌陷损害等级图

由表12.8、图12.4a可知，补连塔总塌陷面积远大于活鸡兔，且其一、三、四级损害面积均大于活鸡兔，只有二级小于活鸡兔，说明补连塔矿区的塌陷损害范围比活鸡兔大。但黄土区地表波动较大且土质较风沙区坚硬，塌陷后造成的地表破裂远比风沙区大，结合

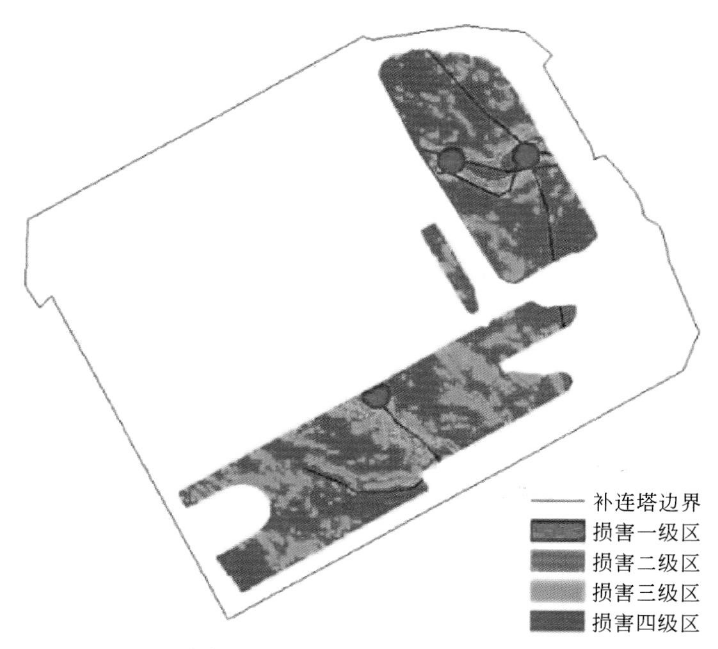

图 12.3　补连塔塌陷损害等级图

图 12.4b 可知，活鸡兔二、三级损害区面积占总面积比率远大于补连塔，说明黄土区塌陷损害较为严重。

表 12.8　矿区塌陷损害等级面积统计表

损害等级	补连塔		活鸡兔	
	损害面积/m²	占总塌陷面积比例/%	损害面积/m²	占总塌陷面积比例/%
一级	1248400. 83	4. 31	307357. 59	1. 62
二级	384413. 43	1. 33	1805854. 30	9. 54
三级	5992944. 27	20. 71	5719148. 54	30. 23
四级	21306795. 71	73. 64	11088712. 31	58. 61
总面积	28932554. 24	100	18921072. 74	100

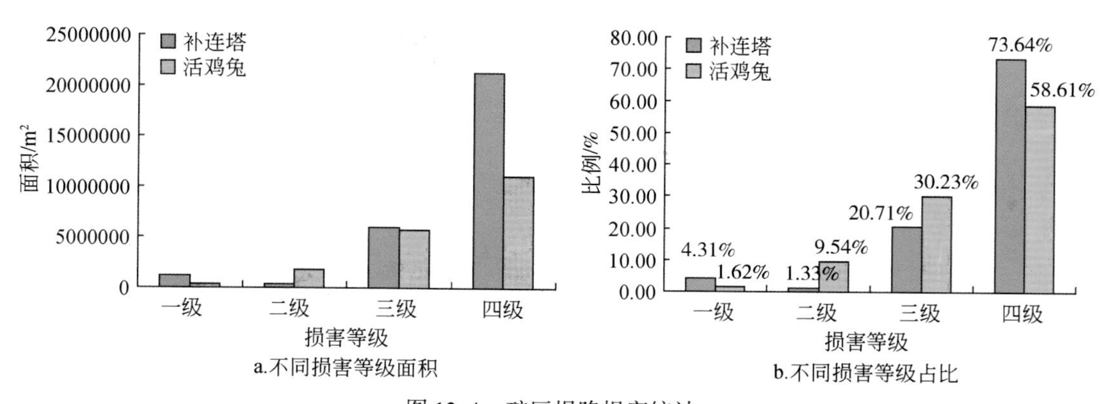

图 12.4　矿区塌陷损害统计

2）土壤特征

根据土壤特征变化调查可知，沉陷区土壤养分呈流失状态，在下部土壤中养分进行积累，但是变化不大，说明矿区土壤未受到严重损害。同时土壤受损情况与坡度有关，坡度越大，损害越严重。据此对土壤损害进行分级赋值：将塌陷裂缝分布图与坡度图进行叠加，坡度≥5°塌陷裂缝区土壤损害为轻度，为损害三级区，赋值为 0.4；坡度<5°塌陷裂缝区土壤损害为微度，为损害四级区，赋值为 0.2。最后确定损害等级分布图，如图 12.5 所示。

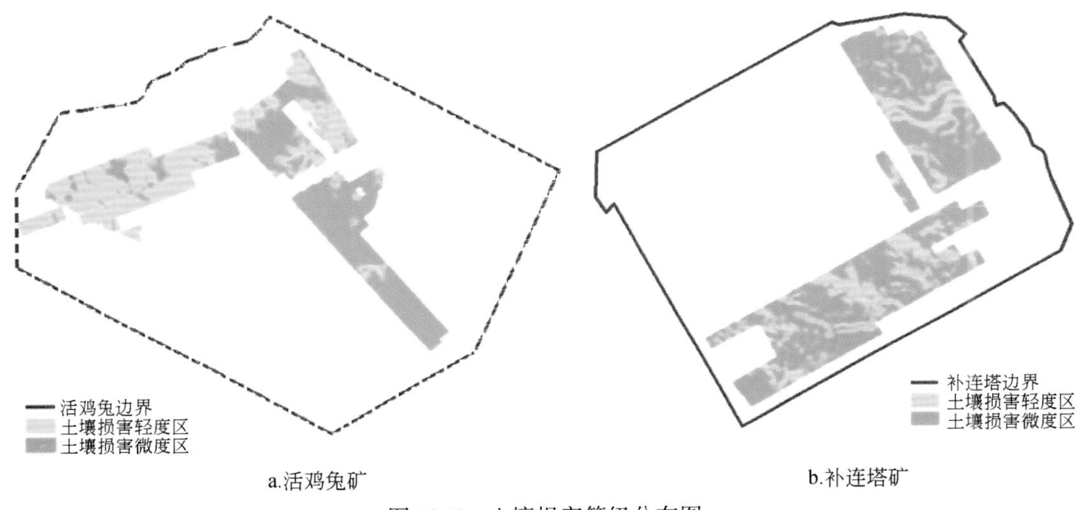

图 12.5　土壤损害等级分布图

3）地下水流失

神东矿区煤层开采不可避免地对采区上部含水层及其附近区域地下水产生直接影响。但根据内蒙古农业大学《神东矿区采煤塌陷区生态恢复技术试验与示范研究》可知，地下水的流失只对地下水埋藏较浅区域的乔本植被有较大影响；而对矿区绝大部分的草本和灌木影响甚微。据此对地下水流失度统一定为损害四级，为损害微度区。由于地下水具有连通流动性，所以对地下水流失区定义为，开采塌陷区边界向外作 500m 的扩展，并作简单修整。所以基于 GIS 技术，最后确定损害四级分布图，如图 12.6 所示。

2. 景观生态类和自然环境类指标

1）土地利用结构变化

在充分分析用地类型转化的基础上，初步拟定将水域转变为裸露区的区域确定为最不合理的用地类型转变，重度损害，为损害一级区，赋值为 1；将植被转变为裸露区的区域确定为中度损害，为损害二级区，赋值 0.6；将水域转变为植被的区域确定为微度损害，为损害三级区，赋值 0.2，分级结果如图 12.7 所示。

由表 12.9、图 12.7 看出，活鸡兔土地利用结构变化面积明显高于补连塔，说明活鸡兔土地利用结构变化较大，补连塔的土地利用结构利用变化主要是二级变化，说明补连塔的植被损失较大，但水体损失也占到一定的比例。

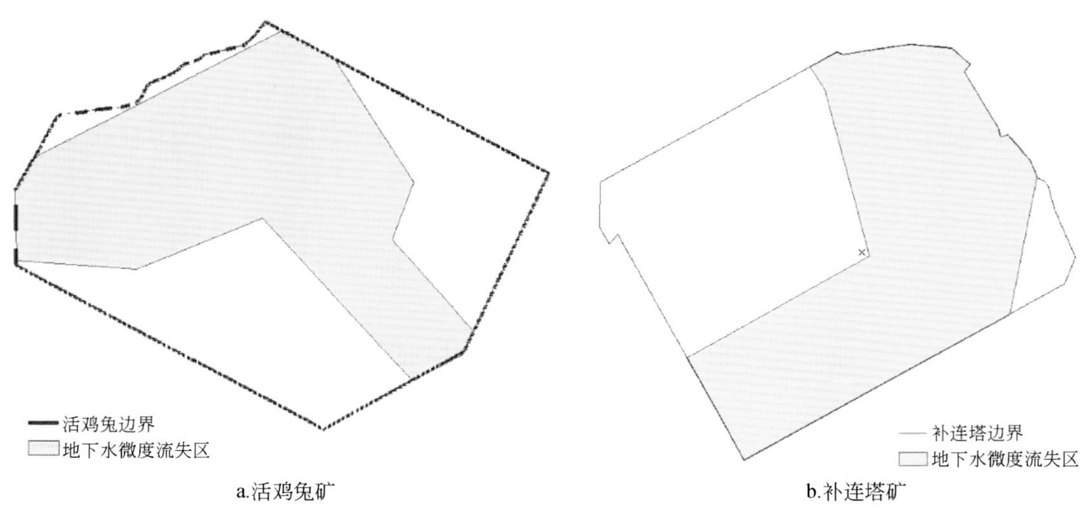

图 12.6　地下水损害四级分布图

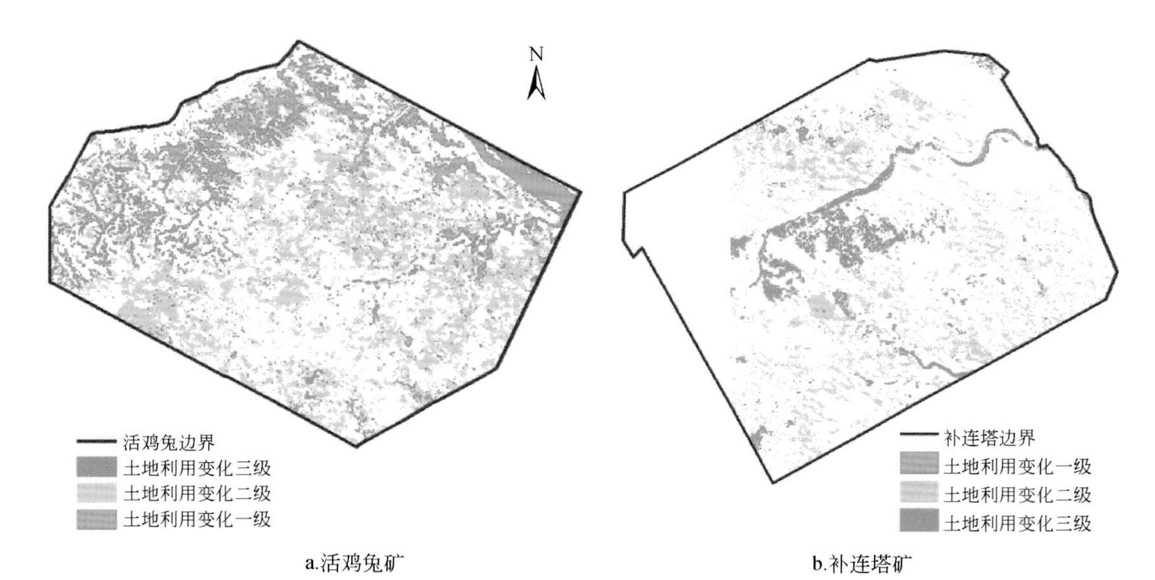

图 12.7　土地利用结构变化等级分布

表 12.9　矿区土地利用结构变化等级表

变化等级	补连塔		活鸡兔	
	变化面积/m^2	占总变化面积比例/%	变化面积/m^2	占总变化面积比例/%
一级	476424. 9998	8. 20	7042685. 002	29. 29
二级	4938200. 003	84. 98	14742060	61. 31
三级	396095. 00	6. 82	2259625. 001	9. 40
总面积	5810720. 003		24044370. 00	

2）沙漠化损害、植被退化和水土流失损害

利用遥感解译成果，在 GIS 支持下将 1990 年与 2006 年沙漠化、水土流失和植被覆盖度矢量数据进行对比分析。在充分分析等级转化的基础上，拟定将 1990 年等级小于 5 级的转化为 2006 年 5 级的区域确定为重度损害，为损害一级区，赋值为 1；将 1990 年等级小于 4 级转化为 2006 年 4 级的区域确定为中度损害，为损害二级区，赋值 0.6；将 1990 年等级小于 3 级转化为 2006 年 3 级的区域确定为轻度损害，为损害三级区，赋值 0.4；将 1990 年等级小于 2 级转化为 2006 年 2 级的区域确定为微度损害，为损害四级区，赋值 0.2。

由图 12.8、表 12.10 可知：活鸡兔沙漠化损害面积明显大于补连塔，说明活鸡兔沙漠化损害大于补连塔；两个矿区的沙漠化损害均较严重，均以一、二级为主，补连塔的一级损害大于活鸡兔，说明补连塔沙漠化严重损害比活鸡兔大。

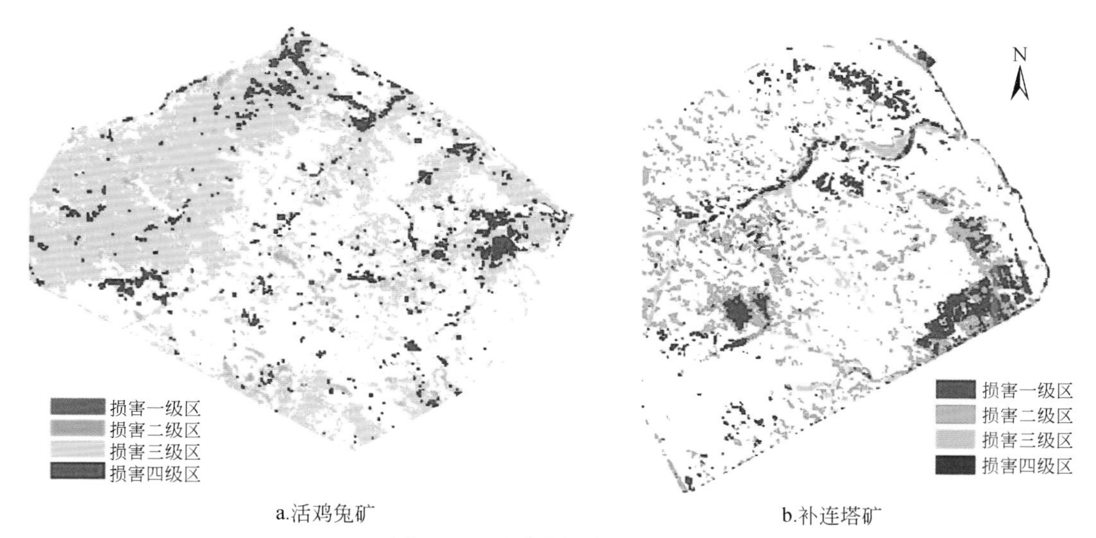

a.活鸡兔矿　　b.补连塔矿

图 12.8　沙漠化损害等级分布

表 12.10　矿区沙漠化损害等级表

损害等级	补连塔		活鸡兔	
	损害面积/km^2	占总损害面积比例/%	损害面积/km^2	占总损害面积比例/%
一级	4.375	33.71	2.58	10.89
二级	6.6	50.86	20.02	84.67
三级	1.436	11.07	1.04	4.42
四级	0.566	4.36	0.06	0.02
总面积	12.977		23.64	

由图 12.9、表 12.11 可知，补连塔的植被退化面积大于活鸡兔，且一级损害面积占比例最大，退化面积远大于活鸡兔，说明补连塔的植被退化比活鸡兔严重。

由图 12.10、表 12.12 可知，活鸡兔和补连塔的水土流失损害均为三、四级，而活鸡兔的水土流失损害面积明显大于补连塔，说明两矿区水土流失损害均较弱，活鸡兔明显大于补连塔。

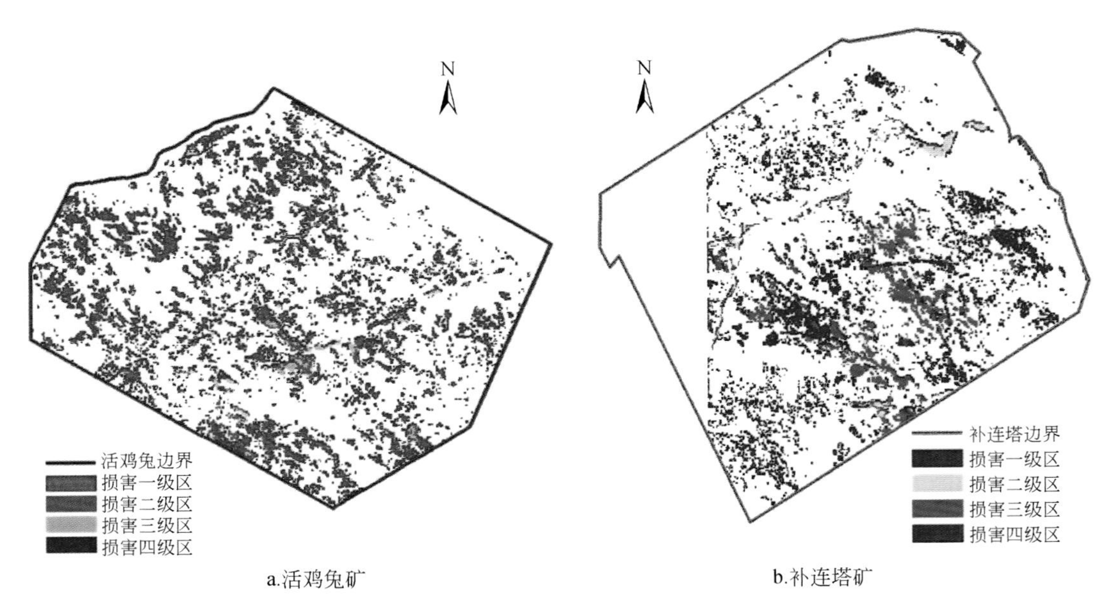

a.活鸡兔矿　　b.补连塔矿

图 12.9　植被退化等级分布

表 12.11　矿区植被退化等级表

退化等级	补连塔		活鸡兔	
	退化面积/km^2	占总变化面积比例/%	退化面积/km^2	占总变化面积比例/%
一级	4.10	66.86	1.22	26.19
二级	1.73	28.25	2.25	48.44
三级	0.25	4.07	0.96	20.60
四级	0.05	0.81	0.22	4.77
总面积	6.14	100	4.64	100

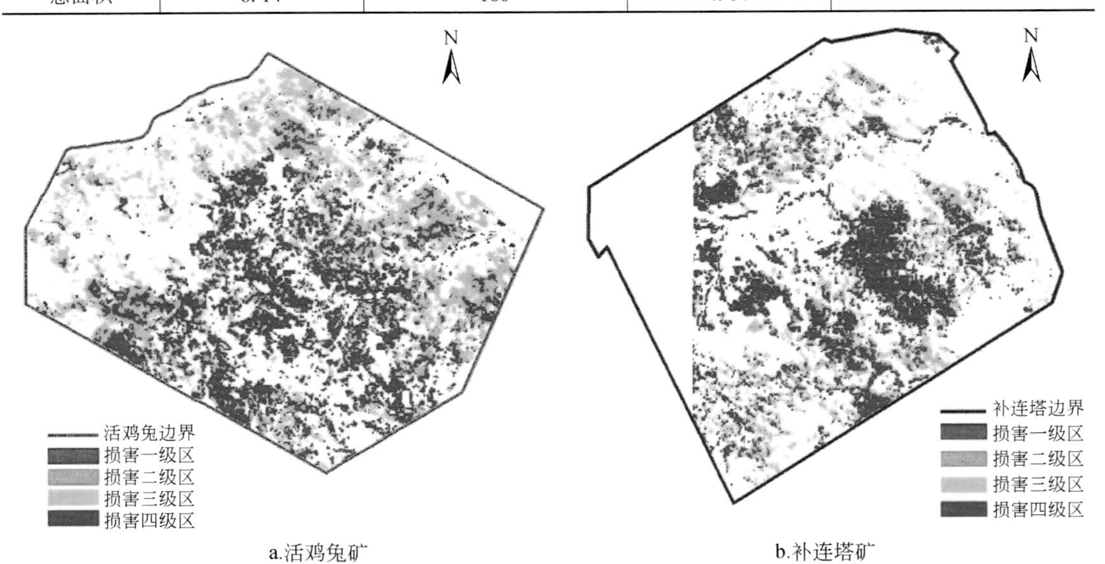

a.活鸡兔矿　　b.补连塔矿

图 12.10　水土流失损害等级分布

表 12.12　矿区水土流失损害等级表

损害等级	补连塔		活鸡兔	
	损害面积/m^2	占总变化面积比例/%	损害面积/m^2	占总变化面积比例/%
一级	915.6129	0.01	49031.56	0.23
二级	487.6298	0.01	6706.747	0.03
三级	3335755.3	34.56	8704274	41.44
四级	6314237	65.42	12246492	58.30
总面积	9651395.591		21006505	

12.1.3　评价方法

1. 评价单元的确定

评价单元反映一定的空间和实体，包括一系列影响环境质量的因素，其划分应客观地反映环境质量的空间差异，同类单元应具有一致的基本属性。评价单元的选取必须依据所用的方法而定。由于本研究采用 RS 与 GIS 技术，所有的评价要素实现定量化、空间化表达，因此选用栅格为基本评价单元。基于栅格的数据格式更有利于叠加分析、代数运算和逻辑操作，它有效避免了矢量数据在多源空间信息叠加中出现越来越多的细小图斑。在 GIS 的支持下，将地质环境类指标、自然环境类指标和景观生态类指标多源空间矢量数据按分级赋值转化为栅格数据，每个栅格大小为 30m×30m，生成专题栅格数据层。在此基础上，利用 GIS 的空间叠加功能，将每一专题数据层进行叠加，生成数字环境模型。

2. 评价方法的选择

将研究区所有专题数据从矢量数据转化为栅格数据，利用 GIS 进行空间叠加分析，从而得到具有各种评价因子专题属性的栅格数据文件，在数据表中记录生态环境损害评价综合指数值。采用综合评价指数法，即加权综合评分法，计算每个栅格的生态环境损害综合指数。

综合评价得到结果用下式表示：

$$F_n = \sum_{i=1}^{7} k_i w_i$$

式中，F_n 为第 n 个评价单元（栅格）的生态环境损害综合指数；k_i 为第 i 个专题要素在该评价单元的定量值；w_i 为该专题要素对生态环境损害影响重要性的权重。

本研究中，栅格的生态环境损害综合指数越大代表该栅格（评价单元）的生态环境受损情况越严重。

12.1.4　评价结果分析

1. 综合评价结果

数字环境模型是具有多源空间属性的数据，它是以栅格为基本单元，每一单元具有各个参评因子属性。因此就可对每个栅格评价单元进行生态环境损害评价，计算每个单元的综合评价指数。综合评价指数值阈值范围为 0 ~ 0. 68。生态环境损害综合指数代表生态环境破坏的程度。为便于比较分析，将环境评价综合指数进行分级处理，把生态环境损害综合评价结果划分为无损害区（0≤指数<0. 1）、轻微损害区（0. 1≤指数<0. 3）、一般损害区（0. 3≤指数<0. 5）、严重损害区（0. 5≤指数<0. 68）4 级，不同等级综合指数的空间分布特征，体现了生态环境损害状况的区域性差异，分级结果见图 12. 11 及表 12. 13。

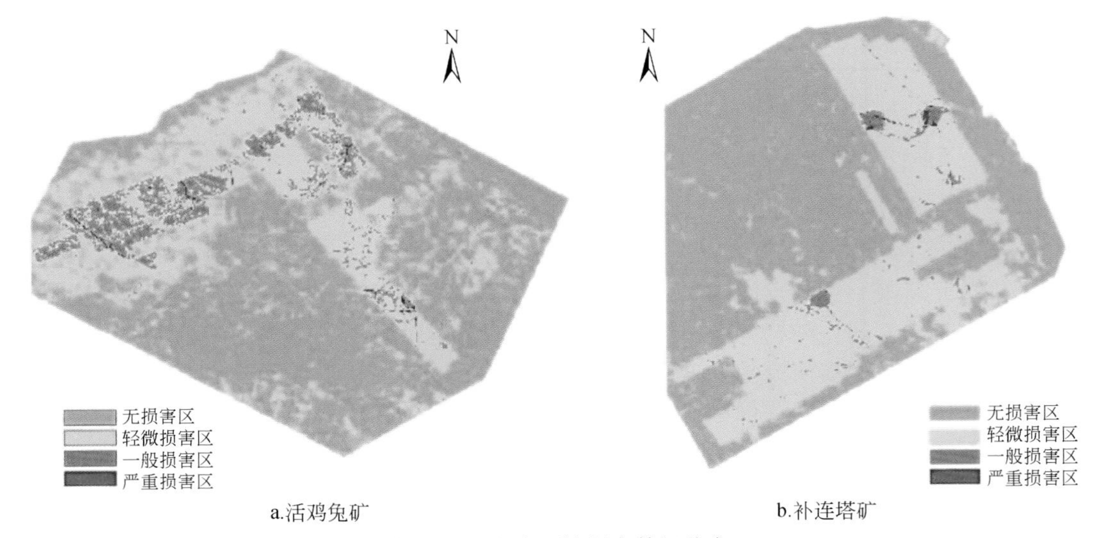

图 12. 11　生态环境损害等级分布

表 12. 13　神东典型矿区生态环境损害分级结果统计

损害等级		无损害	轻微损害	一般损害	严重损害
活鸡兔	面积/m^2	30182693	25089425. 55	3826970. 23	87381. 12
	百分比/%	51. 00	42. 39	6. 47	0. 15
补连塔	面积/m^2	25224003	19183463. 89	1050070. 98	104469. 005
	百分比/%	55. 36	42. 10	2. 30	0. 23

神东矿区两个典型矿井活鸡兔矿和补连塔矿的无损害区分别占到 51. 00% 和 55. 36%，说明矿区大部分地区未受到采矿破坏；轻微损害区分别占到 42. 39% 和 42. 10%，说明采矿带来的破坏并不十分严重，大部分受损地区只有轻微破坏。

2. 空间分布特点

从评价结果的空间分布情况来看（图 12. 11），严重损害区和一般损害区均分布在开采塌陷区，并且塌陷区的周围生态损害也较大（活鸡兔尤为突出），说明采矿对矿区的生态环境有直接的破坏作用，但是破坏的大小和矿区的地形和地表构筑物等有很大关系。

由表 12. 13 及图 12. 11 可知，两个矿区严重损害区所占面积比例很小，分别为 0. 15%（活鸡兔），0. 23%（补连塔），且均分布在塌陷区与村庄道路交叉的地方，这与实际情况相符；活鸡兔损害区的面积比例略大于补连塔，且一般损害区比补连塔高出 4. 17%，说明采矿对黄土地貌区的生态破坏大于风沙区。这是由于黄土区地貌坡度较大，塌陷损害影响较大。此评价结果与我们实地考察和资料分析的结果相吻合，因此，黄土塌陷区为生态环境损害治理重点区域。

12.2　基于现代开采的地表土地生态损伤自修复能力研究

采煤塌陷对风沙区土地生态环境的影响评价是指人类采煤活动对风沙区土地的土壤理化性质及地形地貌的作用大小进行系统分析和评估。采煤塌陷对风沙区土地生态环境的综合评价在土地复垦与生态重建中占有重要地位，可为矿区土地整治利用与生态重建提供基础数据，以便更好地了解和掌握采煤塌陷地土地生态环境各属性的变化规律，对促进矿区生态系统良性循环和区域可持续发展有重要意义。本节在前文研究基础上，通过对采煤塌陷区地表裂缝发育时空变化规律和土壤特性（重点是土壤水和水土流失）演变规律的研究，对不同区域的土壤水分含量、入渗、水土流失等参数进行时序分析和趋势评价，选取一定的指标并建立合适的指标体系、适宜的土地生态环境自修复评价模型，建立各土地损伤因子自修复能力评价指标体系，分析现代煤炭开采技术下适宜于神东矿区及类似区域的土地生态自修复能力。

12.2.1　土地生态环境自修复评价模型

国内许多学者针对采煤塌陷对土地生态环境的影响与评价开展了大量的研究，不过多集中在中东部地区，这些区域多属高潜水位地区，当地表下沉量大于地下水埋深时，形成常年积水区，积水区外边界附带季节性积水区，土地丧失耕种能力，在进行损毁程度评价时，多以下沉量作为主影响因子，进行等级划分；而对于西部生态脆弱区，潜水位普遍较低，井工煤炭开采造成的地表损伤主要表现形式为无积水下沉盆地及由此导致的地裂缝、附加坡度等微地形，国内许多学者也针对此种特点，按照附加坡度将采空区某段分为上坡、中坡及下坡等区段分别进行研究。由此可见，采煤塌陷造成的地形特征（附加坡度、地裂缝）及土壤特性可作为该区域土地生态环境自修复能力评价体系的主要单元，通过不同塌陷时序上地形特征及土壤特性演变规律的研究，按上坡、中坡及下坡的土地生态环境进行整体评价，得出不同评价时间节点三个区域的土地生态环境与原始背景值之间的差异以及变异程度，最终确定各评价单元是否具备自修复能力，为今后土地复垦工作的实施提供理论基础。

研究第6章~第9章，通过采前—采中—采后的地表裂缝、土壤物性参数及含水量测试、野外入渗试验和水土流失观测和分析，揭示了开采扰动下表层土壤物性和含水性、土壤渗水与渗流的变化规律。以典型开采工作面地表扰动区为例，进一步研究自修复评价模型与方法。

1. 评价模型的建立原则

（1）科学性原则：指标的概念、物理意义必须明确，测定方法要标准、统计方法要规则。指标要反映采煤塌陷区的土地生态环境的含义、目标的实现，且有一定的科学内涵，能反映和度量采煤塌陷区土地生态系统结构和功能的现状及发展趋势。这样才能保证评价结果的准确性。

（2）可行性原则：指标的设置要避免过于烦琐，同时指标体系所涉及的数据要尽可能利用现有的统计资料，或是通过调查得到，或可直接从有关部门获取。把数据的取得难易程度和数据的可靠性结合起来。指标要具有可测性，易于量化。

（3）可比性原则：为便于与类似地区比较，要求指标数据的选取和计算采取同样的标准。保证评价指标和结果在横向上具有类比性质。

2. 评价模型体系构建

1）评价指标的选择

受损土地自修复能力评价应是对开采引起的土地变化程度，在塌陷时序上如果评价区域的受损土地质量有所好转，且评价结果大于一定值，则该区域内土地具备自修复能力，反之亦然。在选择受损土地自修复评价指标时，根据选取原则，要选择表征受损土地质量的指标及其煤炭开采建设活动或由其引起的与原始背景值比较有显著变化的指标，因此在选择评价指标时主要从两个方面考虑：一方面，是反映煤炭开采活动特征的指标，如附加坡度、地裂缝；另一方面，是指反映土地特性的因素，如由于采动损毁而导致土壤本身指标的变化。

根据已有研究，风沙区受损土地自修复能力评价体系的建立分为土壤自身条件和地形地貌条件，其中土壤自身条件包括土壤理化状况，土地环境条件主要从地裂缝以及微地形状态两个方面考虑（表 12.14）。

表 12.14　受损土地自修复评价模型指标体系

目标层	准则层	方案层	方案层（细分）
土地生态环境自修复能力	地表特征	微地形	附加坡度
		地裂缝	裂缝宽度
	土壤特性	土壤物理指标	含水量、容重、孔隙度
		土壤化学性质	有机质、pH、速效磷、速效钾、全氮

2）指标权重的确定

层次分析法（AHP 法）是美国运筹学家 T. L. Saaty 在 20 世纪 70 年代提出的一种多层次权重分析决策方法。层次分析法不仅适用于存在不确定性和主观信息的情况，还允许以合乎逻辑的方式运用经验、洞察力和直觉。它提出了层次本身促使人们能够认真地考虑和衡量指标的相对重要性。但如果所选的要素不合理，其含义混淆不清，或要素间的关系不正确，都会降低 AHP 法的结果质量，甚至导致 AHP 法决策失败。为保证构建的递阶层次结构的合理性，需遵循以下原则：分解简化问题时把握主要因素，不漏不多；注意相比较元素之间的强度关系，悬殊的要素不能在同一层次比较。

结合本课题研究特点，采用经验判断法、专家咨询法及层次分析（AHP）法相结合确定评价指标的权重。

层次分析法的基本步骤：

（1）分析系统中各因素之间的关系，建立系统的递阶层次结构。

将被研究的问题所包含的因素进行分层，即分为目标层、准则层和指标层。目标层只有一个元素，它是问题的预定目标或理想结果，准则层是为实现目标而涉及的中间环节，指标层是评价目标的具体指标。

（2）构建两两成对比较的判断矩阵。

在构造好的递阶层次结构中，比较同一层次中各元素对上一层次元素的影响，从而决定它们在上一层因素中占的权重。假设上一层元素为 B，它所支配的下一层元素为 C_1，C_2，…，C_n，如果这些 C_i（$i=1$，2，…，n）本身就是定量值，则它们的权重很容易确定，如果这些 C_i（$i=1$，2，…，n）对于 C 的重要性是定性的，无法直接定量。这就需要两两成对比较，比较方法是看对于准则 B 来说元素 C_i 和 C_j 哪一个更重要，按1～9比例标度对指标相对重要程度赋值，1～9标度的含义如表12.15所示。

表12.15　层次分析法1～9标度含义

标度	含义
1	表示两个因素相比，具有相同重要性
3	表示两个因素相比，前者比后者稍重要
5	表示两个因素相比，前者比后者明显重要
7	表示两个因素相比，前者比后者强烈重要
9	表示两个因素相比，前者比后者极端重要
2，4，6，8	表示上述相邻判断的中间值
倒数	若因素 I 与因素 J 的重要性之比为BIJ，那么因素 J 与因素 I 重要性之比为BJI＝1/BIJ

有了这些标度，把 C_1，C_2，…，C_n 进行两两比较，得到矩阵 $A=(a_{ij})\ n\times n$，如表12.16中所示，其中 $a_{ij}=C_i/C_j$（i，$j=1$，2，3，…，n）。

表12.16　判断矩阵表

指标	C_1	C_2	…	C_n
C_1	A_{11}	A_{12}	…	A_{1n}
C_2	A_{21}	A_{22}	…	A_{2n}
…	…	…	…	…
C_n	A_{n1}	A_{n2}	…	A_{nm}

3）在单准则下的排序和一致性检验。

在求出 n 个元素 C_1，C_2，…，C_n 对于准则层 B 的判断矩阵 $\boldsymbol{A}$ 后，确定出他们对于 B 的相对权重 w_1，w_2，…，w_n，写成向量形式，即 $\boldsymbol{W}=(w_1，w_2，\cdots，w_n)$。

①权重计算

计算权重的方法主要有和法、根法和特征根法三种。

和法：取判断矩阵 $\boldsymbol{A}$ 的 n 个列向量的归一化后的算术平均值近似作为权重向量，即有

$$w_i=\frac{1}{n}\sum_{j=1}^{n}\frac{a_{ij}}{\sum_{k=1}^{n}a_{kj}}\qquad(i=1，2，\cdots，n)$$

也可用行和归一化方法计算：

$$w_i=\frac{\sum_{j=1}^{n}a_{ij}}{\sum_{k=1}^{n}\sum_{j=1}^{n}a_{kj}}\quad(i=1,2,\cdots,n)$$

根法（几何平均法）：将 $\boldsymbol{A}$ 的各个列向量采用几何平均然后归一化，得到的列向量近似作为权重向量。

$$w_i=\frac{\left(\prod_{j=1}^{n}a_{ij}\right)^{\frac{1}{n}}}{\sum_{k=1}^{n}\left(\prod_{j=1}^{n}a_{kj}\right)^{\frac{1}{n}}}\quad(i=1,2,\cdots,n)$$

特征根法（简记 EM）：解判断矩阵 $\boldsymbol{A}$ 的特征根问题 $\boldsymbol{AW}=\lambda_{max}\boldsymbol{W}$。这里 λ_{max} 是 $\boldsymbol{A}$ 的最大特征根，$\boldsymbol{W}$ 是相应的特征向量，然后将所有得到的 $\boldsymbol{W}$ 归一化后就可以作为权重向量。

②一致性检验

在构造判断矩阵时，由于在对问题的认识上，对问题本身的复杂程度的理解上，对两两成对比较标准上存在着一定程度的不统一，这种不统一在一定的范围内是正常的、合理的，但如果这种不统一超过了一定的范围就不能让人们接受，为了保持所建立的判断矩阵具有较好的一致性，必须对判断矩阵作一致性检验，进行一致性检验的步骤是：

首先，定义一致性指标 CI：

$$CI=\frac{\lambda_{max}-n}{n-1}$$

其中，λ_{max} 为判断矩阵的最大特征根。

可通过公式 $\lambda_{max}=\frac{1}{n}\sum_{i=1}^{n}\frac{\sum_{j=1}^{n}a_{ij}\cdot w_i}{w_i}$ 算得，其中 n 为判断矩阵中元素的个数。

求出 CI 后根据表 12.17 查找平均随机一致性指标 RI，计算一致性比例 CR，其中：$CR=\frac{CI}{RI}$，若 CR<0.1 时，认为判断矩阵是可接受的，否则不能接受，应对判断矩阵做适当的修改。

表 12.17　1 至 15 阶矩阵的平均随机一致性 RI 值表

N	1	2	3	4	5	6	7	8
RI	0	0	0.58	0.9	1.12	1.26	1.32	1.41
N	9	10	11	12	13	14	15	
RI	1.45	1.49	1.51	1.54	1.56	1.58	1.59	

③各层元素对目标层的总排序及一致性检验

上面得到的一组元素是对其上一层中某一元素的权重向量，是单层的一个排序，要得到各元素对目标层的排序，特别是指标层中各指标对目标层的排序权重，即总排序权重，则要自上而下地将单准则下的权重进行合并，并逐层进行总的一致性检验判断。

根据已有研究，开采引起的微地形以及地裂缝等因素对土地原始特征破坏直观明显、程度严重，所占比重较大，由此引起的土壤特性的变化所占比重次之，再根据每个指标的影响以及变异程度，分别确定各指标的权重。

通过实地调查与理论研究相结合，确定研究区域内土地损毁类型主要为塌陷、地裂缝和微地形变化，利用地表移动观测实测的数据以及采样点位的空间布局，确定评价区域距离工作面开切眼350～390m的范围内，将研究区域受损的塌陷土地分为上坡、中坡、下坡三个评价单元分别进行土地生态环境质量评价，评价区域与评价单元分布如图12.12所示。通过不同时段的调查研究，分析各评价单元土地生态环境与土地原始背景状态的差异程度，分析探讨受损土地的潜在的自修复能力，并据此，利用“同源可比”原则，最终确定整个工作面具备自修复能力的受损土地的分布范围。

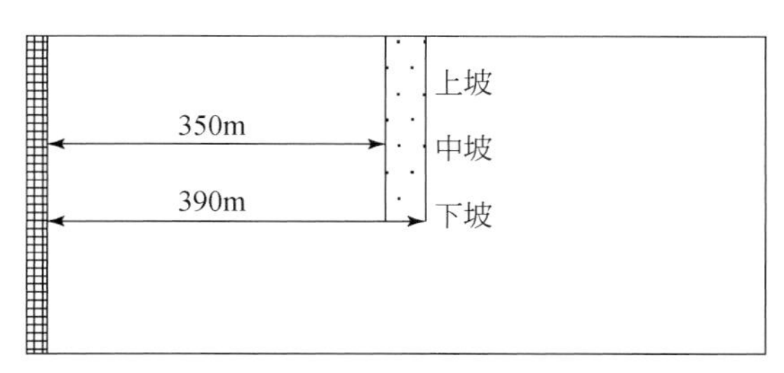

图12.12　评价区域与评价单元分布图

12.2.2　评价体系构建

评价指标分级与赋值的标准要建立在指标与土地质量演变的相关研究的基础上，以此确定各指标分值的计算方法，根据各评价指标可量度程度的不同，可采用绝对值法或相对值法来对其分级赋分，本研究中反映土壤特性指标的绝对值相对较低，属于贫瘠土壤，《农用地分等定级》以及《土地复垦方案编制规程》等相关研究中的等级划分的部分准则无法区分该区域土地生态环境的演变程度，加之，本研究评价的重心是研究受损土地是否具备自修复能力，主要确定土地受损后状态与原始状态的相似程度（相似程度大于某值，则判定该范围内的土地具备自修复能力），并依次确定具备自修复能力的土地的范围，为今后土地复垦工作提供科学依据，故本研究采用土地受损后各评价指标与原始值之间的相对值占原始值的比例进行赋值。

1. 评价体系的等级分级原则

（1）采煤塌陷导致的附加坡度。参照《土地复垦方案编制规程》中采煤塌陷土地旱地损毁程度分级参考标准，附加坡度分为3个等级：

①1级，附加坡度0～0.6；

②2级，附加坡度0.6～1.2；

③3级，附加坡度≥1.2。

（2）采煤塌陷引起的地裂缝。参照边缘裂缝与动态裂缝的演变规律，动态裂缝留存地表时间仅为18d左右，随着开采的不断推进，地表出现连续的“开裂-闭合”的动态裂缝带，每条裂缝带具有相似的生命周期，而边缘裂缝长期稳定存在（位于上坡位至开采边界外的范围内），在不同塌陷时序上（研究阶段时间节点），对评价区域内各评价单元的地裂缝带进行调查，结果显示，新出现地裂缝的宽度不一，为体现地裂缝对土地的损毁程度，对每条地裂缝的最大宽度处进行重点监测，测定其最大宽度值，在此基础上，利用裂缝总体宽度进行指标刻画。裂缝总体宽度是指评价单元内所有地裂缝（地面表征比较明显）最大宽度的总和，单位为mm。

调查结果显示，评价区域在塌陷初期，各评价单元均分布若干条特性比较明显的裂缝，其中，下坡以及中坡的裂缝垂直于工作面走向方向，在工作面持续开采过程中呈现“开裂-闭合”现象，而上坡处裂缝则平行于工作面走向方向长期留存于地表，对这三个评价单元内的裂缝总体宽度随发育过程进行统计分析。

以土地原始状态作为参考值，无地裂缝时，参考值为0，作为最高等级的指标值，以裂缝宽度总和的最大值作为最低等级的指标值，最大值为191.25mm，划分为5个等级，等级梯度值为191.25/4=48mm，裂缝宽度分级界线下含上不含：

①1级，裂缝宽度0～48mm；

②2级，裂缝宽度48～96mm；

③3级，裂缝宽度96～144mm；

④4级，裂缝宽度144～192mm；

⑤5级，裂缝宽度≥192mm。

（3）土壤特性指标等级划分。以土地原始状态作为参考值，以每个指标最大变化幅度f（%值）作为最低等级的指数值，划分为5个等级，等级梯度值=$f/4$，其中绝大部分指标为效益型指标，即开采对其产生负面影响，其值较原始值变小，而土壤孔隙度、pH等指标为非效益型指标，其值较原始值变大。

2. 评价指标赋值的原则与方法

评价指标赋值应遵循如下原则：指标质量分的确定要建立在指标与受损土地生态环境相关研究的基础上；因素质量分与土地生态环境的优劣呈正相关，即土地生态环境越好，质量分值高，总分值越大，自修复能力越强，自修复能力等级越高；质量分值体系采用百分制。为使评价过程规范化和便于数据处理，评价中采用0～100分的封闭区间体系，评价指标的优劣均在0～100分内计算其相对得分值。

（1）附加坡度分级赋值：

①1级，附加坡度0～0.6，对原始地形影响极不明显，分值为90～100（无附加坡度取值为100）；

②2级，附加坡度0.6～1.2，对原始地形影响较明显，分值为75；

③3级，附加坡度≥1.2，对原始地形影响明显，分值为50。

（2）裂缝宽度分级赋值：

①1级，裂缝宽度0～48mm，裂缝对地表破坏不明显，分值为90；

②2级，裂缝宽度48～96mm，裂缝对地表破坏较明显，分值为80；

③3 级，裂缝宽度 96～144mm，裂缝对地表破坏明显，分值为 70；
④4 级，裂缝宽度 144～192mm，裂缝对地表破坏显著，分值为 50；
⑤5 级，裂缝宽度≥192mm，裂缝对地表破坏极显著，分值为 30。

（3）对于土壤特性：采动对土壤特性的影响主要在 0～20cm 的表层土，以此为研究对象利用专家经验法及神东特定的土壤条件，赋值情况如下所示：

①1 级，采动对其基本无影响，与原始背景值基本无差异，分值为 90；
②2 级，采动对其影响比较小，与原始背景值有差异，但差异比较小，分值为 80；
③3 级，采动对其有较明显的影响，与原始背景值差异较为明显，分值为 70；
④4 级，采动对其有明显的影响，与原始背景差异显著，分值为 60；
⑤5 级，采动对其有极明显的影响，与原始背景差异显著，分值为 50。

等级划分与赋值情况如表 12.18 所示。

表 12.18　土壤自修复能力评价模型指标等级分值

	附加坡度	裂缝宽度/mm（和值）	速效磷/%	速效钾/%	有机质/%	pH	全氮/%	容重/%	孔隙度/%	含水量/%
最大变化幅值/%	—		36. 42	18	32. 00	6. 21☆	10. 83	9	12. 84☆	19
分值										
100～90	0～0. 6									
90		0～48	0～9. 1	0～4. 51	0～8	0～1. 55	0～2. 7	0～2. 25	0～3. 21	0～4. 75
80		48～96	9. 1～18. 2	4. 51～9. 02	8～16	1. 55～3. 1	2. 7～5. 4	2. 25～4. 5	3. 21～6. 42	4. 75～9. 5
75	0. 6～1. 2									
70		96～144	18. 2～27. 3	9. 02～13. 53	16～24	3. 1～4. 65	5. 4～8. 1	4. 5～6. 75	6. 42～9. 63	9. 5～14. 254
65										
60			27. 3～36. 42	13. 53～18. 05	24～32	4. 65～6. 21	8. 1～10. 83	6. 75～9	9. 63～12. 84	14. 25～19
55	≥1. 2									
50		144～192	>36. 42	>18. 05	>32	>6. 21	>10. 83	>9	>12. 84	>19
30		≥192								

注：分等以研究节点的土地生态环境实测值与原始背景值的差异占原始背景值的比例为指标；带“☆”为非效益型指标，采动导致指标值比原始背景值大，变化幅度为增长幅度。

3. 评价模型

单项评价指标经过分级赋值后，还需要通过一定数学模型来体现评价的综合结果，数学模型体现的是各种评价指标之间的相互作用及其对受损土地生态环境质量的综合影响，评价中通常建立综合指数模型，该评价模型特点是直观，计算结果反映评价指标总体特征。本研究主要运用该模型进行评价单元的土地生态环境自修复能力的综合判读，并以此评价分值结果对评价对象的土地生态环境自修复能力进行分析研究。计算公式如下：

$$Q = \sum_{i=1}^{n} S_i \times W_i$$

式中，Q 为受损土地生态环境自修复能力综合分值；S_i 为第 i 个指标的得分；W_i 为第 i 个指标的权重；n 为受损土地生态环境自修复能力评价指标的个数。

应用该模型计算得到各评价单元受损土地生态环境自修复能力的指标综合评价分值，按照等间距法，将补连塔 12406 工作面的上坡、中坡、下坡的土地的生态环境自修复能力进行分等。

土地生态环境自修复能力的程度分级：

①自修复能力分值≥90，评价单元具有明显的自修复能力；

②自修复能力分值为 90 ~ 80，评价单元具有自修复能力；

③自修复能力分值<80，评价单元不具备自修复能力。

12.2.3　评价模型应用

1. 评价指标的权重

根据已有的调查结果以及表 12.18 中各指标在塌陷过程中的变化程度，在总结前人研究的基础上，利用上述的层次分析法确定各评价单元的指标权重，指标权重值如表 12.19 所示。

表 12.19　土地生态环境自修复评价模型指标权重值

自修复评价模型权重		
地表特征（0.6667）	地裂缝	裂缝宽度（0.4422）
	微地形	附加坡度（0.2222）
土壤特性（0.3333）	物理指标（0.6667）	土壤含水量（0.1111）
		土壤容重（0.0556）
		土壤孔隙度（0.0556）
	化学指标（0.3333）	全氮（0.0114）
		有效磷（0.0198）
		速效钾（0.0198）
		有机质（0.0499）
		pH（0.0103）

注：裂缝宽度为评价单元内表征较明显的地裂缝的最大宽度总和。

评价指标的权重矩阵的一致性检验：CI=0.0116<0.1，判断矩阵可以接受。

2. 评价单元的赋值与计算

利用评价区域的实测数据，采用上述的等级划分标准以及赋值的原则，对塌陷初期——区域内裂缝宽度总和最大时（裂缝出现 4 ~ 5 天）、塌陷 3 个月、塌陷 5 个月以及塌陷 7 个月的评价单元的各指标进行赋值，赋值结果如表 12.20 ~ 表 12.23 所示。

表 12.20　土地生态环境自修复评价模型指标赋值

塌陷初期——区域内裂缝宽度总和最大（裂缝出现 4 ~ 5 天）									
评价单元	下坡			中坡			上坡		
	等级分值	权重	得分	等级分值	权重	得分	等级分值	权重	得分
附加坡度	90	0.2222	19.998	90	0.2222	19.998	100	0.2222	22.22
裂缝宽度	30	0.4444	13.332	70	0.4444	31.108	80	0.4444	35.552
速效磷	90	0.0198	1.782	90	0.0198	1.782	70	0.0198	1.386
速效钾	90	0.0198	1.782	90	0.0198	1.782	90	0.0198	1.782
有机质	90	0.0499	4.491	90	0.0499	4.491	90	0.0499	4.491
pH	90	0.0103	0.927	90	0.0103	0.927	90	0.0103	0.927
全氮	90	0.0114	1.026	90	0.0114	1.026	90	0.0114	1.026
容重	90	0.0556	5.004	90	0.0556	5.004	90	0.0556	5.004
孔隙度	90	0.0566	5.094	90	0.0566	5.094	90	0.0566	5.094
含水量	80	0.1111	8.888	80	0.1111	8.888	80	0.1111	8.888
综合得分			62.324			80.1			86.37

表 12.21　土地生态环境自修复评价模型指标赋值

塌陷 3 个月（研究区域）									
评价单元	下坡			中坡			上坡		
	等级分值	权重	得分	等级分值	权重	得分	等级分值	权重	得分
附加坡度	75	0.2222	16.665	75	0.2222	16.665	55	0.2222	12.221
裂缝宽度	100	0.4444	44.44	100	0.4444	44.44	50	0.4444	22.22
速效磷	70	0.0198	1.386	60	0.0198	1.188	70	0.0198	1.386
速效钾	90	0.0198	1.782	80	0.0198	1.584	60	0.0198	1.188
有机质	80	0.0499	3.992	90	0.0499	4.491	90	0.0499	4.491
pH	80	0.0103	0.824	80	0.0103	0.824	60	0.0103	0.618
全氮	90	0.0114	1.026	90	0.0114	1.026	90	0.0114	1.026
容重	70	0.0556	3.892	60	0.0556	3.336	60	0.0556	3.336
孔隙度	80	0.0566	4.528	70	0.0566	3.962	70	0.0566	3.962
含水量	60	0.1111	6.666	70	0.1111	7.777	80	8.888	7.777
综合得分			85.201			85.293			63.78

表 12.22　土地生态环境自修复评价模型指标赋值

塌陷 5 个月									
评价单元	下坡			中坡			上坡		
	等级分值	权重	得分	等级分值	权重	得分	等级分值	权重	得分
附加坡度	100	0.2222	22.22	75	0.2222	16.665	55	0.2222	12.221
裂缝宽度	100	0.4444	44.44	100	0.4444	44.44	50	0.4444	22.22
速效磷	70	0.0198	1.386	70	0.0198	1.386	80	0.0198	1.584
速效钾	60	0.0198	1.188	70	0.0198	1.386	60	0.0198	1.188
有机质	60	0.0499	2.994	70	0.0499	3.493	90	0.0499	4.491
pH	70	0.0103	0.721	70	0.0103	0.721	60	0.0103	0.618
全氮	70	0.0114	0.798	90	0.0114	1.026	80	0.0114	0.912
容重	70	0.0556	3.892	60	0.0556	3.336	60	0.0556	3.336
孔隙度	70	0.0566	3.962	60	0.0566	3.396	60	0.0566	3.396
含水量	60	0.1111	6.666	60	0.1111	6.666	70	0.1111	7.777
综合得分			88.267			82.515			57.743

表 12.23　土地生态环境自修复评价模型指标赋值

塌陷 7 个月									
评价单元	下坡			中坡			上坡		
	等级分值	权重	得分	等级分值	权重	得分	等级分值	权重	得分
附加坡度	100	0.2222	22.22	90	0.2222	19.998	75	0.2222	16.665
裂缝密度	100	0.4444	44.44	100	0.4444	44.44	50	0.4444	22.22
速效磷	60	0.0198	1.188	60	0.0198	1.188	60	0.0198	1.188
速效钾	60	0.0198	1.188	70	0.0198	1.386	70	0.0198	1.386
有机质	60	0.0499	2.994	60	0.0499	2.994	60	0.0499	2.994
pH	90	0.0103	0.927	90	0.0103	0.927	70	0.0103	0.721
全氮	60	0.0114	0.684	60	0.0114	0.684	90	0.0114	1.026
容重	80	0.0556	4.448	80	0.0556	4.448	80	0.0556	4.448
孔隙度	80	0.0566	4.528	80	0.0566	4.528	70	0.0566	3.962
含水量	70	0.1111	7.777	70	0.1111	7.777	70	0.1111	7.777
综合得分			90.394			88.37			63.498

注：采样条带距切眼距离为 350 ~ 390m 的范围内。

12.2.4　评价结果分析

从 4 个不同研究时间节点（塌陷初期、塌陷 3 个月、5 个月、7 个月）的土地生态环境自修复能力的评价结果来看，下坡土地的自修复能力的综合得分分别为 62.324、

85.201、88.267、90.394，随着塌陷时序不断增长呈现递增趋势，从侧面也反映了采煤塌陷的主要影响时段在塌陷的初期，且随着地表由松动转变为沉实，土地生态环境明显好转，主要得益于地裂缝及附加坡度的负面影响的消除，塌陷 7 个月时，研究区域内的自修复能力的分值大于 90，土地生态环境逐渐趋向于原始背景值，说明工作面下坡处土地具备明显的自修复能力。与塌陷初期相比，递增幅度分别为 36.707%、41.626%、45.039%，后期三个研究时段差异较小，是因为采煤塌陷对土壤特性的影响持续存在，土壤生态环境实现完全自修复需要一个长期的过程。

中坡土地的自修复能力的综合得分分别为 80.1、85.293、82.515 及 88.37，随着塌陷时间的不断增长基本呈现递增趋势，塌陷初期时较下坡位的分值偏大，主要是地裂缝分布及特征比下坡位较弱导致的，与塌陷初期相比，自修复能力分值的增长幅度分别为 6.483%、3.015%及 10.325%，且在塌陷 7 个月时，土地生态环境的自修复能力的分值接近 90，具备较强的自修复能力，分值变化主要来自于地表的地形地貌的变化，研究区域下沉量不断增长，接近最大下沉值的范围不断扩大，地表由扰动初期的松散开始沉实，地裂缝消失，中坡位（距离工作面中心位置 80m）土地亦处于下沉盆地的盆底处，采煤塌陷引起的地表附加坡度也基本消除，与地表原始形态一致，如图 12.13 所示。

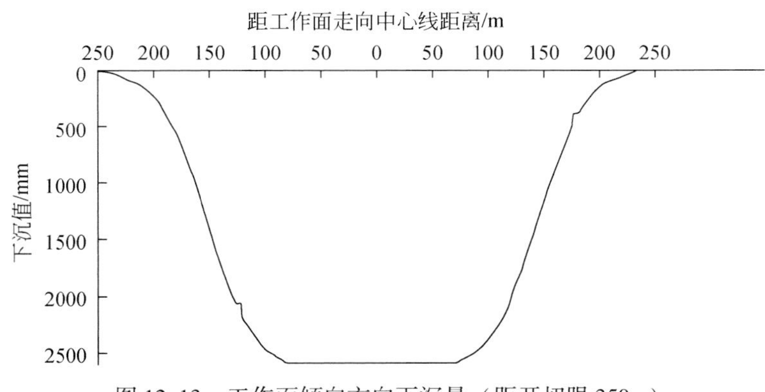

图 12.13　工作面倾向方向下沉量（距开切眼 350m）

上坡土地的自修复能力的综合得分分别为 86.37、63.78、57.743 及 63.498，得分普遍较低，除塌陷初期外，均小于 80，主要是上坡土地的地表原始形态受到明显破坏，附加坡度较大，且分布相对稳定的边缘裂缝，该类型裂缝在地表长期留存，随着塌陷时序的增长，递减幅度分别为 26.155%、33.145%及 26.492%，后期分值的增长主要来源于地表塌陷范围增大，附加坡度有所减小、部分土壤特性指标略有恢复而致。

上述评价结果及分析表明，土地生态环境的自修复能力主要取决于采动后研究区域的地形地貌与原始状态的差异，下、中坡的土地具备良好的自修复能力，推广至整个工作面，在工作面停采趋于稳定后，位于下沉盆地的盆底范围的土地处于均匀沉降区，地表无裂缝且无附加坡度的存在，与原始地形地貌一致，具备明显的自修复能力（分值>90）。

对于补连塔 12406 工作面，采用超大工作面的布设形式，工作面长度大于 300m，走向与倾向方向均能达到充分采动，下沉盆地内部出现大面积的均匀沉降区，工作面停采后下沉盆地以及地表附加坡度如图 12.14 所示。

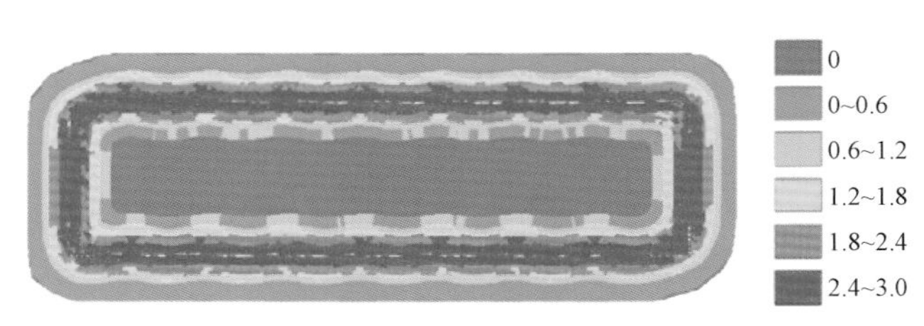

图 12.14　工作面停采后地表附加坡度

上述评价结果，可为今后该区域土地复垦工作实现分区复垦提供科学依据，实际施工过程中，可尽量减少人工、工程机械对地表生态环境的影响，节省复垦节本。工作面停采后，距离走向中线 100m 左右范围内的土地均位于下沉盆地的盆底，根据图 12.13 ~ 图 12.14，确定下沉盆地的盆底的实际范围，具备自修复能力的土地区域占下沉盆地的比例为 39.39%。

12.3　基于现代开采的植被生态损伤及自修复能力研究

采煤扰动区植被生态损伤评价是指人类采煤活动对扰动区域与植被有关的土壤性质、植物生长状态、植物根系发育状态、植物根系微生物环境等作用大小进行系统分析和评估。采煤扰动区植被生态损伤综合评价在生态修复中占有重要地位，可为矿区生态重建提供基础数据，并且有助于掌握和利用与植被发育环境相关的各属性变化规律，改进生态修复技术和降低生态修复成本，促进矿区生态系统良性循环。本节在前文研究基础上，在对采煤扰动区的典型区域和植物变化规律研究基础上，对不同区域的土壤物性、根系微生物环境、植物生长、植物根系变化等参数进行时序分析和趋势评价，选取典型指标并建立合适的指标体系和适宜的植被自修复评价模型，分析植被的自修复能力。

12.3.1　现代开采生态系统损伤模型构建

地表生态的变化最直接的表现是植被的演替发育变化规律。前述研究选择神东矿区中心区具有典型代表性的 2 个区域（乌兰木伦矿区和补连塔矿区）为主要研究区域，以乔木、灌木和地被草本 3 种类型的植被作为主要对象，比较在 3 种不同的地质开采条件下（开采前、中、后），其植被的破坏机理，动态监测植被发育与演替的规律，如根系的发育规律（根系长度、根伸长方向、根系伸长速度、根系活力等）、根系的生理生化变化规律（根系的分泌物组成与含量、根系酶活性、根系运输水分的能力）、根系抗逆性（抗拉伤、抗干旱、抗贫瘠）等；对应监测植物地上部的形态变化，如叶面积指数、光合强度、盖度、叶绿素含量等。同时，生态影响也体现在土壤中的微生物群落的变化。因此，将宏观变化与微观因子相结合，综合考虑植被生长、根系变化、生理环境及微生物环境等因子是构建生态系统损伤模型的关键。

1. 评价指标体系

（1）综合性原则。在进行采煤活动对矿区土壤环境质量评价时，指标的选取直接影响到评价结果的真实性、合理性和科学性。因此，评价指标应该全面、综合地反映土壤质量各个方面的性质。

（2）主导因素原则。影响土壤质量的因素很多，而且因素之间具有重叠影响，在选取指标时应避免多重共性问题，剔除部分次要的、重叠的指标。

（3）实用性原则。在进行指标的选取时，定量评价土壤肥力的同时，也应该兼顾指标的获取难度、获取成本、花费时间、区域等因素。

（4）可比性原则。所选取的指标需是具体的可以进行比较的，是有具体数据体现的，而不是抽象的。这样才可在评价的操作中进行比较。

根据以上指标的选取原则，对众多影响土壤环境质量的因子给出以下指标集，由于神东矿区采煤对环境的影响因子复杂，分为二级综合评判。

一级评判因子：

U=（$U1$，$U2$，$U3$）=（土壤生物物理指标，土壤化学指标，植物根系指标）。

二级评判因子：

$U1$=（微生物数量、磷酸酶活性、脲酶活性、蔗糖酶活性、土壤容重、土壤含水量）；

$U2$=（pH、Ec、P、K、Mn、Zn）；

$U3$=（根体积、根长、根尖数、表面积、平均直径、投影面积）。

2. 指标权重及评判标准确定

确定评价因素模糊权向量即确定其权重分配，它反映了各因素的重要程度，对各因素U_i分配相对应的权数a_i（i=1，2，…，m），通常要求a_i满足$a_i \leq 1$，表示第i个因素的权重，再由各权重组成模糊集合A，则A就是权重集；在进行模糊综合评价时，权重对最终评价结果将会产生很大影响，不同权重有时会得到完全不同的结论。

由于指标集中各指标的重要程度不同，所以要对一级指标和二级指标分别赋予相应的权数，这里将根据专家分析给出权数，如表12.24所示。

表12.24　采煤对矿区土壤质量影响综合评价指标集权重表　（单位：%）

土壤生物物理指标（$U1$）30		土壤化学指标（$U2$）40		土壤中植物根系指标（$U3$）30	
微生物数量（细菌+真菌+放线菌）	25	pH	15	根体积	15
磷酸酶活性	15	Ec	20	根长	20
脲酶活性	15	P	20	根尖数	25
蔗糖酶活性	15	K	15	表面积	15
土壤容重	15	Mn	15	平均直径	15
土壤含水量	15	Zn	15	投影面积	10

评价因子相对应的权重分配：

U=（土壤生物物理指标，土壤化学指标，植物根系指标）；即：A=（0.3，0.4，0.3）；

$U1$=（微生物数量，磷酸酶活性，脲酶活性，蔗糖酶活性，土壤容重，土壤含水量）；即 $A1$=（a_{11}，a_{12}，a_{13}，a_{14}，a_{15}，a_{16}）=（0.25，0.15，0.15，0.15，0.15，0.15）；

$U2$=（pH，Ec，P，K，Mn，Zn）；

即 $A2$=（a_{21}，a_{22}，a_{23}，a_{24}，a_{25}，a_{26}）=（0.15，0.2，0.2，0.15，0.15，0.15）；

$U3$=（根体积，根长，根尖数，表面积，平均直径，投影面积）；

即 $A3$=（a_{31}，a_{32}，a_{33}，a_{34}，a_{35}，a_{36}）=（0.15，0.2，0.25，0.15，0.15，0.1）；

确定评语集：我们把评价集设为 v=｛优，良，中，差｝；

建立评判矩阵：首先确定出 U 对 v 的隶属函数，根据相关研究结果和经验划定各指标因子的取值范围，确定各因子对取值范围的隶属度。除 pH、土壤容重之外，其他因子按照隶属度限幅元素平均法确定其取值范围及隶属度，然后确定各指标值对各取值范围的隶属度，构成隶属度函数。最后计算出各评价指标对各等级的隶属度 r_{ij}，得出模糊关系矩阵。

我们根据评价目的，为了反映神东矿区现代采煤技术对生态环境影响及自修复能力，以采前的监测数据的平均值作为本底值划取对应评语集区间，如表 12.25 所示。

表 12.25　评价因子评语集隶属范围的确定

优	良	中	差
AVG−$F1$ ~ AVG+$F2$	AVG−$F1$ ~ AVG−2$F1$ AVG+$F2$ ~ AVG+2$F2$	AVG−2$F1$ ~ AVG−3$F1$ AVG+2$F2$ ~ AVG+3$F2$	AVG−3$F1$ ~ Min AVG+3$F2$ ~ Max

备注：$F1$=［（AVG−Min）/4］，$F2$=［（Max−AVG）/4］，AVG=采前均值，Max 与 Min 分别为对应指标因子观测值的最大值与最小值。

对 U 中元素评判的数学过程：

判断集选取：a=Max｛$X1$，$X2$，…，Xn｝，b=Min｛$X1$，$X2$，…，Xn｝，其中 $X1$，$X2$，…，Xn 为观测值，$F1$=［（AVG−Min）/4］，$F2$=［（Max−AVG）/4］，当 $Xi \in$（AVG−3$F1$ ~ Min］∪（AVG+3$F2$ ~ Max］则差，当 $Xi \in$（AVG−2$F1$ ~ AVG−3$F1$］∪（AVG+2$F2$ ~ AVG+3$F2$］则中，当 $Xi \in$（AVG−$F1$ ~ AVG−2$F1$］∪（AVG+$F2$ ~ AVG+2$F2$］则良，当 $Xi \in$（AVG−$F1$ ~ AVG+$F2$］则优。

统计非零元素个数：总数 $N=\sum n_i$，i=1 ~ 4；$N=n_1+n_2+n_3+n_4$，$n_1 \sim n_4$ 为非零观测值对 V 的相应统计个数，若出现空集，即未获得相应因子的监测值，则以常数补齐，不影响其他因子和最终的评价结果。以此构成以下三个模糊关系矩阵，即模糊向量。即以下关系矩阵：

土壤生物物理指标：

$$\boldsymbol{R}_1=\begin{Bmatrix} r_{11} & r_{12} & r_{13} & r_{14} \\ r_{21} & r_{22} & r_{23} & r_{24} \\ r_{31} & r_{32} & r_{33} & r_{34} \\ r_{41} & r_{42} & r_{43} & r_{44} \\ r_{51} & r_{52} & r_{53} & r_{54} \\ r_{61} & r_{62} & r_{63} & r_{64} \end{Bmatrix}=\begin{Bmatrix} \frac{n_1}{N_1} & \frac{n_2}{N_1} & \frac{n_3}{N_1} & \frac{n_4}{N_1} \\ \frac{n_1}{N_2} & \frac{n_2}{N_2} & \frac{n_3}{N_2} & \frac{n_4}{N_2} \\ \frac{n_1}{N_3} & \frac{n_2}{N_3} & \frac{n_3}{N_3} & \frac{n_4}{N_3} \\ \frac{n_1}{N_4} & \frac{n_2}{N_4} & \frac{n_3}{N_4} & \frac{n_4}{N_4} \\ \frac{n_1}{N_5} & \frac{n_2}{N_5} & \frac{n_3}{N_5} & \frac{n_4}{N_5} \\ \frac{n_1}{N_6} & \frac{n_2}{N_6} & \frac{n_3}{N_6} & \frac{n_4}{N_6} \end{Bmatrix}_{6\times4} \tag{12.1}$$

土壤化学指标：

$$\boldsymbol{R}_2=\begin{Bmatrix} r_{11} & r_{12} & r_{13} & r_{14} \\ r_{21} & r_{22} & r_{23} & r_{24} \\ r_{31} & r_{32} & r_{33} & r_{34} \\ r_{41} & r_{42} & r_{43} & r_{44} \\ r_{51} & r_{52} & r_{53} & r_{54} \\ r_{61} & r_{62} & r_{63} & r_{64} \end{Bmatrix}=\begin{Bmatrix} \frac{n_1}{N_1} & \frac{n_2}{N_1} & \frac{n_3}{N_1} & \frac{n_4}{N_1} \\ \frac{n_1}{N_2} & \frac{n_2}{N_2} & \frac{n_3}{N_2} & \frac{n_4}{N_2} \\ \frac{n_1}{N_3} & \frac{n_2}{N_3} & \frac{n_3}{N_3} & \frac{n_4}{N_3} \\ \frac{n_1}{N_4} & \frac{n_2}{N_4} & \frac{n_3}{N_4} & \frac{n_4}{N_4} \\ \frac{n_1}{N_5} & \frac{n_2}{N_5} & \frac{n_3}{N_5} & \frac{n_4}{N_5} \\ \frac{n_1}{N_6} & \frac{n_2}{N_6} & \frac{n_3}{N_6} & \frac{n_4}{N_6} \end{Bmatrix}_{6\times4} \tag{12.2}$$

植物根系指标：

$$\boldsymbol{R}_3=\begin{Bmatrix} r_{11} & r_{12} & r_{13} & r_{14} \\ r_{21} & r_{22} & r_{23} & r_{24} \\ r_{31} & r_{32} & r_{33} & r_{34} \\ r_{41} & r_{42} & r_{43} & r_{44} \\ r_{51} & r_{52} & r_{53} & r_{54} \\ r_{61} & r_{62} & r_{63} & r_{64} \end{Bmatrix}=\begin{Bmatrix} \frac{n_1}{N_1} & \frac{n_2}{N_1} & \frac{n_3}{N_1} & \frac{n_4}{N_1} \\ \frac{n_1}{N_2} & \frac{n_2}{N_2} & \frac{n_3}{N_2} & \frac{n_4}{N_2} \\ \frac{n_1}{N_3} & \frac{n_2}{N_3} & \frac{n_3}{N_3} & \frac{n_4}{N_3} \\ \frac{n_1}{N_4} & \frac{n_2}{N_4} & \frac{n_3}{N_4} & \frac{n_4}{N_4} \\ \frac{n_1}{N_5} & \frac{n_2}{N_5} & \frac{n_3}{N_5} & \frac{n_4}{N_5} \\ \frac{n_1}{N_6} & \frac{n_2}{N_6} & \frac{n_3}{N_6} & \frac{n_4}{N_6} \end{Bmatrix}_{6\times4} \tag{12.3}$$

3. 综合评价

采用一个合成算子对模糊关系矩阵和模糊向量进行合成，此次综合评价中采用的评判模型为 M（·，+），为一级综合评价，数学表示如下：

$$\boldsymbol{A}\cdot\boldsymbol{R}=\boldsymbol{B}=(b_1,\ b_2,\ \cdots,\ b_n)$$

其中，$\boldsymbol{A}=(a_1,\ a_2,\ \cdots,\ a_n)$，$\sum_i^n a_i=1$，$a_i\geqslant 0$；$\boldsymbol{R}=(r_{ij})\ n\times m$，$r_{ij}\in[0,\ 1]$；

$$b_j=\sum_{i=1}^n a_i r_{ij},\ j=1,\ \cdots,\ m \tag{12.4}$$

运用式（12.4）评价模型，结合表 12.24 权重分配表确定的评价因素模糊权向量和土壤生物物理指标评判矩阵（12.1），得出土壤生物物理指标评价结果。

$$\boldsymbol{B}_1=\boldsymbol{A}_1\cdot\boldsymbol{R}_1=(a_{11},\ a_{12},\ a_{13},\ a_{14},\ a_{15},\ a_{16})\begin{Bmatrix} r_{11} & r_{12} & r_{13} & r_{14}\\ r_{21} & r_{22} & r_{23} & r_{24}\\ r_{31} & r_{32} & r_{33} & r_{34}\\ r_{41} & r_{42} & r_{43} & r_{44}\\ r_{51} & r_{52} & r_{53} & r_{54}\\ r_{61} & r_{62} & r_{63} & r_{64}\end{Bmatrix}=(b_{11},\ b_{12},\ b_{13},\ b_{14}) \tag{12.5}$$

同理，对土壤化学指标和植物根系指标进行评价得 $\boldsymbol{B}_2=\boldsymbol{A}_2\cdot\boldsymbol{R}_2$，$\boldsymbol{B}_3=\boldsymbol{A}_3\cdot\boldsymbol{R}_3$。此时，评价结果为一向量，分别表示隶属于评语集中某一评语的隶属度，给出分值矩阵 $\boldsymbol{Q}^{\mathrm{T}}=(100,\ 75,\ 50,\ 25)$，$\boldsymbol{B}_j\times\boldsymbol{Q}^{\mathrm{T}}$ 计算出最后得分。

$$\boldsymbol{C}=\boldsymbol{A}\cdot\begin{Bmatrix}\boldsymbol{B}_1\\ \boldsymbol{B}_2\\ \boldsymbol{B}_3\end{Bmatrix}$$

根据一级综合评价的结果及模型［式（12.4）］，进行二级综合评价，同理根据一级综合评价结果进行判定。

12.3.2　现代开采对本底生态环境的影响程度评价（试验区案例）

采煤活动对生态环境的破坏可以分为显性破坏和隐性破坏。显性破坏包括地表下沉、水平移动、倾斜、弯曲等，可以通过视觉直观判断。而采煤活动对生态环境造成的水、肥流失以及土壤贫瘠化等隐性破坏不能通过观察直接得出结论，只能通过各种监测手段测出能表征生态质量的指标去量化表达。专家们做了大量的工作去揭示采煤对生态环境的影响规律。Seils 等的研究表明，采煤造成矿区土地沉陷，改变土壤密实度，使土体的孔隙性产生变化，结构性发生变异，致使土壤物理性质恶化、土地荒漠化、贫瘠化。赵同谦等通过研究发现采煤沉陷后耕地土壤有机质、肥力指标空间异质性显著。这些研究基本上都是对生态环境中某一个指标受采煤扰动后的变化情况，如对土壤水分、土壤养分、土壤物理性质等影响等的评价，而对整个采煤扰动面缺少一个整体的评价。本书在以往研究的基础上建立较全面的评价指标体系，运用基于模糊数学的模糊综合评价模型，借助计算机语言开发的评价模块能够弥补研究空白。根据前面的评价模型，在系统中选择评价采前采中结果如表12.26所示。

表12.26　开采扰动后评价结果

评价结果					
序号	评价对象	土壤生物物理因子	土壤化学因子	植物根系因子	综合评价
1	采前	83.41	91.85	87.03	87.87
2	采中	80.13	79.43	87.03	81.92

评价指标		
土壤化学指标	土壤生物物理指标	植物根系指标
pH	微生物数量（细菌+真菌+放线菌）	根体积
Ec	磷酸酶活性	根长
P	脲酶活性	根尖数
K	蔗糖酶活性	表面积
Mn	土壤容重	平均直径
Zn	土壤含水量	投影面积

表12.26的评价结果直观清晰地表明：采中土壤生物物理因子、土壤化学因子和综合评价结果的分值都比采前低，根据之前评价模型判定方法，分值越高评价对象越优，采中和采前对比得分值的降低说明煤炭开采活动对开采区域环境的扰动存在负影响。该评价结果与之前研究的结果即采煤活动使矿区土壤的物理性质恶化，土地荒漠化、降低植物的生存条件结论相符，也证明该评价结果的合理性。

野外监测时间与开采进度结合，主要按采前、采中、采后3个月、采后10个月4个时间段进行纵向的对比。由评价系统返回的评价结果如表12.27所示。

根据评价模型，评价结果的分值越高越优，采煤活动对土壤生物物理环境、土壤化学环境、植物根系环境以及综合评价结果都产生了影响。因为评价的基础是未被扰动的数据，相当于采前的数据为最优值，扰动影响越大，评价得到的分值越低。

根据表中的评价结果，土壤的生物物理环境在开采中立刻表现出受到扰动，开采结束三个月后土壤的物理生物环境可恢复到采前水平并且超过采前水平。土壤的生物物理评价因子主要包括微生物指标、酶活性、土壤容重、土壤含水量，它们对土壤环境质量的评价有非常重要的意义。

土壤微生物量包括细菌、真菌、放线菌数量的总和。国内外多数研究认为土壤微生物是土壤质量变化最为敏感的指标。微生物量控制土壤有机质的转化并影响碳的积累，它同时是植物养分的源和库。土壤微生物各种各样的代谢活动能够调控土壤中能量和养分的循环，也在许多有机化合物的全球循环中起着重要作用。由于微生物量的重要作用，它常被选为反映土壤质量变化的指标，也被用来评价土壤受干扰和管理的影响。土壤酶活性，选

表 12.27　开采对本底环境的影响评价

评价结果					
序号	评价对象	土壤生物物理因子	土壤化学因子	植物根系因子	综合评价
1	采前	83.41	91.85	87.03	87.87
2	采中	80.13	79.43	87.03	81.92
3	采后 3 个月	87.80	79.84	65.27	77.86
4	采后 10 个月	86.95	86.44	72.5	82.41

评价指标		
土壤化学指标	土壤生物物理指标	植物根系指标
pH	微生物数量（细菌+真菌+放线菌）	根体积
Ec	磷酸酶活性	根长
P	脲酶活性	根尖数
K	蔗糖酶活性	表面积
Mn	土壤容重	平均直径
Zn	土壤含水量	投影面积

取土壤的磷酸酶活性、尿酶活性、蔗糖酶活性分别作为评价指标。酶活性之所以能成为一个好的土壤质量指标是因为它在分解和矿化过程中起着重要作用而且对土壤管理措施变化反应敏感。土壤容重主要用于监测土壤的紧实程度。土壤含水量是土壤中所含水分的数量，一般是指土壤绝对含水量，即 100g 烘干土中含有若干克水分，也称土壤含水率。土壤含水率是农业生产中重要参数之一。

从评价指标的性质可以看出，土壤生物物理指标是对环境变化十分敏感的因子，其在开采中对土壤的扰动反应比较敏感，在开采结束后 3 个月生态系统自修复作用下，采煤活动对生态环境的影响已经不能够直接反映到土壤生物物理环境的恶化现象中。从采后 3 个月到采后 10 个月评价结果变化较小，说明土壤生物物理环境在采煤活动结束后较长时间内，在生态自修复的能力下基本不受其扰动影响，处于一个基本稳定的状态。

土壤化学指标包括 pH、Ec、养分 P、K 和微量元素 Mn、Zn。pH 是土壤化学最重要的指标，农作物的生长对于土壤的酸碱性有一定的要求，有的喜酸性，有的喜碱性，一般农作物生长的最适 pH 为 6.5 ~ 7.5，土壤的酸性或碱性过强都不利于作物的生长。土壤养分指标 P、K 的含量都是土壤肥力的重要指标。神东矿区土壤的质地为砂土，土壤的保肥保水能力差，微量元素 Zn、Mn 的含量都低于全国平均水平，所以土壤养分含量对评价采煤对环境影响也非常重要。

土壤化学环境的采中与采前变化较大，说明化学环境受采煤活动影响比较大。采后 3 个月和采中土壤化学环境评价值比较接近，到采后 10 个月评价值开始上升。开采活动对土壤化学环境扰动影响较持久，恢复较慢。

植物根系发育情况直接关系到植物的生长状况和能力，也是土壤质量的直观表示。采煤的扰动会导致植物根毛减少，根系受损，随着环境的稳定，根系开始适应环境，根系功能逐步得到恢复与完善。

根系评价结果中表明采前、采中植物的根系指标评价结果相近，采后3个月根系生长能力下降，到采后10个月状况有所改善，但与采前相比差异还较大。

针对煤炭开采对环境扰动及自修复能力的评价，在复垦过程中，可以有的放矢进行复垦规划，减少不必要的投入，提高复垦效率。

12.3.3　现代开采植物生态损伤及自修复能力评价

1. 土壤生物物理环境自修复结果分析

依据基于模糊数学建立的综合评价模型，选择合理的生物物理指标，评价煤炭开采中、开采后不同时间段的土壤生物物理环境，分析土壤生物物理环境的自修复能力及自修复趋势，如图12.15所示。其中，红色的渐近线表示采前土壤生物物理环境的评价值，蓝色的线表示各个监测对象的评价值。由于土壤生物物理环境的变化是一个连续的变化，在修复的过程中也是逐渐修复，将各个监测时间段用直线连接表示该矿区土壤生物物理环境的自修复结果随时间的纵向变化趋势。蓝色折线从采前到采后2个月为下降趋势，说明该阶段主要受采煤扰动的影响较大，环境自修复效果较小。开采2个月后，蓝色折线开始逐渐接近于采前评价值的红色渐近线，说明土壤生物物理环境自修复能力较强，到采后3个月已经高于采前评价值。因为评价结果是以采前数据的均值为本底值确定的最优区间。当评价结果超过红色渐近线表示该矿区的监测数据落在最优区间的数量越多，土壤的物理生物环境通过自修复已达到采前水平。采后3个月到10个月，评价值变化较小，一直在红色的渐近线之上，说明土壤生物物理环境基本趋于稳定。可见，土壤生物物理环境自修复能力较强，采后3个月基本达到采前水平。

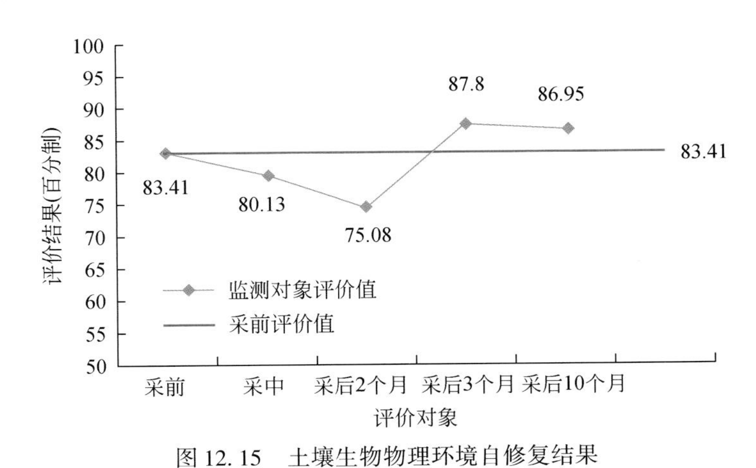

图12.15　土壤生物物理环境自修复结果

2. 土壤化学环境自修复结果分析

观察图12.16采中、采后各时间段土壤化学环境评价值与采前红色渐近线变化趋势，采前到采后1个月评价值逐渐降低到采后1个月出现最低值，和采前评价值相差较大。土壤化学环境在该阶段受采煤扰动影响较大，环境的自修复能力表现为负值。从采后1个月到采后10个月评价值开始逐渐上升，说明化学环境自修复能力与采后扰动相比开始表现为正效应，采后1个月到采后3个月自修复表现出了较强的能力，短短2个月评价值上升了13%。采后3个月到采后10个月，自修复效率开始有所降低，7个月评价值上升接近7%，这也符合生态环境演变的规律。根据图12.16各时段评价值与采前红色渐近线走向趋势，通过实验可预测，采后10个月评价值86.44与采前评价值91.85仅相差不到6个百分点，在该生态环境没有受到其他扰动的条件下，最短还需要一年时间才可望修复到采前状态，结果还需在实际监测中不断校正。

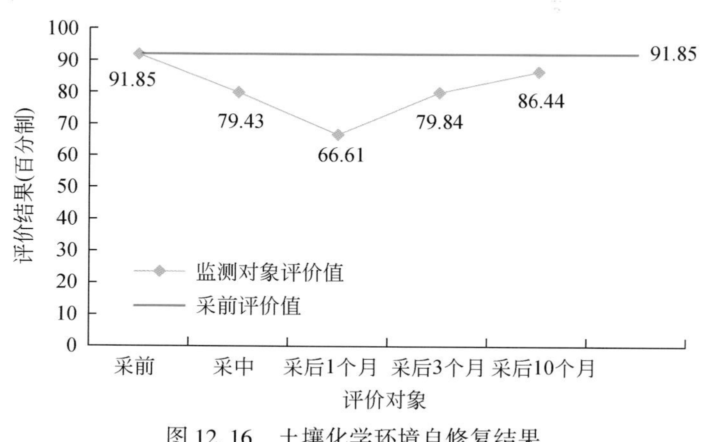

图12.16　土壤化学环境自修复结果

3. 植物根系自修复结果分析

观察图12.17采中、采后各时间段植物根系评价值与采前红色渐近线变化趋势，采前到采后1个月自修复评价值逐渐降低到采后1个月出现最低值，和采前评价值相差较大。植物根系和土壤化学环境在采前到采后1个月的变化趋势相近，采煤扰动和根系自修复相比，前者表现出正效应。土壤生物物理环境评价值在该阶段也是处于下降状态，这也验证了植物根系的发育和土壤环境质量是密不可分的。从采后1个月到采后10个月评价值开始逐渐上升，植物根系自修复作用开始表现出正效应，在采后1个月到采后3个月自修复效果尤为显著，2个月评价值上升接近9%。采后3个月到采后10个月到15个月，自修复效率有所降低也开始趋于稳定，从采后3个月到采后10个月上升7%，采后10个月到采后15个月上升7%。结合土壤环境自修复结果以及图12.17各时间段评价值与采前红色渐近线走向趋势，在与采前相差不到7%的差距内，最短还需半年时间植物根系就能正常发育。

4. 开采后生态环境自修复结果分析

生态环境自修复评价是在土壤生物物理环境、土壤化学环境、植物根系自修复能力评价的基础上进行的二级评价，是综合地考虑各指标对生态环境自修复效果的影响。图12.18中，红色渐近线为采前评价背景值，各时间段监测评价结果为蓝色折线，观察其趋势，和前面各个土壤环境、植物根系自修复趋势一致。

采中、采后1个月生态环境受采煤扰动影响较大，自修复能力不足以修复采煤活动对

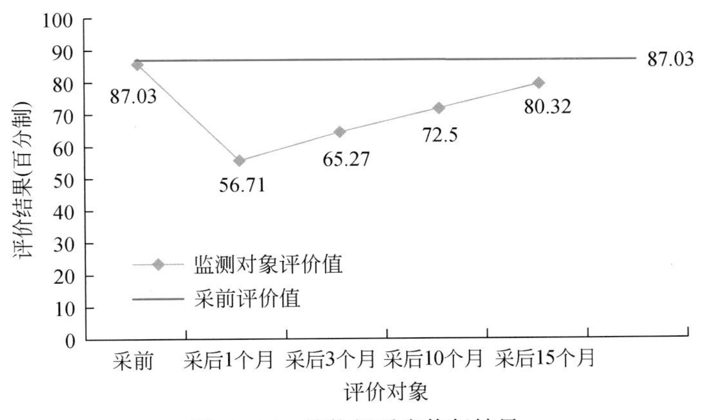

图 12.17　植物根系自修复结果

生态环境的破坏，造成了生态环境的恶化。随着采后时间的推进，采煤塌陷影响力减小，生态环境自修复开始出现正效应，生态环境评价值开始升高。从采后 1 个月到采后 10 个月由各个时间点连接的蓝色折线开始逐渐向采前评价值的红色渐近线靠近，根据前面土壤环境、各根系环境的预测结果及自修复能力评价结果折线趋势，可以预测生态环境自修复最短周期为 22 个月。

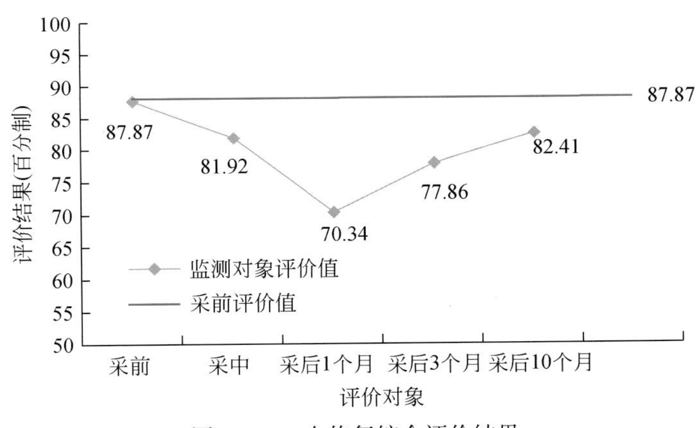

图 12.18　自修复综合评价结果

研究表明，采煤地表生态影响本质上是地表生态系统受到外部扰动后改变了自然边界条件，导致生态系统内部受损，地表生态主要要素（土壤理化性质、植被生长、根际微生物环境等）发生变化。根据对影响区域土壤和植物等的破坏程度，地表生态受损程度可简单分为轻度、中度和重度。其中，轻度损伤后原生土壤和植物基本保持原状，受物理损伤（如裂缝、水土流失等）为主的原生土壤条件基本保留，植物种子或其他繁殖体存在，植物生长依赖的受损土壤在自然作用下较易恢复；中度损伤后的原生土壤理化条件基本破坏（土壤污染、盐碱化等），植物生长原生条件破坏，导致土壤中的植物种子或其他繁殖体变异或消失，植物生长依赖的受损土壤在自然作用下不易恢复；重度损伤后原生土壤和植物遭到彻底破坏（露天采动影响），原生的土壤条件、植物种子或其他繁殖体都不存在。根据受损程度（阈值），地表生态可以采用自然恢复（自修复）、人工与自然修复相结合的生态修复、基于生态学原理的生态人工再造等形式。风积沙区采煤扰动下生态自修复研究是根据土壤生物物理环境、土壤化学环境、植物根系等损伤及变化趋势，综合进行的二级评价，分析表明：

（1）地表生态自修复现象是客观存在的。生态自修复就是一种扰动条件下的自然恢复，其理论基础是生态学上的次生演替理论，即在原有植被存在或虽已不存在，但原有土壤条件还基本保留，植物的种子或其他繁殖体（如能发芽的地下茎）存在的条件下发生的自然演替，地表植被（草原、森林等）受到火烧、病虫害、严寒、干旱、水淹、冰雹打击等自然影响或人类过量砍伐和开采塌陷影响，只要植被恢复的土壤条件还在，植物繁殖体还存在，减少人为开采影响程度，这种次生演替可以让受损的植物群落恢复生机。采动地表生态的主要要素变化趋势分析表明，风积沙区采煤扰动后，土壤理化性质和植物及根际微生物环境指标相对本底值发生较大的变化，如土壤化学环境综合指标在采后 1 个月相对采前最大变化幅度达到 27%，采后 10 个月后综合指标恢复到采前状态的 95%；土壤生物物理环境综合指标在采后 2 个月相对采前最大变化幅度达到 10%，采后 10 个月后综合指标优于采前状态。说明采煤扰动尚未超出地表生态影响的阈值，生态系统依靠其自然恢复潜力可以实现自我恢复。

（2）生态系统自修复是有较长时间过程的。风积沙区现代超大工作面开采扰动，地表生态受到轻度损害，地表裂缝、水土流失等形式作用尚未改变原生土壤和植物基本性状，土壤中的植物种子或其他繁殖体依然存在。采动全周期地表生态的主要要素（土壤理化性质和植物及根际微生物环境）变化趋势分析表明，煤炭开采时地表裂缝发育具有一定的规律，采后 17 天就出现地表裂缝的自闭现象；植物根系综合指标在采后 1 个月相对采前最大变化幅度达到 35%，采后 15 个月后综合指标恢复到采前状态的 92%；土壤生物物理环境、土壤化学环境和根系发育状态的指标的综合分析表明，在采后 2 个月相对采前最大变化幅度达到 20%，采后 15 个月综合指标达到采前状态的 95%。且综合指标随时间变化的基本趋势是采后 1～2 个月指标急剧变化，而在 3～24 个月综合指标呈缓慢还原趋势。表明一般自修复的过程是需要较长时间才能恢复到未破坏状态，地表生态的生境指标具有不同的自修复时间，但总体是地表生态向采前状态趋近。同时，自修复具有一定的局限性，并非所有的生态系统都可以依靠自修复能力恢复到其原来未受损的健康生态系统状态。

（3）生态系统的自我修复功能是可以被人类活动利用的。生态系统的自我修复或自然恢复是指依靠生态系统的自我调节能力与自组织能力使其向有序的方向进行演化，或者利用生态系统的这种自我恢复能力，辅以人工措施，使受损的生态系统逐步恢复或使生态系统向良性循环方向发展。煤炭开采活动，使地表生态受到外部扰动，改变了地表生态的自然边界条件，导致生态系统内部受损。根据对影响区域土壤和植物等的破坏程度可将受损程度简单分为轻度、中度和重度。其中，轻度损伤后原生土壤和植物基本保持原状，受物理损伤（如裂缝、水土流失等）为主的原生土壤条件基本保留，植物种子或其他繁殖体存在，植物生长依赖的受损土壤在自然作用下较易恢复；中度损伤后的原生土壤理化条件基本破坏（土壤污染、盐碱化等），植物生长原生条件破坏，导致土壤中的植物种子或其他繁殖体变异或消失，植物生长依赖的受损土壤在自然作用下不易恢复；重度损伤后原生土壤和植物遭到彻底破坏（露天采动影响），原生的土壤条件、植物种子或其他繁殖体都不存在。根据受损程度，地表生态可以采用自然恢复（自修复）、人工与自然修复相结合的生态修复、基于生态学原理的生态人工再造等形式。其中，本书研究的现代开采沉陷区域属于地表生态的轻度损伤，基本保留了原生土壤条件和植物种子或其他繁殖体，具备自然恢复的基本条件。且通过现场跟踪观察，地表生态景观在采后 2～3 年逐步恢复到采前状态。研究启示，采煤沉陷区的绿化只是生态修复的手段之一，生态恢复是根据当地土壤和植物条件，恢复生物多样性、生态的完整性以及周围环境的协调性和生态系统自我维持性，最终实现地表生态的自我维持能力。人类在充分认识和遵循自然规律前提下，充分释放自然的恢复潜力，辅以人工措施和减少人为扰动，加快生态恢复过程，使遭到破坏的生态系统逐步恢复或使生态系统向良性循环方向发展。

参考文献

陈荣华，白海波，冯梅梅 . 2006. 综放面覆岩导水裂隙带高度的确定［J］. 采矿与安全工程学报，23（2）：220-223

成剑文 . 2007. 瞬变电磁法在煤矿应用中的研究［D］. 太原：太原理工大学

崔之熠，王茂芝，刘国涛，等 . 2011. 蚂蚁算法在 TSP 问题求解的应用［J］. 四川理工学院学报（自然科学版），3：334-337

戴前伟，吕绍林，肖彬 . 2000. 地质雷达的应用条件探讨［J］. 物探与化探，24（2）：157-160

戴世鑫，朱国维，张鹏，等 . 2011. 深部煤系地质条件地震物理与数值模型研究［J］. 中国矿业，（8）：115-118

戴世鑫，朱国维，张鹏，等 . 2012. 地震模型干扰波去除技术的研究与应用［J］. 煤矿开采，17（1）：21-25

邓喀中 . 1993. 开采沉陷中的岩体结构效应研究［D］. 北京：中国矿业大学（北京）

段海滨，王道波，朱家强，等 . 2004. 蚁群算法理论及应用研究的进展［J］. 控制与决策，12：1321-1326

范钢伟 . 2011. 神东矿区浅埋煤层开采覆岩移动与裂隙分布特征［J］. 中国矿业大学学报，40（2）：196-201

范立民，蒋泽泉 . 2004. 榆神矿区保水采煤的工程地质背景［J］. 煤田地质与勘探，32（5）：32-35

高延法，曲祖俊，邢飞，等 . 2009. 龙口北皂矿海域下 H2106 综放面井下导高观测［J］. 煤田地质与勘探，37（6）：35-38

国家煤炭工业局 . 2000. 建筑物、水体、铁路及主要井巷煤柱留设与压煤开采规程［M］. 北京：煤炭工业出版社

侯公羽 . 1997. 锚拉支架支护理及其应用研究［D］. 北京：中国矿业大学（北京）

黄庆享 . 1998. 浅埋煤层长壁开采顶板控制研究［D］. 徐州：中国矿业大学

黄庆享 . 2003. 浅埋煤层采动厚砂土层破坏规律模拟［J］. 长安大学学报（自然科学版），23（4）：82-83

蒋邦远 . 1998. 实用近区磁源瞬变电磁法勘探［M］. 北京：地质出版社

靳俊恒，孟祥瑞，高召宁，等 . 2010. 1262（1）工作面导水裂隙带发育高度的数值模拟研究［J］. 煤炭工程，（11）：68-70

李金华，谷拴成，李昂 . 2010. 浅埋煤层大采高工作面矿压显现规律［J］. 西安科技大学学报，30（4）：407-413

李树志 . 2000. 中国煤炭开采土地破坏及其复垦利用技术［C］. 北京：国际土地复垦学术研讨会专辑

李文平，叶贵钧，张莱，等 . 2000. 陕北榆神府矿区保水采煤工程地质条件研究［J］. 煤炭学报，25（5）：449-454

林海飞，李树刚，成连华，等 . 2010. 覆岩采动裂隙演化形态的相似模拟试验［J］. 西安科技大学学报，30（5）：507-512

林海飞，李树刚，成连华，等 . 2011. 覆岩采动裂隙带动态演化模型的实验分析［J］. 采矿与安全工程学报，28（2）：298-303

刘敦文 . 2001. 地下岩体工程灾害隐患雷达探测与控制研究［D］. 长沙：中南大学

刘海飞，张赛民，阮百尧 . 2005. 数据断面中突变点的快速剔除方法［J］. 物探化探计算技术，28（3）：201-204

刘天泉 . 1995a. 矿山岩体采动影响与控制工程学及其应用［J］. 煤炭学报，20（1）：1-5

刘天泉 . 1995b. "三下一上"采煤技术的现状及展望［J］. 煤炭科学技术，23（1）：5-7
刘玉德 . 2008. 沙基型浅埋煤层保水开采技术及其适用条件分类［D］. 徐州：中国矿业大学
毛节华，许惠龙 . 1999. 中国煤炭资源分布现状和远景预测［J］. 煤田地质与勘探，27（3）：1-4
煤炭科学院北京开采所 . 1981. 煤矿地表移动与覆岩破断规律及其应用［M］. 北京：煤炭工业出版社
孟召平，易武，兰华 . 2009. 开滦范各庄井田突水特征及煤层底板突水地质条件分析［J］. 岩石力学与工程学报，28（2）：228-237
孟召平，王睿，汪元有，等 . 2010. 开滦范各庄井田 12 煤层底板突水危险性的地质评价［J］. 采矿与安全工程学报，27（3）：310-315
孟召平，高延法，卢爱红 . 2011a. 矿井突水危险性评价理论与方法［M］. 北京：科学出版社
孟召平，张贝贝，谢晓彤，等 . 2011b. 基于岩性-结构的煤层底板突水危险性评价［J］. 煤田地质与勘探，39（5）：35-40
孟召平，王保玉，徐良伟，等 . 2012. 煤炭开采对煤层底板变形破坏及渗透性的影响［J］. 煤田地质与勘探，40（2）：39-43
缪协兴，钱鸣高 . 2009. 中国煤炭资源绿色开采研究现状与展望［J］. 采矿与安全工程学报，26（1）：1-14
缪协兴，刘卫群，陈占清 . 2004. 采动岩体渗流理论［M］. 北京：科学出版社
缪协兴，王安，孙亚军，等 . 2009. 干旱半干旱矿区水资源保护性采煤基础与应用研究［J］. 岩石力学与工程学报，28（2）：217-227
聂荣军 . 2008. 采动覆岩裂隙演化规律 RFPA 数值模拟分析［J］. 陕西煤炭，4：25-27
牛之琏 . 1992. 时间域电磁法原理［M］. 长沙：中南工业大学出版社
彭汉桥，姚平 . 2001. 高密度电法与多波映象法在覆盖型岩溶勘察中的应用［J］. 湖南地质，（4）：295-298
钱鸣高 . 2010. 煤炭的科学开采［J］. 煤炭学报，35（4）：529-534
钱鸣高，李鸿昌 . 1982. 采场上覆岩层活动规律及其对矿山压力的影响［J］. 煤炭学报，（2）：1-8
钱鸣高，刘听成 . 1991. 矿山压力及其顶板控制（修订本）［M］. 北京：煤炭工业出版社
任强 . 2006. 覆岩采动裂隙带发育规律的数值模拟分析［J］. 安全与环境学报，6（s）：75-78
任德惠 . 1982. 缓斜煤层采场压力分布规律与合理巷道布置［M］. 北京：煤炭工业出版社
宋振骐 . 1988. 实用矿山压力控制［M］. 徐州：中国矿业大学出版社
汪华君，姜福兴，成云海，等 . 2006. 覆岩导水裂隙带高度的微地震（MS）监测研究［J］. 煤炭工程，（3）：74-76
王安 . 2005. 现代化亿吨矿区生产技术［M］. 北京：煤炭工业出版社
王桦，程桦，刘盛东 . 2007. 基于并行电阻率法的导水裂隙带适时探测技术研究［J］. 煤矿安全，7：1-5
王力，卫三平，王全九 . 2008. 榆神府煤田开采对地下水和植被的影响［J］. 煤炭学报，33（12）：1408-1414
王睿，孟召平，谢晓彤，等 . 2011. 巨厚松散层下防水煤柱合理留设及其数值模拟分析［J］. 煤田地质与勘探，39（1）：31-35
王双美 . 2006. 导水裂隙带高度研究方法概述［J］. 水文地质工程地质，（5）：126-128
武小鹏，魏永梁，张军平 . 2013. 探地雷达在多年冻土工程地质勘察中的应用效果研究［J］. 地震工程学报，35（2）：240-245
谢和平 . 1998. 可持续发展与煤炭工业报告文集［M］. 北京：煤炭工业出版社
徐升才，刘峰 . 2000. 探地雷达在城市道路厚度检测中的研究与应用［J］. 华东交通大学学报，17（4）：24-28

许宏武 . 2003. 高密度直流电法在滑坡覆盖层及滑移面的探测［J］. 煤矿安全与环保，(6)：219-220
许家林，王晓振，刘文涛，等 . 2009. 覆岩主关键层位置对导水裂隙带高度的影响［J］. 岩石力学与工程学报，28（2）：380-385
阎长乐 . 1997. 中国能源发展报告［M］. 北京：经济管理出版社
杨宏科，范立民 . 2003. 榆神府煤矿区地质生态环境综合评价［J］. 煤田地质与勘探，31（6）：6-8
杨科，谢广祥 . 2008. 采动裂隙分布及其演化特征的采厚效应［J］. 煤炭学报，33（10）：1092-1096
杨立新，戴前伟 . 2000. 高速公路软土地基分布范围的探测方法及应用［J］. 公路，(3)：20-21
叶贵钧，张莱，李文平，等 . 2000. 陕北榆神府矿区煤炭资源开发主要水工环问题及防治对策［J］. 工程地质学报，8（4）：446-455
尹茂森 . 2008. 神东矿区浅埋煤层关键层理论及其应用研究［D］. 徐州：中国矿业大学
于广明，谢和平，王金安，等 . 1996. 地质断裂面分形性研究［J］. 煤炭学报，21（5）：459-463
于广明，杨伦，王永岩，等 . 1997. 非线性科学在矿山开采沉陷中的应用（续）［J］. 阜新矿业学院学报（自然科学版），16（5）：525-529
曾校丰，许维进，钱荣毅，等 . 2000. 水库坝体结构层的地质雷达高分辨率探测［J］. 地球物理学进展，15（4）：104-109
中国环境与发展国际合作委员会 . 2009. 中国环境与发展国际合作委员会 2009 年会报告［M］
中国工程院项目组 . 2011. 中国能源中长期（2030、2050）发展战略研究：节能，煤炭卷［M］. 北京：科学出版社
邹友峰，邓喀中，马伟民 . 2003. 矿山开采沉陷工程［M］. 徐州：中国矿业大学出版社
Adve R S，Sarkar T K，Pereira-Filho O M C，et al. 1997. Extrapolation of time-domain responses from three-dimensional conducting objects utilizing the matrix pencil technique［J］. IEEE Transactions on Antennas and Propagation，45（1）：147-156
Bai M，Elsworth D. 1990. Some aspects of mining under aquifers in China［J］. Mining Science and Technology，10（1）：81-91
Dai S X，Zhu G W，Zhang P. 2011. Analyse application and development of seismic physical modeling for coal measure strata1［C］//Emergency Management and Management Sciences（ICEMMS），2011 2nd IEEE International Conference on. IEEE：5-9
Dorigo M，Gambardella L M. 1997. Ant colony system：a cooperative learning approach to the traveling salesman problem［J］. IEEE Transactions on Evolutionary Computation，1（1）：53-66
Holla L，Buizen M. 1990. Strata movement due to shallow long wall mining and the effect on ground permeability［J］. AusIMM Bulletin and Proceedings，295（1）：11-18
Leeb S，Kirtley Jr J L，LeVan M S，et al. 1993. Development and validation of a transient event detector［J］. AMP Journal of Technology，3：69-74
Licul S. 2004. Ultra-wideband antenna characterization and measurements［J］. Blacksburg，Virginia，September
Liu E H，Lamontagne Y. 1998. Geophysical application of a new surface integral equation method for EM modeling［J］. Geophysics，63（2）：411-423
Loke M H，Lane J W. 2002. The use of constraints in 2D and 3D resistivity modelling［C］//8th EEGS-ES Meeting
Meng Z P，Li G Q，Xie X T. 2012. A geological assessment method of floor water inrush risk and its application［J］. Engineering Geology，143：51-60
Mitsuhata Y. 2000. 2-D electromagnetic modeling by finite-element method with a dipole source and topography［J］. Geophysics，(65)：465-475

Palchik V. 2002. Influence of physical characteristics of weak rock mass on height of caved zone over abandoned subsurface coal mines [J] . Environmental Geology, 42 (1): 92-101

Sasaki Y. 2001. Full 3-D inversion of electromagnetic data on PC [J] . Journal of Applied Geophysics, 46 (1): 45-54

Wang H X, Zhu G W. 2011. Study of FM25L256 application in digital geophone [C] //Electric Information and Control Engineering (ICEICE), 2011 International Conference. IEEE: 3597-3601

Wang H X, Dong W, Jiang Z J. 2011a. Study on ARM-based fire alarm networking unit [C] //Electronic Measurement & Instruments (ICEMI), 2011 10th International Conference on. IEEE, 4: 354-356

Wang H X, Zhu G W, Du J J. 2011b. Design of high performance digital geophone based on ADS1282 [C] // Electronic Measurement & Instruments (ICEMI), 2011 10th International Conference on. IEEE, 3: 377-380

Williams P. 2005. Transient electromagnetic imaging: expanding the horizons of nickel exploration [J] . Materials World, 13 (3): 37-39

Wilson A H. 1981. Stress and stability in coal ribsides and pillars [C] . 1st Ann Conf on Ground Control in Mining, West Virginia Univ: 1-12

Yavuz H. 2004. An estimation method for cover pressure re-establishment distance and pressure distribution in the goaf of long wall coal mines [J] . International Journal of Rock Mechanics & Mining Sciences, 41: 193-205